Carl Sagan und Ann Druyan
Schöpfung auf Raten

Carl Sagan · Ann Druyan

Schöpfung auf Raten

Neue Erkenntnisse zur Entwicklungsgeschichte des Menschen

Aus dem Amerikanischen von Hubert M. Stadler

Droemer Knaur

Titel der Originalausgabe:
Shadows of Forgotten Ancestors
Originalverlag: Random House, Inc., New York

Die Deutsche Bibliothek – CIP-Einheitsaufnahme
Sagan, Carl:
Schöpfung auf Raten : neue Erkenntnisse zur Entwicklungsgeschichte des Menschen / Carl Sagan ; Ann Druyan. Aus dem Amerikan. von Hubert M. Stadler. – München : Droemer Knaur, 1993
Einheitssacht.: Shadows of forgotten ancestors <dt.>
ISBN 3-426-26207-X
NE: Druyan, Ann:

Umschlaggestaltung Agentur ZERO, München
Satz Compusatz GmbH, München
Druck und Bindung Spiegel, Ulm
Printed in Germany
ISBN 3-426-26207-X

2 4 5 3 1

Für Lester Grinspoon,
dessen Vorbild uns Gewißheit gibt,
daß unsere Spezies vielleicht doch
mit allem Erforderlichen
ausgestattet ist.

Also sprach sie; da schwoll mein Herz vor inniger Sehnsucht,/ Sie zu umarmen, die Seele von meiner gestorbenen Mutter./ Dreimal sprang ich hinzu, an mein Herz die Geliebte zu drücken;/ Dreimal entschwebte sie leicht, wie ein Schatten oder ein Traumbild,/ Meinen umschlingenden Armen, und stärker ergriff mich die Wehmut.

HOMER
Odyssee[1]

Inhalt

Einleitung

Wir hatten Glück. Wir wurden von Eltern großgezogen, die ihre Verantwortung ernst nahmen, starke Glieder in der Generationenkette zu sein. Die Suche, die dieses Buch bestimmt, begann sozusagen schon in unserer Kindheit, als wir trotz wirklich schwieriger Lebensumstände vorbehaltlose Liebe und Schutz erfahren durften. So verfahren die Säugetiere schon seit jeher. Und das war niemals leicht. In der modernen menschlichen Gesellschaft ist es sogar noch schwerer geworden, denn heutzutage gibt es so viele Gefahren, die früher keine Rolle spielten, die völlig unbekannt waren.

Die Arbeit an diesem Buch begann in den frühen achtziger Jahren, als die Rivalität zwischen den Vereinigten Staaten und der Sowjetunion zur potentiellen Katastrophe geworden war – mit 60000 Atomwaffen, die zur Abschreckung, als Erpressungspotential, zur Befriedigung des eigenen Stolzes und zur Abwehr der Angst angesammelt worden waren. Jede Nation lobte sich selbst und verdammte ihre Gegner, die manchmal als Untermenschen dargestellt wurden. Für den Kalten Krieg gaben die USA zehn Billionen Dollar aus – eine Summe, die ausgereicht hätte, das gesamte Land mit Ausnahme von Grund und Boden aufzukaufen. Derweil stand die Infrastruktur kurz vor dem Zusammenbruch, wurden die Umweltschäden immer größer, die demokratischen Strukturen immer substanzloser, wurde die soziale Ungerechtigkeit zum Geschwür und verwandelte sich die Nation vom größten Gläubigerland der Welt zum größten Schuldner. Wie konnten wir nur in einen solchen Schlamassel geraten? So fragten wir uns. Wie kommen wir da wieder heraus? *Können* wir da überhaupt wieder herauskommen?

Wir machten uns also daran, die politischen und emotionalen Wurzeln des atomaren Wettrüstens freizulegen. Dabei stießen wir natürlich auf den Zweiten Weltkrieg, der seinerseits aus dem Ersten Weltkrieg hervorgegangen war, zu dem wiederum der Aufstieg der Nationalstaaten geführt hatte, und von hier führt eine direkte Linie zurück zu den Anfängen der Zivilisation. Die Zivilisation war ihrerseits ein Nebenprodukt der Erfindung der Landwirtschaft und der Nutzviehzüchtung, die sich über einen längeren Zeitraum hinweg allmählich herausgebildet hatten, während dessen wir Menschen Jäger und Sammler waren. Auf diesem ganzen Weg gab es nirgends einen klaren Einschnitt, einen Punkt, an dem man hätte sagen können: *Hier* liegen die Wurzeln der Malaise. Und ehe wir' s uns recht versahen, waren wir bei den ersten Menschen und *deren* Vorfahren gelandet. Wir kamen zu der Erkenntnis, daß Ereignisse aus grauer Vorzeit, lange bevor es Menschen gab, für das Verständnis der Falle, die sich die Menschheit anscheinend selbst stellt, eine wichtige Rolle spielen mußten.

So beschlossen wir, unser Innerstes zu durchleuchten und so viele wichtige Windungen und Wendungen der Evolution des Menschen in Erfahrung zu bringen, wie uns das möglich war. Wir gaben uns das feste Versprechen, nicht zurückzuweichen, ganz gleich, wohin diese Suche uns führen würde. Wir hatten gegenseitig im Lauf der Jahre schon viel voneinander gelernt, aber politisch stimmen wir nicht immer überein. Es bestand also die Möglichkeit, daß einer von uns (oder sogar beide) einige jener ehernen Grundsätze würde aufgeben müssen, die wir eigentlich für selbstverständlich gehalten hatten. Im Erfolgsfalle aber, selbst bei einem Teilerfolg, konnten wir vielleicht wesentlich weiter reichende Einsichten gewinnen als in die Ursachen des Nationalismus, des atomaren Wettrüstens und des Kalten Krieges.

Während wir an der endgültigen Fassung dieses Buches arbeiteten, ging der Kalte Krieg zu Ende. Aber irgendwie ist die Gefahr trotzdem noch nicht gebannt. Neue Gefahren arbeiten sich von den Rändern ins Zentrum vor und altvertraute rufen sich erneut in Erinnerung. Jetzt haben wir es mit einem wahren Teufelsgebräu zu tun aus ethnisch motivierter Gewalt, wiederauflebendem Nationalismus, Führungsschwäche, Erziehungsdefiziten, zerbrochenen Familien, Umweltzerstörung, Artenvernichtung, Bevölkerungsexplosion und einer ständig wachsenden Zahl von Millionen Menschen, die nichts mehr zu verlieren haben. So ist die Notwendigkeit zu verstehen, wie wir in diesen Schlamassel hineingeraten sind und wie wir uns wieder daraus befreien können, größer denn je.

Dieses Buch beschäftigt sich mit der weit zurückliegenden Vergangenheit, mit den entscheidenden Schritten, die für unsere Ursprünge grundlegend waren. Später wollen wir dann den Faden wieder aufgreifen, den wir hier geknüpft haben. Unsere Untersuchungen haben uns zu den Schriften derjenigen geführt, die schon vor uns ähnliche Wege gegangen sind, in vergangene Epochen und andere Welten sowie über die Grenzen vieler Disziplinen hinweg. Wir haben versucht, uns dabei immer an den Aphorismus des Physikers Nils Bohr zu halten: »Klarheit durch Breite«. Die erforderliche Breite kann allerdings manchmal schon ein wenig entmutigend wirken, denn die Menschen haben zwischen den verschiedenen Wissensgebieten, die für unsere Untersuchung relevant sind, hohe Barrieren errichtet: zwischen den verschiedenen Naturwissenschaften, Politik, Religion und Ethik. Also haben wir in den Trennwänden nach niedrigen Schlupflöchern gesucht, manchmal allerdings auch versucht, darüber hinwegzuspringen oder einen Tunnel darunter hindurchzugraben. Doch haben wir das Gefühl, daß wir uns für unsere Unzulänglichkeiten entschuldigen müssen. Wir sind uns der Unzulänglichkeit unseres Wissens und unserer Urteilskraft wohl bewußt. Und doch hat eine derartige Untersuchung keine Aussicht auf Erfolg, wenn man solche Barrieren nicht durchbricht. Wo wir nicht zum Ziel gekommen sind, fühlen sich hoffentlich andere inspiriert (oder provoziert), es besser zu machen.

Unsere folgenden Ausführungen basieren auf den Ergebnissen verschiedener Wissenschaften. Und doch bitten wir unsere Leser, ständig im Auge zu behalten, daß unser gegenwärtiger Wissensstand unvollkommen ist. Die Wissenschaft ist nie zu Ende. Schritt für Schritt nähert sie sich ihrem Gegenstand und kreist ihn dabei immer mehr ein. Immer näher rückt ein vollständiges und genaues Verständnis der Natur, und doch ist die Wissenschaft niemals endgültig am Ziel. Allein schon aus der Tatsache, daß erst in den letzten hundert Jahren so viele wesentliche Entdeckungen gemacht wurden, ja sogar noch in den letzten zehn Jahren, ergibt sich, daß wir noch einen weiten Weg vor uns haben. Die Wissenschaft ist immer offen für Diskussionen, Korrekturen, Detaillierungen, schmerzhafte Neubewertungen und revolutionäre Einsichten. Gleichwohl scheint der Wissensstand heute groß und gesichert genug zu sein, daß man die Rekonstruktion einer Reihe entscheidender Entwicklungsschritte wagen kann, die zu uns Menschen führten und die dazu beigetragen haben, uns so zu machen, wie wir sind.

Auf unserer Reise sind wir vielen begegnet, die Zeit für uns hatten, uns an ihrem Wissen und ihrer Weisheit teilhaben ließen und die uns ermutigt haben. Einige haben außerdem das gesamte Manuskript oder Teile davon einer sorgfältigen kritischen Lektüre unterzogen. So konnten viele Unzulänglichkeiten beseitigt, fehlerhafte Angaben und Interpretationen korrigiert werden. Unser besonderer Dank gilt: Diane Ackerman; Christopher Chyba vom Ames Research Center der NASA; Jonathan Cott; James F. Crow vom Institut für Genetik der Universität von Wisconsin in Madison; Richard Dawkins vom Zoologischen Institut der Universität Oxford; Irven de Vore vom Anthropologischen Institut der Harvard-Universität; Frans B. M. de Waal vom Psychologischen Institut der Emory-Universität in Atlanta und vom Yerkes-Primatenforschungszentrum; James M. Dabbs, jr., vom Psychologischen Institut der State University von Georgia; Stephen Emlen von der Abteilung für Neurobiologie und Verhaltensforschung der Cornell-Universität in Ithaca, New York; Morris Goodman vom Institut für Anatomie und Zellbiologie der Medizinischen Fakultät der Wayne State University in Detroit; Stephen Jay Gould vom Museum für Vergleichende Zoologie der Harvard-Universität; James L. Gould und Carol Grant Gould vom Biologischen Institut der Princeton-Universität; Lester Grinspoon vom Psychiatrischen Institut der Medizinischen Fakultät der Harvard-Universität; Howard E. Gruber vom Institut für Entwicklungspsychologie der Columbia-Universität in New York; Jon Lomberg; Nancy Palmer vom Shorenstein-Barone-Zentrum für Presse und Politik der Verwaltungswissenschaftlichen Fakultät (Kennedy School of Government) der Harvard-Universität; Lynda Obst; William Provine vom Institut für Genetik und vom Institut für Wissenschaftsgeschichte der Cornell-Universität in Ithaca, New York; Duane M. Rumbaugh und E. Sue Savage-Rumbaugh vom Sprachforschungszentrum der State University von Georgia; Dorion, Jeremy und Nicholas Sagan; J. William Schopf vom Studienzentrum für Evolution und den Ursprung des Lebens der Universität von Kalifornien in Los Angeles; Morty Sills; Steven Soter von der Smithsonian Institution in Washington, D. C.; Jeremy Stone von der Vereinigung Amerikanischer Wissenschaftler (Federation of American Scientists); und Paul West. Viele Wissenschaftler haben uns freundlicherweise Sonderdrucke und Vorausexemplare ihrer Veröffentlichungen geschickt. Carl Sagan möchte außerdem seinen wegweisenden akademischen Lehrern im Bereich der biologischen Wissenschaften danken: H. J. Muller, Sewall Wright und Joshua Lederberg. Selbstverständlich ist niemand der hier Genannten für etwaige noch verbliebene Fehler verantwortlich.

Auch all jenen, die das vorliegende Buch in allen Stadien seiner Entstehungsgeschichte betreut haben, gilt unser tiefempfundener Dank. Für ausgezeichnete Bibliotheksrecherchen, Abschriften, Archivbetreuung und vieles andere mehr sind wir Ann Druyans Forschungsassistentin Karenn Gobrecht und Carl Sagans langjähriger Verwaltungsassistentin an der Cornell-Universität, Eleanor York, zu besonderem Dank verpflichtet. Ebenfalls danken wir Nancy Birn Struckman, Dolores Higareda, Michelle Lane, Loren Mooney, Graham Parks, Deborah Pearlstein und John P. Wolff. Die hervorragenden Arbeitsbedingungen im Bibliothekssystem der Cornell-Universität waren bei der Entstehung dieses Buches von unschätzbarem Wert. Auch hätten wir es ohne die Hilfe von Maria Farge, Julia Ford Diamond, Lisbeth Collacchi, Mamie Jones und Leona Cummings nicht schreiben können.

Scott Meredith und Jack Scovil von der Literarischen Agentur Scott Meredith danken wir für unermüdliche Ermutigung und Unterstützung. Wir sind glücklich, daß *Schöpfung auf Raten* noch unter der Ägide von Ann Godoff als unserer Lektorin das Licht der Welt erblickt hat. Unser Dank gilt beim Verlag Random House ferner Harry Evans, Joni Evans, Nancy Inglis, Jim Lambert, Carol Schneider und Sam Vaughan.

Walter Anderson, der Chefredakteur des Magazins *Parade*, hat es uns ermöglicht, unsere Gedanken einem sehr breiten Publikum vorzustellen. Die Zusammenarbeit mit ihm und mit seinem Kollegen David Currier war für uns ein ungetrübtes Vergnügen.

Dieses Buch wendet sich an einen weiten Leserkreis. Um der Klarheit willen haben wir deshalb manche Punkte mehrfach wiederholt. Auch haben wir uns bemüht, Einschränkungen und Ausnahmen bei unseren Gedankengängen deutlich zu machen. Wenn im Text von »wir« die Rede ist, sind manchmal die beiden Autoren des Buches gemeint, meistens aber die Menschheit insgesamt; die jeweiligen Bezüge werden hoffentlich aus dem Kontext klar. Wer sich weiter in die Sache vertiefen möchte, findet am Ende des Buches im Anmerkungsteil, jeweils auf die Buchkapitel bezogen, Literaturhinweise; genannt sind sowohl allgemeinere Werke als auch wissenschaftliche Detailstudien. Ebenfalls in den Anmerkungen finden sich auch zusätzliche Kommentare, Hinweise und Klärungen.

Als wesentliche Inspirationsquelle bei der Entstehung des Buches, auch weil sie unseren Sinn für die Dringlichkeit des Themas schärfte, diente die

Geburt unserer beiden Kinder Alexandra Rachel und Samuel Democritus – sie tragen die Namen unvergeßlicher Vorfahren.

Carl Sagan
Ann Druyan

Ithaca, New York,
am 1. Juni 1992

Vorrede

Die Akte des Waisenkindes

Haben sie erst einen kleinen Teil ihres Lebens, das gar kein Leben ist, überschaut, dann fliegen sie [die Menschen] eines frühen Todes davon, gleich wie Rauch in die Höhe getragen. So ist jeder von dem überzeugt, auf das er (zufällig) auf seinen Irrfahrten stieß. Und doch rühmt sich jeder, das Ganze der Wahrheit entdeckt zu haben.

EMPEDOKLES
Über die Natur[2]

Wer sind wir? Die Antwort auf diese Frage zu finden ist für die Naturwissenschaft nicht nur eine Aufgabe unter vielen anderen, sondern die Aufgabe schlechthin.

ERWIN SCHRÖDINGER
Science and Humanism[3]

Unterbrochen wird die unermeßliche, überwältigende Finsternis nur hier und da von einem schwachen Lichtpunkt, der sich bei näherer Betrachtung als eine mächtige Sonne erweist – ein loderndes thermonukleares Feuer, das einen kleinen umliegenden Bereich des Alls erwärmt. Das Universum besteht fast vollständig aus schwarzer Leere, und doch ist die Anzahl der Sonnen atemberaubend. Selbst die unmittelbaren Umgebungen dieser Sonnen machen nur einen unbedeutenden Bruchteil des riesigen Kosmos aus, aber viele, vielleicht sogar die meisten dieser freundlichen, leuchtenden, milden zirkumstellaren Regionen beherbergen Welten. Allein in der Milchstraße gibt es möglicherweise hundert Milliarden solcher Welten. In weder zu geringem noch zu weitem Abstand umkreisen sie ihre jeweilige Sonne – schweigend, der Schwerkraft gehorchend.

In diesem Buch geht es um die Geschichte einer solchen Welt, die sich vielleicht von vielen anderen gar nicht so sehr unterscheidet. Genauer gesagt, geht es um die Geschichte der Lebewesen, die sich auf ihr entwickelten, und ganz besonders um die Evolution einer bestimmten Spezies.

Allein um Milliarden Jahre nach dem Ursprung von Leben noch zu überleben, muß ein Wesen äußerst anpassungsfähig sein und zugleich – angesichts der vielen Gefahren entlang des Weges – Glück gehabt haben. Lebewesen überdauern, indem sie beispielsweise geduldig oder gefräßig sind, einsam und getarnt leben oder verschwenderisch mit Nachkommen gesegnet sind; als furchtgebietende Jäger oder weil sie sich fliegend in Sicherheit bringen können; als geschmeidige Schwimmer, in unterirdischen Bauten oder weil sie schädliche, desorientierende Flüssigkeiten versprühen können; als Meister im Infiltrieren des genetischen Materials anderer argloser Lebewesen oder weil sie sich zufällig gerade woanders aufhalten, wenn Raubtiere auf Pirsch gehen, wenn der Fluß vergiftet ist oder wenn die Nahrung knapp wird. Die Wesen, denen unsere besondere

Aufmerksamkeit gilt, waren – vor gar nicht so langer Zeit – gesellig bis zum Übermaß, laut und streitsüchtig; sie lebten auf Bäumen, waren despotisch, geschlechtsaktiv und klug; sie benutzten Werkzeuge, hatten eine lange Kindheitsphase und nahmen zärtlich Rücksicht auf ihre Jungen. So kam eins zum andern, und im Handumdrehen hatten sich ihre Nachkommen über den gesamten Planeten verbreitet, alle Gegenspieler umgebracht und weltverändernde Technologien entwickelt; doch nun stellten sie eine tödliche Gefahr für sich selbst und die vielen anderen Lebewesen dar, mit denen sie sich ihre kleine Welt teilten. Zur selben Zeit schicken sie sich an, die Planeten und die Sterne zu besuchen.

* * *

Wer sind wir? Woher kommen wir? Warum verhalten wir uns so und nicht anders? Was bedeutet es, Mensch zu sein? Sind wir nötigenfalls fähig, uns grundlegend zu ändern, oder drängen uns die toten Hände vergessener Vorfahren unerbittlich in eine bestimmte Richtung, die sich unserer Kontrolle entzieht, wobei Kriterien wie gut und böse keine Rolle spielen? Können wir unseren Charakter verändern? Können wir unsere Gesellschaften besser ordnen? Können wir unseren Kindern eine bessere Welt hinterlassen, als wir selbst vorfanden? Können wir sie von den Dämonen befreien, die uns quälen und die unsere Zivilisation heimsuchen? Sind wir auf lange Sicht klug genug, um zu wissen, welche Veränderungen wir vornehmen müßten? Können wir mit unserer eigenen Zukunft betraut werden?

Viele nachdenkliche Leute fürchten, daß uns unsere Probleme schon über den Kopf gewachsen sind, und daß wir aus Gründen, die mit dem Kern der menschlichen Natur zusammenhängen, unfähig sind, mit diesen Problemen fertigzuwerden; daß wir vom Weg abgekommen sind, und daß sich die vorherrschenden politischen und religiösen Gedankengebäude als unfähig erweisen, eine bedrohliche, langfristige Kursabweichung der Menschheit aufzuhalten – im Gegenteil, daß gerade diese Systeme durch mangelnde Flexibilität, durch Inkompetenz und die unausweichliche Korruption der Macht ursächlich zu dieser Fehlentwicklung beigetragen haben. Ist das wahr, und können wir etwas dagegen unternehmen, falls es wahr ist?

Bei ihrem Versuch zu verstehen, wer wir sind, hat sich jede menschliche

Kultur ein Mythengebäude geschaffen. Die Widersprüche in uns selbst werden darin einem Kampf zwischen konkurrierenden, aber gleich starken Gottheiten zugeschrieben; oder sie werden einem unvollkommenen Schöpfer angelastet, paradoxerweise auf den Gegensatz zwischen einem rebellierenden Engel und dem Allmächtigen oder sogar auf den noch ungleicheren Kampf zwischen einem allgewaltigen Wesen und ungehorsamen Menschen zurückgeführt. Es gab und gibt aber auch Versionen, die davon ausgehen, daß die Götter mit der ganzen Angelegenheit überhaupt nichts zu tun haben. Einer von denen, die so denken, Nanrei Kobori, der verstorbene Abt eines buddhistischen Heiligtums in Kyoto, das sich Tempel des Leuchtenden Drachen nennt, sagte uns: »Gott ist eine Erfindung des Menschen. Die Natur Gottes ist deshalb nur ein seichtes Mysterium. Das tiefe Mysterium ist die Natur des Menschen.«

Wären Leben und Menschen erst vor einigen Hunderten oder auch Tausenden von Jahren entstanden, könnten wir das meiste, das an unserer Vergangenheit bedeutsam ist, wissen. Dann wäre uns wohl nur sehr wenig Bedeutungsvolles für unsere Geschichte verborgen. Dann könnten wir leicht zu den Anfängen zurückgehen. Statt dessen ist unsere Art einige hunderttausend Jahre alt, die Gattung *Homo* sogar Jahrmillionen; das Alter der Primaten beläuft sich auf mehrere zehn Millionen, das der Säugetiere auf mehr als 200 Millionen Jahre, und Leben existiert auf der Erde seit etwa vier Milliarden Jahren. So führen uns unsere schriftlichen Zeugnisse nur ein Millionstel des Weges zurück zum Ursprung des Lebens, während uns unsere Anfänge, die Schlüsselereignisse unserer frühen Gattungsentwicklung, mangels Aufzeichnungen aus erster Hand nicht direkt zugänglich sind. Sie finden sich weder in lebendiger Erinnerung noch in den Chroniken unserer Art. Unser Wissen über die weit zurückliegende Vergangenheit ist armselig, ja beunruhigend seicht. Die überwältigende Mehrzahl unserer Vorfahren ist uns gänzlich unbekannt. Sie haben keine Namen, keine Gesichter, keine Eigenarten. Sie leben nicht in Familienanekdoten weiter. Sie sind unwiederbringlich, für immer verloren. Wir haben keinerlei Ahnung, wer sie sind. Wenn einer Ihrer Vorfahren von vor hundert Generationen – geschweige denn tausend oder gar zehntausend Generationen – auf der Straße mit offenen Armen auf Sie zukäme oder Ihnen nur mal auf die Schulter klopfte, würden Sie seinen Gruß erwidern? (Oder würden Sie vielleicht die Polizei rufen?)

Wir selbst, die Autoren dieses Buches, haben einen so begrenzten Zugriff auf unsere Familiengeschichte, daß wir mit Klarheit nur auf zwei Generationen zurückblicken können, verschwommen auf drei, und darüber hinaus beinahe gar nicht; wir kennen nicht einmal die Namen – geschweige denn die Berufe, Geburtsländer oder persönlichen Lebensgeschichten – unserer Ururgroßeltern. Und wir nehmen an, daß es den meisten Menschen auf der Erde bezüglich ihrer zeitlichen Isolierung ähnlich geht. Für die meisten von uns gilt, daß schriftliche Dokumente die Erinnerung an unsere Vorfahren nicht einmal über einige wenige Generationen bewahrt haben.

Eine unermeßliche Kette von Lebewesen, menschliche und nichtmenschliche, verbindet jeden von uns mit seinen frühesten Vorgängern. Aber nur die jüngsten Glieder dieser Kette sind durch das schwache Suchlicht lebendiger Erinnerung aufgehellt. All die übrigen sind in unterschiedlichem Maß in Dunkelheit getaucht, die um so undurchdringlicher wird, je weiter diese Vorfahren zeitlich von uns entfernt sind. Selbst jene begünstigten Familien, die es zustande brachten, sorgfältige Aufzeichnungen zur Familiengeschichte zu bewahren, kommen nicht über einige Dutzend Generationen hinaus. Und doch waren unsere Vorfahren vor hunderttausend Generationen schon als Menschen erkennbar, hinter denen ihrerseits ganze Epochen geologischer Zeit lagen. Für die meisten von uns ist der Blick in die Zukunft gerichtet, vorwärts mit den Generationen, und wenn neue geboren werden, geht unmittelbare Information über die alten verloren. Wir sind von unserer Vergangenheit abgeschnitten, abgetrennt von unseren Ursprüngen – nicht durch Gedächtnisverlust oder eine Gehirnoperation, sondern wegen der unermeßlichen Zeitperspektiven, die uns von unserem Werden trennen.

Wir gleichen einem Neugeborenen, das an einer Türschwelle abgelegt wurde – ohne eine Nachricht, die erklärt, wer das Kind ist, woher es kommt, welche Erblast von Eigenschaften und Behinderungen es vielleicht in sich trägt oder wer seine Vorfahren sein könnten. Wir sehnen uns danach, die Akte dieses Waisenkindes zu sehen.

Deshalb haben wir in vielen Kulturen immer wieder tröstliche Hirngespinste über unsere Eltern erfunden – beruhigende Geschichten über ihre große Liebe zu uns, heroische Geschichten, die sie überlebensgroß erscheinen lassen.[4] Wie Waisenkinder haben wir uns das Schicksal der Aussetzung manchmal selbst vorgeworfen. Vielleicht waren wir ja zu sündig oder gar hoffnungslose Fälle. Verunsichert klammerten wir uns an diese Geschichten und setzten strengste Strafen für jeden fest, der sie zu bezweifeln wagte. Denn diese Mythen waren besser als gar nichts, besser als das Eingeständnis, daß wir unsere eigenen Ursprünge nicht kannten, besser als das Eingeständnis, daß wir nackt und hilflos ausgesetzt worden waren, ein Findling an einer Türschwelle.

Und wie man einem Kleinkind nachsagt, es fühle sich als Mittelpunkt des Universums, so waren auch wir uns früher einmal nicht nur unserer zentralen Stellung sicher, sondern sogar der Tatsache, daß das Universum eigens für uns *gemacht* war. Diese alte, tröstliche, Sicherheit gebende Sicht der Welt ist jedoch seit nunmehr fünf Jahrhunderten immer mehr abgebröckelt. Aber je besser wir verstanden, wie die Welt wirklich zusammengesetzt ist, desto weniger brauchten wir an einen Gott oder an Götter zu appellieren, und desto weiter entfernt in Zeit und Kausalität mußte jeder göttliche Eingriff angesiedelt werden. Der Preis des Erwachsenwerdens liegt im Aufgeben der alten Sicherheit. Heranwachsen ist eine Fahrt mit der Achterbahn.

Als 1859 erstmals angedeutet wurde, die tatsächlichen Ursprünge des Menschen könnten durch einen natürlichen und nicht durch einen geheimnisumwitterten Vorgang erklärt werden, so daß es dafür weder eines Gottes noch mehrerer Götter bedurfte, da wurde unser schmerzliches Gefühl der Isolation nahezu vollständig. Mit den Worten des Anthropologen Robert Redfield fing dadurch das Universum an, »seinen moralischen Charakter zu verlieren«; es wurde »teilnahmslos, ein System ohne Fürsorge für den Menschen«.[5]

Und würden sich – so fragte man sich besorgt – die Menschen ohne einen Gott oder Götter und ohne die damit verbundene Androhung göttlicher Strafen nicht als Bestien verhalten? Fjodor Dostojewski warnte, daß jene, die die Religion ablehnen, wie gut auch immer ihre Absichten sein mögen, es »letztlich dazu bringen werden, daß sie die Welt mit Blut besudeln«.[6] Andere haben allerdings darauf hingewiesen, daß jenes Blutvergießen bereits seit dem Aufdämmern der Zivilisation gang und gäbe war – und zwar häufig gerade im Namen der Religion.

Die widerliche Aussicht auf ein teilnahmsloses Universum – schlimmer noch, auf ein sinnloses Universum – hat Furcht hervorgerufen, Verdrängung, Mattigkeit, Langeweile und den Eindruck, die Naturwissenschaft sei letztlich ein Instrument der Entfremdung. Die kalten Wahrheiten

unseres wissenschaftlichen Zeitalters sind vielen unangenehm. Wir fühlen uns schiffbrüchig und einsam. Wir sehnen uns danach, zu einem höheren Zweck hier zu sein. Wir wünschen nicht zu hören, daß die Welt nicht für uns gemacht wurde. Moralgesetze, die lediglich von Sterblichen entwikkelt wurden, lassen uns relativ kalt; viel lieber hätten wir einen Satz von Geboten, der vom Himmel herabgereicht wurde. Wir zögern, unsere Verwandten anzuerkennen. Sie sind weiterhin Fremde für uns. Wir schämen uns: Nachdem wir uns ausgemalt hatten, daß unser Ahne der König des Universums gewesen sei, werden wir nun aufgefordert zu akzeptieren, daß wir von den Geringsten der Geringen abstammen – Schlamm und Schlick, und hirnlosen Wesen, die man nicht einmal mit bloßem Auge erkennen kann.
Warum sollten wir uns auf die Vergangenheit konzentrieren? Warum sollten wir uns aufregen mit schmerzhaften Vergleichen zwischen Mensch und Tier? Warum blicken wir nicht einfach auf die Zukunft? Auf diese Fragen gibt es eine klare Antwort. Wenn wir nicht wissen, wozu wir imstande sind – und zwar nicht nur ein paar gefeierte Heilige oder berüchtigte Kriegsverbrecher –, dann wissen wir auch nicht, wovor wir uns in acht nehmen müssen, welche menschlichen Neigungen wir ermutigen und welche wir entmutigen sollten. Dann wissen wir auch nicht, welche Wege und Perspektiven des menschlichen Handelns realistisch sind, und welche nicht praktikabel oder sogar gefährliche Sentimentalitäten sind. Doch gibt die Philosophin Mary Midgley zu bedenken:

> Das Wissen, daß ich von Natur aus reizbar bin, reicht allein noch nicht aus, um dieses Wesen zu verlieren. Im Gegenteil, mein Wissen trägt eher zur Konsolidierung bei, in dem es mich zwingt, zwischen meiner normalen Verdrießlichkeit und moralischer Entrüstung zu unterscheiden. Meine Freiheit scheint daher durch das Eingeständnis meiner Reizbarkeit nicht besonders gefährdet zu sein, auch nicht durch das Licht, das durch einen Vergleich mit der Tierwelt auf die Bedeutung meines reizbaren Temperaments fällt.[7]

Die Erforschung der Geschichte des Lebens, des Evolutionsprozesses und der Natur der anderen Lebewesen, die mit uns auf diesem Planeten dahinziehen, hat begonnen, ein wenig Licht auf jene hinter uns liegenden Glieder in der Seinskette zu werfen. Wir haben unsere vergessenen

Vorfahren nicht getroffen, aber wir beginnen, im Dunkel ihre Gegenwart zu ahnen; hier und da erkennen wir ihre Schatten. Sie waren einmal so real, wie wir es heute sind. Wir würden nicht existieren, hätte es sie nicht gegeben. Unsere und ihre Naturen sind unauflöslich verzahnt, trotz der Äonen, die uns trennen mögen. Der Schlüssel zu unserem Wesen erwartet uns in jenem Schattenreich.

* * *

Als wir diese wissenschaftlich-methodische Suche nach den Ursprüngen der Menschheit in Angriff nahmen, geschah dies nahezu mit einem Gefühl von Scheu. Wir fürchteten uns vor dem, was dabei herauskommen könnte. Statt dessen fanden wir Anlaß zur Hoffnung. Darum haben wir dieses Buch geschrieben.

Die Akte des Waisenkindes ist in Wirklichkeit recht umfangreich. Davon haben wir Menschen einzelne Stückchen und Teile entdeckt, manchmal auch einige wenige fortlaufende Seiten, aber noch nichts so Zusammenhängendes wie ein ganzes Kapitel. Viele der Wörter sind undeutlich, die meisten verlorengegangen.[8]

Das Vorliegende ist also eine Fassung einiger früherer Seiten aus der Akte des Waisenkinds; sie stellen so etwas dar wie die Notiz, die dem Findling an der Türschwelle hätte mitgegeben werden sollen; es geht um die allerersten Ursprünge und um unsere vergessenen Vorfahren, die für den Ausgang unserer Geschichte von zentraler Bedeutung sind. Wie die meisten Familiengeschichten beginnt auch diese im Dunkel – vor so langer Zeit und so weit weg, noch dazu in so aussichtslosen Umständen, daß niemand hätte ahnen können, wohin das alles führen würde.

Kapitel 1

Wie im Himmel, so auf Erden

Wie lange sind die Sterne
blasser geworden,
Lampenlicht eintrübend ...

NANSEN
(748–834, China)[1]

»Erde!« sagten sie, und im Augenblick
war sie geschaffen. In Nebel, Wolken
und Staub geschah die Schöpfung,
als die Berge sich aus den Wassern
erhoben, und sogleich wuchsen
die Berge.

POPOL VUH
Das Buch des Rates[2]

Nichts lebt ewig – wie im Himmel, so auf Erden. Sogar die Sterne altern, verfallen und sterben. Sie sterben, und sie werden geboren. Es gab einmal eine Zeit, lange bevor Sonne und Erde existierten, ehe es Tag oder Nacht gab, lange, lange bevor es jemanden gab, der den Anfang für die Nachgeborenen aufzeichnen konnte.

Stellen Sie sich trotzdem einmal vor, Sie wären ein Augenzeuge dieser Zeit:

Eine unendlich große Masse von Gas und Staub bricht unter ihrem eigenen Gewicht zusammen, dreht sich immer schneller, wandelt sich von einer aufgewühlten, chaotischen Wolke in eine, wie es scheint, deutlich wahrnehmbare, geordnete, dünne Scheibe. Ihr exakter Mittelpunkt glüht in einem stumpfen Kirschrot. Beobachten Sie den Vorgang aus großer Entfernung über der Scheibe hundert Millionen Jahre lang, und Sie werden sehen, wie die zentrale Masse weißer und leuchtender wird, bis sie, nach ein paar abgebrochenen und unvollendeten Ansätzen, eruptionsartig als beständiges thermonukleares Feuer zu strahlen beginnt. Die Sonne ist geboren. Sie wird während der nächsten fünf Milliarden Jahre zuverlässig scheinen – dann wird sich die Materie innerhalb der Scheibe zu Wesen entwickelt haben, die fähig sind, die Umstände des Ursprungs der Sonne und ihres eigenen Ursprungs zu rekonstruieren.

Nur die innersten Regionen der Scheibe sind erleuchtet. Weiter nach außen kann das Sonnenlicht nicht durchdringen. Nun tauchen Sie als Beobachter in die Niederungen der Wolke hinab, um zu sehen, welche Wunder sich entfalten. Sie entdecken eine Million kleiner Welten, die sich um das große Feuer in der Mitte drehen. Ein paar tausend ansehnliche hier und da, von denen die meisten in Sonnennähe kreisen, aber einige auch weit davon entfernt, sind dazu bestimmt, einander zu finden, zu verschmelzen und zum Planeten Erde zu werden.

Diese sich drehende Scheibe, aus der sich Welten formen, ist zusammengefallen aus der spärlichen Materie, die eine weite Region interstellarer

Leere innerhalb der Milchstraße gelegentlich unterbricht. Die Atome und Körner, die sie ausmachen, sind das treibende Wrack- und Strandgut galaktischer Evolution: hier ein Sauerstoffatom, hervorgebracht aus Helium im innersten Höllenfeuer eines vor langer Zeit abgestorbenen riesigen roten Sternes; dort ein Kohlenstoffatom, ausgestoßen aus der Atmosphäre eines kohlenstoffreichen Sternes in einem ganz anderen Bereich der Milchstraße; und dort ein Eisenatom, befreit durch eine mächtige Supernova-Explosion in noch weiter zurückliegender Zeit, um zur Entstehung einer neuen Welt beizutragen. Fünf Milliarden Jahre nach den hier beschriebenen Ereignissen werden diese Atome möglicherweise in Ihren Blutgefäßen zirkulieren.

Unsere Vorgeschichte beginnt hier, in dieser dunklen, zukunftsschwangeren, schwach erleuchteten Scheibe: die Geschichte, wie sie tatsächlich abgelaufen ist, aber auch eine beträchtliche Zahl anderer Geschichten, die zustande gekommen wären, hätten sich die Dinge nur ein wenig anders entfaltet; die Geschichte unserer Welt und unserer Spezies, aber auch die Geschichte vieler anderer Welten und Lebensformen, die niemals Wirklichkeit werden sollten. Die Scheibe ist zum Bersten gefüllt mit möglichen Formen der Zukunft.[3]

* * *

Während des größeren Teils ihrer Lebensdauer leuchten Sterne, indem sie Wasserstoff in Helium umwandeln. Das geschieht unter außerordentlichem Druck und bei hohen Temperaturen tief in ihrem Innern. Seit zehn Milliarden Jahren oder mehr werden in der Milchstraße Sterne »ausgetragen« – innerhalb großer Wolken von Gas und Staub. Fast der ganze »Mutterkuchen« aus Gas und Staub, der einst den Stern umgab und nährte, verschwindet bald, wird entweder von ihm verschlungen oder zurück in den interstellaren Raum gestoßen. Wenn die Sterne dann ein wenig älter geworden sind – wir sprechen immer noch von ihrer Kindheit –, kann eine massive Scheibe aus Gas und Staub wahrgenommen werden, deren innere Bänder rasch um den Stern kreisen, während die äußeren sich behäbiger und langsamer bewegen. Sterne, die gerade eben ihre Jugendjahre hinter sich haben, sind oft von einer ähnlichen Scheibe umgeben, die nunmehr aber nur noch ein schmales Überbleibsel ihrer ursprünglichen Gestalt darstellt – hauptsächlich Staub, kaum Gas und jedes Staubteilchen als Miniplanet in einer Umlaufbahn um den zentralen Stern. Manche dieser Scheiben weisen auch dunkle, staubfreie Bänder auf. Etwa die Hälfte der jungen Sterne am Himmel, die annähernd die gleiche Masse wie unsere Sonne haben, scheinen solche Scheiben zu besitzen. Noch ältere Sterne besitzen nichts Vergleichbares oder zumindest nichts, das wir zur Zeit entdecken können. Unser eigenes Sonnensystem hat noch heute ein sehr weitläufiges Staubband, das die Sonne umkreist, die sogenannte Zodiakalwolke – eine vage Erinnerung an die große Scheibe, aus der die Planeten geboren wurden.

Die Geschichte, die uns diese Beobachtungen erzählen, lautet: Sterne entstehen in Gruppen innerhalb riesiger Wolken aus Gas und Staub. Ein dichter Klumpen aus Materie zieht umliegendes Gas und Staub an, wird größer und fester, bindet mit größerem Wirkungsgrad Materie an sich und ist auf dem besten Weg, ein Stern zu werden. Sobald Temperatur und Druck in seinem Innern hoch genug sind, werden Wasserstoffatome – ein Element, das im Weltall dominiert – zusammengepreßt und dadurch thermonukleare Reaktionen in Gang gesetzt. Wenn das in ausreichendem Maße geschieht, »knipst« sich der Stern »an«, und die Dunkelheit in seiner Umgebung wird verdrängt. Die Materie hat sich in Licht umgewandelt.

Die zusammenfallende Wolke dreht sich immer schneller, preßt sich zu einer Scheibe zusammen, und kleine Klumpen von Materie vereinigen sich – nacheinander von der Größe eines Rauchpartikels, eines Sandkorns, eines Felsbrockens, einer Felsformation, eines Berges und schließlich einer Miniwelt. Dann »säubert« sich die Wolke selbst, indem die größten Objekte einfach mit Hilfe der Schwerkraft die übrigen Bruchstücke in sich aufnehmen. Die staubfreien Bahnen sind also die »Nahrungszonen« der jungen Planeten. Wenn der Stern im Mittelpunkt zu scheinen beginnt, sendet er starke Wasserstoffstürme aus, die kleine Materiekörner zurück in die Leere blasen. Ein anderes System von Welten, das vielleicht Milliarden Jahre später in einem entfernten Teil der Milchstraße entstehen wird, kann diese verschmähten Bausteine dann möglicherweise gut gebrauchen.

In den Scheiben aus Gas und Staub, von denen viele der näheren Sterne umgeben sind, meinen wir jene Umweltbedingungen zu erkennen, die dazu führen, daß andere Welten, weit entfernt und fremdartig, allmählich größer werden und miteinander verschmelzen. Überall in unserer Galaxis fallen riesige, unregelmäßige, klumpenförmige, völlig schwarze interstellare Wolken unter ihrer eigenen Schwerkraft zusammen und bringen Sterne und Planeten hervor. Das geschieht etwa einmal im Monat. Soweit wir das Universum beobachten können – das zumindest hundert Milliarden Galaxien umfaßt – bilden sich jede Sekunde vielleicht hundert Sonnensysteme. Viele dieser Welten werden unfruchtbar und öde sein. Doch andere könnten durchaus üppig und fruchtbar sein, auf denen jeweils vorzüglich an ihre unterschiedlichen Lebensbedingungen angepaßte Lebewesen heranwachsen, erwachsen werden und versuchen, *ihre* Ursprünge zusammenzustückeln. Die Fülle des Universums übersteigt jede Vorstellungskraft.

* * *

Während der Staub sich legt und die Scheibe dünner wird, können Sie – immer noch in der Beobachterrolle – nun ausmachen, was dort unten vor sich geht. Um die Sonne rast eine reiche Schar von Miniwelten, jede in einer geringfügig unterschiedlichen Umlaufbahn. Sie sind ein geduldiger Beobachter. Zeitalter vergehen. Bei so vielen sich so schnell bewegenden Körpern ist es nur eine Frage der Zeit, bis Welten zusammenstoßen. Wenn Sie näher hinschauen, können Sie sehen, wie sich fast überall Zusammenstöße ereignen. Im Frühstadium des Sonnensystems herrscht eine fast unvorstellbare Gewalt. Manchmal ist der Zusammenstoß schnell und direkt, und eine verheerende, wenn auch unhörbare Explosion läßt nichts als Scherben und Fragmente übrig. Ein andermal, wenn sich zwei Miniwelten mit nahezu gleicher Geschwindigkeit in nahezu gleichen Umlaufbahnen befinden, gleichen die Zusammenstöße einem leichten Stoß in die Seite; die Körper kleben aneinander und eine größere Doppelwelt bildet sich heraus.

Nach einem oder zwei Zeitaltern nehmen Sie wahr, daß mehrere viel größere Welten am Wachsen sind – Welten, die durch glücklichen Zufall in ihren frühen, verletzlicheren Tagen einem vernichtenden Zusammenstoß entgangen sind. Solche Körper arbeiten sich – jeder in seiner eigenen »Nahrungszone« – durch die kleineren Miniwelten hindurch und verschlingen sie. Sie sind nun so groß geworden, daß ihre Schwerkraft die Unregelmäßigkeiten ausgebügelt hat; die größeren Welten sind nahezu vollkommene Kugeln. Wenn eine Miniwelt sich einem Körper mit größerer Masse nähert, allerdings nicht nahe genug, um mit ihm zusammenzustoßen, dann verändert sie ihre Umlaufbahn. In ihrer neuen Flugbahn könnte sie dann auf einen anderen Körper aufschlagen und diesen vielleicht in tausend Stücke zerschlagen; sie könnte aber auch ein feuriges Ende finden, wenn sie in die junge Sonne fällt, die alle Materie in ihrer Nähe verschlingt; oder sie könnte aufgrund von Schwerkraftverhältnissen in ein kaltes Exil im interstellaren Dunkel geschleudert werden. Nur wenige befinden sich in günstigen Umlaufbahnen und werden weder verschlungen noch pulverisiert, »gebraten« oder ins Exil geschickt. Diese wachsen dann immer weiter.

Die wichtigsten Bestandteile des Sonnensystems haben sich nun herausgebildet. Sonnenlicht flutet durch einen durchsichtigen, nahezu staubfreien interplanetarischen Raum; es wärmt und beleuchtet die Welten. Diese fahren fort, um die Sonne zu kreisen und zu schlingern. Aber schauen Sie noch näher hin; dann können Sie ausmachen, daß noch weitere Veränderungen im Gange sind.

Keine dieser Welten, so rufen Sie sich ins Gedächtnis, hat Willenskraft; keine *beabsichtigt*, in einer besonderen Umlaufbahn zu kreisen. Aber jene, die sich auf wohlgeordneten, kreisförmigen Umlaufbahnen befinden, wachsen und gedeihen im allgemeinen, während jene auf unbeständigen, wilden, exzentrischen oder gefährlich geneigten Umlaufbahnen im allgemeinen über kurz oder lang verschwinden. Mit voranschreitender Zeit verlieren sich Unordnung und Durcheinander des frühen Sonnensystems allmählich und verwandeln sich zunehmend in ein ordentliches, einfaches, regelmäßig gegliedertes und für Ihre Augen zunehmend eindrucksvolles System von Flugbahnen. Manche Himmelskörper sind zum Überdauern bestimmt, andere zur Auflösung oder zum Exil. Diese Auswahl erfolgt mit Hilfe und aufgrund einiger weniger ganz einfacher Bewegungs- und Schwerkraftgesetze. Von Fall zu Fall können Sie trotz des gutnachbarlichen Verhältnisses zwischen den »manierlichen« Welten eine offenkundig bösartige Miniwelt auf Kollisionskurs ausmachen. Sogar eine Welt mit einer ganz umsichtigen kreisförmigen Umlaufbahn ist nicht gänzlich gegen völlige Auslöschung abgesichert. Um kontinuierlich zu überleben, muß selbst eine Welt von der Art der Erde kontinuierlich Glück haben.

Nach Erreichen einer bestimmten Masse beginnen diese größeren Welten, nicht nur Staub, sondern auch große Ströme von interplanetarischem Gas anzuziehen. Jetzt können Sie die weitere Entwicklung beobachten, bis schließlich jede dieser Welten mit einer riesigen Atmosphäre aus Wasserstoff und Heliumgas umgeben ist, während der Kern aus Felsmasse und Metall besteht. Sie werden zu den gigantischen Planeten Jupiter, Saturn, Uranus und Neptun. Dann können Sie die charakteristischen Muster von Wolkenbändern hervortreten sehen. Zusammenstöße von Kometen mit den Planetenmonden führen zur vorübergehenden Ausbreitung elegant gemusterter, schillernder Ringe, Teile explodierter Welten fallen wieder zusammen und bilden zusammengewürfelte, bunte Monde, die ihre Entstehung dem Zufall verdanken. Während Sie hinschauen, rammt eine Welt von der Größe der Erde den Uranus und drückt ihn auf die Seite, so daß nun einmal während jeder Umkreisung seine Pole in gerader Linie auf die entfernte Sonne weisen.

Weiter innen, wo die Gasscheibe mittlerweile hinweggereinigt worden ist, werden einige der Welten zu Planeten nach Art der Erde; sie bilden eine weitere Klasse von Überlebenden in diesem Spiel eines weltzerstörenden Schwerkraftrouletts. Die endgültige Bildung terrestrischer Planeten dauert nicht mehr als hundert Millionen Jahre, und die vergehen, verglichen mit der gesamten Lebensspanne des Sonnensystems, etwa so schnell wie die ersten neun Monate eines durchschnittlichen Menschenlebens. Eine krapfenförmige Zone mit Millionen felsiger, metallischer und organischer Miniwelten, der Asteroidengürtel, bleibt bestehen. Billionen eisiger Miniwelten, die Kometen, umkreisen in der Dunkelheit hinter dem äußersten Planeten langsam die Sonne.

Bei alldem verblüfft die Rolle, die eine Instanz spielt, die dem blinden Zufall gleicht. Welche Miniwelt zerschmettert oder hinausgeschleudert wird, und welche wohlbehalten zu einem Planeten wachsen wird, ist nicht offensichtlich. Es gibt so viele Gegenstände in einem so komplizierten Netz von gegenseitigem Aufeinandereinwirken, daß allein durch Beobachtung der anfänglichen Zusammensetzung von Gas und Staub, oder sogar zu einem Zeitpunkt, zu dem die Herausbildung der Planeten im wesentlichen abgeschlossen ist, nur sehr schwer zu sagen ist, wie die endgültige Verteilung der Welten aussehen wird. Ein anderer, hinreichend fortgeschrittener Beobachter könnte das Ergebnis vielleicht herausfinden und vorhersagen – oder sogar den ganzen Prozeß so in Gang setzen, daß Milliarden Jahre später ein gewünschtes Ergebnis mit Hilfe vieler komplizierter Vorgänge genau erreicht werden kann. Aber das übersteigt die Fähigkeiten des Menschen noch bei weitem.

Am Anfang Ihrer Beobachtungen stand eine ungeordnete, unregelmäßige Wolke aus Gas und Staub, die sich in der interstellaren Nacht wälzte und zusammenzog. Am Ende haben Sie ein elegantes, juwelenartiges Sonnensystem, hell erleuchtet und mit geordneten Abständen der einzelnen Planeten voneinander, in dem alles mit der Regelmäßigkeit eines Uhrwerks abläuft. Daß die Planeten sich in fein säuberlich voneinander getrennten Bahnen bewegen, liegt daran, daß jene, die sich auf weniger friedvollen Bahnen befanden, inzwischen verschwunden sind.

* * *

Es ist leicht nachvollziehbar, warum manche jener frühen Naturwissenschaftler, die sich zuerst mit der Wirklichkeit der einander nicht überschneidenden, auf gleicher Ebene liegenden Planetenbahnen auseinandersetzten, auf den Gedanken kamen, hierin sei die Hand eines Schöpfergottes zu erkennen. Sie konnten sich keine andere Theorie vorstellen, mit der eine solche Genauigkeit und Ordnung erklärbar war. Im Licht moderner Erkenntnisse ist hierin jedoch kein Zeichen göttlicher Fügung zu sehen – oder zumindest nichts, das außerhalb der Bereiche von Physik und Chemie liegt. Statt dessen finden wir Beweise für eine grausame, durchgängige Gewalttätigkeit, der unermeßlich mehr Welten zum Opfer fielen, als bewahrt wurden. Heute verstehen wir einigermaßen, wie die bewunderungswürdige Genauigkeit, die sich jetzt im Sonnensystem darstellt, dem Wirrwarr einer sich entfaltenden interstellaren Wolke durch Naturgesetze abgerungen wurde, die wir erfassen können: durch Bewegung, Schwerkraft, Strömungslehre und physikalische Chemie. Das unausgesetzte Walten eines geistlosen Ausleseverfahrens kann Chaos in Ordnung verwandeln.[4]

Unsere Erde wurde vor etwa 4,5 oder 4,6 Milliarden Jahren unter solchen Umständen geboren, eine kleine Welt aus Fels und Metall, die drittnächste zur Sonne. Wir sollten uns jedoch nicht einbilden, daß sie aus ihren wirren und verhängnisschwangeren Ursprüngen friedvoll in das Sonnenlicht heraustrat. Zu keiner Zeit haben die Zusammenstöße von kleinen Welten mit unserer Erde völlig aufgehört. Auch heute noch stürzen Gegenstände aus dem Weltall auf die Erde oder werden von der Erde eingeholt. Unser Planet zeigt unverkennbare Einschlagnarben von kürzlichen Zusammenstößen mit Asteroiden und Kometen. Aber die Erde hat ihre eigenen Mittel, um diese »Wunden« aufzufüllen oder zu überdecken – fließendes Wasser, Lavaströme, Gebirgsbildungen und tektonische Tafeln. Die sehr alten Krater sind verschwunden. Der Mond hingegen stellt seine Wunden ungeschminkt zur Schau. Wenn wir dorthin schauen, oder auf das südliche Hochplateau des Mars oder auf die Monde der äußeren Planeten, so finden wir Myriaden von Einschlagkratern übereinander – ein Protokoll der Katastrophen vergangener Zeitalter. Da wir Menschen Stücke vom Mond zur Erde zurückgebracht und ihr großes Alter bestimmt haben, ist es heute möglich, den Ablauf der Kraterbildung zu rekonstruieren und flüchtige Blicke auf das Schauspiel der Zusammenstöße zu werfen, die einst unser Sonnensystem gestaltet haben. Nicht nur gelegentliche kleine Einschläge, sondern gewaltige, bestürzende, apokalyptische Zusammenstöße haben stattgefunden – das ist die unausweichliche Schlußfolgerung aus den Protokollen, die auf den Oberflächen der Welten in unserer Nähe erhalten sind.

Mittlerweile, da sich die Sonne in der Mitte ihrer »Lebenszeit« befindet, ist der uns zugewandte Teil des Sonnensystems fast völlig von bösartigen Miniwelten freigefegt worden. Es gibt eine Handvoll kleiner Asteroiden, die in die Nähe der Erde kommen, aber die Chance, daß einer der größeren unter ihnen in naher Zukunft auf unserem Planeten einschlagen wird, ist gering. Manchmal verirren sich Kometen aus ihrer weit entfernten Heimat in unseren Teil des Sonnensystems. Dabei werden sie gelegentlich von einem vorbeiziehenden Stern oder einer nahen, gewaltigen interstellaren Wolke angerempelt, und dann schießt ein Hagel eisiger Miniwelten schräg in das innere Sonnensystem hinein. Große Kometen schlagen heutzutage jedoch sehr selten auf der Erde ein.

Im folgenden wollen wir uns auf eine einzige Welt, nämlich auf unsere Erde konzentrieren, und die Entwicklung ihrer Atmosphäre, ihrer Oberfläche und ihres Innern sowie die einzelnen Entwicklungsstufen untersuchen, die zur Entstehung des Lebens, der Tierwelt und der Menschen führten. Unser Blickwinkel wird sich dann zunehmend verengen, und deshalb wird der Gedanke naheliegen, daß wir vom restlichen Kosmos abgeschieden sind – eine selbstgenügsame Welt, die sich um ihre eigenen Angelegenheiten kümmert. Tatsächlich sind jedoch Geschichte und Geschick unseres Planeten und der darauf lebenden Wesen während der gesamten Erdgeschichte (und nicht nur zur Zeit ihrer Ursprünge) von dem, was draußen im Weltall geschieht, grundlegend und entscheidend beeinflußt worden. Unsere Ozeane, unser Klima, die Bausteine des Lebens, die biologische Mutation, das Aussterben von Arten sowie Tempo und Takt der Entwicklung des Lebens lassen sich nicht verstehen, wenn wir uns die Erde als hermetisch vom übrigen Universum abgeschottet vorstellen, aus dem allenfalls ein wenig Sonnenlicht durchdringt.

Die Materie, aus der unsere Welt aufgebaut ist, kam im Himmel zueinander. Gewaltige Mengen organischen Materials fielen zur Erde, oder wurden vom Sonnenlicht hervorgebracht; so entstand der Kontext für den Ursprung des Lebens. Nach diesen Anfängen mutierten die Lebensformen und paßten sich der sich verändernden Umwelt an; auch bei diesen Prozessen spielten als Auslöser Strahlungen und kosmische Zusammenstöße eine Rolle. Heute schließlich nährt sich beinahe alles Leben von der Sonnenenergie. »Dort draußen« und »hier unten« sind also keine abgeschiedenen Räume. In Wirklichkeit war jedes Atom, das hier unten ist, einmal dort draußen.[5]

Nicht all unsere Vorfahren vollzogen die heute übliche scharfe Trennung zwischen Erde und Himmel. Einige erkannten durchaus deren Verbundenheit. Die Großeltern der olympischen Götter in den Mythen der alten Griechen waren *Uranus*[6], der Gott des Himmels, und seine Frau *Gaia*, die Göttin der Erde. Und in den Religionen des alten Mesopotamiens herrschte die gleiche Vorstellung. Im alten Ägypten waren die Geschlechterrollen vertauscht: *Nut* war die Göttin des Himmels und *Geb* der Gott der Erde. Die Hauptgötter der Konjak Nagas im himalajischen Grenzgebiet Indiens heißen heute noch *Gawang* (»Erd-Himmel«) und *Zangban* (»Himmel-Erde«). Die Quiché-Mayas schließlich (im heutigen Gebiet von Mexiko und Guatemala) nannten das Universum *cahuleu*, was wörtlich soviel heißt wie »Himmel-Erde«.

Das also ist der Ort, an dem wir leben und von dem wir stammen. Der Himmel und die Erde sind eins.

Kapitel 2

Schneeflocken sind in die Glut gefallen

Noch war kein Mensch da, kein Tier. Vögel, Fische, Schalentiere, Bäume, Steine, Höhlen, Schluchten gab es nicht. Kein Gras. Kein Wald. Nur der Himmel war da.

POPOL VUH
Das Buch des Rates[1]

Bevor die Hohen und Fernen Zeiten begannen, o mein Bestgeliebtes, war die Zeit der Ersten Anfänge; und das war in den Tagen, als der Älteste Zauberer die Dinge fertig machte. Zuerst machte er die Erde fertig; dann machte er das Meer fertig; und dann sagte er allen Tieren, sie könnten herauskommen und spielen.

RUDYARD KIPLING
Der Krebs, der mit dem Meer spielte[2]

Wenn Sie mit dem Auto senkrecht nach unten fahren könnten, würden Sie sich nach einer oder zwei Stunden tief im Innern der äußeren Erdkruste befinden, weit unter den Sockeln der Kontinente, in der Nähe einer feurigen Region, in der das Gestein zu einer zähen Flüssigkeit wird, beweglich und glühend heiß. Und wenn Sie eine Stunde lang vertikal nach oben fahren könnten, würden Sie sich im fast vollkommenen Vakuum des interplanetarischen Raums wiederfinden.[3] Unter Ihnen würde sich – blau, weiß und atemberaubend weit, von Leben übersprudelnd – der liebliche Planet ausbreiten, auf dem unsere Spezies und so viele andere herangewachsen sind. Wir bewohnen eine flache Zone gnädiger Umwelt. Im Vergleich zur Größe der Erde ist diese Zone so dünn wie die Schellackschicht auf einem großen Schulglobus. Einst jedoch, vor langer Zeit, war sogar dieser schmale bewohnbare Grenzbereich zwischen Hölle und Himmel ungeeignet, Leben aufzunehmen.

* * *

Anfangs wuchs die Erde im Dunkeln. Obwohl die urzeitliche Sonne loderte, gab es so viel Gas und Staub zwischen Erde und Sonne, daß zunächst kein Licht durchdringen konnte. Die Erde war in einen Kokon aus interplanetarischen Trümmern eingebettet. Gelegentlich leuchtete ein Blitz auf, in dessen Strahl Sie als Beobachter einen Blick auf eine verheerte, pockennarbige und nicht ganz kugelförmige Welt hätten erhaschen können. Und während die Erde nun mehr und mehr Materie in sich aufnahm, vom Staubkörnchen bis hin zu selbständigen Miniwelten, wurde sie immer runder und homogener.

Jeder Zusammenstoß mit hochbeschleunigten kleinen Welten bewirkte dramatische Explosionen, die große Krater hinterließen. Ein Großteil der Einschlagobjekte löste sich dabei in Staub und Atome auf. Bei den überaus häufigen Zusammenstößen verdunstete eine solche Menge Eis, daß sich der Planet allmählich in Dampf einhüllte. Dadurch konnte die bei den Einschlägen entstehende Hitze nicht mehr ins All entweichen. Die Temperatur der Erde stieg somit immer weiter an, bis ihre Oberfläche gänzlich flüssig wurde, bedeckt mit einem Meer von Magma, das von seiner eigenen roten Hitze glühte. Und über allem der Wasserdampf. So ging die Phase der Arrondierung der Erdmaterie zu Ende.

In diese Epoche, in der die Erde noch jung war, fiel die augenfälligste Katastrophe in der Geschichte unseres Planeten: ein Zusammenstoß mit einer großen Welt. Dieser brach zwar die Erde nicht gerade entzwei, sprengte jedoch ein ordentliches Stück von ihr in den umliegenden Raum. Aus diesem um die Erde kreisenden Trümmerring entstand bald darauf der Mond.

Die Erde drehte sich damals noch schneller als zu unserer Zeit; und der Tag dauerte damals nur wenige Stunden. Von der Schwerkraft des Mondes ausgehende, auf den Meeren der Erde und im Erdinnern wirksame Gezeiten sowie Gezeiten, die von der Schwerkraft der Erde beeinflußt, im Innern des Mondes wirkten, verlangsamten allmählich die Erdrotation. Dadurch verlängerten sich wiederum die Tage. Schon seit seiner Entstehung entfernt sich der Mond immer weiter von der Erde. Noch heute schwebt er über uns – als bedrohliche Erinnerung daran, daß unsere Erde, wäre der Himmelskörper, mit dem sie damals kollidierte, noch wesentlich größer gewesen, wohl selbst zu Bruch gegangen wäre. Dann wären *ihre* Fragmente durch das innere Sonnensystem gerast – als Teile eines der vielen weniger glücklichen, kurzlebigen Himmelskörper. Dann wäre die Menschheit nie entstanden, und unsere Spezies wäre – wie so viele andere – über das Stadium der reinen Möglichkeit nie hinausgekommen.

* * *

Schon bald nach der Entstehung der Erde war deren geschmolzenes Inneres aufgewühlt; große Konvektionswärmeströme zirkulierten, und das Erdinnere köchelte langsam vor sich hin. Schwermetalle wurden zum Mittelpunkt der Erde befördert und bauten dort den riesigen flüssigen Erdkern auf. Durch Bewegungen im flüssigen Eisen entstand nach und nach das starke Magnetfeld der Erde.

Nun kam die Zeit, da das Sonnensystem weitgehend frei wurde von Gas,

Staub und gefährlichen Miniwelten. Auf der Erde löste sich die dichte Wasserdampfatmosphäre, welche die Hitze nicht hatte entweichen lassen, allmählich auf. Sogar die Kollisionen selbst halfen dabei, diese dichte Atmosphäre weiter in den Weltraum hinauszutreiben. Nach wie vor beförderten die Wärmeströme heißes Magma an die Erdoberfläche, aber die Hitze der zähflüssigen Gesteinsmasse konnte nun abgestrahlt werden. Langsam begann die Erdoberfläche, sich abzukühlen. Ein Teil des Gesteins erstarrte, und eine dünne, zunächst zerbrechliche Kruste bildete sich heraus, wurde dicker und härter. Durch Blasen und Risse in der Erdkruste stiegen weiterhin Magma, Hitze und Gase vom Innern zur Oberfläche.

Der Beschuß durch Miniwelten, die vom Himmel fielen, verlangsamte sich, doch scheint es mehrfach sprunghafte Zunahmen bei diesem Beschuß gegeben zu haben. Jeder größere Einschlag auf der Erde produzierte eine große Staubwolke, und es gab anfangs so viele Einschläge, daß ein durchgängiger Mantel feiner Staubteilchen die Erde einhüllte und eine Zeitlang das Sonnenlicht daran hinderte, die Erdoberfläche zu erreichen. Dadurch entfiel der Treibhauseffekt und die Erde gefror. Es scheint nach Erstarrung des Magmameeres und vor dem Ende des massiven Beschusses durch Miniwelten einen Zeitraum gegeben zu haben, da die Erde ein gefrorener, arg angeschlagener Planet war. Wer wäre nach einem prüfenden Blick auf diese trostlose Welt wohl zu dem Schluß gekommen, daß hier Leben entstehen könne? Welcher unverbesserliche Optimist hätte vorhersehen können, daß hier eines Tages Pfingstrosen wachsen, daß hier Adler fliegen würden?

Die ursprüngliche Erdatmosphäre war durch die frühen, unablässigen Zusammenstöße mit Miniwelten gänzlich in den Weltraum hinausgeschleudert worden. Doch nun sickerte eine Nachfolgeatmosphäre aus dem Erdinnern herauf, und diese blieb erhalten. Mit dem Nachlassen der Einschläge wurden globale Staubwolken zunehmend seltener. Von der Erdoberfläche aus betrachtet, hätte das Sonnenlicht damals wie in einem extremen Zeitlupenfilm geflackert. Und es gab demnach auch eine Zeit, da das Sonnenlicht zum ersten Mal durch den Staubmantel brach; da Sonne, Mond und Sterne von der Oberfläche unseres Planeten aus erstmals zu sehen waren – für einen Betrachter, den es damals natürlich noch nicht gab. Dieser hätte dann auch den ersten Sonnenaufgang und den ersten Einbruch der Nacht erlebt.

In sonnigen Perioden erwärmte sich die Erdoberfläche. Unter Druck ausgeschiedener Wasserdampf kühlte sich ab und verflüssigte sich; Wassertröpfchen rieselten herab, um die Niederungen und Einschlagkrater aufzufüllen. Eisberge fielen weiterhin vom Himmel und verdampften beim Aufprall. Ströme von extraterrestrischem Regen trugen zur Formung der Urmeere bei.

Organische Moleküle, auf denen alles irdische Leben basiert, bestehen aus Kohlenstoff – und anderen Atomen. Offensichtlich fand ihre Synthese irgendwie *vor* dem Beginn des Lebens statt, damit Leben überhaupt entstehen konnte. Wie das Wasser hatten auch die organischen Moleküle zwei Quellen: Himmel und Erde. Die frühe Atmosphäre wurde durch ultraviolettes Licht, Sonnenwinde, das ununterbrochene Aufleuchten und Knistern von Blitz und Donner, durch Sonnenelektronen, intensive frühe Radioaktivität und durch die Schockwellen von Gegenständen, die vom Himmel steil zu Boden fielen, mit Energie aufgeladen. Bringt man im Laborversuch solche Energiequellen in Atmosphären ein, die der mutmaßlichen ursprünglichen Erdatmosphäre so genau wie möglich entsprechen, dann entstehen viele der molekularen Bausteine des Lebens – und zwar mit erstaunlicher Leichtigkeit.

Das Leben begann in der Endphase der heftigen Kollisionen der Erde mit anderen Miniwelten. Und das war sicher kein Zufall. Die kraterbedeckten Oberflächen von Mond, Mars und Merkur geben anschauliches Zeugnis davon, wie stark und weltverändernd diese Kollisionen waren. Und weil die Miniwelten, die bis in unsere Zeit überdauert haben – die Kometen und Asteroiden –, ziemlich große Anteile an organischem Material haben, lautet die naheliegende Schlußfolgerung, daß ähnliche Miniwelten, ebenso reich an organischem Material, aber in viel gewaltigerer Zahl, vor vier Milliarden Jahren zur Erde fielen und so vielleicht auch zum Ursprung des Lebens beitrugen.

Die Bruchstücke einiger dieser Körper verglühten vollständig, als sie in die frühe Atmosphäre eintauchten. Andere Bruchstücke überdauerten unbeschädigt und brachten so ihre »Nutzlast« organischer Moleküle sicher zur Erde. Kleine organische Teilchen rieselten wie feiner rußiger Schnee aus dem Weltraum herab. Was wir nicht genau kennen, ist das Verhältnis solcher »Einfuhren« zur organischen Eigenproduktion der Erde in ihrem Frühstadium. Doch scheint sie aus vielen Quellen kräftig mit dem Stoff des Lebens[4] »gefüttert« worden zu sein – einschließlich

Aminosäuren (den Bausteinen der Proteine) und nukleotider Basen und Zucker (den Bausteinen von Nukleinsäuren).

Stellen Sie sich jetzt einen Hunderte von Jahrmillionen andauernden Zeitraum vor, während dessen auf der Erde geradezu ein Überfluß an Bausteinen des Lebens herrscht. Einschläge und ihre Folgen verändern das Klima auf unberechenbare Weise: Einmal fällt die Temperatur unter den Gefrierpunkt des Wassers, wenn die Sonne hinter Staubwolken verschwunden ist; ein andermal steigt sie wieder an, sobald der Staub sich gelegt hat. Es gibt Teiche und Seen, die ungestümen Schwankungen in den Lebensbedingungen unterworfen sind – einmal warm, hell und in ultraviolettes Licht getaucht, ein andermal gefroren und dunkel. Aus dieser vielfältigen, veränderlichen Landschaft und aus dem kräftigen organischen Gebräu ist Leben entstanden.

Am Himmel über der Erde stand zur Zeit des Lebensursprungs ein riesiger Mond, dessen vertraute Oberfläche durch mächtige Zusammenstöße und durch Meere flüssiger Lava geformt worden war. Wenn der heutige Mond etwa so groß wirkt wie ein auf Armlänge entfernt gehaltenes Fünfmarkstück, dann hätte dieser urzeitliche Mond etwa so groß ausgesehen wie eine Untertasse. Er muß herzzerreißend schön gewesen sein. Aber er war noch durch Milliarden Jahre vom frühesten menschlichen Liebespaar getrennt.

Wir wissen, daß die Entstehung von Leben schnell vor sich ging, wenigstens an der Zeitskala gemessen, in der sich Sonnen entwickeln. Das Magmameer bestand bis vor etwa 4,4 Milliarden Jahren. Die Zeit des beständigen oder so gut wie beständigen Staubmantels dauerte noch ein wenig länger, und auch gewaltige Einschläge kamen mit Unterbrechung noch weitere Hunderte von Jahrmillionen lang vor. Die größten dieser Einschläge ließen die Erdoberfläche schmelzen, die Ozeane verkochen und die Erdatmosphäre in den Weltraum entweichen. Diese früheste Epoche der Erdgeschichte heißt denn auch sinnigerweise im Englischen *Hadean*, »höllenartig«. Vielleicht entstand Leben sogar mehrere Male und wurde jedesmal durch einen Zusammenstoß mit irgendeiner verrückten, vom Kurs abgekommenen Miniwelt, die neu aus den Tiefen des Alls auftauchte, wieder ausgelöscht. Solche Zwischenfälle scheinen sich bis vor etwa vier Millionen Jahren wiederholt zu haben. Vor 3,6 Milliarden Jahren jedoch hatte sich das Leben dauerhaft etabliert.

Die Erde ist ein riesiger Friedhof, und gelegentlich stoßen wir bei Grabungen auf einen unserer Vorfahren. Die ältesten bekannten Fossilien sind, so möchte man annehmen, mikroskopisch klein und nur mit Hilfe sorgfältigster wissenschaftlicher Analysen zu entdecken. Für manche trifft dies auch zu. Aber andere der ältesten erhaltenen Spuren von Leben auf der Erde sind, entgegen aller Erwartung, leicht mit bloßem Auge zu sehen, obwohl die Lebewesen, die sie verursachten, mikroskopisch klein waren. Häufig sind diese sogenannten Stromatolithen bis ins kleinste Detail erhalten. Manche sind sogar so groß wie ein Basketball oder eine Wassermelone. Einige wenige sind halb so lang wie ein Fußballfeld. Stromatolithen sind wirklich groß. Ihr Alter läßt sich von der radioaktiven Uhr in den Schichten der zu Basalt erstarrten Lava ablesen, in denen sie eingebettet sind.

Sie wachsen und gedeihen noch heute – in warmen Buchten, Lagunen und seichten Meeresarmen in Südkalifornien (Mexiko), Westaustralien oder bei den Bahamas. Sie sind aus aufeinanderfolgenden Sedimentschichten zusammengesetzt, die von ganzen Bakteriengeflechten produziert wurden. Deren einzelne Zellen leben zusammen und müssen daher Wege entwickelt haben, wie man mit seinem Nachbarn gut auskommt. Beim Anblick der frühesten Lebensformen auf der Erde zeigt sich also nicht das Bild einer Natur mit Blut an Zähnen und Klauen, sondern vielmehr ein Bild der Zusammenarbeit und Harmonie. Keines der beiden Extreme ist natürlich die ganze Wahrheit; und bei genauerer Untersuchung heute existierender Stromatolithen finden wir in der Kolonie auch kleine einzellige Mikroben, die in den Geflechten frei herumschwimmen, darunter auch solche, die eifrig ihre Nachbarn verschlingen. Vielleicht gab es die auch schon von Anfang an.

Manche stromatolithischen Verbände wenden die Photosynthese an; sie können Sonnenlicht, Wasser und Kohlendioxyd in Nahrung verwandeln. Noch heute sind wir Menschen nicht in der Lage, eine Maschine zu bauen, die diese Umwandlung mit einem Wirkungsgrad durchführen könnte, der bei einer photosynthetischen Mikrobe selbstverständlich ist, von einem Leberblümchen ganz zu schweigen. Die stromatolithischen Bakterien aber konnten dies schon vor 3,6 Milliarden Jahren.

Was genau nun zwischen der Zeit der frühesten Meere, die leblos, aber reich an organischen Molekülen und Möglichkeiten waren, und der Zeit der ersten Stromatolithen geschah, entzieht sich unserer Kenntnis. Mit unserem heutigen Wissen ist eine Rekonstruktion nicht möglich. Doch Mikroben, die sich zu Stromatolithen verbanden, können schwerlich die ersten Lebewesen gewesen sein. Ehe es kolonieartige Formen gab, muß es nach aller Wahrscheinlichkeit einzelne freilebende, einzellige Organismen gegeben haben. Und davor sogar etwas noch Einfacheres. Ehe die ersten photosynthetischen Organismen fähig waren, ihre chemischen Kunststücke zu vollführen, gab es vielleicht kleine Lebewesen, die das über die ursprüngliche Erde verstreute organische Material verzehren konnten: Die Nahrungsaufnahme scheint deutlich geringere Anforderungen zu stellen als die Herstellung von Nahrung. Und jene kleinen Lebewesen selbst hatten weitere Vorfahren... und so fort, bis zurück zum frühesten Molekül oder molekularen System, das fähig war, grobe Kopien seiner selbst herzustellen.

Warum entwickelten sich kolonieartige Formen so früh? Vielleicht hängt alles mit der Luft zusammen. In der frühen Atmosphäre herrschte mit ziemlicher Sicherheit Sauerstoffmangel, ehe die Erde mit Grünpflanzen bedeckt war. Ohne Sauerstoff aber gab es auch kein Ozon, denn Ozon ist durch ultraviolettes Licht (UV) umgewandelter Sauerstoff; und wenn es kein Ozon gab, konnte das sengende ultraviolette Licht der Sonne ungehindert bis zum Erdboden vordringen. Die Intensität der ultravioletten Strahlen erreichte in jenen frühen Tagen des Erdaltertums für ungeschützte Mikroben vielleicht eine tödliche Dosis wie heutzutage auf dem Mars. Heute sind wir – mit gutem Grund – besorgt, daß Chlor-Fluor-Kohlenwasserstoffverbindungen (FCKW) und andere Produkte unserer industriellen Zivilisation die Ozonschicht um einige zehn Prozent verringern. Und die vorhergesagten biologischen Folgen sind in der Tat erschreckend. Wieviel ernster muß es da gewesen sein, überhaupt keinen Schutzschild aus Ozon gehabt zu haben.

In einer Welt, in der kräftige, tödliche UV-Strahlen die Oberfläche des Wassers erreichten, könnte die Abkehr von der Sonne überall, außer in den Tiefen der Ozeane, der Schlüssel zum Überleben gewesen sein – und das könnte schon bald wieder so werden. Moderne Stromatolithen scheiden eine Art von extrazellulärem Klebstoff aus, der ihnen hilft, zusammenzuhalten und auch am Meeresboden zu haften. Dabei gab und gibt es sicher eine optimale Wassertiefe, tief genug, um nicht vom ultravioletten Licht auf der Stelle gebraten zu werden, und auch nicht so tief, daß die Lichtstärke für die Photosynthese nicht ausreichte. Dort wäre den teilweise vom Seewasser abgeschirmten Organismen dann zusätzlicher Schutz vor den UV-Strahlen erwachsen, wenn sie eine undurchlässige Materialschicht hätten um sich herum legen können. Nehmen wir nun einmal an, die Tochterzellen im Fortpflanzungsprozeß einzelliger Organismen trennten sich nicht ab und gingen nicht getrennte Wege, sondern blieben statt dessen miteinander verbunden und brächten nach vielen Zellspaltungen eine unregelmäßige Masse hervor. Die äußeren Zellen würden dann die Wucht der UV-Schädigung abfangen; die inneren wären geschützt. Wenn alle Zellen flach auf der Meeresoberfläche ausgebreitet wären, würden alle zugrunde gehen; wenn sie in Klumpen zusammenhingen, wären die meisten der inneren Zellen vor den tödlichen Strahlen geschützt. Das mag ein kräftiger früher Anstoß zu einer gemeinschaftlichen Lebensweise gewesen sein. Einige starben, damit andere leben konnten.*

Noch ältere Fossilien sind nicht bekannt, vor allem, weil sehr wenig von der Erdoberfläche aus der Zeit vor mehr als 3,6 Milliarden Jahren überdauert hat. Fast die ganze ältere Erdkruste wurde tief in das Innere unseres Planeten transportiert und zerstört. In einer seltenen, 3,8 Milliarden Jahre alten Ablagerung in Grönland gibt es aufgrund der darin enthaltenen Kohlenstoffatome einige Anzeichen dafür, daß Leben sogar damals schon weit verbreitet gewesen sein könnte. Demnach liegt der Ursprung von Leben auf der Erde irgendwann zwischen 3,6 und möglicherweise 4,0 Milliarden Jahren zurück. Viel früher kann es nicht gewesen sein. Wegen der Unwirtlichkeit der Erde in ihren Frühstadien, und weil es angemessener Zeit bedurfte, damit sich Stromatolithen bildende Mikroben entwickeln konnten, muß sich der Ursprung des Lebens auf einen vergleichsweise engen Rahmen in der Ausdehnung geologischer Zeit beschränken. Leben scheint sehr schnell entstanden zu sein, nachdem es überhaupt möglich war.

So versucht nun also unser Waisenkind, der Mensch, zögerlich und sich windend, auf hundert Millionen Jahre genau auszumachen, wann der

* Das heißt natürlich nicht, daß hier bewußter Altruismus im Spiel wäre. Auch in stromatolithischen Kolonien ist jede Einzelzelle im Innern sicherer, jede außen liegende stärker gefährdet. Vom gemeinschaftlichen Verhalten profitieren nur die meisten Zellen; keine bleibt ganz ohne Risiko, denn die äußeren werden durch die UV-Strahlung zugrunde gerichtet. Es ist vielmehr so, als hätte man vor der Koloniebildung für die durchschnittliche beteiligte Zelle eine Kosten-Nutzen-Analyse durchgeführt.

Stammbaum zuerst Wurzeln schlug. Dabei ist das »Wie« viel schwieriger als das »Wann«. Aber es scheint, daß tödliche Umweltgefahren, eine Art von Sich-Zusammendrängen zum gegenseitigen Schutz und der Tod – natürlich weder freiwillig noch unfreiwillig – riesiger Zahlen von Kleinlebewesen von Anfang an für das Leben charakteristisch waren. Manche Mikroben retteten ihre Gefährten, andere fraßen sie auf.

* * *

Zur Zeit der Ursprünge des Lebens scheint die Erde überwiegend ein ozeanischer Planet gewesen zu sein. Nur die Ränder großer Einschlagkrater ragten hervor und unterbrachen hier und da die Monotonie. Aber die Uranfänge der Kontinente reichen etwa vier Milliarden Jahre zurück. Damals wie heute aus leichterem Gestein bestehend, ruhten sie hoch oben auf den sich bewegenden, kontinentgroßen Platten (oder Tafeln) der Erdkruste. Damals wie heute wurden diese riesigen Platten aus dem Innern der Erde herausgepreßt, wie auf einem großen Förderband über ihre Oberfläche transportiert, bis sie schließlich ins halbflüssige Innere zurücksanken. In der Zwischenzeit wurden bereits neue Platten aus der Erde herausgequetscht. Riesige Mengen beweglichen Gesteins wurden so langsam zwischen Oberfläche und den Tiefen ausgetauscht. Eine riesige Konvektionswärmemaschine war entstanden.

Vor zirka 3 Milliarden Jahren wurden die Kontinente allmählich größer. Vom Mechanismus der Platten auf der Erdkruste wurden sie um die halbe Erde transportiert, wobei sich neue Ozeane auftaten, andere zugeschüttet wurden. Gelegentlich stießen Kontinente mit ungemein langsamer Geschwindigkeit aufeinander; dann bäumte sich die Erdkruste auf, faltete sich und große Gebirgszüge wurden in die Höhe geschoben. Wasserdampf und andere Gase strömten heraus, hauptsächlich entlang der Höhenrücken in den Ozeanen und entlang der Vulkane an den Plattenrändern.

Heute können wir das Wachsen von Kontinenten leicht erkennen, ihre gegenseitige Verschiebung über der Erdoberfläche (manchmal Kontinentalverschiebung genannt), ihre Zerstörung und den darauf folgenden Transport des Meeresbodens in das Erdinnere aufgrund einer Bewegungsform, die Plattentektonik genannt wird. Selbst wenn die darunterliegenden Platten ins Erdinnere absinken und dabei zerstört werden, tendieren die Kontinente dazu, erhalten zu bleiben und weiterzuwandern. Doch manchmal ereilt das Schicksal auch Kontinente. Irgendeine alte Kontinentalkruste ist immer auf dem Weg in die Tiefen der Erde, und von den wirklich alten Kontinenten haben bis in unsere Zeit nur kleinere Teile überdauert – in Australien, Kanada, Grönland, Swasiland und Zimbabwe.

Die Plattentektonik hat auf die Entwicklung des Lebens nachhaltigen Einfluß: Treibhausgase und feine Teilchen in der Stratosphäre, beide durch vulkanische Tätigkeit hervorgerufen, können je nachdem die Erde entweder erwärmen oder abkühlen. Die sich verändernde Konstellation der Kontinente entscheidet über Niederschlags- und Monsunmuster sowie über den Kreislauf warmer und kalter Meeresströmungen. Wenn die Kontinente alle zu einer riesigen Masse zusammengefügt sind, ist die Vielfalt von Meeresumwelten stark eingeschränkt; wenn die Kontinente über die Oberfläche des Globus verstreut sind, gibt es vielerlei Arten von Umwelten, insbesondere jene in Küstennähe, aus denen eine überraschend große Anzahl grundlegender Neuerungen in der Geschichte des Lebens hervorgegangen zu sein scheint. So wurde also die Geschichte des Lebens, wurden aber auch viele der einzelnen Entwicklungsschritte, die zu uns Menschen hinführten, von großen Platten und Säulen zirkulierenden Magmas gelenkt – angetrieben durch die Hitze längst vergangener Welten, die ineinandergefallen waren, um die Erde zu bilden; durch die Hitze der Ausbildung des flüssigen Eisenkernes unseres Planeten; und durch die beim Verfall radioaktiver Atome, die ursprünglich aus den Todeswehen weitentfernter Riesensterne stammten, entstehende Hitze. Wären all diese Ereignisse nur ein wenig anders verlaufen, dann wäre eine unterschiedliche Hitzemenge entstanden; dann hätte sich eine unterschiedliche Form der Plattentektonik ergeben; und die Evolution des Lebens wäre in anderen Bahnen verlaufen. Dann wären heute vielleicht nicht die Menschen, sondern irgendeine völlig andere Spezies die dominierende Form des Lebens auf der Erde.

Wir wissen nahezu nichts über die Anordnung der Kontinente während der ersten vier Milliarden Jahre. Sie mögen viele Male über die Ozeane verstreut gewesen und wieder in eine einzige Masse zusammengeführt worden sein. Für zumindest 85 Prozent der Erdgeschichte würde eine Karte unseres Planeten völlig ungewohnt erscheinen – als ob sie eine andere Welt darstellte. Die früheste wohlfundierte Rekonstruktion können wir für die Zeit vor etwa 600 Millionen Jahren bewerkstelligen. Die nördliche Hemisphäre war damals weitgehend ein Ozean; im Süden befand sich ein einziger gewaltiger Kontinent mit Bruchstücken von zukünftigen Kontinenten, die mit einer Geschwindigkeit von etwa 2,5 Zentimetern pro Jahr über die Erdoberfläche drifteten. Das ist viel langsamer als Schneckentempo. Bäume wachsen schneller in die Höhe, als Kontinente sich in der Ebene verschieben; aber wenn man einen Spielraum von Millionen von Jahren zur Verfügung hat, dann ist das völlig ausreichend, um zu bewirken, daß Kontinente aufeinanderstoßen und daß sich gänzlich verändert, was auf den Karten erscheint.

Hunderte von Jahrmillionen waren die heutigen südlichen Kontinente – Antarktis, Australien, Afrika und Südamerika – mit Indien zu einem gemeinsamen Gefüge vereinigt, das die Geologen Gondwanaland nennen.* Die Landmassen, die später Nordamerika, Europa und Asien bilden sollten, waren abgelöst und trieben in Stücken durchs Weltmeer. All diese schwimmenden Kontinentaltrümmer sammelten sich letztlich in einem gewaltigen Superkontinent. Ob wir das Ergebnis als einen Landplaneten beschreiben, der einen gewaltigen Salzwassersee umschließt, oder als einen Meeresplaneten mit einer gewaltigen Insel, ist lediglich eine Frage der Definition. Er könnte als eine freundliche Welt erschienen sein: Zumindest konnte man überallhin gehen; es gab keine fernen Länder jenseits des Meeres. Geologen nennen diesen Superkontinent Pangäa – »Gesamterde«. Er schloß Gondwanaland ein, war aber natürlich wesentlich größer als dieses.

Pangäa bildete sich vor 270 Millionen Jahren im Permzeitalter heraus, das eine beschwerliche Zeit für die Erde war. Weltweit hatte sich das Klima erwärmt. An manchen Orten war der Feuchtigkeitsgehalt sehr hoch, große Sümpfe entstanden und wurden später durch weite Wüsten

* Gelegentlich kann man auf Autoaufklebern von Geologiestudenten lesen: »Wiedervereinigung für Gondwanaland«. Im übertragenen, politischen Sinn mag das vielleicht denkbar sein (auch dort ist eine solche Vereinigung jedoch nicht sehr wahrscheinlich), ansonsten aber ist dies ein äußerst hoffnungsloser Fall – wenn man nicht in geologischen Zeiträumen denkt. Dennoch stehen auf einem runden Globus für Kontinentaltrennungen und -zusammenfügungen nur begrenzte Möglichkeiten offen. Ein Raumgewinn auf der einen Seite ist automatisch ein Raumverlust auf der anderen. In ein paar hundert Millionen Jahren könnten unsere entfernten Nachkommen – wenn es dann noch welche gibt – vielleicht Zeugen einer Wiedervereinigung zu einem Superkontinent werden. Dann könnte auch Gondwanaland wiedervereinigt sein.

ersetzt. Vor ungefähr 255 Millionen Jahren begann Pangäa zu zerbrechen – man nimmt an, wegen eines plötzlichen gigantischen Lavaausbruchs aus dem brodelnden Kern durch die Erdoberfläche. Texas, Florida und England lagen damals am Äquator. Nord- und Südchina waren getrennte Stücke, Indochina und der Malaiische Archipel eine zusammenhängende Landmasse und die Bruchstücke dessen, was später Sibirien ausmachen sollte, waren alles große Inseln. Eiszeiten kamen und gingen alle zweieinhalb Millionen Jahre, und entsprechend fiel oder stieg der Meeresspiegel. Gegen Ende der Permzeit scheint die Landkarte der Erde gewaltsam umgearbeitet worden zu sein. Ganze Landstriche in Sibirien wurden von Lava überflutet. Pangäa drehte sich und trieb nach Norden ab, dabei das sibirische Festland in seine gegenwärtige Lage nahe dem Nordpol schiebend. »Megamonsune«, ungestüme jahreszeitliche Regenfälle von einem Ausmaß, das alles übersteigt, was jemals von Menschen beobachtet wurde, tränkten und überfluteten das Land. Südchina wurde langsam in Asien hineingefaltet. Viele Vulkane brachen gemeinsam aus und spien Schwefelsäure in die Stratosphäre; vielleicht spielten sie auch eine bedeutende Rolle bei der Abkühlung der Erde.[5] Die biologischen Folgen dieser Vorgänge waren tiefgreifend – eine weltweite Todesorgie zu Lande und zur See; niemals zuvor oder seither hat es Vergleichbares gegeben.[6]

Der Zerfall von Pangäa ging weiter. Vor hundert Millionen Jahren waren Südamerika und Afrika, die selbst heute noch wie zwei Teile eines Puzzlespiels zueinander passen, gerade eben durch eine schmale Meeresstraße getrennt – sie entfernten sich jährlich um etwa zweieinhalb Zentimeter voneinander. Nord- und Südamerika waren damals getrennte Kontinente, und kein Isthmus von Panama verband die beiden. Indien war eine große Insel auf dem Weg nach Norden, weg von Madagaskar. Grönland und die britischen Inseln waren ein Teil des europäischen Festlands. Indonesien, Malaysia und Japan waren mit dem asiatischen Festland verbunden. Sie hätten trockenen Fußes von Alaska nach Sibirien gelangen können. Es gab große Binnenmeere, wo es heute keine mehr gibt. Das war die Welt der Dinosaurier. Diesmal hätte man sie von einer Umlaufbahn aus sofort als die Erde erkannt – aber mit einer eigenartig veränderten Verteilung von Land und Wasser, als ob ein nachlässiger, fahriger Kartograph am Werk gewesen wäre.

Später trieben die Kontinente weiter auseinander, bewegt durch die unter ihnen liegenden Kontinentalplatten der Erdkruste. Afrika und Südamerika strebten immer weiter auseinander, und dabei entstand der Atlantische Ozean. Australien trennte sich von der Antarktis ab. Indien stieß mit Asien zusammen, wobei das Himalajagebirge aufgefaltet wurde. So sah die Welt der Primaten aus.

* * *

Jeder von uns ist ein kleines Lebewesen, dem es erlaubt ist, auf der Außenhaut eines der kleineren Planeten an einigen Dutzend Reisen um den lokalen Fixstern teilzunehmen. Die große, innere Wärmemaschine der Plattentektonik ist gleichgültig gegenüber dem Leben, ebenso die Verschiebungen in Erdumlaufbahn und Achsenneigung, die Schwankungen in der Helligkeit der Sonne und die Einschläge kleiner Welten mit destruktiven Umlaufbahnen. Diese Vorgänge haben keine Ahnung davon, was seit Milliarden Jahren auf der Oberfläche unseres Planeten vorgegangen ist. Sie kümmern sich nicht darum.

Die langlebigsten Organismen auf Erden leben nur etwa ein Millionstel so lange, wie unser Planet alt ist, Bakterien sogar nur ein Hundertbillionstel. Deshalb sehen die einzelnen Organismen natürlich nichts von dem zugrundeliegenden, übergeordneten Muster – Kontinentalverschiebung, Klimabedingungen, Evolution. Sie setzen kaum ihren Fuß auf die Weltbühne, und schon werden sie ausgelöscht – »gestern Schleim«, wie der römische Kaiser Mark Aurel schrieb, »morgen Mumie oder Asche«[7]. Wäre die Erde so alt wie ein Mensch, dann würde ein typischer Organismus im Bruchteil einer Sekunde geboren werden, leben und sterben. Wir sind flüchtige, vorübergehende Kreaturen, Schneeflocken, die in die Glut gefallen sind. Daß wir zumindest ein wenig von unseren Ursprüngen wissen und verstehen, ist einer der großen Erfolge menschlichen Scharfsinns und Mutes.

Wer wir sind und warum wir existieren, läßt sich nur erschließen, wenn man einige Stücke des Gesamtbildes zusammenfügt – dazu gehören ganze Zeitalter der Erdgeschichte, Millionen von Arten und eine Vielzahl von Welten. Unter diesem Blickwinkel ist es nicht verwunderlich, daß wir uns selbst oft ein Geheimnis und, trotz aller Anmaßungen, weit davon entfernt sind, wenigstens in unserem eigenen, kleinen Haus die Herren zu sein.

ÜBER DIE UNBESTÄNDIGKEIT

Das gegenwärtige Leben eines Menschen erscheint mir, mein König, im Vergleich zu dem Zeitraum, der uns unbekannt ist, wie der geschwinde Flug eines Spatzen durch den Raum, in dem Ihr mit Euren Truppenführern und Ministern um ein wohliges Feuer in der Mitte beim Abendessen sitzt, während draußen Regen- und Schneestürme wüten; der Spatz, der zur einen Tür herein- und unmittelbar zur anderen wieder hinausfliegt, ist fürwahr sicher vor dem winterlichen Sturm, solange er im Raum ist; aber nach einer kurzen Spanne guten Wetters verschwindet er unmittelbar aus Eurem Gesichtsfeld in den dunklen Winter, aus dem er aufgetaucht war. Ebenso erscheint dieses Leben eines Menschen für eine kurze Spanne, aber von dem, was zuvor passierte oder was nachfolgen soll, haben wir überhaupt keine Kenntnis.

BEDA VENERABILIS
Kirchengeschichte, Buch 2, Kapitel 13.[8]

Kapitel 3

»Was machst du da?«

Spricht wohl auch der Ton zu seinem Töpfer:
»Was machst du da?«

Jesaja 45, 9

Die Welt und alles, was darin ist, wurde für uns geschaffen – so wie wir selbst für Gott geschaffen wurden.
In den letzten Jahrtausenden, und ganz besonders seit dem Ende des Mittelalters, ist diese stolze, selbstbewußte Aussage immer mehr zur allgemeinen Überzeugung geworden, die Kaiser und Sklaven, Päpste und Gemeindepfarrer im Glauben einte. Die Erde war eine großzügig ausgestattete Bühne, entworfen von einem geistreichen, wenn auch unerforschlichen Regisseur, der es vermocht hatte, eine vielfältige Statistentruppe aus Tukanen und Pflanzenläusen, Aalen, Wühlmäusen, Ulmen und vielen anderen Nebendarstellern zusammenzubringen; nur Er allein wußte, woher. Er stellte sie alle in ihren Premierenkostümen vor uns auf. Sie waren uns zur freien Verfügung zugedacht: um unsere Lasten zu schleppen, unsere Pflüge zu ziehen und unsere Häuser zu bewachen; um Milch für unsere Kleinkinder zu produzieren, Fleisch für unseren Mittagstisch anzubieten und nützliche Unterweisung bereitzustellen – bei den Bienen konnte man beispielsweise nicht nur die Vorzüge fleißiger Arbeit studieren, sondern auch die der Erbmonarchie. Warum Er dachte, wir bräuchten Hunderte unterschiedlicher Arten von Zecken und Schaben, wo doch eine oder zwei mehr als genug gewesen wären; oder warum die Käferarten zahlreicher sind als die irgendeines anderen Lebewesens auf Erden, entzog sich unserer Kenntnis. Wie dem auch sei, der Gesamteffekt der außerordentlichen Vielfalt des Lebens war so verwunderlich und schön, daß man ihn nur verstehen konnte, wenn man einen Schöpfer voraussetzte, dessen Beweggründe uns nicht völlig einsichtig waren. Soviel aber war sicher: Die Bühne, die Ausstattung und die Nebendarsteller hatte Er zu unserem Nutzen geschaffen. Jahrtausende hindurch akzeptierte dies praktisch jedermann, Theologen wie Naturwissenschaftler, als gefühls- und verstandesmäßig plausible Erklärung.
Der Mann, der diesen allgemeinen Konsens zerbrach, tat dies mit äußerstem Widerwillen. Er war kein Ideologe, der darauf aus war, die Tür der

etablierten Gesellschaft einzutreten; er war kein Unruhestifter. Hätte da nicht der Zufall ein wenig mitgespielt, dann hätte er seine Tage wohl als beliebter Dorfpfarrer der Anglikanischen Kirche in einer ländlichen Idylle des 19. Jahrhunderts verbracht. Statt dessen entzündete er ein Sturmfeuer, das mehr von der alten Ordnung zerstörte, als irgendein gewaltsamer politischer Aufruhr es jemals vermocht hatte.[1] Durch die erstaunliche methodische Kraft der Naturwissenschaft wurde dieser Gentleman, der dafür bekannt war, daß er lebhafte Diskussionen zu anstrengend fand, irgendwie zum Revolutionär aller Revolutionäre. Mehr als ein Jahrhundert lang reichte die schlichte Nennung seines Namens aus, um die Frommen zu verunsichern und die Bücherverbrenner aus ihrem unruhigen Schlaf zu schrecken.

* * *

Charles Darwin wurde am 12. Februar 1809 im englischen Shrewsbury als fünftes Kind von Robert Waring Darwin und Susannah Wedgwood geboren. Die Familien Darwin und Wedgwood waren einander durch die enge Freundschaft ihrer Oberhäupter verbunden: Erasmus Darwin (1731–1802), der bekannte Schriftsteller, Arzt und Erfinder, und Josiah Wedgwood (1730–1795), der sich aus ärmlichen Verhältnissen zum Begründer der Tonwarendynastie Wedgwood hochgearbeitet hatte. Diese beiden Männer teilten durchweg fortschrittliche Anschauungen und gingen sogar so weit, anläßlich der Amerikanischen Revolution für die aufständischen Kolonien Partei zu ergreifen: »Wer Unterdrückung zuläßt«, schrieb Erasmus Darwin, »der ist mitschuldig am Verbrechen.«[2]
Ihr Club nannte sich The Lunar Society (Mondgesellschaft), weil man nur während der Zeit des Vollmondes Treffen abhielt, wenn der Heimweg spätnachts erleuchtet und deshalb weniger gefährlich war. Zu den Clubmitgliedern zählten William Small, der Thomas Jefferson in den Naturwissenschaften unterwiesen hatte (am William and Mary College in Virginia; Jefferson hob ihn als den Mann hervor[3], der »möglicherweise die Geschicke« seines Lebens »bestimmt« habe), James Watt, dessen Dampfmaschinen das britische Weltreich antrieben, der Chemiker Joseph Priestley, der Entdecker des Sauerstoffs, und ein Fachmann für Elektrizität namens Benjamin Franklin.
Der Dichter Samuel Taylor Coleridge hielt Erasmus Darwin für »den

originellsten Geist«, den er je kennengelernt habe. Auch als Arzt erwarb sich Erasmus Darwin einen recht guten Ruf. George III. trug ihm an, einer seiner Leibärzte zu werden. (Dieser schlug die Ehrung jedoch aus, da er nicht gewillt war, sein glückliches Heim auf dem Lande zu verlassen; vielleicht hatte der Advokat der amerikanischen Sache aber darüber hinaus auch noch politische Beweggründe.) Sein nachhaltigster Ruhm stammt jedoch aus einer Reihe erfolgreicher enzyklopädischer Lehrgedichte. Sein zweibändiges Werk *The Botanic Garden*, das aus den Bänden *The Loves of the Plants* (1789) und aus der mit Spannung erwarteten Fortsetzung *The Economy of Vegetation* (1791) besteht, war ein ausgesprochener Bestseller. Beide Bände waren so erfolgreich, daß er sich entschied, das Tierreich als nächstes in Angriff zu nehmen. Das Ergebnis war ein gewichtiger Prosaband von 2500 Seiten mit dem Titel *Zoonomia: or, the Laws of Organic Life* (1794). Darin fragte er:

> Wenn wir erstlich die grossen Veränderungen bedenken, die wir bey Thieren nach ihrer Geburt vorgehen sehen z. B. bey der Entstehung des gemalten Schmetterlings aus einer kriechenden Raupe, des Athem holenden Frosches aus der unter dem Wasser lebenden Froschquappe...
> Zweytens die grossen Veränderungen uns vorstellen, welche bey manchen Thieren durch zufällige oder künstliche Cultur hervorgebracht werden z. B. bey Pferden... oder bey Hunden...
> Drittens wenn wir die grosse Ähnlichkeit des Baues bedenken, welcher bey allen warmblütigen Thieren statt hat, sowohl bei Säugethieren, Vögeln und amphibienartigen Thieren, als beym Menschen... so kann man sich des Schlusses nicht enthalten, daß sie alle auf ähnliche Art aus einem einzigen lebenden Filamente entstanden sind.[4]

Erasmus Darwin glaubte: »Da Luft und Wasser den Thieren in hinlänglicher Menge gegeben ist, so sind die drey grossen Gegenstände des Verlangens, welche die Formen mancher Thiere, durch die Äusserungen derselben diesem Verlangen Genüge zu leisten, verändert haben, die der Wollust, des Hungers und der Sicherheit.« Besonders Wollust. Der schwungvolle Refrain seines letzten Werkes, *The Temple of Nature: or, The Origin of Society*[5], lautete: »Und Heil DEN GÖTTERN DER SEXUELLEN LIEBE«. Die Schreibung in Großbuchstaben stammt vom

Autor selbst. An anderer Stelle bemerkte er, daß der Hirsch sein Geweih ausgebildet habe, um andere Männchen »des ausschließlichen Besitzes des Weibchens« wegen zu bekämpfen. Ohne Frage war er einer Sache auf der Spur. Aber seiner Originalität fehlten Ordnung und Disziplin; er war brillant, doch methodische Forschung war ihm zu mühsam. Er war nicht gewillt, den beträchtlichen Preis an Anstrengung und Überdruß zu zahlen, den die Wissenschaft im Austausch für ihre Einsichten verlangt.

Sein Enkel Charles, der in dieser Hinsicht anders gelagert war, las die *Zoonomia* zweimal: einmal im Alter von 18 Jahren und neuerlich ein Jahrzehnt später, nachdem er um die Welt gesegelt war. Er war einigermaßen stolz auf die frühzeitige Vorwegnahme einiger Ideen durch seinen Großvater, die Jean-Baptiste de Lamarck (1744–1829) zwanzig Jahre später berühmt machen sollten. Gleichwohl war Charles »sehr enttäuscht« von Erasmus' Versäumnis, sorgfältig und gründlich zu untersuchen, ob etwas Wahres an seinen geistvollen Vermutungen war.

Lamarck war Soldat gewesen, als Botaniker ein Autodidakt, und als Zoologe hatte er sich darangemacht, den Vorläufer der modernen Form des naturhistorischen Museums zu entwickeln. Als alle Welt noch in Zeiträumen von Jahrtausenden dachte, zog er Jahrmillionen in Erwägung. Auch hielt er die Idee, daß sich die Welt der Lebewesen in säuberlich voneinander abgegrenzte Arten einteilen ließe, für illusorisch; er lehrte, daß die Arten vielmehr sich langsam auseinanderentwickelten und ineinander übergingen; wenn die menschliche Lebensspanne nicht so kurz und flüchtig wäre, so Lamarck, dann wäre diese Tatsache jedermann offensichtlich.

Am bekanntesten ist seine Behauptung, daß ein Organismus die erworbenen Eigenschaften seiner Vorfahren erben könnte. In seinem berühmtesten Beispiel streckt sich die Giraffe, um an die Blätter in den höheren Ästen des Baumes heranzukommen, und irgendwie wird der verlängerte Nacken, der eine Folgeerscheinung des Streckens ist, an die nachfolgende Generation weitergegeben. Mit der Familiengeschichte vieler Generationen von Giraffen konnte Lamarck nicht vertraut gewesen sein, aber er hatte Zugang zu einschlägigem Datenmaterial, das er zu ignorieren vorzog: Seit Tausenden von Jahren haben zum Beispiel Juden und Moslems ohne längere Unterbrechung das Ritual der Beschneidung an ihren Söhnen vollzogen, und doch war und ist kein einziger Fall eines jüdischen oder islamischen Knaben bekannt, der ohne Vorhaut geboren wurde. Bienenköniginnen und Drohnen arbeiten nicht, und haben es seit erdenklichen Zeiten nicht getan; und doch scheinen Arbeitsbienen, die ja von Königinnen und Drohnen abstammen (nie jedoch von anderen Arbeitsbienen), über unzählige Generationen hinweg nicht fauler geworden zu sein; ganz im Gegenteil, sie sind immer noch sprichwörtlich fleißig.[6] Haus- und Hoftieren werden seit vielen Generationen Schwänze und Ohren kupiert oder Brandzeichen in die Flanken gebrannt, ohne daß ihre Neugeborenen je Anzeichen dieser Verstümmelung mit auf die Welt gebracht hätten. Chinesische Frauen wurden jahrhundertelang die Füße grausam zusammengebunden und deformiert, und doch kamen ihre weiblichen Nachkommen beharrlich mit normalen Gliedmaßen zur Welt.[7] Dennoch nahm Charles Darwin trotz solcher Gegenbeispiele zeitlebens den Gedanken Lamarcks und seines Großvaters Erasmus Darwin ernst, erworbene Eigenschaften könnten vererbt werden.

Der Mechanismus, durch den getrennte Erbeinheiten, die Gene, umgruppiert und an die nächste Generation weitergegeben werden; die Art und Weise, wie jene Gene durch Zufall abgeändert werden können; ihre molekulare Natur sowie ihre wundersame Fähigkeit, lange chemische Botschaften zu codieren und diese Botschaften präzise nachzubilden – all das war damals gänzlich unbekannt. Der Versuch, die Entwicklung des Lebens zu verstehen, erforderte zu Darwins Zeit, da die Vererbungsmechanismen noch ein Buch mit sieben Siegeln waren, einen außerordentlich törichten oder einen außerordentlich fähigen Naturwissenschaftler.

* * *

Josiah Wedgwood und Erasmus Darwin hatten lange davon geträumt, daß ihre Kinder eines Tages die tiefe Zuneigung, die beide Familien bereits einigte, durch ihren Ehebund formalisieren würden. Von den beiden erlebte jedoch nur Erasmus den Tag, an dem dies geschah. Sein Sohn Robert, ein großmütiger, aber mürrischer Arzt, ein unheimlich großer, dicker Mann, eine Erscheinung aus Dickens' Romanen, der die Patienten seiner ausgedehnten Praxis abwechselnd tröstete und verschreckte, heiratete Susannah Wedgwood. Sie wurde von vielen wegen ihrer »zarten, mitfühlenden Natur« und der aktiven Rolle bewundert, mit der sie an den wissenschaftlichen Interessen ihres Mannes teilhatte. Doch Susannah starb qualvoll an einer Erkrankung des Magen-Darm-Trakts –

außer Sichtweite, aber in Hörweite ihres achtjährigen Sohnes Charles. Als dieser gegen Ende seines Lebens seine Memoiren niederschrieb, konnte er sich an nichts über seine Mutter erinnern, »ausgenommen an ihr Sterbelager, ihr schwarzes Samtkleid und ihren eigentümlich gebauten Arbeitstisch«.[8]

In diesem autobiographischen Werk, das als Geschenk für seine Kinder und Enkel geschrieben und so abgefaßt wurde, »als wäre ich ein Verstorbener in einer anderen Welt, der auf sein eigenes Leben zurückblickt«[9], gibt Charles Darwin zu, »in vielen Beziehungen ein kleiner Taugenichts« gewesen zu sein. »Ich will hier auch bekennen, daß ich als kleiner Junge sehr dazu neigte, unwahre Geschichten zu erfinden, und dies geschah immer zu dem Zwecke, Aufregung hervorzurufen.« Er prahlte einem anderen Knaben gegenüber, daß er »verschieden gefärbte Schlüsselblumen und Primeln hervorbringen könne, indem ich sie mit gewissen farbigen Flüssigkeiten begösse, was natürlich eine ungeheuerliche Lüge... war«. Sogar in diesem zarten Alter hatte er schon angefangen, über die Variabilität von Pflanzen nachzudenken. Seine lebenslange Versunkenheit in die Welt der Natur kündigte sich bereits an. Er wurde ein leidenschaftlicher Sammler jener Stückchen und Teilchen der Natur, die in aller Welt den sandigen Schutt in den Taschen der Kinder ausmachen. Er war besonders verrückt nach Käfern, aber seine Schwester überzeugte ihn, daß es unmoralisch sei, lediglich zu Sammlerzwecken einem Käfer das Leben zu nehmen. Pflichtbewußt beschränkte er sich also darauf, nur die kürzlich gestorbenen aufzulesen. Er beobachtete Vögel und zeichnete seine Beobachtungen ihres Verhaltens auf. »In meiner Einfalt«, schrieb er später, »wunderte ich mich, warum nicht alle Herren Ornithologen würden.«[10]

Im Alter von neun Jahren wurde er zum Unterricht in Dr. Butlers Tagesschule geschickt. »Nichts hätte für die Entwicklung meines Geistes schlimmer sein können als Dr. Butlers Schule...«, schrieb Darwin später. Butler war der Meinung, daß eine Schule kein Ort für Neugierde sei und daß Lernen nicht aufregend sein dürfe. So wandte sich Darwin einer abgenutzten Ausgabe der *Wunder der Welt* zu und an die Mitglieder seiner Familie, die geduldig seine vielen Fragen beantworteten. Noch als alter Mann konnte er sich an die Freude erinnern, die er fühlte, als ein Onkel ihm erklärt hatte, wie ein Barometer funktioniert. Sein älterer – nach dem Großvater benannter – Bruder Erasmus baute den Schuppen für Gartengeräte in ein chemisches Labor um und erlaubte Charles, ihm bei seinen Experimenten zu helfen. Das trug ihm in der Schule den Spitznamen »Gas« ein sowie eine zornige öffentliche Zurechtweisung durch Dr. Butler.

Charles kam in der Schule so schlecht voran, daß sein Vater, als es für Erasmus an der Zeit war, nach Edinburgh an die Universität zu gehen, auch Charles mit ihm ziehen ließ. Beide Jungen sollten Medizin studieren. Auch hier fand Charles die Vorlesungen bedrückend langweilig. Er konnte es nicht ertragen, irgend etwas zu sezieren und das Erlebnis, eine verpfuschte Operation an einem Kind »lange vor der gesegneten Zeit des Chloroforms« mitansehen zu müssen, sollte ihm für den Rest seines Lebens quälend in Erinnerung bleiben. Aber Edinburgh erwies sich als der Ort, wo er zum erstenmal Freunde fand, die seine Leidenschaft für die Naturwissenschaft teilten.

Nach zwei akademischen Jahren in Edinburgh fand sich Robert Darwin mit der Tatsache ab, daß Charles nicht das Rüstzeug für eine medizinische Laufbahn hatte. Vielleicht würde er einen guten Geistlichen abgeben? Der pflichtbewußte Charles hatte keine Einwände, dachte aber gleichwohl, er sollte sich zunächst intensiv mit der Lehre der Anglikanischen Kirche auseinandersetzen, bevor er einwilligte, sein Leben daran zu binden, anderen die Lehre einzuflößen. »Infolgedessen las ich mit großer Aufmerksamkeit Pearsons ›Über die Glaubensformen‹ und einige andere Bücher über Theologie, und da ich damals nicht den geringsten Zweifel an der strikten und wörtlichen Wahrheit jeden Wortes in der Bibel hatte, überredete ich mich bald, daß unser Glaubensbekenntnis vollständig angenommen werden müsse.«[11]

Charles verbrachte die folgenden drei Jahre an der Universität von Cambridge, wo er bessere Beurteilungen erzielte; aber er fühlte weiterhin eine rastlose Unzufriedenheit mit dem Lehrplan. Seine glücklichsten Augenblicke dort verbrachte er mit seinen geliebten Käfern, die er jetzt auch lebend sammelte.

> Ich will einen Beweis meines Eifers mitteilen: Als ich eines Tages ein Stück alte Rinde abriß, sah ich zwei seltene Käfer und ergriff mit jeder Hand einen. Dann sah ich auf einmal einen dritten, noch dazu eine neue Art, dessen Verlust ich nicht hätte ertragen können; ich steckte daher den einen in meiner rechten Hand schnell in den Mund. Leider spritzte

> er aber da sofort eine intensiv scharfe Flüssigkeit aus, die mir auf der Zunge brannte, so daß ich gezwungen war, ihn auszuspucken; der Käfer war nun verloren, ebenso wie der dritte.[12]

Es war in seiner Eigenschaft als Käferjäger, daß Charles Darwin erstmals in einem Druckwerk erwähnt wurde: »Kein Dichter hat eine größere Freude beim Anblick seines ersten gedruckten Werkes empfunden, als ich es empfand, als ich in Stephens' *Illustrations of British Insects* die magisch wirkenden Worte sah: ›gefangen von C. Darwin, Esq.‹«
In Cambridge hatte man ihn überredet, einen von Adam Sedgwick angebotenen Kurs in Geologie zu besuchen. Darwin erzählte Professor Sedgwick von der merkwürdigen, aber glaubwürdigen Behauptung eines Arbeiters, daß, eingebettet in eine alte Kiesgrube in Shrewsbury, eine »große abgeriebene Schale einer tropischen Volute« (einer Meeres-Walzenschnecke) aufgefunden worden war. Segdwick zeigte sich uninteressiert und abweisend; sie müsse von jemandem dort weggeworfen worden sein. Darwin schreibt dazu in seiner Autobiographie:

> [Segdwick] fügte aber dann hinzu, daß, wenn sie wirklich dort eingeschlossen gewesen wäre, dies das größte Unglück für die Geologie sein würde, da es alles das, was man über die oberflächlichen Ablagerungen in den mittelenglischen Grafschaften wisse, über den Haufen werfen würde. Diese Kiesschichten gehörten in der Tat der Glazialperiode an, und in späteren Jahren habe ich zerbrochene arktische Muscheln darin gefunden. Ich war aber damals im höchsten Grade über Segdwick erstaunt, wie er über eine so wunderbare Tatsache, daß eine tropische Schneckenschale nahe der Oberfläche in der Mitte von England gefunden worden sei, nicht in Entzücken geraten konnte. Obgleich ich verschiedene wissenschaftliche Bücher gelesen hatte, so hat mir doch bis dahin nichts so klar vor Augen geführt, daß Wissenschaft im Zusammenfassen von Tatsachen besteht, so daß allgemeine Gesetze oder Schlüsse aus ihnen gezogen werden können.[13]

Etwa um diese Zeit nahm sein Cousin ihn zu einer Botanikvorlesung von Hochwürden John Steven Henslow mit. Dies war ein Umstand, »der auf meine Karriere mehr als irgendein anderer Einfluß gehabt hat«. Henslow, ein gutaussehender Mann von Anfang Dreißig, hatte die Gabe eines großen Lehrers, der seinen Gegenstand zum Leben erweckt, in so überragendem Maße, daß dieselben Studenten Jahr für Jahr wiederkehrten, um erneut an Kursen teilzunehmen, die sie schon lange abgeschlossen hatten. Darüber hinaus legte er ein außerordentliches Gespür für die Gefühle seiner Studenten an den Tag. Jede »dumme« Frage eines Anfängers wurde respektvoll beantwortet. Jedermann war zu dem Empfang in seinem Haus willkommen, den er jede Woche abhielt, und es gab regelmäßige Einladungen zum Abendessen mit seiner Familie. Darwin schrieb: »Während der [zweiten] Hälfte meines Aufenthaltes in Cambridge [unternahm ich] an den meisten Tagen lange Spaziergänge mit ihm, so daß ich von einigen Dozenten ›der Mann, der mit Henslow spazierengeht‹ genannt wurde.« Darwin beurteilte Henslows Wissen als bedeutend »in Botanik, Entomologie, Chemie, Mineralogie und Geologie« und fügte hinzu, daß Henslow »tief religiös« war »und so orthodox, daß er mir eines Tages erzählte, es würde ihn schmerzen, wenn ein einziges Wort in den Neununddreißig Artikeln [des Anglikanischen Bekenntnisses] geändert werden würde«.[14]

Es war ironischerweise Henslow, der Darwin die Nachricht hinterließ, »daß Kapitän FitzRoy bereit sei, einem jungen Mann einen Teil seiner eigenen Kabine abzutreten«, der Lust habe, ihn als Naturforscher ohne Bezahlung auf der Weltreise mit der *Beagle* zu begleiten. Henslow schrieb von »einer Reise nach Tierra del Fuego [Feuerland], und heimwärts über Ostindien... Zwei Jahre... Ich versichere Ihnen, ich glaube, Sie sind genau der Mann, nach dem sie suchen.«

Was dann geschah, kann man sich leicht vorstellen: Der Einundzwanzigjährige eilt vom College nach Hause, außer Atem vor Aufregung. Er windet sich in seinem Sessel, während ihm der Vater, selbst im Leben beängstigend erfolgreich, frühere Nachlässigkeiten und unbesonnene Pläne in einer langen Litanei vorhält. Zuerst Medizin, dann Theologie, und jetzt das? Welche Gemeinde wird dich danach noch haben wollen? Sie müssen doch diesen Forscherposten zuerst anderen angeboten und sich eine Absage geholt haben... Zweifellos stimmt etwas nicht mit diesem Schiff... Oder mit der Expedition... Und dann, nach langer Diskussion: »Wenn du irgendeinen Mann von gesundem Menschenverstand finden kannst, der dir zu der Reise rät, so will ich meine Zustimmung geben.« Der zurechtgewiesene Sohn sieht die Situation als hoffnungslos an und schreibt Henslow mit höflichem Bedauern eine Absage.

Am nächsten Tag reitet er dann auf einen Besuch zu den Wedgwoods hinüber. Onkel Josiah aber – nach dem Zechbrucher von Charles' Großvater benannt – sieht in dieser Reise eine Chance, die einem nur einmal im Leben geboten wird. Er läßt alles stehen und liegen, um die Einwände von Charles' Vater Punkt für Punkt schriftlich zu widerlegen. Doch später am selben Tag kommen Josiah Bedenken, ob nicht doch eine persönliche Vorsprache mehr bewirken könnte. Er schnappt sich Charles und galoppiert zum Haus der Darwins hinüber, um den Vater des jungen Mannes zu überzeugen, diesen ziehen zu lassen. Robert steht zu seinem Wort und willigt ein. Von seines Vaters Großzügigkeit berührt und mit einem schlechten Gewissen wegen vergangener Verschwendungen, bemüht sich Charles, den Vater versöhnlich zu stimmen: Er müsse schon »verteufelt geschickt« sein, wenn er »an Bord der ›Beagle‹ mehr als das mir Ausgesetzte vertun wollte«. »Sie sagen mir aber alle, du seiest sehr geschickt«, antwortet sein Vater schmunzelnd.

Robert Darwin hatte seinen Segen zu dem Unternehmen gegeben, aber einige Hindernisse waren trotzdem noch zu überwinden. Kapitän Robert FitzRoy hatte zu zweifeln begonnen, ob es vernünftig sei, eine so enge Unterkunft für einen so langen Zeitraum zu teilen. Einer seiner Verwandten hatte den jungen Darwin in Cambridge gekannt und sagte, dieser sei sicher kein schlechter Kerl; er frage sich aber, ob FitzRoy, der überzeugte Konservative, wisse, daß er zwei Jahre lang mit einem Liberalen in einem Raum logieren würde? Und dann war da noch das vertrackte Problem mit Darwins Nase. FitzRoy war wie viele seiner Zeitgenossen überzeugt von der damals populären Pseudowissenschaft der Phrenologie, die behauptete, daß die Schädelform ein Anzeichen von Intelligenz und Charakter, beziehungsweise von deren Fehlen sei. Manche Anhänger weiteten diese Lehre sogar auf die Nasenform aus. Ein Blick auf Darwins Nase gab FitzRoy nun aber Hinweise auf schwere Mängel an Tatkraft und Entschlossenheit. Nachdem die beiden Männer jedoch ein wenig Zeit miteinander verbracht hatten, entschied sich FitzRoy, es trotz seiner Vorbehalte mit dem jungen Naturforscher zu versuchen. Darwin schrieb: »Ich denke aber, er wurde später davon überzeugt, daß meine Nase falsch prophezeit hatte.«[15]

Eine erste Forschungsreise der *Beagle* nach Südamerika war so unerfreulich verlaufen, auch weil das Wetter ständig scheußlich war, daß der Kapitän noch vor Ende der Fahrt Selbstmord begangen hatte. Das Büro der britischen Admiralität in Rio de Janeiro hatte daraufhin das Kommando an den dreiundzwanzigjährigen Robert FitzRoy übertragen. Nach allem, was man weiß, bewährte er sich prächtig. Er war am Steuer, als die *Beagle* ihre Erforschung Feuerlands und der umliegenden Inseln wieder aufnahm. Nach dem Diebstahl eines der Walfangboote der *Beagle* entführte FitzRoy fünf der Bewohner, die von den Briten Fuegians (Feuerländer) genannt wurden. Doch als er die Hoffnung aufgab, das Boot auf diese Weise zurückzugewinnen, und humanerweise seine Geiseln freiließ, wollte eine von ihnen, ein kleines Mädchen, das sie Fuegia Basket nannten, nicht zurück – so jedenfalls erzählt man die Geschichte. FitzRoy hatte ohnehin darüber nachgedacht, einige Feuerländer nach England mitzunehmen, damit sie dort Englands Sprache, Sitten und Religion erlernen könnten. Nach ihrer Rückkehr nach Feuerland sollten sie dann, so jedenfalls stellte sich FitzRoy die Sache vor, Verbindungsleute zu den anderen Feuerländern sein und zu treuen Beschützern britischer Interessen an der strategisch bedeutsamen Südspitze Südamerikas werden. Die Lords Commissioners (der Ministerialausschuß) der Admiralität gaben FitzRoy die Erlaubnis, die Feuerländer nach England zu bringen. Doch obwohl sie geimpft wurden, starb einer an Pocken. Fuegia Basket, ein Jugendlicher, den sie Jemmy Button nannten, und ein junger Mann, den sie York Minster nannten, überlebten, um Englisch und christliche Religion bei einem Geistlichen in Wandsworth (im Südwesten Londons) zu studieren und von FitzRoy dem König und der Königin vorgestellt zu werden.

Jetzt war nun die Zeit gekommen, daß die Feuerländer – deren wirkliche Namen herauszufinden, sich niemand in England die Mühe machte – nach Hause zurückkehren sollten; und die *Beagle* sollte ihre Erforschung Südamerikas fortsetzen und »mit größerer Genauigkeit... die geographische Länge einer großen Zahl von ozeanischen Inseln sowie der Kontinente bestimmen«.[16] Dieser Auftrag wurde dahingehend erweitert, daß er auch »Beobachtungen der geographischen Länge um die ganze Welt« einschloß. So sollte die *Beagle* die Ostküste Südamerikas hinunter- und die Westküste hinaufsegeln, dann den Pazifik überqueren und den Planeten umsegeln, bevor sie nach England heimkehrte. Sobald die *Beagle* unter Kapitän FitzRoys Kommando diesen neuen Auftrag erhalten hatte, traf FitzRoy zahlreiche Vorkehrungen, um sicherzustellen, daß diese neue Forschungsreise sich sehr von der vorangegangenen unterscheiden würde. Weitgehend auf eigene Kosten ließ er das 90 Fuß (27 Meter) lange Rahschiff völlig überholen. Er strich den Schiffsrumpf neu, hob das Deck an und versah ihr Bugspriet sowie ihre drei hohen Masten mit Blitzableitern nach dem neuesten Stand der Technik. Auch bemühte er sich, soviel wie möglich über das Wetter zu lernen, und wurde dabei einer der Begründer der modernen Meteorologie. Am 27. Dezember 1831 war die *Beagle* schließlich startklar.

Am Vorabend der Abfahrt litt Darwin unter Angstanfällen und Herzflattern. Sein ganzes Leben lang sollte er periodisch unter diesen Symptomen, unter Magen-Darm-Schmerzen und schweren Anfällen von Erschöpfung und Depression zu leiden haben. Über den Grund dieser Krankheitsepisoden sind zahlreiche Vermutungen angestellt worden. Man hat sie auf eine psychosomatische Reaktion auf den traumatischen Verlust seiner Mutter in sehr jungen Jahren zurückführen wollen, auf seine Befürchtungen über die Reaktionen, die sein Lebenswerk bei Gott und in der Öffentlichkeit hervorrufen würde; auf eine unbewußte Neigung zur Hyperventilation (übertriebene Atmung); und verwunderlicherweise auch auf das Vergnügen, das er an der Begabung seiner Frau zur Krankenpflege fand, obwohl doch die Anfälle schon viele Jahre vor seiner Eheschließung begannen. Die Chronologie der Ereignisse widerlegt auch die Behauptung, daß seine Symptome von einem Parasiten aus Südamerika hervorgerufen wurden, den er sich während der Fahrt mit der *Beagle* zuzog. Wir kennen die Gründe einfach nicht, doch führten die Krankheitssymptome dazu, daß Darwin sich im letzten Drittel seines Lebens hauptsächlich zu Hause aufhielt.

Zu Darwins persönlicher Reisebibliothek gehörten auch zwei Bücher, die er als Abschiedsgeschenk bekommen hatte: Eines war eine englische Übersetzung von Alexander von Humboldts – 1799 bis 1804 unternommener – *Reise*, die Henslow ihm geschenkt hatte.[17] Ehe Darwin Cambridge verließ, hatte er Humboldts Autobiographie *(Personal Narrative)* und Herschels *Introduction to the Study of Natural Philosophy* gelesen. Diese beiden Werke riefen in Darwin »das glühende Bestreben« hervor, »einen Beitrag, und wenn auch nur den allerbescheidensten, für das erhabene Gebäude der Naturwissenschaften zu liefern«.[18] Das andere Buch war ein Geschenk des Kapitäns. Es war der erste Band von Charles Lyells *Prinzipien der Geologie* (1830) – ein Geschenk, das FitzRoy später noch bitter bereuen sollte.

Die naturwissenschaftlichen Enthüllungen der europäischen Aufklärung hatten beunruhigende Widersprüche zum biblischen Bericht über Ursprung und Geschichte der Erde aufgeworfen. Manche versuchten daraufhin, die neuen Fakten und Einsichten mit ihrem Glauben in Einklang zu bringen. Sie nahmen an, Noahs Sintflut sei die Hauptursache für die gegenwärtige Gestaltung der Erdkruste gewesen, und dachten, eine genügend große Überschwemmung könnte die Geologie der Erde in nur 40 Tagen und Nächten verändern, ganz im Einklang mit der Vorstellung, daß die Erde nur wenige tausend Jahre alt sei. Sie hatten das Gefühl, mit geringfügigen Korrekturen am wörtlichen Verständnis des Buches *Genesis* könne ein Ausgleich herbeigeführt werden.
Charles Lyell (1797–1875) war, solange er es aushalten konnte, in Oxford Rechtsanwalt gewesen. Mit Dreißig gab er die Rechtswissenschaft zugunsten seiner wahren Leidenschaft, der Geologie, auf und schrieb *Principles of Geology* (3 Bände, 1830–1833), um den »Gleichförmigkeits«-Gesichtspunkt zu propagieren, daß die Erde durch dieselben schrittweisen Vorgänge geformt worden sei, die wir heute beobachten. Allerdings seien diese Vorgänge nicht lediglich über einige Wochen oder einige tausend Jahre hin wirksam, sondern für die Dauer ganzer Zeitalter. Es gab damals herausragende Geologen, die annahmen, Überschwemmungen und andere Katastrophen könnten die Landformationen der Erde erklären; die Sintflut reiche als Erklärung allerdings nicht aus. Es bedürfte *vieler* Überschwemmungen, *vieler* Katastrophen. Diese wissenschaftlichen Vertreter einer Katastrophentheorie waren durch Lyells lange Zeitmaßstäbe nicht beunruhigt. Den Fundamentalisten jedoch, die die Bibel wörtlich nahmen, bereitete Lyell ungelegene Schwierigkeiten. Falls Lyell recht hatte, dann erzählten die Felsen, daß der biblische Bericht über die sechs Schöpfungstage und das aus dem Zusammenrechnen der diversen biblischen Zeugungsformeln erschlossene Alter der Erde irgendwie nicht stimmen konnten. Durch diese scheinbare Lücke im *Genesis*-Bericht segelte die *Beagle* in die Annalen der Geschichte.
Weil er vor allem als Begleiter und Zuhörer des Kapitäns engagiert worden war, mußte sich Darwin nun dessen politisch konservative, rassistische und fundamentalistische Tiraden gleichmütig anhören. Für den größeren Teil der Reise gelang es den beiden, einen freundlichen Waffenstillstand mit Blick auf ihre philosophischen und politischen Meinungsunterschiede einzuhalten. Darwin sah sich jedoch einfach au-

ßerstande, in einem speziellen Punkt FitzRoys Meinung unwidersprochen hinzunehmen:

> [Z]u Bahia in Brasilien verteidigte und lobte er die Sklaverei, die ich verabscheute, und er erzählte mir, daß er gerade einen bedeutenden Sklavenbesitzer besucht hatte, der viele seiner Sklaven zu sich beordert hatte und sie fragte, ob sie frei zu sein wünschten; und alle antworteten: ›Nein.‹ Darauf fragte ich ihn, vielleicht mit einem höhnischen Grinsen, ob er dachte, daß die Antworten von Sklaven in Gegenwart ihres Herren etwas wert wären? Das machte ihn außerordentlich zornig, und er sagte, daß wir nicht länger zusammen wohnen könnten, da ich sein Wort bezweifelte.[19]

Darwin rechnete voll damit, vom Schiff gejagt zu werden. Als jedoch die Schiffsoffiziere in der Messe von dem Streit hörten, wetteiferten sie miteinander um die Ehre, ihre Unterkünfte mit ihm teilen zu dürfen. FitzRoy beruhigte sich, entschuldigte sich in der Tat bei Darwin und widerrief seinen Hinauswurf. Möglicherweise entwickelten sich Darwins Gedanken zur Evolution – wenigstens zum Teil – aus einer gewissen Verärgerung über FitzRoys unbeugsamen Konservatismus heraus sowie aus dem Zwang, fünf Jahre lang alle Gegenargumente, die in ihm aufwallten, unterdrücken zu müssen.[20]

Vielleicht war es auch das Vermächtnis seines Großvaters, das Darwin befähigte, Unstimmigkeiten und Ungerechtigkeiten zu entdecken, die andere Mitglieder seines gesellschaftlichen Standes nicht sehen konnten. Gleich am Anfang seines wunderbaren Buches *The Voyage of the Beagle* erzählt Darwin von einem Ort unweit Rio de Janeiros:

> Die Stelle ist berüchtigt, weil sie eine lange Zeit der Aufenthaltsort einiger entlaufener Sklaven war, welche durch Bebauung eines kleinen Stückchens Boden nahe dem Gipfel sich eine erbärmliche Existenz gegründet hatten. Endlich wurden sie entdeckt; eine Abteilung Soldaten wurde ihnen nachgeschickt und die ganze Gesellschaft ergriffen mit Ausnahme einer alten Frau, welche, ehe sie sich wieder in Sklaverei bringen ließ, sich vom Gipfel des Berges herabstürzte. Bei einer römischen Matrone würde man dies die edle Liebe zur Freiheit genannt haben: bei einer armen Negerin ist es brutaler Starrsinn.[21]

Darwin war von der Aussicht auf neue Vögel und Käfer nach Südamerika gelockt worden, aber er konnte nicht umhin wahrzunehmen, was für ein Blutbad die Europäer dort anrichteten. Koloniale Anmaßung, die Einrichtung der Sklaverei, die Ausrottung zahlloser Arten zur Bereicherung und Unterhaltung der Invasoren, die ersten Plünderungen des tropischen Regenwaldes, kurz, viele der Verbrechen und Dummheiten, die uns heute heimsuchen, verdrossen Darwin schon zu einer Zeit, als Europa noch zuversichtlich war, daß der Kolonialismus eine reine Wohltat für die Unzivilisierten darstelle, daß die Wälder unerschöpflich seien und daß es bis zum Jüngsten Gericht immer genug Reiherfedern für jeden Hutmacherladen geben würde. Wegen dieser Sensibilität, aber auch weil Darwin immer so klar und geradeheraus schrieb, wie er konnte – im Bemühen, die größtmögliche Zahl von Menschen anzusprechen –, ist die *Reise eines Naturforschers um die Welt* noch heute eine bewegende und leicht verständliche Abenteuergeschichte.

Dennoch hat dieses Buch den Status einer Wasserscheide, denn es war im Laufe der Forschungsreise, die hier beschrieben wird, daß Darwin anfing, große Massen an Beweismaterial – nicht Eindrücke, sondern Fakten – anzuhäufen, die den Nachweis für die Entwicklung der Arten durch natürliche Zuchtwahl ermöglichten. »Endlich fällt Licht auf die Sache«, schrieb er später, »und ich bin nahezu überzeugt, daß die Arten nicht (das kommt fast dem Eingeständnis eines Mordes gleich) unveränderlich sind.«

Die Galapagos-Inseln bestehen aus dreizehn Inseln von beträchtlicher Größe und vielen kleineren, die vor der Küste Ecuadors liegen. Wenn alle Arten auf der Erde unveränderlich waren, warum unterschieden sich dann die Schnäbel von im übrigen sehr ähnlichen Finken auf Inseln, die durch nicht mehr als achtzig oder hundert Kilometer Wasser voneinander getrennt waren, so dramatisch voneinander? Warum schmale, kleine, spitze Schnäbel bei den Finken auf der einen Insel und größere, papageienartig gebogene Schnäbel bei den Finken auf der nächsten? »Wenn man diese Abstufung und Verschiedenartigkeit der Struktur in einer kleinen, nahe untereinander verwandten Gruppe von Vögeln sieht«, schrieb er später in der *Reise*, »so kann man sich wirklich vorstellen, daß infolge einer ursprünglichen Armut an Vögeln auf diesem Archipel die eine Spezies hergenommen und zu verschiedenen Zwecken modifiziert worden sei.«[22] (Wir wissen heute, daß diese Vulkaninseln weniger als fünf Millionen Jahre alt sind.) Und es waren nicht allein die Finken, die solche Schwierigkeiten aufwarfen, sondern auch Riesenschildkröten und Spottdrosseln.

Daheim in England hatten Henslow und Sedgwick in den Versammlungen wissenschaftlicher Gesellschaften in London und Cambridge Darwins Briefe laut vorgelesen. So erfuhr Darwin, als er im Oktober 1836 heimkehrte, daß er bereits einiges Ansehen als Forschungsreisender und Naturkundler genoß. Sein Vater war nun sehr mit ihm zufrieden, und über ein geistliches Amt wurde nicht länger gesprochen. Noch im selben Monat traf Darwin auch zum erstenmal mit dem Geologen Lyell zusammen. Daraus sollte sich eine lebenslange, wenn auch nicht immer ungetrübte Freundschaft entwickeln.

Auch im Bereich der Geologie leistete Darwin wichtige Beiträge. Seine Deutung der Korallenriffe als Standorte langsam abgetragener Erhebungen im Meer, die zuvor Inseln gewesen waren, wurde durch die Expedition der *Beagle* erhärtet und gilt noch heute als zutreffend. 1838 veröffentlichte er einen Aufsatz, in dem er argumentierte, Erdbeben, Vulkane und neu entstehende Inseln hätten allesamt ihre Ursachen in langsamen, diskontinuierlichen, aber unwiderstehlichen globalen Bewegungen im zähflüssigen Innern der Erde. Diese »beinahe prophetische«[23] These ist, soweit sie trägt, noch heute Grundbestand der modernen Geophysik. Als William Whewell 1838 seine offizielle Ansprache als neuer Präsident der Geological Society hielt, erwähnte er Darwin, bezogen auf den eben genannten Aufsatz, mehr als doppelt so häufig wie irgendeinen anderen lebenden oder toten Geologen. Bei Lyell anknüpfend, vertrat Darwin wie in der Biologie so auch in der Geologie die These, der fundamentale Wandel komme über sehr lange Zeiträume hin kumulativ, Schritt für Schritt, zustande.

1839 heiratete er seine Cousine Emma Wedgwood. Mit zehn Kindern und mehr als vier Jahrzehnte lang verband die beiden eine tiefe, liebevolle und nahezu vollkommen harmonische Beziehung. Während der frühen Ehejahre schrieb Darwin einen ersten vorläufigen Entwurf seiner Evolutionstheorie nieder, jedoch sicherlich ohne Veröffentlichungsabsichten. Die seltenen Meinungsverschiedenheiten zwischen Darwin und seiner Frau betrafen immer die Religion. Vor seiner Verlobung, schrieb er in seiner Autobiographie, habe ihm sein Vater geraten, »meine Zweifel sorgfältig zu verbergen, denn er hatte, wie er selbst sagte, erleben müssen, daß

Eheleuten dadurch größtes Unglück erwachsen sei«.[24] Wenige Wochen nach der Hochzeit schrieb Emma an ihn:

> Ist es nicht möglich, daß die Gewöhnung daran, in wissenschaftlichen Studien nichts zu glauben, bevor es bewiesen ist, Dein Denken in anderen Dingen, die nicht in derselben Weise bewiesen werden können, und die, falls sie wahr sind, wahrscheinlich jenseits unseres Verständnisses liegen, zu sehr beeinflußt?

Jahre später vermerkte Darwin am unteren Rand von Emmas Brief: »Wenn ich tot bin, wisse, daß ich diese Zeilen oftmals geküßt und über ihnen geweint habe.«[25]

Er versuchte sein Bestes, um eine Neuauflage dieser häuslichen Spannung in seinem Verhältnis mit der Öffentlichkeit zu vermeiden. Die Vergangenheit der Menschheit war damals noch ein dunkles und beschämendes Geheimnis. Es bloßzustellen, wäre von vielen als Affront gegen vorherrschende religiöse Normen und als Angriff auf die menschliche Würde empfunden worden. Eine Unterdrückung der Wahrheit hätte jedoch bedeutet, die Fakten zurückzuweisen, weil die Schlußfolgerungen beunruhigend waren. Darwin erkannte, daß er eine große Menge an Beweismaterial ansammeln müßte, wenn es ihm gelingen sollte, jemanden zu überzeugen.

Da erschien 1844 ein sensationelles, im wesentlichen pseudowissenschaftliches Buch, die *Vestiges of the Natural History of Creation* (Spuren der Naturgeschichte der Schöpfung).[26] Der anonyme Autor dieses Werkes, der Lexikograph und Amateurgeologe Robert Chambers, behauptete darin, daß er die Abstammung des Menschen weit zurückverfolgt habe... bis zu den Fröschen. Chamber's Beweisführung war unausgegoren (obwohl nicht unausgegorener als die Erasmus Darwins), aber ihre Verwegenheit zog viel Aufmerksamkeit auf sich. Nagende Zweifel am Schöpfungsbericht der Bibel begannen wie Luftblasen zur Oberfläche zu steigen, und Darwin hatte den Eindruck, daß er seine eigene Theorie in möglichst unwiderlegbarer Form niederschreiben sollte. Er erweiterte einen kurzen Aufsatz, den er zwei Jahre zuvor begonnen hatte, zu einer zweiteiligen Studie unter den Titeln »Über die Veränderung organischer Lebewesen im gezähmten und im natürlichen Zustand« und »Über die Beweise und Gegenbeweise der Ansicht, daß Arten auf natürliche Weise entfaltete Rassen sind, die von einer gemeinsamen Familie abstammen«. Zu einer Veröffentlichung war er allerdings noch nicht bereit. Doch schrieb er Emma einen Brief, den er ausdrücklich als Zusatz zu seinem Testament bezeichnete. Danach wollte er im Falle seines Todes,

> daß Du £ 400 auf ihre Veröffentlichung wenden, und ferner, daß Du Dir selbst ... Mühe geben wirst, diese zu fördern. Ich wünsche, daß meine Skizze irgend einer competenten Persönlichkeit mit dieser Summe gegeben werde, um sie zu bestimmen, sich mit ihrer Verbesserung und Erweiterung Mühe zu geben.[27]

Er fühlte, daß er einer wichtigen Sache auf der Spur war, aber er befürchtete – besonders vielleicht wegen seiner häufigen Krankheitsanfälle –, daß er nicht lange genug leben würde, um die Arbeit abzuschließen.

Oberflächlich gesehen war sein nächster Schritt unverständlich, denn nun legte er seine entwicklungsgeschichtlichen Studien beiseite und widmete in den folgenden acht Jahren seine Zeit fast ausschließlich den Rankenfüßern. Sein enger Freund, der Botaniker Joseph Hooker, bemerkte später Darwins Sohn Francis gegenüber: »Ihr Vater hatte seit Chile die Rankenfüßer im Sinn.«[28] Erst dieses erschöpfende Forschungsprojekt brachte ihm jedoch wirkliche Wertschätzung als Naturforscher ein. Ein anderer naher Freund, der Anatom und glänzende Polemiker Thomas Henry Huxley, bemerkte, daß Darwin

> nie eine klügere Sache unternahm ... Wie die übrigen von uns hatte er keine angemessene Schulung in biologischer Wissenschaft, und es hat mich immer als ein bemerkenswertes Beispiel seines wissenschaftlichen Durchblicks berührt, daß er die Notwendigkeit sah, sich selbst eine solche Ausbildung zu geben, und seines Mutes, daß er sich nicht vor der Arbeit drückte, sie zu erwerben ... Es war ein Stück kritischer Selbstbeherrschung, dessen Wirkung sich in allem zeigte, das [er] danach schrieb, und ihn vor endlosen Irrtümern in Einzelheiten bewahrte.[29]

Darwin war nicht der einzige Naturwissenschaftler gewesen, der durch Chambers' *Vestiges* aufgerüttelt wurde. Alfred Russel Wallace, ein Landvermesser, der Naturkundler geworden war, war ebenfalls von Chambers' Argumenten unbeeindruckt, aber zugleich von der Vorstellung gefesselt, daß in der Entwicklung des Lebens ein erkennbarer Prozeß wirksam war. Im Jahr 1847 reiste er auf der Suche nach Beweisen für diese Idee ins Amazonasgebiet, doch vernichtete ein Feuer auf dem Schiff, das ihn zurück nach England brachte, alle seine Proben und Fundstücke. Doch Wallace gab sich nicht geschlagen und machte sich zur malaiischen Halbinsel auf, um eine neue Sammlung anzulegen. In der Septemberausgabe von 1855 der *Annals and Magazine of Natural History* erschien dann seine Abhandlung »Über das Gesetz, das die Einführung neuer Arten geregelt hat«.

Zu dieser Zeit hatte Darwin bereits zwei Jahrzehnte lang mit ähnlichen Problemen gerungen, doch jetzt war es durchaus möglich, daß ihm sein Erstlingsanspruch auf die Lösung des größten Geheimnisses des Lebens vor der Nase weggeschnappt wurde. Hätte die Wissenschaft Heiligentitel zu verleihen, hätten sowohl Darwin als auch Wallace ihn für ihr Verhalten gegenüber dem jeweils anderen verdient. Darwin schrieb einen aufrichtigen Gratulationsbrief an Wallace, in dem er erwähnte, wie lange er selbst schon an demselben Problem gearbeitet hatte.

Darwins Freunde Huxley und Hooker drängten ihn nun, sein Zaudern aufzugeben und den Beitrag zu schreiben, der die Evolutionstheorie hieb- und stichfest untermauern würde. Er gab nach und näherte sich 1858 der Fertigstellung dieses Werkes, während Wallace, zu dieser Zeit in Indonesien und an Malaria erkrankt, sich drehte und wendete und mit der Frage rang: »Warum sterben die einen und leben die anderen?«[30] Als er aus seiner fiebrigen Betäubung auftauchte, verstand er das Prinzip der natürlichen Zuchtwahl. Er schrieb »Über die Neigung von neuen Arten, sich unbegrenzt von der ursprünglichen Form zu entfernen« und sandte die Abhandlung sofort an Darwin ab; er bat ihn, sich selbst ein Urteil zu bilden, was damit geschehen sollte. Darwin war sehr beunruhigt, als er sah, wie extrem nahe Wallaces Arbeit seinen eigenen Aufzeichnungen aus den Jahren 1839 und 1842 kam. 1844 hatte er diese zu einem Aufsatz vereinigt, der unveröffentlicht geblieben war. Darwin wandte sich an seine Freunde und bat sie um Rat, wie er mit diesem Zwiespalt ethisch einwandfrei umgehen könnte. Hooker und Lyell fanden eine vernünftige Lösung: Beide Arbeiten, Wallaces Abhandlung und eine Zusammenfassung von Darwins unveröffentlichtem Aufsatz aus dem Jahre 1844, sollten beim nächsten Treffen der Linnaean Society vorgestellt und gemeinsam in den *Proceedings* des Vereins abgedruckt werden.[31] Hinterher sprach Wallace immer von der Evolutionslehre als von der Theorie Darwins, und Darwin hielt Wallace immer deren unabhängige Entdekkung zugute. Charles Darwin konzentrierte sich nun ganz auf die Aufgabe, jenes Buch zu schreiben, das so viel Unruhe hervorrufen sollte.

Am 24. November 1859 wurde *The Origin of Species* veröffentlicht. Die erste Auflage von 1250 Exemplaren wurde von den Buchhändlern schnell aufgekauft. Darwin hatte Vorsicht walten lassen und im ganzen Buch nur einen einzigen Hinweis auf den Menschen gemacht: »Licht wird auch fallen auf den Menschen und seine Geschichte.«[32] Es sollte noch zwölf weitere Jahre dauern, bis aus seiner Feder über diese heikle Materie weiteres zu lesen war; auf die Veröffentlichung von *Die Abstammung des Menschen* mußte die Welt bis 1871 warten. Doch Darwins Zurückhaltung täuschte niemanden: Wegen seiner reichhaltigen Bestückung mit Fakten konnte *Die Entstehung der Arten* mit einem wörtlichen Verständnis der biblischen Schöpfungsgeschichte nicht mehr in Einklang gebracht werden.

Kapitel 4

Ein Evangelium des Schmutzes

Ich verabscheue alle Systeme, die die menschliche Natur herabsetzen. Wenn es eine Selbsttäuschung ist, daß an der Beschaffenheit des Menschen etwas verehrungswürdig und seines Urhebers wert ist, so möchte ich lieber in dieser Täuschung leben und sterben, als daß mir die Augen geöffnet werden, um meine Art in einem demütigenden und ekelerregenden Licht zu sehen. Jeder aufrechte Mensch fühlt seine Empörung gegen jene anschwellen, die seine Blutsverwandten *oder sein* Land *verunglimpfen; warum sollte das nicht auch für jene gelten, die seine* Artverwandten *verunglimpfen?*

THOMAS REID
Brief aus dem Jahre 1775[1]

Wenn ich die Organismen nicht als Sonderschöpfungen, sondern als unmittelbare Nachkommen weniger Wesen betrachte, die schon lebten, ehe die erste kambrische Schicht sich gebildet hatte, so scheinen sie mir dadurch veredelt zu werden.

CHARLES DARWIN
Entstehung der Arten[2]

Die Menschheit hat ein Experiment von riesenhaften Ausmaßen durchgeführt«, schrieb Darwin in *Die Entstehung der Arten.* Er war beeindruckt vom Erfolg der Landwirtschaft (im Englischen vielsagend *husbandry*, Haushaltung, genannt) bei der Hervorbringung neuer Züchtungen von Tieren und Pflanzen, die von Nutzen für den Menschen sind. Die Natur stellt die Abwandlungen bereit, und wir wählen aus, wer sich fortpflanzen soll, welche Merkmale wir vorzugsweise in zukünftigen Generationen verbreiten wollen. Menschen übernehmen die Verantwortung für die Entscheidung, wer sich mit wem paaren soll, indem sie mit einem Kamelhaarpinsel Blütenstaub von Blume zu Blume übertragen oder den Zuchthengst zur Stute lassen. Unverdauliche Feldfrüchte, schwächliche Pferde, hagere Truthähne, Schafe mit verknotetem Pelz und Kühe, die nur zögernd Milch geben, werden von der Fortpflanzung abgehalten. Generation für Generation prägen Menschen durch kumulative Zuchtwahl ihre Interessen in die Erbmasse von Pflanzen und Tieren ein, indem sie deren Fortpflanzung kontrollieren. Aber auch die Natur zieht jene Pflanzen und Tiere vor, die nach ihren Maßstäben besser angepaßt sind als ihre Artgenossen; solche begünstigten Lebewesen pflanzen sich vorrangig fort, haben mehr Nachkommen und verdrängen mit der Zeit ihre Konkurrenten. Doch hilft uns die künstliche Zuchtwahl, besser zu verstehen, wie die natürliche Selektion funktioniert.

Die Fähigkeit der Umwelt, große Populationen von Lebewesen zu ernähren und zu unterhalten – ihre sogenannte Tragfähigkeit –, ist natürlich begrenzt. Wenn sich die Anzahl der Organismen erhöht, können folglich nicht alle überleben. Um die knapper werdenden Ressourcen wird es einen harten Wettbewerb geben. Feine Unterschiede in den Fähigkeiten, die für den beiläufigen Beobachter nicht wahrnehmbar sind, können dann für den Organismus über Leben und Tod entscheiden. Die natürliche Zuchtwahl funktioniert wie ein großes Sieb, das die überwiegende Mehrzahl abschöpft und nur einer kleinen Vorhut erlaubt, ihre Erbmasse an die nächste Generation weiterzureichen. Die natürliche Selektion verläuft sehr viel rücksichtsloser, wenn es um die Entscheidung über die genetische Ausstattung künftiger Generationen geht, als es der hartherzigste und entschlossenste Tierzüchter je wäre. Und anstelle der dürftigen paar tausend Jahre, in denen die Zähmung von Tieren ernsthaft betrieben wurde, ist die natürliche Selektion schon seit Milliarden von Jahren am Werk.

Fassen wir einmal die unterschiedlichen Spezialisierungen ins Auge, die wir durch künstliche Zuchtwahl unter Hunden hervorgebracht haben – Windhunde und russische Wolfshunde, um Wölfe zu jagen; schottische Schäferhunde (Collies) zum Hüten der Schafe; Spürhunde (Beagles), Apportierhunde (Retriever), Hühnerhunde und Vorstehhunde (Setter) zum Jagen; Neufundländer zur Unterstützung der Fischer beim Einbringen der Netze; Blindenhunde; Bluthunde zum Aufspüren von Verbrechern; Terrier, um Beutetiere aus ihrem Bau zu jagen; Bullenbeißer (Mastiffs) als Wachhunde; und die ursprünglichen Pekinesen (von denen heute nur noch eine Zwergform überlebt) für den Kriegsdienst. Wir brachten all dies in nur wenigen tausend Jahren zuwege, indem wir uns in das Geschlechtsleben von Hunden einmischten. Wir entwickelten Blumenkohl, Steckrüben, Brokkoli, Rosenkohl und den heute allgemein verbreiteten, üppigen Kopfkohl aus dem erbärmlichen wilden Kohl (all diese Gemüsepflanzen können sich, wie auch die verschiedenen Hundezüchtungen, weiterhin gegenseitig befruchten). Stellen Sie sich nun eine viel strengere, schärfere Zuchtwahl vor, die in der gesamten Natur über einen millionenfach längeren Zeitraum hinweg wirksam ist und die nicht von der bewußten Einmischung eines Hunde- oder Pflanzenzüchters abhängt, der eine halbwegs klare Vorstellung davon hat, welche Art von Hund oder Pflanze er erzielen möchte, sondern von einer blinden, ziellosen und sich verändernden Umwelt. Wenn schon die künstliche Zuchtwahl ein Experiment von riesigen Ausmaßen darstellt, wie müssen erst die Ausmaße des Experimentes sein, das die natürliche Zuchtwahl vollzogen hat? Ist es nicht glaubwürdig, daß die gesamte geschmeidig anpassungsfähige Vielfalt des Lebens auf der Erde durch diesen Vorgang sorgfältig »ausgesiebt« und ausgewählt wurde? Es handelt sich in der Tat um den einzigen Vorgang, von dem wir wissen, daß er Organismen an ihre Umwelt anpaßt.[3]

In den folgenden Abschnitten aus *Die Entstehung der Arten* entwickelte

Darwin erstmals das Für und Wider von künstlicher und natürlicher Zuchtwahl:

> Eine der merkwürdigsten Eigentümlichkeiten bei unseren domestizierten Rassen ist ihre Anpassung, nicht zugunsten ihres eigenen Vorteils, sondern zugunsten des Menschen und der Liebhaberei. Einige ihm nützliche Variationen sind wahrscheinlich plötzlich entstanden… Vergleichen wir aber den Karrengaul mit dem Rennpferd, das Dromedar mit dem Kamel, die verschiedenen für Kulturland oder Bergweide passenden Schafe, deren Wollarten sich für ganz verschiedene Zwecke eignen; vergleichen wir ferner die zahlreichen Hunderassen, deren jede in anderer Weise tauglich ist, den im Kampf so ausdauernden Kampfhahn mit anderen friedfertigen und trägen Rassen, die stetig Eier legen und nie zu brüten verlangen, oder mit dem Bantamhuhn, das klein und zierlich ist; vergleichen wir schließlich die Fülle der Rassen von Acker-, Obst-, Küchen- und Zierpflanzen, die dem Menschen in verschiedenen Jahreszeiten zu verschiedenen Zwecken nützen, so müssen wir, wie ich glaube, an mehr denken als an bloße Veränderlichkeit. Wir können nicht annehmen, daß alle diese Rassen plötzlich so vollkommen und zweckentsprechend hervorgebracht worden sind, wie wir sie vor uns sehen, und wir kennen auch wirklich von einigen die Geschichte genau genug, um zu wissen, daß es tatsächlich nicht der Fall war. Der Schlüssel zu allem diesen ist das Vermögen des Menschen, immer wieder Individuen zur Zuchtwahl auszuwählen, kurz: sein *akkumulatives Wahlvermögen*. Die Natur schafft allmähliche Veränderungen, und der Mensch gibt ihnen die für ihn nützliche Richtung. In diesem Sinne kann er von sich sagen, er schaffe sich selbst seine nützlichen Rassen.
>
> …denn es dürfte keiner so sorglos sein, seine schlechtesten Tiere zur Nachzucht zu wählen.
>
> Gäbe es völlig kulturlose Wilde, die keine Ahnung von der Erblichkeit der Merkmale ihrer Haustiere hätten, so würden sie doch diejenigen Tiere, die für besondere Zwecke besonders wertvoll sind, während einer Hungersnot oder anderer Unglückszeiten zu erhalten suchen. Und so auserwählte Tiere würden gewöhnlich mehr Nachkommen

hinterlassen als weniger wertvolle, so daß also in diesem Falle eine Art unbewußter Zuchtwahl erfolgte.

[Der Mensch] kann bei der Zuchtwahl nur jene Variationen berücksichtigen, die ihm die Natur selbst, wenn auch zu Anfang nur in geringem Grade, vor Augen führt.

Diese Erhaltung vorteilhafter individueller Unterschiede und Veränderungen [in der Natur] und diese Vernichtung nachteiliger nenne ich natürliche Zuchtwahl oder Überleben des Tüchtigsten. Abänderungen, die weder nützen noch schaden, bleiben von der natürlichen Zuchtwahl unberührt.

Wenn blattfressende Insekten grün und rindefressende Insekten graugesprenkelt sind, wenn das Alpenschneehuhn im Winter weiß ist und das schottische Schneehuhn die Farbe der Heide trägt, so müssen wir annehmen, daß diese Farben den Insekten und Vögeln nützen, insofern sie sie vor Gefahren behüten.

Wenn es für eine Pflanze vorteilhaft ist, ihren Samen immer weiter mit dem Wind zu verstreuen, so sehe ich für die Natur keine größere Schwierigkeit, dies durch natürliche Zuchtwahl zu bewirken, als für den Baumwollpflanzer, wenn er die Baumwolle in den Fruchtkapseln seiner Bäume durch Zuchtwahl vermehrt und verbessert.

Es gibt keinen Grund, warum diese im Zustande der Domestikation wirksamen Prinzipien nicht auch im Naturzustand wirksam sein sollten. In der Erhaltung begünstigter Individuen und Rassen im stets von neuem entbrennenden Daseinskampfe sehen wir ein mächtiges, fortwährend wirkendes Mittel der natürlichen Zuchtwahl. Der Kampf ums Dasein ist eine unvermeidliche Folge der starken Vermehrung der Lebewesen in geometrischer Progression. Diese gewaltige Vermehrung ist durch Berechnung festgestellt und wird ferner durch das rasche Anwachsen zahlreicher Tier- und Pflanzenarten während einer Reihe besonders günstiger Jahre sowie durch schnelle Ausbreitung bei der Einbürgerung in neuen Ländern bewiesen. Es werden mehr Individuen geboren, als fortleben können. Ein Körnchen in der Waagschale ent-

> scheidet mitunter, welche Individuen weiterleben und welche sterben sollen, welche Varietät oder Art an Zahl wachsen und welche abnehmen und schließlich vollkommen aussterben soll. ... Der geringste Vorteil, den einzelne Individuen zu irgendeiner Lebens- oder Jahreszeit vor ihren Mitbewerbern voraushaben, oder die geringste bessere Anpassung an die physikalischen Bedingungen der Umgebung kann früher oder später das Gleichgewicht stören.[4]

In seiner Abhandlung von 1858 in den *Proceedings* der Linnaean Society bittet uns Darwin, uns ein Wesen vorzustellen, das mit unverminderter Aufmerksamkeit über »Millionen von Generationen« hin fortfahren könnte, genetisches Material für ein einziges erwünschtes Merkmal auszuwählen. Und die natürliche Zuchtwahl legt uns den Gedanken nahe – in ihrer Auswirkung, wenn auch nicht in einem wörtlichen Sinne –, daß ein solches Wesen existiert. »Wir haben nahezu unbegrenzt Zeit« für die Evolution, schrieb er.

Darwin argumentierte dann weiter, daß eine über so unermeßliche Zeiträume fortdauernde natürliche Zuchtwahl eine derartige Abweichung eines Organismus von seinen Vorfahren hervorbringen könne, daß dieser Organismus bereits eine neue Spezies begründe. Er entwarf einen riesigen Stammbaum der vielfältigen Formen des Lebens, der, langsam wachsend, sich verzweigend und wieder zusammenmündend, Organismen entfaltet und dabei all die »exquisiten Anpassungsleistungen« der Natur hervorbringt.

Darwin war der Meinung, es sei »etwas Erhabenes« an der Tatsache, daß »aus einem so schlichten Anfang eine unendliche Zahl der schönsten und wunderbarsten Formen entstand und noch weiter entsteht«.

> Die Analogie würde mich noch einen Schritt weiter führen, nämlich zu der Annahme, daß alle Tiere und Pflanzen von einer einzigen Urform abstammen. Aber die Analogie ist als Führerin unzuverlässig. Trotzdem haben alle lebenden Wesen sehr vieles gemeinsam in ihrer chemischen Zusammensetzung, ihrem Zellenbau, ihren Wachstumsgesetzen und ihrer Empfindlichkeit gegen schädliche Einflüsse.
>
> ... aufgrund des Prinzips der natürlichen Zuchtwahl verbunden mit der Streuung von Merkmalen erscheint es nicht unglaubhaft, daß sowohl Tiere als auch Pflanzen aus einer solchen niedrigen Zwischenform

> entwickelt worden sein könnten. Und wenn wir dies zugestehen, müssen wir gleichermaßen zugestehen, daß all die organischen Wesen, die jemals auf dieser Erde gelebt haben, von einer einzigen Primordialform abstammen könnten.

Und wie entstand eine solche ursprüngliche Form? Darwin malte sich in einem Brief an seinen Freund Joseph Hooker aus dem Jahre 1871 sehnsüchtig aus: »... Aber wenn (und o! was für ein großes ›Wenn‹!) wir in irgend einem kleinen warmen Tümpel, bei Gegenwart aller Arten von Ammoniak, phosphorsauren Salzen, Licht, Wärme, Electricität usw., wahrnehmen könnten, daß sich eine Proteinverbindung chemisch bildete, bereit noch complicirtere Verwandlungen einzugehen...«[5]
Aber wenn Derartiges möglich ist, warum passiert es dann heute nicht mehr? Darwin sah sogleich einen Grund voraus: »So würde heutigen Tages eine solche Substanz augenblicklich verschlungen oder absorbirt werden, was vor der Bildung lebender Geschöpfe nicht der Fall gewesen sein würde.« Darüber hinaus wissen wir heute, daß die Abwesenheit von Sauerstoffmolekülen in der Atmosphäre der urtümlichen Erde Ausbildung und Überleben organischer Moleküle damals wesentlich wahrscheinlicher machte. (Außerdem fielen bedeutend mehr organische Moleküle vom Himmel als heute, nachdem unser Sonnensystem »ausgefegt« und regelmäßig geworden ist.) Dieser warme kleine Tümpel – oder etwas Vergleichbares – könnte, so erweist sich in Laborversuchen, schnell die erforderlichen Aminosäuren produziert haben. Aminosäuren, die mit ein wenig Energie versehen werden, vereinigen sich sogleich, um etwas herzustellen, das einer »Proteinverbindung« sehr ähnlich ist. In ähnlichen Experimenten lassen sich auch einfache Nukleinsäuren herstellen. Darwins Vermutung ist heute in ihrer begrenzten Reichweite ziemlich vollständig bestätigt. Die Bausteine des Lebens waren auf der frühen Erde reichhaltig vorhanden, obwohl wir sicherlich noch nicht sagen können, daß wir den Ursprung des Lebens vollständig durchschauen. Aber wir Menschen haben ja seit Darwin auch gerade erst angefangen, der Sache nachzugehen.

* * *

Die Veröffentlichung von *The Origin of Species* rief, wie nicht anders zu erwarten war, leidenschaftliche Reaktionen hervor; Stimmen dafür und dagegen wurden laut, auch bei einer stürmischen Versammlung der British Association for the Advancement of Science kurz nach dem Erscheinen des Buches. Es ist vielleicht am besten möglich, einen Eindruck von der breiteren Diskussion zu bekommen, wenn man die literarischen Zeitschriften aus jener Zeit ausgräbt. Diese im allgemeinen monatlich erscheinenden Magazine behandelten einen sehr weiten Bereich von Themen – Romane und Sachbücher, Prosa und Poesie, Politik, Philosophie, Religion und Naturwissenschaft. Besprechungen im Umfang von 20 Druckseiten waren keine Seltenheit. Fast alle Beiträge wurden anonym veröffentlicht, obwohl viele von den führenden Köpfen in ihren Fachgebieten geschrieben waren. Vergleichbare Publikationen sind heute im englischen Sprachraum ziemlich dünn gesät; am nächsten kommen wohl noch das *Times Literary Supplement* aus London und die *New York Review of Books*.

Die *Westminster Review* vom Januar 1860 erkannte, daß Darwins Buch von historischer Bedeutung sein könnte:

> Wenn das Prinzip der Abwandlung durch natürliche Zuchtwahl in dem Rahmen anerkannt werden sollte, den Herr Darwin dafür in Anspruch nimmt, ... dann wird ein großes und fast unberührtes Forschungsfeld aufgeschlossen. ... Unsere Klassifikationen werden, soweit das möglich ist, zu Stammtafeln werden; und sie werden dann wahrlich so etwas wie einen Plan der Schöpfung vermitteln.[6]

Die *Edinburgh Review* vom April 1860 nahm (in einer unsignierten Kritik des Anatomen Richard Owen) einen weniger positiven Standpunkt ein:

> Die Überlegungen, die der Versuch, den Ursprung des Wurms aufzuklären, nach sich zieht, sind unzulänglich für die Erfordernisse des höherrangigen Problems vom Ursprung des Menschen... Für denjenigen, der sich selbst für seelenlos hält und der sich möglicherweise mit dem niederen Tier, das zugrundegeht, auf eine Stufe stellt, mag in der Tat jede Vermutung, die mit der geringsten Wahrscheinlichkeit auf eine verständliche Vorstellung hinweist, wie eine weniger gegliederte Art

> entstanden sein mag, ausreichend erscheinen, und er braucht sich nicht weiter um seine eigenen Beziehungen zu einem Schöpfer zu bekümmern. ... Herr Darwin bietet uns ... leere intellektuelle Hülsen ... gutgeheißen durch seinen festen Glauben in ihre ausreichende Nahrhaftigkeit.[7]

Der Rezensent lobt sich Wissenschaftler, »welche die Geisteswelt nicht mit ihren Meinungen belästigen, sondern sie mit ihren Beweisen wesentlich bereichern«, und hebt diese dann von Darwin ab, dem bescheinigt wird, er habe nicht mehr als »eine unzusammenhängende und oberflächliche Kenntnis der Natur«.

Professor Owen war sehr von der Arbeit Cuviers über die »in den Grabmälern Ägyptens erhaltenen« mumifizierten Ibisse, Katzen und Krokodile beeindruckt, die beweisen, »daß keine Änderung in ihren besonderen Charakteristika eingetreten ist während der Jahrtausende, ... die vergangen sind, ... seit die einzelnen Tiere jener Arten zum Objekt für die Fertigkeiten der Einbalsamierer wurden«. Cuviers Fakten, wird behauptet, seien von »viel größerem Wert« als die »Vermutungen« Darwins. Aber die mumifizierten Tiere des alten Ägypten spazierten – in geologischen Zeiträumen gemessen – gerade erst vor einem Augenblick auf der Erde herum; und dieser Zeitraum ist eben auch nicht annähernd lang genug, um größere entwicklungsgeschichtliche Veränderungen aufzuweisen, die üblicherweise Millionen von Jahren erfordern. Owens Besprechung ist voll mit lebhaftem Spott: »Prosaische Geister«, heißt es, »langweilen einen leicht, indem sie nach Beweisen fragen; doch wenn man an den Rand einer solch verführerischen Dosis verbotenen Wissens gerät, wie sie [die Anhänger der Evolutionstheorie] anbieten, fühlt man sich nahezu herausgefordert, den Trank der Circe von sich stoßen zu lassen« – nämlich durch »kenntnisreichere« Fachleute, die anderer Meinung waren als Darwin.

Andere Kommentatoren erhoben gewichtigere Einwände: Es sei kein Beispiel einer vorteilhaften Mutation oder eines erblichen Wandels bekannt, hieß es, und Darwin sei gezwungen, enorme Zeiträume noch vor der Zeit der Dinosaurier anzunehmen, und doch habe man bisher kein Anzeichen von Leben in früheren geologischen Funden entdecken können; auch fehlten in geologischen Funden die Übergangsformen von einer Art zur anderen vollständig. Dabei hatte Darwin selbst schon die nahezu vollständige Unkenntnis seiner Zeit hinsichtlich konkreter Vererbungsvorgänge und genetischer Veränderungen betont; auch wies er selbst darauf hin, daß die Kargheit geologischer Funde eine Schwierigkeit für seine Theorie darstelle (obwohl er auch äußerte, er werde die geforderten Übergangsfossilien vorweisen, sobald seine Gegner ihm alle Zwischenformen zwischen Wildhunden und Windhunden oder Bulldoggen zeigten). Seither sind jedoch nicht nur die Gesetze der Vererbung der Gene und Chromosomen (die gänzlich aus Nukleinsäuren bestehen) sorgfältig ausgearbeitet worden, sondern sogar deren molekularer Aufbau ist bis ins einzelne bekannt; wir verstehen sogar, wie eine Mutation durch die Ersetzung eines einzigen Atoms durch ein anderes verursacht werden kann. Die Reichweite geologischer Funde ist nicht nur bis in die Zeit vor den Dinosauriern ausgedehnt worden, sondern wir besitzen inzwischen auch punktuelle Einblicke in Lebensformen der vorausgehenden dreieinhalb Milliarden Jahre. Trotz seiner erschöpfenden Studien künstlicher Zuchtwahl kannte Darwin keine einzige Fallgeschichte einer natürlichen Zuchtwahl in der Wildnis; heute kennen wir Hunderte.[8] Das fossile Beweismaterial bleibt jedoch spärlich: Ein paar weitere Übergangsformen sind jetzt bekannt – der *Archäopteryx* zum Beispiel, der eine Zwischenstufe zwischen Reptil und Vogel darstellt –, aber noch lange nicht genug, um wenigstens die Mehrzahl der wichtigsten Entwicklungspfade aufzuzeigen. Der tragfähigste Beweis für die Evolution kommt jedoch, wie wir noch sehen werden, aus einem zu Darwins Zeit noch völlig unbekannten Wissensgebiet – der Molekularbiologie.

Eine Rezension in der *North American Review* vom April 1860 versucht, Darwin ungehemmt durch eine Art Trugschluß zu widerlegen: Die sehr langen Abschnitte geologischer Zeit, die für die Evolution notwendig sind, werden als »im Grunde genommen unendlich« bezeichnet. Darwin selbst benutze ähnlich unpräzise mathematische Ausdrücke. Ein »Unterschied zwischen einer solchen Vorstellung und der des im strengen Sinne Unendlichen« sei jedoch, »falls es einen gibt, nicht erkennbar«. Die Unendlichkeit aber gehöre nicht in den Bereich der Naturwissenschaft, sondern in den der Metaphysik. Und so kommt der Rezensent zu dem Schluß, daß die Evolutionstheorie nicht wissenschaftlich, sondern metaphysisch sei – »vollständig auf der Idee von ›dem Unendlichen‹ beruhend, die der menschliche Geist weder beiseiteschieben noch erfassen kann«[9]. Dieses abschließende Argument scheint insbesondere auf den Rezensenten selbst zuzutreffen. Denn in Wirklichkeit sind alle Zahlen, einerlei, wie groß oder klein, gleich weit von der Unendlichkeit entfernt, und viereinhalb Milliarden Jahre bilden einen leidlich endlichen Zeitabschnitt. Die Unendlichkeit hat einfach keinen Platz in einer entwicklungsgeschichtlichen Beweisführung. Der trügerische Schein dieses Beweisverfahrens (und ähnlicher in anderen Rezensionen) vermittelt uns ein Gefühl dafür, wie sehr sich die Leute darum bemühten, Darwins Ideen abzuweisen. (Seine spätere These, alles Lebendige, einschließlich des Menschen, entwickele sich *immer noch* weiter, und in der fernen Zukunft seien unsere Nachkommen vielleicht gar keine Menschen im heutigen Sinne mehr, wurde selbst von wohlgesinnten Rezensenten als zu weit gehend verworfen.)

In der *London Quarterly Review* vom Juli 1860 wird Darwin in einem Beitrag mit dem Titel »Darwin's Origin of Species« anonym von seinem Gegenspieler Samuel Wilberforce, dem Bischof von Oxford, zur Rede gestellt – unter vielen anderen Dingen wegen »spekulativer Mutwilligkeit« und »übermäßiger Freizügigkeit der Gedanken«. Seine »Art der Beschäftigung mit der Natur« wird verurteilt als

> äußerst diskreditierend für die gesamte Naturwissenschaft, denn sie führt diese herab von ihrer gegenwärtigen stolzen Höhe als eine der nobelsten Erzieherinnen des menschlichen Geistes und als Lehrerin seines Verstandes und läßt sie zum Tummelplatz eines lediglich müßigen Spiels der Phantasie werden – ohne die Begründung in Tatsachen oder die Zucht der Beobachtung.

Darwin wird angeklagt, »die Unbeugsamkeit der Tatsachen« zu umgehen, indem er einen Zauberstab schwinge und ausrufe: »›Füg ein paar hundert Millionen Jahre mehr oder weniger hinzu, und warum sollten dann all diese Veränderungen nicht möglich sein…?‹«

Und dann wird die schreckliche Folgerung gezogen, es sei Darwins unausgesprochene Annahme, daß »der Mensch« lediglich »ein verbesserter Affe« sein könnte. (In diesem Punkt war Wilberforce freilich nicht weit von der Wahrheit entfernt, denn genau das war Darwins Ansicht.) Der Gedanke, die natürliche Zuchtwahl könnte auch auf den Menschen zutreffen, wird als »absolut unvereinbar« mit »dem Wort Gottes« gebrandmarkt. Darüber hinaus seien »die aus der [Schöpfungsgeschichte der Bibel] abgeleitete Vorherrschaft des Menschen über die Erde; die Fähigkeit des Menschen zu verständlicher Sprache; die Vernunftbegabtheit des Menschen; sein freier Wille und seine Verantwortlichkeit; der Sündenfall des Menschen und seine Erlösung; die Fleischwerdung des Ewigen Sohnes; die Wohnung des Ewigen Geistes im Menschen – alle gleichermaßen und völlig unvereinbar mit der entwürdigenden Vorstellung eines tierischen Ursprungs des Menschen, der nach dem Bilde Gottes geschaffen und vom Ewigen Sohn erlöst wurde.« Die Idee einer Evolution des Lebens neige dazu, »unweigerlich die meisten besonderen Eigenschaften des Allmächtigen aus dem Denken zu verbannen«. Darwins Einsichten werden mit »den Halluzinationen beim Einatmen von schädlichem Gas« verglichen. Seine Ansichten werden von Bischof Wilberforce denen »eines viel größeren Philosophen«, nämlich Professor Owens, gegenübergestellt, den der Autor mit seinem Rat an Jugendliche zitiert:

> Oh! Ihr, die ihr einen Körper besitzt in all der geschmeidigen Tatkraft einer lustvollen Jugend, bedenkt gut, was es ist, das Er eurer Obhut anvertraut hat. Vergeudet nicht seine Energien; vermindert sie nicht durch Faulheit; verderbt sie nicht durch Genuß- und Vergnügungssucht! Das höchste Werk der Schöpfung ist vollbracht worden, daß ihr einen Körper besitzen möget – den einzigen aufrechten – von allen Tierkörpern den freiesten – und wozu? Zum Dienst der Seele. ... Beschmutzt ihn nicht.[10]

Die *North British Review* vom Mai 1860, nicht weniger feindlich, beginnt ihre Besprechung: »Wenn notorischer Ruhm ein Beweis erfolgreicher Autorschaft wäre, dann hat Herr Darwin seine Belohnung erhalten.« Darwin wird mit Schriftstellern verglichen, die »vor allem jenen Sichtweisen der Natur mißtrauen, die auch nur im entferntesten dazu neigen, sie selbst oder ihre Leser in eine direkte Beziehung zu einem persönlichen Gott zu setzen«. Wie viele andere ablehnende Besprechungen auch anerkennt diese Darwins Ruf als vorzüglicher Biologe und lobt seinen sicheren Stil. Trotzdem sei er ein »Scharlatan« und des »Unglaubens an den herrschenden Schöpfer« schuldig. Des Buches »scheinbare Tiefe ist nichts als Finsternis«. Darwin wird angeklagt, einen Thron zu installieren »irgendwo über dem Olymp, und die Göttin, der sich der Autor verschrieben hat, hat darauf Platz genommen«. Diese Göttin ist die natürliche Zuchtwahl. »Die ›Göttin Zufall‹ des Heidentums hat sich in eine höhere Form entwickelt ... Herrn Darwins Werk«, schließt die *North British Review* ab, »steht in direktem Widerspruch zu all den Erkenntnissen einer natürlichen Theologie, ausgeformt nach berechtigten Schlüssen aus dem Studium der Werke Gottes; und es tut offenkundig allem Gewalt an, das der Schöpfer selbst uns in den Schriften der Wahrheit mitgeteilt hat.« Die Veröffentlichung von *The Origin of Species* wird als »Fehler« bezeichnet. »Sein Autor hätte der Wissenschaft und seinem eigenen guten Namen einen Dienst erwiesen, wenn er, da er nun einmal entschlossen war, das Werk zu schreiben, es mit seinen anderen Notizen beiseite gelegt hätte – mit dem Vermerk ›Ein Beitrag zu naturwissenschaftlicher Spekulation aus dem Jahre 1720‹« – wobei das Datum der Einschätzung des Rezensenten entsprach, wie rückschrittlich und veraltet Darwins Erörterung wäre.[11]

Der Vorgang natürlicher Zuchtwahl, der scheinbar durch Magie Ordnung aus Chaos herauspreßte, stand für viele der unmittelbaren Anschauung entgegen und beunruhigte sie; so wurde Darwin wiederholt einer Sache angeklagt, die einem Götzendienst nahekomme. Er selbst beantwortete den Angriff mit den folgenden Worten:

> Es wurde auch gesagt, ich spräche von der natürlichen Zuchtwahl als von einer tätigen Kraft oder Gottheit; wer aber wird einem Autor Vorhaltungen machen, wenn er von der Anziehungskraft sagt, sie beherrsche die Bewegung der Planeten? Jeder weiß, was mit solchen bildlichen Ausdrücken gemeint ist, die schon der Kürze wegen nötig sind. Es ist ja auch schwer, das Wort »Natur« genau zu bestimmen. Ich verstehe darunter die vereinigte Wirkung und Leistung vieler Naturgesetze und unter Gesetzen die nachgewiesene Aufeinanderfolge der Ereignisse. Bei einiger Vertrautheit mit der Sache werden solche überflüssigen Einwände von selbst wegfallen. ...
>
> Wenn schon der Mensch durch seine planmäßige und unbewußte Zuchtwahl große Erfolge erzielt, was muß erst die natürliche Zuchtwahl erreichen können! Der Mensch kann nur auf äußere sichtbare Merkmale wirken; die Natur (wenn ich einmal das Überleben des Tüchtigsten personifizieren darf) fragt nicht nach dem Aussehen, es sei denn, daß es irgendeinem Wesen nütze; sie kann auch auf jedes innere Organ wirken, auf den kleinsten körperlichen Unterschied, auf die

ganze Maschinerie des Lebens. Der Mensch wählt nur zu seinem Vorteil aus, die Natur nur zum Besten des Geschöpfes selbst. ...
Man kann im bildlichen Sinne sagen, die natürliche Zuchtwahl sei täglich und stündlich dabei, allüberall in der Welt die geringsten Veränderungen aufzuspüren und sie zu verwerfen, sobald sie schlecht sind, zu erhalten und zu vermehren, sobald sie gut sind; still und unsichtbar wirkt sie ... Wir sehen nichts von dieser langsam fortschreitenden Veränderung, bis der Zeiger der Zeit selbst anzeigt, daß ein Zeitalter abgelaufen ist, und selbst dann noch ist unsere Einsicht in die vergangene geologische Epoche so schwach, daß wir höchstens bemerken, wie verschieden die bestehenden Lebensformen von denen der Vergangenheit sind.[12]

Von einigen wurde Darwin dafür kritisiert, daß er eine teleologische Lehre vertrete – daß er glaube, die Natur sei im Blick auf einen langfristigen Zweck hin wirksam –, von anderen hingegen dafür, daß er eine Natur entwerfe, in der zufällige, zwecklose Wandlungen zentral seien. (»Das Gesetz des Drunter und Drüber«, meinte der Astronom John Herschel abschätzig.) Die Leute fanden es schwierig, den Begriff der natürlichen Zuchtwahl zu erfassen. Und so wurden Darwins Motive, Ernsthaftigkeit, Ehrlichkeit und Fähigkeit in Frage gestellt. Viele, die ihn kritisierten, verstanden seine Beweisführung oder die gehäufte Wucht der Fakten nicht, die er zu ihrer Untermauerung aufbot. Viele – darunter auch einige der hervorragendsten Wissenschaftler der Zeit, einschließlich Adam Sedgwicks, seines ehemaligen Geologieprofessors – was Darwin besonders schmerzte –, wiesen Darwins Hypothese zurück, nicht weil die Beweislast dagegen sprach, sondern wegen ihrer Folgewirkungen: Darwins Lehre führte scheinbar zu einer Welt, in der Menschen herabgewürdigt, die Existenz der Seele bestritten, Gott und moralisches Verhalten verschmäht und Affen, Würmer und Urschleim erhöht wurden; es handelte sich um »ein System, das sich nicht um den Menschen kümmert«. Thomas Carlyle nannte es »ein Evangelium des Schmutzes«.
Darwin, Huxley und andere bemühten sich zu zeigen, daß keiner dieser moralischen und theologischen Kritikpunkte zwingend sei. In der Astronomie, so brachten sie vor, glauben wir nicht länger daran, daß jeder Planet von einem Engel um die Sonne geschoben wird; das Gravitationsgesetz (wonach Körper sich im umgekehrten Verhältnis zum Quadrat der

Entfernung zwischen ihnen gegenseitig anziehen) und Newtons Bewegungsgesetze reichten zur Erklärung völlig aus. Aber niemand habe dies als einen Nachweis dafür angesehen, daß es keinen Gott gebe; und Newton selbst habe sich – abgesehen von einem persönlichen Vorbehalt gegenüber der Vorstellung der Trinität – eng an das konventionelle Christentum seiner Zeit angeschlossen. Es stehe uns frei, falls wir dies wünschten, davon auszugehen, daß Gott für die Naturgesetze verantwortlich ist und daß der göttliche Wille durch sekundäre Ursachen wirksam wird. In der Biologie müßten zu diesen Zweitursachen auch die Mutation und die natürliche Zuchtwahl gerechnet werden. (Viele Leute würden es jedoch unbefriedigend finden, das Gesetz der Schwerkraft zu verehren.)

Je länger sich die Diskussion über die Jahre hinzog, desto weniger seltsam und bedrohlich erschien der Begriff der natürlichen Zuchtwahl. Immer mehr Wissenschaftler, literarische Köpfe und sogar Geistliche wurden für die neue Sache gewonnen. Doch längst nicht alle. Noch im Juli 1871 beharrte die *London Quarterly Review*, die zwölf Jahre zuvor Bischof Wilberforces anonyme Schmähschrift veröffentlicht hatte, auf ihrer Haltung, wobei sie Darwins Anliegen nach wie vor völlig mißverstand: »Warum sollte die natürliche Zuchtwahl nur das Überleben der nützlichen Abwandlungen begünstigen? Ein solches Handeln kann nicht dem blinden Zufall zugeschrieben werden; dahinter kann sich nur eine geistige Instanz verbergen.« Doch werden in diesem Artikel nicht nur die Evolution und die natürliche Zuchtwahl abgelehnt, sondern auch der neu entdeckte erste thermodynamische Hauptsatz, der Energieerhaltungssatz, eine der Grundlagen der modernen Physik.[13]

Einige der verdeckten emotionalen Motive, die zur Zurückweisung des Prinzips der natürlichen Zuchtwahl führten, wurden später vom Dramatiker George Bernard Shaw im Vorwort zu *Zurück zu Methusalem* (1921) lebhaft und anschaulich zusammengefaßt:

> Der Darwinsche Vorgang (ist aber) als eine Reihe von Zufällen anzusehen. Als solcher erscheint er einfach, weil man nicht auf den ersten Blick alles erkennt, was er einschließt. Aber wenn einem seine ganze Bedeutung aufgeht, dann fällt einem das Herz in die Hosen. Es liegt ein unheimlicher Fatalismus darin verborgen; alle Schönheit und Intelligenz, alle Kraft und alle Zweckhaftigkeit, alle Ehre und alles Streben

> wird auf grauenvolle und teuflische Weise zu etwas Zufälligem herabgewürdigt und den zuweilen malerischen Veränderungen gleichgestellt, die eine Lawine in einer Berglandschaft oder ein Eisenbahnunfall in einer menschlichen Gestalt hervorrufen kann. Dies »natürliche Auslese« zu nennen, ist eine Blasphemie, die nur einem Menschen möglich erscheint, dem die Natur nichts ist als eine zufällige Vereinigung von träger und toter Materie, die aber den Geistern und Seelen der Gerechten ewig unmöglich sein wird. ... Wenn diese Art der Auslese eine Antilope in eine Giraffe verwandeln konnte, so wäre es denkbar, daß sie auch einen Teich voll Amöben in die französische Akademie verwandeln könnte.[14]

Schön gesagt. Was wäre aber, wenn ungeahnte Kräfte in eben jener »trägen, toten Materie« schlummerten, ließe man ihr nur vier Milliarden Jahre Zeit, das jeweils Bewährte zu bewahren? Es kann nicht oft genug betont werden: Einwände wie die eben zitierten betreffen lediglich (und nicht einmal sehr überzeugend) die philosophischen und sozialen Implikationen der natürlichen Zuchtwahl, nicht jedoch die Tatsachen, die für die Evolutionslehre sprechen.
Vulgärdarwinisten, darunter auch viele Kapitalisten, haben nicht ohne Eigennutz argumentiert, eine berechtigte Anwendung des Prinzips der natürlichen Auslese auf die menschliche Gesellschaft bestehe darin, die Schwachen und Armen zu unterdrücken. Und naiv bibelgläubige Fundamentalisten, darunter auch einige hohe Funktionäre aus dem Bereich des Umweltschutzes, haben – wiederum nicht ohne eigennützige Ziele – argumentiert, die Zerstörung nichtmenschlichen Lebens sei gerechtfertigt, weil die Welt ohnehin bald untergehen werde oder weil im Buch *Genesis* der Bibel stehe: »Füllet die Erde und macht sie euch untertan, und herrschet über... alle Tiere.«[15] Doch lassen sich weder die Evolutionslehre noch die heiligen Bücher der verschiedenen Religionen dadurch entwerten oder widerlegen, daß manche Leute irrtümlich gefährliche Schlußfolgerungen aus diesen Lehren gezogen haben.
In den 1870er und 1880er Jahren trugen bei vielen die von Darwin zusammengestellten Beweise zum Sinneswandel bei. Nun war in Rezensionen von der »Gewißheit« die Rede, daß in der Natur die »natürliche Zuchtwahl am Werk« sei, und selbst die Möglichkeit wurde zugestanden, daß sich die Menschen aus niederen Lebewesen entwickelt haben könn-

ten.[16] Einige Schlußfolgerungen aus Darwins neuem Buch, *The Descent of Man* (1871), lagen jedoch auch den wohlwollendsten Rezensenten schwer im Magen. Offenbar hatte sich die Debatte nun auf ein anderes Feld verlagert:

> Wir halten fest, daß [Tiere] nicht... die Fähigkeit haben, über ihr eigenes Dasein nachzudenken oder das Wesen von Gegenständen und deren Ursachen zu erforschen. Wir stellen in Abrede, daß sie erkennen können, daß sie etwas wissen oder sich selbst im Erkennen erkennen. Mit anderen Worten, wir stellen ihre *Vernunft* in Abrede.

Wir werden zu dieser neuen Ebene der Diskussion später zurückkehren und halten hier nur fest, wie schnell viele der theologischen Vorbehalte gegen die Evolutionslehre verpufft waren, sobald Darwins Beweisführung besser verstanden wurde. »In der zweiten Hälfte meines Lebens ist nichts bemerkenswerter«, notierte er in seiner Autobiographie, »als die Ausbreitung des Skeptizismus oder Rationalismus.«[17]

* * *

Aus unzähligen modernen Beispielen für natürliche Zuchtwahl in der realen Welt wählen wir hier nur eines aus – es ist von besonderem Interesse, weil es Menschen betrifft und weil es das Ergebnis eines Experimentes ist, wenn auch eines Experimentes, das unwissentlich unter tragischen Umständen durchgeführt wurde.

Malaria ist unter beinahe der Hälfte der Weltbevölkerung (kurz vor dem Zweiten Weltkrieg sogar unter zwei Dritteln der damals lebenden Menschen) weit verbreitet. Es handelt sich um eine ernste Krankheit, die aufgrund des Fehlens angemessener Arzneimittel und natürlicher Immunität mit einer hohen Sterblichkeitsrate verknüpft ist. Noch heute sterben jährlich mehrere Millionen Menschen daran. Wenn der Malariaerreger, ein Plasmodiumparasit, in den menschlichen Blutkreislauf gerät (meistens durch Anophelesmückenstiche), dringt er schließlich in die roten Blutkörperchen ein, die den Sauerstoff aus den Lungen in alle Körperzellen transportieren. Die befallenen roten Blutkörperchen werden klebrig und setzen sich an den Wänden der feinsten Blutgefäße fest; infolgedessen zirkulieren sie nicht weiter und gelangen auch nicht in die Milz, welche ansonsten Plasmodiumparasiten zerstört. Gut für die Parasiten, aber schlecht für die Menschen.

Die Menschen in den malariagefährdeten Gegenden des tropischen Afrika sind deshalb an die Malaria angepaßt: Sie besitzen das sogenannte Sichelzellen-Merkmal. Einige ihrer roten Blutkörperchen sehen unter dem Mikroskop ein wenig wie Sicheln oder Croissants aus. Bei Menschen mit dem Sichelzellen-Merkmal sind diese Varianten der roten Blutkörperchen jedoch von mikroskopisch kleinen, nadelartigen Fasern umgeben, die wahrscheinlich eine ähnliche Wirkung haben wie die spitzen Stacheln der Stachelschweine. Die Parasiten werden dadurch aufgespießt oder auf andere Weise beschädigt, und die roten Blutkörperchen – denen die klebrigen Proteine der Parasiten jetzt nichts mehr anhaben können – werden nunmehr ganz normal in die Milz transportiert, die »ihres Amtes waltet« und die Parasiten tötet.[18] Wird das Sichelzellen-Merkmal jedoch von beiden Elternteilen ererbt, können schwere Blutarmut (Sichelzellenanämie), eine Verstopfung der feinen Blutgefäße oder andere Krankheiten die Folge sein. Unter dem Strich aber, so läßt sich denken, ist es günstiger, wenn ein kleiner Teil der Bevölkerung an schwerer Blutarmut leidet, als wenn der Großteil der Bevölkerung an Malaria stirbt.

Im 17. Jahrhundert landeten Sklavenhändler aus den Niederlanden an der Goldküste von Westafrika (im heutige Ghana). Sie kauften oder fingen Sklaven in großer Zahl ein und beförderten sie zu zwei niederländischen Kolonien – nach Curaçao im Karibischen Meer und nach Surinam (Niederländisch-Guayana) in Südamerika. Es gibt keine Malaria in Curaçao, so daß das Sichelzellen-Merkmal zwar eine Anämie bewirken konnte, aber den Sklaven dort keinen entscheidenden Vorteil einbrachte. In Surinam dagegen gibt es Malaria, und das Sichelzellen-Merkmal macht häufig den Unterschied zwischen Leben und Tod aus.

Wenn wir nun, etwa drei Jahrhunderte später, die Nachfahren dieser Sklaven untersuchen, so entdecken wir, daß jene in Curaçao kaum noch Spuren dieses Merkmals aufweisen, während es in Surinam noch weit verbreitet ist. In Curaçao erfolgte eine »Zuchtwahl gegen« das Sichelzellen-Merkmal, in Surinam wie in Westafrika eine »Zuchtwahl dafür«. Wir sehen hier, daß natürliche Zuchtwahl schon in einer sehr kurzen Zeitspanne wirksam sein kann, sogar bei Lebewesen, die sich so langsam fortpflanzen wie die Menschen.[19] Zu jeder Zeit gibt es in bestimmten Bevölkerungsgruppen eine Reihe erblicher Prädispositionen; von diesen bringt die Umwelt einige zum Vorschein, andere nicht. Die Evolution ist das Ergebnis eines Zusammenspiels von Vererbung und Umwelt. Gegen Ende seines Lebens nannte sich Darwin selbst einen Theisten; das heißt, er glaubte an ein göttliches Prinzip, das den Mechanismus der Welt in Gang gesetzt habe. Gleichwohl hatte er auch daran seine Zweifel:

> Kann man sich auf den Geist des Menschen verlassen, der, wie ich völlig glaube, sich aus einem so niederen Geist wie dem der niedersten Tiere entwickelt hat, wenn er solch großartige Schlußfolgerungen zieht?[20]

Die Evolutionslehre führt keineswegs zwingend zum Atheismus, obwohl sie mit ihm auf einer Linie liegt. Die Befunde der Evolution vertragen sich jedoch auf keinen Fall mit der wörtlichen Auslegung bestimmter ehrwürdiger, heiliger Bücher. Wenn wir glauben, daß die Bibel von Menschen niedergeschrieben und nicht Wort für Wort vom Schöpfer des Weltalls einem fehlerfreien Stenographen in die Feder diktiert wurde, oder wenn wir glauben, Gott könne gelegentlich auf eine Metapher zurückgreifen um uns etwas klarzumachen, dann dürfte die Evolutionslehre keine theologischen Probleme aufwerfen. Ganz egal jedoch, ob sie Probleme aufwirft oder nicht, die Beweislage zugunsten der Evolution – *daß* sie stattgefunden hat, unabhängig von der Auseinandersetzung darüber, ob die Annahme einer gleichförmigen natürlichen Zuchtwahl vollständig erklärt, *wie* sie stattgefunden hat – ist überwältigend.

Der darwinistische Gesichtspunkt ist von zentraler Bedeutung für die gesamte moderne Biologie, von Untersuchungen der Molekularstruktur der DNS bis hin zu Untersuchungen des Verhaltens von Affen und Menschen.[21] Er verbindet uns mit unseren längst vergessenen Vorfahren und dem Gewimmel unserer Verwandten, den Millionen anderer Arten, mit denen wir die Erde teilen. Aber der Preis für diese Einsicht war hoch; und es gibt immer noch Leute, besonders in den Vereinigten Staaten von Amerika, die sich weigern zu zahlen – aus sehr menschlichen und nachvollziehbaren Gründen. Denn der Gedanke der Evolution bedeutet auch, daß Gott, falls Er existiert, sekundäre Ursachen und indirekte Verfahren bevorzugt: Er brachte das Weltall auf den Weg, richtete die Naturgesetze ein und zog sich dann von der Bühne zurück. Einen »Geschäftsführer«, der selbst Hand anlegt, scheint es nicht zu geben; die

Macht ist nach unten delegiert worden. Der Evolutionsgedanke besagt, daß Gott nicht eingreifen wird, um uns vor uns selbst zu bewahren, gleichgültig ob er darum angefleht wird oder nicht. Der Evolutionsgedanke besagt, daß wir auf uns selbst gestellt sind, daß Gott eine Möglichkeit ist, aber in sehr weiter Ferne. Dies reicht aus, um viel von dem gefühlsmäßigen Schmerz und der Entfremdung zu erklären, welche die Evolutionstheorie bewirkt hat. Wir sehnen uns danach zu glauben, daß jemand am Steuer steht.

* * *

Darwins außergewöhnliche demokratische Einsicht, daß alle Menschen von denselben nichtmenschlichen Vorfahren abstammen, daß wir also alle Mitglieder einer einzigen Familie sind, muß unweigerlich verzerrt werden, wenn sie durch die getrübte Brille einer vom Rassismus durchsetzten Zivilisation betrachtet wird. Die Verfechter der Überlegenheit der weißen Rasse bemächtigten sich des Gedankens, daß Menschen mit einem hohen Anteil an Hautpigmenten unseren Vorfahren unter den Primaten natürlich näherstünden als Menschen mit einer gebleichten Haut. Und die Gegner der Bigotterie waren – vielleicht aus der Furcht heraus, in solchem Unsinn könnte vielleicht doch ein Körnchen Wahrheit liegen – nur zu gern bereit, ihrerseits unsere Verwandtschaft mit den Affen nicht allzu deutlich hervorzuheben. Beide Standpunkte sind sich jedoch in einem Punkte einig: Die Parallele zu den Primaten eignet sich nur selektiv, und zwar bevorzugt zur Anwendung im Busch und im Ghetto, aber um Gottes willen nie in den Vorstandsetagen der Wirtschaft, in den Militärakademien oder – Gott behüte! – sogar im Senat oder im Oberhaus, im Buckingham Palace oder im Weißen Haus. Hier kommt der Rassismus ins Spiel – und nicht in der unausweichlichen Anerkennung der Tatsache, daß wir, ob es uns nun gefällt oder nicht, als Menschen nur ein kleines Zweiglein am riesigen weitverzweigten Baum des Lebens sind. Der Gedanke der natürlichen Auslese wurde von Kapitalisten und Kommunisten gleichermaßen mißbraucht, von Weißen und Schwarzen, von Nazis und vielen anderen, die aus ideologischem Eigennutz darauf zurückkamen. So überrascht es kaum, daß die Feministinnen Angst davor hatten, eine darwinistische Perspektive würde den männlichen Wissenschaftlern nur eine weitere Keule in ihrem Arsenal bereit stellen, mit der sie die Frauen niederknüppeln könnten – etwa mit der Behauptung von deren genetischer Unterlegenheit auf den Gebieten der Mathematik oder der Politik. Nach allem, was wir wissen, könnte eine solche Perspektive jedoch die Einsicht zutage fördern, daß das wilde Ungleichgewicht im Hormonhaushalt der Männer, das diese schnell aggressiv macht, sie eher ungeeignet erscheinen läßt, moderne Staaten zu führen. Wenn wir Sexismus für einen Irrtum und ein Vorurteil halten, dann wird sich das in einer wissenschaftlichen Untersuchung zweifellos klären lassen, und wir sollten für eine rigoros methodische wissenschaftliche Untersuchung dieses Fragenkomplexes plädieren.

Vieles in der Kontroverse der letzten Jahre über die Anwendbarkeit darwinistischen Gedankenguts auf menschliche Verhaltensweisen ist durch die Furcht vor Mißbrauch durch Rassisten, Sexisten und andere Bigotte motiviert – und während des Zweiten Weltkriegs ist dies mit gespenstischen und tragischen Folgen ja bereits einmal geschehen. Das Heilmittel gegen den Mißbrauch der Wissenschaft kann jedoch nicht die Zensur sein; vielmehr sind noch klarere Erläuterungen nötig, noch lebhaftere Debatten und die Bereitstellung wissenschaftlicher Gedanken und Ergebnisse für jedermann. Wenn einige unserer menschlichen Neigungen angeboren sind – was zweifellos der Fall ist –, folgt daraus immer noch nicht, daß wir nicht lernen könnten, diese Neigungen zu modifizieren, abzumildern, zu unterstützen oder das daraus folgende Verhalten in neue Richtungen zu lenken.

* * *

Vize-Admiral FitzRoy war mehr als ein Jahrzehnt lang der Meteorologe des British Board of Trade (Handelsministerium) gewesen, als sich im Jahre 1865 seine langfristige Wettervorhersage als abenteuerlich und katastrophal falsch erwies. Daraufhin mußte der stolze, cholerische FitzRoy in der Presse eine gehörige Tracht Prügel über sich ergehen lassen. Als er die Verhöhnungen nicht länger ertragen konnte, schlitzte er sich den Hals auf und wurde so zu einem frühen Blutzeugen für die Unzuverlässigkeit meteorologischer Prognosen. Obwohl sich FitzRoy in der Debatte über einen gezielten Schöpfungsakt öffentlich gegen Darwin ausgesprochen hatte, und trotz der Tatsache, daß die beiden Männer einander seit acht Jahren nicht gesehen hatten, nahm sich Darwin die

Nachricht von FitzRoys Selbstmord sehr zu Herzen. Welche Bilder ihrer gemeinsamen Jugendabenteuer werden Darwin wohl in die Erinnerung zurückgeflutet sein? Hooker gegenüber bemerkte er: »Welch eine melancholische Karriere er doch gemacht hat, trotz all seiner prächtigen Eigenschaften.«[22]

In puncto Melancholie hatte freilich auch Darwin das Zeug zum Experten. In diesen Jahren war er meistens niedergeschlagen, ausgelaugt und krank. Doch während dieses ganzen armseligen Zeitabschnitts war er rastlos produktiv, und seine Beziehung zu Emma, zu den überlebenden unter ihren zehn Kindern und zu einer großen Zahl von Freunden schien nicht unter seiner Melancholie zu leiden. Im Gegenteil, die Briefe, die sie austauschten, und ihre aufgezeichneten Erinnerungen bezeugen Offenheit, Betonung der Gefühle, Achtung vor den Kindern und ein harmonisches Familienleben. Seine Tochter erinnerte sich an seine Aussage, daß er hoffe, keines seiner Kinder würde jemals etwas, das er sagte, glauben, nur weil er es war, der es gesagt hatte. »Er behielt seine entzückende, liebevolle Art und Weise gegen uns alle sein ganzes Leben hindurch«, schrieb sein Sohn Francis. »Ich wundere mich zuweilen darüber, daß er sie behalten konnte bei einer so wenig demonstrativen Rasse, wie wir es sind; ich hoffe aber, daß er wußte, wie sehr wir von seinen liebevollen Worten und Weisen entzückt waren. ... Er gestattete seinen erwachsenen Kindern, mit ihm und über ihn zu lachen, und er sprach meistens in Ausdrücken vollständiger Gleichheit mit uns.«[23]

Es gab viele, die sich mit dem Gedanken trösteten, daß Darwin in seiner Sterbestunde seine entwicklungsgeschichtliche Irrlehre widerrufen und bereuen werde. Noch heute glauben manche Frommen, genau das sei sogar geschehen. Darwin dagegen sah dem Tod gefaßt und offenbar ohne Bedauern ins Angesicht und äußerte auf seinem Totenbett: »Ich fürchte mich nicht im mindesten zu sterben.«[24]

Die Familie wollte ihn auf ihrem Besitz in Down, Kent, begraben, aber zwanzig Parlamentsabgeordnete – unterstützt von der Anglikanischen Kirche – ersuchten sie um die Einwilligung, daß er in der Abtei von Westminster – nur wenige Schritte von Isaac Newton entfernt – beerdigt werde. Das ehrte die Kirche von England und war ein Akt vollendeten Wohlwollens. Sie schien damit zu sagen: Für dich, der du am meisten dazu beigetragen hast, Zweifel an der Wahrheit unserer Botschaft zu erregen, halten wir die höchste Ehre bereit – Respekt vor der Möglichkeit, sich zu irren und Irrtümer zu korrigieren, der übrigens auch ein Merkmal der Wissenschaft ist, wenn sie ihren Idealen am vollkommensten gerecht wird.

* * *

HUXLEY UND DIE GROSSE DEBATTE

Thomas Henry Huxley (1825–1895) wurde in eine große, zerrüttete Familie, die im Leben zu kämpfen hatte, im England des Jahres 1825 hineingeboren, in eine Umgebung, in der sich die Klassenzugehörigkeit für fast jedermann als lebensbestimmend erwies. Seine formelle Erziehung umfaßte lediglich zwei Jahre Grundschule. Aber er besaß einen unersättlichen Wissenshunger und unglaubliche Selbstdisziplin. Mit 17 Jahren nahm er spontan an einem offenen Wettbewerb teil, den ein örtliches College ausgeschrieben hatte, und erhielt die Silbermedaille der Pharmazeutischen Gesellschaft (Pharmaceutical Society) sowie ein Stipendium zum Medizinstudium am Charing Cross Hospital. Vierzig Jahre später war er Präsident der Royal Society, der damals bedeutendsten naturwissenschaftlichen Vereinigung der Welt. Er leistete grundlegende Beiträge zur Vergleichenden Anatomie und vielen anderen Wissensbereichen und führte nebenbei auch Begriffe wie »Protoplasma« und »Agnostiker« in den allgemeinen Sprachgebrauch ein. Sein ganzes Leben lang widmete er sich der Aufgabe, einfachen Leuten die Naturwissenschaft näherzubringen. (Mehrere Mitglieder der Oberklassen waren dafür bekannt, daß sie sich in abgewetzte Kleider warfen, um Einlaß zu seinen Vorlesungen für werktätige Leute zu erlangen.) Er lehrte, daß eine unparteiische wissenschaftliche Untersuchung der Fakten europäische Ausbrüche auf rassische Überlegenheit zunichte mache.[25] Und am Ende des Amerikanischen Bürgerkriegs schrieb er, die Sklaven seien nun vielleicht frei, doch eine ganze Hälfte der Menschheit – die Frauen – müßte erst noch befreit werden.*

* »Mädchen sind erzogen worden, um entweder Aschenbrödel oder Puppen und damit dem Manne unterlegen zu sein, oder aber eine Art von Engeln, die über ihm schweben. Die

Eine Lieblingsidee Huxleys war es, daß alle Tiere, einschließlich der Menschen, »Automaten« seien, auf Kohlenstoff aufgebaute Roboter, deren »Bewußtseinszustände... unmittelbar von molekularen Veränderungen der Gehirnsubstanz verursacht sind«.[27] Darwin schloß am 27. März 1882 seinen letzten Brief an ihn mit den folgenden Worten: »Noch einmal, nehmen Sie meinen herzlichen Dank, mein theurer alter Freund. Ich wünschte bei Gott, es gäbe noch mehr Automata wie Sie in der Welt.«[28]

»Wenn man sich überhaupt an mich erinnert«, sagte Huxley in seinen späten Lebensjahren im vertraulichen Gespräch, »so wünschte ich eher, es wäre als ›ein Mann, der sein Bestes getan hat, um den Menschen zu helfen‹, als unter irgendeinem anderen Ehrentitel.«[29] Wie dem auch sei, am nachhaltigsten prägte sich Huxley ins Gedächtnis ein mit seiner geistesgegenwärtig-humorvollen Abschlußbemerkung in der entscheidenden Debatte, die Darwins Ideen in der Öffentlichkeit zum Durchbruch verhalf.

* * *

Die Huxley-Wilberforce-Debatte ist der große dramatische Höhepunkt in der phantasievollen Hollywood-Verfilmung von Darwins Leben aus den dreißiger Jahren: *Eine kurze Notiz auf der Titelseite des* Daily Oxonian*: »Jahresversammlung des Britischen Vereins für die Förderung der Naturwissenschaft für morgen angesetzt.« Die Datumszeile lautet: 29. Juni 1860. Die Titelseite beginnt sich wie das Rad eines Rouletts zu drehen.*

Überblendung: Wir folgen dem sehr phantasievollen, wenn auch ein wenig anrüchigen Robert Chambers (dargestellt von Joseph Cotten), als er eine Straße in Oxford hinuntergeht. Er wird von einem anderen Mann angerempelt, und gerade als er sich verärgert umwendet, wird er gewahr, daß es sich um niemand anderen als den kampfeslustigen Thomas Henry

Möglichkeit..., daß Frauen dazu bestimmt sind... Gefährten der Männer, ihre Partner und ihnen ebenbürtig zu sein, soweit die Natur dieser Gleichwertigkeit keine Grenzen setzt, scheint niemals in die Hirne jener eingedrungen zu sein, die mit der Leitung der Erziehung von Mädchen betraut waren und sind.« Der erste Schritt zur Verbesserung der Welt bestand für ihn in der Maxime: »Befreit die Mädchen.« Ihre Haare »werden sich nicht weniger anmutig außen am Kopf in Locken legen, nur weil sich Intelligenz darinnen befindet.«[26]

Huxley (Spencer Tracy) handelt, dessen Überzeugung von der Wahrheit der umstrittenen Theorie seines Freundes Darwin so kompromißlos ist, daß sie ihm eines Tages den Spitznamen »Darwins Bulldogge« eintragen wird.

Der Schelm in Chambers kann der Versuchung nicht widerstehen, Huxley zu fragen, ob er Drapers Vorlesung beim Treffen des Britischen Vereins besuchen wird. Das Thema lautet: »Die intellektuelle Entwicklung Europas mit Bezug auf die Anschauungen von Herrn Darwin.« Huxley behauptet, er habe keine Zeit.

Chambers läßt hinterhältig einfließen: »Der ›salbungsvolle Sam‹ Wilberforce wird mit Sicherheit dort sein.«

Huxley, zunehmend in der Defensive, besteht darauf, daß eine Teilnahme reine Zeitverschwendung wäre.

Chambers sagt listig: »Wollen Sie die gute Sache im Stich lassen, Huxley?«

Huxley verabschiedet sich pikiert unter einem Vorwand und geht weg.

Am nächsten Tag. Die Türen zum Großen Saal sind weit offen. Der Saal ist bis in den letzten Winkel gefüllt, aber man hört nur eine einzige Stimme. Wir schwenken nach innen für eine Großaufnahme vom Bischof von Oxford, Samuel Wilberforce (George Arliss). Mit den Fingern an seinen Rockaufschlägen, wendet er sich spöttisch an Huxley (der natürlich, obwohl er andere Pläne vorgeschützt hatte, anwesend ist) und ersucht mit überspitzter Höflichkeit zu erfahren, »ob Sie über Ihren Großvater oder über Ihre Großmutter Ihre Abstammung vom Affen beanspruchen?«. Die Menge erfaßt den wenig schmeichelhaften Unterton von »Großmutter«, äußert leise »uh« und »autsch« und wendet ihre Aufmerksamkeit Huxley zu.

Noch im Sitzen wendet sich Huxley zu seinem Sitznachbarn und murmelt, fast mit einem Zwinkern im Auge: »Der HERR hat ihn in meine Hand überantwortet.« Und dann, stehend und Wilberforce direkt in die Augen blickend, sagt er: »Lieber wäre ich der Nachkomme zweier Affen als ein Mann, der zu feige ist, sich der Wahrheit zu stellen.«

Die Menge hat nie zuvor erlebt, daß ein Bischof in der Öffentlichkeit direkt geschmäht wurde. Sie ist wie betäubt. Damen fallen in Ohnmacht. Männer schütteln ihre Fäuste. Chambers inmitten der Menge ist offensichtlich amüsiert. Aber halten wir ein. Da erhebt sich eine weitere Person. Wahrhaftig, es ist Vize-Admiral Robert FitzRoy (Ronald Reagan), der nach seiner Amtszeit als Gouverneur von Neuseeland wieder in England eingetroffen ist. »Ich habe mit Charles Darwin über seine hirnrissigen Ideen schon von dreißig Jahren an Bord der Beagle *gestritten.« Und er fährt fort, seine Bibel schwingend: »Dies und dies allein ist die Quelle aller Wahrheit.« Zunehmend Unruhe.*

Jetzt ist Hooker (Henry Fonda) an der Reihe. In aufrichtigem Ton: »Ich kannte diese Theorie schon vor fünfzehn Jahren. Ich war damals gänzlich dagegen eingestellt; ich sprach mich immer wieder gegen sie aus; aber seit damals habe ich mich unermüdlich mit der Naturgeschichte beschäftigt; im Rahmen meiner Beschäftigung mit ihr habe ich die Welt bereist. Fakten dieser Wissenschaft, die für mich zuvor unerklärlich waren, wurden einer nach dem anderen durch diese Theorie erklärt, und so hat sich die Überzeugung von ihrer Richtigkeit einem widerstrebenden Bekehrten nach und nach aufgezwungen.«

Die Kamera schwenkt aus dem Großen Saal heraus. Überblendung zur Nahaufnahme eines Finken, der auf dem Zweig eines Baumes sitzt. Ein bärtiger Mann (Ronald Coleman) von freundlicher Art, gekleidet in Hut und Umhang eines Landedelmannes, aber mit einem Wollschal trotz des milden Juniwetters, starrt zärtlich zu dem Vogel hinauf. Er scheint kaum die Stimme seiner Frau (Billie Burke) zu hören, die mit hoher Stimme liebevoll vom herrschaftlichen Haus her, außerhalb des Kameraausschnitts, ruft: »Charles… CHARLES… Trevor ist mit Neuigkeiten von dem Treffen in Oxford angekommen.« Er wirft einen anerkennenden Blick zurück auf den Finken, bevor er schließlich seine Schritte zum Haus hin lenkt…[30]

Kapitel 5

Leben ist nur ein Wort aus drei Buchstaben

Wer treibt das Leben auf seine Reise?

KENA UPANISHAD
(8. bis 7. Jahrhundert v. Chr., Indien)[1]

Wer ist sich der Veränderlichkeit bewußt?
Nicht einmal die Buddhas.

DAITETSU
(1333–1408, Japan)[2]

In einem Streifen Sonnenlicht kann man, selbst wenn die Luft unbewegt ist, gelegentlich Staubkörnchen tanzen sehen. Sie bewegen sich im Zickzack, als wären sie – einem geringfügigen, aber ernsthaften Zweck verpflichtet – von Leben erfüllt und vorangetrieben. Anhänger des altgriechischen Philosophen Pythagoras glaubten deshalb, jedes Stäubchen besitze seine eigene unkörperliche Seele, die ihm Handlungsanweisungen gebe – analog zu ihrer Überzeugung, jeder Mensch besitze eine Seele, die ihn anleitet und ihm mitteilt, was zu tun ist.[3] Das lateinische Wort für Seele, *anima*, wurde in vielen modernen Sprachen entlehnt; aus dem Lateinischen sind deutsche Wörter wie »animalisch«, »animieren« und auch »Animosität« abgeleitet.

In Wirklichkeit treffen jene Staubkörnchen jedoch keine Entscheidung, besitzen sie keine Willenskraft. Vielmehr werden sie von unsichtbaren Kräften wie Spielbälle umhergestoßen. Sie sind so winzig, daß sie den zufälligen Bewegungen der Luftmoleküle, die geringfügig zeitverschoben erst auf der einen, dann auf der anderen Seite des Staubkorns zusammenstoßen, ausgeliefert sind und in einer Weise durch die Luft getrieben werden, die uns als eine Mischung aus Unentschiedenheit und Zweckgerichtetheit erscheint. Schwerere Gegenstände – etwa Fäden oder Federn – reagieren kaum auf derartige molekulare Zusammenstöße; sie fallen einfach zu Boden, wenn sie nicht von einem Luftstrom getragen werden.

Die Pythagoräer täuschten sich, denn sie verstanden nicht, wie die Materie auf der Ebene sehr kleiner Einheiten funktioniert. Und so kamen sie – mit Hilfe einer trügerischen, die Dinge zu sehr vereinfachenden Beweisführung – zu dem Schluß, ein schattenhafter Geist ziehe überall die Fäden. Wenn wir uns jedoch in unserer lebendigen Umwelt ein wenig umsehen, erkennen wir eine reiche Vielfalt von Pflanzen und Tieren, die anscheinend alle für ganz spezifische Lebensumstände entworfen sind und die ihre ganze Energie dem eigenen Überleben und dem ihrer Nachkommen widmen: sinnreiche, komplexe Anpassungen an die Lebensbedingungen, gelungene Entsprechungen von Form und Funktion. Da liegt es nahe anzunehmen, daß eine immaterielle Kraft, ein wenig wie die Seele eines Staubkörnchens, aber viel erhabener und umfassender, für die Schönheit, Anmut und Vielfältigkeit des Lebens auf der Erde verantwortlich ist, und daß jeder Organismus von seinem eigenen kongenialen Geist angetrieben wird. Viele Kulturen überall auf der Welt haben genau diesen Schluß gezogen. Doch ist es nicht vielleicht so, daß auch wir wie die alten Pythagoräer dabei übersehen, was tatsächlich auf der mikroskopischen Ebene des Lebens vorgeht?

Wir können glauben, daß Tiere oder Menschen eine Seele haben, ohne am Evolutionsgedanken festhalten zu müssen – und umgekehrt. Aber wenn wir die Grundlagen des Lebens genauer untersuchen würden, gäbe es dann nicht vielleicht doch die Möglichkeit, allein schon aufgrund seiner atomaren Bestandteile das Geheimnis ein wenig zu lüften, wie Leben funktioniert *und* wie es entstand? Ist irgend etwas »Unkörperliches« an diesem Vorgang beteiligt? Oder ist Leben nichts anderes als ein subtiler Triumph physikalischer und chemischer Abläufe?

* * *

Kenner können aus der Gestalt eines Moleküls mit einem Blick erschließen, wozu es dient. Denn selbst auf der molekularen Ebene folgt die Funktion aus der Form. Wenn wir ihn zu lesen verstehen, liegt vor uns ein detaillierter Bauplan von atemberaubender Genauigkeit für den Bau vielschichtiger molekularer »Maschinen«. Das Molekül, das wir untersuchen wollen, ist sehr lang und aus zwei miteinander verflochtenen Strängen zusammengesetzt. In seiner vollen Länge besteht jeder Strang aus einer Sequenz von vier kleineren molekularen Bausteinen, den Nukleotiden – die traditionsgemäß durch die Buchstaben A, C, G und T repräsentiert werden. (Jedes Nukleotid-Molekül sieht in Wirklichkeit wie ein Ring oder vielmehr wie zwei miteinander verbundene Ringe aus Atomen aus.) Diese Sequenz setzt sich über Milliarden von Buchstaben hin fort. Ein kurzer Abschnitt daraus könnte etwa folgendermaßen lauten: ATGAAGTCGATCCTAGATGGCCTTGCAGACACCACCT-TCCGTACCATCACCACAGACCTCCT...

Auf dem gegenüberliegenden Strang findet sich eine ebensolche Sequenz – nur daß Nukleotid A des ersten Strangs im zweiten durch T ersetzt ist;

und anstelle von G des ersten steht immer C im zweiten Strang, und umgekehrt. Die entsprechende Sequenz lautet nun so: TACTTCAGCTA-GGATCTACCGGAACGTCTGTGGTGGAAGGCATGGTAGTGGT-GTCTGGAGGA...

Dies ist eine Chiffre, eine lange Folge von Wörtern, deren Alphabet aus nur vier Buchstaben besteht. Wie in Handschriften und Inschriften aus der Antike gibt es keine Abstände zwischen den Wörtern. Im Innern unseres Moleküls finden sich also, festgehalten in einer besonderen Sprache des Lebens, detaillierte Instruktionen – oder besser, zwei Exemplare derselben detaillierten Anleitung, weil die Informationen des einen Strangs mit Sicherheit aus den Informationen des anderen rekonstruiert werden können, sobald man den einfachen Ersetzungsschlüssel verstanden hat. Die doppelte Fassung der Botschaft ist redundant; daraus spricht eine gewisse Vorsicht und konservative Haltung. Man hat das Gefühl, daß der Inhalt dieser Botschaft wie ein Schatz gehütet und unbeschädigt an künftige Generationen weitergereicht werden soll.

Fast jede Ausgabe von führenden wissenschaftlichen Zeitschriften wie *Science* und *Nature* enthält neuentdeckte ACGT-Sequenzen, die sich auf Teile der genetischen Instruktionen irgendeiner Lebensform beziehen. Allmählich und zunehmend sind wir in der Lage, die genetischen Bibliotheken zu entziffern. Auch die Bibliothek unserer eigenen Erbinformationen, das menschliche Genom, wird immer weiter entziffert, und dort gibt es in der Tat eine Menge zu lesen: Jede Zelle unseres Körpers enthält einen vollständigen Satz von Instruktionen zur Herstellung unseres Körpers, und doch gibt es fast so viele Nukleotid-Bausteine – oder »Buchstaben« – in der Erbinformation innerhalb jeder unserer Zellen, wie es Menschen auf der Erde gibt.

Alle Wörter innerhalb des genetischen Codes bestehen aus drei Buchstaben. Wenn wir daher die entsprechenden Wortzwischenräume in die obige erste Botschaft einfügen, lautet ihr Anfang folgendermaßen: ATG AAG TCG ATC CTA GAT GGC CTT GCA GAC ACC ACC TTC CGT ACC...

Da es nur vier Arten von Nukleotiden gibt (A, C, G und T), gibt es höchstens $4 \times 4 \times 4 = 64$ verschiedene Wörter in der genetischen Sprache. Wenn jedoch die Reihenfolge der Wörter ebenfalls von zentraler Bedeutung für die Botschaft ist, kann man mit nur ein paar Dutzend Wörtern einer Sprache schon eine ganze Menge ausdrücken. Und was kann man dann erst mit Botschaften, die aus einer Milliarde sorgfältig ausgewählter Wörter bestehen, ausdrücken? Allerdings muß man beim Lesen sehr sorgfältig vorgehen: Beginnt man nämlich in einer Aufzeichnung ohne Wortzwischenräume mit dem Lesen an der falschen Stelle, dann wird aus einer klaren Botschaft völliges Kauderwelsch. Dies ist auch einer der Gründe dafür, daß das riesige Molekül besondere Codeworte enthält, die »FANG HIER MIT DEM LESEN AN« und »HÖR HIER MIT DEM LESEN AUF« bedeuten.

Wenn man das Molekül näher betrachtet, kann man sehen, daß sich die zwei Stränge gelegentlich entflechten und voneinander lösen. Jeder Strang kopiert den anderen mit Hilfe des vorhandenen Rohmaterials, der Nukleotide A, C, G und T – die sich mit den in einem altmodischen Setzkasten aufbewahrten Schriftsätzen vergleichen lassen. Anstelle eines Paares gibt es nun zwei Paare derselben Botschaft. Somit benutzt dieses Molekül nicht nur eine Sprache, somit enthält es nicht nur einen vielschichtigen, redundant codierten Text, sondern es funktioniert darüber hinaus auch als Druckpresse.

Was aber ist der Nutzen einer Botschaft, wenn sie niemand lesen kann? Durch Kopieren von Kettengliedern und Übertragungspunkten im Molekül konnte herausgefunden werden, daß die Sequenzen aus As, Cs, Gs und Ts Arbeitsanweisungen und Konstruktionspläne für den Bau besonderer molekularer »Werkzeugmaschinen« darstellen. Manche Sequenzen sind autoreferenziell, also Anweisungen an sich selbst – sie sorgen dafür, daß das riesige Molekül sich verflechtet und verknotet, damit es dann einen besonderen Satz von Instruktionen aussenden kann. Andere Sequenzen stellen sicher, daß die Anweisungen buchstabengetreu befolgt werden. Viele der Wörter aus drei Buchstaben steuern eine besondere Aminosäure (oder ein »Satzzeichen« wie jenes, das »ANFANGEN« bedeutet) draußen in der sie umgebenden Zelle, und die Abfolge der chiffrierten Wörter entscheidet dann über die Abfolge der Aminosäuren in den Protein-Werkzeugmaschinen, die das Leben der Zelle kontrollieren. Sobald ein solches Protein hergestellt ist, verflechtet und faltet es sich gewöhnlich zu einer dreidimensionalen Gestalt; es ist nun »tatenfroh« und aktionsbereit. Manchmal biegt auch ein anderes Protein das erste in die erforderliche Gestalt. Diese Werkzeugmaschinen gehen dann mit einer Geschwindigkeit an die Arbeit, die sowohl durch das lange doppelsträngige Molekül als auch durch die Außenwelt bestimmt wird:

Selbständig zerlegen sie andere Moleküle, bauen neue auf und helfen dabei, molekulare oder elektrische Botschaften anderen Zellen mitzuteilen.

Dies ist eine Beschreibung einiger der eintönigen, alltäglichen Tätigkeiten in jeder der zirka zehn Billionen Zellen unseres Körpers wie in den Zellen nahezu jeder anderen Pflanze, jedes anderen Tieres und jeder Mikrobe auf der Erde. Die winzigen Werkzeugmaschinen vollbringen verblüffende Leistungen molekularer Metamorphose. Sie sind so winzig klein, daß sie sogar mit einem guten Standardmikroskop nicht erkennbar sind, und bestehen aus organischen Molekülen; von Menschen erfundene Werkzeugmaschinen sind dagegen noch mit bloßem Auge zu erkennen und bestehen aus Silikaten oder Stahl. Aber auf der Ebene der Moleküle hat das Leben sich von Anfang an eigener, subtiler Werkzeuge bedient.

Das lange, sich selbst kopierende, doppelsträngige Molekül mit der vielschichtigen Botschaft ist eine Sequenz von Genen, die man sich wie Perlen auf einer Schnur vorstellen kann.[4] Chemisch gesehen handelt es sich um eine Nukleinsäure (hier um die – DNS abgekürzte – Desoxyribonukleinsäure). Die beiden ineinander verschlungenen Stränge stellen die berühmte DNS-Doppelspirale dar. Die Nukleotid-Basen in der DNS heißen Adenin, Cytosin, Guanin und Thymin; daher auch die Abkürzungen A, C, G und T. Ihre Namen wurden zu einer Zeit geprägt, als man ihre zentrale Rolle bei der Vererbung noch lange nicht ahnte. Guanin ist beispielsweise nach Guano benannt, dem Vogeldung, aus dem man Guanin erstmals isolieren konnte. Es ist ein Doppelring-Molekül, das aus fünf Kohlenstoff-, fünf Wasserstoff-, fünf Stickstoff- sowie einem Sauerstoffatom besteht. Es gibt etwa eine Milliarde Guanin-Moleküle (und ungefähr dieselbe Anzahl von As, Cs und Ts) in den Genen jeder einzelnen menschlichen Zelle.

Abgesehen von einigen ungewöhnlichen Mikroben ist die genetische Information eines jeden Organismus auf der Erde in der DNS enthalten – einer Säure, die als molekularer »Ingenieur« überragende, sogar erschreckende Fähigkeiten hat. Eine (sehr lange) Sequenz von As, Cs, Gs und Ts enthält sämtliche für den Aufbau einer menschlichen Person erforderlichen Informationen. Eine andere, fast identische Sequenz führt zur Entstehung eines Schimpansen; andere, nicht sehr verschiedene Sequenzen zur Entstehung eines Wolfes oder einer Maus. Die Sequenzen für Nachtigallen, gehörnte Klapperschlangen, Kröten, Karpfen, Kammuscheln, Forsythien, Bärlapp, Seetang und Bakterien unterscheiden sich untereinander sehr viel deutlicher – obwohl sogar ihnen allen viele Sequenzen von As, Cs, Gs und Ts gemein sind. Ein typisches Gen, das eine bestimmte Erbeigenschaft kontrolliert, kann durchaus ein paar Tausend Nukleotide lang sein. Manche Gene können mehr als eine Million As, Cs, Gs und Ts umfassen. Ihre Sequenzen können beispielsweise die chemischen Anweisungen zur Herstellung der Pigmente enthalten, die Augen braun, grün oder blau machen; oder die Anweisungen für die Umwandlung von Nahrung in Energie; oder die Anweisungen zur Paarung mit dem anderen Geschlecht.

Zu fragen, wie diese vielschichtigen Informationen *in* unsere Zellen gelangten und wie es kommt, daß die Informationen zellintern genau kopiert und deren Instruktionen gehorsam ausgeführt werden, läuft auf die Frage hinaus, wie Leben sich überhaupt entwickelt hat. Nukleinsäuren waren unbekannt, als Darwins *Die Entstehung der Arten* 1859 erstmals veröffentlicht wurde, und die Botschaften, die diese Säuren enthalten, wurden erst etwa ein Jahrhundert später entschlüsselt. Sie liefern den Nachweis und das ausdrückliche Zeugnis für die Evolution, nach denen Darwin suchte. Verstreut auf den ACGT-Sequenzen verschiedener Lebensformen auf unserem Planeten findet sich eine unvollständige Geschichte der Entwicklung des Lebens – und dabei handelt es sich nicht um Blut, Knochen, Gehirn und andere Erzeugnisse der genetischen Fabriken, sondern um die tatsächlichen Produktionsurkunden, um die Originalanweisungen selbst, die sich auf unterschiedliche Weise in verschiedenen Lebewesen und zu verschiedenen Zeiten langsam verändert haben.

Da die Evolution konservativ ist und nicht dazu neigt, an Anweisungen, die funktionieren, herumzupfuschen, enthält der DNS-Code noch Aufzeichnungen – Arbeitsanweisungen und Pläne –, die auf ein fernes biologisches Altertum zurückgehen. Viele »Textabschnitte« sind verblaßt. An manchen Stellen finden sich Palimpseste, in denen noch Reste alter Botschaften unter neueren kenntlich sind. Hier und da kann man eine Sequenz finden, die aus einem anderen Teil der Botschaft übertragen worden ist und in ihrer neuen Umgebung eine unterschiedliche Bedeutungsnuance annimmt; Wörter, Absätze, Seiten und ganze Bände sind umgestellt und neu geordnet worden. Kontexte haben sich verändert. Die für verschiedene Arten gemeinsam geltenden Sequenzen sind aus ferner

Zeit ererbt worden. Je unterschiedlicher die entsprechenden Sequenzen in zwei verschiedenen Organismen ausfallen, desto entfernter muß ihre Verwandtschaftsbeziehung sein.

Dies sind nicht nur die überdauernden Jahrbücher der Geschichte des Lebens, sondern auch die Handbücher, welche die Mechanismen entwicklungsgeschichtlicher Veränderung enthalten. Die Forschungen zur Molekularentwicklung – es gibt sie erst seit wenigen Jahrzehnten – erlauben uns die Entschlüsselung der zentralen Informationen über das Leben auf der Erde. In diesen Sequenzen sind die Stammbäume aufgezeichnet, die uns nicht bloß ein paar Generationen, sondern den Großteil des Weges zum Ursprung des Lebens zurückführen. Molekularbiologen haben gelernt, diese Informationen zu lesen und die grundlegende Verwandtschaft allen Lebens auf der Erde anhand einer einheitlichen Meßlatte zu bewerten.[5] In den abgelegenen Windungen der Nukleinsäuren sind die Schatten der Vorfahren zu Hause.

In Kenntnis dieser Tatsachen sind wir nun gerüstet, dem Naturforscher Loren Eiseley auf seinem Weg in die Tiefen zu folgen:

> Wir würden jene dunkle Treppe wieder hinabsteigen dürfen, über die unsere Art einst aufstieg. Von der untersten Sprosse der Zeit noch tiefer hinab, gleitend, rutschend mit Flosse und Schuppe in den Sumpf, aus dem wir kamen. Vorüber an Grunzlauten und stimmlosem Gezisch unter den ältesten Farnbäumen. Augenlos, ohrenlos im Urmeer schwimmen. Sonnenlicht fühlen, das wir nicht sehen könnten. Saugfühler ausstrecken nach gewitterten Stoffen, die im Meer treiben.[6]

* * *

Es gibt zum Beispiel eine bestimmte Sequenz von As, Cs, Gs und Ts, die für die Herstellung von Fibrinogen verantwortlich ist – einem Protein, ohne das menschliches Blut nicht gerinnen kann. Nun zirkuliert aber auch in den Venen von Neunaugen, die so ähnlich wie Aale aussehen (obwohl sie entwicklungsgeschichtlich sehr viel weiter vom Menschen entfernt sind als Aale), Blut, und auch ihre Gene enthalten Anweisungen für die Herstellung des Proteins Fibrinogen. Neunaugen und Menschen hatten ihren letzten gemeinsamen Vorfahren vor etwa 450 Millionen Jahren. Trotzdem sind die meisten Instruktionen für die Herstellung menschlichen Fibrinogens und für die Herstellung von Neunaugen-Fibrinogen identisch. So neigt also das Leben nicht unbedingt dazu, Dinge zu renovieren, die gar nicht kaputt sind. Natürlich gibt es auch Unterschiede zwischen Human- und Neunaugen-Fibrinogenen, aber diese betreffen nur jene Teile der molekularen Werkzeugmaschine, die kaum bedeutsam sind – vergleichbar etwa den Handgriffen zweier Bohrmaschinen, die aus verschiedenem Material hergestellt sind und unterschiedliche Markenzeichen tragen, während der eigentliche Mechanismus der beiden Geräte identisch ist.

Zur weiteren Veranschaulichung sind hier drei Fassungen der gleichen Botschaft[7] abgedruckt, die jeweils aus denselben DNS-Abschnitten einer Motte, einer Fruchtfliege und eines Krustentiers stammen:

Motte: GTC GGG CGC GGT CAG TAC TTG GAT GGG TGA CCA CCT GGG AAC ACC GCG TGC CGT TGG…

Fruchtfliege: GTC GGG CGC GGT TAG TAC TTA GAT GGG GGA CCG CTT GGG AAC ACC GCG TGT TGT TGG…

Krustentier: GTC GGG CCC GGT CAG TAC TTG GAT GGG TGA CCG CCT GGG AAC ACC GGG TGC TGT TGG…

Vergleichen Sie diese Sequenzen und rufen Sie sich in Erinnerung, wie sehr sich Motte und Hummer voneinander unterscheiden. Aber dies sind ja auch nicht die Arbeitsanweisungen zum Aufbau von Kinnladen oder Füßen. Die würden natürlich sehr verschieden sein. Die zitierten DNS-Sequenzen bestimmen den Aufbau der molekularen »Baubühnen«, auf denen Moleküle, die sich neu entwickeln, unter Mithilfe der molekularen Werkzeugmaschinen »zurechtgemodelt« werden. Auf dieser niedrigen Ebene ist es durchaus nicht sinnwidrig, daß Motten und Hummer mehr Gemeinsamkeiten als Motten und Fruchtfliegen aufweisen. Der Vergleich von Motten und Hummern deutet an, wie beharrlich und konservativ genetische Anweisungen sein können. Denn es ist in Wirklichkeit schon lange her, seit der letzte gemeinsame Vorfahre von Motten und Hummern über den Boden der urweltlichen Tiefen huschte.

Wir wissen genau, was jedes einzelne dieser ACGT-Wörter aus drei Buchstaben bedeutet – nicht nur welche Aminosäuren sie bezeichnen, sondern auch, welcher grammatischen und lexikalischen Konventionen sich das Leben auf der Erde dabei bedient. Wir haben gelernt, die Instruktionen für unseren eigenen Aufbau – und für den aller anderen Lebewesen – zu entziffern. Wir wollen nun einen weiteren Blick auf die

Signale »ANFANGEN« und »AUFHÖREN« werfen. In allen Organismen, die nicht Bakterien sind, gibt es einen besonderen Satz von Nukleotiden, die festlegen, wann die DNS mit der Herstellung von Werkzeugmaschinen beginnen soll, für welche Werkzeugmaschine die Bauanleitung ausgeschrieben werden und wie schnell dieser Übertragungsvorgang ablaufen soll. Solche Sequenzen werden »Organisatoren« *(promoters)* genannt. So erscheint etwa die Sequenz TATA direkt vor der Stelle, an der das Ausschreiben der Information beginnen soll. Andere derartige Organisationssequenzen sind CAAT und GGGCGG. Wieder andere Sequenzen teilen der Zelle mit, wo sie mit der Übertragung aufhören soll.[8]

Das Ersetzen eines Nukleotids durch ein anderes hat unter Umständen nur geringfügige Folgen: So kann man etwa eine strukturelle Aminosäure durch eine andere ersetzen, ohne daß mit dem sich daraus ergebenden Protein irgend etwas anderes ablaufen würde. Aber eine Substitution kann auch katastrophale Auswirkungen haben: Die Ersetzung eines einzigen Nukleotids könnte eine Anweisung zur Herstellung einer bestimmten Aminosäure in das Signal verwandeln, mit dem Ausschreiben aufzuhören; dann wird nur ein Teil der betreffenden molekularen Maschine gebaut, und die ganze Zelle kann in Schwierigkeiten geraten. Organismen mit derart veränderten Instruktionen hinterlassen dann vielleicht weniger Nachkommen.

Genauigkeit und Nuancenreichtum in der Sprache der Gene sind erstaunlich. Manchmal scheinen sich Botschaften zu überschneiden, die dieselben Buchstaben in derselben Reihenfolge benutzen; doch je nachdem, wie sie gelesen werden, ergeben sich unterschiedliche funktionale Bedeutungen: Zwei lange Texte zum Preis von einem. In keiner menschlichen Sprache finden sich so geschickte Lösungen. Es ist, als ob eine lange Textpassage zwei vollständig verschiedene Bedeutungen hätte[9], wie etwa

REGENWÜRMER ÜBERNASSE STRASSEN SICH AUFHALTEN AUTORENWORT...

und

REGEN WÜRMER ÜBER NASSE STRASSEN SICH AUF HALTEN AUTOREN WORT...,

aber viel ausgeklügelter – und Seite für Seite vollkommen klar und grammatisch korrekt in beiden Modi, daher mit Sicherheit mehr, als jeder menschliche Autor zustande bringen könnte. Versuchen Sie es doch selbst einmal!

Bei den »höheren« Organismen scheinen viele lange Sequenzen funktionsloser genetischer Unsinn zu sein. Sie liegen nach einem »AUFHÖREN«-Signal und vor dem nächsten »ANFANGEN«-Signal und bleiben somit im allgemeinen unbeachtet, unangetastet und werden nicht transkribiert. Solche Sequenzen sind vielleicht teilweise entstellte Überbleibsel von Anweisungen, die, vor langer Zeit, bei unseren entfernten Vorfahren bedeutsam oder sogar Schlüssel zum Überleben waren, die aber heute überholt und nutzlos sind.* Da sie nutzlos sind, entwickeln sich solche Sequenzen schnell: Mutationen in ihnen stiften keinen Schaden, und Zuchtwahl wird deshalb nicht gegen sie wirksam. Einige wenige dieser Informationen sind möglicherweise immer noch nützlich, aber werden nur unter außerordentlichen Umständen ans Licht geholt. Beim Menschen sind scheinbar um die 97 Prozent der ACGT-Sequenz nutzlos. Lediglich die verbleibenden drei Prozent machen uns zu dem, was wir sind.

Überall in der biologischen Welt kann man erstaunliche Ähnlichkeiten der *funktionalen* Sequenzen von As, Cs, Gs und Ts untereinander erkennen – Ähnlichkeiten, die nicht entstanden wären, wenn es nicht in all der offensichtlichen Vielfältigkeit von Leben auf der Erde eine grundlegende Einheit gäbe. Diese Einheit aber rührt wohl daher, daß jedes Lebewesen auf der Erde von einem gemeinsamen Vorfahren vor vier Milliarden Jahren abstammt: Letztlich sind wir also alle miteinander verwandt.

Aber wie konnten Maschinen von solcher Geschmeidigkeit, solch feiner Abstimmung und solcher Vielschichtigkeit jemals entstehen? Das Geheimnis liegt ganz einfach darin, daß sich diese Moleküle weiterentwikkeln können. Wenn ein Strang eine Kopie des anderen verfertigt, unterläuft manchmal ein Fehler, und ein falsches Nukleotid – etwa ein A anstelle eines G – wird in die lange Sequenz eingefügt. Manchmal sind die Fehler schlichte Übertragungsirrtümer – denn so gut sie auch ist, die molekulare Maschinerie ist nicht vollkommen –, manchmal aber werden

* Manche der stummen Dehnungs-Hs im Deutschen, etwa in Wörtern wie »ziehen« oder »leihen«, können als ähnlich überflüssig angesehen werden; sie sind wenig mehr als Überreste der Sprachentwicklung. Bei den funktionslosen Sequenzen in den Genen handelt es sich jedoch nicht bloß um ein paar Buchstaben hier und da, sondern um ganze Bögen überflüssiger und mittlerweile entstellter Informationen – ein bißchen wie eine verworrene Beschreibung der Herstellung von Achsen für Streitwagen in altassyrisch. Es gibt aber auch unsinnige genetische Informationen, die vor nicht ganz so langer Zeit entstanden sind.

sie auch von kosmischer Strahlung, von anderen Strahlungen oder durch Chemikalien in der Umwelt ausgelöst. Ein Ansteigen der Temperatur kann die Zerfallsrate von Molekülen leicht beschleunigen, und das könnte seinerseits zu Fehlern führen. Es kommt sogar vor, daß ein Teil einer Nukleinsäure ein Molekül hervorbringt, das einen anderen Teil der Nukleinsäure abändert – vielleicht erst nach einer Abfolge von Tausenden oder Millionen von Nukleotiden.

Unkorrigierte Fehler werden an zukünftige Generationen weitergereicht. Sie vermehren sich »reinrassig«. Solche Veränderungen in der Sequenz der As, Cs, Gs und Ts, aber auch bereits Abänderungen in einem einzelnen Nukleotid, werden Mutationen genannt. Durch sie hält eine grundsätzliche, unausweichliche Zufälligkeit Einzug in Geschichte und Wesen des Lebens. Manche Mutationen sind möglicherweise weder eine Hilfe noch ein Nachteil, wenn sie etwa in langen, wiederholungsreichen Sequenzen mit überflüssigen Informationen auftreten oder an jenen Stellen, die wir vorhin mit Handgriffen von Werkzeugmaschinen verglichen haben, oder in den nicht übertragenen Sequenzen zwischen AUFHÖREN und ANFANGEN. Viele andere Mutationen haben dagegen schädliche Auswirkungen. Wenn man leistungsfähige Werkzeugmaschinen anfertigt, und jemand führt in einem unbewachten Augenblick einige zufällige Änderungen in das Rechnerprogramm für deren Herstellung ein, so ist die Aussicht nicht groß, daß die nach den neuen, entstellten Anweisungen gebauten Maschinen besser funktionieren als das ursprüngliche Modell. Genügend Zufallsveränderungen in einem vielschichtigen Satz von Anweisungen haben mit ziemlicher Sicherheit sehr schädliche Auswirkungen.

Einige wenige zufällige Veränderungen erweisen sich jedoch als vorteilhaft. Das Sichelzellen-Merkmal zum Beispiel, das wir im vorigen Kapitel erwähnten, wird von der Mutation eines einzigen Nukleotids in der DNS verursacht. Dieses veränderte Nukleotid ruft einen Unterschied in einer einzelnen Aminosäure des Hämoglobinmoleküls hervor; in der Folge verändert sich die Gestalt der roten Blutkörperchen; deren Fähigkeit, Sauerstoff zu transportieren, wird beeinträchtigt. Andererseits werden letztlich aber auch die malariaauslösenden Parasiten gemeinsam mit diesen Zellen abgetötet. Eine einzige Mutation, ein T, das durch ein A ersetzt wurde, ist alles, was dazu nötig ist.

Natürlich wird nicht nur das Hämoglobin in den roten Blutkörperchen,

sondern jeder Körperteil, jeder Einzelaspekt des Lebens von einer speziellen DNS-Sequenz bestimmt. Und jede dieser Sequenzen ist für Mutationen anfällig. Manche Mutationen haben noch viel weitreichendere Folgen als das Sichelzellen-Phänomen, andere sind unbedeutend. Die meisten Mutationen bringen Schädigungen mit sich, wenige sind konstruktiv, und selbst die hilfreichen können – wie die Sichelzellenmutation – letztlich auf einen Kompromiß hinauslaufen, auf eine Mischung von Schaden und Nutzen.
Hauptsächlich so entwickelt sich Leben weiter – unter Ausnutzung von Unvollkommenheiten im Kopiervorgang und unter erheblichen Kosten. Das sieht nicht unbedingt wie der Weg aus, den eine Gottheit, die auf einen ganz spezifischen Schöpfungsprozeß bedacht ist, wählen würde. Mutationen haben keinen Plan, keine Zielrichtung hinter sich; ihre Zufälligkeit scheint erschreckend; und der Fortschritt, falls er überhaupt eintritt, ist quälend langsam. Der Vorgang nimmt den Verlust aller jener Lebewesen in Kauf, die wegen einer neuen Mutation nun weniger geeignet sind, ihre Lebensaufgaben zu vollbringen – Grillen, die nicht mehr hoch in die Luft springen können, Vögel mit mißgebildeten Flügeln, Delphine, die um Atem ringen, oder große Ulmen, die dem Mehltau zum Opfer fallen. Warum gibt es keine effizienteren, mitfühlenderen Mutationen? Warum muß die Malaria-Abwehr mit Anämie gekoppelt sein? Es verlangt uns danach, die Evolution zu drängen, geradewegs auf ihr Ziel zuzugehen und den niemals endenden Grausamkeiten ein Ende zu setzen. Aber das Leben *weiß* nicht, wohin es unterwegs ist. Es besitzt keinen Langzeitplan. Es hat keinen Zweck im Kopf. Es hat nicht einmal einen Kopf, um einen Zweck im Kopf zu haben. Der Evolutionsvorgang ist das Gegenteil von Zweckbestimmtheit. Das Leben ist verschwenderisch, blind, und kümmert sich auf dieser Ebene auch nicht um Recht und Gerechtigkeit. Das Leben kann es sich leisten, Unmassen organischen Materials zu vergeuden.

* * *

Der Evolutionsprozeß wäre jedoch nicht sehr weit vorangekommen, wenn die Mutationsrate insgesamt zu hoch gewesen wäre. In jeder Umwelt, die der Betrachtung unterzogen wird, muß es ein empfindliches Gleichgewicht geben: Weder darf die Mutationsrate so stark ansteigen, daß die Anweisungen für wichtige molekulare Werkzeugmaschinen schnell entstellt werden können, noch darf sie so niedrig sein, daß der Organismus insgesamt unfähig wird, sich neu auszustatten, wenn Veränderungen in der Außenwelt ihn vor die Wahl stellen, sich anzupassen oder zu sterben.

Auf der Ebene der Moleküle existiert eine riesige Industrie, die beschädigte oder mutierte DNS-Stränge repariert und ersetzt. In einem typischen DNS-Molekül werden jede Sekunde Hunderte von Nukleotiden überprüft; dabei werden viele Substitutionen und Irrtümer korrigiert. Diese Korrekturen werden ihrerseits nochmals überprüft, so daß es nur ungefähr einen Irrtum pro Milliarde kopierter Nukleotide gibt. Ein solcher Standard der Qualitätskontrolle und Produktzuverlässigkeit wird etwa in der Buchherstellung, in der Mikroelektronik oder in der Autoproduktion nur äußerst selten erreicht. (Daß ein Buch wie das vorliegende mit seinen etwa eine Million Buchstaben absolut keinen Druckfehler enthält, ist kaum denkbar; eine einprozentige Fehlerrate ist in Amerika bei der Herstellung von Autogetrieben durchaus üblich, und technologisch fortschrittliche Waffensysteme sind etwa zehn Prozent der Zeit wegen Reparaturen nicht einsatzfähig.) Die molekularen Kontroll- und Korrekturverfahren beschränken sich allerdings auf jene Abschnitte der DNS, die aktiv an der Kontrolle der Zellchemie beteiligt sind; funktionslose, weitgehend unausgeschriebene oder »unsinnige« Sequenzen bleiben im wesentlichen unbeachtet.

Die unreparierten Mutationen, die sich in diesen, normalerweise inaktiven Regionen der DNS beständig vermehren, können eventuell zu Krebs oder anderen Erkrankungen führen, sollte einmal aus irgendwelchen Gründen ein AUFHÖR-Befehl ignoriert werden; dann würden diese Sequenzen aktiviert und die dort gespeicherten Instruktionen ausgeführt. Langlebige Organismen wie die Menschen widmen deshalb auch der Reparatur der inaktiven Regionen ziemlich viel Aufmerksamkeit; kurzlebige Organismen wie Mäuse kümmern sich nicht darum und sterben dann häufig randvoll mit Tumoren.[10] Langlebigkeit und DNS-Reparatur sind eng miteinander verknüpft.

Betrachten wir einen frühen, einzelligen Organismus, der nahe der Oberfläche des Urmeeres treibt – und der deshalb mit ultravioletter Strahlung von der Sonne übersättigt wird. Ein kurzer Abschnitt seiner Nukleotid-Sequenz lautet, nehmen wir an, folgendermaßen:

...TACTTCAGCTAG...

Wenn ultraviolettes Licht auf die DNS trifft, führt dies oft zu einer Doppelbindung zweier nebeneinanderliegender T-Nukleotide, welche dann die DNS daran hindert, ihre Codierfunktion auszuüben. Das wiederum ist gleichbedeutend damit, daß die Fähigkeit zur Selbstreproduktion behindert wird oder ganz verlorengeht.

...TACT͡TCAGCTAG...

Das Molekül wird buchstäblich verknotet. In vielen Organismen werden »Reparaturmannschaften« auf Enzymbasis zu Hilfe gerufen, um den Schaden zu beheben. Es gibt drei oder vier verschiedene Mannschaften, die jeweils auf die Behebung einer anderen Art von Schaden spezialisiert sind. Sie schneiden den anstößigen Abschnitt und seine Nachbar-Nukleotide heraus (etwa CT͡TC) und ersetzen ihn durch eine unbeschädigte Sequenz (CTTC). Der Schutz der genetischen Information und die Sicherstellung, daß sie sich mit hoher Genauigkeit selbst vervielfältigen kann, sind Anliegen von höchstem Rang. Andernfalls können nützliche, bewährte Sequenzen, die für die Anpassung der Organismen an die Umwelt von zentraler Bedeutung sind, durch zufällige Mutation schnell verlorengehen. Korrekturvorgänge und Reparatur-Enzyme eliminieren DNS-Schäden, die aus vielerlei Ursachen herrühren, nicht nur jene, die durch ultraviolette Strahlung hervorgerufen wurden. Diese Korrektursysteme entwickelten sich möglicherweise schon sehr früh, zu einer Zeit, als es noch keine Ozonschicht gab, als die ultraviolette Sonnenstrahlung noch eine der Hauptgefährdungen des Lebens auf der Erde war. Anfangs müssen die »Rettungsmannschaften« selbst einem heftigen Entwicklungswettstreit unterworfen gewesen sein. Bis zu einer gewissen Belastung durch Bestrahlung oder chemische Gifte funktionieren sie heute jedoch außerordentlich gut.

Vorteilhafte Mutationen kommen so selten vor, daß es manchmal – insbesondere in einer Zeit schneller Umweltveränderungen – hilfreich wäre, die Mutationsrate zu steigern. Unter solchen Umständen können sogar Mutagene – Substanzen, die Mutationen hervorrufen – durch Zuchtwahl begünstigt werden – das heißt, Arten mit aktiven Mutagenen können in kürzerer Zeit als andere ein breiteres Spektrum an Organismen aufbieten, aus denen die Zuchtwahl dann eine Auswahl treffen kann. Mutagene sind nichts Geheimnisvolles; einige sind beispielsweise genau jene Gene, die üblicherweise mit dem »Korrekturlesen« oder mit Reparaturen betraut sind. Wenn sie in ihrer Rolle als Fehlerbeseitiger versagen, erhöht sich natürlich die Mutationsrate. Manche Mutagene setzen bei der Codierung für das Enzym DNS-Polymerase an, dem wir weiter unten wiederbegegnen werden; dieses Enzym sorgt für die zuverlässige DNS-Replikation. Treten hier Störungen auf, dann steigt die Mutationsrate schnell an. Einige Mutagene verwandeln As in Gs, andere Cs in Ts und umgekehrt. Manche löschen Teile der ACGT-Sequenz aus, andere bringen Rasterverschiebungsmutationen zuwege: Dann wird der genetische Code zwar in der üblichen Weise, in Gruppen zu je drei Nukleotiden, gelesen, aber jeweils um einen Nukleotid verschoben – und das kann die Bedeutung der gesamten genetischen Information verändern.[11]

Welch ein Wunderwerk der Selbstbezüglichkeit! Sogar sehr einfache Mikroorganismen verfügen darüber. Solange die Lebensbedingungen stabil sind, geht die Genauigkeit der Reproduktion über alles; gibt es hingegen eine äußere Krise, die Beachtung fordert, wird eine Menge genetischer Variationen hervorgebracht. Es sieht fast so aus, als wüßten die Mikroben über ihre gefährdete Lage Bescheid; doch sie haben nicht die leiseste Ahnung davon, was vor sich geht. Vorzugsweise überleben jene, deren Gene der Lage gut angepaßt sind. In ruhigen und stabilen Zeiten neigen aktiv mutierende Wesen zum Absterben. Die Zuchtwahl wirkt sich gegen sie aus. Doch in ähnlicher Weise wirkt sich die Zuchtwahl in Zeiten schnellen Wandels gegen zögerliche Mutagene und zögerlich mutierende Arten aus. Die natürliche Selektion scheint vielschichtige molekulare Reaktionen hervorzurufen, die bei oberflächlicher Betrachtung so aussehen wie vorausschauendes, intelligentes Handeln, so als ob ein meisterhafter Molekularbiologe mit Genen bastelte; in Wirklichkeit geht es aber um nichts anderes als um Mutation und Reproduktion im Wechselspiel mit einer sich verändernden Außenwelt.

* * *

Weil günstige Mutationen nur langsam auftreten, erfordert ein größerer Wandel in der Evolution normalerweise riesige Zeiträume, die allerdings auch zur Verfügung stehen. Entwicklungsvorgänge, die innerhalb von hundert Generationen unmöglich sind, könnten innerhalb von hundert Millionen Generationen unausweichlich sein. »Der Verstand kann die volle Bedeutung der Ausdrücke eine Million oder hundert Millionen

Jahre nicht erfassen«, schrieb Darwin im Jahre 1844, »und er kann deshalb auch das ganze Ausmaß kleiner, aufeinanderfolgender Veränderungen nicht wahrnehmen, die sich über nahezu unendlich viele Generationen anhäufen.«[12]

Als Darwin das schrieb, war das Problem der Entwicklungszeiträume noch eine echte Herausforderung. Der bedeutendste Physiker jener Zeit, Lord Kelvin, verkündete gebieterisch, daß die Sonne – und damit auch das Leben auf der Erde – nicht mehr als etwa hundert Millionen Jahre alt sein könne (später reduzierte er diesen Zeitraum sogar auf dreißig Millionen Jahre). Die Tatsache, daß er neben seinem großen Ansehen auch einen quantitativen Nachweis dafür aufbot, schüchterte viele Geologen und Biologen, darunter auch Darwin, ein. Ist es wahrscheinlicher, fragte Kelvin,[13] daß sich die reine Physik irrt oder daß Darwins Einschätzung einfach falsch ist? In Kelvins physikalischer Theorie stimmte sogar alles, nur waren seine Ausgangsannahmen falsch. Er hatte nämlich angenommen, daß die Sonne leuchtet, weil Meteoriten und andere Trümmer aus dem All in sie hineinfallen. Zu seiner Zeit gab es in der Physik noch nicht das geringste Verständnis für thermonukleare Reaktionen; sogar das Vorhandensein eines Atomkerns war unbekannt. Noch im ersten Jahrzehnt unseres Jahrhunderts nahm man an, daß die Erde nur hundert Millionen (statt 4,5 Milliarden) Jahre alt sei und daß die Säugetiere vor nur drei Millionen (statt vor 65 Millionen) Jahren an die Stelle der Dinosaurier getreten seien.

Auf der Grundlage dieser irrigen Vorstellungen wandten Darwins Kritiker – zu Recht – ein, daß, selbst wenn die Evolution in der Theorie vielleicht funktioniere, in der Praxis wohl kaum genügend Zeit für ihr Funktionieren zur Verfügung gestanden habe.* Für eine vor weniger als zehntausend Jahren entstandene Erde wäre die Vorstellung in der Tat

* Vor der Erfindung der Radiokarbon-Datierungsmethode hatten Physiker schlichtweg keine Möglichkeit, die Entwicklungszeiträume der Erdgeschichte korrekt zu bestimmen. Darwins Sohn George wurde ein führender Fachmann für Gezeiten und Schwerkraft – teilweise um die Behauptung zu widerlegen, die Geschichte des Mondes beweise, daß die Erde für ein großes Maß an biologischer Entwicklung zu jung sei. Neben mehreren unterschiedlichen »Atomuhren« in Gesteinsproben von der Erde, vom Mond und aus Asteroiden weisen die Vielzahl der Einschlagkrater auf nahegelegenen Welten und unsere Kenntnisse über die Entwicklung der Sonne unabhängig voneinander und mit Sicherheit auf ein Erdalter von etwa 4,5 Milliarden Jahren hin.

unsinnig, daß Arten fließend ineinander übergehen und daß die langsame Anhäufung von Mutationen die vielfältigen Formen des Lebens auf der Erde erklären kann. Bei dieser Voraussetzung ergab – nicht nur als Ausdruck des Glaubens, sondern auch aus wohlbegründeten wissenschaftlichen Erwägungen – dic Annahme durchaus Sinn, jede Spezies müsse durch denselben Schöpfer, der nur einen Augenblick zuvor das Universum geschaffen hatte, gesondert erschaffen worden sein.

Die Auflösung von Gestein durch die Wellen, die Beförderung von feinem Staub durch die Winde, Lava, die die Abhänge eines Vulkans hinunterfließt – solche Vorgänge hätten das Angesicht der Erde nicht nachhaltig gestalten können, wenn die Erde nur wenige tausend Jahre alt wäre. Aber selbst der flüchtigste Blick auf die Landschaftsstrukturen der Erde zeugt von grundlegender Umgestaltung. Wenn man also an der biblischen Vorstellung vom Zeitablauf festhielt, daß die Erde um das Jahr 4000 vor Christi Geburt gestaltet worden sei, machte es durchaus Sinn, ein Anhänger der Katastrophentheorie zu sein – anzunehmen, daß in frühester Geschichte gewaltige Umwälzungen, die unserer Zeit nicht mehr in Erinnerung sind, vorgefallen seien. Die oben erwähnte Sintflut war ein beliebtes Beispiel für ein solches Ereignis. Wenn die Erde jedoch 4,5 Milliarden Jahre alt ist, spricht alles dafür, daß die kumulative Auswirkung kleiner, kaum wahrnehmbarer Änderungen im Laufe von Weltzeitaltern die Oberfläche unseres Planeten gänzlich umgestaltet hat.

Sobald der Zeitrahmen für das terrestrische Schauspiel auf Jahrmilliarden ausgedehnt worden war, konnte vieles, das zuvor unmöglich erschien, einfach als eine Verkettung unbedeutender Vorfälle erklärt werden: Fußspuren winziger Wesen, Staubablagerungen, das Aufschlagen von Regentropfen. Wenn Wind und Wasser im Laufe eines Jahres ein Zehntelmillimeter vom Kamm eines Berges abtragen, dann kann der höchste Berg der Erde innerhalb von zehn Millionen Jahren gänzlich abgetragen werden. So macht die Katastrophenlehre der Lehre von der Einförmigkeit von Entwicklung Platz, die von Lyell in der Geologie und von Darwin in der Biologie propagiert wurde. Die Anhäufung riesiger Mengen zufälliger Mutationen erschien nun unausweichlich und unvermeidbar. Große Umwälzungen verloren als Erklärungsmodell an Glaubwürdigkeit, und die Annahme einer gezielten Schöpfung wurde sowohl in der Geologie als auch in der Biologie zu einer veralteten, unnötigen Hypothese.

Viele Vertreter der Einförmigkeitslehre bestritten, daß es biologisch je schnelle, kastastrophenähnliche Wandlungen gegeben habe. T. H. Huxley beispielsweise schrieb: »Es hat keine grandiose Katastrophe gegeben – kein Zerstörer hat die Lebensformen eines Zeitalters hinweggefegt und sie durch eine völlig neue Schöpfung ersetzt: Vielmehr ist eine Spezies untergegangen, und eine andere hat ihren Platz eingenommen; Kreaturen eines Strukturtyps haben abgenommen, Wesen eines anderen im Laufe der Zeit zugenommen.«[14] Im Lichte moderner Erkenntnisse hatte er mit dieser Aussage im wesentlichen und für große Zeiträume der Erdgeschichte recht, aber er ging zu weit: Es ist ohne Zweifel möglich, die Bedeutung eines langsamen, kumulativen Wandels im Hintergrund anzuerkennen, ohne die Möglichkeit gelegentlicher umfassender Umwälzungen völlig auszuschließen.

In den letzten Jahren ist immer deutlicher erkennbar geworden, daß gelegentlich große Katastrophen über die Erde hereingebrochen *sind*, die tiefgreifende geologische und biologische Konsequenzen hatten. Größere weltweite Unterbrechungen der Gesteinsurkunden lassen sich leicht durch solche Katastrophen erklären; und abrupte, gleichzeitig auftretende Veränderungen in den Lebensformen auf der Erde verweisen natürlich ebenfalls auf Katastrophen: auf massenhaftes Aussterben zu gewissen Zeiten. (Die späte Permzeit bietet das extremste Beispiel, die späte Kreidezeit, in der alle Dinosaurier ausgelöscht wurden, das bekannteste.) In solchen Umbruchszeiten werden frühere Lebenswelten massenhaft durch neue Kombinationen von Organismen ersetzt. Fossilienfunde zeigen tatsächlich, daß lange Zeiträume sehr langsamer entwicklungsgeschichtlicher Veränderung häufig durch seltenere, episodenhafte Vorfälle schneller Veränderung unterbrochen wurden. Niles Eldredge und Stephen J. Gould nannten dieses Phänomen »unterbrochenes Gleichgewicht« *(punctuated equilibrium)*.[15] Wir leben auf einem Planeten, auf dem sowohl katastrophenhafte als auch einförmige Veränderung ihre jeweilige Rolle gespielt haben. Auch für den angeblichen Gegensatz zwischen »Alles auf einmal« und »Langsam und beständig« gilt, wie in vielen anderen Zusammenhängen, daß die Extreme in Wahrheit zusammengehören.

Die Sache derer, die an einen besonderen Schöpfungsakt glauben, ist durch dieses neue Gleichgewicht indes nicht plausibler geworden. Auch die Katastrophenlehre ist für ein wörtliches Bibelverständnis eine mißliche Angelegenheit, denn sie legt den Gedanken an Unvollkommenheiten entweder im Entwurf oder in der Ausführung des göttlichen Plans nahe. Ein Massensterben gibt den Überlebenden Gelegenheit zu schneller Entwicklung, denn sie können ja nun in ökologische Nischen vordringen, die zuvor durch Konkurrenten besetzt waren. Die penible Zuchtwahl unter den Mutationen geht weiter, gleichgültig ob Katastrophen eintreten oder nicht. Aber das Auslöschen ganzer Arten, Gattungen, Familien und Lebensordnungen; die Zufälligkeit der Mutationen; die Unglücksfälle in der molekularen Maschinerie des Lebens; das langsame Herumtasten der Evolution, das in Fossilienfunden (etwa von Trilobiten oder Krokodilen) deutlich wird – all dies verweist auf eine Zögerlichkeit und Unentschiedenheit, die schwerlich mit der Vorgehensweise eines allmächtigen, allwissenden, »zupackenden« Schöpfers vereinbar sind.

* * *

Warum sind viele Höhlenfische, Maulwürfe und andere Tiere, die in dauernder Dunkelheit leben, ganz oder nahezu blind? Aufs erste erscheint diese Frage falsch gestellt, denn die Entwicklung von Augen würde in der Dunkelheit natürlich keinen Anpassungsvorteil mit sich bringen. Einige dieser Tiere besitzen jedoch Augen, nur befinden diese sich unter der Haut und funktionieren nicht. Andere haben überhaupt keine Augen, obwohl aus anatomischen Befunden klar hervorgeht, daß ihre Vorfahren welche besaßen. Die Antwort auf unsere Frage scheint zu sein, daß sie alle sich aus sehenden Kreaturen entwickelt haben, die in einen neuen und verheißungsvollen Lebensraum einzogen – etwa in eine Höhle ohne Konkurrenten und Raubtiere. Dort ergeben sich über Generationen hin keine Nachteile aus einem Verlust des Augenlichts. Was macht es schon aus, wenn man blind ist, solange man in rabenschwarzer Dunkelheit lebt? Doch werden die Mutationen auf Blindheit hin, welche die ganze Zeit über auftreten müssen (da es viele mögliche Fehlfunktionen in den genetischen Anweisungen für das Sehvermögen gibt – im Auge, auf der Netzhaut, im Sehnerv und im Gehirn), durch Zuchtwahl nicht ausgemerzt, wenn es im betreffenden Lebensraum überhaupt kein Licht gibt. Im Reich der Dunkelheit hat ein Einäugiger keinerlei Vorteil.

In vergleichbarer Weise haben Wale kleine, interne und völlig nutzlose Becken- und Beinknochen, Schlangen vier interne Überreste von Gliedmaßen. (Bei südafrikanischen Mambas bricht eine einzelne Klaue von jedem rudimentären Glied durch den Schuppenpanzer und ist klar sichtbar.) Wenn man schwimmt oder gleitet und sich niemals wieder auf Beinen bewegt, dann fügen Mutationen, die die Beine verkümmern lassen, keinen Schaden zu. Zuchtwahl wirkt sich nicht gegen solche Mutationen aus, sondern bestärkt sie manchmal sogar noch (Gliedmaßen können im Wege sein, wenn man tief in einem engen Loch lebt). Wenn man als Vogel auf einer Insel ohne Raubtiere lebt, ergibt sich kein Nachteil aus der ständigen Verkümmerung der Flügel über Generationen hin (wenigstens bis zu dem Zeitpunkt, da europäische Seefahrer eintreffen und alles, was nicht davonfliegt, zu Tode prügeln).

Die ganze Zeit über treten Mutationen auf, die mit dem Verlust verschiedenartigster Funktionen verbunden sind. Falls sie keine Nachteile hervorrufen, können sie sich in einer ganzen Population durchsetzen. Manche Mutationen wirken sich geradezu vorteilhaft aus – etwa indem sie eine Maschinerie abschütteln, die früher einmal nützlich war, aber nun ihren Erhaltungsaufwand nicht mehr wert ist. Notwendigerweise gibt es auch eine große Anzahl von Mutationen, die zu biochemischer Untauglichkeit und zu anderen gewichtigen Fehlfunktionen führen, die Wesen hervorbringen, die niemals über den Embryozustand hinauskommen. Sie sterben, bevor sie geboren werden. Sie werden von der natürlichen Zuchtwahl verworfen, noch ehe Biologen eine Chance haben, sie zu untersuchen. Unnachgiebiges, strenges Sieben ist ein wesentlicher Teil unserer Umwelt. Zuchtwahl ist Erziehung durch Prügelstrafe.

Die Evolution ist nichts anderes als ein experimentelles Verfahren mit unsicherem Ausgang – in dem jedoch die Erfolgreichen ermutigt werden und sich ausbreiten können, während die Versager rücksichtslos ausgetilgt werden. Außerdem hat der Prozeß unendlich viel Zeit zur Verfügung, um sich selbst auszugestalten. Wenn man sich fortpflanzt, mutiert und seine Mutationen wieder fortpflanzt, so *muß* man sich entwickeln. Man hat keine andere Wahl. Man erhält nur dann eine Chance, das Spiel des Lebens weiterzuspielen, wenn man weiter am Gewinnen bleibt, das heißt, wenn man weiter direkte Nachkommen (oder nahe Verwandte) hinterläßt. Eine einzige Unterbrechung im Zug der Generationen hat zur Folge, daß die eigene einzigartige DNS-Sequenz zum Aussterben verurteilt ist – ohne jede Hoffnung auf Rettung oder Wiedergewinnung.

* * *

Die deutschsprachige Ausgabe dieses Buches ist in Buchstaben gedruckt, die auf Schriften im vorderasiatischen Raum zurückweisen, und in einer Sprache, die sich weitestgehend in Mitteleuropa ausgebildet hat. Aber dies ist nichts als ein historischer Zufall. Das Alphabet wäre vielleicht im antiken Nahen Osten gar nicht erfunden worden, wenn es dort nicht eine blühende Handelskultur gegeben hätte und wenn dort kein Bedarf für methodische Aufzeichnungen wirtschaftlicher Art bestanden hätte. Nur aufgrund einer zufälligen Abfolge historischer Ereignisse, von denen einige ziemlich unwahrscheinlich waren, wird in Argentinien Spanisch, in Angola Portugiesisch, in Quebec Französisch, in Australien Englisch, in Singapur Chinesisch, auf den Fidschi-Inseln ein Urdu-Dialekt, in Südafrika eine Form des Niederländischen und auf den Kurilen Russisch gesprochen. Wären diese Ereignisse anders verlaufen, würden in diesen Gegenden heute wohl andere Sprachen gesprochen. Die spanische, französische und portugiesische Sprache ihrerseits verdanken ihre Entstehung der Tatsache, daß die Römer den Ehrgeiz hatten, ein Weltreich aufzubauen. Auch das Englische hätte ein ganz anderes Gesicht, wären Sachsen und Normannen nicht auf überseeische Eroberungen versessen gewesen, und so weiter. Die Sprache hängt von Zufällen der Geschichte ab.

Daß ein Planet von der Größe der Erde eine Kugel und nicht ein Würfel ist, daß ein Stern von der Größe der Sonne hauptsächlich sichtbares Licht ausstrahlt, daß Wasser auf jeder Welt mit der Oberflächentemperatur und den Druckverhältnissen der Erde als fester Körper *und* als Flüssigkeit *und* als Gas vorkommt – all diese Tatsachen lassen sich mit Hilfe einiger einfacher Prinzipien der Physik leicht verstehen. Sie sind keine zufälligen Wahrheiten. Sie hängen nicht von einer besonderen Abfolge von Ereignissen ab, die genausogut auch anders hätten ablaufen können. Die physikalische Realität hat eine Dauerhaftigkeit und Stabilität, eine zwanghafte Regelmäßigkeit an sich, während die geschichtliche Realität dazu neigt, unbeständig und fließend zu sein, weniger vorhersagbar und weniger streng durch die uns bekannten Naturgesetze determiniert. Der Zufall scheint eine wesentliche Rolle zu spielen, wenn es darum geht, den Marschbefehl für den Fluß historischer Ereignisse auszugeben.

Die Biologie aber steht Sprache und Geschichte sehr viel näher als Physik und Chemie. Die Tatsachen, daß wir fünf Finger an jeder Hand haben, daß der Querschnitt des Schwanzes einer menschlichen Samenzelle so sehr dem eines einzelligen Geißeltierchens (Euglena) gleicht, daß unser Gehirn wie eine Zwiebel geschichtet ist, haben viel mit geschichtlichen Zufälligkeiten zu tun. Nun könnte man einwenden, daß wir bei einfachen Gegenständen wie der Physik die zugrundeliegenden Gesetze ohne weiteres herausfinden und überall im Universum anwenden können; daß aber auch in schwierigen Fällen wie Sprache, Geschichte und Biologie durchaus Naturgesetze das Geschehen bestimmen könnten, ohne daß unser Verstand in der Lage wäre, ihre Gegenwart zu erkennen – speziell wenn das, was untersucht wird, vielschichtig und verworren ist, und besonders dazu neigt, mit weit zurückliegenden, unzugänglichen Ausgangsbedingungen zu tun zu haben. Und so dächten wir uns dann Aussagen über eine »bedingte Wirklichkeit« aus, um unsere Unwissenheit zu maskieren. An diesem Standpunkt mag durchaus etwas Wahres sein, aber es handelt sich keineswegs um die vollständige Wahrheit, da Geschichte und Biologie ein *Gedächtnis* besitzen, was man von der Physik nicht sagen kann. Menschen haben eine gemeinsame Kultur; sie erinnern sich an das, was sie gelernt haben, und handeln danach. Das Leben reproduziert die Anpassungsleistungen vorangegangener Generationen, hält an funktionierenden DNS-Sequenzen fest, die Milliarden Jahre in die Vergangenheit zurückreichen. Wir verstehen genug von Biologie und Geschichte, um darin eine mächtige statistische Zufallskomponente zu erkennen, jene Zufälle, die durch den sehr zuverlässigen Kopierprozeß in den Genen aufbewahrt sind.

Die DNS-Polymerase ist ein Enzym. Seine Aufgabe besteht darin, einen DNS-Strang dabei zu unterstützen, sich selbst zu kopieren. Die Polymerase selbst ist ein Protein, das aus Aminosäuren zusammengesetzt und nach Anweisungen der DNS hergestellt ist. Die DNS erweist sich also hierin als Kontrolleur ihrer eigenen Replikation. DNS-Polymerase kann heute im Fachhandel für biochemischen Laborbedarf gekauft werden. Es gibt ein Laborverfahren, die Polymerase-Kettenreaktion, die ein DNS-Molekül durch eine Veränderung seiner Temperatur auseinanderfaltet; die Polymerase hilft dann jedem Strang, sich zu kopieren. Jede der Kopien wird der Reihe nach auseinandergefaltet und bildet sich selbst nach.[16] Mit jedem Schritt dieses Wiederholungsvorgangs verdoppelt sich die Zahl der DNS-Moleküle. Nach 40 Schritten gibt es eine Billion Kopien des ursprünglichen Moleküls. Natürlich wird auch jede Mutation, die auf dem Wege vorfällt, reproduziert. Polymerase-Kettenreaktionen können also

dazu benutzt werden, im Reagenzglas die Evolution zu simulieren.*
Etwas Ähnliches kann man auch mit anderen Nukleinsäuren tun:
Im Reagenzglas vor Ihnen befindet sich eine andere Nukleinsäureart; sie besteht nur aus einem einzigen Strang. Sie wird RNS (Ribonukleinsäure) genannt. Sie hat nicht die Form einer Doppelhelix (zwei ineinander verschlungene Spiralen) und braucht somit nicht auseinandergefaltet zu werden, um eine Kopie von sich selbst herzustellen. Der Strang von Nukleotiden kann sich herumschlingen, sich mit sich selbst vereinen und so einen molekularen Kreis bilden. Er kann aber auch wie eine Haarnadel aussehen oder eine andere Gestalt annehmen. Bei unserem Experiment ruht er mit anderen RNS-Molekülen vermischt in etwas Wasser. Um ihm voranzuhelfen, werden andere Moleküle hinzugefügt, einschließlich der Nukleotid-Bausteine zur Herstellung von zusätzlicher RNS. Die RNS wird verhätschelt, aufgemuntert und mit Glacéhandschuhen angefaßt. Sie verhält sich außerordentlich spröde und wird ihre Magie nur unter sehr speziellen Bedingungen vollbringen. Aber sie vollbringt pure Magie. Sie stellt im Reagenzglas nicht nur identische Kopien von sich selbst her, sondern arbeitet auch schwarz als Heiratsvermittler für andere Moleküle. Sie leistet in der Tat sogar noch intimere Dienste, indem sie eine Art Podium bereitstellt, damit Moleküle von ungewöhnlicher Gestalt sich miteinander vereinen, sich ineinander einpassen können; sie ist eine Montagebühne für Molekulartechnik. Der Prozeß wird Katalyse genannt.
Dieses RNS-Molekül ist ein sich selbst nachbildender Katalysator. Um die Zellchemie zu kontrollieren, muß die DNS dagegen den Aufbau einer eigenen Klasse von Molekülen, der Proteine, beaufsichtigen, die als die katalytischen Werkzeugmaschinen fungieren, von denen oben die Rede war. Die DNS kann nicht selbst als Katalysator wirksam werden. Be-

* Die Technik wird auch dazu benutzt, winzige Mengen DNS aus den Überresten alter Organismen – zum Beispiel Bakterien aus den Gedärmen eines erhaltenen Mastodons – zu entnehmen und genügend Kopien davon zu züchten, so daß sie untersucht werden können. Es ist sogar vorgebracht worden, daß irgendwo, eingebettet in Bernstein, die Überreste eines blutsaugenden Insekts sein könnten, das einen Dinosaurier gebissen hat, von dem wir eines Tages mehr über die Biochemie der Dinosaurier erfahren könnten. Vielleicht könnten wir sogar – dieser Punkt ist heiß umstritten – Dinosaurier, die vor hundert Millionen Jahren ausstarben, rekonstruieren und auf irgendeine Weise wiederbeleben. Dies scheint jedoch keine Aussicht für die nähere Zukunft zu sein.

stimmte Arten der RNS können jedoch ihre eigenen katalytische Werkzeugmaschinen sein.[17] Einen Katalysator herzustellen oder ein Katalysator zu *sein*, wirft den größten Gewinn für die geringste Investition ab: Katalysatoren können die Herstellung von Milliarden anderer Moleküle kontrollieren. Wenn man einen Katalysator herstellt oder selbst ein Katalysator – die richtige Art von Katalysator – *ist*, hat man direkten Zugriff auf sein eigenes Schicksal.

Stellen wir uns nun in diesen Laborversuchen, die heutzutage durchgeführt werden, viele Generationen von RNS-Molekülen vor, die sich mehr oder weniger identisch im Reagenzglas kopieren. Mutationen kommen unausweichlich vor, und zwar viel häufiger als bei der DNS. Die meisten mutierten RNS-Sequenzen werden keine oder weniger Kopien hinterlassen, da Zufallsveränderungen in den Anweisungen selten hilfreich sind. Aber gelegentlich kommt ein Molekül zum Leben, das seine eigene Nachbildung unterstützt. Eine solche neu mutierte RNS kopiert sich vielleicht schneller oder mit größerer Genauigkeit als ihre Partner. Wenn uns nun die Lebensschicksale individueller RNS-Moleküle gleichgültig wären – obwohl sie ein Gefühl der Bewunderung wecken können, so rufen sie doch selten Mitgefühl hervor – und wenn wir allein den Fortschritt des RNS-Stammes wünschten, so wäre dies genau die Art von Experiment, die wir durchführen würden. Viele Abstammungslinien würden untergehen. Einige wenige wären besser angepaßt und würden viele Kopien hinterlassen. Diese Moleküle werden sich langsam weiterentwickeln. Viele Wissenschaftler glauben, daß ein sich selbst nachbildendes, katalytisches RNS-Molekül das erste lebendige Ding in den alten Ozeanen vor etwa vier Milliarden Jahren gewesen sein könnte, während seine nahe Verwandte, die DNS, eine spätere entwicklungsmäßige Verfeinerung darstelle.

In einem Experiment mit synthetischen organischen Molekülen, die *nicht* Nukleinsäuren sind, wurden zwei nahe verwandte Arten von Molekülen gefunden, die Kopien von sich selbst aus molekularen Bausteinen herstellten, die der Experimentator bereitgestellt hatte. Diese beiden Arten von Molekülen stellen sowohl Zusammenarbeit als auch Konkurrenz zur Schau: Sie scheinen sich gegenseitig in ihrer Vervielfältigung zu unterstützen, aber sie sind auch hinter demselben beschränkten Bestand an Bausteinen her. Wenn gewöhnliches sichtbares Licht auf dieses submikroskopische Schauspiel gerichtet wird, mutiert eines der Moleküle: Es verändert sich in ein einigermaßen unterschiedliches Molekül, das rein weitervererbt – es macht identische Kopien seiner selbst, und nicht seines Vorgängers vor der Mutation. Diese neue Variante ist sehr viel geschickter bei der Replikation ihrer selbst als die anderen beiden Vererbungslinien. Die Variantenlinie schlägt die anderen schnell aus der Konkurrenz, und deren Zahlen fallen steil ab.[18] Wir haben hier im Reagenzglas also Replikation, Mutation, Replikation der Mutation, Anpassung und – wir glauben nicht, daß dies zuviel gesagt ist – Evolution. Zwar handelt es sich nicht gerade um jene Moleküle, aus denen wir Menschen zusammengesetzt sind. Sie sind wahrscheinlich nicht die Moleküle, die am Ursprung des Lebens Anteil hatten. Es mag sehr wohl viele andere Moleküle geben, die besser reproduzieren und mutieren. Aber aus welchem Grunde sollten wir dieses molekulare System nicht »lebendig« nennen?

Die Natur hat ständig ähnliche Experimente durchgeführt und auf ihren Erfolgen vier Milliarden Jahre lang weitergebaut.

Sobald auch nur eine grobe Replikation möglich ist, wird eine ungeheuer wirkungsvolle Maschine in Gang gesetzt. Bedenken wir beispielsweise jenes an organischem Material reiche Urmeer der Erde. Nehmen wir an, wir ließen nur einen einzigen Organismus (oder ein einziges sich selbst nachbildendes Molekül), der bedeutend kleiner als eine Bakterie aus unseren Tagen ist, in das Urmeer fallen. Dieses winzige Wesen spaltet sich in zwei, und seine Nachkommen tun dasselbe. In Abwesenheit von räuberischen Organismen und versehen mit einem unerschöpflichen Nahrungsvorrat, würde ihre Anzahl exponentiell zunehmen. Das Wesen und seine Nachkommen würden nur etwa hundert Generationen benötigen, um alle organischen Moleküle auf der Erde aufzufressen. Eine zeitgenössische Bakterie kann sich unter idealen Bedingungen alle 15 Minuten reproduzieren. Nehmen wir an, daß die ersten Organismen auf der frühen Erde sich nur einmal im Jahr reproduzieren konnten. Selbst dann würde innerhalb lediglich eines oder zweier Jahrhunderte alles ungebundene organische Material im ganzen Ozean aufgebraucht sein.

Lange zuvor schon würden die Organismen sich natürlich im Wettbewerb befinden. Eine natürliche Zuchtwahl würde etwa zum Tragen kommen, wenn der Nahrungsvorrat mit immer weniger vorgefertigten Molekularbausteinen immer härter umkämpft wäre. Oder wenn Räuber in Aktion träten: Wer nicht aufpaßt, wird von anderen geschnappt, in Teile zerlegt und zu deren eigenem Nutzen gefressen.

Ein größerer Entwicklungsfortschritt könnte bedeutend mehr als hundert Generationen in Anspruch nehmen. Aber die verheerende Macht exponentieller Vervielfältigung wird klar: Solange die Anzahl klein ist, mögen Organismen nur selten in Wettstreit geraten; nach exponentieller Vermehrung werden jedoch riesige Populationen hervorgebracht, harter Wettbewerb tritt ein und strenge Zuchtwahl kommt ins Spiel. Eine hohe Populationsdichte bringt unterschiedliche Umstände hervor und dürfte unterschiedliche Reaktionen erforderlich machen als die freundlicheren und munteren Lebensstile, die vorherrschen, solange die Welt spärlich bevölkert ist.

Die äußere Umwelt verändert sich beständig – zum Teil, weil die Population enorm anwächst, solange die Bedingungen günstig sind, zum Teil wegen der Entwicklung anderer Organismen, und zum Teil, weil die geologische und astronomische Uhr unbeirrt tickt. Es gibt also niemals so etwas wie eine dauerhafte oder endgültige oder beste Anpassung einer Lebensform an »die« Umwelt. Außer in den bestgeschützten und statischen Umgebungen muß es eine nicht abreißende Kette von Anpassungen geben. Wie auch immer sie im Innern erfahren wird, von außen könnte eine solche Situation sehr wohl als ein Kampf ums Dasein und als ein Wettbewerb um das Hinterlassen vieler erfolgreicher Nachkommen beschrieben werden.

Man erkennt, der ganze Vorgang neigt dazu, zufallsbehaftet und opportunistisch zu sein – nicht vorausblickend, nicht mit einem zukünftigen Ziel im Auge. Die sich entwickelnden Moleküle planen die Zukunft nicht. Sie produzieren einfach eine beständige Bandbreite von Variationen, und manchmal tritt eine Variante zutage, die ein leicht verbessertes Modell darstellt. Niemand – weder der Organismus, noch die Umwelt, noch der Planet, noch »die Natur« selbst – grübelt über diese Angelegenheit nach. Diese entwicklungsmäßige Kurzsichtigkeit kann zu Schwierigkeiten führen. Sie könnte zum Beispiel Anlaß dazu geben, daß eine Anpassung verworfen wird, die auf vollkommene Weise geeignet wäre, ein Jahrtausend später die nächste Umweltkrise (von der natürlich noch niemand eine Ahnung hat) zu überstehen. Aber man muß von hier nach dort gelangen. Eine Krise auf einmal ist genug, lautet des Lebens Leitsatz.

* * *

ÜBER UNBESTÄNDIGKEIT:

Wenn wir ewig lebten, wenn die Tautropfen von Adashino niemals schwänden, wenn der Rauch des Krematoriums auf Toribeyama nie verblaßte, dann würden Menschen schwerlich die Erbärmlichkeit der Dinge fühlen. Die Schönheit des Lebens liegt in seiner Unbeständigkeit. Der Mensch lebt am längsten von allen Lebewesen ... und selbst ein friedvolles Jahr erscheint sehr lang. Und doch würden für jene, die die Welt lieben, tausend Jahre verblassen wie der Traum einer Nacht.

KENKO YOSHIDA
Essays in Idleness (1330–1332)[19]

Kapitel 6

Wir und die anderen

Laß doch keinen Zank sein zwischen mir und dir
... denn wir sind Gebrüder.
Genesis 13, 8

... kein Bund die Löwen und Menschenkinder befreundet ...

HOMER
Ilias[1]

Ob es viele Anläufe zur Entstehung des Lebens auf der Erde gab oder nur einen, ist ein tiefes und vielleicht unergründliches Geheimnis. Soweit wir wissen, könnte es Millionen von Sackgassen und verfehlten Ansätzen gegeben haben, unbeweinte alte Stammbäume, die ausgelöscht wurden, als neue heraustraten. Aber es erscheint völlig klar, daß es nur eine einzige Vererbungslinie gibt, die zu allem Leben führt, das *jetzt* auf der Erde existiert. Jeder Organismus ist ein Verwandter, eine entfernter Vetter, jedes anderen. Dies wird offenkundig, wenn wir vergleichen, wie alle Organismen auf der Erde funktionieren, wie sie aufgebaut sind, woraus sie bestehen, welche genetische Sprache sie sprechen – und insbesondere, wie sehr ihre Baupläne und molekularen Arbeitsanweisungen einander ähneln. Alles Leben ist blutsverwandt.

Wenden wir in Gedanken unseren Blick zurück zu den frühesten Organismen. Diese konnten unmöglich eine so »reinrassige«, geradezu überfüllte Reihe sich selbst vervielfältigender Moleküle bilden wie die heutige DNS oder RNS – die höchst effizient in ihrer Replikation und im Korrekturlesen ihrer Botschaften sind, die sich aber nur unter den sorgfältig kontrollierten Bedingungen fortpflanzen, auf denen moderne Organismen bestehen. Die ersten Lebewesen müssen behelfsmäßig, langsam, nachlässig und leistungsschwach gewesen sein – gerade eben gut genug, um grobe Kopien ihrer selbst hervorzubringen. Gut genug, um sich auf den Weg zu machen.

Zu irgendeinem Zeitpunkt, wahrscheinlich sogar schon sehr früh, müssen Organismen aus mehr als einem einzigen Molekül bestanden haben, ohne Rücksicht darauf, wie vielschichtig ein solches Molekül auch gewesen sein mag. Damit sehr detaillierte Anweisungen buchstabengetreu befolgt werden konnten, damit die Reproduktion mit hoher Genauigkeit vor sich gehen konnte, waren andere Moleküle vonnöten – etwa um Bausteine aus dem umliegenden Wasser herauszuwaschen und sie zu eigenen Zwecken zurechtzubiegen; oder um wie die DNS-Polymerase als

Hebamme im Nachbildungsvorgang tätig zu sein; oder um einen neugeprägten Satz von genetischen Anweisungen Korrektur zu lesen. Aber es brachte einem keinen Vorteil, wenn solche Zusatzmoleküle immer wieder auf die offene See hinaustrieben. Was man brauchte, war eine Art Falle, um nützliche Moleküle gefangenzuhalten. Wenn man sich nur mit einer Membran umgeben könnte, welche die Moleküle, die man benötigt, herein-, aber nicht wieder hinausließe ... Es gibt Moleküle, die dies tun – die beispielsweise auf einer Seite vom Wasser angezogen werden, aber auf der anderen Seite vom Wasser regelrecht angewidert und abgestoßen werden. Sie kommen in der Natur häufig vor. Sie neigen dazu, kleine Kugeln zu bilden, und sie sind heutzutage die Grundlage von Zellmembranen.

Die frühesten Zellen können, obwohl sie gleichzeitig fähig waren, sich zu vermehren und sich zu spalten, in keiner dem Menschen vergleichbaren Weise ein Bewußtsein gehabt haben. Dennoch hatten sie ein gewisses Repertoire an Verhaltensweisen zur Verfügung. Sie wußten natürlich, wie sie sich selbst kopieren konnten oder wie sie Moleküle aus der Außenwelt, die von ihnen verschieden waren, in arteigene Moleküle in ihrem Innern umwandeln konnten. Sie kümmerten sich vor allem um Verbesserungen in der Genauigkeit der Replikation und in der Effizienz des Stoffwechsels. Manche konnten sogar zwischen Sonnenlicht und Dunkelheit unterscheiden.

Die Zersetzung der von außen hereingenommenen Moleküle, das heißt, die Verdauung der Nahrung, ist ein Prozeß, der problemlos nur Schritt für Schritt bewerkstelligt werden kann, wobei jeder Schritt von einem bestimmten Enzym überwacht und jedes Enzym von seiner eigenen ACGT-Sequenz (oder seinem Gen) kontrolliert wird. Deshalb ist eine ausgezeichnete Zusammenarbeit zwischen den Genen unabdingbar; andernfalls wird keines in der Lage sein, sich in die Zukunft zu retten und sich zu vermehren. Um beispielsweise ein Zuckermolekül zu verdauen, ist ein präzises Zusammenspiel Dutzender Enzyme nötig, wobei jedes neue Enzym genau dort weitermacht, wo das letzte aufgehört hat, und jedes Enzym von einem speziellen Gen hergestellt wird. Spielt bei der ganzen Aktion nur ein einziges Gen nicht richtig mit, kann das alle anderen ins Verderben reißen. Eine Enzymkette ist immer nur so stark wie das schwächste ihrer Glieder. Und so kümmern sich auf dieser Ebene alle Gene zunächst und vor allem um das Wohlergehen der Gesamtheit.

Die frühen Enzyme mußten ein gutes Unterscheidungsvermögen besitzen:

Sie mußten genau darauf achten, daß sie nicht die sehr ähnlichen Moleküle zersetzten, welche die Lebensform ausmachten, zu der sie selbst gehörten. Wenn man sich selbst verdaut – etwa die Zuckermoleküle, die Bestandteil der eigenen DNS sind –, hinterläßt man nicht viele Nachkommen. Aber auch wenn man keine Organismen – als bequeme Fundorte organischer Rohmaterialien und molekularer Endprodukte – verdaut, wird man nicht gerade viele Nachkommen hinterlassen. Schon die Zellen aus der Zeit von vor 3,5 Milliarden Jahren müssen irgendeine Kenntnis vom Unterschied zwischen »ich« und »du« besessen haben. Auch davon, daß »Dus« eher zu verbrauchen waren als »Ichs« – in einer Welt, in der ein Hund den anderen auffrißt, oder zumindest eine Mikrobe die andere. Doch halt, ganz so eindeutig ist die Sache nicht...

Es kam eine Zeit – vielleicht vor zwei oder drei Milliarden Jahren –, da ein Lebewesen ein anderes ganz in sich eingliedern konnte. Das eine schmiegte sich etwa an das andere, dessen Zellwände oder Membranen legten sich in Falten, und schon fand sich der kleinere Artgenosse im Innern des größeren wieder. Zweifellos schlossen sich Versuche an, den kleineren Partner zu verdauen – mit unterschiedlichem Erfolg. Stellen Sie sich vor, Sie wären ein einigermaßen großer einzelliger Organismus im Urmeer, der auf diese Weise einige photosynthetische Bakterien aufgesogen hat, kleine Wesen, die Sonnenlicht, Kohlendioxyd und Wasser zur Herstellung von Zucker und anderen Kohlehydraten zu verwenden wissen. Als Einzeller werden Sie mehr Nachkommen hinterlassen, wenn Sie Ihre Konkurrenten bei der Aneignung von Zucker übertreffen können (denn Zucker ist ein entscheidender Baustein, der zur Vervielfältigung genetischer Anweisungen benötigt wird sowie als Kraftquelle für all Ihre Aktivitäten).

Aber nehmen wir weiter an, daß diese Bakterien – die neuesten, unverwüstlichen, »rostgeschützten« Ausführungen – sich Ihren Verdauungsenzymen nicht ergeben. Dann haben diese – nach allem, was sie wissen – Zutritt zu einem molekularen Schlaraffenland gefunden. Denn Sie beschützen diese Bakerien vor manchen ihrer Feinde; und da Sie durchsichtig sind, dringt Sonnenlicht in Ihr Inneres ein; und auch an Wasser und Kohlendioxyd herrscht kein Mangel. Deshalb fahren die Bakterien auch in Ihrem Innern fort, photosynthetisch wirksam zu sein. Einige Zuckeranteile laufen aus, wofür Sie dankbar sind. Einige der Bakterien sterben ab, und ihre inneren Moleküle werden als Nährstoffe verfügbar. Andere wiederum gedeihen und vermehren sich. Wenn es für Sie an der Zeit ist, sich fortzupflanzen, befinden sich einige der Bakterien im Innern Ihrer Nachkommen. Noch nicht von Rechts wegen (weil dieses Arrangement noch nicht in den Nukleinsäuren chiffriert ist), aber sicherlich de facto ist zwischen den Nachkommen des Einzellers und denen der Bakterien ein gütlicher Ausgleich erzielt worden.[2]

Es handelt sich um einen für beide Parteien vorteilhaften Handel. Die Bakterien eröffnen einen kleinen »Schnellimbiß« in Ihrem Körper, was Sie so gut wie gar nicht belastet. Und Sie bieten den Bakterien eine stabile und geschützte Umwelt (solange Sie darauf achten, Ihre Verdauungsenzyme nicht zu sehr zu verbessern). Nach vielen Generationen haben Sie sich als Einzeller in eine ganz andere Art von Lebewesen entwickelt: in ein Wesen mit kleinen grünen, photosynthetischen Kraftwerken in Ihrem Innern, die sich mit Ihnen gemeinsam fortpflanzen und die jetzt eindeutig ein Bestandteil Ihrer selbst sind, sich trotzdem aber noch deutlich von Ihnen unterscheiden. Aus dem Einzeller ist eine Lebenspartnerschaft geworden. Im Verlauf der Geschichte des Lebens scheint genau dies ein halbes dutzendmal oder öfter geschehen zu sein, wobei jedesmal eine andere wichtige Gruppe von Pflanzen entstand.[3]

Heute enthält jede grüne Pflanze solche Einschlüsse, die Chloroplaste (Farbstoffträger). Sie gleichen ihren ungebändigten, einzelligen Bakterienvorfahren noch immer ziemlich genau. Fast jedes bißchen Grün in der natürlichen Welt verdankt sich den Chloroplasten. Sie sind die photosynthetischen Maschinen des Lebens. Wir Menschen bilden uns etwas darauf ein, die beherrschende Lebensform auf diesem Planeten zu sein, aber diese winzigen Wesen – unauffällige, perfekte Gäste, die sie sind – »schmeißen den Laden« gewissermaßen. Ohne sie würde fast alles Leben auf der Erde absterben.

Sie haben ihren Gastgebern viele Zugeständnisse gemacht. Sie haben einen *modus vivendi* erzielt, eine funktionierende langfristige Partnerschaft zur gegenseitigen Unterstützung, die man Symbiose nennt. Jeder Partner verläßt sich auf den anderen. Und doch sind die Chloroplaste eine erkennbar unterschiedliche Art von Lebewesen. Das deutlichste Anzeichen für ihren gesonderten Ursprung ist, daß die Chloroplaste ihre eigene Art von Nukleinsäuren enthalten, die sich von denen der Pflanzenzellen, in denen sie wohnen, unterscheiden, obwohl sie vor sehr langer Zeit einen gemeinsamen Vorfahren hatten. Das Kennzeichen ihrer frühen getrennten Entwicklung, bevor sie ihre Kräfte vereinten, ist klar ersichtlich: Das ursprüngliche Chloroplast scheint von einem photosynthetischen Bakterium herzukommen, das denen, die heute in stromatolithenartigen Verbänden leben, sehr ähnlich war.[4]

* * *

Wenn man diese kleinen einzelligen Wesen unter dem Mikroskop betrachtet, ist man von ihrer scheinbaren Selbstsicherheit überrascht. Sie scheinen so sicher zu wissen, was sie wollen. Sie schwimmen auf das Licht zu, greifen Beute an oder entwischen ihrerseits Räubern. Da sie durchsichtig sind, kann man ihre internen Elemente sehen, das DNS-gesteuerte protoplasmische Uhrwerk, das sie antreibt. Ihre Fähigkeit, Nahrung in Moleküle umzuwandeln, die sie brauchen – als Treibstoff, als Bauteile, für ihre Fortpflanzung –, grenzt an Alchimie. Die Pflanzen unter ihnen setzen Luft, Wasser und Sonnenlicht in sich selbst um, und zwar nicht zufällig, sondern nach einem besonderen Rezept, dessen Abschrift allein schon viele Bände über organische Chemie und Molekularbiologie füllen würde. Jedes dieser Wesen ist nicht mehr als eine einzelne Zelle: Sie besitzen keine Organe, kein Gehirn, keine flotte Unterhaltung, keine Poesie und keine höheren geistigen Werte – und doch können sie in diesen chemischen Bereichen, anscheinend ohne sich dessen gewahr zu sein, weit mehr zustande bringen als unsere protzige Technologie.

Und es gibt noch etwas, das sie beherrschen und wir nicht. Sie können ewig leben, oder nahezu ewig. Diese geschlechtslosen, einzelligen Organismen pflanzen sich durch Spaltung fort – nicht durch Kernspaltung, sondern durch biologische Spaltung. Eine kleine Furche, eine Vertiefung erscheint und wellt sich durch die Mitte des Organismus. Die inneren Teile werden mehr oder weniger gleichmäßig voneinander getrennt, und plötzlich haben wir nicht mehr einen, sondern zwei Organismen vor uns. Er hat sich in Hälften gespalten. Wir sehen jetzt zwei kleinere Wesen, jedes der Ursprungszelle sehr ähnlich, wie eineiige Zwillinge. Jedes wächst schnell, bis seine ausgewachsene Größe erreicht ist. Später wiederholt sich der ganze Vorgang. Abgesehen von vereinzelten Mutationen, sind noch entfernte Nachkommen mit ihren Vorfahren genetisch deckungsgleich. So sterben die Vorfahren in Wirklichkeit nie. Nirgends gibt es über die Generationen hin gebrechliche oder tote Eltern. Wenn kein Unglücksfall eintritt – kein von anderen Mikroben freigesetzter Gifttropfen, keine extremen Temperaturwechsel, kein Auslaufen der Nahrungsvorräte, keine Begegnungen mit einer großen, bösartigen Amöbe –, dann leben sie immer weiter; der natürliche langsame Zerfall ihrer organischen Körperbestandteile wird durch ihre häufige Fortpflanzung abgemildert oder angehalten.

Diese allgegenwärtigen, unsichtbaren und bescheidensten aller Organismen sind, zumindest nach menschlichen Maßstäben, unsterblich. Es gibt genug natürliche Katastrophen, daß sie nicht allzulange vor sich hin leben können, ohne dem einen oder anderen Unheil zu begegnen. Aber zumindest einige von ihnen bleiben durch mehr Lebensspannen am Leben, als sich der überspannteste Verteidiger der Reinkarnations- oder Wiedergeburtslehre, der »vielfachen Rückkehr ins Leben«, jemals vorzustellen wagte. Gegenwärtig wird der offizielle Rekord von einer Zellkultur im Labor gezüchteter Einzeller gehalten, die Pantoffeltierchen heißen und die aus dem Biologieunterricht an der höheren Schule bekannt sind. Im Reagenzglas hat man elftausend aufeinanderfolgende Generationen von Pantoffeltierchen sorgfältig kultiviert, und immer noch zeigt sich kein Anzeichen des Alterns.[5] (Beim Menschen wären elftausend Generationen gleichbedeutend mit einer Rückkehr zu den frühen Anfängen der Spezies.) Außer allmählich zunehmenden Mutationen waren die Pantoffeltierchen nach so vielen Generationen genetisch mit den Ausgangszellen immer noch identisch. Die Sehnsucht nach Unsterblichkeit, die für die westliche Zivilisation so charakteristisch ist, ist in gewisser Weise ein Verlangen nach der äußersten Rückkehr in die Vergangenheit – zu unseren einzelligen Vorfahren im Urmeer.

* * *

Bisher sind wir mit unserer Geschichtsdarstellung unserem eigenen Zeitalter noch nicht einmal auf eine Milliarde Jahre nahe gekommen. Aber sogar in so entlegener Zeit waren viele der hauptsächlichen Themen und Spielarten des gegenwärtigen Lebens auf der Erde schon klar ausgeformt. Einige der Fossilien aus jener Zeit sind in ihrer Gestalt von manchen heute lebenden Organismen ununterscheidbar; das bekannteste Beispiel sind die Stromatolithen. Andere sind sehr verschieden. Über die Weltalter hin hat sicherlich eine zunehmende biochemische Verfeinerung in der Chemie der Enzyme, in der Genauigkeit der Nachbildung von DNS und in vielen anderen Dingen stattgefunden, die sich in einfachen Fossilien nicht entdecken lassen; dennoch erscheint es erstaunlich, daß überhaupt ein Organismus auch nur in seiner rohen Anatomie durch dreieinhalb Milliarden Jahre unverändert geblieben sein sollte. Erneut zeigt sich hierin ein phlegmatischer Konservatismus des Lebens. Und doch ereignet sich manchmal auch ein schneller, grundsätzlicher Wandel. Das Bild, das sich herausschält, ist das einer reichen Palette von Anpassungskandidaten, die von Mutationsprozessen der natürlichen Zuchtwahl zur Beurteilung vorgelegt werden. Aber nur mit dem Risiko eines Todesurteils (nämlich der Drohung, daß die Nachkommen ausbleiben – was unter dem Blickwinkel der Evolution der Todesstrafe gleichkommt) werden diese mutierten Angebote ernstlich aufgegriffen und ausprobiert. Abgesehen von kosmetischen Korrekturen werden neue Arten von Leben gewöhnlich entmutigt. Veränderung wird ungern zugelassen.

Man kann beobachten, wie dieselben Gattungen von Molekülen immer wieder für völlig verschiedene Zwecke benutzt werden. Heute wird zum Beispiel dasselbe komplexe organische Molekül mit geringfügigen Abänderungen als grünes Pigment genutzt, das in Pflanzen Sonnenlicht einsaugt; oder als rotes Pigment, das Sauerstoff durch die Blutgefäße der Tiere transportiert; oder als das Agens, das Garnelen und Flamingos ihren rosa Farbton verleiht; und es findet sich auch in einem weithin genutzten Enzym, das dabei hilft, dem Zucker ohne Gefahr Energie zu entlocken. Diese Energie wird für zukünftigen Bedarf in Molekülen gespeichert, die nahezu mit den Nukleotiden A, C, G und T des genetischen Codes identisch sind. Diese Moleküle zeigen eine atemberaubende Vielseitigkeit, doch gleichzeitig zeigen sich im ständigen Recycling dieser Moleküle Sparsamkeit und Konservatismus als Lebensstil.

Es ist, als ob auf jede Million unverfälscht konservativer Organismen nur ein Revolutionär käme, der darauf aus ist, Dinge zu verändern (obwohl es sich gewöhnlich nur um sehr kleine Dinge handelt). Von allen diesen Revolutionären wiederum weiß nur einer in einer Million tatsächlich, wovon er redet – er bietet wirklich einen erkennbar besseren Überlebensplan an als den, der gegenwärtig in Mode ist. Und doch wird die Entwicklungsgeschichte des Lebens durch diese Revolutionäre bestimmt.

Mikroorganismen vermehren sich, vorausgesetzt, sie haben genügend

Nährstoffe, so schnell, daß sie sich in der kurzen Zeitspanne weiterentwickeln können, die vergeht, während man sie in einem Regal zum Lagern abstellt und wieder herausnimmt, um weitere Untersuchungen vorzunehmen. Die Geschwindigkeit, mit der Bakterien Resistenz gegen Antibiotika »erwerben«, legt Zurückhaltung bei der Häufigkeit der Antibiotika-Verschreibung nahe. Dabei regt das Antibiotikum im allgemeinen nicht zu auf Anpassung zielenden Mutationen an; es agiert stattdessen als erbarmungsloser Vertreter der Zuchtwahl und tötet alle Bakterien außer den wenigen begünstigten ab, die zufällig gegen die Arznei immun sind – eine Stammeslinie, die zuvor aus anderen Gründen im Wettstreit mit ihren Artgenossen vielleicht nicht erfolgreich gewesen wäre. Die Tatsache, daß Bakterien schnell Widerstandsfähigkeit gegen Antibiotika entwickeln (oder Insekten gegen DDT), spiegelt die große Vielfalt von Lebensformen und biochemischen Vorgängen wider, die dauernd unter der Oberfläche der Mikrobenwelt aufwallen. Ein fortwährender Krieg von Maßnahme und Gegenmaßnahme wütet zwischen Gast und Parasit – in diesem besonderen Fall zwischen den pharmazeutischen Konzernen, die neue Antibiotika herausbringen, und den Mikroben, die neue, widerstandsfähige Stämme hervorbringen, um ihre verletzlicheren Vorgänger zu ersetzen.

* * *

Schon vor 3,5 Milliarden Jahren, haben wir oben behauptet, war die Unterscheidung zwischen innen und außen, zwischen »ich« und »du«, zwischen »wir« und »die anderen« im wesentlichen ausgebildet; hierin liegt ein rudimentärer Ansatz von Selbstbewußtsein. Wenn man gewohnt ist, die organischen Moleküle zu verspeisen, die im Urmeer aufgelöst sind, so ist man auch daran gewöhnt, die Moleküle zu verspeisen, aus denen andere Lebewesen aufgebaut sind; immerhin handelt es sich um dieselbe Sorte von Molekülen. Unter solchen Umständen ist es angezeigt, darauf zu achten, daß man sich nicht selbst auffrißt. Eine Mikrobe kennt kein Erbarmen oder Mitleid mit anderen Organismen; das entspricht ihrer Weltsicht nicht. Aber sie muß trotzdem einige feine Unterschiede machen. Sie mag keine zärtlichen Gefühle für ihre Chloroplaste hegen, aber falls sie diese verdaut, handelt sie sich selbst Schwierigkeiten ein. Wenn es zu schwer für sie ist, die Unterscheidung zu treffen – wenn sie den Unterschied zwischen »ich« und »du« nicht ausmachen oder ihre Verdauungsenzyme nicht unter Kontrolle halten kann –, dann wird sie weniger oder gar keine Nachkommen hinterlassen. Es gibt noch kein Durchdenken der Probleme, keine Uneigennützigkeit und kein Mitleid. Es mag wohl überhaupt keinerlei Gefühle geben. Dennoch sind Organismen im Begriff, sich zu *verhalten*, als ob sie Wünsche, Bedürfnisse, Vorlieben, Gefühle, Triebe und Instinkte hätten.

Wenn man in einer Kolonie lebt, wird es weder für die Artgenossen noch für einen selbst vorteilhaft sein, wenn man sich daranmacht, die anderen zu verspeisen. Man mag von Natur aus ein rücksichtsloser, unerbittlicher Räuber sein, aber seinen Verwandten und Nachbarn gegenüber muß man sich als weichherzig und umgänglich zeigen. Alle Mitglieder der Kolonie könnten ihre äußere Membran mit einer Chemikalie durchtränken, die als Erkennungszeichen der Art dient. Wenn eine Mikrobe den Geschmack dieses Moleküls, der von einer anderen Mikrobe ausströmt, erkennt, wird sie plötzlich sehr freundlich. »Freund«, sagt die Chemikalie, oder »Schwester«. Andere Chemikalien befördern unterschiedliche Informationen. Manche Bakterien produzieren gewohnheitsmäßig ihre eigenen chemischen Kampfstoffe, Antibiotika, die für sie selbst und andere ihres eigenen Stammes harmlos sind, aber tödlich für Bakterien aus anderen Stämmen, Fremde. Ein empfindliches Gleichgewicht zwischen Feindseligkeit gegen die Außengruppe und Zusammenarbeit mit der eigenen Gruppe hat sich herausgebildet: »die anderen« und »wir«. Die ersten Andeutungen von Xenophobie (Fremdenhaß) und Ethnozentrismus (Konzentration auf den Vorteil der eigenen Rasse) entwickelten sich früh.

Die großen Fleischfresser genießen ihre Arbeit. (Vielleicht sogar schon die Einzeller.) Sie jagen nicht, weil sie ernährungskundliche Kenntnisse besitzen: Sie jagen allem Anschein nach, weil Jagen Freude macht; weil Sich-Anpirschen, Verfolgen, Verwunden, Töten, Zergliedern und Aufessen die Freuden des Lebens sind; weil der Drang dazu unwiderstehlich ist. Fette Katzen und faule Hunde, die mit feinen Häppchen vollgestopft und deren Geschmacksbedürfnisse befriedigt sind, folgen dennoch manchmal einer alten Sehnsucht, und der städtische Haustierbesitzer findet eine tote Maus oder Taube mit Stolz vor seinen Füßen ausgelegt. Der Mechanismus ist fest verankert und vorprogrammiert. Ein geeigneter Reiz kann die Verhaltenskette auslösen. Da ihre Jagdneigungen keine andere Entladung finden, apportiert der Hund Ball, Stock und Wurfscheiben, tätzelt die Katze nach einer Spinnwebe oder stürzt sich federnd auf ein Wollknäuel.

Selbst ein so starkes Beispiel für die feste Verankerung von Verhaltensweisen wie eine Katze auf Rattenjagd ist jedoch zu einem großen Teil von vorangegangenen eigenen Erfahrungen abhängig. In einer klassischen Serie von Experimenten zeigte der Psychologe Z. Y. Kuo[6], daß fast alle Kätzchen, die ihre Mutter beim Töten und Auffressen eines Nagetiers beobachtet hatten, schließlich gleichermaßen tätig wurden. Aber wenn Kätzchen mit einer Ratte im selben Käfig aufgezogen werden, niemals eine andere Ratte sehen und außerdem niemals eine andere Katze eine Ratte töten sehen, dann lernen sie fast nie, Ratten zu töten. Dagegen lernte etwa die Hälfte jener Kätzchen, die mit einer Ratte im selben Wurf aufgezogen wurden und außerdem beobachten konnten, wie ihre Mütter außerhalb des Käfigs Ratten töteten, auch selbst zu töten. In diesem Fall neigten sie jedoch dazu, jene Art Ratten zu töten, die sie ihre Mütter hatten töten sehen, und nicht jene Art, mit der sie aufwuchsen. Wenn Kätzchen schließlich jedesmal beim Anblick einer Ratte einen elektrischen Schock verpaßt bekamen, lernten sie schnell, überhaupt keine Ratten zu töten, sondern statt dessen angsterfüllt vor ihnen davonzulaufen.

Auch eine so grundlegende Verankerung einer Verhaltensweise wie das Raub-»Programm« der Katzen ist also formbar. Natürlich sind Katzen keine Menschen. Gleichwohl liegt die Vermutung nahe, daß Kindheitserfahrung, Erziehung und kulturelle Prägung viel bewirken können, um sogar tief eingeborene Neigungen abzuschwächen.

Schon bei den frühen Mikroben entwickelten sich die Verhaltensmechanismen zum Jagen und Flüchten sowie zur Abänderung dieser Neigungen durch Erfahrung. Die räuberischen Arten entwickelten größere, schnellere und gewitztere Modelle mit neuen Optionen (zum Beispiel: Verstellung, Fintenreichtum). Und potentielle Opfer entwickelten ebenfalls größere, schnellere und gewitztere Modelle mit anderen Optionen (zum Beispiel: Sich-tot-Stellen) – weil jene, die sich nicht weiterentwickelten, häufiger aufgefressen wurden. Viele Strategien wurden entworfen, die erfolgreichen beibehalten: Schutztarnung, Körperpanzerung, Tinte oder zerstäubte Giftflüssigkeiten zur Fluchtdeckung, Giftstacheln und die Ausnutzung von Nischen, in denen es noch keine Räuber gab – das konnte ein flaches Loch im Meeresboden sein, eine Zufluchtsstätte in einer Seemuschel oder eine Heimstatt auf einer unbewohnten Insel oder einem unbewohnten Erdteil. Eine andere Strategie lag darin, einfach so viele Nachkommen zu produzieren, daß zumindest einige von ihnen überlebten. Es sei noch einmal betont, daß kein potentielles Opfer solche Anpassungen *plant*; es ergibt sich einfach, daß nach einiger Zeit die einzigen übriggebliebenen Beuteorganismen jene sind, die so agieren, als *hätten* sie solche Anpassungen geplant. Ganz gleich welche edlen Absichten und welche wohlwollenden und beschaulichen Neigungen man hat, als potentielles Opfer ist man durch die natürliche Auslese gezwungen, Gegenmaßnahmen zu ergreifen.

Vor etwa 600 Millionen Jahren begannen viele mehrzellige Tiere, sich zu umwallen. Sie umgaben ihre weichen Körper mit Schalen und Rückenpanzern, und sie lernten – als kleine »Bauingenieure« –, aus kieselsaurem und kohlensaurem Gestein Schutzhöhlen zu bauen. Zu jener Zeit entwickelten sich die Lebensstile von Muscheln, Austern, Krabben und Hummern sowie von vielen anderen gepanzerten Tieren, von denen einige heute ausgestorben sind. Da Weichteile von toten Tieren mit seltenen Ausnahmen schnell zerfallen und harte Teile länger überdauern – manchmal sogar lange genug, um Hunderte von Millionen Jahren später von Paläontologen entdeckt zu werden –, ermöglichte die Ausbildung von Körperpanzern, daß diese fernen Kreaturen ihren entfernten weitläufigen Verwandten bekannt werden konnten.

Der Krieg zwischen Räuber und Beute erstreckt sich auch ins Reich der Pflanzen. Pflanzen füllen sich mit Giften, um Tiere abzuschrecken, die sie zu fressen beabsichtigen. Die Tiere ihrerseits entwickeln entgiftende Chemikalien und besondere Organe – ganz besonders die Leber –, um mit den Pflanzen Schritt zu halten. Was wir beispielsweise am Kaffee lieben, sind die Giftstoffe, die entwickelt worden sind, um Insekten und kleine Säugetiere davon abzuhalten, Kaffeebohnen zu verzehren.[7] Wir Menschen indes besitzen eine hochspezialisierte Leber.

Räuber müssen natürlich nicht größer sein als ihre Beute. Krankheitserregende Mikroben können außerordentlich gute Räuber sein: Sie greifen nicht nur den Organismus an, der sie trägt, und töten ihn schließlich, sondern sie bestimmen sogar ihre Wirtsorganismen bis hin zu Verhaltensänderungen, die dazu dienen, die Mikroben auch auf andere Wirtsorganismen zu verbreiten. Das schlagendste Beispiel dafür ist der Tollwutvirus. Dringt dieser in die Blutbahn eines ruhigen, dem Menschen zugetanen Hundes ein und infiziert ihn; so steuert er geradewegs auf das limbische System in der Hirnrinde des Hundes zu, wo sich die »Schalthebel« für Raserei befinden. Dort machen sich die Viren daran, das arme Tier in einen marodierenden, knurrenden und hinterhältigen Räuber zu verwandeln, der nach der Hand schnappt, die ihn füttert. Tollwütige Tiere fürchten sich vor niemandem. Zur selben Zeit werden andere Tollwutviren abkommandiert, die Schlucknerven untätig zu machen, die Mechanismen zur Speichelabsonderung zu Überproduktion anzuregen und sich im Speichel selbst massenhaft festzusetzen. Der Hund ist wütend, obwohl er keine Ahnung hat, warum. Er ist eine Geisel der Viren in seinem Innern; er ist unfähig, sich dem Drang zum Angriff zu widersetzen. Hat der Angriff Erfolg, dringen die Viren aus dem Speichel des Hundes durch die Bißwunde in die Blutbahn ihres neuen Wirtes ein und setzen ihr Werk dort fort.

Der Tollwutvirus ist ein glänzender Inszenator. Er kennt seine Opfer und weiß ihre Fäden zu ziehen. Er umgeht die Verteidigungsanlagen – er infiltriert, umgeht die Flanke und bewerkstelligt einen Staatsstreich in Lebewesen, die um ein Vielfaches größer sind als er selbst, so daß man sie für unverletzbar gehalten hätte.*

Bei einer Grippe oder Erkältung sind Husten und Niesen nicht ein zufälliges Beiprodukt der Infektion, sondern ziemlich zentral für die Verbreitung des verantwortlichen Virus, unter seiner Kontrolle. Einige andere Beispiele für Fälle, in denen Mikroben die Fäden ziehen:

> Ein durch das Cholerabakterium produzierter Giftstoff beeinträchtigt die Resorbierung von Flüssigkeit aus dem Darm, was in starkem Durchfall endet, der die Infektion weiter verbreitet. ... Der Tabakmosaikvirus veranlaßt seinen Wirtsorganismus, die Poren in der Zellmembran zu erweitern, so daß er in nicht infizierte Zellen vordringen kann. ... Ein Peitschenschwanzegel wird wirkungsvoll von Ameisen auf Schafe übertragen, weil er eine infizierte Ameise veranlaßt, auf die

* Der Mensch ist eine relativ neue Entwicklung. Deshalb ist seine globale Verfügbarkeit als Wirtsorganismus für Parasiten erst jüngeren Datums. Ohne medizinische Gegenmaßnahmen könnte irgendwann in der Zukunft durchaus die Entwicklung neuer Arten von Mikroorganismen anstehen, die uns noch weit geschickter ausbeuten und manipulieren könnten als jeder Tollwutvirus.

> Spitze eines Grashalmes zu klettern, sich dort festzuklammern und niemals loszulassen. Ein Leberegel veranlaßt seine Wirtsschnecke, an exponierte Abschnitte von Stränden zu kriechen, wo sie eine leichte Beute für die Möwen werden, die dann der nächste Wirtsorganismus im Lebenszyklus sind.[8]

Über viele Generationen des Wechselspiels von Leben und Tod zwischen Räuber und Beute hat sich eine Art von ständigem Rüstungswettstreit eingestellt. Zu jedem offensiven Vormarsch gibt es einen defensiven Gegenschlag und umgekehrt. Auf Maßnahme folgt Gegenmaßnahme. So wird selten einer vor dem anderen besser geschützt.

Manche Beuteorganismen wachsen zusammen auf, leben in Schwärmen, Schulen, Herden und Scharen. In der Menge liegt zusätzliche Sicherheit. Das stärkste Individuum kann ins Spiel gebracht werden, um zu versuchen, den Räuber einzuschüchtern oder die Gruppe gegen ihn zu verteidigen. Der Räuber kann von der ganzen Gruppe der Opfer angefallen werden. Wächter können postiert werden. Warnrufe können vereinbart und aufeinander abgestimmt, Fluchtstrategien ausgewählt werden. Wenn die Beutetiere flink sind, können sie vor dem Räuber losstürmen, ihm davonrennen, ihn verwirren oder ihn von besonders verletzlichen Gruppenmitgliedern ablenken. Aber es gibt im Kontext der natürlichen Selektion auch einen Vorteil für Zusammenarbeit unter den Räubern – zum Beispiel, wenn eine Abteilung die Beutetiere auf eine andere zutreibt, die im Hinterhalt wartet. Für Beute und Räuber gleichermaßen kann das Gemeinschaftsleben bedeutend lohnender sein als Einsamkeit und Einzelgängertum.

Um in dem sich verschärfenden, entwicklungsgemäßen Kampfspiel zwischen Räuber und Beute mitzuhalten, bedarf es letztlich vielschichtiger Verhaltensmuster. Jeder muß den anderen auf Entfernung ausmachen können, und eine hohe Belohnung wird für die Ersetzung von Nahbereichssinnen wie Tast- und Geschmacksempfindung durch weiter reichende Sinne wie Sehen, Hören oder Echolotung ausgesetzt. Eine Fähigkeit, sich an Vergangenes zu erinnern, entwickelt sich in den Köpfen kleiner Tiere. Einige einfache Fälle von Notfallplanung, etwa sich auszumalen, wie man auf verschiedene Umstände reagieren könnte (zum Beispiel: »Ich werde Z tun, wenn er A macht«; »Ich werde Y machen, wenn er B tut«), mögen bereits in den Genen angelegt gewesen sein; aber die Ausfaltung dieser Fähigkeit in Richtung komplexerer, verzweigter Möglichkeitsdiagramme konnte dem Überleben immens förderlich sein. Sogar das Auffinden und Fressen von Organismen, die *keine* Fluchtversuche machen, erfordert, insbesondere wenn die Vorräte spärlich sind, beim Räuber eine Menge Wissen.

All sein Verhalten auf einen vorprogrammierten Satz von Anweisungen zu gründen, die in der ACGT-Sprache aufgezeichnet sind, stellt keine übermäßigen Anforderungen – solange die Umwelt diejenige ist, für die man entwickelt wurde. Aber kein vorprogrammierter Satz von Anweisungen, wie ausgefeilt und in der Vergangenheit erfolgreich diese auch immer waren, kann angesichts eines plötzlichen Wandels in der Umwelt dauerndes Überleben garantieren. Evolution durch natürliche Zuchtwahl schließt nur im entferntesten, allgemeinsten und nahezu metaphorischen Sinne ein Lernen aus Erfahrung ein. Etwas anderes ist notwendig. Wenn man nach Nahrung jagt; wenn die Mobilität hoch ist und Organismen zwischen sehr verschiedenen Umwelten wechseln können; wenn die sozialen Beziehungen mit der eigenen Art und auch das Wechselspiel zwischen Räuber und Beute ausgefeilter werden; wenn man große Mengen von Informationen über die Außenwelt verarbeiten muß – dann zahlt es sich besonders aus, wenn man ein Gehirn besitzt. Mit einem Gehirn kann man sich an Erfahrungen, die in der Vergangenheit liegen, erinnern und sie zur gegenwärtigen mißlichen Situation in Beziehung setzen. Man kann den Raufbold erkennen, der einem nachstellt, und den Schwächling, an dem man sich revanchieren kann, auch den warmen Erdbau oder den geschützten Felsspalt, in die man zuvor sicher entkommen konnte. Günstige Handlungsabläufe für das Sammeln von Nahrung, die Jagd oder die Flucht mögen einem dann gerade im rechten Augenblick einfallen. Nervenschaltkreise zur Datenverarbeitung, Wiedererkennung von Verhaltensmustern und Notfallplanung haben einen deutlichen Überlebenswert. Es gibt sogar schon erste Andeutungen einer Zukunftsplanung.

Die Entwicklung des Gehirns – und vieler anderer Dinge – findet normalerweise nicht als beständiges Voranschreiten statt. Statt dessen gibt es kurze Zeitabschnitte schneller und radikaler Evolution, die lange Zeiträume unterbrechen, in denen die Gehirnmasse sich überhaupt kaum verändert. Dies scheint auch für den Zeitraum vom Hervortreten der frühesten Säugetiere bis zum Hervortreten unserer eigenen Art der Fall gewesen zu sein.[9] Es ist, als könne erst eine seltene Verkettung von

Ereignissen – gleichzeitige Veränderungen in der DNS-Sequenz und in der äußeren Umwelt – eine anpassungstaugliche Evolutionsgelegenheit eröffnen. Die neuen Umweltnischen werden schnell ausgefüllt, und für eine lange Folgezeit konzentriert sich die Evolution auf die Absicherung der Vorteile. Größere Fortschritte in der Architektur des Nervensystems – in der Fähigkeit des Gehirns zur Datenverarbeitung, zur Verknüpfung von Informationen verschiedener Sinne, zur Verbesserung der Vorstellung von der Natur der Außenwelt und zum Durchdenken von Tatsachen – können sehr kostspielig sein. Für viele Tiere sind das so weitgespannte Fähigkeiten, die so viele getrennte Entwicklungsschritte erfordern, daß ein Vorteil sich erst in ferner Zukunft einstellen könnte, während die Evolution auf das Hier und Jetzt fixiert ist. Dennoch dienen selbst kleine Fortschritte beim Denken der Anpassung, und es haben oft genug plötzliche Steigerungen der Gehirngröße in der Geschichte des Lebens stattgefunden, daß wir allein daraus schon folgern können, daß Gehirne nützlich sind.

Zumindest bei Säugetieren werden die Sinne hauptsächlich von unteren, älteren Teilen des Gehirns kontrolliert, das Denken hingegen von oberen, in jüngerer Zeit entwickelten äußeren Schichten des Gehirns.[10] Eine rudimentäre Fähigkeit, Angelegenheiten durchzudenken, wurde den vorbestehenden, genetisch programmierten Verhaltensmöglichkeiten hinzugefügt – jede von ihnen entsprach wahrscheinlich einem inneren Zustand, der als Gefühl wahrgenommen wurde. So empfindet etwa ein potentielles Opfer, wenn es unerwartet mit einem Räuber konfrontiert ist, einen Zustand innerer Unruhe, der es auf seine Gefährdung aufmerksam macht, noch bevor etwas einem Gedanken auch nur entfernt Ähnliches in ihm aufsteigt. Dieser ängstliche, sogar panische Zustand umfaßt eine wohlvertraute Gruppe von Empfindungen, zu der beim Menschen beispielsweise nasse Handflächen, erhöhte Pulsfrequenz und Muskelanspannung, Kurzatmigkeit, ein Sich-Aufstellen der Haare, ein Übelkeitsgefühl im Bauch, ein dringendes Bedürfnis, Blase und Darm zu entleeren, und ein starker Drang, entweder zu kämpfen oder sich zurückzuziehen, gehören.* Da Furcht in vielen Säugetieren durch das gleiche adrenalinar-

* Es ist nicht schwer zu erkennen, daß alle Bestandteile dieser »Kampf-oder-Flucht«-Reaktion der Anpassung dienen, daß sie sich entwickelt haben, um uns über Krisen hinwegzuhelfen. Das bekannte Gefühl von Kälte und Leere in der Magengrube ergibt sich beispielsweise aus der Umverteilung von Blut aus dem Verdauungssystem zu den Muskeln.

tige Molekül hervorgerufen wird, könnte sie sich bei ihnen allen ziemlich gleich anfühlen. Das ist zumindest eine vernünftige erste Mutmaßung. Je mehr Adrenalin, natürlich nur bis zu einer gewissen Obergrenze, sich in der Blutbahn befindet, desto mehr Angst erfährt das Tier. Es ist eine bezeichnende Tatsache, daß man künstlich dazu gebracht werden kann, genau diesen Komplex von Gefühlen zu haben, wenn man etwas Adrenalin eingespritzt erhält – dies geschieht gelegentlich beim Zahnarzt (um die Gerinnungszeit des Blutes zu verkürzen – eine weitere nützliche Anpassung, wenn man sich einem Räuber stellt. Man kann natürlich auch selbst körpereigenes Adrenalin produzieren, wenn man beim Zahnarzt ist!). Furcht *muß* eine Gefühlsspannung mit sich bringen. Sie *muß* unerfreulich sein.

Wenn die Kombination von Auge, Netzhaut und Gehirn des Räubers besonders darauf ausgerichtet ist, Bewegung zu erkennen, dann haben die Beutetiere in ihrem Verteidigungsarsenal häufig die Taktik, für lange Zeit völlig erstarrt, stockstill dazustehen. Das hat nichts damit zu tun, daß etwa Eichhörnchen oder Rotwild die Physiologie der visuellen Systeme ihrer Feinde verstehen; vielmehr hat sich durch die natürliche Zuchtwahl eine schöne Wechselwirkung zwischen den Strategien von Jäger und Beute ergeben. Die Beute kann davonrennen, sich totstellen, ihre Größe übertreiben, ihre Haare aufstellen und brüllen, unangenehm duftende oder beißende Aussonderungen herstellen oder eine Vielfalt anderer nützlicher Überlebensstrategien ausprobieren – und das alles geschieht ohne bewußtes Nachdenken. Erst danach bemerkt sie vielleicht einen Fluchtweg oder bringt auf andere Weise die geistige Beweglichkeit, die sie besitzt, ins Spiel. Es gibt zwei beinahe gleichzeitige Reaktionen: zum einen das alte, für alle Fälle vorhandene, erprobte und bewährte, aber begrenzte und ungeschliffene Arsenal ererbter Verhaltensweisen; und zum anderen der brandneue, im allgemeinen unerprobte intellektuelle Apparat – der jedoch gänzlich unerhörte Lösungen für drängende gegenwärtige Probleme entwerfen kann. Aber große Gehirne sind eine relative Neuheit. Wenn »das Herz« zu einer Tat rät und »der Kopf« zu einer anderen, dann entscheiden sich die meisten Organismen für das Herz. Jene mit den größten Gehirnen entscheiden sich häufiger für den Kopf. Doch in beiden Fällen gibt es keinerlei Garantien.

* * *

Aus dem Zwang heraus, sich an jede Drehung und Wendung der Umwelt, von der sie abhängen, anzupassen, entwickeln sich die Lebewesen weiter, um mithalten zu können. In schmerzlich kleinen Schritten über immense geologische Zeiträume hinweg, und auf dem Weg über den Tod unzähliger leicht unangepaßter Organismen, die klaglos und unbeweint starben, wurde das Leben – in seiner internen Chemie, in seiner äußeren Gestalt und in seiner Palette verfügbarer Handlungsmuster – zunehmend vielschichtiger und leistungsfähiger. Diese Wandlungen werden natürlich widergespiegelt – in Wirklichkeit sogar verursacht – durch eine entsprechende Ausfeilung und Verfeinerung der Botschaften, die auf der Ebene der Gene im ACGT-Code niedergelegt sind. Wenn eine glänzende neue Erfindung hinzukommt – zum Beispiel verknöcherte Knorpel als Körperpanzer oder die Fähigkeit, Sauerstoff zu atmen –, verbreiten sich die dafür verantwortlichen genetischen Botschaften im Ablauf der Generationen quer über die biologische Landschaft: Anfangs besitzt niemand auf der Erde genau diese Sequenz genetischer Anweisungen, später aber leben dann große Mengen von Lebewesen überall auf der Erde nach ihren Maßgaben.

Es ist nicht schwer, sich vorzustellen, daß das, was *wirklich* vorgeht, eine Entwicklung genetischer Anweisungen ist; Kämpfe zwischen wettstreitenden genetischen Anweisungen; genetische Anweisungen, die den Ausschlag geben – während Pflanzen und Tiere wenig mehr, vielleicht sogar nichts anderes sind als Automaten. Die Gene treffen Vorkehrungen für ihre eigene Fortdauer. Das »Ordnen« geschieht wie immer ohne Vorbedacht; es passiert nichts anderes, als daß jene genetischen Botschaften, die zufällig dem Lebewesen, das sie bewohnen, bessere Befehle geben, mehr Lebewesen produzieren, die durch die gleichen Botschaften motiviert sind, als andere. Erinnern Sie sich nochmals an die Verhaltensänderungen, die durch das Eindringen eines Tollwut- oder Grippevirus ausgelöst werden, die aus Nukleinsäuren bestehen und mit Proteinen umhüllt sind. Im Vergleich dazu übt unsere *eigene* DNS sicherlich eine sehr viel gründlichere Kontrolle über uns aus. Wenn man Pelz und Federn, die physiologischen und verhaltensmäßigen Besonderheiten beiseite läßt, dann stellt sich heraus, daß Leben vor allem bedeutet, daß manche ACGT-Botschaften sich häufiger replizieren als andere, konkurrierende Botschaften. Das Leben ist ein Streit genetischer Anweisungen, ein Krieg der Worte.

Unter diesem Blickwinkel[11] sind es die genetischen Anweisungen, die selektiert werden und sich weiterentwickeln. Andererseits könnte man mit fast gleichem Recht sagen, es sind die individuellen Organismen, die unter strikter Aufsicht genetischer Anweisungen selektiert werden und sich weiterentwickeln. In dieser Ansicht bleibt kein Raum für die Zuchtwahl von Gruppen – jene naheliegende, attraktive Vorstellung, daß Arten miteinander im Wettstreit sind und individuelle Organismen zusammenarbeiten, um ihre Spezies zu erhalten – so wie Bürger zur Erhaltung ihrer Nation zusammenarbeiten. Taten von scheinbarer Selbstlosigkeit werden statt dessen der Zuchtwahl aufgrund von Blutsverwandtschaft zugeschrieben. Die Vogelmutter flattert langsam vom Fuchs weg, einen Flügel gebeugt, als ob er gebrochen wäre, um den Räuber von ihrer Brut abzulenken. Sie mag dabei ihr Leben verlieren, aber in der DNS ihrer Jungen können dafür vielfache Kopien von sehr ähnlichen genetischen Anweisungen überleben. Hier ist eine Art Kosten-Nutzen-Rechnung im Spiel. Die Gene unterweisen die äußere Welt aus Fleisch und Blut aus gänzlich selbstsüchtigen Motiven, und wirkliche Selbstlosigkeit – Selbstaufopferung für einen Nicht-Verwandten – ist eine sentimentale Einbildung.[12]

Diese und sehr ähnliche Theorien sind heute zur herrschenden Lehre im Wissensbereich Tierverhalten (und Pflanzenverhalten) geworden. Sie besitzen ein beträchtliches Erklärungspotential. Auf der menschlichen Ebene kann man damit beispielsweise so unterschiedliche Angelegenheiten erklären wie Nepotismus oder die Tatsache, daß Pflegekinder viel häufiger (in den Vereinigten Staaten zum Beispiel etwa hundertmal häufiger[13]) lebensgefährlich mißhandelt werden als Kinder, die bei ihren leiblichen Eltern leben. Die Zusammenarbeit der Einzeller in Stromatolithen und anderen Organismenkolonien läßt sich als Selbstsucht auf der Ebene der Gene interpretieren, denn alle beteiligten Zellen sind enge Verwandte. Ist aber auch die Zusammenarbeit des Chloroplasts und der Zelle, mit der es eine Symbiose eingegangen ist, selbstsüchtig? Die Zelle, die ihr Chloroplast verspeist, hat einen Wettbewerbsnachteil. Sie läßt sich nicht etwa deshalb abhalten, Chloroplast zu verdauen, weil sie auch nur eine Spur selbstlosen Gefühls für die Chloroplaste hat, sondern weil sie ohne diese selbst absterben würde. Sie verzichtet auf den Genuß einer Chloroplastmahlzeit mit Blick auf erhebliche künftige Vorteile. Sie übt Zurückhaltung bei kurzsichtigem, selbstsüchtigem Verhalten. Die Zelle praktiziert Triebbeherrschung. Aber diese Zurückhaltung dient zum eigenen Vorteil des betroffenen Organismus. Selbstsucht bleibt vorherrschend, aber wir müssen zwischen kurz- und langsichtiger Selbstsucht unterscheiden.

Bei den meisten geselligen Tierarten sind – aus naheliegenden Gründen – die Tiere, mit denen man aufwächst, in aller Regel nahe Verwandte. Wenn man also zusammenarbeitet und ein Verhalten zur Schau stellt, das oberflächlich als Selbstlosigkeit betrachtet werden könnte, dann richtet sich dieses natürlich auf nahe Blutsverwandte und kann daher als Zuchtwahl aufgrund von Blutsverwandtschaft erklärt werden. Ein Organismus kann beispielsweise auf seine eigene Replikation verzichten und statt dessen sein Leben der Verbesserung der Überlebens- und Reproduktionschancen naher Verwandter widmen – eben jener mit ganz ähnlichen DNS-Sequenzen. Wenn es allein darauf ankommt, welche Sequenzen im zukünftigen Leben weit verbreitet sein werden, dann können sich Arten mit einem leichten Hang zum Altruismus besonders gut behaupten. Denn sie können helfen sicherzustellen, daß der Großteil ihrer genetischen *Informationen* weitergegeben wird, selbst wenn sich nicht ein einziges ihrer Atome in den Körpern der nächsten Generation wiederfinden sollte.[14]

Der Genetiker R. A. Fisher hat Heroismus als eine Veranlagung beschrieben, die ihren Träger »wesentlich geneigter macht, sich auf Dinge einzulassen, die sich mit einem normalen Familienleben nicht leicht vereinbaren lassen«. Gleichwohl kann Heroismus, so Fisher, bei Menschen und anderen Tieren im Zusammenhang der Zuchtwahl Vorteile mit sich bringen, weil nämlich dadurch ganz ähnliche genetische Sequenzen naher Verwandter bewahrt und an zukünftige Generationen weitergegeben werden können. Fishers Darlegungen sind eine der ersten klaren Formulierungen des Prinzips der Zuchtwahl nach Blutsverwandtschaft. In diesem Sinne lassen sich beispielsweise Eltern verstehen, die sich für ihr Kind aufopfern. Der Held oder ein hingebungsvoller Elternteil handeln einfach instinktiv »richtig«; sie stellen nicht erst eine Kosten-Nutzen-Analyse im Hinblick auf das gesamte Gen-Arsenal an. Der Grund aber, so Fisher, warum ein solches Verhalten gefühlsmäßig »richtig« erscheint, liegt darin, daß Großfamilien, die durch gewissenhafte Sorge der Eltern für ihre Kinder gekennzeichnet sind und in denen viele Helden vorkommen, insgesamt im Kampf ums Dasein besser abschneiden.*

* Das gilt natürlich nur für Organismen, die Sexualität kennen. Asexuelle Wesen, die sich durch Zellteilung vermehren, können die Überlebenschancen ihrer Nachkommen nicht dadurch fördern, daß sie sich selbst aufopfern.

Tiere sind vielleicht für nahe Verwandte zu Opfern bereit, nicht jedoch für entferntere Verwandte. Überdenken Sie einmal das folgende Beispiel: Können Sie sich vorstellen, daß Sie nachts ruhig schlafen, obwohl Sie wissen, daß Ihre Kinder hungern, heimatlos oder ernsthaft krank sind? Das erscheint uns fast durchweg undenkbar. Doch täglich sterben vierzigtausend Kinder an Hunger, Vernachlässigung oder Krankheiten, die sich allesamt beseitigen ließen. Institutionen der Vereinten Nationen wie UNICEF sind bemüht, diese Kinder zu retten – durch Impfungen gegen Krankheit oder durch den Gegenwert von wenigen Groschen an Nahrungsmitteln, Salz und Zucker. Doch dieses Geld kommt nicht zusammen. Andere Bedürfnisse und Nöte werden für dringender gehalten. So sterben weiterhin die Kinder, während wir ruhig schlafen. Sie sind ja weit genug weg. Es sind nicht unsere eigenen Kinder. Und nun können Sie gerne sagen, sie hielten nichts von der Idee der Zuchtwahl nach Blutsverwandtschaft; sie komme in der Realität nicht vor.

Wenn man sich aber unter anderen Artverwandten befindet, die keine nahen Verwandten sind, so ist es sicherlich weiterhin von Vorteil, gegen einen gemeinsamen Feind zusammenzuarbeiten. Man kann von Verhaltensmustern zehren, die für die Zuchtwahl aufgrund von Blutsverwandtschaft entwickelt wurden, damit auch eine Gruppe von nicht eng verwandten Organismen überleben kann.* Und wenn Altruismus zu Ihren Talenten gehört, dann entdecken Sie sich vielleicht sogar dabei, wie Sie Altruismus zugunsten von Tieren praktizieren, die anderen Arten angehören. Man weiß von Hunden, die ihr Leben riskierten, um Menschen zu retten – und die sind ja nun wirklich keine nahen Verwandten. Auch die Hoffnung auf zukünftige Vorteile hilft zur Erklärung solchen Verhaltens nicht recht weiter.

Was sollen wir von den wohlbezeugten Fällen halten, in denen Delphine Menschen vor dem Ertrinken retteten, indem sie sie wiederholt an die Wasseroberfläche stupsten und an den Strand beförderten? Können Delphine im Wasser herumrudernde Menschen nicht von Delphinjungen

* Menschen handeln routinemäßig so. Große Vielvölkerstaaten nennen sich kennzeichnenderweise »Vaterland« oder »Mutterland«. Deren Führer ermutigen den Patriotismus – wobei das Wort »patriotisch« vom griechischen Wort für »Vater« hergeleitet ist. Besonders Monarchen fiel es leicht, so zu tun, als sei das ganze Volk eine einzige Familie. Der mächtige König in der Ferne entsprach einer Vielzahl von Vätern. Und jeder konnte diese Metapher leicht verstehen.

unterscheiden, die in Not sind? Das ist kaum wahrscheinlich, denn Delphine haben ein sehr gutes Unterscheidungsvermögen. Und was ist mit den Fällen, in denen ausgesetzte oder verirrte Menschenkinder von Wolfsmüttern aufgezogen wurden, die ihre Jungen verloren hatten, oder mit den diversen Vogelarten, die Kuckuckseier ausbrüten? Warum reißen Autofahrer das Steuer herum, um einem Hund auf der Straße auszuweichen, obwohl sie dabei ihre eigenen Kinder auf den Rücksitzen einem erhöhten Risiko aussetzen? Und was ist mit Kindern, die ins brennende Haus zurückeilen, um ihre Katze zu retten? Solche Fälle von Mut und Fürsorge gegenüber artfremden Lebewesen können aus einer fehlgeleiteten Zuchtwahl zugunsten von Blutsverwandten herrühren, aber sie kommen auf jeden Fall vor, und dabei werden zweifellos Leben gerettet. Und dann sollte man nicht erwarten, altruistisches Verhalten wesentlich häufiger gegenüber anderen Mitgliedern *derselben* Spezies anzutreffen, selbst wenn es sich nicht um nahe Blutsverwandte handelt?

Stellen Sie sich zwei Gruppen vor, eine aus unerbittlich selbstsüchtigen Individuen zusammengesetzt, die andere aus Individuen, die gelegentlich bereit sind, sich für (nur entfernt verwandte) andere aufzuopfern. Können wir uns nicht Umstände ausmalen, in denen die letztere Gruppe, etwa angesichts eines gemeinsamen Feindes, besser gedeiht als die erstere? Doch auch für eine Gemeinschaft von strengen Selbstverleugnern, die ständig ihr Leben für vollständig Fremde wegwerfen, häufen sich offensichtlich Nachteile an. Eine solche Gruppe würde nicht lange überdauern – und sei es nur aus dem einen Grund, daß jede Neigung zu Selbstsucht sich schnell verbreiten würde.

Was passiert aber nun, wenn es eine für das Funktionieren der Gruppe kritische Größe gibt? Wenn die Mitgliedschaft unter ein grobes Mindestmaß fällt, beginnen bestimmte Gruppenfunktionen zu versagen. Je größer die Gruppe, desto besser funktioniert zum Beispiel das Zusammendrängeln, um sich gegenseitig zu wärmen,[15] desto besser kann man einen Feind gemeinsam anfallen.[16] Unterhalb einer bestimmten Gruppengröße nehmen die Vorteile zunehmend ab. Es ist nicht schwer, sich gänzlich selbstsüchtige Gene vorzustellen, die mit ihrem Verhalten auch andere dazu verführen, den Gemeinschaftsdienst zu verweigern – sich etwa zu weigern, einen Räuber anzufallen, weil es gefährlich sein könnte. Wenn diese Gene sich ausbreiten, wird irgendwann der Punkt erreicht, an dem fast niemand mehr den Mut hat, Eindringlinge anzufallen, und damit ist die Gefahr für jeden einzelnen Organismus der Gruppe markant angestiegen. Aus langfristig selbstsüchtigen Gründen auf der Ebene der genetischen Informationen kann somit kurzfristige Selbstlosigkeit anpassungsgeeignet sein und deshalb von der Zuchtwahl begünstigt werden – selbst wenn die Mitglieder der Gruppe keine nahen Verwandten sind. In enggeknüpften Gruppen werden sowohl individuelle Zuchtwahl als auch etwas, das wie Gruppenzuchtwahl erscheint, wirksam.

Viele Beispiele, die als Beweise für Gruppenzuchtwahl galten, sind mit nahezu aufsässigem Scharfsinn von einer neuen Schule von Biologen und Spieltheoretikern zumindest ebenso gut anders erklärt worden. Manche dieser Erklärungen wirken recht überzeugend, aber keinesfalls alle. Wenn beispielsweise ein Räuber eine Gruppe von Thomsongazellen bedroht, kann es vorkommen, daß eine oder zwei in auffallend hohen Bögen in der Nähe des Räubers umherspringen. Die Anhänger der Gruppenzuchtwahl interpretieren dieses Verhalten geradlinig: Ein Individuum zieht die Aufmerksamkeit auf sich und riskiert dabei, gefressen zu werden, um die Gruppe zu retten. (Aber nehmen wir einmal an, dieses Verhalten wäre niemals erfunden worden; könnte der Räuber überhaupt mehr als eine Thomsongazelle fressen? Werden tatsächlich im Vergleich zu anderen Gazellenarten, die dieses Verhalten nicht kennen, weniger Thomsongazellen gefressen?) Die vorherrschende Ansicht unter Vertretern der individuellen Zuchtwahl ist, daß die springende Gazelle ihre eigenen gymnastischen Fähigkeiten zur Schau stellt und den Räuber daran erinnert, daß weniger sportliche Gazellen eine leichtere Beute sind. Sie handelt also aus selbstsüchtigen Gründen.[17] (Doch warum praktizieren dann nicht die *meisten* Thomsongazellen dieses Verhalten, wenn sie angegriffen werden? Warum verbreitet sich solche Selbstsucht nicht durch die ganze Herde? Und wendet der Räuber seine Aufmerksamkeit tatsächlich von der springenden Gazelle ab?)

Wie bei dem klassischen Bildersatz optischer Täuschungen – handelt es sich um einen Kandelaber oder um zwei Gesichter im Profil? – können auch hier die gleichen Fakten aus zwei ziemlich verschiedenen Blickwinkeln verstanden werden (obwohl keiner der beiden völlig zufriedenstellend sein mag). Jeder der Standpunkte mag seine eigene Gültigkeit und Nützlichkeit haben.[18] Normalerweise gehen individuelle Zuchtwahl und Gruppenzuchtwahl Hand in Hand (wissenschaftlich ausgedrückt: sie korrelieren in hohem Maße), sonst würde die Evolution niemals vorankommen. Man kann zwar argumentieren, daß die individuelle Selektion einen gewissen Vorrang haben muß, weil es Individuen ohne Gruppen, aber keine Gruppen ohne Individuen gibt. Doch gilt für viele Tierarten, darunter auch Primaten, daß deren Individuen ohne die Gruppe nicht überleben können.

Uns scheint, daß strikte Selbstsucht und strikte Selbstlosigkeit nur die schlecht zur Anpassung geeigneten Extreme eines Kontinuums sind, dessen optimale Zwischenposition von den Umständen abhängt, während die Zuchtwahl Extreme eher bremst. Und wenn es für die Gene allein zu schwierig ist, von selbst herauszufinden, welches die beste Mischung aus Eigennutz und Altruismus für jede neue Situation ist, könnte es dann nicht für sie vorteilhaft sein, Verantwortung zu übertragen? Dafür ist wiederum ein Gehirn erforderlich.

Überdenken wir noch einmal die Zuchtwahl aufgrund von Blutsverwandtschaft und lassen wir dabei die lästige Frage beiseite, wie gut Vögel etwa Onkel von Vettern unterscheiden können. (Besonders in kleinen Gruppen macht das keinen Unterschied – jeder ist mit jedem ziemlich eng verwandt.) Die Zuchtwahl nach Blutsverwandtschaft funktioniert im statistischen Rahmen, und dabei ist es unerheblich, ob man gelegentlich für einen nicht direkt verwandten Nachbarn in die Bresche springt. Für die Erhaltung mehrfacher Kopien eng verwandter genetischer Anweisungen ist es immer noch sinnvoll, ein vierzigprozentiges Todesrisiko auf sich zu nehmen, um das Leben eines Bruders oder einer Schwester zu retten (bei denen die Hälfte der Gene mit den eigenen völlig übereinstimmt); oder ein zwanzigprozentiges Todesrisiko zugunsten eines Onkels, einer Nichte oder eines Enkels (bei denen ein Viertel der Gene mit den eigenen völlig identisch ist); oder ein zehnprozentiges Risiko zugunsten eines Vetters zweiten Grades (bei dem ein Achtel der Gene genau übereinstimmt). Wenn dem so ist, warum dann nicht die Aussicht aufgeben, sich ein weiteres Kind leisten zu können, um die Familien vieler Vettern zweiten Grades zu retten? Warum dann nicht zehn Prozent seines Einkommens spenden, damit eine Herde von Vettern dritten Grades genug zu essen hat? Warum dann nicht gewisse Luxusartikel einschränken, so daß Vettern vierten Grades eine Ausbildung erhalten können? Warum dann nicht ein Empfehlungsschreiben für einen Vetter fünften Grades aufsetzen?

Auch die Zuchtwahl aufgrund von Blutsverwandtschaft ist ein Kontinuum, und in ihren geheimnisumwitterten Berechnungen muß es *manches* Opfer wert sein, noch die weitesthergeholten und entferntesten Mitglieder der eigenen Familie zu unterstützen. Aber da wir alle miteinander verwandt sind, bedeutet dies, daß das eine oder andere Opfer für *jeden*, der auf der Erde am Leben ist – und nicht nur für die Mitglieder unserer eigenen Art –, gerechtfertigt ist. Sogar unter ihren eigenen Bedingungen erstreckt sich die Zuchtwahl aufgrund von Blutsverwandtschaft weit über den Kreis naher Verwandter hinaus.

In einer kleinen Primatenkolonie in der Wildnis haben normalerweise zwei beliebige Gruppenmitglieder zehn bis fünfzehn Prozent identische Gene[19] (und 99,9 Prozent gemeinsame ACGT-Sequenzen, denn um Gene voneinander zu unterscheiden, reicht ein einziges abweichendes Nukleotid aus, und das bei Tausenden von Nukelotiden pro Gen). Somit besteht eine beträchtliche Wahrscheinlichkeit, daß irgendein zufällig ausgewähltes Gruppenmitglied das eigene Elternteil, Kind oder Geschwister ist – oder Onkel, Tante, Neffe, Nichte, Cousin ersten oder zweiten Grades. Selbst wenn man diese Verwandtschaftsgrade nicht mehr richtig unterscheiden kann, ergibt es unter Evolutionsgesichtspunkten immer noch Sinn, echte Opfer zu bringen – beispielsweise ein zehnprozentiges Todesrisiko zu akzeptieren, damit das Leben irgendeines anderen Gruppenmitglieds gerettet werden kann.

In den Annalen der Moral der Primaten finden sich einige Berichte, die geradezu gleichnishaft klingen. Nehmen wir zum Beispiel die Makaken (Rhesusaffen), die in festgefügten Großfamilien zusammenleben.[20] Weil der andere Makak (nehmen wir einmal an, Sie seien auch einer), den Sie retten, nach aller statistischen Wahrscheinlichkeit viele Gene mit Ihnen gemeinsam hat, ist das Risiko, das Sie bei der Rettung auf sich nehmen, vollauf gerechtfertigt, ist auch die feine Unterscheidung nach Graden der Blutsverwandtschaft völlig überflüssig. Bei einem Laborversuch[21] erhielten nun Makaken immer dann Futter, wenn sie bereit waren, eine Kette zu ziehen und dadurch einem nicht verwandten Makaken einen Elektroschock zu verpassen, dessen schmerzverzerrte Reaktionen durch einen Spezialspiegel deutlich zu sehen waren. Waren sie dazu nicht bereit, mußten sie hungern. Nachdem sie die Versuchsanordung begriffen hatten, weigerten sich die Affen häufig, die Kette zu ziehen; bei einem Experiment waren nur 13 Prozent dazu bereit – 87 Prozent zogen es vor zu hungern. Ein Makak hungerte lieber fast zwei Wochen lang, als daß er seinen Artgenossen verletzte. Makaken, die bei früheren Experimenten selbst Elektroschocks erhalten hatten, waren sogar noch weniger bereit, die Kette zu ziehen. Der jeweilige Status in der Gruppe oder das Geschlecht der Makaken hatte auf ihr Zögern, andere zu verletzen, so gut wie keinen Einfluß.

Wenn wir zu wählen hätten zwischen den menschlichen Erfindern dieses Experiments, die den Makaken einen solchen faustischen »Pakt« anboten, und den Makaken selbst, die lieber schlimmen Hunger litten, als anderen Schmerz zuzufügen, dann lägen unsere eigenen moralischen Sympathien nicht auf seiten der Wissenschaftler. Aber ihre Experimente verhelfen uns zu dem Einblick, daß es bei nichtmenschlichen Wesen durchaus eine fast heiligmäßige Bereitschaft gibt, Opfer zu bringen, um andere zu retten – selbst solche anderen, die keine engen Blutsverwandten sind. Nach herkömmlichen menschlichen Moralgesetzen scheinen diese Makaken, die niemals zur Sonntagsschule gegangen sind, nie von den Zehn Geboten gehört haben, nie auch nur eine einzige Schulstunde Bürgerkunde über sich ergehen lassen mußten, exemplarisch gut zu sein – prinzipientreu und mutig im Widerstand gegen das Böse. Wenigstens in diesem Fall ist unter Makaken Heldentum die Regel. Würde man die Verhältnisse umkehren und Makaken-Wissenschaftler gefangenen Menschen denselben Handel anbieten lassen, würden wir Menschen dann auch so gut abschneiden?[22] In der menschliche Geschichte gibt es herzlich wenig derartige Helden – deren Andenken wir dann besonders ehren –, die sich wissentlich für andere aufgeopfert haben. Auf jeden Helden aber kommen massenhaft andere Menschen, die nichts dergleichen getan haben.

* * *

T.H. Huxley hat einmal gesagt, das Zusammenhängen allen irdischen Lebens untereinander sei die wichtigste Einsicht, die er aus seinen anatomischen Untersuchungen gewonnen habe. Und die Entdeckungen, die seit seinen Lebzeiten gemacht wurden – daß alles Leben auf der Erde Nukleinsäuren und Proteine benutzt; daß die DNS-Botschaften alle in derselben Sprache geschrieben sind; daß so viele genetische Sequenzen sehr verschiedenen Lebewesen gemeinsam sind –, führen dazu, diese Einsicht nur noch auszuweiten und zu unterstreichen. Gleichgültig, wo wir selbst uns in dem Kontinuum zwischen Selbstlosigkeit und Selbstsucht befinden – mit jeder Schicht des Mysteriums, die wir ablösen, weitet sich unser Kreis von Blutsverwandten.

Nicht aufgrund unkritischer Sentimentalität, sondern als Ergebnis methodisch stringenter wissenschaftlicher Untersuchungen lernen wir die tiefsten verwandtschaftlichen Bindungen zwischen uns und den anderen Lebensformen auf der Erde kennen. Vergleicht man jedoch die Unterschiede zwischen jedem beliebigen Menschen und jedem anderen Tier, dann sind alle Menschen trotz aller ethnischen Unterschiede im wesentlichen identisch. Zuchtwahl nach Blutsverwandtschaft ist eine Tatsache des Lebens, und unter Tieren, die in kleinen Gruppen zusammenleben, ist sie besonders stark ausgeprägt. Selbstverleugnung kommt der Liebe schon sehr nahe; und es könnte doch sein, daß irgendwo im Reich dieser Tatsachen auch die Grundlagen der Ethik angedeutet sind.

* * *

ÜBER UNBESTÄNDIGKEIT

...der Sterblichen wegen...
...die hinfällig, wie grünes Laub in den Wäldern,
Jetzo in Kraft aufstreben, die Frucht der Erde genießend,
Jetzo wieder entseelt dahinfliehen...

HOMER
Ilias[23]

Kapitel 7

Als das Feuer noch neu war

Wenn ihr nicht mir, sondern der Weltvernunft euer Ohr öffnet, dann ist es weise, dem (Gedanken) zuzustimmen, daß alles ein Einziges ist.

HERAKLIT[1]

Der Sauerstoff in der Luft wird hauptsächlich von Grünpflanzen erzeugt. Sie atmen ihn in die Atmosphäre aus, und wir Tiere atmen ihn gierig ein. Viele Mikroben und auch die Pflanzen selbst verfahren ebenso. Dafür atmen wir im nächsten Schritt Kohlendioxyd in die Atmosphäre aus, das die Grünpflanzen begierig einatmen. In einer grundlegenden, aber weitgehend unbemerkten Intimität leben Pflanzen und Tiere von den körperlichen Abfallprodukten des jeweils anderen. Die Erdatmosphäre verbindet diese Vorgänge und ermöglicht so die große Symbiose zwischen Pflanzen und Tieren. Es gibt noch viele andere Kreisläufe, die Organismus an Organismus binden und die durch die Luft vermittelt werden – Stickstoff- oder Schwefelzyklen zum Beispiel. Die Atmosphäre bringt Lebewesen rund um die Welt miteinander in Berührung; sie begründet eine Art biologischer Einheit für den Planeten.

Die Erde begann ursprünglich ohne einen merklichen Sauerstoffgehalt in ihrer Atmosphäre. Als vor 3,5 Milliarden Jahren oder früher einzellige Organismen auftraten, fingen einige Sonnenlicht ein und zerlegten im ersten Stadium der Photosynthese Wassermoleküle. Der Sauerstoff, ein Abfallgas, wurde einfach in die Luft entlassen – vergleichbar dem Einleiten von Abwässern ins Meer. Hartnäckig auf ihre Unabhängigkeit bedacht, verbreiteten sich nun, da sie auf die nichtbiologischen Quellen organischer Materie nicht mehr angewiesen waren, die photosynthetischen Organismen. Und als es dann große Mengen von ihnen gab, mußte es notwendigerweise auch große Mengen von Sauerstoff in der Luft geben.

Sauerstoff ist jedoch ein eigenartiges Molekül. Wir atmen es ein, sind von ihm abhängig und sterben ohne es, und deshalb haben wir natürlich eine gute Meinung von ihm. Bei Atemnöten verlangt es uns nach mehr Sauerstoff, nach reinem Sauerstoff. Ein lateinisches Sprichwort ist geeignet, uns in Erinnerung zu rufen, wie bedeutsam das Atmen für uns ist: *Dum spiro, spero* (Solange ich atme, habe ich Hoffnung). In manchen

Lehnworten aus dem Lateinischen wie »Inspiration« und in der bildhaften Verwendung von Ausdrücken wie »Atemholen« und »Atempause« ist diese Assoziation auch heute noch in unserer Sprache lebendig. Letztlich geht es beim Atmen um effiziente Energieverwertung: Der Sauerstoff, den wir atmen, macht uns, wenn es um die Energiegewinnung aus Nahrungsmitteln geht, etwa zehnmal so leistungsfähig wie etwa Hefe, die nur einen Gärungsprozeß einleiten kann – die Zucker zu einem Zwischenprodukt wie Äthylalkohol abbaut, statt den ganzen Weg bis zu Kohlendioxyd und Wasser zu gehen.*

Aber ein loderndes Scheit oder brennende Kohle erinnern uns daran, daß Sauerstoff gefährlich ist. Gibt man ihm ein wenig Ermunterung, so kann er die komplexe, sorgfältig entwickelte Struktur organischer Materie zerstören und wenig mehr als etwas Asche und einen Hauch von Dunst übriglassen. In einer Atmosphäre aus Sauerstoff (Oxygen) wird organische Materie, auch wenn man sie nicht erhitzt, durch Oxydation, wie man das nennt, langsam zerfressen und aufgespalten. Sogar viele festere Materialien wie Kupfer und Eisen verfärben sich und rosten unter Sauerstoffeinfluß dahin. Sauerstoff ist für organische Moleküle ein Gift und war zweifellos auch für die Lebewesen auf der frühen Erde giftig. Seine Einführung in die Atmosphäre löste eine gewichtige Krise in der Geschichte des Lebens aus: die Massenvernichtung durch Sauerstoff. Der Gedanke an Organismen, die keuchen und ersticken, nachdem sie einer geringen Menge Sauerstoff ausgesetzt waren, erscheint uns unverständlich und grotesk – vergleichbar etwa mit der Geschichte von der bösen Hexe des Westens im »Zauberer von Oz«, die gänzlich dahinschmilzt, sobald ein wenig Wasser auf sie fällt. Hier zeigt sich die universale Gültigkeit der Spruchweisheit »Des einen Freud des anderen Leid«:

* Eine biochemische Unvollkommenheit, die von Bierbrauern, Winzern und Schnapsbrennern dazu genutzt wird, die gefährliche Suchtdroge C_2H_5OH (in dieser Formel steht C für Kohlenstoff, O für Sauerstoff und H für Wasserstoff) herzustellen. Jährlich sterben Millionen von Menschen, weil sie zuviel davon trinken. Oder, in einem anderen Licht betrachtet: Brauer haben sich von den gärungserregenden Bakterien und Hefepilzen einspannen lassen, deren Wachstum und Vermehrung weltweit auf industrieller Basis einzurichten, weil wir Menschen es lieben, uns an ihren Abfällen zu betrinken. Könnten sie sprechen, so würden sie vielleicht darüber prahlen, wie schlau sie die Menschen gezähmt haben. Hefepilze fühlen sich auch in dunklen, feuchten, sauerstoffarmen Teilen des menschlichen Körpers wohl – auch hier sind wir ihnen zu Diensten.

Was den einen Organismus prächtig gedeihen läßt, ist für den anderen Gift.*

Entweder man paßte sich an den Sauerstoff an oder man verbarg sich vor ihm oder man starb; viele starben. Manche fanden sich damit ab, unter der Oberfläche zu leben oder im Schlamm der Meere oder in anderen Umgebungen, in die der tödliche Sauerstoff nicht vordringen konnte. Heute sind die urtümlichsten Organismen – jene, die mit dem Rest von uns am wenigsten durch genetische Sequenzen verwandt sind – alle mikroskopisch klein und anaerob (das heißt, sie ziehen es vor oder sind gezwungen, dort zu leben, wo es keinen Sauerstoff gibt). Die meisten Organismen auf der heutigen Erde können dagegen mit Sauerstoff gut umgehen. Sie besitzen ausgefeilte Schutzmethoden und Mechanismen, um die von Sauerstoff angerichteten chemischen Schäden zu beheben. Aber der Sauerstoff wird, behutsam auf Abstand gehalten, auch dazu benutzt, Nahrung zu oxydieren, ihr Energie zu entziehen und den Organismus auf einer hohen Leistungsebene anzutreiben.

Menschliche Zellen (und die vieler anderer Tiere) verarbeiten Sauerstoff mit Hilfe einer speziellen, weitgehend in sich abgeschlossenen molekularen Fabrik, die Mitochondrium genannt wird; sie ist verantwortlich für den Umgang mit diesem Giftgas. Die der Nahrung durch Oxydation entzogene Energie wird in speziellen Molekülen gelagert und sicher zu Arbeitsplätzen überall in der Zelle transportiert. Die Mitochondrien haben ihre eigene Art von DNS – sie ähnelt eher Kreisen oder Blumenkränzen aus As, Cs, Gs und Ts als einer Doppelspirale, und ihre Anweisungen unterscheiden sich auf einen Blick von denen, welche die eigentliche Zelle betreiben. Aber sie ähneln der DNS von Chloroplasten deutlich genug, um den Gedanken nahezulegen, daß auch Mitochondrien einmal ungebunden lebende bakterienähnliche Organismen waren. Die zentrale Rolle von Zusammenarbeit und Symbiose in der Frühentwicklung des Lebens wird dabei wiederum deutlich.

Zum Glück für uns wurden biochemische Lösungen für die Sauerstoffkrise gefunden. Andernfalls würde vielleicht das einzige Leben auf der heutigen Erde neben dem photosynthetischer Pflanzen darin bestehen, im

* Ein anderes Beispiel nannte im alten Griechenland der Philosoph Heraklit: »Meerwasser ist zugleich ganz rein und ganz unsauber: die Fische können es trinken, und es erhält sie am Leben, für Menschen aber ist es ungenießbar und todbringend.«[2]

Schlamm zu gleiten und die Wärmeschächte in den Tiefen des Abgrunds anzuzapfen. Wir haben uns der Herausforderung gestellt und sie gemeistert – aber nur um den Preis einer enormen Anzahl von Toten unter unseren Vorfahren und Verwandten aus Seitenlinien. Diese Ereignisse zeigen, daß es keine innewohnende Voraussicht oder Weisheit im Leben gibt, die bewirken könnte, daß zumindest kurzfristige Fehler von katastrophalem Ausmaß vermieden werden. Sie zeigen aber auch, daß das Leben schon lange vor Ankunft der Zivilisation Giftabfälle in großem Stil produzierte und für diese Fehlkalkulation enorme Strafen zu zahlen hatte.

Hätten sich die Dinge nur geringfügig anders entwickelt, dann wäre durch ein derartiges biochemisches Versehen vielleicht sämtliches Leben auf der Erde ausgelöscht worden. Möglicherweise hätte auch irgendein Verwüstungen mit sich bringender Asteroiden- oder Kometeneinschlag auf der Erde all jene tastenden, unbeholfenen Mikroben getötet. Dann hätten vielleicht, wie schon gesagt, organische Moleküle – und zwar sowohl die auf der Erde synthetisch entstehenden als auch die vom Himmel fallenden – zu einem neuen Ursprung des Lebens und zu einer alternativen evolutionären Entwicklung geführt. Doch irgendwann kommt der Tag, da die aus Vulkanen und Fumarolen ausströmenden Gase nicht mehr reich an Wasserstoff sind, so daß auch nicht mehr ohne weiteres organische Moleküle daraus entstehen können – teilweise, weil die Sauerstoffatmosphäre diese Gase nun oxydiert. Gleichfalls kommt unweigerlich die Zeit, da außerirdische organische Moleküle nur noch so selten auf der Erde ankommen, daß sie als Quelle lebendiger Materie nicht mehr taugen. Diese beiden Bedingungen scheinen vor etwa zwei bis drei Milliarden Jahren erfüllt gewesen zu sein; wäre zu einem späteren Zeitpunkt das gesamte Leben auf der Erde ausgelöscht worden, hätte sich kein neues mehr entwickeln können. Das gilt auch für die weitere Zukunft. Die Erde würde dann bis ans Ende der Zeiten eine desolate Wüste bleiben – bis auch die Sonne stirbt.

* * *

Vor etwa zwei Milliarden Jahren, oder ein wenig früher, begann der Sauerstoff in der Erdatmosphäre, der während der vorangegangenen Epochen geologischer Zeit natürlich beständig zugenommen hatte, sich schnell seiner gegenwärtigen Fülle zu nähern. (In der heutigen Luft ist eines von fünf Molekülen ein O_2-Molekül.)

Etwas früher entwickelte sich auch die erste eukaryotische Zelle. *Unsere* Zellen sind eukaryotisch, was ein aus dem Griechischen abgeleiteter Kunstname für »guter Kern« oder »wahrer Kern« ist. Wir chauvinistischen Menschen bewundern diesen Zelltyp, weil wir selbst daraus bestehen. Ohne Zweifel waren und sind diese Zellen jedoch sehr erfolgreich. Bakterien und Viren sind keine Eukaryonten, wohl aber beispielsweise Würmer, Fische, Ameisen, Hunde und Menschen: alle Algen, Pilze und Protozoen (Einzeller), alle Tiere, Wirbeltiere und Säugetiere, alle Primaten. Eine der entscheidenden Besonderheiten der eukaryotischen Zelle ist, daß die beherrschende Maschinerie, die DNS, verkapselt und in einem Zellkern abgesondert ist. Wie in einer mittelalterlichen Burg ist der Kern vor der Außenwelt durch zwei »Mauerringe« geschützt. Spezielle Proteine binden und krümmen die DNS, hüllen sie ein und umfassen sie, so daß eine Doppelspirale, die abgewickelt etwa einen Meter lang wäre, in einer kleinen, submikroskopischen Kammer im Herzen der Zelle zusammengepreßt ist. Der Zellkern hat sich zum Teil wohl in der sauerstoffreichen Umgebung photosynthetischer Organismen entwickelt, um die DNS vor dem Sauerstoff zu beschützen, während sich die Mitochondrien eifrig auf die Auswertung des Sauerstoffs konzentrierten.

Jede lange DNS-Doppelspirale wird Chromosom genannt. Menschen haben 23 Chromosomenpaare. Die Gesamtzahl der As, Cs, Gs und Ts erreicht in unseren doppelsträngigen Vererbungsanweisungen zirka vier Milliarden Buchstabenpaare, deren Informationsgehalt ungefähr dem von tausend verschiedenen Büchern vom Umfang und von der Buchstabengröße des Bandes entspricht, den Sie gerade lesen. Der Spielraum zwischen verschiedenen Arten ist zwar groß, aber ähnliche Zahlen treffen auf viele andere höhere Organismen zu.

Jene selben Proteine, die die DNS umgeben (und die selbst natürlich nach Instruktionen der DNS hergestellt werden), sind auch für das »Ein- und Ausschalten« von Genen verantwortlich, teilweise indem sie die DNS auf- und zudecken. Zu vorgegebenen Zeitpunkten macht die bloßgelegte ACGT-Information der DNS Kopien von bestimmten Sequenzen und sendet diese als Botschaften aus dem Nukleus hinaus in die übrige Zelle; als Reaktion auf die Befehle in diesen Telegrammen werden dann neue molekulare Werkzeugmaschinen, die Enzyme, hergestellt. Sie kontrollieren in der Folge den gesamten Stoffwechsel der Zelle und ihre Wechselbeziehungen mit der Außenwelt. Die Wörterkette der Botschaft ist sehr lang, und wie in dem Kinderspiel »Stille Post«, in dem eine Botschaft im Kreis weitergeflüstert wird, gilt auch hier: Je länger die Abfolge von Übermittlern, desto eher wird die Mitteilung entstellt oder sogar unkenntlich.

Die Organisation einer eukaryotischen Zelle gleicht ein wenig einer Monarchie – mit der abgehobenen DNS, abgeschieden und beschützt im Zellkern, als Herrscher. Die Chloroplaste und Mitochondrien haben die Rolle stolzer, unabhängiger Herzöge, deren beständige Zusammenarbeit für das Wohl des Reiches wesentlich ist.* Alle anderen – jedes andere Molekül oder jede Baueinheit aus Molekülen, die für die Zelle arbeiten – haben einzig die Aufgabe, mit peinlichem Gehorsam auf Befehle zu hören. Große Sorgfalt ist darauf zu verwenden, daß keine Botschaft fehlgeleitet oder mißverstanden wird. Gelegentlich werden von den Nukleinsäuren selbst Entscheidungen anderen Molekülen übertragen, aber im allgemeinen wird jede Maschine im Werkzeugschuppen der Zelle an einer kurzen Leine gehalten.

Selbst für die ganz normalen »Arbeiter« in der Zelle scheint der Monarch jedoch häufig nicht ganz bei Trost zu sein, und seine Vorschriften erscheinen entstellt und unentzifferbar. Wir haben bereits erwähnt, daß der Großteil der DNS des Menschen und anderer Eukaryonten genetischer Unsinn ist, den die Anweisungen für »ANFANGEN« oder »AUFHÖREN« – wie kluge Assistenten eines verrückten Präsidenten – ordnungsgemäß ignorieren. Riesige unsinnige Passagen werden in Wirklichkeit durch Anschläge wie »ACHTUNG! LEERES GESCHWÄTZ! BITTE NICHT BEACHTEN!« angekündigt und mit der Nachricht »ENDE DES LEEREN GEREDES« abgeschlossen. Manchmal gerät die DNS jedoch in eine stotternde Raserei, in der dieselben Faseleien immer wieder weiter wiederholt werden. In den Chromosomen der Känguruhratte aus dem

* Der genetische Code des Mitochondriums unterscheidet sich nur geringfügig von dem des Zellkerns – als ob er sich ausgebildet hätte, damit die Zellkern-DNS den Mitochondrien nicht vorschreiben kann, was zu tun ist – ein Zeichen von Unabhängigkeit. AGA bedeutet beispielsweise für die Nukleinsäuren der Mitochondrien »AUFHÖREN«; für die Nukleinsäuren, die aus dem Zellkern herrühren, ist es hingegen der Code für die besondere Aminosäure Arginin.[3] Die Mitochondrien beachten Anweisungen aus der »Hauptstadt«, die für sie Kauderwelsch mit gelegentlichen verständlichen Abschnitten sind, einfach nicht; sie folgen den Befehlen ihres eigenen »Feudalherren«, der mitochondrischen DNS.

amerikanischen Südwesten zum Beispiel wird die Sequenz AAG 2,4 Milliarden mal ständig wiederholt; TTAGGG 2,2 Milliarden mal; und ACACAGCGGG 1,2 Milliarden mal. Die Hälfte aller genetischen Anweisungen besteht bei der Känguruhratte aus diesen drei Stotterern.[4] Ob diese Wiederholung noch eine weitere Rolle spielt – vielleicht einen mörderischen Kampf um die Vorherrschaft durch unterschiedliche Genkomplexe innerhalb der DNS widerspiegelt –, ist unbekannt. Aber exakter Nachbau und Reparatur sowie die peinlich genaue Erhaltung von DNS-Sequenzen aus verflossenen Zeitaltern sind im Leben der eukaryotischen Zellen von einem Element überlagert, das ein wenig wie ein Possenspiel wirkt.[5]

Es hat den Anschein, als hätten vor etwa zwei Milliarden Jahren die Gene mehrerer verschiedener Bakterienstämme zu »stottern« begonnen, indem sie Teile ihrer Erbanweisungen immer wieder vollständig kopierten. Diese redundanten Informationen spezialisierten sich dann schrittweise, und so wurde in einem quälend langen Prozeß aus Unsinn etwas Sinnvolles.[6] Auch bei den Eukaryonten gab es schon früh ähnliche Wiederholungen genetischer Informationen.

Über lange Zeiträume hin unterliegen diese überflüssigen, sich wiederholenden Sequenzen ihren eigenen Mutationen, und früher oder später werden sich aus Zufall seltene kurze Sequenzen ergeben, die anfangen, Sinn zu machen, und die nützlich und adaptionsgeeignet sind. Der Vorgang ist viel einfacher als das klassische Gedankenexperiment von den Affen, die lange genug auf den Tasten einer Schreibmaschine spielen, bis schließlich die gesamten Werke Shakespeares herauskommen. Denn hier kann sogar schon die Einführung einer sehr kurzen neuen Sequenz – die etwa einem Satzzeichen entsprechen würde – die Überlebenschancen eines Organismus in einer sich verändernden Umwelt erhöhen. Und anders als bei den Affen an ihren Schreibmaschinen ist hier das Sieb der natürlichen Zuchtwahl am Werk: Jene Sequenzen, die nur geringfügig besser zur Anpassung geeignet sind (um die Metapher fortzuführen, könnten wir sagen: jene im Kauderwelsch eingebetteten Sequenzen, die geringe Ähnlichkeit mit der Prosa Shakespeares zeigen, zum Beispiel »Sein oder«), werden vorzugsweise vervielfältigt. Aus zufällig sich abwandelndem Unsinn werden sinnstiftende Zufallsfetzchen aufbewahrt und in großer Zahl kopiert. Im Lauf der Zeit geht daraus dann eine große Menge Sinn hervor. Das Geheimnis liegt darin, in Erinnerung zu behalten, was funktioniert. Ein ähnliches Herausziehen von Bedeutung aus

Zufallssequenzen von Buchstaben muß in den allerersten biologischen Nukleinsäuren vorgefallen sein, etwa zu der Zeit, als das Leben entstand.

Ein aufschlußreiches Computerexperiment des Biologen Richard Dawkins, das die Analogie der Evolution einer kurzen DNS-Sequenz beleuchtet, verlief wie folgt: Dawkins begann mit einer Zufallssequenz aus den 28 Buchstaben, die im Englischen Verwendung finden (wobei Zwischenräume wie Buchstaben gezählt werden):

WDL TMNLT DTJBKWIRZREZLMQCO P.

Sodann kopierte sein Computer diese völlig unsinnige Botschaft immer wieder. Bei jeder Wiederholung besteht jedoch eine gewisse Wahrscheinlichkeit, daß »Mutationen«, also zufällige Änderungen eines einzelnen Buchstabens, vorkommen. Auch die natürliche Auslese läßt sich simulieren, denn der Computer wurde so programmiert, daß jede Mutation der Buchstabenreihe, und sei sie auch noch so geringfügig, in Richtung auf ein vorherbestimmtes Ziel bewahrt wurde. Dieses Ziel bestand in einer speziellen Sequenz aus 28 Buchstaben, die sich von der Ausgangssequenz deutlich unterschied. (Selbstverständlich hat die natürliche Zuchtwahl keine endgültige ACGT-Sequenz im Auge, doch wenn jene Sequenzen, welche die Überlebensfähigkeit der Organismen auch nur geringfügig verbessern, bevorzugt kopiert werden, ist das in etwa das gleiche.) Dawkins' willkürlich gewählte Zielsequenz aus 28 Buchstaben lautete:

METHINKS IT IS LIKE A WEASEL.

Mit diesen Worten (»Mich dünkt, sie sieht aus wie ein Wiesel«), die sich auf die Gestalt einer Wolke beziehen, verspottet Hamlet, den Wahnsinnigen mimend, in Shakespeares Tragödie »Polonius« (Akt III, Szene 2).

In der ersten Generation ereignete sich nur eine einzige Mutation, durch die das »K« in DTJBKW... in ein »S« verwandelt wurde. Noch nicht sehr hilfreich. In der zehnten Generation lautete die Botschaft bereits:

MDLDMNLS ITJISWHRZREZ MECS P;

in der zwanzigsten:

MELDINLS IT ISWPRKE Z WECSEL.

Nach dreißig Generationen sind wir bei

METHINGS IT ISWLIKE B WECSEL

angekommen, und in der 41. Generation ist das Ziel dann erreicht.

»Es besteht ein gewaltiger Unterschied«, faßt Dawkins zusammen, »zwischen der kumulativen Selektion (bei der jede Verbesserung, so klein sie auch sein mag, für den weiteren Aufbau benutzt wird) und der Ein-Schritt-Selektion (bei der jeder ›Versuch‹ völlig neu ist). Hätte die Evolution sich auf die Ein-Schritt-Selektion verlassen müssen, so wäre sie niemals irgendwohin gelangt.«[7]

Zufällige Buchstabenabwandlung wäre eine sehr unwirtschaftliche Weise, ein Buch zu schreiben, mögen Sie nun denken. Das gilt aber nicht, wenn es eine enorme Anzahl von Exemplaren gibt, jedes sich in jeder Generation geringfügig verändert und die neuen Anweisungen beständig an den Anforderungen der Außenwelt erprobt werden. Hätten wir Menschen all die Bände mit Anweisungen, die in der DNS einer bestimmten Spezies enthalten sind, zu entwerfen, dann würden wir uns, jedenfalls in unserer unbedachten Einbildung, einfach hinsetzen, das Ding von Anfang bis Ende hinschreiben und so der Spezies vorschreiben, was sie zu tun hat. Aber in der Praxis sind wir dazu ebensowenig in der Lage wie die DNS. Es kann gar nicht oft genug betont werden, daß die DNS im voraus nicht die leiseste Ahnung hat, welche Sequenzen anpassungsgeeignet sind und welche nicht. Der Entwicklungsprozeß ist nicht allkompetent, weitsichtig und krisenvermeidend; er wirkt nicht von oben nach unten. Er besteht statt dessen aus tastenden Versuchen, ist kurzfristig, kann auf Krisen nur abschwächend reagieren und baut von unten auf. Kein DNS-Molekül ist gewitzt genug, um im voraus zu wissen, welche Folgen die Abänderung eines Ausschnitts aus einer Botschaft haben wird. Der einzige Weg, dies herauszubekommen, liegt darin, es auszuprobieren, Bewährtes zu bewahren und darauf aufbauend weitere Versuche zu unternehmen.

Je mehr Dinge man zu tun weiß, desto weiter fortgeschritten ist man, und desto besser, werden Sie denken, sind die Überlebenschancen. Und doch umfassen die DNS-Anweisungen zur Herstellung eines menschlichen Wesens nur etwa vier Milliarden Nukleotidpaare, jene für eine gewöhnliche einzellige Amöbe hingegen 300 Milliarden. Es gibt indes kaum Anzeichen dafür, daß Amöben nun hundertmal weiter fortgeschritten sind als Menschen, obwohl bis heute sich nur die Vertreter einer Seite dieser Frage Gehör verschafft haben. Wiederum ist festzuhalten, daß einige, vielleicht sogar die meisten der genetischen Anweisungen überflüssig, Stotterei und unentzifferbarer Unsinn sein müssen. Erneut erblicken wir im Zentrum des Lebens grundlegende Unvollkommenheiten.

Manchmal schlüpft ein anderer Organismus unmerklich durch die Verteidigungslinien der eukaryotischen Zelle und stiehlt sich in das schwerbewachte innere Heiligtum, den Zellkern. Er heftet sich an den »Monarchen«, vielleicht an das Ende einer über lange Zeit erprobten und hochverläßlichen DNS-Sequenz. Daraufhin kommen dann ganz andere Botschaften aus dem Kern, auch solche, die die Herstellung einer anderen Nukleinsäure befehlen, nämlich der des Eindringlings. Dann ist die Zelle unterwandert worden.

Neben Mutationen gibt es noch weitere Wege (darunter Infektionen und geschlechtliche Fortpflanzung – darüber gleich mehr), durch die neue Vererbungssequenzen in jeder Generation auftreten können. Unter dem Strich kommt dabei heraus, daß in jeder Generation eine große Anzahl natürlicher Experimente durchgeführt werden, um die in der DNS enkodierten Gesetze, Lehren und Dogmen zu testen. Jede eukaryotische Zelle selbst ist ein solches Experiment. Der Wettbewerb zwischen DNS-Sequenzen ist hitzig; jene, deren Befehle auch nur geringfügig besser funktionieren, kommen in Mode, und dann will jeder nur noch eine solche haben.

Das erste bekannte eukaryotische Plankton, das an der Oberfläche der Meere trieb, tauchte vor etwa 1,8 Milliarden Jahren auf; vor etwa 1,1 Milliarden Jahren gab es die ersten Eukaryonten mit einem Geschlechtsleben; etwa in derselben Epoche fand auch der große Schwall der eukaryotischen Evolution statt, der zur Entwicklung von Algen, Pilzen, Landpflanzen, Tieren und anderen Wesen führte; vor etwa 850 Millionen Jahren fanden sich die frühesten Protozoen (Urtierchen); und vor etwa 550 Millionen Jahren bildeten sich die wichtigsten Tiergruppen heraus und besiedelten das Land.[8] Viele dieser epochalen Ereignisse hängen sicher mit der Zunahme des Sauerstoffs in der Erdatmosphäre zusammen. Da dieser wiederum von Pflanzen erzeugt wurde, zeigt sich, wie das Leben seine Evolution selbst massiv vorangetrieben hat.

Natürlich sind diese Daten nicht alle restlos gesichert; schon nächste Woche könnten Paläontologen noch ältere Beispiele auffinden. Die Komplizierung und Verfeinerung des Lebens hat während der letzten zwei Milliarden Jahre bedeutend zugenommen, und den Eukaryonten ist es außerordentlich gut ergangen – wir brauchen uns zum Beweis dafür nur ein wenig in unserer Umgebung umzusehen.

Die eukaryotische Form des Lebens ist jedoch, ganz im Gegensatz zu den urwüchsigen ersten Organismen, empfindlich von dem nahezu vollkommenen Funktionieren einer entfalteten molekularen »Bürokratie« abhängig, zu deren Aufgaben auch gehört, die Anfälle von Imkompetenz in der DNS zu vertuschen. Manche DNS-Sequenzen sind für die zentralen Lebensvorgänge von so zentraler Bedeutung, daß sie sich nicht verändern könnten, ohne damit alles zu gefährden. Diese genetischen Schlüsselsequenzen bleiben fixiert und werden durch Äonen Generation für Generation genauestens nachgebaut. Jede bedeutsame Änderung ist kurzfristig gesehen einfach zu kostspielig, was auch immer ihre aufweisbaren Vorzüge auf lange Sicht sein mögen, und die Träger solcher Veränderungen werden durch Zuchtwahl ausgerottet. Die DNS von eukaryotischen Zellen offenbart Ausschnitte, die deutlich und speziell von Bakterien und Urbakterien aus fernster Vergangenheit stammen. Die DNS in unserem Innern ist eine Chimäre (ein Pfröpfling), in der lange ACGT-Sequenzen von ganz verschiedenen und außerordentlich alten Lebewesen unterschiedlos angeeignet und durch Milliarden von Jahren getreulich kopiert wurden. Einiges von uns – vieles von uns – ist *alt*.

* * *

Schließlich mußten viele Lebewesen entstehen, deren Zellen spezielle Aufgaben hatten, so wie beispielsweise die Chloroplaste und Mitochondrien innerhalb einer gegebenen Zelle spezielle Funktionen wahrnehmen. Einige Zellen waren für die Behinderung und Entfernung von Giften verantwortlich; andere bildeten die Leitungen für elektrische Impulse, Teile eines sich langsam herausbildenden Nervensystems, das für Bewegung, Atmung, Gefühle und – viel später – Gedanken zuständig war. Zellen von ganz unterschiedlicher Funktionalität arbeiteten harmonisch zusammen. Noch größere Wesen entwickelten getrennte innere Organsysteme, und wiederum hing das Überleben vom wechselseitigen Zusammenspiel zwischen sehr verschiedenen Bestandteilen ab. Unser Hirn, unser Herz, unsere Leber, unsere Nieren, unsere hormonalen Systeme und unsere Geschlechtsorgane arbeiten im allgemeinen gut zusammen. Sie machen ein Ganzes aus, das sehr viel mehr als die Summe seiner Teile ist, weil die Teile wundervoll aufeinander abgestimmt sind.

Unsere Vorfahren und Verwandten aus den Nebenlinien erfüllten die Meere, bis vor etwa 500 Millionen Jahren die ersten Amphibien an Land krochen. Erst damals entwickelte sich wahrscheinlich eine merkliche Ozonschicht, und zwischen beiden Tatsachen besteht wohl ein innerer

Zusammenhang. Bis dahin hatte tödliches ultraviolettes Licht ungehindert die Erdoberfläche erreicht und jeden unverzagten Pionier, der versuchte, sich dort heimisch einzurichten, gnadenlos geröstet.* Ozon wird, wie wir bereits erwähnt haben, aus dem Sauerstoff in den oberen Luftschichten durch die Strahlung der Sonne erzeugt. So hatte die unbekümmerte Verunreinigung der alten Atmosphäre durch Sauerstoff, die von den Grünpflanzen verursacht wurde, offenbar auch eine andere, eher zufällige, aber heilsame Folge: Sie machte das Land bewohnbar. Wer hätte sich das wohl ausgedacht?

Hunderte Millionen Jahre später füllte reichhaltiges Leben nahezu jede Ecke und Spalte festen Landes. Die sich bewegenden Kontinentalplatten transportierten nunmehr auch Ladungen von Pflanzen, Tieren und Mikroben. Wenn sich eine neue Kontinentalkruste auffaltete, wurde sie schnell von Lebewesen kolonisiert. Wenn alte Kontinentalkrusten in das Erdinnere absanken, hätten sie möglicherweise ihre lebendige Ladung mit sich hinabgezogen. Doch es besteht kein Grund zu Besorgnis: Das Förderband der Plattentektonik bewegt sich nur etwa zweieinhalb Zentimeter pro Jahr. Das Leben ist leichtfüßiger. Alte Fossilien können jedoch nicht mehr von diesem Förderband herunterspringen; sie werden durch die Plattentektonik zerstört. So wurden wertvolle Zeugnisse und Überreste unserer Vorfahren in den halbflüssigen Erdmantel hinabgezogen und feuerbestattet. Uns bleiben nur die vereinzelten Überreste, die durch Zufall entkamen.

Bevor es genug Sauerstoff oder etwas Entzündbares gab, war auch Feuer unmöglich: eine latent in der Materie vorhandene, noch nicht realisierte Möglichkeit (geradeso, wie die Freisetzung von Kernenergie bis in die vierziger Jahre des 20. Jahrhunderts nicht realisiert war). Es muß deshalb ein Zeitalter der ersten Flamme, eine Zeit, da das Feuer noch neu war, gegeben haben. Vielleicht war es ein abgestorbener Farn, den ein Blitzstrahl entzündete. Da Pflanzen die Erde lange vor den Tieren kolonisierten, gab es niemanden, der es wahrnehmen konnte: Rauch stieg auf, und plötzlich flackerte etwas Rotes aufwärts. Vielleicht hatte ein kleines Dickicht Feuer gefangen. Die Flamme ist weder ein Gas noch eine Flüssigkeit noch ein Festkörper. Sie ist ein anderer, ein vierter

* Das Meerwasser selbst ist von einer bestimmten Tiefe an für ultraviolettes Licht undurchlässig; außerdem waren die früheren Ozeane sehr wahrscheinlich von einem Teppich organischer Moleküle bedeckt, welche die ultraviolette Strahlung absorbierten. Die Meere waren somit sicher.

Zustand der Materie, den Physiker Plasma nennen. Niemals zuvor war die Erde vom Feuer berührt worden.

Schon lange vor den Menschen machten Pflanzen vom Feuer Gebrauch. Wenn die Populationsdichte hoch ist und Pflanzen von unterschiedlicher Art eng zusammenstehen, kämpfen sie – um Zugang zu Nährstoffen und Grundwasser, aber insbesondere um das Sonnenlicht. Manche Pflanzen erfanden widerstandsfähige, feuerbeständige Samen in Verbindung mit Stämmen und Blättern, die leicht in Flammen aufgehen. Dann schlägt ein Blitz ein, ein kräftiges Feuer gerät außer Kontrolle, und die Samen der begünstigten Pflanze überleben, während die Konkurrenten – Samen und der ganze Rest – zu Zunder verbrannt sind. Viele Arten von Nadelbäumen sind die Nutznießer dieser Evolutionsstrategie. Grünpflanzen produzieren Sauerstoff, Sauerstoff läßt Feuer zu, und das Feuer wird dann von manchen Grünpflanzen dazu benutzt, ihre Nachbarn anzugreifen und zu töten. Es gibt kaum einen Aspekt der Umwelt, der nicht auf die eine oder andere Weise im Kampf ums Dasein genutzt worden ist.

Eine Flamme sieht unirdisch aus, aber in dieser Gegend des Alls gibt es sie nur auf der Erde. Unter allen Planeten, Monden, Asteroiden und Kometen in unserem Sonnensystem gibt es Feuer nur auf der Erde – es gibt nämlich nur auf der Erde große Mengen von Sauerstoffgas, O_2. Viel später sollte das Feuer dann auch tiefgreifende Folgen für das Leben und die Intelligenz haben. So hängt alles miteinander zusammen, so hat alles seine Folgen.

* * *

In vielen Windungen läßt sich der Stammbaum des Menschen bis zu den Anfängen des Lebens vor vier Milliarden Jahren zurückverfolgen. Jedes Lebewesen auf Erden ist mit uns verwandt, da wir alle vom selben Ausgangspunkt herkommen. Und doch ist – gerade wegen der Evolution – keine Lebensform auf der heutigen Erde unser Vorfahr. Andere Wesen sind in ihrer Entwicklung nicht stehengeblieben, nur weil der Pfad, der eines Tages zur menschlichen Rasse führen sollte, gerade seinen Ausgang genommen hatte. Niemand wußte, welcher Ast am Stamm der Evolution wohin führte, und ehe es Menschen gab, konnte niemand auch nur eine derartige Frage aufwerfen. Die Lebewesen, von denen sich die Linie unserer Vorfahren abzweigte, entwickelten sich weiter fort – innerlich wie äußerlich – oder sie starben aus. Fast alle starben aus. Aus Fossilienfunden wissen wir aber einiges darüber, wer unsere Vorfahren waren; freilich können wir sie nicht zur Befragung ins Versuchslabor bringen. Sie leben nicht mehr.

Doch zum Glück leben noch heute Organismen, die unseren Vorfahren – manchmal sogar beträchtlich – ähneln. Die Lebewesen, die Stromatolithenfossilien hinterließen, vollbrachten wahrscheinlich die Photosynthese und verhielten sich auch sonst weitgehend wie die heute lebenden stromatolithischen Bakterien. Wenn wir diese heutigen engen Verwandten genau untersuchen, können wir auch etwas über ihre Vorfahren lernen. Ganz sicher können wir allerdings nicht sein, denn die uralten Organismen waren nicht notwendigerweise und in jeder Hinsicht einfacher als die modernen. Viren und Parasiten weisen im allgemeinen Anzeichen auf, daß sie sich aus einem selbständigeren Vorfahren durch Funktionsverlust weiterentwickelt haben.

Viele Wesenszüge der biologischen Landschaft erschienen erst relativ spät auf der Bildfläche. Die Geschlechtlichkeit zum Beispiel scheint sich erst nach drei Vierteln der Geschichte des Lebens bis zum heutigen Tag herausgebildet zu haben. Auch Tiere, die groß genug sind, um von uns mit bloßem Auge erkannt zu werden – wenn es uns damals schon gegeben hätte –, Tiere, die aus vielerlei Arten von Zellen bestehen, scheinen nicht existiert zu haben, bevor fast drei Viertel der Wegstrecke von den Anfängen des Lebens bis heute zurückgelegt waren. Von Mikroben abgesehen, gab es auf dem Land keine Lebewesen, bis etwa 90 Prozent der Zeitspanne von den Anfängen bis heute durchlaufen waren; Lebewesen mit – gemessen an ihrer Körpermasse – großen Gehirnen gar gab es erst, als schon etwa 99 Prozent der Geschichte des Lebens bis heute vorüber waren.

Im Fossilienbestand klaffen riesige zeitliche Lücken, obwohl sich gerade hier seit Darwins Zeiten einiges getan hat. (Und wenn es auf der Welt mehr Paläontologen gäbe, wären wir zweifellos noch besser dran.) Aus der vergleichsweise niedrigen Fundhäufigkeit neuer Fossilien können wir erschließen, daß riesige Mengen alter Organismen nicht erhalten sind. Ein Hauch von Wehmut liegt über all diesen Arten – von denen einige mit dem Menschen im kräftigen Stamm unseres Familienstammbaums artverwandt sind, die meisten hingegen nicht –, von denen wir gar nichts wissen, weil kein einziges Exemplar von ihnen in unsere Zeit überdauert hat, nicht einmal in Form eines Fossils. Selbst unter Berücksichtigung der Unvollständigkeit fossiler Zeugnisse ergibt sich jedoch der klare Befund, daß sich die Vielfalt oder der »taxonomische Reichtum« des Lebens auf der Erde ständig vergrößert hat, besonders in den letzten hundert Millionen Jahren.[9] Einen Höhepunkt scheint die Mannigfaltigkeit des Lebens gerade zu dem Zeitpunkt erreicht gehabt zu haben, als die Menschen ernsthaft zu ihrem Vormarsch ansetzten. Seither hat sie sich deutlich verringert – teilweise wegen der jüngsten Eiszeiten, zum größeren Teil jedoch wegen des Raubbaus, den die Menschen absichtlich oder unabsichtlich begangen haben. Wir sind dabei, die Vielfalt der Lebewesen und Lebensräume zu zerstören, aus denen wir selbst hervorgegangen sind. Etwa hundert Arten werden jeden Tag ausgelöscht. Ihre letzten Überreste sterben aus. Sie hinterlassen keine Nachkommen. Sie sind für immer dahin. Einzigartige Botschaften, die über ganze Zeitalter hin genauestens aufbewahrt und verfeinert worden sind, Botschaften, für deren Weitervermittlung in eine ferne Zukunft endlose Generationen ihr Leben opferten – sie sind dann für immer verloren.

* * *

Mehr als eine Million Tierarten und etwa 400000 eukaryotische Pflanzenarten sind heute auf der Erde bekannt. Hinzu kommen mindestens Tausende anderer Arten von Organismen, einschließlich Bakterien, die nicht Eukaryonten sind, von denen wir wissen. Zweifellos haben wir dabei aber viele – möglicherweise sogar die meisten – Arten übersehen. Nach manchen Schätzungen beläuft sich die Anzahl der Arten auf über zehn Millionen; demnach hätten wir selbst oberflächliche Kenntnis nur von weniger als zehn Prozent der Arten, die auf der Erde leben. Viele sterben aus, ehe wir auch nur von ihrer Existenz wissen. Die meisten der Milliarden Arten, die jemals auf der Erde gelebt haben, sind ausgestorben. Aussterben ist die Regel, Überleben die glorreiche Ausnahme.

Wir haben die Veränderungen der Erdoberfläche am Ende der Permzeit, vor etwa 245 Millionen Jahren, bereits skizziert, die mit der verheerendsten biologischen Katastrophe endete, die sich bisher im Fossilienbestand nachweisen ließ. Damals starben vielleicht sogar 95 Prozent aller auf der

Erde lebenden Arten aus.* Viele Tierarten, die sich am Meeresboden durch Filter ernährten, Wesen, die Hunderte von Millionen Jahre lang das Leben auf der Erde charakterisiert hatten, verschwanden. 98 Prozent der Krinoiden-Familien (Stachelhäuter) starben aus. Heutzutage hört man nicht mehr viel von Stachelhäutern; Seelilien gehören zu den überlebenden Resten dieser Gattung. Einer Massenausrottung fielen auch die Amphibien und Reptilien zum Opfer, die sich auf dem Land niedergelassen hatten. Schwämmen und Doppelschalentieren (wie den Muscheln) erging es dagegen bei der Ausrottung der späten Permzeit vergleichsweise gut – folglich kommen Schwämme und Muscheln heute noch reichlich auf der Erde vor.

Nach Massenausrottungen dauert es typischerweise mindestens zehn Millionen Jahre, bis sich die Vielfalt und Reichhaltigkeit des Lebens auf der Erde erholt hat – und dann tummeln sich dort natürlich andere Organismen, die vielleicht besser an die neue Umwelt angepaßt sind und bessere langfristige Aussichten haben – vielleicht aber auch nicht. In den Jahrmillionen, die auf das Ende der Permzeit folgten, ließ die Vulkantätigkeit nach und die Erde erwärmte sich. Dies tötete viele Landpflanzen und Tiere ab, die an die Kälte der späten Permzeit angepaßt waren. Aus diesen, in Wellen fortschreitenden klimatischen Folgeerscheinungen traten Nadelbäume und Ginkgos (asiatische Zierbäume) hervor. Die ersten Säugetiere entwickelten sich aus Reptilien in den neuen Ökosystemen, die sich nach dem Massensterben der Permzeit begründeten.

Von all den Tierarten, die gegen Ende der Permzeit am Leben waren, haben nur etwa 25 Arten, so schätzt man, überhaupt irgendwelche Nachkommen hinterlassen; davon sind zehn Arten für 98 Prozent der heutigen Familien von Wirbeltieren verantwortlich, die etwa 40000 Arten umfassen.[10] Das Ausmaß evolutionärer Veränderungen enthält viel Hin und Her; es gibt Sackgassen und voranstürmende Veränderungen – letztere oft dann, wenn zuvor unbewohnte ökologische Nischen neu ausgefüllt werden. Neue Arten erscheinen schnell auf der Bühne und harren dann Millionen von Jahren aus. Erst in den letzten zwei oder drei Prozent der Zeitspanne, seit es Leben auf der Erde gibt, hat die extra-

* 95 Prozent erscheint bedrückend nahe an 100 Prozent, und man läßt sich nicht gern daran erinnern, daß die große, dröhnende tektonische Maschine im Erdinnern unabsichtlich so viele von uns hier oben töten kann, nur weil sie sozusagen einen Schluckauf hat.

vagante Modifikation der Plazentalier, also der Säugetiere mit einer Plazenta,

> Spitzmäuse, Wale, Kaninchen und Mäuse, Ameisenbären, Faultiere, Gürteltiere, Pferde, Schweine und Antilopen, Elefanten, Walrosse, Wölfe, Bären, Tiger, Robben, Fledermäuse, Affen und Menschen[11]

hervorgebracht. Im weit überwiegenden Teil der Erdgeschichte hatte nicht eines dieser Lebewesen existiert. Sie waren allein als Möglichkeit gegenwärtig.

Denken Sie an die genetischen Anweisungen irgendeines Lebewesens, die vielleicht eine Milliarde ACGT-Nukleotidenpaare lang sind. Verändern Sie nach dem Zufallsprinzip einige wenige Nukleotide. Diese liegen vielleicht in strukturellen oder ruhenden Sequenzen; dann wird der Organismus in keiner Weise verändert. Wenn Sie jedoch eine bedeutungsvolle DNS-Sequenz abändern, verändern Sie den ganzen Organismus. Die meisten solcher Veränderungen – das muß immer wieder betont werden – sind anpassungsungeeignet; von einigen seltenen Ausnahmen abgesehen gilt: je größer die Veränderung, desto weniger anpassungsgeeignet ist sie. Trotz aller Mutationen, Neuzusammensetzungen von Genen und natürlichen Selektionen hat das andauernde Experiment der Evolution auf der Erde nur einen winzigen Bruchteil jener möglichen Organismen, deren Bauanweisungen durch den genetischen Code spezifiziert werden könnten, ins Dasein gebracht. Die große Masse dieser Lebewesen wäre natürlich nicht nur schlecht anpassungsgeeignet, sondern völlig lebensunfähig. Sie könnten nicht einmal lebend geboren werden. Trotzdem ist die Gesamtzahl möglicherweise funktionierender lebendiger Wesen noch viel größer als die Gesamtzahl der Wesen, die jemals existiert haben. Manche dieser noch nicht realisierten Möglichkeiten müssen in jeder Hinsicht als überlebensfähiger, erfindungsreicher und leistungsfähiger gelten als jedwedes irdische Wesen, das jemals gelebt hat.

* * *

Vor 65 Millionen Jahren wurden die meisten Arten auf der Erde ausgelöscht – wahrscheinlich aufgrund eines heftigen Kometen- oder Asteroideneinschlags. Unter den ausgerotteten Spezies befanden sich all die

Dinosaurier, die fast 200 Millionen Jahre hindurch – schon vor dem Auseinanderbrechen von Gondwanaland – die dominierende Art gewesen waren, die allgegenwärtigen Meister des Lebens auf der Erde. Dieses vernichtende Ereignis beseitigte die wichtigsten Räuber, die einer kleinen, verängstigten, sich duckenden Klasse von Nachttieren, den Säugetieren, zugesetzt hatten. Hätte jener Einschlag – ein relativ später Vorgang bei der »Reinigung« des interplanetarischen Raumes von auf exzentrischen Bahnen verbliebenen Welten – nicht stattgefunden, wir Menschen und unsere Primatenvorfahren wären niemals ins Dasein getreten. Und doch, wäre jener Komet auf einer nur geringfügig anderen Umlaufbahn gewesen, hätte er die Erde möglicherweise verfehlt. Vielleicht wäre dann all sein Eis auf seinem häufig wiederholten Weg um die Sonne völlig geschmolzen, sein Gestein und seine organischen Inhalte langsam im interplanetarischen Raum versprüht worden. Dann wäre sein ganzer Beitrag zum Leben auf der Erde ein periodischer Schauer von Meteoren gewesen, den vielleicht ein späteres, neugieriges Reptil mit großem Gehirn bewundert hätte.

Im Maßstab des Sonnensystems scheinen die Auslöschung der Dinosaurier und der Aufstieg der Säugetiere am seidenen Faden gehangen zu haben. Der Abstand zwischen Sein und Nichtsein war, bildhaft gesprochen, nur ein paar Zentimeter weit. Wäre der Komet ein bißchen langsamer oder schneller gewesen oder hätte er in eine geringfügig andere Richtung gezielt, so hätte kein Zusammenstoßen stattgefunden. Hätten sich dagegen andere Kometen, die im Verlauf unserer Geschichte die Erde verfehlt haben, auf geringfügig unterschiedlichen Bahnen befunden, so hätten sie die Erde in einer anderen Epoche getroffen und dann das Leben ausgerottet. Das kosmische Kollisionsroulette, die »Auslöschungslotterie«, reicht bis in unsere eigene Zeit hinein.

In der Tiefe der fossilen Zeugnisse, oberhalb derer keine Dinosaurier mehr aufgefunden wurden, gibt es weltweit eine vielsagende dünne Schicht des Elements Iridium, das im All im Überfluß vorkommt, aber nicht auf der Erdoberfläche. Dort gibt es auch winzige Körner, die die Zeichen eines gewaltigen Einschlags tragen. Dieser Augenschein erzählt uns vom Zusammenstoß einer kleinen Welt mit der Erde unter hoher Geschwindigkeit, wodurch feine Teilchen über die gesamte Erde verteilt wurden. Die Überreste des Einschlagkraters wurden möglicherweise in der Nähe der Halbinsel Yukatan im Golf von Mexiko entdeckt. Aber noch etwas anderes wurde in dieser Schicht gefunden: Ruß. Die Zeit dieses großen Einschlags war auch die Zeit eines globalen Feuers auf dem ganzen Planeten. Die Trümmer der Einschlagsexplosion, die in die obere Atmosphäre ausgespien wurden und dann durch die Luft über der ganzen Erde niederfielen – ein andauernder Schauer von Kometen erfüllte den Himmel –, erleuchteten den Boden sehr viel heller als die Mittagssonne. Landpflanzen gingen überall auf der Erde auf einmal in Flammen auf. Es gibt einen sonderbaren Kausalzusammenhang, der Sauerstoff, Pflanzen, gewaltige Einschläge und ein weltverzehrendes Feuer verknüpft.

Es gibt viele Möglichkeiten, wie ein solcher Einschlag langetablierte und (wenn man so sagen kann) selbstsichere Lebensformen ausgelöscht haben könnte. Nach dem anfänglichen Feuerwerk von Licht und Hitze umhüllte ein dicker Mantel von Einschlagstaub die Erde ein Jahr oder länger. Daß ein oder zwei Jahre lang nicht genügend Licht für die Photosynthese zur Verfügung stand, war vielleicht von noch größerer Bedeutung als das Weltfeuer, die Temperatursenkungen und ein saurer Regen auf dem ganzen Planeten zusammengenommen. Die hauptsächlich von der Photosynthese lebenden Organismen in den Meeren (die damals wie heute den Großteil der Erde bedeckten) sind kleine einzellige Pflanzen, das sogenannte Phytoplankton. Sie sind gegen ein Absinken der Lichtmenge besonders anfällig, da sie über keine größeren Nahrungsreserven verfügen. Sobald das Licht ausgeschaltet wird, können ihre Chloroplaste nicht länger Kohlehydrate aus dem Sonnenlicht erzeugen, und sie sterben ab. Aber diese kleinen Pflanzen sind die Hauptnahrung einzelliger Tiere, die ihrerseits von größeren, garnelenähnlichen Kreaturen gefressen werden, diese wiederum von kleinen Fischen, die ihrerseits von großen Fischen gefressen werden. Durch Ausschalten des Lichts löscht man das Phytoplankton aus und damit die gesamte Nahrungskette; das ganze ausgeklügelte Kartenhaus bricht in sich zusammen. Etwas Ähnliches gilt auf dem Lande.

Alle Lebewesen auf der Erde hängen voneinander ab. Das Leben auf der Erde ist ein kunstvoll gewebter Handteppich oder ein Spinnennetz. Zieht man hier und da ein paar Fäden heraus, so kann man nicht sicher sein, ob das der ganze Schaden ist, den man angerichtet hat, oder ob sich nun das Gewebe vollständig auffasern wird.

Insekten und andere Gliederfüßler sind die Hauptakteure, durch die abgestorbene Pflanzen und Ausscheidungen von Tieren entsorgt werden.

Skarabäen – jene Mistkäfer oder Pillendreher, die von den alten Ägyptern mit dem Sonnengott identifiziert und von ihnen verehrt wurden – sind Spezialisten der Abfallbeseitigung. Sie sammeln Tierexkrement, das sich auf der Oberfläche unseres Planeten anhäuft, und befördern diesen stickstoffhaltigen Dünger nach unten, wo die Wurzeln der Pflanzen liegen. Etwa 16000 Käfer sind auf einem einzigen Elefantenfladen in Afrika gezählt worden; zwei Stunden später war der Fladen völlig verschwunden.[12] Ohne Mistkäfer und ihresgleichen sähe die Oberfläche unseres Planeten ganz anders aus. Die mikroskopisch kleinen Ausscheidungen von Maden und Sprungschwänzen ihrerseits sind wichtige Bestandteile des Humusbodens, aus dem die Pflanzen wachsen. Wir leben von unseren wechselseitigen Abfällen.

Andere Tiere in der Erde töten jedoch auch die jungen Pflanzen. Charles Darwins Aufzeichnung eines kleinen Versuches, den er selbst unternahm, illustriert die verborgene Grausamkeit direkt unter der friedlichen Oberfläche eines Gartens auf dem Lande:

> ...So beobachtete ich z. B. auf einer locker umgegrabenen Bodenfläche von drei Fuß Länge und zwei Fuß Breite, auf der keine anderen Pflanzen hemmend auftreten konnten, das Aufgehen der Sämlinge unserer heimischen Kräuter. Von 357 waren nicht weniger als 295 hauptsächlich durch Schnecken und Insekten zerstört worden. Wenn man einen Rasen, der lange Zeit immer wieder abgemäht wurde (der Fall wäre derselbe, wenn er von Tieren kurz abgeweidet worden wäre), wachsen läßt, so werden die kräftigeren Pflanzen nach und nach die weniger kräftigen töten, selbst wenn diese voll ausgewachsen sind.[13]

Manche Pflanzen erzeugen Nahrung für bestimmte Tiere, und diese Tiere werden ihrerseits als Vermittler für die geschlechtliche Fortpflanzung der Pflanzen tätig – sie sind tatsächlich Zwischenträger, die Spermien von der männlichen Pflanze nehmen und damit die weiblichen Pflanzen künstlich befruchten. Hierbei handelt es sich freilich nicht um künstliche Zuchtwahl, weil die Tiere nicht viel zu bestimmen haben. Die Währung, in der diese Kuppler bezahlt werden, ist gewöhnlich Nahrung. Es geht also um einen Handel. Vielleicht ist das Tier ein bestäubendes Insekt, ein Vogel oder eine Fledermaus; oder ein Säugetier, an dessen pelzigem Fell die fortpflanzungsfähigen Kletten haften bleiben; oder der Handel besteht darin, daß die Pflanze Nahrung im Austausch für kohlenstoffhaltigen Dünger der Tiere liefert. Raubtiere besitzen Symbionten (Tiere, mit denen sie in Symbiose leben), die im Austausch für Futterreste ihr Fell oder ihre Schuppen reinigen oder ihnen die Zähne »putzen«. Ein Vogel frißt eine süße Frucht; die Samen wandern durch seinen Verdauungstrakt und werden in einiger Entfernung auf fruchtbarem Boden abgelegt: Schon wieder hat eine geschäftliche Transaktion stattgefunden. Obstbäume und Beerensträucher richten es oft so ein, daß ihre Früchte, die sie den Tieren anbieten, nur dann süß sind, wenn die Samen zur Verbreitung bereit sind. Unreife Früchte verursachen Bauchschmerzen – die Methode der Pflanze, die Tiere zu erziehen.

Doch die Zusammenarbeit zwischen Pflanzen und Tieren ist kein reines Vergnügen. Den Tieren ist nicht zu trauen; wenn sie können, fressen sie jede Pflanze, derer sie habhaft werden. Deshalb schützen sich diese vor solchen unwillkommenen Belästigungen durch Dornen, durch die Produktion von Reizmitteln, Giften oder Chemikalien, welche die betreffenden Pflanzen unverdaulich machen, oder durch Agenten, die sich an der DNS des Räubers zu schaffen machen. In diesem endlosen Zeitlupenkrieg reagieren die Tiere als nächstes mit der Produktion von Substanzen, welche diese Anpassungen der Pflanzen außer Kraft setzen. Und so weiter und so fort.

Tiere, Pflanzen und Mikroben sind die ineinandergreifenden Räder, das Getriebe einer riesigen, komplizierten, aber wunderschönen ökologischen Maschine von planetaren Ausmaßen, einer Maschine, die aus der Sonne mit Energie versorgt wird. So ziemlich alles Fleisch ist Sonnenlicht.

Wo der Boden mit Pflanzen bedeckt ist, wird vielleicht ein Promille des Sonnenlichts in organische Moleküle umgewandelt. Ein pflanzenfressendes Tier schlendert vorbei und frißt eine dieser Pflanzen. Der Pflanzenfresser entzieht typischerweise etwa ein Zehntel der Energie, die in der Pflanze ist, oder etwa ein Zehntausendstel des Sonnenlichts, das mit hundertprozentigem Wirkungsgrad in der Pflanze hätte gelagert werden können. Falls der Pflanzenfresser nun angegriffen und von einem Fleischfresser verspeist wird, werden nur etwa zehn Prozent der verfügbaren Energie aus der Beute im Räuber anlangen; das heißt, nur etwa ein Hunderttausendstel der ursprünglichen Sonnenenergie gelangt in den Fleischfresser. Es gibt natürlich keine Maschinen mit vollkommenem

Wirkungsgrad, und in jedem Stadium der Nahrungskette sind Verluste zu erwarten. Aber die Unwirtschaftlichkeit der Organismen am Ende der Nahrungskette scheint geradezu an Unverantwortlichkeit zu grenzen.* Ein lebhaftes Bild von der Verzahnung und gegenseitigen Abhängigkeit des Lebens auf der Erde wurde von der Biologin Clair Folsome entworfen, die uns in Gedanken bildlich sehen läßt, was wir sehen würden, wenn alle eigenen Zellen unseres Körpers, einschließlich Fleisch und Knochen, weggezaubert würden:

> Was übrigbliebe, wäre ein gespenstisches Bild: Die (fehlende) Haut würde umrissen von einem Flimmern von Bakterien, Pilzen, Springwürmern, Fadenwürmern und verschiedenen anderen mikrobischen Einliegern. Der Darm würde als eine dichtgefüllte Röhre von anaeroben und aeroben Bakterien, Hefe und anderen Mikroorganismen erscheinen. Könnte man weitere Einzelheiten sehen, dann würden Hunderte von Virusarten überall in den Geweben sichtbar werden.

Und Folsome betont, daß jede andere Pflanze oder jedes andere Tier auf der Erde (unter derselben magischen Dispensation ihrer eigenen Zellen) einen ähnlich »wallenden Mikrobenzoo« zur Schau stellen würde.[14]

* * *

Ein Biologe aus einem anderen Sonnensystem würde bei einer gründlichen Untersuchung der wimmelnden Lebensformen auf unserer Erde sicherlich bemerken, daß sie alle aus nahezu exakt gleichem organischen Material aufgebaut sind, daß die gleichen Moleküle fast immer die gleichen Funktionen ausüben, und daß von nahezu jedem dasselbe genetische Codesystem benutzt wird. Die Organismen auf unserem Planeten sind nicht nur Blutsverwandte; sie leben auch in intimem wechselseitigen Kontakt, nehmen einer des anderen Abfallstoffe zu sich und sind sogar für

* Im Prinzip könnte die ökologische Maschine so lange laufen, wie die Sonne weiter scheint – die Schätzung liegt bei weiteren fünf Milliarden Jahren. Aber es fällt schwer, der Frage auszuweichen, die vor allem wir Fleischfresser am Scheitelpunkt der Nahrungskette, wir Nutznießer eines Prozesses mit einem Wirkungsgrad von einem tausendstel Prozent uns stellen müssen: Könnte es nicht eine wirkungsvollere Methode für uns geben, die Sonnenenergie nutzbar zu machen?

ihr Leben aufeinander angewiesen; sie teilen dieselbe zerbrechliche Oberflächenschicht der Erde. Diese Schlußfolgerung ist keine Ideologie, sondern Wirklichkeit. Sie hängt nicht von Autorität, Glaube oder einseitiger Beweisführung ab, sondern beruht auf Beobachtung und wiederholbaren Experimenten.

Die Lebewesen auf unserem Planeten sind unvollkommen miteinander verknüpft und koordiniert; und es gibt sicherlich nichts, das man gemeinschaftliche Intelligenz allen Lebens auf der Erde nennen könnte – in dem Sinne, in dem alle Zellen des menschlichen Körpers innerhalb bindender Beschränkungen einem hinzukommenden Wollen unterworfen sind. Dennoch könnte dem fremden Biologen nachgesehen werden, wenn er die gesamte Biosphäre – all die Retroviren, Rochen, Wurzelfüßer, Tetanusbazillen, Polypen, Kieselalgen, Stromatolithen-Bakterien, Meeresschnecken, Strudelwürmer, Gazellen, Flechten, Korallen, Spirochäten, Feigenbäume, Zecken, Zwergrohrdommeln, Geierfalken, Haubentaucher, Kreuzkrautpollen, Wolfsspinnen, Pfeilschwanzkrebse, Schwarzen Mambas, Königsfalter, Rennechsen, Geißeltierchen, Paradiesvögel, Zitteraale, Pastinakwurzeln, arktischen Meerschwalben, Glühwürmchen, Springaffen, Chrysanthemen, Hammerhaie, Rädertierchen, Zwergkänguruhs, Malaria-Plasmodien, Tapire, Blattläuse, Kupferkopfvipern, Sonnenblumen, Keuchkraniche, Immergrüne, Tausendfüßerlarven, Angelfische, Quallen, Lungenfische, Hefepilze, Riesenrothölzer, Gliederfüßer, Urbakterien, Seelilien, Maiglöckchen, Menschen, Tintenfische und Buckelwale –, einfach als Erdleben in einen Topf zusammenwirft. Die geheimnisvollen Unterscheidungen zwischen diesen verschiedenen Variationen über ein gemeinsames Thema können dem Fachmann oder dem fortgeschrittenen Studenten überlassen werden. Prätentionen oder Illusionen der einen oder anderen Spezies spielen letztlich keine Rolle. Schließlich gibt es so viele Welten, über die ein außerirdischer Biologe Bescheid wissen muß. Da muß und wird es ausreichen, wenn ein paar herausragende und generische Merkmale des Lebens auf einem weiteren ziemlich unbekannten Planeten für die Archive in den tiefen Kellern der Galaxis aufgezeichnet werden.

Kapitel 8

Geschlecht und Tod

Die Geschlechtlichkeit stattet das Individuum mit einem stummen, mächtigen Naturtrieb aus, der seinen Körper und seine Seele beständig aufeinander zuführt; sie macht es zu einer der liebsten Beschäftigungen im Leben, einen Partner zu suchen und ihm den Hof zu machen, und sie verbindet mit Besitz den stärksten Genuß, mit Rivalität den hitzigsten Zorn und mit Einsamkeit eine immerwährende Melancholie. Was sonst könnte nötig sein, um die Welt mit tiefster Bedeutung und Schönheit zu durchdringen?

GEORGE SANTAYANA
The Sense of Beauty (1896)[1]

Der Tod ist die große Zurechtweisung, welche der Wille zum Leben, und näher der diesem wesentliche Egoismus, durch den Lauf der Natur erhält; und er kann aufgefaßt werden als eine Strafe für unser Dasein. Er ist die schmerzliche Lösung des Knotens, den die Zeugung mit Wollust geschürzt hatte …

ARTHUR SCHOPENHAUER
Die Welt als Wille und Vorstellung (1844)[2]

An warmen Sommerabenden werden Glühwürmchen, wenn sie das zudringliche, leuchtend gelblich-weiße phosphoreszierende Licht unter ihren Körpern sehen, krank vor Begierde; Motten entlassen einen behexenden Duft in den Wind, der das andere Geschlecht mit eiligem Flügelschlag aus kilometerweiter Ferne anzieht; und männliche Pfauen stellen einen betörenden Kranz blauer und grüner Federn zur Schau, woraufhin ihre Hennen in helle Aufregung geraten. Konkurrierende Pollenkörner treiben winzige Röhrchen aus, die miteinander um die Wette die weibliche Öffnung der Blume hinabstreben, der unten wartenden Eizelle entgegen; leuchtende Tintenfische veranstalten rhapsodische Zurschaustellungen, indem sie Muster, Helligkeit und Farben der Leuchtsignale variieren, die sie mit ihren Köpfen, Fangarmen und Augen aussenden; ein Bandwurm legt emsig hunderttausend befruchtete Eier an einem einzigen Tag. Ein großer Wal wälzt sich durch die Meerestiefen und äußert klagende Rufe, die in einer Entfernung von Hunderten oder Tausenden von Kilometern verstanden werden, wo ein anderer einsamer Meeresriese aufmerksam lauscht; Bakterien drängen sich aneinander und verschmelzen; Zikaden singen im Chor eine gemeinsame Liebesserenade, und Bienenpaare steigen zu Hochzeitsflügen auf, von denen nur ein Partner zurückkehrt. Männliche Fische versprühen ihren Samen über ein schleimiges Gelege von Eiern, die von weiß Gott wem gelegt wurden; streunende Hunde beschnuppern sich auf der Suche nach erotischen Anreizen gegenseitig das Hinterteil; und Blumen strömen schwüle Düfte aus und machen mit ihren Blütenblättern grelle, ultraviolette Reklame für vorbeikommende Insekten, Vögel oder Fledermäuse. Männer und Frauen schließlich singen, tanzen und kleiden sich gefällig, sie schmücken sich, posieren und nehmen Selbstverstümmelungen auf sich; sie verlangen, erzwingen, verstellen sich, flehen, ergeben sich und setzen ihr Leben aufs Spiel. Die Aussage, daß Liebe die Welt zum Kreisen bringe, weil sich alles um sie drehe, geht allerdings einen Schritt zu weit. Die Erde dreht sich immer noch, weil sie dies bereits tat, als sie entstand, und weil seither nichts sie zum Stehen gebracht hat. Aber die nahezu besessene Hingabe der meisten Pflanzen, Tiere und Mikroben, mit denen wir vertraut sind, an Sexualität und Liebe ist ein allgegenwärtiger und augenfälliger Bestandteil des Lebens auf der Erde. Sie schreit geradezu nach einer Erklärung.

Wozu ist das alles gut? Worum geht es bei diesem Sturzbach besessener Leidenschaft? Warum halten es Organismen ohne Nahrung und ohne Schlaf aus, warum begeben sie sich für ihr Geschlechtsleben guten Mutes in Todesgefahr? Viele Wesen, darunter auch einigermaßen große Pflanzen und Tiere wie Löwenzahn, Salamander, einige Eidechsen und Fische, können sich ungeschlechtlich fortpflanzen. Mehr als die Hälfte der Zeit, seit es Leben auf der Erde gibt, scheinen die Organismen recht gut ohne die Sexualität ausgekommen zu sein. Wozu also ist die Geschlechtlichkeit gut?

Außerdem ist Sexualität kostspielig. Eine aufwendige genetische Programmierung ist erforderlich, um Verführungsgesänge und -tänze im Erbmaterial zu verfestigen; um geschlechtsspezifische Pheromone herzustellen; um heldenhafte Geweihe wachsen zu lassen, die einzig zur Unterwerfung von Rivalen dienen; um ineinandergreifende Körperteile, rhythmische Bewegungen und gegenseitige Lust am Geschlechtsakt einzurichten. All diese Dinge stellen eine Schwächung der Energiequellen dar, die genausogut für etwas anderes genützt werden könnten, das kurzfristig offensichtlichere Vorteile für den Organismus bringt. Darüber hinaus setzt manches, was die Lebewesen auf der Erde für ihr Geschlechtsleben unternehmen oder erdulden, sie geradewegs der Gefahr aus: Ein radschlagender Pfau ist von Räubern weit stärker bedroht als ein unauffälliges, ängstliches, graubraunes Tier. Der Geschlechtsakt bietet einen günstigen, potentiell tödlichen Übertragungsweg für Krankheiten auf nicht verwandte Organismen. All diese Kosten müssen von den Vorteilen der Geschlechtlichkeit mehr als aufgewogen werden. Worin also bestehen diese?

* * *

Es ist schon befremdlich, daß die Biologen immer noch nicht völlig verstehen, wozu es Geschlechtlichkeit gibt. In dieser Hinsicht hat sich die Lage seit 1862 kaum geändert, als Darwin schrieb: »Wir wissen nicht im geringsten über die letzten Gründe der Sexualität Bescheid, warum also neue Wesen aus der Vereinigung der beiden geschlechtlichen Elemente hervorgebracht werden sollten.«

Im Verlauf von vier Milliarden Jahren natürlicher Zuchtwahl sind die genetischen Instruktionen immer weiter verfeinert worden: genauer ausgearbeitet, redundant, narrensicher, vielseitiger verwendbar – Sequenzen aus As, Cs, Gs und Ts, sozusagen miteinander konkurrierende Handbücher mit dem Alphabet des Lebens. Dabei werden die Organismen zum *Mittel*, wodurch die Instruktionen Gestalt gewinnen und sich reproduzieren, wodurch neue Instruktionen ausprobiert werden können, zu einem Mittel, dessen sich die Zuchtwahl bedient. »Die Henne«, sagt Samuel Butler, »ist die Art und Weise, wie ein Ei ein neues Ei produziert.« Nur unter diesem Aspekt können wir überhaupt verstehen, wozu die Sexualität dient.

Von den molekularen Mechanismen der Geschlechtlichkeit verstehen wir indes einiges. Beginnen wir mit der Betrachtung einiger jener Lebewesen, die sich normalerweise ohne Geschlechtsakt* fortpflanzen – was viele Menschen für unmöglich halten würden: Einmal in jeder Generation replizieren sich ihre Nukleinsäuren genauestens aus den molekularen Bausteinen A, C, G und T, die sie zu diesem Zweck herstellen. Die beiden funktionell identischen DNS-Bänder bemächtigen sich dann jeweils einer Hälfte der Zelle und machen sich auf und davon – vergleichbar etwa einer Besitzstandsteilung in einem Scheidungsverfahren. Einige Zeit später wiederholt sich das Verfahren aufs neue. Jede Generation ist eine langweilige Wiederholung der vorhergehenden, und jeder Organismus ist – nahezu identisch bis hin zum letzten Mitochondrium und zum geißelartigen Fortbewegungssystem – seinem einzigen Elternteil wie aus dem Gesicht geschnitten. Wenn der Organismus wohlangepaßt und die statische Umwelt immer wieder dieselbe ist, dann dürfte diese Einrichtung gut funktionieren. Die Eintönigkeit wird nur selten durch Mutationen unterbrochen. Eine Mutation ist jedoch, wie wir bereits betont haben, zufallsgesteuert und eher zum Schaden als zum Nutzen. Alle nachfolgenden Generationen haben darunter zu leiden, es sei denn – was allerdings unwahrscheinlich ist –, eine kompensierende Mutation macht später alles

* Eine Befruchtung im Reagenzglas *(in vitro)* ist natürlich auch eine Form geschlechtlicher Fortpflanzung.

wieder gut. Unter solchen Umständen muß der Gang der Entwicklung langsam sein, was sich tatsächlich im Zeugnis der Fossilien aus dem Zeitraum von vor 3,5 bis vor einer Milliarde Jahren zu spiegeln scheint – bis zur Erfindung der Geschlechtlichkeit.

Nun stellen Sie sich vor, daß man anstelle langsamer und zufälliger Änderungen in den genetischen Anweisungen einen langen, vielschichtigen Satz neuer Anweisungen in einem Schritt an einen Teil der vorhandenen Anweisungen anheften kann – jetzt geht es nicht mehr nur um einen Buchstaben in einem Wort der DNS, der ausgewechselt wird, sondern gleich um ganze Handbücher, die einen Verbrauchertest bereits bestanden haben. Stellen Sie sich einmal vor, daß diese Art Aufmischung sich in nachfolgenden Generationen wiederholt. Falls man an eine unveränderliche Umwelt ideal angepaßt ist, ist das natürlich ein dummer Einfall; dann ist jede Veränderung eine Veränderung zum Schlechteren. Aber falls die Welt, in die man sich einpassen muß, heterogen und im Fluß ist, kann ein entwicklungsmäßiger Fortschritt viel besser erzielt werden, wenn ganze Bögen voll neuer genetischer Anweisungen in jeder Generation verfügbar gemacht werden, als wenn alles, was an Spielraum zur Verfügung steht, sich auf die gelegentliche Umwandlung eines »As« in ein »C« beschränkt. Wenn die Möglichkeit einer Neuvermischung der Gene gegeben ist, steht einem selbst und den Nachkommen auch ein Ausweg aus jener Falle zur Verfügung, die sich aus generationenlang angehäuften schädlichen Mutationen ergibt.[3] Denn so können schädliche Gene schnell durch vorteilhafte ersetzt werden. Sexualität und natürliche Zuchtwahl haben so die Funktion des Korrekturlesens übernommen; wie ein Korrektor ersetzen sie die unausweichlichen Fehler der Mutationen durch unversehrte Anweisungen. Hier liegt vielleicht der Grund, warum die Eukaryonten sich – ungefähr zu der Zeit, als sie auf die Sexualität stießen – breit auffächerten: in verschiedene evolutionäre Linien, die einerseits zu den Protozoen (wie den Pantoffeltierchen) und Plasmodien (etwa den Malariaerregern), Algen und Pilzen führten, andererseits aber auch zu allen Landpflanzen und höheren Tierarten.

Einige der heutzutage lebenden Organismen – darunter so verschiedenartige wie Bakterien, Blattläuse und Espen – pflanzen sich manchmal geschlechtlich, ein andermal ungeschlechtlich fort. Sie verfügen über beide Möglichkeiten. Andere – Löwenzahn und bestimmte Arten von Peitschenschwanzeidechsen beispielsweise – haben sich erst in letzter Zeit von geschlechtlichen zu ungeschlechtlichen Formen der Fortpflanzung entwickelt, wie an ihrem Aufbau und ihrem Verhalten erkennbar ist: Der Löwenzahn bringt Blüten und Nektar hervor, die für seinen gegenwärtigen Vermehrungsprozeß belanglos sind; ganz gleich, wie fleißig die Bienen sind, sie können zur Befruchtung des Löwenzahns nichts beitragen. Bei den Peitschenschwanzeidechsen gibt es nur Weibchen, und die Schlüpflinge haben keine biologischen Väter. Aber die Vermehrung bedarf weiterhin eines heterosexuellen Vorspiels – der formellen Kopulation mit Männchen einer anderen, noch geschlechtlich differenzierten Art, obwohl diese die Weibchen nicht befruchten können, oder einer rituellen Scheinkopulation mit Weibchen ihrer eigenen Art.[4] Diese Eidechsen und der Löwenzahn befinden sich offenbar in einer so frühen Phase ihrer Entwicklung von geschlechtlichen zu ungeschlechtlichen Wesen, daß die Zeit noch nicht ausgereicht hat, um alle Spielanweisungen und Requisiten der Geschlechtlichkeit verfallen zu lassen. Vielleicht gibt es Umstände, in denen es klug ist, geschlechtlich zu sein, und andere, in denen es klug ist, ungeschlechtlich zu sein. Bestimmte Wesen gehen möglicherweise in umsichtiger Abstimmung auf ihre äußere Umwelt zyklisch vom einen zum anderen Zustand über. Diese Wahlmöglichkeit steht uns Menschen jedoch nicht zur Verfügung. Wir sind an unsere Geschlechtlichkeit gebunden.

Ein der geschlechtlichen Fortpflanzung vergleichbares Aufmischen genetischer Anweisungen kommt heutzutage – seltsamerweise – bei Infektionen vor: Eine Mikrobe dringt in einen größeren Organismus ein, umgeht seine Abwehrmechanismen und schmuggelt ihre Nukleinsäuren in die des Gastorganismus ein. In der Zelle befindet sich eine fein abgestimmte, warmgelaufene und anfahrbereite Maschinerie, die vorhandene Sequenzen von A, C, G und T liest und vervielfältigt. Diese hochspezialisierte Maschinerie ist jedoch nicht gut genug, um zwischen fremden und körpereigenen Nukleinsäuren zu unterscheiden. Es handelt sich um eine Druckpresse für Gebrauchsanweisungen, die jegliches Material ausdruckt, sofern die Schalter richtig bedient werden. Genau das tut der Parasit, die Zellenzyme erhalten neue Instruktionen, und ganze Horden neu geprägter Parasiten werden ausgestoßen, die nur darauf dringen, die Subversion weiter voranzutreiben.

Auch tote Organismen können gelegentlich sexuell aktiv werden und Nachkommen hervorbringen. Wenn eine Bakterie abstirbt, fließt ihr

Körperinhalt in die Umgebung aus. Ihre Nukleinsäuren haben wenig Ahnung vom Tod der Bakterie, und während sie langsam in Stücke zerfallen, bleiben diese Stücke noch eine gewisse Zeitlang funktionsfähig – ähnlich wie ein abgetrenntes Insektenbein. Sollte ein solches Nukleinsäureteilchen von einer vorbeikommenden (lebendigen) Bakterie verdaut werden, so kann es an die vorhandenen Nukleinsäuren angehängt werden. Vielleicht dient es dann als unabhängiger Nachweis, welchen Inhalt unversehrte Erbinformationen haben sollten, und hilft bei der Korrektur einer durch Sauerstoffeinfluß veränderten DNS. Vielleicht entstand eine solche ganz elementare Form der Sexualität sogar zusammen mit der Sauerstoffatmosphäre der Erde.

Groteske mischlingsartige Genverknüpfungen kommen noch seltener vor – zwischen Bakterien und Fischen zum Beispiel (es gibt nicht nur bakterienartige Gene in Fischen, sondern auch fischartige Gene in Bakterien), oder zwischen Pavianen und Katzen. Diese Verknüpfungen scheinen dadurch hervorgerufen zu werden, daß Viren, die sich an die DNS eines Gastorganismus angehängt, sich mit ihm vermehrt und sich über Generationen an ihn angepaßt hatten, sich irgendwann loslösen um andere Arten zu infizieren, und dabei zugleich einige Gene des ursprünglichen Gastorganismus mit übertragen. Man weiß, daß Katzen das Pavianvirogen vor fünf bis zehn Millionen Jahren irgendwo an den Küsten des Mittelmeeres erworben haben.[5] Es sieht mehr und mehr danach aus, als seien Viren eher Wandergene, die nur nebenher Krankheiten verursachen. Wenn aber ein genetischer Austausch heute zwischen so grundverschiedenen Organismen vorkommen kann, dann muß es sehr viel einfacher sein, daß er zufällig auch in Organismen derselben oder eng verwandter Arten vorkommt. Vielleicht begann die Zweigeschlechtlichkeit sogar als eine Infektion, die dann später durch infizierende und infizierte Zellen zur festen Einrichtung wurde.

Zwei entfernte Verwandte aus derselben Art, die sich beide gerade im Vorgang der Nachbildung befinden, finden je einen ihrer Nukleinsäurestränge traulich nebeneinander ausgelegt. Ein kurzer Ausschnitt einer Sequenz lautet vielleicht

...ATG AAG TCG ATC CTA...

und der gegenüberliegende Ausschnitt der anderen

...TAC TTC GGG CGG AAT...

Die langen Nukleinsäuremoleküle brechen beide an derselben Stelle in

der Sequenz auseinander (in unserem Beispiel unmittelbar nach AGG im ersten Molekül und nach TTC im zweiten) und vereinigen sich daraufhin wieder, wobei jedes einen Ausschnitt des anderen Moleküls aufgreift. Die sich neu ergebenden Abschnitte lauten nun:
...ATG AGG GGG CGG AAT...
und
...TAC TTC TCG ATC CTA...
Aufgrund dieser genetischen Neuverknüpfung gibt es zwei neue Sequenzen von Anweisungen und deshalb auch zwei neue Organismen auf der Welt – keine Mischlinge im strengen Sinne, da sie ja aus derselben Art hervorgegangen sind, aber dennoch begründet jeder der beiden Organismen einen Satz von Anweisungen, die möglicherweise niemals zuvor in einem einzigen Wesen zusammen Bestand hatten.

Ein Gen ist, wie bereits ausgeführt, eine Sequenz von vielleicht Tausenden von As, Cs, Gs und Ts, die als Code für eine spezifische Funktion dienen, normalerweise, indem sie ein spezielles Enzym zusammensetzen. Wenn man DNS-Moleküle kurz vor ihrer Neuverknüpfung aufbricht, findet sich die Bruchstelle am Anfang oder Ende eines Gens, aber so gut wie nie in der Mitte. Ein einzelnes Gen kann viele verschiedene Funktionen haben. Wichtige Kennzeichen eines Organismus – etwa seine Größe, seine Angriffslust, die Farbe seines Fells oder seine Intelligenz – sind dagegen im allgemeinen Folge des Zusammenspiels vieler verschiedener Gene.

Wenn es Sexualität gibt, können nun unterschiedliche Genverknüpfungen ausprobiert werden, um mit den gewöhnlichen Spielarten in Wettbewerb zu treten. Eine vielversprechende Serie natürlicher Experimente gelangt zur Durchführung. Statt daß eine Generation nach der anderen geduldig darauf wartet, daß eine glückhafte Folge von Mutationen vorfällt – es könnte eine Million Generationen dauern, bis die richtige Mutation eintritt, und so lange können die Mitglieder dieser Art vielleicht nicht warten –, kann der Organismus nun neue Züge, neue Merkmale und neue Anpassungen in großem Umfang erwerben. Zwei oder mehr Mutationen, die für sich genommen wenig bringen, die aber gemeinsam enorme Vorteile mit sich bringen, können nun aus weit entfernten Vererbungslinien erworben werden. Die Vorteile scheinen – wenigstens für die Art – klar auf der Hand zu liegen, wenn nur auch die Unkosten erträglich wären. Die genetische Neuverknüpfung bietet einen

wahren Schatz an Veränderungsmöglichkeiten, der der natürlichen Zuchtwahl als Basis dienen kann.[6]
Ein anderer, in seiner Neuartigkeit bewunderswerter Erklärungsvorschlag für den Fortbestand der Geschlechtlichkeit lädt uns ein, das uralte Wettrüsten zwischen schmarotzerischen Mikroben und ihren Wirtsorganismen zu betrachten. Es gibt zum Zeitpunkt, da Sie dies lesen, mehr Mikroorganismen in Ihrem Körper, die potentielle Krankheitserreger sind, als es Menschen auf der Erde gibt. Eine einzige Bakterie, die zweimal in der Stunde Nachkommen hervorbringt, wird in einem Menschenalter etwa eine Million aufeinanderfolgender Generationen hinterlassen. Bei einer so großen Zahl und so vielen Generationen von Mikroben steht eine unheimliche Anzahl von mikrobischen Mutationen zur Verfügung, an denen die Zuchtwahl wirksam werden kann – insbesondere Zuchtwahl zur Überwindung unserer körpereigenen Abwehrmechanismen. Manche Mikroben ändern ihre chemische Zusammensetzung und ihre Oberflächengestalt schneller, als der Körper neue Modelle von Antikörpern hervorbringen kann; diese winzigen Wesen überlisten üblicherweise wenigstens Teile des menschlichen Immunsystems. Zum Beispiel verändern beunruhigend viele, nämlich zwei Prozent, der Malaria verursachenden Plasmodiumparasiten in jeder Generation ihre Gestalt und die Art ihrer Klebrigkeit signifikant.[7] Im Licht der erstaunlichen Anpassungskräfte krankheitserregender Mikroorganismen würde sich eine wirkliche Gefahr ergeben, wenn wir von Generation zu Generation genetisch identisch wären. Sehr schnell könnte uns der Makel immer stärker zum Durchbruch kommender Krankheitserreger über den Kopf wachsen. Eine Variante, die unsere Abwehrmechanismen vollständig überlistet, würde sich fest einnisten. Wird jedoch die DNS in jeder Generation neu zusammengestellt, haben wir eine viel bessere Chance, der potentiell tödlichen Verseuchung durch Krankheitsmikroben überlegen zu bleiben.[8] Geschlechtliche Fortpflanzung richtet (im Kontext dieser hochangesehenen Hypothese) eine wesentliche Verwirrung unter unseren Feinden an und erweist sich als ein Schlüssel zu unserer Gesundheit.

* * *

Da die zwei Geschlechter physiologisch verschieden sind, verfolgen sie manchmal unterschiedliche Strategien, jedes mit dem Ziel, seine Erbanlagen zu verbreiten. Obwohl diese Strategien natürlich nicht gänzlich miteinander unvereinbar sind, führen sie zumindest ein gewisses Element der Spannung in die Beziehungen zwischen den Geschlechtern ein. Bei vielen Arten von Reptilien, Vögeln und Säugetieren produziert das Weibchen nur eine geringe Zahl von Eiern auf einmal, vielleicht nur einmal im Jahr. Für ein solches Weibchen macht es entwicklungsmäßig Sinn, bei der Auswahl ihres Geschlechtspartners umsichtig zu sein und später die befruchteten Eier und die Jungen mit Hingebung zu ernähren.

Das Männchen andererseits kann – mit bis zu Hunderten von Millionen Samenzellen pro Samenerguß und mit der Befähigung zu mehreren Ergüssen am Tag, jedenfalls bei gesunden, jungen männlichen Primaten – *seine* Vererbungslinie häufig besser durch eine Vielzahl von wahllosen Paarungen fortsetzen, falls es die Weibchen dazu bringen kann. Das Männchen kann viel feuriger und eifriger sein, und wird gleichzeitig viel eher von Partner zu Partner wechseln – sich einschmeicheln, sich zur Schau stellen, andere einschüchtern und so viele Weibchen wie möglich befruchten. Da es darüber hinaus andere Männchen gibt, welche die gleichen Strategien verfolgen, kann ein Männchen häufig nicht sicher sein, daß ein bestimmtes befruchtetes Ei, eine Brut oder ein Junges wirklich von ihm abstammt; warum sollte es also Zeit und Mühe darauf verwenden, ein Junges zu nähren und aufzuziehen, das vielleicht nicht einmal seines ist? Der Aufwand könnte für die Nachkommen eines Rivalen und nicht für seine eigenen von Vorteil sein. In diesem Fall ist es besser, sich aus dem Staub zu machen und weitere Weibchen zu befruchten.

Dies ist jedoch keineswegs ein unveränderliches Verhaltensmuster; es gibt Arten, bei denen das Weibchen darauf aus ist, sich mit vielen Männchen zu paaren, und andere, in denen die Männchen eine große, sogar überwiegende Rolle bei der Aufzucht der Jungen spielen. Mehr als 90 Prozent der bekannten Vogelarten verhalten sich monogam, ebenso zwölf Prozent der Affen, ganz zu schweigen von all den Wölfen, Schakalen, Kojoten, Füchsen, Elefanten, Spitzmäusen, Bibern und einigen Kleinantilopen.[9] Monogam ist jedoch nicht gleichbedeutend mit sexueller Ausschließlichkeit; bei vielen Arten, bei denen das Männchen zur Aufzucht der Jungen beiträgt und Fürsorge für deren Mutter zeigt, schleicht es sich gleichwohl zu gelegentlichen Paarungen mit anderen Weibchen fort. Auch diese sind anderen Männchen gegenüber durchaus nicht spröde. Biologen nennen dies eine »gemischte Paarungsstrategie«. Bei bis zu 40 Prozent der von »monogamen« Vogelpärchen aufgezogenen Jungen erweist sich bei der Analyse der genetischen »Fingerabdrücke«, daß sie in »außerehelichen« Begegnungen gezeugt wurden. Auch bei den Menschen könnten die Zahlen ähnlich hoch sein. Und doch ist das Motiv vom hegenden Weibchen, das bei der Annahme von Sexualpartnern wählerisch ist, während die Männchen zu sexuellen Abenteuern und vielen Geschlechtspartnern neigen, insbesondere unter den Säugetieren weit verbreitet.

* * *

Höhere Organismen kennen ein beträchtliches Maß an Sondierungsaktivitäten, an Geruchssignalen und anderen Mechanismen, wodurch die Gene des einen Organismus mit denen eines anderen in Berührung kommen sollen, so daß die Moleküle nebeneinander zu liegen kommen und sich neu verknüpfen können. Doch all das entspricht lediglich den festen Bauteilen *(Hardware)* eines Computers. Das zentrale geschlechtliche Ereignis besteht dagegen – bei Bakterien wie beim Menschen – im Austausch von DNS-Sequenzen. Die Hardware ist in erster Linie für die Informationen, für die *Software*, da.

Am Anfang muß aller Geschlechtsverkehr unbeholfen, konfus und zufällig gewesen sein, eine Art mikrobiologische Entsprechung eines Bühnenschwanks. Aber die Vorteile, welche die Geschlechtlichkeit für künftige Generationen mit sich bringt, scheinen so groß gewesen zu sein, daß – sofern die Unkosten nicht zu hoch waren – die Zuchtwahl zugunsten verbesserter Geschlechtsorgane und -rituale schon bald wirksam wurde, zugleich mit jenen Verbesserungen der genetischen Anweisungen, die nötig waren, um einen Entschluß zu geschlechtlicher Zusammenkunft zu bestärken. Unter ansonsten gleichen Voraussetzungen hinterlassen leidenschaftliche Organismen mehr Nachkommen als jene von lauerer Veranlagung. Obwohl sie vom Zuchtwahlvorteil neuer DNS-Verknüpfungen nichts wußten, haben die Organismen dennoch einen überwältigenden Drang entwickelt, ihre Erbinformationen auszutauschen. Wie Hobbysammler, die Comics, Briefmarken, Fußballbildchen, bunte Anstecknadeln, ausländische Münzen oder Autogramme von Berühmtheiten austauschen, haben auch die Organismen sich die Sache nicht ausgedacht; sie konnten einfach nicht anders. Der Handel ist schon mindestens eine Milliarde Jahre alt.

Zwei Pantoffeltierchen können sich verbinden, ihr genetisches Material austauschen und dann wieder auseinandergehen. Denn eine genetische Neuverknüpfung ist nicht auf zwei verschiedene Geschlechter angewiesen. Es gibt keine Bakterienknäblein und Bakterienmädchen, und Bakterien paaren sich auch nicht bei jedem Fortpflanzungsakt. Das heißt, sie verknüpfen nicht jedesmal, wenn sie sich vermehren, Ausschnitte der DNS neu. Geschlechtliche Pflanzen und Tiere tun dies jedoch. Wie auch immer sie bewerkstelligt wird, Neuverknüpfung bedeutet, daß jedes neue Wesen zwei Elternteile hat, und nicht nur eines. Das bedeutet, daß Mitglieder derselben Art – außerhalb der Paarungszeit sind die Mitglieder nahezu aller Arten einzelgängerisch und unsozial – einen Akt von zentraler Bedeutung einrichten müssen, der nur paarweise ausgeführt werden kann. Die beiden Geschlechter mögen leicht unterschiedliche Ziele und Strategien haben, aber Paarung verlangt nach Zusammenarbeit als einer unabdingbaren Mindestvoraussetzung.

Sobald ein derart machtvoller Anstoß zur Zusammenarbeit in die Welt gesetzt wurde, konnte er über langsame und natürliche Schritte auch zu anderen Formen der Zusammenarbeit führen. Der Geschlechtstrieb bringt eine gesamte Art einander näher – nicht nur dadurch, daß man sich gegenseitig vor dem Überhandnehmen gefährlicher Mutationen schützt; nicht nur indem man für eine sich wandelnde Umwelt gemeinsam neue Anpassungen bereitstellt, sondern auch im Sinne eines weiter voranschreitenden kollektiven Unternehmens, bei dem sich verschiedene Vererbungslinien kreuzen und verbinden. Dies unterscheidet sich deutlich von der Praxis ungeschlechtlicher Fortpflanzung, bei der es viele parallele Abstammungslinien gibt, wobei die Organismen einer Linie von Generation zu Generation nahezu identisch sind, bei der es aber keine nahen Verwandten zwischen den einzelnen Linien gibt.

Sobald eine Paarung für die Fortpflanzung zentral wird, rücken die gegenseitige Anziehung der Geschlechter und das Schauspiel der Wahl zwischen Rivalen in den Mittelpunkt. Verbunden damit sind auch Themen wie sexuelle Eifersucht, echte und Scheinkämpfe, sorgfältige Wahrnehmung und Erkennungsmerkmale und Aufenthaltsorte potentieller Sexualpartner und Rivalen, Nötigung und Vergewaltigung – und diese Themen ihrerseits führten, wie Darwin gezeigt hat, schnell zur Entwicklung so wundersamer wie wunderbarer Anhängsel und Farbmuster sowie zu vielschichtigem Werbungsverhalten, das wir Menschen – auch bei

Mitgliedern nur sehr entfernt verwandter Arten – oft als schön empfinden. Darwin dachte, daß in dieser sexuellen Auswahl der menschliche Sinn für Ästhetik seinen Ursprung haben könnte. Hier aus der Feder eines Biologen des 20. Jahrhunderts die Darstellung dessen, was die sexuelle Zuchtwahl bei Vögeln hervorgebracht hat:

> Kämme, Kehllappen, Federringe, kragenartige und umhangartige Federzeichnungen, Schweife oder Schleppen, Sporen, Auswüchse an Flügeln und Schnäbeln, farbige Mäuler, Schwänze von seltsamer oder ungemein feiner Form, Hautsäcke, Flecken nackter Haut von satter Färbung, verlängerte Federn, leuchtend getönte Füße und Beine... Die Aufmachung ist nahezu immer wunderschön[10]

– besonders in den Augen des Vogels vom anderen Geschlecht, der seine Sexualpartner aufgrund ihres guten Aussehens wählt. Das herrschende Schönheitsideal breitete sich dann schnell in der ganzen Population aus, auch wenn der »modische« Stil von keinerlei praktischem Nutzen war, um beispielsweise Räubern zu entgehen. Vorausgesetzt, der Vorteil für zukünftige Generationen war groß genug, verbreiteten sich diese Moden in der Tat sogar dann, wenn die Lebenszeit derer, die sie aufgriffen, dadurch deutlich verkürzt wurde. Eine vielversprechende Erklärung der auffälligen Aufmachungen von männlichen Vögeln und Fischen gegenüber den Weibchen ihrer Art liegt darin, daß all dies dazu dient, das Weibchen von der Gesundheit und den Aussichten des Männchens zu überzeugen.[11] Ein leuchtendes Federkleid und glänzende Schuppen signalisieren, daß kein Zecken-, Milben- oder Pilzbefall vorliegt, und die Weibchen – das ist keine Überraschung – bevorzugen es, sich mit Männchen zu paaren, die nicht von Parasiten geplagt werden.

* * *

In einer einzig darauf gerichteten Anstrengung, ihre DNS-Sequenzen an künftige Generationen weiterzugeben, verausgaben sich die Rotlachse dabei, zum Laichen den mächtigen Columbia-Strom hinaufzuschwimmen und dabei heldenhaft Stromschnellen zu überwinden. Sobald ihr Werk vollbracht ist, brechen sie zusammen. Schuppen bröckeln ab, Flossen fallen ab, und bald darauf – häufig innerhalb von Stunden nach dem Laichen – sind sie tot und fangen süßlich zu duften an. Sie haben ihren Zweck erfüllt. Die Natur ist gefühllos, der Tod eines ihrer Bauelemente.

Diese Aktion hat mit der wesentlich undramatischeren geschlechtslosen Fortpflanzung von Wesen wie den Pantoffeltierchen wenig zu tun, bei denen entfernte Nachkommen mit ihren Vorfahren genetisch immer noch ziemlich genau übereinstimmen. Diese uralten Organismen sind, wenn man es recht betrachtet, immer noch am Leben. Zugleich mit all ihren vielfältigen Vorteilen brachte die Geschlechtlichkeit insofern auch das Ende der Unsterblichkeit mit sich.

Geschlechtliche Organismen pflanzen sich im allgemeinen nicht durch Spaltung, durch ein Auseinanderbrechen in zwei Organismen, fort. Die großen, mit bloßem Auge erkennbaren geschlechtlichen Organismen benutzen zur Fortpflanzung besondere Geschlechtszellen, häufig die gewohnten Samen und Eier, in denen die Gene der nächsten Generation zusammengefaßt sind. Diese Zellen überleben gerade lange genug, um ihre Aufgabe zu erfüllen, und sie sind kaum fähig, noch irgend etwas anderes zu leisten. Bei geschlechtlichen Lebewesen verteilt ein Elternteil nicht seine Körperteile gleichmäßig, um sie in seine beiden Nachkommen umzuwandeln; vielmehr stirbt er letztlich und hinterläßt seine Welt der nächsten Generation, die, wenn ihre Zeit gekommen ist, ebenfalls stirbt. Ungeschlechtliche Einzelorganismen sterben durch Fehler – wenn ihnen irgend etwas ausgeht oder zustößt. Geschlechtliche Organismen hingegen sind zum Sterben *entworfen*; ihr Tod ist vorprogrammiert. Der Tod dient als schmerzliche Erinnerung an unsere Einschränkungen und Schwächen – und an unsere Verbundenheit mit unseren Vorfahren, die in gewissem Sinne starben, damit wir leben konnten.

Je aktiver die Enzyme sind, deren Aufgabe es ist, die DNS-Sequenzen zu korrigieren und zu reparieren, desto länger ist gewöhnlich die Lebensdauer eines Organismus. Wenn diese Enzyme – die selbst natürlich auch unter der Kontrolle der DNS des Organismus aufgebaut werden – zahlenmäßig geringer oder inaktiv werden, dann verbreiten und summieren sich Fehler im Kopiervorgang, und die einzelnen Zellen versuchen zunehmend, unsinnige Anweisungen in Kraft zu setzen. Durch eine Aufweichung der außerordentlichen Genauigkeit ihrer Selbstvervielfältigung kann die DNS ihren eigenen Tod einrichten sowie den des Organismus, der ihren Befehlen unterliegt.

Aber selbst wo die Sexualität dem einzelnen Organismus den Tod bringt, spendet sie dem Erbgut und der Art neues Leben. Ganz gleich, wie viele aufeinanderfolgende Generationen von nahezu identischen geschlechtslosen Wesen man verfolgen kann – irgendwann kommt es dazu, daß eine Häufung schädlicher Mutationen den Klon (das ungeschlechtliche Wesen) zerstört. Irgendwann kommt die Generation, in der alle Einzelwesen kleiner und schwächer sind als die früherer Generationen, und dann klopft das Schicksal der Auslöschung an die Tür. Dagegen hilft nur die Sexualität. Sie verjüngt die DNS, sie schenkt der nächsten Generation neues Leben. Nicht ohne Grund jubeln wir, daß es sie gibt.

Vor einer Milliarde Jahren wurde ein Abkommen ausgehandelt: Die Freuden der Sexualität wurden mit dem Verlust der Unsterblichkeit bezahlt. Geschlecht und Tod – man kann das eine nicht ohne das andere besitzen. Die Natur ist ein knickriger Geschäftspartner.

* * *

Die ersten Lebewesen besaßen keine Eltern. Etwa drei Milliarden Jahre hindurch hatte jeder nur ein Elternteil und war so gut wie unsterblich. Seither besitzen viele Lebewesen zwei Eltern und sind eindeutig sterblich. Soweit wir wissen, gibt es keine Lebensformen mit regulär drei oder mehr Eltern* – obwohl dies hinsichtlich der Geschlechtsorgane und gegenseitigen Anziehung kaum schwerer einzurichten wäre als die Zusammenarbeit eines Elternpaars. Die Vielfalt genetischer Neuverknüpfungen würde entsprechend größer ausfallen. Vielleicht auf irgendeinem anderen Planeten...

Das Kuhstarweibchen nimmt, wenn es den Liebesruf des Männchens hört, sofort eine Komm-herüber-Haltung ein, die unverwechselbar ihre Bereitschaft zur Paarung signalisiert. Selbst Kuhstarweibchen, die in Abgeschiedenheit aufgezogen wurden und niemals zuvor den Lockruf eines Männchens vernommen haben, nehmen erstaunlicherweise diese Kopulationshaltung ein, sobald sie geschlechtsreif sind. Auch ein in Abgeschiedenheit aufgezogenes Männchen weiß dennoch, wie es seinen Lockruf singen muß. Die Partitur des Gesangs und die Informationen

* Allerdings ist es in seltenen Fällen möglich, daß Bauteile von zwei verschiedenen toten Bakterien in eine lebende Bakterie eingegliedert werden.

über die angebrachte Reaktion sind in ihrer DNS encodiert. Das Weibchen verliebt sich vielleicht zumindest ein wenig in das Männchen, wenn es den Gesang vernimmt. Und das Männchen verliebt sich vielleicht auch zumindest ein wenig in das Weibchen, wenn es die begierige Reaktion auf seine Musik sieht.

Im Gegensatz zum ausgeprägten elterlichen Fürsorgeverhalten und zur Zuchtwahl nach Blutsverwandtschaft, die unter Vögeln und Säugetieren dominieren, fressen viele Frösche und Fische ihre Jungen. Kannibalismus ist bei vielen Tieren eine Alltäglichkeit – nicht nur unter außerordentlichen Umständen wie Überbevölkerung oder Hunger, sondern auch unter normalen Alltagsbedingungen: Die Kleinen, von denen es mehr als genug gibt, haben sich jede Mühe gegeben, sich selbst zu handlichen, nahrhaften Portionen hochzumästen; nur wenige brauchen zu überleben, um die Vererbungslinie fortzusetzen, und es fehlt an einem liebevollen Familienleben, das einen zurückhaltenden Einfluß ausüben könnte. Aber elterliche Fürsorge ist nicht auf Vögel und Säugetiere beschränkt. Sie taucht hier und da auch unter Fischen und sogar unter wirbellosen Tieren auf. Mistkäfermütter, die ihre Eier in die »Brutpillen« gelegt haben, die sie aus tierischen Exkrementen gedreht hatten, sind vernarrt in ihre Jungen. Und Nilkrokodile, die mit ihren mächtigen Kiefern einen Menschen entzweibeißen können, tragen vorsichtig ihre kleine Brut umher, die zwischen den Zähnen ihrer Mutter hervorlugt »wie Touristen aus einem Ausflugsbus«.[12]

Selbst wenn dabei lediglich genetische Sequenzen ihr Eigeninteresse zum Ausdruck bringen, so hat sich doch im Reich der Tiere, inbesondere seit dem Aussterben der Dinosaurier, etwas aufgebaut, das ein außenstehender Beobachter als Liebe interpretieren könnte. Mit dem Ursprung der Primaten kommt es zu voller Blüte. Es bindet die Art wirksam zusammen und bildet dabei fast so etwas wie eine gemeinsame Loyalität heraus.

Der Vorrang der Fortpflanzung, das Gefühl, daß die nächste Generation das einzige oder nahezu das einzige ist, das zählt, wird besonders deutlich durch die vielen Arten, bei denen beide Geschlechter in großer Zahl unmittelbar nach der Empfängnis und nachdem Vorkehrungen zur Erhaltung der befruchteten Eier getroffen worden sind, sterben. In anderen Arten, einschließlich unserer eigenen, spielen die Eltern eine zentrale Rolle bei der Erziehung und für den Schutz der Jungen; deshalb gibt es für sie auch ein Leben nach der Paarung. Wäre da nicht dieser Bedarf an

Schutz und Erziehung, hätte die Elterngeneration schon bald ihre Schuldigkeit getan; mehr noch, sie würde »abgestoßen«, ehe sie mit der Nachfolgegeneration in einen Wettstreit um beschränkte Ressourcen treten könnte.

Der Anpassungswert der Neuverknüpfung von DNS-Strängen ist so groß gewesen, daß umfangreiche anatomische, physiologische und verhaltensmäßige Veränderungen ausgeformt wurden, um für die Bedürfnisse dieser Moleküle zu sorgen. Während Zusammenarbeit als solche schon vor der Geschlechtlichkeit gegenwärtig war – etwa in der Koloniebildung von Stromatolithen oder in den symbiotischen Beziehungen der Chloroplaste und Mitochondrien mit der Zelle –, hat Geschlechtlichkeit eine gänzlich neue Art von Zusammenarbeit, von gemeinschaftlichem Bemühen und von Selbstaufopferung in die Welt gebracht. Durch die unterschiedlichen sexuellen Strategien von Männchen und Weibchen hat die Geschlechtlichkeit auch eine neue Art schöpferischer Spannung – die nach Aussöhnung und Kompromiß verlangt – sowie einen kräftigen neuen Beweggrund für Wettbewerb hervorgebracht. Unsere eigene Art ist ein ebenso gutes Beispiel wie irgendeine andere für die nahezu bestimmende Rolle von Sexualität – nicht nur des eigentlichen Geschlechtsaktes, sondern des gesamten dazugehörigen Verhaltens – bei der Festlegung großer Teile der Persönlichkeit, des Charakters, des Programms und darüber hinaus des gesamten Schauspiels des Lebens auf der Erde.

ÜBER UNBESTÄNDIGKEIT

Allein
zum Schlafen kommen wir,
zum Träumen.

Lüge! Das ist eine Lüge.
Wir kommen, um auf der Erde zu leben.

Wie ein Kraut werden wir
jeden Frühling,
ergrünen, unsere Herzen
öffnen sich,

der Körper produziert ein paar Blüten
und fällt irgendwo verwelkt beiseite.

Gedichte der Aztekenvölker[13]

Kapitel 9

Welch schmale Grenze…

Wie der Instinkt vom Schwein, das in dem Unflat gräbet,
Fast kluger Elephant! sich bis zu dir erhebet!
Welch schmale Grenze ihn und die Vernunft getheilt,
Der er sich immer naht, und sie doch nicht ereilt!
Wie nah Erinnrung sich und Überlegung leiden,
Wie fein Empfindungen sich von Gedanken scheiden!

ALEXANDER POPE
Essay on Man (1733/34), Epistle I[1]

Die meisten Leute sind lieber lebendig als tot. Aber warum? Auf diese Frage läßt sich nur schwer eine zusammenhängende Erklärung finden. Oft wird dann ein rätselhafter »Lebenswille«, ein *élan vital*, eine *life force* oder ähnliches angeführt. Doch was ist damit schon erklärt? Selbst die Opfer grausamer Brutalität und unbändiger Schmerzen können sich eine Sehnsucht, manchmal sogar eine Gier nach dem Leben bewahren. Warum in kosmischer Perspektive, im Zusammenhang allen Lebens, ein bestimmtes Individuum leben sollte, ein anderes aber nicht, ist eine schwierige, eine unmögliche, vielleicht sogar eine bedeutungsleere Frage. Das Leben ist ein Geschenk, ein Privileg, das nur einem winzigen Bruchteil aus der unermeßlichen Zahl potentieller Lebewesen zuteil wird. Nur in äußerster Hoffnungslosigkeit ist jemand je bereit, sein Leben freiwillig aufzugeben – zumindest, bevor er ein sehr hohes Alter erreicht hat.

Ein ähnliches Rätsel haftet der Geschlechtlichkeit an. Nur sehr wenige Menschen haben, zumindest heutzutage, Geschlechtsverkehr zu dem bewußten Zweck, den Fortbestand der Menschheit oder auch nur ihrer eigenen DNS zu sichern; und eine kühl rational getroffene Entscheidung zu einem derartigen Zweck ist unter Heranwachsenden außerordentlich selten. (Seit es Menschen auf der Erde gibt, wurde der Durchschnittsmensch die meiste Zeit über selten viel älter als die Heranwachsenden.) Der Lohn der Sexualität liegt in ihr selbst.

Das Verlangen, zu leben und sexuell aktiv zu sein, ist ein Bestandteil unserer Persönlichkeit, unseres Schaltplans; es ist vorprogrammiert. Gemeinsam leisten diese beiden Sehnsüchte einen weitgehenden Beitrag dazu, daß viele Nachkommen mit leicht verschiedenen Merkmalen bereitstehen; und dies ist ja die erste wesentliche Voraussetzung dafür, daß die natürliche Zuchtwahl wirksam werden kann. Auf diese Weise sind wir die zumeist unbewußten Werkzeuge der natürlichen Zuchtwahl, ihre willfährigen Handlanger. So tief wir auch bei der Bewertung unserer eigenen Gefühle schürfen, wir erkennen keine tiefere Absicht. Alle derartigen Erklärungen wurden nachträglich hinzugefügt. Alle sozialen, politischen und theologischen Rechtfertigungen sind nur Versuche, nachträglich menschliche Gefühle, die gleichzeitig vollkommen offensichtlich und zutiefst geheimnisvoll sind, vernunftgemäß zu erklären.

Stellen wir uns nun vor, wir seien jemand, der keinerlei Interesse am »Erklären« solcher Dinge hat, also jemand ohne eine Schwäche für Vernunft und Nachdenklichkeit. Nehmen wir an, wir würden diese Vorlieben für das Überleben und die eigene Fortpflanzung hinnehmen, ohne sie zu hinterfragen, und unsere Zeit einzig damit verbringen, demgemäß zu leben. Könnte das in etwa dem Geisteszustand der meisten Lebewesen entsprechen? Jeder von uns kann erkennen, daß diese beiden »Denkweisen« in uns miteinander existieren. Meistens reicht dazu ein Augenblick der Selbstbetrachtung völlig aus. Religiöse Schriftsteller haben sie als unsere animalischen und geistigen Seelenzustände beschrieben. In der Alltagssprache unterscheiden wir zwischen Fühlen und Denken. In unseren Köpfen scheint es zwei verschiedene Weisen des Umgangs mit der Welt zu geben, von denen die zweite im Maßstab der Evolutionszeiträume erst vor kurzem überhaupt ernsthaft in den Vordergrund getreten ist.

* * *

Werfen wir einen Blick auf die Welt der Zecke.[2] Von den Organen abgesehen, die sie besitzen muß, was muß sie tun, um ihre Art zu erhalten? Zecken haben oft keine Augen. Männchen und Weibchen finden einander durch Düfte, durch essentielle Gerüche, die Geschlechtspheromone genannt werden. Für viele Zecken ist dieses Pheromon ein sogenanntes 2.6-Dichlorophenol. Die chemische Formel des ringförmigen Moleküls lautet $C_6H_3OHCl_2$ (wobei C für Kohlenstoff steht, H für Wasserstoff, O für Sauerstoff und Cl für Chlor). Etwas 2.6-Dichlorophenol in der Luft reicht aus, um Zecken wild vor Leidenschaft zu machen.[3]

Nach der Paarung klettert das Weibchen einen Busch oder Strauch hinauf auf einen Zweig oder ein Blatt. Woher weiß es, in welche Richtung es nach oben geht? Seine Haut kann die Richtung erspüren, aus der das Licht kommt, auch wenn das Weibchen sich kein optisches Bild von der Umgebung machen kann. Auf dem Blatt oder Zweig kauernd, den Elementen ausgesetzt, wartet es nun. Die Empfängnis ist noch nicht eingetreten. Die Samenzellen in seinem Innern sind säuberlich verkapselt; sie befinden sich in einem Zustand langzeitiger Lagerung. Das Zeckenweibchen kann Monate und gar Jahre ohne Nahrung ausharren. Es ist sehr geduldig.

Worauf es wartet, ist ein bestimmter Geruch, der Hauch eines bestimmten Moleküls, etwa der Buttersäure, deren chemische Formel C_3H_7COOH lautet. Viele Säugetiere einschließlich des Menschen scheiden geringe Mengen von Buttersäure an der Hautoberfläche oder an ihren Geschlechtsorganen aus. Eine kleine Wolke mit diesem Duft umgibt sie wie billiges Parfüm. Er dient als sexuelles Anziehungsmittel für Säugetiere, doch Zecken dient er als Signal bei der Futtersuche werdender Mütter.

Wenn die Zecke die von unten aufsteigende Buttersäure wahrnimmt, läßt sie sich fallen. Sie fällt von ihrem Hochsitz und fliegt mit in die Seite gestemmten Beinen durch die Luft. Mit etwas Glück landet sie auf dem vorbeikommenden Säugetier. (Wenn dies nicht gelingt, fällt sie zu Boden, schüttelt sich frei und versucht, einen anderen Busch zum Hochklettern zu finden.)

An den Pelz des ahnungslosen Wirtes geklammert, arbeitet sich das Zeckenweibchen durch das Dickicht zu einer weniger haarigen Stelle vor, zu einem Fleckchen schön warmer bloßer Haut. Dort durchsticht es die Oberhaut und trinkt sich mit Blut voll.*

Das Säugetier kann einen Stich spüren und die Zecke wegreiben oder konzentriert sein Fell durchkämmen und sie herausziehen. Ratten können bis zu einem Drittel ihrer wachen Stunden damit verbringen, sich rein zu halten. Zecken können eine große Menge Blut absaugen; sie scheiden Nervengifte aus und sind Träger von Krankheitserregern. Deshalb sind sie gefährlich. Befinden sich zu viele von ihnen zur gleichen Zeit auf einem Säugetier, so kann dies zu Blutarmut, Appetitverlust und Tod führen. Affen durchsuchen sich gegenseitig sorgfältig ihr Fell; dies ist eine ihrer besonderen kulturellen Eigenheiten. Wenn sie eine Zecke finden, entfernen sie sie mit sicherem Griff und fressen sie auf. In freier Wildbahn sind Affen bemerkenswert frei von Parasiten.

Wenn die Zecke den Gefährdungen durch die Reinlichkeit ihres Wirtes

* Es ist nicht der Geschmack von Blut, der die Zecke anzieht, sondern die Wärme. Wenn sie auf einen mit Buttersäure präparierten und mit warmem Wasser gefüllten Luftballon fällt, wird sie auch diesen bereitwillig durchbohren und sich wie ein unfähiger Dracula gierig mit Wasser vollsaugen.

entronnen ist und nachdem sie sich mit Blut vollgesogen hat, fällt sie schwerfällig zum Erdboden. Auf diese Weise gestärkt, entsiegelt sie die eingelagerten Spermien, legt ihre bis zu zehntausend befruchteten Eier in die Erde und stirbt – nun ist es an ihren Nachkommen, den Zyklus fortzusetzen.

Beachten Sie, wie einfach die Sinnesfähigkeiten sind, derer die Zecke bedarf. Sie ernährte sich vielleicht schon von Reptilienblut, bevor sich die ersten Dinosaurier herausbildeten, aber ihr Vorrat an wesentlichen Fähigkeiten ist bescheiden. Das Zeckenweibchen muß in groben Zügen auf Sonnenlicht reagieren können, damit es weiß, wo oben ist; es muß fähig sein, Buttersäure zu riechen, damit es weiß, wann es Zeit ist, sich auf ein Tier fallen zu lassen; es muß fähig sein, Wärme zu fühlen; es muß um Hindernisse herumkriechen. Dazu ist nicht viel nötig. Heute besitzen wir sehr kleine Photozellen, die leicht in der Lage sind zu entdecken, wo sich an einem wolkenlosen Tag die Sonne befindet. Wir besitzen viele Instrumente für chemische Analyse, die Buttersäure feststellen können. Wir besitzen miniaturisierte Infrarotfühler, die Hitze entdecken. Alle drei Arten von Apparaturen sind in der Tat in Raumfahrzeugen verwendet worden, um andere Welten zu erkunden – in der Viking-Sonde zum Mars beispielsweise. Eine neue Baureihe mobiler Roboter, die gerade für die Erforschung von Planeten entwickelt werden, ist in der Lage, gemächlich über und um Hindernisse herumzugehen. Es wäre nur noch ein weiterer Fortschritt in der Miniaturisierung notwendig, aber weit sind wir nicht mehr von der Fähigkeit entfernt, eine kleine Maschine zu bauen, welche die zentralen Fähigkeiten der Zecke, die Außenwelt zu erfassen, nachbilden – ja sogar weit übertreffen – könnte. Wir könnten einen solchen kleinen Roboter sicherlich auch mit einer Injektionsspritze ausstatten. (Schwieriger wäre es für uns heute noch, ihren Verdauungstrakt und ihr Fortpflanzungssystem nachzubauen; denn wir sind noch sehr weit davon entfernt, die biochemischen Leistungen einer Zecke nachbilden zu können.)

Wie würde es im Innern des Gehirns einer Zecke aussehen? Man wüßte vom Licht, von der Buttersäure, von 2.6-Dichlorophenol, von der Wärme der Säugetierhaut und von Hindernissen, um die herum oder über die hinweg man krabbeln muß. Mit einem solchen Gehirn besitzt man jedoch keinerlei Vorstellung, keine Bilder, keine Sicht der eigenen Umgebung; man ist blind. Man ist auch taub. Die Fähigkeit zu riechen ist sehr eingeschränkt. Ein solches Wesen kann keine nennenswerten Denkprozesse haben. Seine Ansicht von der Außenwelt ist sehr beschränkt; aber was es weiß, ist für seine eigenen Zwecke ausreichend.[4]

* * *

Sie hören einen dumpfen Laut am Fenster und schauen hoch. Eine Motte ist mit dem Kopf voran in das durchsichtige Glas geflogen. Sie hatte natürlich keine Ahnung, daß dort Glas war: Motten gibt es schon seit Hunderten von Millionen Jahren, Glasfenster dagegen erst seit einigen Jahrhunderten. Nachdem sie sich den Kopf am Fenster angeschlagen hat, was tut die Motte als nächstes? Sie fliegt mit ihrem Kopf neuerlich ans Fenster. Man kann Insekten immer wieder dabei beobachten, wie sie sich wiederholt gegen Fensterscheiben werfen, auch Teile von sich selbst am Glas hinterlassen und niemals etwas aus diesem Erlebnis lernen.
Es gibt offenbar nur ein einfaches Flugprogramm in ihrem Gehirn und nichts, das ihnen ermöglichen würde, vom Aufschlagen auf unsichtbaren Wänden Kenntnis zu nehmen, keinen Programmzweig, der etwa lautet: »Wenn ich ständig gegen etwas stoße, sollte ich, auch wenn ich es nicht sehen kann, versuchen, darum herumzufliegen.« Die Entwicklung eines solchen Programms bringt jedoch auch evolutionäre Kosten mit sich; und bis vor kurzem gab es für Motten ohne ein solches Programm keinerlei Strafen und Nachteile. Auch mangelt es ihnen an einer Allzweckfähigkeit zur Problemlösung, die sich solchen Herausforderungen gewachsen zeigen könnte. Motten sind auf eine Welt mit Glasfenstern einfach nicht vorbereitet.
Falls uns dieses Beispiel einen Einblick in den Verstand einer Motte gewährt, so wäre es sicher verzeihlich, wenn wir zu dem Schluß gelangten, daß sie nicht viel Verstand besitzt. Und doch – können wir nicht auch bei Menschen – und nicht nur bei solchen, die unter einem krankhaften Wiederholungszwang leiden – ähnliche Umstände erkennen, in denen wir trotz klarer Beweise, daß sie uns in Schwierigkeiten bringt, immer wieder dieselbe dämliche Sache machen?
Wir Menschen sind nicht immer besser als die Motten. Selbst Staatsoberhäupter kollidieren manchmal mit Glastüren. In Hotels und öffentlichen Gebäuden finden sich heute an Glastüren große rote Kreise und andere Warnsignale. Auch wir Menschen haben uns in einer Welt ohne Fenster-

glas entwickelt. Doch der Hauptunterschied zwischen Motten und Menschen besteht darin, daß letztere sich nur selten nach einem Zusammenstoß aufrappeln und anschließend sofort wieder in die Glastür hineinrennen.

Manche Raupen folgen, wie viele andere Insekten, Duftspuren, die von ihren Artgenossen hinterlassen wurden. Malt man mit einem solchen Duft einen unsichtbaren Kreis auf den Boden und setzt man ein paar Raupen auf diese Spur, so werden sie wie Lokomotiven auf einer kreisförmigen Gleisanlage ewig – oder zumindest, bis sie vor Erschöpfung umfallen – im Kreis herum laufen. Was, wenn überhaupt, denkt sich die Raupe dabei? »Der Kerl vor mir scheint zu wissen, wohin er geht, ich werde ihm also bis an die Enden der Erde folgen«? Die Verfolgung der Duftspur führt fast immer zu einer anderen Raupe von der eigenen Art, und das ist genau, wo man sein möchte. In der Natur gibt es fast nie eine Kreisspur – außer wenn ein übergescheiter Wissenschaftler sich einmischt. Deshalb bringt diese Schwäche im Verhaltensprogramm eine Raupe fast nie in Schwierigkeiten. Wir sehen wiederum ein einfaches Rechenschema am Werk und keinen Hinweis auf Verstandesausübung, bei der unstimmige Fakten ausgewertet werden.

Wenn eine Biene stirbt, setzt sie ein Todespheromon frei, einen charakteristischen Geruch, der die Überlebenden dazu auffordert, sie aus dem Stock zu entfernen. Dies ist ein erhabener Schlußakt an sozialer Verantwortlichkeit. Die Leiche wird dann sofort aus dem Stock geschoben und gezogen. Das Todespheromon ist ungesättigte Ölsäure* oder Olein. Was passiert nun, wenn eine lebendige Biene mit einem Tropfen Olein beträufelt wird? Dann wird sie, wie stramm und kräftig auch immer sie sein mag, »strampelnd und schreiend« aus dem Stock hinausbefördert.[5] Sogar die Bienenkönigin wird dieser Schmach ausgesetzt, wenn sie mit (unsichtbarer) Ölsäure bemalt ist.

Begreifen die Bienen die Gefahr, die von der Verwesung einer Leiche im Stock ausgeht? Sind sie sich der Verbindung zwischen Tod und Ölsäure bewußt? Haben sie irgendeine Vorstellung vom Tod? Denken sie daran, das Ölsäuresignal gegen andere Informationen wie gesunde, natürliche

* Das Olein ist ein ziemlich kompliziertes und ungewöhnliches Molekül, dessen chemische Formel $CH_3(CH_2)_7CH{=}CH(CH_2)_7COOH$ lautet, wobei »=« eine chemische Doppelbindung repräsentiert.

Bewegung abzuwägen? Die Antwort auf all diese Fragen ist mit ziemlicher Sicherheit: Nein. Im Leben eines Bienenstocks gibt es keine andere Situation, in der eine Biene einen Hauch von Ölsäure abgeben kann, als durch ihr Sterben. Ein ausgefeilter Mechanismus zum Nachdenken ist überflüssig. Ihre Wahrnehmung ist ihren Bedürfnissen angemessen.
Unternimmt nun das sterbende Insekt eine besondere letzte Anstrengung, um zum Wohle des Bienenstocks Ölsäure zu produzieren? Wahrscheinlicher ist, daß die Ölsäure entsteht, weil der Fettsäurestoffwechsel kurz vor dem Tod nicht mehr richtig funktioniert. Dieses Anzeichen aktiviert dann die hochsensiblen chemischen Rezeptoren bei den überlebenden Bienen. Eine Bienenrasse mit einer leichten Neigung zur Produktion von Todespheromonen ist unter Evolutionsgesichtspunkten natürlich gegenüber einer anderen, bei der verwesende Leichen voller Krankheitserreger überall im Bienenstock herumliegen, im Vorteil. Das würde sogar gelten, wenn keine andere Biene in diesem Stock eine enge Verwandte der kürzlich verstorbenen wäre. Weil jedoch andererseits alle Bienen des Stockes eng miteinander verwandt sind, kann man die spezielle Produktion eines Todespheromons auch in der Begrifflichkeit der Zuchtwahl unter Blutsverwandten einleuchtend erklären.

* * *

Ein schmuckes, zierlich gebautes Insekt stolziert zwischen den Staubkörnern in der Mittagssonne umher. Besitzt es irgendwelche Gefühle, ein Bewußtsein? Oder ist es nur ein feingliedriger Roboter aus organischem Material, ein Automat auf Kohlenstoffbasis, der mit Sensoren und Antrieben, Programmen und Programmzweigen vollgestopft ist, die alle letztlich nach DNS-Anweisungen hergestellt sind? (Später wollen wir genauer betrachten, was »nur« in diesem Zusammenhang bedeutet.) Wir könnten heute vielleicht der Aussage zustimmen, daß Insekten Roboter sind; denn soweit wir wissen, gibt es keinen zwingenden Beweis für das Gegenteil; und die Mehrzahl von uns hat keine tiefe Gefühlsbindung an Insekten.
Auch der französische Mathematiker und Philosoph René Descartes, der »Vater« der modernen Philosophie, kam um die Mitte des 17. Jahrhunderts zu einem solchen Schluß. In einer Zeit lebend, in der Uhren den Höhepunkt der Technologie darstellten, stellte er sich Insekten und

andere Kreaturen als feingliedrige, miniaturisierte Stücke von Uhrwerken vor – »eine Art höhere Marionettenrasse«, so beschreibt Huxley Descartes' These, »die ohne Genuß essen, ohne Schmerzen schreien, nichts ersehnen, nichts wissen und Verständigkeit nur simulieren, wie eine Biene einen Mathematiker nachäfft«[6] (letzteres bezieht sich auf die Geometrie der sechseckigen Bienenwaben). Ameisen haben keine Seelen, behauptete Descartes; man schuldet ihnen deshalb keine besonderen moralischen Rücksichten.

Was müssen wir dann aber daraus folgern, wenn wir ähnlich einfache Verhaltensprogramme, die von keiner offensichtlichen zentralen Ausführungskontrolle gesteuert werden, auch bei viel höheren Tierarten vorfinden? Wenn ein Gänseei aus dem Nest rollt, so wird die Gänsemutter es sorgfältig wieder hineinschubsen; der Wert dieses Verhaltens für die Gänsegene leuchtet ohne weiteres ein. Versteht die Gänsemutter, die wochenlang auf ihren Eiern gebrütet hat, aber nun, wie wichtig es ist, ein weggerolltes Ei zurückzuholen? Weiß sie, ob eines fehlt? In Wirklichkeit holt sie fast alles zurück ins Nest, das in seine Nähe gelegt wird, auch Tischtennisbälle und Bierflaschen. Sie versteht etwas, aber nicht genug, würden wir sagen.

> Wenn man ein Küken an einem Fuß festbindet, so läßt es ein lautes Piepen ertönen, das sogleich die Glucke veranlaßt, mit gesträubten Federn dem Ton zu folgen, auch wenn das Küken unsichtbar ist. Sobald die Glucke das Küken erblickt, beginnt sie wütend auf einen imaginären Gegner loszupicken.
>
> Setzt man aber das gefesselte Küken unter eine Glasglocke vor die Augen der Glucke, so daß sie es wohl sehen, sein Piepen aber nicht hören kann, so läßt sie sich durch seinen Anblick nicht im geringsten stören.
>
> … Das Merkmal des Piepens geht normalerweise indirekt von einem Feind aus, der das Küken angreift. Dieses Merkmal wird planmäßig durch das Wirkmal der Schnabelhiebe, die den Feind verjagen, ausgelöscht. Das zappelnde, aber nicht piepende Küken ist gar kein Merkmal, das eine besondere Tätigkeit auslöst.[7]

Männliche Tropenfische, die Kampfbereitschaft zeigen, wenn sie die rote Zeichnung anderer Männchen ihrer Art sehen, geraten auch in Aufregung, wenn sie die rote Farbe eines Feuerwehrwagens außerhalb des Fensters erkennen. Menschen empfinden einen Zustand sexueller Erregung, wenn sie auf eine bestimmte Anordnung winziger Punkte auf Papier, Film oder Videoband schauen. Sie zahlen sogar gutes Geld dafür, diese Muster zu betrachten.

Wohin bringt uns dies? Descartes hatte keine Bedenken zuzugestehen, daß auch Fische, Gänse und Hühner feingliedrige Automaten und deshalb seelenlos sind. Aber wie steht es dann um den Menschen?

Descartes bewegte sich hier auf dünnem Eis. Er hatte vor seinen Augen das ernüchternde Beispiel des greisen Galilei, der von der »Heiligen Inquisition« mit Folter bedroht wurde, weil er daran festhielt, daß sich die Erde einmal am Tag um sich selbst drehe, statt sich zu der in der Bibel klar ausgedrückten Ansicht zu bekennen, daß die Erde stillstehe und der Himmel sich einmal am Tag um sie herumbewege. Die römisch-katholische Kirche war durchaus bereit, Konformität zu erzwingen – einzuschüchtern, zu foltern und zu morden, um Leute dazu zu zwingen, genau wie sie zu denken. Gerade am Anfang von Descartes' Jahrhundert hatte die Kirche den Philosophen Giordano Bruno bei lebendigem Leibe verbrannt, weil er selbständig dachte, freiheraus redete und sich zu widerrufen weigerte. Und die Aussage, daß Tiere mechanische Automaten seien, war eine weit gefährlichere und theologisch kritischere Sache als die Frage der Bewegung der Erde – sie berührte keine nebensächlichen, sondern zentrale Lehrsätze: den freien Willen, die Existenz der Seele. Descartes wanderte hier, wie bei anderen Angelegenheiten, einen schmalen Grat entlang.

Wir »wissen«, daß wir mehr sind als bloß ein Satz äußerst vielschichtiger Rechnerprogramme. Das lehrt uns unsere Selbstbetrachtung. So empfinden wir es einfach. Und Descartes, der den Zweifel als wesentliches Element der wissenschaftlichen Methode ansah und der die philosophische Maxime *Cogito, ergo sum* (»Ich denke, also existiere ich«) berühmt machte, gestand deshalb dem Menschen eine unsterbliche Seele zu, aber niemandem sonst auf der Erde.

Doch wir, die wir in einem aufgeklärteren Zeitalter leben, in dem die Strafen für beunruhigende Ideen weniger streng sind, haben nicht nur die Möglichkeit, sondern sogar die Pflicht, weiter nachzuforschen – was seit Darwin viele getan haben. Was, wenn überhaupt, denken die anderen Tiere? Was mögen sie zu sagen haben, wenn sie auf angemessene Weise befragt würden? Entdecken wir nicht Hinweise auf eine Ausführungskontrolle, die Alternativen abwägt, und auf eine Rangordnung miteinander verknüpfter Möglichkeiten, wenn wir einige Tiere sorgfältig untersuchen? Und wenn wir die Verwandtschaft allen Lebens auf der Erde bedenken, ist es dann überzeugend, daß Menschen eine unsterbliche Seele besitzen sollen, alle anderen Tiere aber nicht?

Die Motte muß nicht wissen, wie man um eine Glasscheibe herumfliegt, und die Gans nicht, wie man Eier, aber keine Bierflaschen zurückholt – wiederum, weil es Glasfenster und Bierflaschen noch nicht lange genug gibt, als daß sie eine bedeutsame Rolle in der natürlichen Zuchtwahl von Insekten und Vögeln gespielt haben sollten. Die Programme, Schaltungen und Verhaltensvorräte sind einfach, wenn aus ihrer Vielschichtigkeit kein Vorteil erwächst. Die vielschichtigen Mechanismen tauchen erst auf, sobald die einfachen nicht mehr ausreichen.

In der freien Natur reicht das Programm für die Bergung von Gänseeiern völlig aus. Aber wenn die Gänschen ausschlüpfen, und insbesondere kurz bevor sie flügge sind und das Nest verlassen, achtet die Gänsemutter genauestens auf alle Schattierungen einer Reihe von Lauten, Anblicken und (vielleicht) auch Gerüchen ihrer Küken. Sie hat aus dem Zusammenleben mit ihnen gelernt und erkennt nun ihre eigenen sehr wohl. Sie würde sie nicht mit anderen Gänseküken verwechseln, selbst wenn diese für menschliche Beobachter ganz ähnlich aussehen.

Bei Vogelarten, bei denen Verwirrungen wahrscheinlich sind, bei denen die Jungen aus einem Nest flügge werden und irrtümlich in einem anderen Nest landen können, sind die Mechanismen zur Erkennung und Unterscheidung der eigenen Jungen sogar noch höher entwickelt. Das Verhalten der Gans ist beweglich und vielschichtig, wenn starres und einfaches Verhalten zu gefährlich wäre und zu leicht zu Fehlern führen könnte; ansonsten aber ist es starr und einfach. Die Programme sind äußerst sparsam, kein bißchen vielschichtiger, als sie sein müssen – wenn nur die Welt nicht zu viele Neuheiten hervorbringt, zu viele Fenster und Bierflaschen.

Betrachten wir nochmals unser umherstolzierendes Insekt. Es kann sehen, laufen, rennen, riechen, schmecken, fliegen, sich paaren, fressen, ausscheiden, Eier legen, sich umwandeln. Es besitzt innere Programme, um diese Funktionen zu erfüllen – enthalten in einer Gehirnmasse von etwa einem Milligramm –, und spezialisierte, besondere Organe, um die

Programme auszuführen. Aber ist das wirklich alles? Ist da jemand verantwortlich, jemand im Innern, jemand, der alle diese Funktionen kontrolliert? Was meinen wir, wenn wir »jemand« sagen? Oder ist das Insekt nur die Summe dieser Funktionen, und gibt es sonst wirklich nichts, keine ausführende Autorität, keinen Lenker der Organe, keine Insektenseele?

Wenn wir uns auf Hände und Knie niederlassen und uns das Insekt genau ansehen, so können wir sehen, wie es seinen Kopf aufrichtet, und abmißt, versucht, dieses riesige, drohende, dreidimensionale Monster abzuschätzen. Eine Fliege läuft unbesorgt umher; wir holen mit der aufgerollten Zeitung aus, und flugs fliegt sie weg. Wir knipsen das Licht an, und die Küchenschabe bleibt abrupt in ihrem Pfad stehen und beobachtet uns eifrig. Wenn wir uns auf sie zubewegen, verschwindet sie hinter den Regalen. Wir »wissen«, daß solches Verhalten auf einfachen nervlichen Programmschaltungen basiert. Manche Wissenschaftler werden allerdings nervös, wenn man sie nach dem Bewußtsein einer Stubenfliege oder einer Küchenschabe fragt. Und manchmal ergreift uns ein unheimliches Gefühl, daß die Trennlinien, die wir zwischen Verhaltensprogrammen und bewußtem Handeln ziehen, sehr dünn oder gar durchlässig sein könnten.

Wir wissen, daß das Insekt entscheidet, was es frißt, vor wem es davonrennt und wen es sexuell anziehend findet. Hat es im Innern, in seinem winzigen Gehirn, keine Wahrnehmung davon, daß es Entscheidungen trifft oder daß es existiert? Hat es kein Milligramm Selbstbewußtsein? Keinen Anflug von Hoffnung für die Zukunft? Erlebt es nicht einmal ein wenig Befriedigung über ein wohlvollbrachtes Tageswerk? Wenn sein Gehirn ein Millionstel unserer Gehirnmasse erreicht, dürfen wir ihm dann ein Millionstel unserer Gefühle und unseres Bewußtseins absprechen? Und wenn wir nach sorgfältiger Abwägung solcher Fragen weiter darauf bestehen, daß es »nur« ein Roboter ist, wie sicher sind wir dann, daß dieses Urteil nicht auch ebenso auf uns selbst zutrifft?

Daß es solche Verhaltensprogramme gibt, können wir ja gerade deshalb erkennen, weil sie so unbeugsam einfach sind. Wenn wir aber statt dessen ein Tier vor uns hätten, das vor komplexen Entscheidungsfindungsprozessen geradezu bersten würde, das eine Rangordnung miteinander verknüpfter Möglichkeiten durchspielen würde, das unvorhersehbare Entscheidungen treffen würde und ein starkes Ausführungsüberwachungsprogramm hätte, würde uns dann die Schlußfolgerung näherliegen, daß es sich hier um mehr als einen komplizierten, exquisit miniaturisierten Computer handelte?

Eine Honigbiene kehrt von einem Erkundungsflug in ihren Bienenstock zurück und führt einen »Tanz« auf, indem sie in einem speziellen, hochkomplizierten Muster über die Waben krabbelt. An ihrem Körper haften möglicherweise noch Blütenstaub und Nektar, und sie würgt vielleicht vor ihren lernbegierigen Schwestern einen Teil ihres Mageninhalts aus. All dies geschieht in völliger Dunkelheit, und die Zuschauer können ihre Bewegungen nur durch ihren eigenen Tastsinn erfahren. Allein auf der Grundlage dieser Informationen fliegt dann ein ganzer Bienenschwarm aus dem Stock in die richtige Richtung, um in der richtigen Entfernung einen Nahrungsmittelvorrat zu finden, den sie zuvor noch nicht gesehen hatten; und all dies so mühelos, als pendelten sie täglich zwischen ihrer Wohnung und dieser Arbeitsstelle hin und her. Alle haben nun an dem zuvor beschriebenen Mahl ihren Anteil. Und der ganze Vorgang ist dann besonders häufig, wenn Nahrung knapp oder der Nektar besonders süß ist.[8] Wie die Lage eines Blumenfeldes in die Tanzsprache zu übersetzen und wie anschließend diese Choreographie zu decodieren ist, gehört zum in den Erbinformationen im Innern des Insekts gespeicherten Wissen. Mag sein, daß diese Tiere »nur« Roboter sind; doch haben diese schon fast beängstigende Fähigkeiten.

Wenn wir solche Lebewesen als »nur Roboter« charakterisieren, sind wir auch in Gefahr, die Möglichkeiten im Automatenbau und im Bereich künstlicher Intelligenz, die sich in den nächsten paar Jahrzehnten abzeichnen, aus den Augen zu verlieren. Es gibt schon heute Roboter, die Noten lesen und auf einem Klavier spielen können; Roboter, die schon ganz gut aus einer Fremdsprache in eine andere übersetzen können; Roboter, die aus ihren eigenen Erfahrungen lernen – und dabei Faustregeln entwickeln, die ihnen von ihren Programmierern nicht beigebracht wurden. (Beim Schach etwa kann ihnen als Grundregel eingegeben worden sein, daß Läufer besser in der Mitte des Bretts postiert werden als am Rande, und dann bringen sie sich selbst bei, unter welchen Umständen es besser ist, eine Ausnahme von dieser Regel zu machen.) Manche Schachautomaten, die mit offenen Programmschleifen konstruiert sind, können bis auf eine Handvoll alle menschlichen Schachmeister schlagen. Ihre Züge überraschen sogar ihre Programmierer; ihre Spiele werden nachträglich routinemäßig von Experten analysiert, um herauszufinden, was ihre »Strategie«, ihre »Ziele« und »Absichten« gewesen sein müssen. Wenn man ein ausreichend großes vorprogrammiertes Verhaltensrepertoire hat und fähig ist, aus Erfahrung zu lernen, erscheint es dann nicht für einen außenstehenden Beobachter, *als ob* man ein Bewußtsein hätte und Willensentscheidungen träfe – was auch immer im Kopf (oder wo sonst sich die Nervenzellen befinden) vorgeht oder auch nicht vorgeht?[9]

Wenn man eine ausreichend große Sammlung wechselseitig integrierter Programme und die Fähigkeit hat, Verhaltensweisen zu erlernen; wenn man bei der Datenverarbeitung leistungsstark ist und über Mittel verfügt, konkurrierende Programme in eine Rangordnung zu bringen, wäre es dann völlig ausgeschlossen, daß sich im Innern ein Gefühl zu regen beginnt, das ein wenig dem Denken ähnelt? Könnte nicht unsere Neigung, uns irgendeine innere Instanz vorzustellen, welche die Fäden der Tiermarionette zieht, eine dem Menschen eigentümliche Weise der Weltsicht sein?* Könnte nicht unser Gefühl, wir hätten uns selbst in der Hand, gleichermaßen Einbildung sein – zumindest den größeren Teil der Zeit und für den größten Teil dessen, was wir tun? Wieweit sind wir wirklich unsere eigenen Herren? Wieviel unseres tatsächlichen alltäglichen Verhaltens beruht auf einer automatischen Steuerungsanlage?

Zu den vielen menschlichen Gefühlen, die trotz kultureller Vermittlung grundlegend vorprogrammiert sein könnten, gehören wohl die sexuelle Anziehungskraft, das Sich-Verlieben und die Eifersucht; Hunger und Durst; das Grausen angesichts von Blut, die Furcht vor Schlangen, großen Höhen und »Gespenstern«, Scheu und Mißtrauen gegenüber Fremden; Gehorsam gegenüber Autoritäten, Heldenverehrung, Beherrschung der Sanftmütigen; Schmerz, Weinen und Lachen; das Inzesttabu; das lächelnde Entzücken des Kleinkindes, wenn es Familienmitglieder sieht, Trennungsangst und Mutterliebe. Zu jedem dieser Phänomene gehört ein ganzer Komplex von Emotionen; und das Denken hat mit allen sehr

* Ein vielversprechendes Forschungsergebnis im Bereich der künstlichen Intelligenz ist die Entdeckung, daß eine dezentralisierte Datenverarbeitung – viele parallel geschaltete kleine Rechner ohne eine große zentrale Verarbeitungseinheit – sehr gut funktioniert, nach manchen Kriterien sogar besser als der größte und schnellste zentrale Großrechner. Viele kleine Köpfe, die zusammenarbeiten, können einem großen Kopf, der allein arbeitet, durchaus überlegen sein.

wenig zu tun. Wir können uns mit Sicherheit ein Wesen vorstellen, dessen Innenleben fast vollständig aus solchen Gefühlen zusammengesetzt ist und nahezu ohne jeden Denkvorgang auskommt.

* * *

Eine Spinne spannt ihr Netz in der Nähe unserer Haustürleuchte. Der feine, feste Faden rollt aus ihrer Spinndrüse hervor. Wir bemerken das Netz erst, als es nach einem Regenguß von winzigen Tröpfchen glitzert und seine Besitzerin eine beschädigte äußere Verspannung repariert. Das feingesponnene, konzentrische und vieleckige Muster ist sorgfältig durch einen einzigen Befestigungsfaden, der sich bis zum Gehäuse der Leuchte selbst erstreckt, und durch einen anderen zu einem nahen Geländer stabilisiert. Das Netz wird sogar im Dunkeln und bei regnerischem Wetter repariert. Nachts, wenn das Licht brennt, sitzt die Spinne im Zentrum und erwartet das glücklose Insekt, das vom Licht angelockt wird und dessen Sehvermögen so schlecht ist, daß es das Netz praktisch nicht erkennen kann. Sobald sich eines in den Fäden verfängt, erreicht die Nachricht davon die Spinne durch Wellenbewegungen der Fäden. Nun rennt sie an einer der radialen Streben entlang, sticht das Insekt, wickelt es schnell in einen weißen Kokon, sozusagen als Päckchen zu späterem Gebrauch, und eilt zurück in ihre Kommandozentrale – gelassen, ein Wunder an Tüchtigkeit und, soweit wir sehen können, nicht einmal außer Atem.

Woher weiß sie, wie man ein solches feingesponnenes Netz entwirft, baut, stabilisiert, repariert und nutzt? Woher weiß sie von den Vorteilen, es nahe an einer Leuchte, von der Insekten angezogen werden, zu bauen? Ist sie um das ganze Haus gehetzt, um den Reichtum an Insekten an verschiedenen Stellen einzuschätzen? Wie könnte ihr Verhalten vorprogrammiert sein, wo doch die Erfindung künstlicher Lichter viel zu neu ist, um bei Spinnen eine entsprechende evolutionäre Anpassung hervorgerufen zu haben?

Wenn Spinnen LSD oder andere bewußtseinsverändernde Drogen verabreicht werden, so werden ihre Netze weniger symmetrisch, regelloser, man könnte auch sagen: weniger fixiert, mehr in freier Form – aber auch weniger wirksam beim Insektenfang. Was hat eine Spinne im Drogenrausch vergessen?

Vielleicht ist ihr Verhalten vollkommen in ihrem ACGT-Code vorprogrammiert. Aber könnte dann nicht eine weit vielschichtigere Information in einem viel längeren, viel stärker ausgefeilten Code beschlossen sein? Vielleicht ist manches aus diesem Informationssystem aber auch aus früheren Erfahrungen beim Spinnen und Reparieren von Netzen, beim Lähmen und Verspeisen von Beute erlernt worden. Doch bedenken Sie dabei, wie klein das Gehirn dieser Spinne ist. Ein wieviel ausgefeilteres Verhalten könnte aus einem viel größeren Gehirn hervorgehen?

Das Netz ist, ganz den Umständen angepaßt, in der geometrischen Anordnung von Lampengehäuse, Metallgeländer und Holzwand verankert. Diese Lokalisierung kann unmöglich als solche vorprogrammiert gewesen sein. Es muß so etwas wie eine Wahl, ein Element der Entscheidungsfindung gegeben haben, eine Verknüpfung ererbter Vorlieben und Prägungen mit einer nie zuvor angetroffenen Umweltgegebenheit.

Ist die Spinne nun »nur ein Automat«, der unhinterfragt handelt und dabei Dinge tut, die ihm als die natürlichsten der Welt erscheinen – und der durch eine reichliche Versorgung mit Nahrung belohnt und in seinem Verhalten bestärkt wird? Oder könnte es da nicht auch einen winzigen Anteil an Lernfähigkeit, Entscheidungskraft und Selbstbewußtsein geben?

Unter Zugrundelegung hoher technischer Präzisionsmaßstäbe spinnt sie ihr Netz jetzt. Ihren Lohn erntet sie jedoch erst später, vielleicht viel später. Geduldig wartet sie. Weiß sie, worauf sie wartet? Träumt sie von saftigen Motten und dummen Eintagsfliegen? Oder wartet sie mit leerem Kopf, müßig, an überhaupt nichts denkend – bis der vielsagende Ruck sie eine der radialen Verstrebungen entlangeilen läßt, um das zappelnde Insekt mit einem Stich zu lähmen, bevor es sich freistrampelt und entkommt? Sind wir wirklich sicher, daß kein schwacher, vielleicht in Abständen aufflackernder Funke von Bewußtsein in der Spinne gegenwärtig ist?

Wir würden vermuten, daß ein Funken von Bewußtsein auch in der bescheidensten Kreatur flackert, und daß mit zunehmender Nervenarchitektur und vielschichtigerem Gehirn auch so etwas wie Bewußtsein erwächst. »Wenn ein Hund läuft«, sagte der Naturkundler Jakob von Uexküll, »so bewegt das Tier seine Beine; wenn ein Seeigel läuft, so bewegen die Beine das Tier.«[10] Doch sogar bei Menschen ist das Denken oft nur ein untergeordneter Bewußtseinszustand.

Wenn es möglich wäre, in die Seele einer Spinne oder einer Gans hineinzuspähen, dürften wir dort ein bunt gewürfeltes Voranschreiten von Neigungen entdecken – und vielleicht manche Vorahnungen einer bewußten Wahl, einer Handlung, die aus einer Reihe möglicher Alternativen ausgewählt wurde. Was einzelne nichtmenschliche Organismen als ihre Motivationen wahrnehmen mögen, was sie über die Vorgänge in ihrem Körper empfinden, ist einer der für uns nahezu unhörbaren Kontrapunkte in der Musik des Lebens.

Wenn ein Tier auszieht, um Nahrung zu suchen, so tut es dies häufig nach einem klar definierten Muster. Eine Suche nach dem Zufallsprinzip ist unzulänglich, weil sie oftmals in die eigenen Bahnen zurückführt; die selben Orte würden dann immer wieder neu durchstöbert. Statt dessen beruhen die üblichen Suchmuster, auch wenn das Tier nach links und rechts ausschert, fast immer auf einer beständigen Vorwärtsbewegung. Auf neuem Grund wird die Suche nach Nahrung auch zu einer allgemeineren Erforschung der Umgebung. Ein Verlangen nach neuen Entdeckungen ist fest in seinem Verhaltensmodell verankert. Entdeckungsreisen sind etwas, das wir um seiner selbst willen gerne tun, aber außerdem bringen sie Belohnungen mit sich, helfen beim Überleben und erhöhen die Anzahl der Nachkommen.

Vielleicht sind Tiere fast reine Automaten – mit Trieben, Instinkten und Hormonschüben, die sie zu einem Verhalten treiben, das seinerseits sorgfältig zugeschliffen und ausgewählt ist, um die Verbreitung einer bestimmten genetischen Sequenz zu unterstützen. Vielleicht sind ja Bewußtseinszustände ungeachtet ihrer Lebhaftigkeit, wie Huxley sagte, »unmittelbar durch molekulare Veränderungen in der Gehirnsubstanz verursacht«. Doch aus der Sicht des Tieres muß all dies – wie auch aus unserer Sicht – als natürlich, leidenschaftlich und manchmal sogar durchdacht erscheinen. Vielleicht wird diese Fülle von Impulsen und einander überschneidenden Nebenprogrammen manchmal sogar als etwas wie eine freie Willensentscheidung empfunden. Das Tier hat sicherlich selten den Eindruck, daß es *gegen* seinen Willen dazu getrieben wird. Es verhält sich freiwillig in der Weise, die seine konkurrierenden Programme ihm abfordern. In der Hauptsache befolgt es nur Befehle.

Auf diese Weise fühlt es, sobald die Jahreszeit anbricht, in der die Tage lang genug werden, eine ziellose Unruhe, etwas wie Frühlingserwachen. Es hat über Themen wie Empfängnis, Trächtigsein, die ideale Jahreszeit für die Geburt der Jungen und die Fortpflanzung seiner genetischen Sequenzen sicher nicht gründlich nachgedacht; das geht weit über seine Fähigkeiten hinaus. Doch innerlich könnte es sehr wohl das Gefühl haben, als mache das Wetter trunken, als sei das Leben ungestüm und das Mondlicht unwiderstehlich.

* * *

Wir haben nicht die Absicht, herablassend über die begrenzte Tiefe des Verständnisses zu sprechen, das unsere Mitgeschöpfe zeigen. Auch wir sind der Gnade unserer Gefühle ausgesetzt. Auch wir wissen weitgehend nicht, woher unsere Motivationen kommen. Und einige dieser Wesen haben als gewöhnliche Bestandteile ihres täglichen Lebens Sinnesfähigkeiten, die uns Menschen völlig fehlen. Andere Wesen haben andere Geschmäcke und erleben die Außenwelt jeweils anders – »Wenn man ein Wurm in einem Rettich ist, dann schmeckt der Rettich süß«, sagt ein altes jiddisches Sprichwort. Darüber hinaus lebt der Rettichwurm aber auch in einer Welt, in der Gerüche, Geschmäcke, Oberflächenstrukturen und andere Sinnesempfindungen erlebt werden können, die wir Menschen gar nicht kennen.

Hummeln können die Polarisation von Sonnenlicht entdecken, die für Menschen ohne Hilfsmittel unsichtbar ist; Grubenottern spüren infrarote Strahlung und unterscheiden Temperaturschwankungen von 0,01 Grad Celsius auf eine Entfernung von einem halben Meter; viele Insekten sehen ultraviolettes Licht; manche afrikanischen Süßwasserfische nehmen leichte, von Eindringlingen verursachte Störungen im elektrostatischen Feld wahr, das sie um sich selbst aufbauen; Hunde, Haie und Zikaden unterscheiden Töne, die für Menschen gänzlich unhörbar sind; gewöhnliche Skorpione haben winzige Seismometer an ihren Beinen, mit denen sie in pechschwarzer Dunkelheit die Schritte eines kleinen Insekts im Abstand von einem Meter wahrnehmen können; Wasserskorpione haben eine Einschätzung ihrer Tiefenposition, indem sie den Wasserdruck messen; eine geschlechtsreife weibliche Seidenraupenmotte setzt pro Sekunde ein zehnmilliardstel Gramm eines geschlechtsspezifischen Lockdufts frei, mit dem sie jedes Männchen im Umkreis von einigen Kilometern anzieht; Delphine, Wale und Fledermäuse benutzen eine Art Echolot zur präzisen Ortsbestimmung.

Richtung, Reichweite, Amplitude und Frequenz der Echolotgeräusche, die zu den Fledermäusen, die sie ausgesandt haben, zurückkehren, werden in benachbarten Regionen im Gehirn der Fledermäuse systematisch registriert. Aber welches innere Wahrnehmungsbild hat die Fledermaus nun von dieser Echowelt?

Karpfen und Katzenwelse besitzen, verteilt über den Großteil ihres Körpers und ihres Maules, Geschmacksknospen, deren Nervenbahnen in einem großen Gehirnlappen zur Verarbeitung von Sinneswahrnehmungen zusammenlaufen – Gehirnlappen, die wir von anderen Tieren nicht kennen. Wie sieht ein Katzenwels die Welt? Wie sieht es in seinem Gehirn aus? Es gibt dokumentierte Fälle, in denen ein Hund mit dem Schwanz wedelte und in freudiger Aufregung einen Mann begrüßte, dem er niemals zuvor begegnet war; es stellte sich heraus, daß der Mann der langvermißte eineiige Zwillingsbruder des Herrchens war, der für den Hund an seinem Körpergeruch erkennbar war. Von welcher Art ist die Geruchswelt eines Hundes? Magnetotaktische Bakterien enthalten winzige Magnetitkristalle – ein Eisenerz, das frühen Segelschiffern als Ladestein zur Remagnetisierung von Magnetnadeln bekannt war. Diese Bakterien haben buchstäblich innere Kompasse, die sie auf das magnetische Feld der Erde ausrichten. Der große wallende Dynamo aus geschmolzenem Flüssigeisen im Erdkern – für Menschen ohne die Hilfe von Instrumenten überhaupt nicht wahrnehmbar – ist für diese mikroskopisch kleinen Wesen eine Realität, nach der sie sich richten. Wie fühlt sich der Erdmagnetismus für sie an? Alle diese Kreaturen mögen (nahezu) Automaten sein, doch was für wundersame Kräfte sie besitzen, die den Menschen, selbst den fiktiven Superhelden, niemals zuteil wurden! Wie verschieden von unserer eigenen muß ihre Weltsicht doch sein, da diese Kreaturen soviel wahrnehmen, das uns entgeht!

Jede Art hat ein unterschiedliches Modell der Außenwelt in ihrem Gehirn eingezeichnet. Keines der Modelle ist vollständig. In jedem Modell fehlen einige Aspekte der Welt. Wegen dieser Unvollständigkeit werden sich früher oder später Überraschungen ergeben – die dann möglicherweise als »Zauberkräfte« oder »Wunder« empfunden werden. Es gibt unterschiedliche Wahrnehmungsweisen, unterschiedliche Aufnahmeempfindlichkeiten, unterschiedliche Formen,wie die vielfältigen Sinneseindrücke zu einem dynamischen Ab-

bild vereint werden... etwa das Gleiten einer jagenden Schlange.
Doch Descartes blieb unbeeindruckt. Er schrieb an den Marquis von Newcastle:

> Ich weiß in der Tat, daß wilde Tiere viele Dinge besser als wir vollbringen, aber ich bin darüber nicht überrascht; denn dies dient auch zum Beweis, daß sie aufgrund von Naturkräften handeln, aufgrund von Federn, wie eine Uhr, die die Stunden besser anzeigt, als unser eigenes Urteil es vermöchte.[11]

* * *

Als das Leben sich entfaltete, erweiterte sich das Gefühlsrepertoire. Aristoteles dachte: »Es finden sich nämlich in vielen von ihnen [den Tieren] Zahmheit und Wildheit, Sanftmut und Heftigkeit, Mut und Feigheit, Furchtsamkeit und Dreistigkeit, Ungestüm und Verschlagenheit und Ähnlichkeiten mit der Klugheit aus Überlegung.«[12] Gefühle, die nach Darwins Darstellung außer beim Menschen zumindest bei einigen anderen Säugetieren – hauptsächlich Hunden, Pferden und Affen – festgestellt werden können, schließen Vergnügen, Schmerz, Freude, Leid, Schrecken, Mißtrauen, Falschheit, Mut, Ängstlichkeit, schlechte Laune, gute Laune, Rache, selbstlose Liebe, Eifersucht, Verlangen nach Zuwendung und Lob, Stolz, Scham, Bescheidenheit, Großmut und sogar einen Sinn für Humor ein.[13]
Und zu irgendeinem Zeitpunkt, möglicherweise lange bevor es die ersten Menschen gab, entwickelte sich auch langsam ein neuer Komplex von Gefühlen: Neugier, Einsicht, die Freuden des Lernens und Lehrens. Nervenzelle um Nervenzelle hoben sich die Trennwände in die Höhe.

SIND TIERE MASCHINEN? VIER ANSICHTEN

Eine Ansicht aus dem 17. Jahrhundert: Descartes

Wie man es in den Grotten und bei den Fontänen in den Gärten unserer Könige sehen kann, reicht allein die Kraft aus, mit der das Wasser sich bewegt, wenn es aus der Quelle entspringt, um dort allerhand Maschinen in Bewegung zu versetzen oder sogar einige Instrumente spielen oder einige Worte aussprechen zu lassen, je nach der verschiedenen Anordnung der Röhren, durch die das Wasser geleitet wird.

Und tatsächlich kann man die Nerven der Maschine, die ich beschreibe, sehr gut mit den Röhren der Maschinen bei diesen Fontänen vergleichen...

Die Objekte der Umwelt, die allein durch ihre Anwesenheit auf die Sinnesorgane einwirken und sie (die Maschine) dadurch veranlassen, sich auf verschiedene Weise zu bewegen, je nachdem, in welcher Verfassung sich die Teile des Gehirns befinden, sind wie Besucher, die bei ihrem Eintritt in einige Grotten mit diesen Fontänen, ohne daran zu denken, selbst die Bewegungen verursachen, die sich da in ihrer Gegenwart abspielen: denn sie können dort nur über bestimmte Steinfliesen eintreten, die durch ihre Lage verursachen, daß eine badende Diana, der sich die Besucher nähern, sich im Schilf versteckt. Und dringen sie weiter vor, um sie zu verfolgen, dann verursachen sie, daß ein Neptun auf sie zukommt und sie mit seinem Dreizack bedroht. Oder wenn sie in irgendeine andere Richtung gehen, veranlassen sie, daß dort ein See-Ungeheuer hervortritt, das ihnen Wasser ins Gesicht speit, oder ähnliche Dinge, je nach dem Übermut des Technikers, der sie (die Fontänen) erbaut hat. Und wenn schließlich eine *vernunftbegabte Seele* in dieser Maschine sein wird, wird sie ihren Hauptsitz im Gehirn haben und dort wie der Quellmeister sein, der den Verteiler, an dem alle Röhren dieser Maschine zusammenkommen, bedienen muß, wenn er in irgendeiner Weise ihre Bewegungen beschleunigen, verhindern oder ändern will...

Ich wünsche, daß man schließlich aufmerksam beachte, daß alle

Funktionen, die ich dieser Maschine zugeschrieben habe, z.B. die Verdauung der Nahrung, das Schlagen des Herzens und der Arterien, die Ernährung und das Wachstum der Glieder, die Atmung, das Wachen, Schlafen, die Aufnahme des Lichts, der Töne, der Gerüche, des Geschmacks, der Wärme und anderer solcher Qualitäten über die äußeren Sinnesorgane, den Eindruck ihrer Wahrnehmungen auf das Organ des Sensus communis und der Einbildungskraft, die Zurückhaltung oder Verankerung dieser Ideen im Gedächtnis, die inneren Bewegungen des Appetits und der Gemütsbewegungen und schließlich die äußeren Bewegungen aller Glieder, die sowohl den Bewegungen der Objekte, die sich den Sinnen darbieten, als auch den Gemütsbewegungen und den Eindrücken, die sich im Gedächtnis befinden, in passender Weise so folgen, daß sie so vollkommen wie möglich die eines richtigen Menschen nachahmen: Ich wünsche, sage ich, daß man bedenke, daß die Funktionen in dieser Maschine alle von Natur aus allein aus der Disposition ihrer Organe hervorgehen, nicht mehr und nicht weniger, als die Bewegungen einer Uhr oder eines anderen Automaten von der Anordnung ihre Gewichte und ihrer Räder abhängen. Daher ist es in keiner Weise erforderlich, hier für diese (die Maschine) eine vegetative oder sensitive Seele oder ein anderes Bewegungs- und Lebensprinzip anzunehmen ...[14]

Eine Ansicht aus dem 18. Jahrhundert: Voltaire

Wie erbärmlich und armselig ist doch die Behauptung, Tiere seien Maschinen ohne Verstand und Gefühle, die in immer gleicher Weise funktionieren, die nichts lernen und sich nicht perfektionieren könnten, etc.!

Wie bitte? Jener Vogel, der sein Nest in einem Halbkreis baut, wenn er es an einer Mauer befestigt; der es in einem Viertelkreis baut, wenn es in einer Ecke liegt, oder kreisrund auf einem Baum; jener Vogel handelt immer gleich? Jener Jagdhund, den du drei Monate lang trainiert hast, weiß am Ende nicht mehr als vor dem Beginn deines Unterrichts? Und der Kanarienvogel, dem du eine Melodie beibringst, wiederholt er sie denn auf Anhieb? Mußt du nicht beträchtliche Zeit darauf verwenden, ihm diese Melodie beizubrin-

gen? Hast du nicht gesehen, daß er einen Fehler gemacht und sich selbst verbessert hat?
Hat dein Urteil, daß ich Gefühle, Erinnerung und Ideen habe, denn nur damit zu tun, daß ich mit dir spreche? Nun gut, dann spreche ich eben nicht mehr mit dir! Du siehst mich nur noch mit einem Ausdruck tiefer Besorgnis nach Hause gehen, unruhig nach einem Schriftstück suchen, den Schreibtisch aufschließen, in dem ich es eingeschlossen hatte, wie ich mich jetzt erinnere, das gesuchte Papier finden und es mit Freude lesen. Und daraus ziehst du den Schluß, daß ich das Gefühl der Besorgnis und darauf das der Freude empfunden habe, daß ich Gedächtnis und Verstand besitze.
Dann wende auch das gleiche Urteil auf den Hund an, der seinen Herren unterwegs verloren hat, der ihn in allen Straßen mit Schmerzenslauten gesucht hat, der in erregtem, unruhigem Zustand nach Hause kommt, treppauf, treppab und von Zimmer zu Zimmer läuft, und der schließlich seinen geliebten Herrn im Studierzimmer findet und ihm seine Freude durch Laute des Entzückens, Luftsprünge und Zärtlichkeiten zeigt.[15]

Eine Ansicht aus dem 19. Jahrhundert: Huxley

Bedenken Sie, was geschieht, wenn ein Schlag auf das Auge gerichtet wird. Augenblicklich, ohne unser Wissen und Wollen, und sogar gegen unseren Willen, schließen sich die Augenlider. Was genau ist es, das da geschieht? Ein Bild der vorschnellenden Faust wird auf die Netzhaut hinten im Auge geworfen. Die Netzhaut verwandelt dieses Bild in eine Reizung einiger Fasern des Sehnervs; diese wiederum reizen bestimmte Teile des Gehirns; das Gehirn seinerseits reizt jene besonderen Fasern des siebten Nervs, die zum Ringmuskel der Augenlider führen; die Veränderung in diesen Nervenfasern bewirkt, daß die Muskelfasern ihre Gestalt ändern, so daß sie kürzer und breiter werden; und das Ergebnis ist das Schließen des Schlitzes zwischen den beiden Lidern, um die herum diese Fasern verteilt sind. Hier haben wir einen reinen Mechanismus, der eine zweckdienliche Handlung auslöst und der insofern genau mit jenem vergleichbar ist, von dem Descartes erwartet, daß er seine Wasserspiel-Diana bewegt. Aber wir können noch weitergehen und fragen, ob unser Wollen – in dem, was wir einen Willensakt nennen – jemals eine andere Rolle spielt als die von Descartes' Techniker, der in seinem Schaltraum sitzt und diesen oder jenen Wasserhahn aufdreht, wenn er die eine oder andere Maschine in Bewegung setzen will, der aber keinen direkten Einfluß auf die Bewegungen des gesamten [Wasserspiels] ausübt....

Descartes gibt vor, daß er seine Ansichten nicht auf den menschlichen Körper anwende, sondern nur auf eine Phantasie-Maschine, die alles tun würde, was der menschliche Körper tun kann, falls sie konstruiert werden könnte. Damit ließ er sich auf ein unwürdiges Spiel ein: Er warf dem grimmigen Wachhund einen mit Betäubungsmittel getränkten Happen zu – nutzloserweise, da dieser keineswegs dumm genug war, den Happen zu verschlingen...

...Welcher irdische Mensch könnte, wenn er unbeschränkte Kontrolle über alle Nerven hätte, die Mund und Kehlkopf eines anderen versorgen, diesen zum Aussprechen eines bestimmten Satzes bringen? Und doch, wenn man etwas zu sagen hat, was ist einfacher, als es auszusprechen? Wir wünschen die Äußerung bestimmter Worte: wir berühren die Antriebsfeder der Wortmaschine, und schon sind sie ausgesprochen. Genau wie Descartes' Techniker, wenn er wollte, daß eine bestimmte hydraulische Maschine spielte, nur an einem Wasserhahn zu drehen hatte – und sein Wunsch wurde ausgeführt. Gerade weil der Körper eine Maschine ist, ist Erziehung möglich. Erziehung ist die Ausbildung von Gewohnheiten, das aufsetzen einer künstlichen Organisation auf die natürliche Organisation des Körpers, so daß Handlungen, die anfangs eine bewußte Anstrengung erfordern, schließlich unbewußt und mechanisch werden. Wenn die Handlung, die zuerst ein ausgeprägtes Bewußtsein und ein Wollen ihrer Einzelheiten erfordert, immer die gleiche Anstrengung nötig hätte, wäre Erziehung ein Ding der Unmöglichkeit.

Nach Descartes werden also alle Funktionen, die Menschen und Tiere gemeinsam haben, durch den Körper als eine rein mechanische Maschine geleistet, und er sieht das Bewußtsein als das spezifische Merkmal der *»chose pensante«* [der ›denkenden Sache‹], der ›vernunftbegabten Seele‹, die beim Menschen (und nach Descartes' Meinung *nur* beim Menschen) zum Körper hinzukommt. Er stellte sich vor, daß diese rationale Seele ihren Sitz in der Zirbeldrüse als einer Art Hauptgeschäftsstelle hatte; und hier wurde sie durch die Vermittlung der animalischen Geister dessen gewahr, was im Körper vorging, oder beeinflußte von hier aus die Tätigkeiten des Körpers. Moderne Physiologen schreiben der kleinen Zirbeldrüse keine so erhabene Funktion zu, aber sie übernehmen in einer unscharfen Weise Descartes' Prinzip und nehmen an, daß die Seele ihren Sitz in der Großhirnrinde hat – zumindest wird dieser Teil des Gehirns im allgemeinen für Sitz und Werkzeug des Bewußtseins gehalten.

...Obwohl wir Gründe haben mögen, Descartes' Annahme, daß wilde Tiere bewußtlose Maschinen seien, nicht zuzustimmen, so folgt daraus doch nicht, daß er sich irrte, als er sie für Automaten hielt. Sie können mehr oder weniger bewußtseinsbegabte, empfindungsfähige Automaten sein; und die Ansicht, daß sie solche bewußten Maschinen seien, ist jene, die von den meisten Leuten stillschweigend oder ausdrücklich geteilt wird. Wenn wir davon sprechen, daß die Betätigungen der niederen Tiere durch Instinkt und nicht durch Vernunft gelenkt sind, so meinen wir in Wirklichkeit, daß ihre Betätigungen, obwohl auch sie Gefühle haben wie wir, doch Ergebnis ihrer körperlichen Organisation sind. Kurz gesagt, wir glauben, daß sie Maschinen sind, von denen ein Teil [das Nervensystem] nicht nur die übrigen Teile in Bewegung setzt und ihre Bewegungen im Verhältnis zu Veränderungen in umgebenden Körpern koordiniert, sondern darüber hinaus mit einem besonderen Apparat ausgestattet ist, der die Funktion hat, jene Bewußtseinszustände hervorzurufen, die Sinneswahrnehmungen, Gefühle und Ideen genannt werden. Ich glaube, daß diese allgemein akzeptierte Ansicht die beste Beschreibung der gegenwärtig bekannten Tatsachen ist.

...Nach meinem besten Wissen ist es durchaus wahr, daß die Beweisführung, die auf wilde Tiere zutrifft, in gleicher Weise für die Menschen gilt; und daß deshalb bei uns wie bei ihnen alle Bewußtseinszustände unmittelbar durch molekulare Veränderungen in der Gehirnsubstanz verursacht werden. Mir scheint, daß es bei Menschen – wie bei wilden Tieren – keinen Beweis dafür gibt, daß irgendein Bewußtseinszustand die Ursache für eine Veränderung in der Bewegung der Materie des Organismus ist. Wenn diese Behauptungen wohlbegründet sind, so folgt daraus, daß unsere geistigen

Zustände einfach die im Bewußtsein abgebildeten Symbole von Veränderungen sind, die automatisch im Organismus eintreten; daß, um ein extremes Beispiel herauszugreifen, die Empfindung, die wir Willensentscheidung nennen, nicht die Ursache einer willentlichen Handlung ist, sondern das Symbol jenes Zustandes des Gehirns, der die unmittelbare Ursache jener Handlung ist. Wir sind bewußte Automaten ...[16]

Eine Ansicht aus dem 20. Jahrhundert: James L. und Carol G. Gould

Bei der Behandlung des Themas, ob Tiere geistige Erfahrungen haben können, haben wir uns zunächst gefragt, ob die stillschweigende Annahme korrekt ist, daß Menschen fast vollkommen bewußt sind und immer wissen, was sie tun (und daß sie deshalb auch völlig kompetent sind, unsere erkenntnismäßig weniger hochentwickelten tierischen Brüder zu bewerten). Könnte es nicht sein, daß das Ausmaß des bewußten Denkens im alltäglichen Leben der meisten Leute weit überschätzt wird? Wir wissen bereits, daß viel von unserem erlernten Verhalten fest verankert wird: Trotz des mühevollen und schwierigen Vorgangs, den das Bewältigen der Aufgabe ursprünglich darstellte, wer muß sich schon als Erwachsener noch darauf konzentrieren, wie man geht oder schwimmt, einen Schuh zubindet, Worte niederschreibt oder sogar sein Auto über eine vertraute Strecke lenkt? Auch ein bestimmtes Sprachverhalten fällt in diese Kategorie. Michael Gazzaniga erzählt beispielsweise die Geschichte eines früheren Arztes, der so sehr unter einer Verletzung der linken Gehirnhälfte (in der sich das Sprachzentrum befindet) litt, daß er nicht einmal einfache Sätze aus drei Wörtern formulieren konnte. Und doch, wenn ein bestimmtes, hochgepriesenes, aber unwirksames Markenpräparat erwähnt wurde, konnte er einen abgedroschenen, grammatisch indes vollkommenen, fünfminütigen Redeschwall über dessen Nachteile vom Stapel lassen. Diese vorgefertigte Rede war in der unbeschädigten rechten Gehirnhälfte (neben der üblichen Sammlung von Liedern, Gedichten und Spruchweisheiten) wie auf einem Tonband gespeichert worden und bedurfte zu ihrem Vortrag keiner bewußten linguistischen Manipulation.

... Welchen Beweis gibt es wirklich, daß jene hehren intellektuellen Ereignisse, die als »Eingebung« bekannt sind, irgendwelches bewußtes Denken einschließen? Am häufigsten werden uns unsere besten Einfälle aus unserem Unbewußten angeboten, während wir gerade etwas vollkommen Belangloses denken oder tun. Eine Eingebung hängt möglicherweise von einer Art wiederholungsreichem und zeitraubendem Mustervergleichsprogramm ab, das unmerklich unterhalb der Bewußtseinsschwelle abläuft und nach einleuchtenden Vergleichen sucht.

Es könnte doch sein, meinen wir, daß ein skeptischer und unbefangener außerirdischer Verhaltensforscher beim Studium unserer wenig reizvollen Art berechtigterweise zu dem Schluß käme, daß *Homo sapiens* größtenteils Automaten mit übertriebenen und sehr wortreichen Werbeabteilungen sind, um unsere Schwächen zu entschuldigen und zu vertuschen.[17]

Kapitel 10

Das vorletzte Heilmittel

*Und ist die ganze Welt von Bewohnern überfüllt,
so bleibt als letztes Mittel der Krieg...*

THOMAS HOBBES
Leviathan[1]

Sobald Organismen ihre Geschlechtlichkeit tatsächlich gut zu nutzen wissen, sobald sie die Organe dafür und die Leidenschaft dazu entfaltet haben, ergibt sich unausweichlich eine Gefahr: Es können so viele fähige, ihre DNS austauschende Wesen geboren werden, daß sie unvorsichtigerweise alle Nahrung, alle Nährstoffe oder Beutetiere, verschlingen. Das Ergebnis wäre, daß fast alle, auch nahe Verwandte, sterben. Dies muß in der Geschichte des Lebens schon unzählige Male passiert sein.

Nehmen wir ein so unscheinbares Wesen wie eine Bakterie, die nur ein Billionstel Gramm auf die Waage bringt, und lassen wir sie sich hemmungslos vermehren. In der zweiten Generation werden es zwei Bakterien sein, in der dritten vier, in der vierten acht, und so fort. Unter der Annahme, daß keiner dieser Nachkommen stirbt, werden sie nach 100 Generationen zusammen soviel wie ein Berg wiegen, nach 135 Generationen soviel wie die Erde, nach 150 Generationen soviel wie die Sonne und nach 185 Generationen soviel wie die ganze Milchstraße.

Solch ein gewaltiger Zuwachs an Masse ist natürlich nur eine arithmetische Übungsaufgabe. Er könnte in Wirklichkeit niemals auftreten. Denn die sich vervielfältigenden Mikroben würden, um nur ein Problem zu nennen, schon bald den gesamten Nahrungsvorrat ausschöpfen. Die Mikrobennachkommen können nicht soviel wie ein Berg wiegen, wenn es nicht den Gegenwert eines Berges an Nahrung gibt – oder den Gegenwert einer Erde, Sonne oder Milchstraße. Es steht nur eine begrenzte Menge Nahrung zur Verfügung. Daher werden die Nachkommen ziemlich schnell miteinander um die beschränkten Nahrungsvorräte konkurrieren. Wegen der enormen Macht der exponentiellen Fortpflanzung aber verdrängt ein Organismus, der auch nur geringe Vorteile beim Auffinden und Nutzen von Nährstoffen besitzt, schnell seine Konkurrenten (oder zumindest seine Nachkommen werden dies tun). Organismen, die sich schnell fortpflanzen, bringen große Populationen und einen Wettstreit um die Vorräte hervor; sie stellen das Rohmaterial für eine natürliche

Zuchtwahl bereit, die wirkungsvoll kleine Leistungsunterschiede vergrößert – Unterschiede, die zu klein oder zu fein sein dürften, als daß sie selbst der erfahrenste Naturkundler bemerken könnte. Dies war Darwins zentrale Beweisführung in seinem unveröffentlichten Manuskript von 1844 über die Evolution und auch in seinem Beitrag für die *Proceedings of the Linnaean Society* (Band III, London 1859).[2]

Was passiert nun wirklich, wenn das Gedränge zu groß wird? Einige Reaktionen scheinen einem höheren Zweck zu dienen. So bekämpfen sich verschwisterte Haiembryos in der Gebärmutter bis auf den Tod. Bei vielen nichtmenschlichen Säugetieren konkurrieren Brüder und Schwestern aus demselben Wurf um Zugang zu den Zitzen; häufig kristallisiert sich ein Junges als das untüchtigste heraus, dem es nicht gelingt, sich zu einer Zitze vorzukämpfen – das Winzigste aus dem Wurf, das mit jedem verfehlten Versuch zu saugen zunehmend schwächer wird. Die Virginia-Beutelratte hat beispielsweise 13 Zitzen und im allgemeinen mehr als 13 Junge pro Wurf. Nur jene, die regelmäßig an eine Zitze gelangen, überleben. Ein solcher Wettstreit stellt eine Methode dar, die Schwachen auszumerzen. Jene Arten hingegen, die mehr Zitzen als Junge haben, erlauben schwächlichen und nichtaggressiven Jungen, erwachsen zu werden. Falls es unwahrscheinlich ist, daß sie als Ausgewachsene erfolgreich konkurrieren und ihre Gene weitergeben, dann hat ihre Mutter (aus der Sicht der Gene) ihre Zeit verschwendet. Jene Mütter mit weniger Zitzen oder mehr Jungtieren besitzen einen Vorteil in der Zuchtwahl. Wegen etwaiger Grausamkeit und Leiden macht sich unseres Wissens in diesem Zusammenhang niemand Sorgen.

Von Städten einmal abgesehen, experimentieren wir Menschen gewohnheitsmäßig mit dem Zusammendrängen von Tieren in beengten Gehegen. Die betreffenden Einrichtungen werden Zoos genannt; manche von ihnen sind weit schlimmer als andere. Ein wohlbekanntes Problem zoologischer Gärten besteht darin, daß viele Insassen aus irgendeinem Grund weniger fähig sind, »in Gefangenschaft Nachwuchs zu bekommen«, ein weiteres sind ständige gewaltsame Auseinandersetzungen, gewöhnlich zwischen Männchen derselben Art. Zoowärter haben gelernt, daß sie die Männchen oft trennen müssen, wenn sie ihr »Inventar« am Leben erhalten möchten. Auch in Laboratorien hat man Versuche zur Überpopulation durchgeführt. Doch ist es in allen diesen Fällen wichtig, sich die Künstlichkeit der Umstände in Erinnerung zu rufen. Eine in der freien Wildbahn vorhandene Möglichkeit ist in Gefangenschaft zum Beispiel unerreichbar: Welche Herausforderung auch immer besteht, das Tier im Käfig kann der Auseinandersetzung nicht entfliehen und irgendwo anders einen neuen Anfang machen.

Seit der Mitte des 19. Jahrhunderts sind Norwegerratten in wissenschaftlichen Laboratorien gezüchtet worden. Dabei hat die künstliche Zuchtwahl – teilweise durch unbewußte Entscheidungen von Laborangestellten – eine Stammeslinie von Ratten hervorgebracht, die ruhiger, zahmer, weniger aggressiv und fruchtbarer als ihre wilden Vorfahren ist; außerdem hat dieser neue Rattenstamm deutlich kleinere Gehirne. All dies ist für jene, die mit Ratten experimentieren, von Vorteil.[3]

Der Psychologe John B. Calhoun hat in einem heute als klassisch angesehenen Experiment[4] gewöhnliche Norwegerratten sich in einem Gehege von festgesetzter Größe fortpflanzen lassen, bis die Zahl der Bewohner und damit die Populationsdichte sehr hoch war. Er stellte jedoch sicher, daß jedes Tier genug zu fressen hatte. Was war das Ergebnis?

Mit Zunahme der Population wurde ein ganzes Spektrum ungewöhnlicher Verhaltensweisen erkennbar. Stillende Mütter reagierten irgendwie abgelenkt, wiesen ihre Jungen zurück und ließen sie im Stich; die Jungen verkümmerten zusehends und starben. Trotz eines Überflusses an normalem Futter wurden die Körper von Neugeborenen von vorbeikommenden Ratten gierig aufgefressen. Ein empfängnisbereites Weibchen wurde nicht von einem, sondern von einer ganzen Gruppe von Männchen unnachsichtig verfolgt. Es hatte keine Gelegenheit zur Flucht und auch keinen Zufluchtsort. Geburtskomplikationen und »Frauenleiden« verbreiteten sich, und viele Weibchen starben während der Geburt oder an kurz danach eintretenden Komplikationen. In den gedrängten Verhältnissen verloren die Ratten die Fähigkeit oder ihre Neigung, Nester für sich und ihre Jungen zu bauen; ihre oberflächlichen Konstruktionen waren stümperhaft und unzweckmäßig.

Bei den Männchen unterschied Calhoun vier Typen: 1) die dominierenden, hochaggressiven Individuen, die – obwohl sie die »Normalsten« waren – gelegentlich zu »Berserkern« wurden; 2) die Homosexuellen, die sexuelle Annäherungen an Erwachsene und Jungtiere beiderlei Geschlechts machten (bezeichnenderweise jedoch nur an Weibchen, die nicht im Fruchtbarkeitszyklus waren): ihre Annäherungen wurden im allgemeinen akzeptiert oder zumindest geduldet, aber sie wurden häufig von dominierenden Männchen angegriffen; 3) eine völlig passive Gruppe, die »sich wie Schlafwandler durch die Gemeinschaft bewegten«, mit nahezu vollkommener sozialer Desorientierung; und 4) eine Untergruppe, die Calhoun »Eindringlinge« *(probers)* nannte: sie waren an Rangkämpfen unbeteiligt, aber überaktiv, sexuell unersättlich, bisexuell und kannibalistisch.

Wenn es keine Unterschiede zwischen Ratten und Menschen gäbe, könnten wir daraus schließen, daß das Zusammendrängen von Menschen in Städten – unter ansonsten gleichen Bedingungen – eine Zunahme an Straßenkämpfen und häuslicher Gewalt, hohe Raten von Kindesmißbrauch und -vernachlässigung, hochschnellende Kinder- und Müttersterblichkeit, Bandenvergewaltigung, Psychosen, zunehmende Homosexualität und sexuelle Unersättlichkeit, Angriffe auf Homosexuelle, Entfremdung, soziale Desorientierung und Entwurzelung sowie den Verfall traditioneller häuslicher Fertigkeiten zur Folge hätte. Das ist eine verführerische Gedankenkette. Aber Menschen sind keine Ratten.

Bei Katzen führt Gedrängtheit zu einem beängstigenden Schauspiel von unaufhörlichem Fauchen und Schreien, hochstehendem Fell, unnachgiebigem Kämpfen und der Aussonderung von Parias, die von allen angegriffen werden. Aber Menschen sind auch keine Katzen.

Unter unseren näheren Verwandten, den Pavianen, kann Bedrängtheit zu Blutvergießen und sozialer Unordnung von zumindest der Größenordnung führen, die bei Ratten und Katzen beobachtet worden ist, wie wir weiter unten noch ausführen werden. Bei vielen Tieren führt die Überpopulation auch zu einer zunehmenden Anfälligkeit für Krankheiten und zu geringerer Körpergröße der ausgewachsenen Tiere. Wenn aber eine Kolonie von Meerkatzen (Altweltaffen in Ostafrika) an Bevölkerungsdichte zunimmt, dann beginnen die Mitglieder einander geflissentlich aus dem Weg zu gehen; sie betrachten mit scheinbar großem Interesse den Boden, auf dem sie sitzen, und die Bewegung der Wolken am Himmel über ihnen. Bei Schimpansen führt Gedränge gewöhnlich dazu, daß jedes Tier ein wenig reizbar wird. Es gibt mehr Aggression, aber nicht *viel* mehr. Wenn die Bevölkerungsdichte weiter zunimmt, unternehmen die Schimpansen gemeinsame Anstrengungen, sich gegenseitig zu versöhnen und Frieden zu stiften.[5] Sie besitzen Nervenmechanismen und eine soziale »Sprache«, um die durch Überpopulation hervorgerufenen Spannungen auszugleichen. Sind wir nicht den Schimpansen ähnlicher als den Ratten?

Die Reaktion der Ratte auf Überpopulation könnte auch in ihrer pathologischsten Form aus einem unerbittlich evolutionären Blickwinkel heraus als sinnvoll angesehen werden. Wenn die Populationsdichte zu hoch ist, werden Mechanismen in Bewegung gesetzt, um sie abzubauen. Große Zahlen sozial uninteressierter Erwachsener, Krankheit, ansteigende Homosexualität und hochschnellende Kinder- und Müttersterblichkeit dienen alle diesem Zweck. Schließlich fällt die Population rapide ab, das Gedränge ist weniger belastend, und die folgende Generation verhält sich wieder mehr oder weniger normal – bis sich neuerlich der Druck einer zu hohen Populationsdichte herausbildet. Manche der Verhaltensreaktionen auf hohe Bevölkerungsdichte bei Calhouns Ratten und vielen anderen Arten könnten auch als keineswegs grausam und gefühllos, sondern als eine unglückliche Notwendigkeit angesehen werden, für die eine genau kalkulierte Befähigung evolutionär entwickelt worden ist.

Wir haben diese Vorgänge mit Begriffen der Gruppenzuchtwahl dargestellt, doch wäre ebenso auch eine Erklärung mit der Begrifflichkeit der individuellen Zuchtwahl nach Blutsverwandtschaft möglich. Wir hätten statt dessen betonen können, daß Überpopulation in der Natur nahezu unabänderlich ein Vorspiel zu einer Hungersnot ist, so daß es auf verzweifelte Art und Weise sinnvoll erscheint, noch nicht abgestillte Junge zu verlassen oder aufzufressen, mit dem Nestbau für Jungtiere aufzuhören oder die Dinge so einzurichten, daß die Jungen tot geboren oder gar nicht erst empfangen werden.[6]

Bei vielen Tieren – beispielsweise bei Brüllaffen – führt eine zu hohe Populationsdichte zu Übernahmen der Weibchen durch fremde Männchen und zum damit einhergehenden unterschiedslosen Hinschlachten vorhandener Jungtiere. Dieses Verhalten ist besonders ausgeprägt bei Tierarten, deren dominierende Männchen sich Harems halten oder zu verhindern suchen, daß andere Männchen sich fortpflanzen.[7] Ist dies jedoch grundsätzlich eine Folge der Überpopulation oder aber der entwicklungsgeschichtlichen Strategie des neuen dominierenden Männchens? Für die Verbreitung von dessen eigenem Chromosomensatz ist es von Vorteil, den Weibchen so schnell wie möglich alle Ablenkungen zu nehmen, ihren Eisprung anzuregen (was durch das Töten ihrer Jungen beschleunigt wird) und sie zu befruchten, ehe das neue Männchen selbst vom nächsten Eindringling verdrängt wird.* Je bedrängter die Situation ist, desto mehr Herausforderungen durch sexuelle Rivalen und desto mehr solcher Kindermorde können beobachtet werden. Ob all das abweichende Verhalten von Calhouns Ratten auf diese Weise verstanden werden kann, ist noch unklar; aber einiges davon kann sicherlich so erklärt werden.

* * *

Wenn wir aus Mitleid mit den Ratten, Katzen und Pavianen in diese Versuche helfend eingreifen wollten, was könnten wir tun? Wir könnten versucht sein, einen Ausbruch aus dem Gefängnis zu organisieren und die Tiere in ihre natürliche Umgebung zurückzubringen. Wir würden damit die Überpopulation ausmerzen und hoffen, daß die Tiere, sofern sie noch fähig sind, für sich selbst zu sorgen, zu ihrem normalen Verhalten und ihrer üblichen Sozialorganisation zurückkehren. Aber hätte dann nicht auch die Evolution Mechanismen für die Streuung konkurrierender Organismen erfinden sollen, so daß sie einander nicht im Wege stehen – insbesondere für die Streuung der am offensichtlichsten aggressiven Varietät, üblicherweise der jungen ausgewachsenen Männchen? Das wäre doch sowohl für die Individuen als auch für die Art von Vorteil.
Die Natur stellt in der Tat oft ein solches Sicherheitsventil bereit: Statt auszuharren und bis auf den Tod zu kämpfen, machen sich potentielle Verlierer – jene, die schätzen, daß sie überwältigt würden, wenn sie weiterkämpften, oder jene, die zu dem Schluß kommen, daß die unsicheren Vorteile des Kampfes nicht die klaren Risiken wert sind – vielleicht

* Eine Überprüfung dieser Vorstellungen ist durch die Beobachtungen des Tierverhaltensforschers Stephen Emlen sehr gut möglich. Er überprüfte sie an den Jacanas, einer Vogelart, bei der die üblichen Geschlechterrollen vertauscht sind: Männchen übernehmen all die elterlichen Aufgaben, und die Weibchen konkurrieren tatkräftig um etwas wie einen Harem von Männchen. Jene Weibchen, die keinen Harem besitzen, pflanzen sich nicht fort, weshalb dann die dominierenden Weibchen häufig von niedrigrangigen Weibchen herausgefordert werden. Wenn ein Umsturzversuch erfolgreich ist, zerstört das eindringende Weibchen gewohnheitsmäßig alle vorhandenen Eier und tötet die Küken. Darauf beginnt es seine sexuelle Werbung um die Männchen, die nun keine Jungen mehr haben, die sie ablenken könnten – und die deshalb in der Lage sind, sich aufmerksam der Verbreitung der genetischen Sequenzen des eingedrungenen Weibchens zu widmen. Die genetische Strategie des Kindermordes ist offenbar situationsbedingt, nicht geschlechtsspezifisch.

einfach auf den Weg und ziehen von dannen. Es gibt eine Fluchtklausel in ihrem Vertrag, eine Karte »Du kommst aus dem Gefängnis frei« (wie im Monopoly-Spiel), welche die Vorfälle von Verstümmelung und Mord gewaltig verringert. Nach Abwicklung einiger Formalitäten sind sie frei und fort. Wenn sie aber in einen Zoo oder in einen Labor-Wohnblock für Ratten gesperrt werden, dann ist ihnen jede Fluchtmöglichkeit genommen. Das ist die Situation, in der sie verrückt werden.

Eine Art gegenseitiger Abstoßung ist nötig, die der Kraft vergleichbar ist, die von elektrischen Ladungen mit demselben Vorzeichen oder derselben Polarität ausgeht. Solange zwei Elektronen weit voneinander entfernt sind, spüren sie ihren gegenseitigen Einfluß kaum. Aber wenn man sie nahe zusammenbringt, so gelangt eine mächtige Kraft elektrischer Abstoßung ins Spiel; je näher beieinander die Elektronen sind, desto stärker ist diese Kraft. Etwas Ähnliches gilt für Magneten. Opportunistische Tiere, die unter günstigen Bedingungen zu exponentieller Fortpflanzung fähig sind, brauchen eine ähnliche abstoßende Kraft, die schnell zunimmt, wenn die Tiere systematisch in engen Kontakt miteinander gebracht werden. In der Natur gibt es eine solche Kraft: die intraspezifische Aggression, die sich unter den Mitgliedern einer gegebenen Art abspielt und die eine dieser bestimmten Art eigentümliche Form hat.

Der Großteil des Wettstreits zwischen Tieren betrifft Mitglieder derselben Art. Wie könnte es auch anders sein? Sie haben fast genau den gleichen Lebensraum, den gleichen Geschmack für Nahrung, den gleichen erotischen Schönheitssinn, die gleichen Nist- und Schlafplätze, die gleichen Landstriche zur Futtersuche und zur Jagd. Wenn die Tiere weiträumig verteilt sind, gibt es genug Futter- und andere Vorräte für alle, während sie gleichzeitig ausreichend nahe beisammenbleiben, daß sie einander finden können, wenn die Paarungszeit anbricht. Wenn sie hingegen in einem schmalen Gebiet (oder Gehege) zusammengepfercht sind, werden die Konflikte härter, und auch die stärksten Tiere geraten in zunehmende Gefahr, im Kampf zu Tode zu kommen.

Das weiträumige Verteilen wird durch Aggression bewerkstelligt, aber Aggression ist nicht dasselbe wie Gewalttätigkeit und geht selten so weit wie Gewalttätigkeit.[8] Häufig reicht es aus, allen innerhalb Hörweite drohend zu verkünden, daß einem das Territorium gehört und Eindringlinge darin nicht geduldet werden. Oder das Tier schreitet die Grenzen ab und versprüht an hervorstechenden, strategischen Stellen Urin oder hinterläßt Exkremente beziehungsweise aromatische Zeichen seines Besitzanspruchs aus besonderen Duftdrüsen und durch häufiges Reiben des Körpers an Bäumen, Steinen und anderem. Ein Grislybär wird beispielsweise versuchen, eine Fichte so hoch wie möglich zu markieren; wenn potentielle Eindringlinge in sein Territorium dann begreifen, wie groß er sein muß, um seine Markierung so hoch oben zu hinterlassen, werden sie ihm in weitem Bogen ausweichen.

Etwa 80 Prozent der verschiedenen Ordnungen von Säugetieren besitzen spezielle Duftdrüsen: Gazellen tragen sie vor ihren Augen, Kamele an ihren Füßen und im Nacken, Schafe an ihren Bäuchen, einige Schweinearten am Rist, Gemsen hinter den Hörnern, Gabelantilopen am Kiefer, Nabelschweine am Rücken, Moschustiere vor den Genitalien und Ziegen an ihrem Schwanz. Wasserwühlmäuse reiben ihre Hinterbeine über die Drüsen an ihrer Flanke und trommeln damit rhythmisch auf den Boden. Wüstenmäuse und Waldratten reiben ihre Bäuche direkt am Boden und entlassen ihre Duftmarke aus einer Drüse am Bauch. Manche Tiere besitzen an verschiedenen Körperstellen fünf oder sechs unterschiedliche Duftdrüsen, von denen jede eine andere chemische Botschaft übermittelt. Katzen sprühen sorgfältig abgemessene Mengen von Urin an Wandverkleidung und Möbelbezüge für den Fall, daß eine vermessene fremde Katze ins Wohnzimmer eindringen und sich vor dem Kaminfeuer zusammenrollen sollte. Kaninchen schichten sorgfältig Häufchen von Exkrementen, in denen jedes Kügelchen von der analen Duftdrüse bestrichen ist, an den Kreuzungen in ihrem Bau auf – vergleichbar den Altären der Hekate an den Landstraßen des antiken Griechenland.

Manche Tiere markieren andere mit diesen Düften, und Ratten urinieren auf die Körper ihrer Partner – vielleicht als ein Besitzergreifungszeichen sowohl über Individuen als auch Territorien. Tiere können Männchen von Weibchen, ihre eigene Gruppe oder Verwandtschaftslinie von anderen, Alter und individuelle Identität sowie die sexuelle Empfänglichkeit von Weibchen allein am Geruch unterscheiden.[9] Wissenschaftler haben damit begonnen, die Standardaussagen ihrer chemischen Kommunikation zu entziffern – vielleicht einfach »Fremde draußenbleiben: damit bist du gemeint!« oder »Alleinstehendes Männchen, wohlgeraten, wünscht attraktives, alleinstehendes Weibchen zu treffen...« oder »Um Spaß zu haben, verfolge diese Duftspur«. Manchmal scheint es sich um etwas sehr viel Komplizierteres zu handeln. Tiere füllen eifrig die olfaktorischen

Kommunikationskanäle mit einem Unterscheidungsreichtum und einer Differenziertheit, die den Menschen schon vor langer Zeit abhanden gekommen sind. Trotz all unserer Instrumente haben wir noch nicht gelernt, zu dieser Welt von Gerüchen wieder Zutritt zu erlangen.

Wenn ein anderer allen Geruchsmarkierungen zum Trotz in das abgesteckte Territorium einfällt, so könnte es ausreichen, drohende Gesten zu machen, sich auf ihn hinabzustürzen oder die Zähne zu fletschen und zu knurren. Ein Kampf auf Leben und Tod mit Klauen oder Krallen, wann immer ein kleinerer Rechtsstreit eintritt, ist für jeden, Sieger und Verlierer, eindeutig zu kostspielig. Es ist viel besser, durch Täuschung, Betrug, List und durch anschauliches Gebärdenspiel von der Gewalttätigkeit, mit der der Eindringling traktiert werden wird, sollte er weiter die Zurückhaltung und die verständigen Warnungen des Besitzers mißachten, die Population weitflächiger zu verteilen. Abschreckung ist die Methode, durch die solche Angelegenheiten auf unserem Planeten im großen und ganzen geregelt werden. Tatsächliche Gewalttätigkeit liegt am äußeren Rande des Spektrums der Aggressionsmöglichkeiten; sie ist das letzte Mittel, wie Hobbes sagte. Die Natur begnügt sich fast immer mit etwas weniger.

Um Mißverständnisse zu vermeiden, ist es wichtig, von vornherein unzweideutige Gebräuche entwickelt zu haben, die nicht nur festlegen, was Aggression, sondern auch was Unterwerfung ausmacht. Typische Unterwerfungsgesten sind bei Säugetieren das Gegenteil der typisch aggressiven Gesten[10] – das Abwenden der Augen, so daß sie überallhin, nur nicht auf den Gegner gerichtet sind; absolute Bewegungslosigkeit; eine Form von Verbeugung, bei der die Vorderbeine und der Kopf abgesenkt und das Hinterteil angehoben sind; das Verbergen jener Körperteile, die bei Drohungen eine Rolle spielen, vor dem Blick des Gegners; und die Wendung von Drosselvene oder Bauch nach oben, wodurch dem Gegner lebenswichtige Organe ausgesetzt werden, als lade man ihn zur Ausweidung ein. Das Gebärdenspiel ist einleuchtend: »Hier ist mein Bauch, du kannst mit mir machen, was du willst.« Dies wird fast immer durch eine großzügige Geste des Siegers* beantwortet. Verschiedene

* Ein weiterer Bestandteil des gestischen Vokabulars der Befriedung eines Stärkeren ist kindliches Verhalten von Erwachsenen, einschließlich Betteln. Das ähnelt ein wenig dem Verhalten verliebter Menschen, die untereinander eine kindliche Sprache verwenden und

Arten haben verschiedene vererbte Gebräuche hinsichtlich dessen, was Unterwerfung ausmacht und symbolisiert. Der Kampf wird in ein Ritual umgewandelt; anstelle einer blutigen Schlacht werden Informationen ausgetauscht.

Solche Aggressionen, die am häufigsten zwischen Männchen derselben Art in Streitigkeiten um ein Territorium oder ein Weibchen aufkommen, sind sehr verschieden von der räuberischen Aggression gegen Mitglieder einer anderen Spezies. Diese beiden Arten von Aggression haben einige gemeinsame Merkmale (etwa das Fletschen der Zähne), aber die eine ist in der Hauptsache Vortäuschung, die andere tödlicher Ernst. Außerdem sind unterschiedliche Gehirnregionen daran beteiligt. In Liebesstreitigkeiten werden Katzen fauchen, spucken, einen Buckel machen, ihr Fell aufstellen, ihre Schwänze hoch aufrichten und ihre Pupillen erweitern (beachten Sie, daß viele dieser Haltungen und Gesten das Tier größer und gefährlicher erscheinen lassen, als es tatsächlich ist), aber sie werden sich selten gegenseitig wirklich Schaden zufügen. Ein genetisch vorgegebener Hang zum Angreifen von Mitgliedern der eigenen Art und zum Herausfordern von deren Angriffen würde das Überleben erschweren: Selbst wenn ein Tier jeden Kampf gewinnen würde, könnte es ernsthaft verletzt werden, oder eine kleinere Verletzung könnte sich nachträglich entzünden. Es ist viel vorteilhafter, unblutige Rituale und symbolische Kämpfe abzuhalten.

Räuberische Aggression ist das genaue Gegenteil. Ihr erstes Ziel ist es, so nahe wie möglich an das Opfer heranzukommen, bevor es erkennt, was ihm bevorsteht. Die Katze wird sich mit angelegten Ohren, fest angeschmiegtem Fell und flach ausgestrecktem Schwanz zentimeterweise vorschleichen, wenn es sein muß. Sie pirscht sich in vollkommener Lautlosigkeit an. Dann folgt der Sprung, die Tötung und das Verspeisen – alles mit konzentrierter Zierlichkeit und Grazie ausgeführt. Hier gibt es kein Fauchen und Spucken. Aggression *innerhalb* der Art (*intra*spezifisch) besteht fast ausschließlich in Schau, Darstellung, Einschüchterung, Zwang und Schaustellerei. Nur sehr selten endet sie in einem Kampf auf Leben und Tod. Aggression *zwischen* den Arten (*inter*spezifisch) ist eine andere Angelegenheit. Hier geht es zur Sache. Die Beute kann gelegentlich

sich gegenseitig »Baby« nennen. Sie wenden einen Wortschatz an, der in der Kindheit für gänzlich andere Zwecke eingerichtet worden war.

davonkommen, aber des Räubers Absicht ist Mord. Nur wenige Arten verwechseln diese beiden Formen von Aggression systematisch.

Bei intraspezifischen Aggressionen kommt es häufig zu einem Scheinkampf, in dem beide Parteien die Kampfbewegungen ausführen, aber keine von beiden ernsthaft verletzt wird. Die mit tödlichen, nadelspitzen Zähnen ausgestatteten Piranhas in den südamerikanischen Flüssen kämpfen miteinander, zumindest die Männchen unter ihnen, aber niemals mit Bissen: Würden sie um sich beißen, könnte ein jeder verletzt werden. Statt dessen drücken und schieben sie einander mit ihren Schwanzflossen. Sie möchten sich ihre Aggressionen mitteilen, aber nicht das Wasser mit Blut eintrüben. Es ist, als ob die Kämpfenden sich auf einem engen Grat zwischen Feigheit und Mord bewegten. Meistens – bedrängte Verhältnisse mögen zu anderen Resultaten führen – bewegen sie sich auf diesem Grat mit erstaunlicher Sicherheit. Aber bei vielen Arten führt, als sollte unterstrichen werden, wie dünn die Trennlinie ist, intraspezifische Aggression leichter zu tatsächlichen Kämpfen, wenn die Tiere Hunger leiden. Eine Verhaltensform geht dann fließend in die andere über.

Das Blaureiherweibchen hört das Liebeskreischen des Männchens. Es kann sein, daß sogar mehrere Männchen auf einmal rufen – möglicherweise vergeblich, soweit sie wissen. Das Weibchen wählt dann den, der sie am meisten interessiert, und läßt sich auf einem Ast in seiner Nähe nieder. Das Männchen beginnt sogleich, ihr den Hof zu machen. In dem Augenblick jedoch, in dem das Weibchen Interesse bekundet und sich ihm nähert, ändert das Männchen seine Meinung, wird unwirsch, scheucht es weg oder greift es sogar an. Sobald das entmutigte Weibchen wegfliegt, kreischt das Männchen nach ihm – »wie wahnsinnig«, nach Nikko Tinbergen, dem bahnbrechenden Chronisten der Lebensweise der Blaureiher. Wenn das Weibchen ihm eine weitere Chance gibt und zurückfliegt, ist es durchaus möglich, daß das Männchen sie erneut angreift. Doch allmählich sollte die Geduld des Weibchens lange genug andauern, läßt die Aggression des wankelmütigen Männchens nach, und es kann tatsächlich zum Paaren bereit sein. Das Männchen befindet sich offensichtlich in einem Zwiespalt und kann sich nicht entscheiden. Sexualität und Aggression sind in seinem Kopf miteinander vermischt, und die Verwirrung ist so grundlegend, daß diese Art unfähig werden könnte, sich fortzupflanzen, wenn nicht die Weibchen so ausdauernd wären. Wenn es jemals einen geflügelten Kandidaten für eine psychotherapeutische Behandlung gegeben hat, dann das Blaureihermännchen. Eine ähnliche Verwirrung, besonders in den Köpfen von Männchen, gibt es jedoch bei vielen Arten, Reptilien, Vögel und Säugetiere eingeschlossen. Einige der Nervenkreisläufe für Sexualität und Aggression scheinen im Gehirn gefährlich nahe beieinander zu liegen. Das Verhaltensmuster erscheint uns seltsam vertraut. Aber Menschen sind natürlich keine Reiher.

Häufig kann man die Unentschiedenheit, die Spannung zwischen Hemmung und Enthemmung der aggressiven Mechanismen im Tierverhalten beobachten. Das Tier ist buchstäblich »geteilter Meinung«. Kämpfende Junghähne, deren Schnabelhiebe und Sporen tödlich sind, können sich inmitten einer Konfrontation abwenden und auf einen Kieselstein am Boden einhacken, den sie nach einem Augenblick fallen lassen. Im menschlichen wie im tierischen Verhalten wird dies »Verschiebung« oder »Übertragung«, manchmal auch Ersatzhandlung genannt. Die aggressiven Gefühle werden auf jemand anderen oder etwas anderes übertragen oder verschoben, so daß die Leidenschaften entladen werden können, ohne wirkliche Verletzungen zu verursachen. Der Junghahn ist nicht über den Kieselstein verärgert, aber der Kiesel ist ein handliches und zugleich sicheres Ziel für den Aggressionsausbruch.

Manche Männchen tropischer Fischarten benutzen ihre lebhafte Farbzeichnung, um andere Männchen auf Abstand zu halten, das heißt, um ihren Lebensraum und die Weibchen zu beschützen. Die Weibchen haben jedoch eine ähnliche Zeichnung. In der Werbungsperiode verzichten die Weibchen, wenn sie zu einem Männchen hingezogen sind, sogar darauf, ihre Unterwerfung oder Fluchtbereitschaft zu signalisieren, und zeigen ihr Verlangen dadurch, daß sie ihre Farben für das Männchen zur Schau stellen – eine Aktion, die sehr der den Männchen eigenen aggressiven Haltung gleicht. Bei einigen Arten wird das Männchen daraufhin ärgerlich (und vielleicht ein wenig verwirrt); es reagiert, indem es seine Färbung voll von der Seite zur Schau stellt, furchtbar mit dem Schwanz schlägt und in seiner Angriffshaltung auf das Weibchen zustößt. Aber es greift nicht wirklich an, wie Konrad Lorenz in einer bekannten Studie aufgezeigt hat. (Es würde weniger Nachkommen hinterlassen, wenn es dies täte). Statt dessen verfehlt es das Weibchen haarscharf, schießt weiter und greift jemand anderen an, üblicherweise das Männchen, das die angrenzende Region beherrscht, das sich wahrscheinlich in keiner Weise eingemischt hatte und nur friedlich durch die Algen geschwommen war. Schließlich beruhigt sich die Situation. Unser Hauptdarsteller greift seinen Nachbarn nicht länger an und stößt auch nicht weiter aggressiv auf das Weibchen zu. Die Art pflanzt sich fort. Statt daß die Aggression von einem ernstzunehmenden Feind auf ein harmloses Ziel übertragen würde, findet hier eine Verschiebung in die andere Richtung statt. Diese Form der Neuausrichtung ist im Reich der Tiere weit verbreitet. Einmal mehr sind die Gesten, Haltungen und Zurschaustellungen von sexuellem Interesse denen von Gewalttätigkeit sehr nahe. Die beiden können verwechselt werden.

Ein Wolf begrüßt einen anderen, indem er sein Maul um die Schnauze des anderen legt. Delphine und viele andere Säugetiere tun desgleichen. Wer wilde Tiere zähmt, kann durchaus aufschrecken, wenn ihm eine solche Begrüßung widerfährt. Im Fall des Wolfes stellt sich das Tier auf die Hinterbeine, legt die Vorderbeine auf die Schultern des Wissenschaftlers und legt seine Kiefer um den unteren Teil des Kopfes des Wissenschaftlers. Dies ist nichts anderes als eine freundliche Geste. Wenn man ein Tier ist, das nicht zu sprechen weiß, dann wird dadurch ein sehr deutliches Signal übermittelt: »Siehst du meine Zähne? Fühlst du sie? Ich könnte dir weh tun, ich könnte es tatsächlich. Aber ich will es nicht tun. Ich mag dich.« Einmal mehr handelt es sich um die sehr dünne Grenze zwischen Zuneigung und Aggression.

Schimpansen, die in eine scherzhafte Balgerei verwickelt sind, setzen ein charakteristisches »Spielgesicht« auf, um zu zeigen, daß ihre Kampfspiele nur als Spiel gemeint sind. Das Werbungsgehabe von Möwen wurde als »Furcht und Feindseligkeit oder Angriff und Fluchtneigung« beschrieben, »ausgedrückt... in einer Weise, die beides verneint«.[11]

Bei Kranichen gibt es eine »Befriedungszeremonie«, in welcher der männliche Vogel seine Schwingen ausbreitet, seine Größe überbetont, seinen Schnabel hochreckt... und dann, noch immer in der Drohhaltung, sich zur Seite dreht und einen verwundbaren und sehr sichtbar markierten Teil seiner Anatomie darbietet, etwa die Seite oder das Hinterteil seines Kopfes. Das Gebärdenspiel kann mehrere Male wiederholt werden und einen Angriff auf ein Stück Holz oder etwas anderes, das leicht verfügbar ist, einschließen. Die mitgeteilte Botschaft ist klar: »Ich bin groß und bedrohlich, aber nicht gegen dich, sondern gegen den da, gegen den da, gegen den da.«[12]

Unser Lächeln mag einen ähnlichen Ursprung haben. Das Fletschen der Zähne trägt eine unmißverständliche Botschaft: »Ich halte dich für Nahrung«, oder zumindest: »Nimm dich vor mir in acht.« Aber in der symbolischen Sprache der Tiere kann dieses Signal umgeformt werden in die Botschaft: »Auch wenn du Nahrung bist, auch wenn ich wohlausgestattet bin, um dich zu verspeisen, bei mir bist zu sicher.« Überall auf der Welt, in praktisch jeder menschlichen Kultur, bezeichnet Lächeln Freundlichkeit und Geselligkeit (mit bestimmten Nebentönen, die ein Anflug von Nervosität und auch Ehrerbietung vermitteln können). Überall auf der Welt, in nahezu jeder menschlichen Kultur, im zivilen wie im militärischen Leben – beim Händeschütteln, beim Erheben der offenen Hand, beim Begrüßungsritual der Sioux-Indianer zu Pferde, beim Ave für Caesar und beim Heil für Hitler, wenn wir einen hohen Offizier begrüßen oder zum Abschied winken – erheben oder bieten wir Menschen unsere rechte Hand zum Gruß, um, solange wir noch in sicherem Abstand sind, zu zeigen, daß wir unbewaffnet sind und daher keine Bedrohung darstellen. Bei einer Art, die seit ihren frühesten Tagen den Umgang mit Keulen, Messern, Speeren und Äxten gewohnt ist, handelt es sich dabei durchaus um eine wertvolle Information.

* * *

Von gelegentlichen Ausnahmen abgesehen, scheinen Tiere nicht bewußt auszutüfteln, was in einer bestimmten Situation zu tun ist, um sich dann, die Alternativen abwägend, für Aggression zu entscheiden. Dies wäre ein viel zu langsamer Vorgang für das Überleben im Handgemenge der biologischen Welt. Statt dessen erspürt das Tier Gefahr oder Beute und reagiert darauf in einer Zehntelsekunde. Ein ganzer Komplex physiologischer Reaktionen setzt ein – Adrenalin strömt in die Blutbahn, die Glieder werden angespannt –, Reaktionen, die gewöhnlich im Tier abrufbereit sind und auf ein auslösendes Signal warten.

In der Nervenarchitektur der Säugetiere gibt es eine »fest verlötete« Schaltung für aggressives und räuberisches Verhalten. Wenn eine bestimmte Region im Gehirn einer einsamen Katze elektrisch stimuliert wird, so beginnt sie, sich an eingebildete Beute anzupirschen. Wenn man den Stromfluß abschaltet, streckt sie sich aus und leckt ihre Pfoten; die Halluzination ist verschwunden. Ratten, die normalerweise Mäuse nicht beachten, werden zu verrückten Mördern – spezialisierten, Mäuse mordenden Maschinen –, wenn sie in der entsprechenden Region ihres Gehirns elektrisch stimuliert werden. Diese nervlichen Schaltungen sind aus gutem Grund gegenwärtig; im gewöhnlichen Verlauf des Tierlebens werden sie durch einen Anstoß aus der Außenwelt angeregt – eine Bewegung, einen Geruch, einen Laut, die einen elektrischen Reiz hervorrufen –, der die Maschinerie des Gehirns für Aggression oder Jagd in Bewegung setzt. Wenn ihnen ein saftiger Knochen mit Fleischresten hingelegt wird, werden sogar nur zwei Wochen alte Hundewelpen knurren und bellen. Trockenes Hundefutter löst nicht die gleiche festverankerte und feurige Reaktion aus. Auch Menschen haben solche Schaltungen. Manchmal kann eine fehlzündende oder falsch verdrahtete Schaltung die Mechanismen aufgrund eines sehr geringen Anstoßes aus der Außenwelt, vielleicht sogar ohne jeden Stimulus, in Bewegung setzen.

Es ist, als ob wir alle, Vögel und Säugetiere – insbesondere aber die Männchen –, mit einer Schalttafel, an der sich ein Satz von Druckknöpfen befindet, umherwanderten. Die Schalttafeln sind gut sichtbar angebracht, und ihre Druckknöpfe können von anderen leicht erreicht werden (oder sogar von uns selbst – so daß wir uns selbst in höchste Spannung versetzen können, eine Fertigkeit, die beispielsweise von Profisportlern genutzt wird). Wenn die Knöpfe gedrückt werden, lösen sie einen Komplex machtvoller, leidenschaftlicher und manchmal tödlicher Reaktionen aus, die gewöhnlich streng unter Kontrolle gehalten werden. Wenn man die Dinge so betrachtet, mag es seltsam erscheinen, daß die Natur die Knöpfe so leicht bedienbar, so schnell verfügbar und für Ausbeutung so anfällig gemacht hat.[13]

Eine kannibalistische Art von Leuchtkäfern ahmt die Farbe und Frequenz des Lockflackerns einer anderen, bauerntölpelhaften Art von Leuchtkäfern nach. Bei den naiven Insekten werden dadurch die Liebesknöpfe betätigt; sie haben eine Vision von schwülen Weibchen, wo nur ein weit aufgerissenes Maul sie erwartet. Um uninteressierte oder widerspenstige Weibchen zum Paaren zu bewegen, sind die Männchen vieler Arten häufig bereit, Knöpfe zu drücken, die für ganz andere Zwecke bestimmt sind,

wie etwa Füttern, Verteidigung, Zaghaftigkeit im Angesicht von Aggression oder Brutfürsorge. Sie können einen kurzen, bedrohenden

> Ausfall geben, wie ein Baby schreien, einen Alarmruf nachäffen, auf einem Bein hüpfen, als ob sie verwundet wären, oder (wie bei Pfauen) am Boden picken, als ob sie Nahrung gefunden hätten.[14]

Von keinerlei Gewissensbissen geplagt, nutzen sie jede Methode, die funktioniert. In vielen Kulturen versuchen junge Männer, die vorhandenen Knöpfe für sexuelle Verfügbarkeit zu drücken, vielleicht indem sie gänzlich unehrliche Versprechungen von Treue und Hingabe abgeben; oder sie verspotten einander, bis es zu handgreiflichem Streit kommt, indem sie Verleumdungen etwa über den Mut der anderen oder das sexuelle Verhalten ihrer Mütter verbreiten. Aber die Vorteile, diese Knöpfe so leicht verfügbar zu haben, müssen die Gefahren aufwiegen. Die Starrheit dieser durch Knopfdruck ausgelösten Reaktion könnte bei Menschen jedoch ein Grund zu Besorgnis sein.

Diese Verhaltensmuster sind auch in den Nukleinsäuren encodiert. Jedes abschreckende Auftrumpfen, jede geringste Andeutung von Unterwürfigkeit in der Haltung ist in der ACGT-Sprache genauestens niedergeschrieben. Und weil das so ist, kann man Abwandlungen in Stil und Ausprägung der Aggression von Tier zu Tier innerhalb einer gegebenen Art erwarten; und die gibt es in der Tat. Wenn man eine Mäusepopulation nimmt und die aggressiven Tiere miteinander kreuzt sowie die friedfertigen miteinander kreuzt, wird man schließlich zwei Linien mit bemerkenswert verschiedenem Temperament hervorbringen. Dies verdankt sich nicht den Aufzuchtgewohnheiten, da Jungtiere von aggressiven Eltern sich weiter aggressiv verhalten, auch wenn sie von friedfertigen Müttern aufgezogen werden, und umgekehrt. Es ist allgemein bekannt, daß Hundezüchter durch künstliche Zuchtwahl nervöse, angespannte und gefährliche Rassen gezogen haben – beispielsweise Rottweiler und Bullterrier –, aber auch freundliche, friedvolle Linien, die meist als Wachhunde ungeeignet sind, wie die Cockerspaniels. Bei der Aggression von Mäusen und Hunden scheint Vererbung Vorrang vor der Lebensumwelt zu haben. (Bei den Menschen könnte das Verhältnis umgekehrt liegen, oder die beiden Einflüsse könnten bei ihnen gleichwertig sein.)

* * *

Fast alle sozialen Säugetiere sind als Gruppen von Weibchen (die häufig miteinander verwandt sind) und ihren Nachkommen organisiert. Männchen, die sich sonst fernhalten, sind auffallend gegenwärtig, wenn die Weibchen in Hitze sind. Sie mögen eifrig mit Dominieren, Kämpfen und Kopulieren beschäftigt sein, aber hinsichtlich der grundlegenden Sozialstruktur und bei der Aufzucht der Jungen sind sie oft nur eine schattenhafte Erscheinung. Die Jungen werden gewöhnlich von einzelnen Müttern aufgezogen. Zu den Ausnahmen von dieser Regel zählen Schimpansen, Gorillas, Gibbons, wilde Hunde und vielleicht Wölfe. Und nicht selten zählen auch Menschen zu diesen Ausnahmen.

In den gemäßigten und polaren Klimaregionen gibt es einen guten Grund dafür, daß die Jungen im Frühjahr geboren werden – so haben sie den Rest des Frühlings und den ganzen Sommer und Herbst zum Heranwachsen zur Verfügung, bevor sie der Strenge des Winters ausgesetzt sind. Ist die Trächtigkeitsspanne kurz (oder andererseits rund ein Jahr), dann wird auch die Paarung im Frühjahr erfolgen. Eine ansehnliche Zeitspanne der Evolution muß darauf verwandt worden sein, es so einzurichten, daß die Tiere mit einer biologischen Uhr versehen wurden, die den Fortpflanzungsmechanismus zur geeigneten Zeit im Frühling anregt und ihn zu anderen Zeiten des Jahres hemmt.

Die natürliche Zuchtwahl hat ein weites Spektrum von sichtbaren, riechbaren, hörbaren und anderen Signalen bereitgestellt, die dazu dienen, daß die normalerweise uninteressierten Männchen von der ansonsten geheim bleibenden Tatsache in Kenntnis gesetzt werden, daß die Eierstöcke der Weibchen in ihrer Umgebung Eier ausstoßen. Zu anderen Zeiten ist sexuelle Aufmerksamkeit im allgemeinen verschwendete Liebesmüh (sie wird nur bei den Arten zur festeren Bindung der Männchen und Weibchen genutzt, bei denen beide Geschlechter nötig sind, um die Jungen aufzuziehen). Die Weibchen sind also planmäßig mit einem inneren Kalender (der sich vielleicht nach der Dauer des Tageslichts richtet) und mit einer Reihe von Signalen und Verhaltensvorräten (anlockenden Pheromonen und vielleicht betörenden Haltungen) versehen. In der Liebessaison werden beide Geschlechter auf einen Schlag, als würden sie von einem cartesianischen Uhrwerk aktiviert, krank vor Leidenschaft.

Wenn die Paarung im Frühjahr geschehen soll, dann sollte auch die Rivalität der Männchen um die Aufmerksamkeit der Weibchen im Frühling auf ihrem Höhepunkt sein. Wenn das Leben von Rehen teilweise auf ihrer Schnelligkeit und ihrer Fähigkeit zum Zurückschlagen beruht, wenn sie von einem Räuber in die Enge getrieben wurden, dann sind intraspezifische Erprobungen der Stärke, der Schnelligkeit, des Durchhaltevermögens und der Strategie zwischen Böcken sowohl für die Gene des Siegers als auch für die Rehsippe im allgemeinen von Vorteil. Dies ist ein ritualisierter Kampf, der fast niemals mit dem Tod eines Rivalen endet. Der Zweck der Übung wird sofort klar, wenn sich das Rehweibchen dem siegreichen Bock hingibt. Eine Vielzahl solcher Schauspiele über die Generationen hin hilft den Rehen, mit den ererbten Verbesserungen beispielsweise in der Jagdfertigkeit von Wölfen Schritt zu halten.

Bei vielen Raubtierarten jagen die Tiere gemeinsam. Die Beute wird etwa in einen Hinterhalt getrieben oder durch wiederholte Finten, ermüdet. Nachzügler, üblicherweise die Schwachen, Jungen oder Alten, können von der Gruppe isoliert werden. Die Räuber bauen vielleicht ein Staffelsystem aus: Die erste Gruppe vollführt nur Finten, und die zweite Gruppe läuft gemächlich mit, um den eigentlichen Angriff zu übernehmen, wenn sich die erste Gruppe verausgabt hat. Zusammenarbeit macht das Jagen sehr viel wirkungsvoller, und die Räuber können dabei Tiere niederringen, die viel größer als sie selbst sind.

Mitglieder eines Jagdrudels besitzen eine Art Berufsethos: Was für Rivalitäten auch immer unter ihnen bestehen, sie werden während der Jagd beiseitegelegt. Auch für sie gilt: »Am Rande des Abgrunds hat das politische Taktieren ein Ende.« Innerhalb des Rudels gibt es einen Kodex von sozialen Regeln, der sich von denen, die außerhalb gelten, unterscheidet. Aber es ist nur ein kleiner Schritt vom Angriff auf Tiere einer anderen Art zum Angriff auf ein fremdes Tier der eigenen Art. Das gilt gleichermaßen für Hunde und Löwen, die in Rudeln jagen, wie für Ameisen und Pinguine, die dies nicht tun. Sie verhalten sich so, als ob nur der eigenen Gruppe eine besondere Loyalität gehöre; allen anderen gebühren Verdacht und Feindseligkeit, auch wenn sie Artgenossen sind. Und das beschränkt sich nicht auf Jagdrudel. Es ist bei den meisten geselligen Vögeln und Säugetieren eine Tatsache des Lebens.

Ethnozentrismus ist die Auffassung, daß die eigene Gruppe (welche auch immer das zufällig ist) im Mittelpunkt alles Hehren und Wahren steht, daß sie das Zentrum des sozialen Universums darstellt. *Wir* tun die Dinge so, wie sie getan werden sollten. Xenophobie ist die Furcht vor Fremden und der Haß auf Fremde. *Ihr* Verhalten ist querköpfig, merkwürdig oder abscheulich. Sie haben nicht die gleiche Achtung vor dem Leben, die wir haben. Und in jedem Falle sind sie darauf aus, uns zu übertölpeln. Wiederum: »Wir gegen die anderen.« Ethnozentrismus und Xenophobie sind bei Vögeln und Säugetieren ungemein verbreitet, obwohl sie keine unveränderliche Regel darstellen: Schwärme von Zugvögeln beispielsweise sind ziemlich offen für alle fremden Vögel aus der gleichen Art.

Wenn uns beiden ein Fremder gegenübertritt, der uns beide schädigen will, dann sind wir motiviert, jedweden Unterschied zwischen uns beiseitezulassen und uns vereint mit dem gemeinsamen Feind auseinanderzusetzen. Unsere Chance – als Individuen und als Gruppe –, einen Angriff zu überleben, verbessert sich sehr, wenn wir gemeinsame Sache mit unseren Artgenossen machen. Das Vorhandensein gemeinsamer Feinde kann als eine mächtige einigende Kraft wirken. Gemeinsame Feinde lassen die soziale Maschinerie wie frisch geölt schnurren. Jene Gruppen, die zu xenophobischem Verfolgungswahn neigen, könnten einen Vorteil an Zusammenhalt gegenüber Gruppen gewinnen, die ursprünglich realistischer und sorgenfreier waren. Wenn dabei die Bedrohung übertrieben wurde, so hat sie zumindest die internen Spannungen in der eigenen Gruppe vermindert; und falls die äußere Bedrohung ernster als eingeschätzt ist, so ist auch die Kampfbereitschaft der xenophoben Gruppe höher. Solange die sozialen Kosten innerhalb vernünftiger Grenzen bleiben, kann dies zu einer erfolgreichen Überlebensstrategie werden. So wirkt Xenophobie geradezu ansteckend.

Sogar bei Tieren, die als Erwachsene wenige natürliche Feinde haben – etwa Delphine und Wölfe –, sind die Jungtiere verwundbar. Deshalb müssen besondere Schritte ergriffen werden, um sie zu beschützen. Erwachsene Delphine bleiben nahe bei ihren Jungen. Wolfswelpen sind in den ersten paar Monaten ihres Lebens vorsichtig und ängstlich. Viele Nestlinge betteln mit visuellen, nicht hörbaren Signalen um Nahrung, um nicht die unwillkommene Aufmerksamkeit von Räubern auf sich zu ziehen. Diese Schutzmaßnahmen sind sowohl im Umgang mit interspezifischer als auch mit intraspezifischer Gewalt nützlich: Da so viele in Gruppen lebende Tiere Mitglieder anderer Gruppen, die in ihre Gebiete geraten, angreifen, sind die Jungtiere aus gutem Grund vor Fremden auf der Hut.

Bei den Gnus, einer afrikanischen Antilopenart, die von vielen Räubern gejagt wird, steht das Kalb innerhalb von wenigen Minuten nach seiner Geburt zitternd auf den Beinen. Fünf Minuten später ist es bereits in der Lage, seiner Mutter zu folgen, und nach 24 Stunden kann es mit der Herde Schritt halten. Gnus wachsen schnell auf. Bei anderen Tieren, unter denen die Menschen das erstaunlichste Beispiel sind, werden die Jungen in einem völlig hilflosen Zustand geboren. Wenn sie von ihren Eltern verlassen würden, kämen sie innerhalb von ein paar Tagen um, auch wenn sie nicht von einem Raubtier aufgespürt werden. Eine Gnumutter braucht nur wenige Zugeständnisse an ihre Jungen zu machen, außer ihnen das Säugen zu erlauben. Menschliche Mütter (und Rotkehlchen-, Wolfs- und Affenmütter, um nur ein paar Beispiele zu nennen) müssen ein vielschichtiges Verhaltensrepertoir annehmen, um sicherzustellen, daß es überhaupt eine nächste Generation gibt. Bei höheren Säugetieren können diese besonderen Tätigkeiten Jahre, ja sogar Jahrzehnte dauern – bis die Jungen fast völlig ausgewachsen sind. Damit ein so hoher Einsatz geleistet wird, muß es einen vergleichbar großen Vorteil geben. Die lange Kindheit der höheren Säugetiere hängt mit ihren größeren Gehirnen zusammen, und mit der Notwendigkeit, sie zu unterweisen. Dies befreit die Jungen von der vergleichsweisen Unbeweglichkeit, nur genetisch vorprogrammierte Kenntnisse zu besitzen.

Bei vielen Tieren gibt es einen Abschnitt im frühen Leben, in dem grundlegendes und unumkehrbares Lernen stattfindet, eine Zeit beispielsweise, in der ein Entchen jedem Ding, das sich in seiner Nähe bewegt, folgen wird, als wäre es seine Mutter – auch wenn es sich um einen bärtigen Tierverhaltensforscher namens Konrad Lorenz handelt. Dieser Erziehungsvorgang wird Prägung genannt. Enten prägen sich, bevor sie schlüpfen, die Stimme dessen ein, der sie ausbrütet, und reagieren darauf (durch Piepsen aus dem Innern des Eies). Wenn es ein Mensch ist, der während der Inkubation auf das Ei einredet, dann ist dies die Stimme, auf die das Entchen nach dem Schlüpfen reagiert. Prägung kann das Lernen eines Rufes, eines Gesangs, eines Dufts oder einer bevorzugten Nahrung umfassen und wird von einer tiefen, gefühlsmäßigen Bindung begleitet. Die betreffende Information wird für das gesamte Leben in die Erinnerung eingepflanzt.

Diese Laute, Gerüche und Anblicke werden mit Nahrung, Wärme, Liebe und Sicherheit in einer häufig feindlichen Umwelt verknüpft. Lämmer,

Küken und Gänschen müssen ihre umherstreifenden Mütter zweifelsfrei erkennen und ihnen folgen; mißlingt dies, kann das Versäumnis den Tod nach sich ziehen. Es ist also nicht verwunderlich, daß diese Prägung durchs ganze Leben erhalten bleibt. Die Empfänglichkeit für Prägungen ist in der DNS vorprogrammiert und häufig sehr engen Einschränkungen unterworfen (in einigen Fällen kann Prägung nur in einem bestimmten Lebensabschnitt von ein oder zwei Tagen erfolgen). Aber die besondere Information, die so unauslöschlich ins Gedächtnis geprägt wird, hängt von Umwelt und Erfahrung ab und ist deshalb von Tier zu Tier verschieden. Auf diese Weise kann das Jungtier, im allgemeinen von seinen Eltern, etwas lernen, das so neu ist, daß es in der letzten Ausgabe der Nukleinsäuren noch nicht verzeichnet war.

Eine unscharfe Neigung zu Ethnozentrismus und Xenophobie kann in dieser Phase in den Einzelheiten auf die Bedürfnisse der jeweiligen Generation abgestimmt werden. Die Gruppen, denen man Loyalität schuldet, und jene, die besonderen Haß und Verachtung verdienen, können von Generation zu Generation andere sein. Die Prägung ist ein Mittel, um generelle Neigungen der praktischen Politik anzupassen, und sie ist eine Form von Erziehung. Die Mechanismen stehen für jene bereit, die sie zu nutzen wissen. Die jungen Tiere haben ein nahezu bildhaft-anschauliches Gedächtnis. Sie besitzen jedoch keine kritischen Fähigkeiten. Sie werden alles glauben – was auch immer sie gelehrt werden. Das Beispiel des Zuges von Entchen, die hingebungsvoll hinter dem Verhaltensforscher einherwatscheln, führt uns vor Augen, daß Prägung bei gewissenlosen höheren Tieren zu Mißbrauch führen kann. Die Jungen sind nur allzu bereit zu lernen, wen sie lieben und wen sie hassen sollen. Wenn die Saugwarzen (die sogenannten Zitzenleisten) und Scheiden von stillenden Ratten regelmäßig mit Zitronenaroma betupft werden, dann werden die männlichen Jungen im Erwachsenenalter vorzugsweise zu nach Zitronen duftenden Weibchen hingezogen werden und auf die natürlich duftenden, zugänglichen und geschlechtsreifen Weibchen verzichten.[15] Diese Duftprägung gibt einen Eindruck davon, wie machtvoll frühe Erfahrungen spätere sexuelle Vorlieben und Leistungen beeinflussen können. Das ist dann ein bißchen wie in dem alten Schlager: *I want a girl just like the girl that married dear old Dad* (»Ich wünsch mir ein Mädchen genau wie das Mädchen, das den lieben Herrn Papa geheiratet hat«). Aber Menschen sind eben doch keine Ratten.

Tiere mit langer Kindheit und wirksamer Prägung können umfassende Veränderungen in ihrem Verhalten bewerkstelligen, um sich an eine sich wandelnde Umwelt anzupassen – und statt eines ganzen Erdzeitalters benötigen sie dafür nur ein paar Lebensalter. In der Folge bindet dies Mütter und Nachkommen noch enger aneinander. Ein Verhältnis bildet sich heraus, das nahe an Liebe heranreicht. Prägung bedeutet auch, daß verschiedene Gemeinschaften derselben Art unterschiedliche Verhaltensmuster haben können, die an die nachfolgenden Generationen weitergereicht werden – sogar wenn die verschiedenen Gruppen genetisch gesehen im wesentlichen identisch sind. Die Strategie der langen Kindheit und des frühen Lernens führt zu einem neuen Element: der Kultur.

* * *

Menschliches Leben beginnt mit einem verzweifelten Wettstreit einer einzelnen Zelle gegen Hunderte von Millionen anderer Zellen. Die vorandrängenden Samenzellen konkurrieren von Anfang an. Aber der ganze Zweck des Wettrennens ist die intimste Form von Zusammenarbeit, nämlich die zwischen Samenzelle und Eizelle. Die beiden Zellen verschmelzen vollständig. Sie verknüpfen ihr genetisches Material. Zwei sehr unterschiedliche Wesen werden zu einem. Der Akt der Herstellung eines menschlichen Wesens umfaßt eine nahezu phantastische Mischung von Gegensätzen – einerseits ein verzweifelter Wettstreit gegen alle Erfolgschancen und andererseits eine so vollkommene Zusammenarbeit, daß die getrennte Identität jedes Partners verschwindet. Für Wesen, die selbst aus heftiger Rivalität erstehen und in vollkommener Zusammenarbeit anfangen, wäre es widersprüchlich, eines der beiden Extreme herabzusetzen.

»…nichts Schlechtes aber«, sagte Mark Aurel, »ist naturgemäß.«[16] Tiere sind nicht aggressiv, weil sie wild, grausam oder böse sind – dies sind Worte mit sehr geringer Erklärungskraft –, sondern weil ein solches Verhalten Nahrung und Abwehr gegen Räuber bereitstellt, weil es die Population weiträumiger verteilt und Übervölkerung verhindert; weil es Anpassungswert hat. Aggression ist eine Überlebensstrategie, die sich entwickelte, um dem Leben zu dienen. Sie koexistiert besonders bei den Primaten zusammen mit Mitgefühl, Selbstlosigkeit, Heldentum und zärtlicher, opferbereiter Liebe für die Jungen. Hierbei handelt es sich ebenfalls um Überlebensstrategien. Die Ausmerzung von Aggression wäre sowohl ein törichtes als auch ein unereichbares Ziel – sie ist viel zu tief in uns verankert. Der Evolutionsprozeß war wirksam, um das rechte Maß an Aggression – nicht zu viel und nicht zu wenig – und die richtigen Hemmungen und Enthemmungen zu erzielen.

Wir kommen aus einer ungestümen Mischung gegensätzlicher Neigungen hervor. Es sollte uns nicht überraschen, daß in unserer Psychologie und in unserer Politik eine ähnliche Spannung von Gegensätzen vorherrscht.

Kapitel 11

Herrschaft und Unterwerfung

Wenn wir die Lebewesen nicht mehr so betrachten, wie etwa die Naturvölker ein Schiff, d.h. als etwas über unsere Begriffe Gehendes; wenn wir vielmehr die Tiere und Pflanzen als etwas ansehen, das eine lange Geschichte hat, und in jedem zusammengesetzten Gebilde oder in jedem Instinkt das Gesamtergebnis vieler für seinen Besitzer nützlicher Abänderungen erblicken, in derselben Weise etwa, wie eine bedeutende mechanische Erfindung das Gesamtergebnis von Arbeit, Erfahrung und Verstand, vielleicht gar der Fehler einzelner Arbeiter ist – wenn wir in solcher Weise die Lebewesen betrachten, so wird das Studium der Naturwissenschaften wesentlich fesselnder sein.

CHARLES DARWIN
Die Entstehung der Arten[1]

Ordnung. Hierarchie. Disziplin.

BENITO MUSSOLINI
Vorschlag zu einem nationalen Wahlspruch[2]

Die beiden Grubenottern gleiten lautlos aufeinander zu, ihre gespaltenen Zungen zucken. Langsam umschlingen sie sich in einer schwülen Umarmung. Sie erheben sich immer höher vom Boden. Die gleißenden Körperwindungen senken und heben sich. Wie ein makroskopisches Echo ihrer zugrundeliegenden mikroskopischen Wirklichkeit bilden sie eine Doppelspirale (Doppel-Helix).

Früher folgerten viele Beobachter daraus, daß dies ein Werbungstanz von Schlangenpaaren sei. Sie versäumten jedoch, die Schlangen einzufangen und ihr Geschlecht zu bestimmen. Denn sonst hätte sich herausgestellt, daß beide Schlangen Männchen sind. Was tun sie also? Da homosexuelle Umarmungen im gesamten Tierreich bekannt sind, könnte es sich trotzdem um ein Werbungsritual handeln – abgesehen von der Tatsache, daß dieses Schauspiel gewöhnlich damit endet, daß eine Schlange die andere zu Boden wirft und keine offensichtlich sexuellen Akte wahrnehmbar sind. Statt dessen scheint dieses fesselnde Ritual der Schlangen ein Wettbewerb zu sein, eine Art Armdrücken oder Fingerhakeln nach festen Spielregeln. Soweit wir wissen, wurde kein Teilnehmer jemals gebissen oder auch nur verletzt. Wenn der Zweikampf zu Ende ist, akzeptiert die zu Boden gezwungene Schlange ihre Niederlage und gleitet davon.

Ist dies ein Wettstreit um den Zugang zu Weibchen? Manchmal ist gar kein Weibchen in der Nähe, das seinen Helden anfeuert oder als Belohnung für den Sieger zur Verfügung steht. Zumindest handelt es sich um einen Rangordnungskampf, um die Feststellung, wer die oberste Grubenotter ist – das schließt allerdings die Möglichkeit nicht aus, daß es sich zugleich um eine homosexuelle Begegnung handelt: Ein männlicher Wettstreit um die Dominanz, der sich in einer homosexuellen Metapher ausdrückt, ist nämlich bei den Tieren weit verbreitet.

Diesen Kampf zu verlieren, versetzt der Selbstsicherheit der Schlange offenbar einen Schlag. Die unterlegene Schlange scheint griesgrämig und demoralisiert sowie auf Tage hinaus unfähig, sich auch nur gegen schwächliche Rivalen zu verteidigen. Dies ist ein Mechanismus, durch den Rangkämpfe sich später in Paarungserfolge umsetzen: Wenn eine weibliche Grubenotter nämlich auf ein einsames Männchen trifft, ahmt sie das männliche Verhalten nach und richtet sich auf, als ob sie zu diesem Wettkampf bereit sei. Wenn das Männchen, noch kleinmütig wegen seiner kürzlichen Niederlage, sich nicht als Antwort darauf lebhaft hochreckt, sucht das Weibchen anderswo einen Partner.[3] Den Weibchen gelingt es fast ausnahmslos, sich nur mit Siegern zu paaren.[4]

Bei den Grubenottern[5] nimmt ein Männchen eines oder mehrere geschlechtlich empfängliche Weibchen unter seinen »Schutz« und tut sein Bestes, die Annäherung anderer Männchen zu verhindern. Es wird bestimmte Territorien verteidigen oder um sie konkurrieren, insbesondere dann, wenn diese Vorräte enthalten, die für die nächste Generation von Ottern wichtig sind. Die bekannteste amerikanische Grubenotter, die Prärieklapperschlange, paart sich nicht im Frühjahr, wenn sie aus der Überwinterung auftaucht, sondern wartet bis zum Spätsommer, wenn ein Männchen bemerkenswerte Mühe aufwenden muß, um ein Weibchen aufzuspüren.

Im Gegensatz dazu überwintern die Strumpfbandschlangen von Manitoba in riesigen Lagern von vielleicht zehntausend Individuen, also einer sprichwörtlichen Schlangengrube. Die Weibchen sind sexuell empfänglich, sobald sie im Frühling einzeln aus dem Lager hervorkommen. Und das ist auch gut so: Auf jedes von ihnen wartet ungeduldig eine Bande von mehreren Tausend Männchen, die gemeinsam auf das Weibchen losschnellen und ein leidenschaftliches, sich windendes, aber weitgehend unproduktives »Paarungsknäuel« formen. Der Wettbewerb zwischen den Männchen ist sowohl vor als auch nach dem Geschlechtsverkehr verbissen; nach der Paarung bringt der Sieger einen Scheidenstöpsel an, so daß kein weiterer Rivale das Weibchen schwängern kann, auch wenn er das Objekt seiner Begierde nicht erfolgreich mit seinem Samen imprägniert hat. Auch bei Schlangen gibt es einen Kernbestand von grundlegenden Verhaltensweisen – wozu Dominanzverhalten, Territorialität und sexuelle Eifersucht gehören –, den wir Menschen ohne Schwierigkeit erkennen können.

* * *

Von sehr wenigen Ausnahmen abgesehen, sind Tiergesellschaften keine Demokratien. Einige sind absolute Monarchien, einige Oligarchien, die von wechselnden Gruppen dominiert werden, und einige sind – besonders auf der Seite der Weibchen – erbliche Aristokratien. Bei fast allen gibt es Hierarchien der Dominanz, außer bei extrem einzelgängerischen Arten von Vögeln und Säugetieren. Es gibt eine Rangordnung, die hauptsächlich auf Stärke, Größe, Geschmeidigkeit, Tapferkeit, Streitlust und sozialer Intelligenz beruht. Manchmal kann man allein durch Hinsehen vorhersagen, wer wahrscheinlich dominierend sein wird: etwa der Hirsch mit den meisten Sprossen am Geweih oder jener große, muskelbepackte Gorilla mit grauem Rückenfell. In anderen Fällen jedoch ist es ein Wesen, dem man es nicht zutrauen würde, jemand ohne eindrucksvolle Körperstatur, jemand, dessen Führungsqualitäten für die Tiere, die man beobachtet, offensichtlich sein mögen, aber nicht für den Beobachter.

Das dominierende Tier – das sich im ritualisierten, gelegentlich auch im ernsten Kampf herausgestellt hat – wird nach dem ersten Buchstaben des griechischen Alphabets »Alpha« genannt. Auf Alpha folgt Beta, dann Gamma, Delta, Epsilon, Zeta, Eta... bis hinab zum Omega, dem letzten Buchstaben des griechischen Alphabets. Meistens herrscht Alpha über Beta, das angemessene Zeichen von Unterwerfung bekundet; Beta über Gamma; Gamma über Delta; und so die ganze Hierarchie hinab.* Das Alpha-Männchen dürfte in der Hierarchie der Männchen in 100 Prozent der Zeit Dominanzverhalten zur Schau stellen, das Omega-Männchen oder die Omega-Männchen in null Prozent der Zeit und jene dazwischen mit einer ihrer Position entsprechenden Häufigkeit.

Abgesehen von einer zweifelhaften Befriedigung am Akt der Einschüchterung anderer selbst, bringt ein hoher Rang oft bestimmte praktische Vorteile mit sich: etwa das Vorrecht, zuerst und von den besten Stücken

* Das Alpha-Tier dominiert auch über das Gamma-Tier und jene darunter; das Beta-Tier dominiert entsprechend auch über das Delta-Tier und jene darunter usw. Da eine größere Zahl von Tieren sich unterwirft als herrscht, könnte das System mit größerem Recht eine Unterwerfungshierarchie als eine Dominanzhierarchie genannt werden. (Im deutschsprachigen Raum wird diese Situation deshalb auch häufig mit dem Begriff »Hackordnung« umschrieben!) Wir Menschen sind jedoch vom Gedanken der Dominanz gefesselt und finden, zumindest im Westen, Unterwerfung häufig ein wenig anstößig, außer vielleicht im Bereich der Religion. Riesige Bibliotheken sind voll von Werken über »Führungskunst«; über »Nachfolgekunst« findet sich dagegen praktisch nichts.

zu speisen, oder das Recht, mit jedem Weibchen, das einem gefällt, Geschlechtsverkehr zu haben. Die leidenschaftlichsten Schwärmer für Dominanzhierarchien sind fast immer die Männchen, obwohl lockere Parallelen von Dominanzhierarchien unter Weibchen bei vielen Arten vorkommen. Männchen dominieren im allgemeinen alle Weibchen und alle Jungtiere. Zu den vergleichbar seltenen Arten, in denen die Weibchen manchmal die Männchen dominieren, zählen die Meerkatzen, gerade jene Affenart, die angesichts von Überpopulation gelassen bleibt.

Obwohl bevorrechtigter Zugang zu begehrenswerten Weibchen nicht unabänderliche Begleiterscheinung eines hohen Ranges ist, stellt er doch eine häufige Vergünstigung dar. In einer Mäusepopulation war das obere Drittel der Hierarchie für 92 Prozent der Befruchtungen verantwortlich. In einer Forschungsstudie über Elefantenrobben befruchteten die obersten sechs Prozent aus der Dominanzhierarchie der Bullen 88 Prozent der Kühe.[6] Hochrangige Männchen arbeiten oft hart daran, um niedrigerrangige Männchen am Befruchten der Weibchen zu hindern. Weibchen scheinen sich manchmal so zu verhalten, daß sie Kämpfe zwischen den Männchen anstiften.[7] In einem Umfeld, in dem die dominierenden Männchen nahezu alle Nachkommen zeugen werden, liegt natürlich ein großer Zuchtwahlvorteil darin, ein dominierendes Männchen zu sein. Welche ererbten Qualitäten auch immer darauf vorbereiten, Dominanz zu erzielen, zu behalten und zu genießen, sie werden sich schnell in der gesamten Population verbreiten – zumindest unter den Männchen. Soziale und individuelle Beschaffenheiten werden durch Evolution zu diesem Zweck neu ausgestaltet werden. Es scheint in der Tat Gehirnregionen zu geben, die für Dominanzverhalten verantwortlich sind.[8]

Beförderung im Rang geschieht üblicherweise nicht aufgrund von sozialen Leistungen zugunsten der Gemeinschaft oder aufgrund der Abwehr von Eindringlingen, sondern in der Hauptsache aufgrund von Erfolgen im – weitgehend ritualisierten, manchmal auch ernsten – Zweikampf innerhalb der Gruppe. Darwin hat diese Zusammenhänge der natürlichen Zuchtwahl klar verstanden:

> Das Gesetz des Kampfes um den Besitz des Weibchens scheint durch die ganze große Classe der Säugethiere zu herrschen. Die meisten Naturforscher werden zugeben, daß die bedeutendere Größe, Kraft, der größere Muth und die größere Kampfsucht des Männchens, seine

> speciellen Angriffswaffen ebenso wie seine speciellen Vertheidigungsmittel sämmtlich durch jene Form von Zuchtwahl erlangt oder modificiert worden sind, welche ich geschlechtliche Zuchtwahl genannt habe. Diese hängt nicht von irgend einer Überlegenheit in dem allgemeinen Kampfe um das Leben ab, sondern davon, daß gewisse Individuen des einen Geschlechtes, und allgemein des männlichen, bei der Besiegung anderer Männchen erfolgreich gewesen sind und eine größere Zahl von Nachkommen hinterlassen haben, ihre Superiorität zu erben, als die weniger erfolgreichen Männchen.[9]

Wenn man in der Hierarchie Leutnant ist und befördert werden möchte, so fordert man den Oberleutnant zum Kampf heraus; er seinerseits würde seinen Hauptmann herausfordern, der wiederum seinen Major und so fort, die Rangleiter hinauf. In dieser Hinsicht zumindest unterscheiden sich tierische Dominanzhierarchien und menschliche Militärhierarchien. Bestimmte Firmenhierarchien mit Kampfsituationen «Alle gegen alle« würden vielleicht eine bessere Parallele bieten. Im Falle einer erfolgreichen Herausforderung tauschen die beiden Tiere manchmal ihre Stellung in der Gemeinschaft, silberne werden durch goldene Streifen ersetzt. Tiere, die durch Krankheit, Verletzung oder Alter geschwächt sind, werden im allgemeinen in die Ränge zurückversetzt.
Der Western-Wahlspruch »Diese Stadt ist nicht groß genug für uns beide!« findet in Dominanzhierarchien gewöhnlich keine Anwendung. Angesichts eines reizbaren Alpha-Männchens hat man neben Kampf oder Flucht eine weitere Wahlmöglichkeit: Man kann sich unterwerfen. Fast alle entscheiden sich dafür. Untergeordnete Männchen schmeicheln sich bei denen an der Spitze der Hierarchie durch unablässiges Verbeugen und Mit-den-Füßen-Scharren ein. Aus ihrer Nähe zum Machtzentrum gewinnen sie gewöhnlich bevorzugten Zugang zu Nahrung und Weibchen, den Brosamen, die am Tisch der Alphas abfallen. Manchmal sind dominierende Männchen so sehr mit ihren Ordnungsaufgaben beschäftigt, daß jene, die in der Hierarchie weiter unten angesiedelt sind, sexuelle Stelldicheins einrichten können, die niemals zugelassen worden wären, wenn die Alphas weniger von anderen Dingen in Anspruch genommen wären. Verstohlene Befruchtung von Weibchen, wenn das Alpha-Männchen mal nicht hinschaut, wird »Kleptogamie« (etwa »gestohlene Heirat«) genannt. »Gestohlene Küsse« haben einen ähnlichen Beigeschmack. Ein

Alpha zu sein, ist für Männchen also nur eine der Strategien, um die eigene Linie fortzusetzen. Beta oder Gamma mit einer Neigung zu Kleptogamie zu sein, ist eine weitere. Es gibt noch mehr solcher Strategien.

Eine unzweideutige, wohldefinierte Dominanzhierarchie verringert Gewalttätigkeit. In ihr gibt es eine Menge von Drohungen, Einschüchterungen und Unterwerfungen, aber nur wenige Körperverletzungen. Gewalttätigkeit tritt allerdings auf, wenn die Rangordnung unsicher ist oder sich in einem wandelbaren Zustand befindet. Wenn junge Männchen versuchen, ihren Platz in der Hierarchie zu begründen, oder wenn es an der Spitze einen Streit um den Alpha-Status gibt, dann kann es zu ernsthaften Verletzungen und sogar zum Tod im Kampf kommen. Aber wenn man nichts dagegen hat, sich selbst dauernd denen von höherem Rang unterzuordnen, dann bieten Dominanzhierarchien eine friedliche und ritualisierte Umwelt, in der man wenige Überraschungen erlebt. Dies ist vielleicht ein Teil des Reizes für jene Menschen, die sich zu religiösen, akademischen, politischen und Konzernhierarchien sowie, in Friedenszeiten, zu militärischen Einrichtungen hingezogen fühlen. Die Unannehmlichkeiten, die einem von Hierarchien abverlangt werden mögen, werden durch die sich ergebende soziale Stabilität aufgewogen. Der zu zahlende Preis besteht in Ängsten. Man macht sich dann zum Beispiel Sorgen, ob man Höherrangige auch nicht gekränkt hat, ob man als ungenügend ehrerbietig betrachtet wird, ob man sich selbst vergißt oder eine Majestätsbeleidigung begeht.

Alle Auseinandersetzungen zur Aufrechterhaltung der Dominanzhierarchie (in der Hauptsache ritualisierte und symbolische Duelle) finden zwischen Tieren statt, die einander gut kennen. Davon ist jedoch zu unterscheiden eine xenophobisch intraspezifische Aggression: Diese kommt zwischen Tieren vor, die keine wahrgenommenen Bindungen, Beziehungen oder auch nur Gewöhnung aneinander besitzen. Hier handelt es sich um eine Begegnung mit ungewohnt duftenden Fremden – einen Umstand, der sehr wahrscheinlich zu Verletzten und Toten führt.

Wenn eine fremde Maus daherkommt, unterbrechen Ratten, was sie gerade tun, und greifen sie an – dominierende Ratten greifen dabei den Eindringling im Rücken an und bespringen ihn häufig, während untergeordnete Ratten die Flanken des Eindringlings angreifen und ihn selten bespringen: Jeder auf seine Weise.[10] Bei Mäusen, die in kleinen Gruppen leben, sind gewöhnlich jene an der Spitze der Hierarchie besonders aktiv beim Balgen, Einschüchtern und Kämpfen, im Reagieren auf Neuheiten und beim Zeugen von Mäusejungen. Sie haben auch glatteres Fell als die untergeordneten Männchen. Bei Kämpfen gegen Mäuse einer anderen Gruppe[11] kommen jedoch plötzlich demokratische Formen zum Tragen, und die Untergebenen kämpfen Seite an Seite mit den Alpha-Tieren.*

Die einfachste Geometrie einer Dominanzhierarchie ist, wie beschrieben, geradlinig. Der gemeine Soldat buckelt vor dem Gefreiten, der Gefreite vor dem Unteroffizier (und wenn man genau hinschaut, dann gibt es verschiedene haarspalterische Abstufungen von Gemeinen, Gefreiten und Unteroffizieren), der Unteroffizier vor dem Leutnant und so fort, aufwärts über den Oberleutnant, Hauptmann, Major, Oberstleutnant, Oberst, Brigadegeneral, Generalmajor, Generalleutnant, den schlichten alten General und den Feldmarschall. Die militärischen Einrichtungen der verschiedenen Nationen haben unterschiedliche Namen für die vielfältigen Ränge, aber der Grundgedanke ist derselbe: Jedermann kennt seinen Rang. Es gibt eine Währung der Ehrerbietung, die vom Untergeordneten dem Vorgesetzten angeboten wird: Man beachtet das Zeremoniell.

Die lineare Hierarchie ist eine Organisationsweise, die beim domestizierten Geflügel leicht zu beobachten ist; hier hat der Begriff »Hackordnung« seinen Ursprung. Sie ist unter Hennen besonders klar ausgeprägt. (Bei Säugetieren ist die Hackordnung oft das Hauptfaktum männlichen Soziallebens.) Wiederum hackt die Alpha-Henne die Beta-Henne und alle Nachgeordneten; die Beta-Henne hackt die Gamma-Henne und alle Nachgeordneten; und so fort, bis hinunter zum armen Omega-Huhn, das niemanden hat, auf dem es herumhacken kann. Die hochrangigen Hähne versuchen, die Hennen sexuell zu monopolisieren, sind jedoch manchmal nicht erfolgreich. Von seltenen Fällen abgesehen, dominieren die Hähne

* Die allerjüngste Menschheitsgeschichte bietet einen Kontrast dazu: Die Alphas – im allgemeinen alte Männer – verschanzen sich in Sicherheit, oft dort, wo die jungen Frauen sind, und senden die Untergeordneten – im allgemeinen junge Männer – aus, um zu kämpfen und zu sterben. In keiner anderen Art sind die Alpha-Männchen mit so bequemen Regelungen für sich selbst davongekommen. Dies erfordert eine Form von zumindest impliziter Zusammenarbeit unter den Alphas rivalisierender Gruppen, die sich jedoch oft arrangieren läßt. Abgesehen von den sozialen Insekten ist keine andere Art schlau genug gewesen, den Krieg zu erfinden. Er stellt eine Einrichtung dar, die bestens auf den Vorteil der Alphas ausgerichtet ist.

die Hennen; der englische Ausdruck für »Unter dem Pantoffel stehen«, *henpecked*, bezieht sich auf solche Ausnahmen und stammt aus Beobachtungen des alltäglichen Lebens auf dem Hühnerhof.

Bei größeren Populationen ist eine reine lineare Rangordnung selten; vielmehr durchbrechen kleine Dreiecksbeziehungen das Gesamtmuster, wenn etwa Delta über Epsilon dominiert, Epsilon über Zeta, Zeta jedoch nicht nur über Eta, sondern zugleich auch über Delta und vielleicht sogar über jemanden noch weiter oben in der Hierarchie.[12] Dies führt zu einer sozialen Vielschichtigkeit, die von erzkonservativen Hühnern sicher abgelehnt wird.

Wie kommt es nun zur Errichtung einer Dominanzhierarchie? Wenn zwei Hühner zusammengebracht werden, gibt es üblicherweise ein kurzes Gezänk – das eine Menge Gegacker, Gekreische, Gehacke und fliegende Federn beinhaltet. Oder aber eines der Hühner schaut sich das andere genau an und unterwirft sich kampflos, was gewöhnlich der Fall ist, wenn ein unreifes Junghuhn auf ein gesundes erwachsenes Tier trifft. Unter kraftvollen Hennen ist die Siegerin entweder die bessere Kämpferin oder die bessere Blufferin. Bei solchen Begegnungen gibt es anscheinend so etwas wie einen Heimvorteil: Eine Henne gewinnt den Kampf mit höherer Wahrscheinlichkeit auf ihrem eigenen Hof als auf dem der Gegnerin. Aggressivität, Mut und Stärke spielen eine Rolle. Nach einer einzigen Niederlage bleibt die Rangbeziehung zwischen den beiden Hennen oft eingefroren; die höherrangige Henne hat das Recht, nach der rangniedrigeren zu hacken, ohne Vergeltung befürchten zu müssen. Hühnerscharen, in denen hochrangige Hennen regelmäßig weggebracht und durch völlig fremde ersetzt werden, streiten mehr, fressen weniger, verlieren Gewicht und legen weniger Eier. Die Hackordnung liegt, auf lange Sicht gesehen, im Interesse der Hühner.[13]

»Hühnchen spielen« *(playing chicken)* ist eine Mutprobe Halbwüchsiger, die in den fünfziger Jahren in Amerika in Mode kam. Dabei fordert man einander heraus festzustellen, wer zuerst vor einer Gefahr zurückschreckt. In der bekanntesten Variante dieses Spiels rasen zwei Autos mit hoher Geschwindigkeit geradewegs aufeinander zu; wer als erster zur Seite lenkt, mag zwar sein Leben retten (und, ganz nebenbei, auch das seines Rivalen), aber er verliert seinen Status. Der Begriff »Hühnchen spielen« anerkennt die tieferliegenden entwicklungsgeschichtlichen Ursprünge. In derselben Jugendkultur bedeutet, Hühnchen *(chicken)* zu *sein*, zu ängstlich oder zu feige zu sein, um eine gefährliche oder heldenhafte Tat zu vollbringen. Auch diese Wortwahl erinnert an das Verhalten von Untergeordneten in der Dominanzhierarchie des Hühnerhofes.

Eine andere Weise, in der sich unser Gewahrsein, daß es tierische Dominanzhierarchien gibt, in den englischen Sprachgebrauch eingeschlichen und als brauchbar zur Beschreibung unseres eigenen Verhaltens erwiesen hat, sind die Redewendungen *top dog* (Leithund) als Kennzeichnung für den Alpha-Status und *underdog* für alle anderen. Wenn wir sagen, wir ergreifen Partei für den *underdog* im Sport, in der Politik oder in der Wirtschaft, so enthüllen wir ein Bewußtsein für das Vorhandensein von Dominanzhierarchien, für ihre Ungerechtigkeit und Unbeständigkeit.

Es gibt im Tierreich monarchische Sozialsysteme, in denen jedes Mitglied vom Alpha-Männchen oder von wenigen höchstrangigen Männchen dominiert wird, während in der übrigen Gruppe kaum eine Aggression vorfällt. Das dominierende Männchen verbringt einen bedeutenden Teil seiner Zeit damit, verärgerte Untergeordnete zu beruhigen und Streitfälle zu schlichten. Manchmal ist die verabreichte Gerechtigkeit ein wenig grob, aber häufig wird lediglich ein Bellen oder eine Grimasse ausreichen. Besonders in solchen Systemen bringen Dominanzhierarchien soziale Stabilität mit sich. Die Männchen vieler Arten haben ein wirksames Waffenarsenal herausgebildet. Das Leben wäre zum Beispiel um ein Vielfaches gefährlicher, wenn sich zwei Piranhamännchen, zwei Löwen, zwei Hirsche oder zwei Elefantenbullen bei jeder Meinungsverschiedenheit bis auf den Tod bekämpften. Die Dominanzhierarchie – mit ihren über erhebliche Zeitabschnitte hin festgelegten Statusbezügen und ihrer Einrichtung ritualisierter statt wirklicher Kämpfe zur Schlichtung ernsthafter Konflikte – ist ein zentraler Überlebensmechanismus. Aus ihr ergibt sich nicht nur für das dominierende Männchen ein genetischer Vorteil, sondern auch für alle übrigen. Das System beruht auf der *pax dominatoris* (dem »Frieden des Herrschers«). Auch wenn man eine Menge einstecken muß, auch wenn man manchmal über Vorgesetzte verärgert ist, so hat man doch Sicherheit, vielleicht sogar eine gewisse Behaglichkeit in einem solchen System – in dem jedermann seinen Platz kennt.

Welche Form von Zuchtwahl ist dies nun? Handelt es sich schlicht um individuelle Zuchtwahl zugunsten des Alpha-Männchens, bei der der Vorteil aller anderen Männchen nur so nebenbei anfällt? Handelt es sich um Zuchtwahl von Blutsverwandten, weil die niedrigrangigen Männchen nicht allzu entfernte Verwandte des Alpha-Männchens sind? Handelt es sich um Gruppenzuchtwahl, weil eine solche durch Dominanzhierarchie gegliederte und stabilisierte Gruppe mit größerer Wahrscheinlichkeit überlebt als eine Gruppe, in der der Kampf auf Leben und Tod die Regel ist? Können diese Kategorien immer voneinander abgesondert und klar unterschieden werden?

Das Alpha-Tier könnte darauf aus sein, einen Untergebenen, der die Ordnung verletzt hat, anzugreifen; wenn aber letzterer die für die Art charakteristischen Unterwerfungsgesten macht, fühlt der erstere sich verpflichtet, ihn zu verschonen. Sie haben sich nicht an den Verhandlungstisch gesetzt und sich auf ein Moralgesetz geeinigt, keine Gesetzestafeln sind vom Berge zu ihnen herabgetragen worden, aber die haltungsmäßigen und gestischen Hemmungen gegen Gewalttätigkeit wirken weitgehend wie ein Moralgesetz.

Eines der prachtvollsten Beispiele von Dominanzverhalten innerhalb von Tiergruppen – das sich bei so verschiedenen Tieren wie Vögeln, Antilopen und (vielleicht auch) Mücken findet – ist der sogenannte Schaukampf *(Balz)*:

> Die Balz ist ein Turnier, das vor und während der Paarungszeit stattfindet, wenn die gleiche Gruppe von Männchen sich tagtäglich an einem tradierten Ort zusammenfindet und die Tiere ihre einzelnen angestammten Plätze in der Arena einnehmen, indem sie ein kleines Territorium oder einen Hof besetzt halten und verteidigen. Sie streiten von Zeit zu Zeit oder auch ohne Unterbrechung mit jeweils einem ihrer Nachbarn oder stellen ihre Federpracht, ihre Stimmgewalt oder groteske Turnkunststücke zur Schau... Obwohl sie alle ein Territorium innehaben, besteht doch eine Hierarchie zwischen ihnen, wobei die höchstrangigen Männchen ihren Platz in der Mitte der Arena haben und die noch nicht eingestuften Anwärter am äußeren Rand. Wenn es an der Zeit ist, kommen die Weibchen zu diesen Kampfstätten, um befruchtet zu werden, und üblicherweise bahnen sie sich einen Weg zum einen oder anderen der dominanten Tiere im Zentrum der Arena.[14]

Die Frühjahrssemesterferien am Strand von Fort Lauderdale oder Daytona Beach in Florida gehören vielleicht zu den deutlich erkennbaren menschlichen Einrichtungen nach dem Vorbild einer *Balz*.

Unter den Reptilien, den amphibischen Tieren und auch den Schalentieren ist Dominanzverhalten allgemein verbreitet.[15] Warane (etwa die indonesischen Komododrachen) haben ein sehr eindrucksvolles ritualisiertes und stereotypes Einschüchterungsgehabe. Sie rasseln oder peitschen mit ihrem Schwanz, richten sich auf ihren Hinterbeinen auf, blähen ihren Hals auf und versuchen, falls ihr Rivale sich dann noch nicht unterworfen hat, ihn zu Boden zu ringen. Bei Krokodilen wird die Dominanzordnung durch Aufschlagen des Kopfes auf der Wasseroberfläche, durch Brüllen, Vorschnellen, Verfolgen und vorgetäuschtes oder tatsächliches Beißen festgelegt. Ein männlicher Frosch quakt, wenn er bei einer Paarungsumarmung gestört wird; je tiefer sein Quaken, als desto kräftiger gebaut erweist er sich wahrscheinlich, wenn er sich vom Weibchen löst, und desto größer wird die Unterwürfigkeit des eindringenden Möchtegerns ausfallen. Ein zahnloser, leuchtend gefärbter zentralamerikanischer Frosch aus der Familie der Dendrobaten verängstigt Eindringlinge, indem er eine lebhafte Abfolge von »Liegestützen« vorführt. Bei den Skink-Eidechsen jedoch, bei denen Aggression im jahreszeitlichen Wechsel freigesetzt wird, wenn die Köpfe der Männchen sich leuchtend rot färben, werden die Vorteile des Einschüchterns durch Bluffen oft aus den Augen verloren, und die beiden Rivalen verbeißen sich ineinander, ohne einander etwa auch nur durch ein Aufblähen des Halses zu warnen.

Wenn Einsiedlerkrebse einander begegnen, so verwenden sie einige wenige Sekunden darauf, aneinander Maß zu nehmen – indem sie mit ihren Fühlern sich gegenseitig über die Zangen streichen; der Kleinere unterwirft sich darauf umgehend dem Größeren.[16] Stieläugige Fliegen tun desgleichen; bei den kräftigeren Individuen ist der Abstand zwischen den Augen größer.

Es ist selten, daß irgendein Männchen von vornherein Alpha-Tier ist. Im allgemeinen muß es sich durch die Ränge hinaufarbeiten. In den Zeitabschnitten zwischen den Herausforderungen von Ranghöheren wäre es jedoch ein Fehler, sich zu aufmüpfig zu benehmen. Sogar sehr ehrgeizige Männchen haben eine Gabe zu Unterordnung und Unterwerfung nötig. Außerdem ist es schwierig vorherzusehen, wer hochrangigen Status erreichen wird. Manchmal wird arglosen Tieren durch den Lauf der

Ereignisse Bedeutung geradezu aufgedrängt. Dementsprechend muß jeder fähig sein, sich der Gelegenheit gewachsen zu erweisen. Innerhalb einer linearen Hierarchie muß man wissen, wie man über untergebene Tiere dominiert und wie man sich den höherrangigen unterwirft. Ein Hang zu beidem, Dominanz und Unterwerfung, muß in derselben Brust verankert sein. Vielschichtige Herausforderungen erzeugen und erfordern vielschichtige Tiere.

* * *

Nichts von dem, was wir bisher angeführt haben, gibt irgendwelche Hinweise auf weibliche Vorlieben. Was passiert beispielsweise, wenn sie das Alpha-Männchen hochnäsig oder ungeschliffen findet, oder wenn es ihrer Meinung nach zu viel als selbstverständlich voraussetzt? Oder wenn er ihr einfach zu häßlich ist? Hat sie dann das Recht, ihn zurückzuweisen? Zumindest bei Hamstern steht dies nicht zur Wahl.

Die Psychologin Patricia Brown und ihre Kollegen unternahmen folgendes Experiment[17] an syrischen Hamstern: Am Anfang wurde Männchen mit vergleichbarer Größe und ähnlichem Körpergewicht Gelegenheit gegeben, paarweise miteinander umzugehen und ihre Dominanz festzulegen. Verfolgen und Beißen wurden als aggressive Verhaltensweisen notiert, abwehrende Haltungen, Ausweichen, erhobene Schwänze und voll geduckte Unterwerfung als Unterordnungsmerkmale. Die dominierenden Tiere waren für mehr als zehnmal soviele aggressive Handlungen verantwortlich wie eine gleiche Anzahl von untergeordneten; die untergeordneten zeigten zehnmal mehr unterwürfige Handlungen als jene, die als dominierend beurteilt wurden. Zwei Hamstermännchen brauchten niemals länger als eine Stunde, um zu entscheiden, wer dominant und wer untergeordnet war.

Diese Männchen verstanden zu kämpfen, aber sie hatten noch niemals eine sexuelle Erfahrung gehabt. Jedes Männchen wurde dann mit einem feinen Ledergeschirr versehen, das mit einem Zügel verbunden war, der, einer Hundeleine gleich, seine Bewegungsfreiheit einschränkte. Als nächstes wurde ein empfängnisbereites Weibchen freigelassen; es konnte an die gezügelten Männchen herankommen, diese wurden aber durch ihre Leinen daran gehindert, dem Weibchen über einen bestimmten Punkt hinaus zu folgen oder ihm unwillkommene Zudringlichkeit zu erweisen.

Sexuelle Kontakte, die sich ergeben würden, konnten so unter den Bedingungen des Weibchens stattfinden.

Wir können uns ausmalen, wie das Weibchen mit Stielaugen die Männchen in ihren perversen Lederwesten langsam von Kopf bis Fuß mustert. Da der vorangegangene Dominanzstreit weitgehend rituell gewesen war, gab es auch keine Verletzungen, die das untergeordnete Tier verraten konnten. Die Männchen befanden sich in abgetrennten Bereichen, so daß sie einander nicht sehen und dem Weibchen ihre Statusbeziehungen nicht durch Gesten von Dominanz oder Unterwürfigkeit verraten konnten. Würde das Weibchen, obwohl – für menschliche Beobachter – offenkundige Zeichen fehlten, das dominierende Männchen wählen? Oder würde es irgendein anderes Merkmal anziehender finden? Die Weibchen waren weder zögerlich noch spröde. In weniger als fünf Minuten präsentierte sich jedes von ihnen einem der Männchen zum Paaren. Es handelte sich in jedem Fall um das dominierende Männchen. Vorherige Vertrautheit zwischen den Tieren war nicht erforderlich. Das Weibchen wußte auf irgendeine Weise Bescheid. Keine Fragen über seine Erziehung, Familie, finanziellen Aussichten oder zärtliche Veranlagung wurden gestellt. Jedes Weibchen war begierig darauf, sich mit dem dominierenden Männchen zu paaren.

Wie konnte das Weibchen Bescheid wissen? Die Antwort scheint darin zu liegen, daß sie die Dominanz riechen konnte. Es gibt buchstäblich eine gewisse chemische Verbindung zwischen ihnen, den Geruch der Macht. Die dominierenden Männchen geben eine Ausdünstung, ein Pheromon ab, das untergeordnete Männchen nicht abgeben.[18]

»Ich bin eine Berühmtheit. Das ist, was berühmte Persönlichkeiten tun«, mit diesen Worten entschuldigte der ehemalige Boxweltmeister im Schwergewicht, Mike Tyson, sein ungehemmtes Umsichwerfen mit Aufforderungen zu Liebesabenteuern an praktisch alle Teilnehmerinnen an einer Schönheitskonkurrenz. Und der frühere Außenminister der Vereinigten Staaten von Amerika, Henry Kissinger, der nicht gerade für sein attraktives Aussehen bekannt war, erklärte seine Anziehungskraft auf eine wunderschöne Schauspielerin mit den Worten: »Macht ist der stärkste Liebestrank.«

Dominierende Männchen paaren sich mit Vorliebe mit wohlgestalteten Weibchen. Die Weibchen sind so zuvorkommend wie nur möglich. Sie kauern sich nieder, heben ihr Hinterteil an und nehmen ihren Schwanz aus dem Weg. (Wir sprechen wieder von Hamstern.) Im Experiment von Patricia Brown wurden die dominierenden Männchen während der ersten halben Stunde im Durchschnitt vierzigmal »zugelassen«; jene untergeordneten Männchen, die überhaupt einen Treffer erzielen konnten (gewöhnlich nachdem die dominierenden genug hatten), kamen auf einen bescheidenen Durchschnitt von 1,6 Kopulationen in der halben Stunde.

Nehmen wir nun an, daß man in einer Gesellschaft aufwächst, in der solches Verhalten den Gemeinschaftsmaßstab darstellt. Würde man dann nicht zu der Vermutung neigen, daß das Tier, das bespringt und wiederholte Schübe mit dem Becken vollführt, der dominierende Partner sei, und das Tier, das sich niederkauert, das aufnahmebereit und duldsam ist, in der Ranghierarchie untergeordnet sei? Wen sollte es überraschen, wenn dieses machtvolle Symbol von Dominanz und Unterwerfung in das gestische und haltungsmäßige Vokabular der statusbesessenen Männchen aufgenommen würde?

Vor der Erfindung von Sprache brauchen Tiere deutliche Symbole, um sich miteinander zu verständigen. Es gibt, wie wir bereits erwähnten, eine wohlentwickelte wortlose Sprache, die solche Bekundungen wie »Mein Bauch zeigt nach oben, und ich ergebe mich« und »Ich könnte dich beißen, aber ich werde es nicht tun; laß uns also Freunde sein« einschließt. Es wäre sehr natürlich, wenn alltägliches Erinnern an den Status in der Rangordnung durch kurzes zeremonielles Bespringen von Männchen durch Männchen festgeschrieben würde. Wer bespringt, ist dominant; wer besprungen wird, ist untergeordnet. Ein Eindringen ist nicht erforderlich. Eine symbolische Sprache dieser Art ist in der Tat weit verbreitet, und wir werden sie in späteren Kapiteln ausführlicher behandeln. Sie hat wohl nur wenig oder gar keinen offen sexuellen Inhalt.

Unter natürlichen Bedingungen gliedern sich Norwegerratten – jene gewöhnliche Rattenart, deren Sozialstruktur in Calhouns Experiment zur Überpopulation zusammenbrach – in soziale Hierarchien. Ein dominierendes nähert sich etwa einem unterwürfigen Tier, schnuppert und leckt seine Anal- und Genitalregion, bespringt es von hinten, während es sich mit den Vorderpfoten festhält. Das unterwürfige Tier dürfte sein Hinterteil anheben, um damit anzuzeigen, daß es danach verlangt, besprungen zu werden. Männliche Aggression bei der Aufrechterhaltung der Dominanzhierarchie umfaßt das Schlagen in die Flanken, Auf-den-Rückenrollen und Mit-den-Beinen-um-sich-schlagen, Den-Gegner-mit-den-Vorderpfoten-festhalten und Boxen – die beiden Tiere stehen einander Zeh an Zeh gegenüber und hauen mit linken Geraden und rechten Haken aufeinander ein. Unter normalen Bedingungen ist es selten, daß eines der Tiere dabei verletzt wird.

Sogar bei Hummern ist die aggressive Haltung ein Aufrecht-Stehen – tatsächlich sozusagen auf den Zehenspitzen (oder zumindest auf den Spitzen ihrer Klauen). Die Unterwerfungshaltung besteht darin, mit einigermaßen am Körper angelegten Beinen flach am Boden zu liegen. Die Idee dahinter ist zu zeigen, daß man dem anderen nicht (schnell) Schaden zufügen könnte, selbst wenn man dies wollte. Es gibt viele Gesten zwischen Menschen, die einer ähnlichen Geisteshaltung entspringen. Polizisten, die möglicherweise bewaffneten Verdächtigen gegenüber stehen, werden diese auffordern, ihre Arme zu erheben (damit klar ist, daß sie keine Waffen darin halten); oder (aus demselben Grunde) ihre Hände im Nacken oder am Rücken zu verschränken; oder sich weit vorgeneigt an eine Wand zu lehnen (damit sie ihre Hände als Stützen verwenden müssen); oder sich auf Bauch oder Rücken auf den Boden zu legen. Unterwürfige Worte (»Ich habe nichts damit zu tun, ehrlich«) sind schön und gut, aber ein Polizeibeamter, der sein Leben riskiert, fordert eine festere haltungsmäßige Garantie.

Bei fast allen höheren Säugetieren erfolgt die Paarung, indem das Männchen den Penis von hinten in die Scheide des Weibchens einführt. Das Weibchen kauert sich nieder, um dem Männchen beim Bespringen behilflich zu sein. Es kann besondere Bewegungen vollführen, die das Eindringen des Männchens unterstützen, und diese Bewegungen werden wie die Stoß- und Rührbewegungen des Männchens zu einem Bestandteil der symbolischen Sprache des Verführens. Der Grund für das Kauern liegt teilweise darin, einen günstigen Winkel für das Eindringen des Penis zu bieten, aber es deutet auch an, daß das Weibchen nicht die Absicht hat, irgendwohin zu gehen. Es ist nicht im Begriff, wegzurennen. Etwas Ähnliches kann bei vielen anderen Arten beobachtet werden. Ein männlicher Käfer, der zum Werben gekommen ist, klopft an den Rückenpanzer des Weibchens – je nach Käferart trommelt er mit seinen Füßen, seinen Fühlern, seinen Mundwerkzeugen oder seinen Genitalien – und das Weibchen ist sofort reglos.[19] Die erstaunliche Anziehungskraft, die von grotesk verformten kleinen Füßen (in China durch viele Jahrhunderte üblich) und von hohen Stöckelschuhen (überall im modernen Westen) für Männer ausgeht, sowie die Beeinträchtigung der Bewegungsfreiheit durch eine traditionelle Damenmode[20] und das Vorurteil von weiblicher Hilflosigkeit im allgemeinen könnten eine menschliche Erscheinungsform des gleichen symbolischen Mechanismus sein.

Bei vielen Arten bedroht das Alpha-Männchen systematisch jedes andere Männchen, das versucht, sich mit *irgendeinem* Weibchen in der Gruppe zu paaren, insbesondere in jenen Perioden, in denen eine Schwangerschaft möglich ist. Wegen heimlicher Besamungen durch untergeordnete Männchen – Kleptogamie –, bei denen die streunenden Weibchen willfährige Partner sind, ist das Alpha-Tier nicht immer erfolgreich; aber es ist hochmotiviert, dies zu verhindern zu suchen. Ähnliches gilt auch innerhalb weiblicher Dominanzhierarchien. Bei Haushühnern beispielsweise greift das Alpha-Weibchen gewöhnlich jedes Weibchen an, das sich einem erwachsenen Männchen während der Brutzeit auch nur nähert. Bei Dschelada-Pavianen, bei denen es eine weibliche Dominanzhierarchie gibt, paaren sich während der fruchtbaren Zeit die hochrangigen Weibchen im Durchschnitt nicht häufiger als die niedrigrangigen; aber die niedrigrangigen Weibchen gebären selten Junge. Etwas, das mit ihrem unterlegenen Status zusammenhängt, verringert ihre Fruchtbarkeit. Vielleicht zeigen sie einen Eisprung an, wenn in Wirklichkeit gar kein Ei freigesetzt wurde, oder sie haben vielleicht viele spontane Fehlgeburten. Was auch immer es im einzelnen ist, ihr niedriger Status verhindert, daß sie Junge kriegen. Bei den Seidenäffchen unterdrücken untergeordnete Weibchen gewöhnlich ihren Eisprung, aber wenn sie aus der weiblichen Dominanzhierarchie befreit werden, werden sie schnell trächtig.[21] Auf diese Weise werden vor allem die Vererbungsfaktoren, die zu einer hohen Stellung in der weiblichen Hierarchie beitragen – etwa große Statur oder überlegene soziale Fertigkeiten –, an die nächste Generation weitergereicht. Dies führt tendenziell zur Stabilisierung einer erblichen aristokratischen Sozialstruktur.

Bei Rindern und vielen anderen Tieren kann das Alpha-Männchen versuchen, einen Harem von Weibchen um sich zu scharen und die anderen Männchen wegzuscheuchen, aber sein Erfolg ist oft begrenzt. Wenn die Zeit der Trächtigkeit oder die Brutzeit vorbei ist, kehren die Männchen zu ihrer einzelgängerischen Lebensweise zurück, und die Weibchen (und Jungtiere) nehmen die ihnen eigentümliche soziale Gruppenbildung wieder auf. Ähnliches gilt beim Rotwild, wo die Hirschkühe oft ihre eigene Dominanzhierarchie haben. Im allgemeinen sind für die Führung solcher Gemeinschaften nicht Bluffs, Drohungen oder Kampffähigkeit entscheidend, sondern das Alter: Das älteste fruchtbare Weibchen führt an. (Die gleiche »Abmachung« wird von gänzlich weiblichen Herden afrikanischer Elefanten getroffen; auch wenn sie aus Hunderten von Elefantenkühen bestehen, erweist sich ihre Sozialstruktur als außerordentlich stabil.) Diese Gruppen scheinen nach einem Schutzprinzip organisiert zu sein. Wenn sie angegriffen werden, bilden sie ein rauten- oder spindelförmiges Muster mit dem Alpha-Weibchen an der Spitze und dem Beta-Weibchen in der Nachhut. Falls die Verfolger aufschließen, kann es vorkommen, daß das Beta-Weibchen plötzlich heldenmütig stehen bleibt und sich mit dem Anführer der Räuber anlegt. Während der Rest der Gruppe entflieht, wechseln sich Alpha- und Beta-Tier manchmal beim Wachdienst ab.

In Geplänkeln und Kämpfen werden die Vorteile von Dominanzhierarchien deutlich sichtbar. Sogar weibliche Säugetiere, die wenig Begeisterung für individuelle Dominanz zeigen, gliedern sich in Zeiten der Gefahr dennoch in Kampfhierarchien. Dominanzhierarchien haben also zumindest zwei sowohl für das Einzeltier als auch für die Gruppe außerordentlich nützliche Funktionen: Sie verringern gefährliches und entzweiendes Kämpfen innerhalb der Gruppe (und fördern damit etwas, das wir politische Stabilität nennen könnten); und sie optimieren die Gruppenstruktur für Konflikte mit fremden Gruppen und anderen Arten (stellen also etwas her, das wir militärische Bereitschaft nennen könnten).

Ein dritter Vorteil von Dominanzhierarchien scheint darin zu liegen, daß sie bevorzugt die Gene der Alpha-Tiere verbreiten, jener Tiere also, die physisch oder verhaltensmäßig besonders lebenstüchtig sind. Wir können uns eine gemeinsame Strategie aller Gruppenmitglieder für alle Fälle vorstellen, etwa nach dem Motto: »Wenn ich groß und stark bin, schüchtere ich ein; wenn ich klein und schwach bin, halte ich mich zurück.« Dies wäre für jeden in der einen oder anderen Weise vorteilhaft, und die Betonung der Aussagen würde allein auf dem »ich« liegen.

Als Menschen empfinden wir natürlich einen Hauch von Befremden, wenn wir uns vorstellen, daß wir selbst in eine solche Dominanzhierarchie mit ihrer feigen Unterwürfigkeit und offensichtlichen Grausamkeit geworfen sind. Als Menschen könnten wir uns aber auch die Wonnen einer wohlgeölten sozialen Maschinerie vorstellen, in der jedermann seinen Platz kennt, in der niemand über die Stränge schlägt und Ärger verursacht, einer Gesellschaft, in der gewohnheitsmäßig Ehrerbietung und Achtung gegen Vorgesetzte gezeigt wird. Je nachdem, ob wir aus einer eher demokratischen oder eher autoritären Erziehung, Schulbildung oder Gesellschaft kommen, werden wir jedoch finden, daß die Vorteile der Dominanzhierarchie die Schändung von Freiheit und Würde aufwiegen, oder umgekehrt. Noch aber handelt dieses Buch nicht von uns Menschen. Menschen sind kein Rotwild, keine Hamster oder Tempel-Paviane. Für diese Arten wurde die Kosten-Nutzen-Analyse bereits abgeschlossen. Für sie sind Gesetz und Ordnung das höhere Gut. Daß es persönliche, »unveräußerliche« Rechte und Freiheiten von Hamstern gibt, die institutioneller Schutzgarantie bedürfen, ist für sie keine »selbstverständlich einleuchtende Wahrheit«, wie man in Anspielung auf die Unabhängigkeitserklärung der USA sagen könnte.

* * *

Um das Hierarchiespiel zu spielen, muß man mindestens fähig sein, sich zu erinnern, wer wer ist, muß man den Rang des anderen erkennen und die angemessenen Reaktionen zeigen, dominante oder unterwürfige, wie es eben die Umstände erfordern. Die Ränge sind nicht auf alle Zeit festgeschrieben, und man muß also in der Lage sein, Tatsachen von zentraler Bedeutung neu abzuschätzen und zu verarbeiten. Dominanzhierarchien bringen Vorteile, aber sie erfordern auch Denken und Beweglichkeit. Es reicht nicht aus, Nukleinsäure-Anweisungen ererbt zu haben, die einem vorgeben, wie man droht und wie man sich unterwirft. Man muß auch fähig sein, diese Verhaltensmuster gegenüber einer wechselnden Reihe von Bekannten, Rivalen, Verbündeten und Liebhabern – deren Dominanzstatus situationsbedingt ist und deren gegenwärtige Umstände unmöglich vollständig in den Nukleinsäuren verschlüsselt sein können – angemessen *anzuwenden*. Nicht nur Jagd- und Fluchtstrategien oder das Lernen von den Eltern, sondern auch funktionsfähige soziale Rangordnungen benötigen ein Gehirn. Trotzdem sind die Anweisungen in den Genen unendlich stärker an der Kontrolle des Verhaltens der Individuen beteiligt als die Einsichten, die in den Gehirnen wohnen.

In der Frühzeit mögen Tiere nicht sehr geschickt im Unterscheiden von

Individuen gewesen sein und sich mit der Feststellung »Wenn er den von mir bevorzugten sexuellen Lockduft abgibt, dann ist er mein Mann« zufriedengegeben haben. Beim Aufeinandertreffen von Räuber und Beute oder bei sexuellen Abenteuern eines Männchens, das keine Verpflichtungen hat, für seine Nachkommen zu sorgen, gibt es keinen hohen Bonus für die Feinheiten individuellen Wiedererkennens. Unter diesen Umständen kann man mit Lebensregeln wie »Für mich riechen sie alle gleich« oder »Im Dunkeln sind sie alle gleich« auskommen. Man kann seine Umgebung stereotypisieren, und es gibt wenige anpassungsmäßige Strafen, mit denen man dafür zu büßen hätte. Aber im Laufe des Evolutionsprozesses werden feinere Unterschiede notwendig. Dann könnte es nützlich sein, den Vater seines Kindes zu kennen, um ihn ermuntern zu können, eine Rolle bei seiner Aufzucht und seinem Schutz zu übernehmen. Es dürfte ebenso nützlich sein, die genaue Position aller anderen Männchen in der Dominanzhierarchie zu kennen, wenn man tägliche Rangkonflikte vermeiden oder wenn man im Rang aufsteigen möchte.

Eine der vielen Überraschungen in der modernen Primatenforschung ist die Erfahrung, wie leicht der menschliche Beobachter – sogar wenn er völlig unempfänglich für die Geruchssignale ist – alle Paviane oder Schimpansen in einer Population auseinanderhalten und erkennen kann. Wenn man eine kurze Zeit mit ihnen verbringt, sehen sie nicht länger alle »gleich aus«. Es erfordert etwas Motivation und ein wenig Überlegung, aber es liegt sehr wohl im Bereich unserer Fähigkeiten. Ohne solches Erkennen von Individuen bleibt uns der größere Teil des sozialen Lebens höherer Tiere sowie das der Menschen verborgen. Bei Menschen fällt – aufgrund von Sprache, Kleidung und Verhaltenseigentümlichkeiten – individuelles Wiedererkennen viel leichter. Dennoch bleibt tief in uns die Versuchung bestehen, Menschen und andere Arten in eine kleine Zahl von stereotypisierten Kategorien aufzuteilen, anstatt Unterschiede zu erkennen und Individuen für sich selbst zu beurteilen.

Rassismus, Sexismus und ein Hexengebräu von Fremdenhaß beeinflussen noch immer machtvoll tatkräftiges Handeln und unbeteiligtes Zusehen. Aber eine der stolzesten Errungenschaften unseres eigenen Zeitalters ist eine weltweit sich entwickelnde Übereinstimmung – trotz vieler falscher Ansätze –, daß wir zu guter Letzt bereit sind, diese Spuren aus grauer Vorzeit hinter uns zu lassen. Viele uralte Stimmen raunen in uns. Wir sind in der Lage, einige davon zum Verstummen zu bringen, sobald sie nicht mehr länger den wohlverstandenen Interessen unserer Art dienen, und andere zu verstärken, wenn unser Bedarf daran zunimmt. Dies gibt Anlaß zu Hoffnung.

Was nun den umfassenderen Sachverhalt von Dominanz und Unterwerfung angeht, so ist das letzte Wort hierzu noch nicht gesprochen. Zwar ist die Monarchie insgesamt – außer ihrem Pomp und ihrer Pracht – in den letzten paar Jahrhunderten von der Weltbühne gefegt worden, und Demokratiebestrebungen scheinen schubweise auf dem ganzen Planeten auszubrechen. Doch bleiben der Ruf des Alpha-Männchens und die willfährige Zustimmung der Omegas nach wie vor das tägliche Einerlei der sozialen und politischen Einrichtungen der Menschen.

* * *

ÜBER UNBESTÄNDIGKEIT

Ein Mensch ist in seinem Leben wie ein Gras,
Er blühet wie eine Blume auf dem Felde:
Wenn der Wind darüber gehet, so ist sie nimmer da.
Und ihre Stätte kennet sie nicht mehr.

Psalm 103, Verse 15 und 16 (Lutherbibel)

Kapitel 12

Die Vergewaltigung der Kainis

Und keiner der Unsterblichen kann dir entkommen Noch auch der Tageswesen einer dir, der Mensch, Und wer dich hat, der rast.

SOPHOKLES
Antigone[1]

Er fliegt über Land und klangvollen Schwall Der Salzflut des Meers. Des Eros Bann ergreift das betörte Herz, Wenn goldleuchtend er beschwingt stürzt heran, Den Tieren all, die Bergwald und Meer und Fruchtland ernährt, Das Helios beschaut mit glutvollem Blick, Und auch den Menschen! Königin aller Geschöpfe Bist, o Kypris, nur du allein.

EURIPIDES
Hippolytos[2]

Einer der Mythen des alten Griechenland berichtet von Kainis, der »lieblichste[n] Jungfrau Thessaliens«, die von Poseidon – dem Gott des Meeres und älteren Bruder des Götterfürsten Zeus, einem gelegentlichen Mädchenschänder – erspäht wurde, während sie allein an der einsamen Küste spazierenging. Toll vor Begierde fiel der Gott auf der Stelle über sie her. Danach erwachte sein Mitgefühl und er fragte, was er ihr als Wiedergutmachung schenken könne. Männlichkeit, war ihre Antwort. Sie wollte in einen Mann verwandelt werden – und zwar nicht einfach in irgendeine Art von Mann, sondern in einen außergewöhnlich männlichen Mann, einen Krieger und »unverwundbaren« Kämpen. Dann würde sie niemals wieder einer solchen Entwürdigung unterworfen werden. Poseidon willigte ein und der Gestaltwandel wurde vollzogen. Kainis wurde zu Kaineus.

Die Zeit verging. Kaineus zeugte ein Kind. Mit seinem scharfen und gekonnt geschwungenen Schwert tötete er viele. Aber die Schwerter und Speere seiner Gegner konnten nicht in seinen Körper eindringen. (Es ist nicht schwer, diese Metapher zu durchschauen.) Schließlich wurde Kaineus so selbstüberheblich, daß er die Götter verspottete: Er stellte einen Speer auf dem Marktplatz auf und zwang das Volk, den Speer zu verehren und ihm Opfer darzubringen. Ja, er bestand sogar darauf, unter Androhung der Todesstrafe, daß sie keine anderen Götter verehrten. (Auch hier ist die Symbolik wiederum durchsichtig.)

Außerordentliche Arroganz, und dies ist ein deutliches Beispiel dafür, wurde von den Griechen Hybris genannt. Sie galt als fast ausschließlich männliches Charaktermerkmal, das früher oder später die Aufmerksamkeit und dann die Vergeltung der Götter auf sich zog – insbesondere bei Menschen, die den Unsterblichen nicht die gebührende Achtung zollten. Die Götter hatten ein stetiges Verlangen nach Unterwerfung. Als nun die Nachricht von Kaineus' Unverschämtheit schließlich Zeus erreichte – auf dessen Schreibtisch sich zweifellos ganze Stöße von derartigen Fällen stapelten –, sandte er die Zentauren – eine Kreuzung zwischen Mann und Pferd – aus, um sein erbarmungsloses Urteil zu vollstrecken. Diese griffen Kaineus pflichtbewußt an und verspotteten ihn: »Weißt du sie nicht mehr, die Tat, mit der du den Lohn dir gewonnen, was du gezahlt, um dann ein trügendes Mannsbild zu werden? ... Kampf überlasse den Männern!« Sechs der Zentauren fielen dem schnellen Schwert von Kaineus zum Opfer. Ihre Lanzen prallten von ihm »wie der Hagel vom First eines Daches« ab. Entehrt durch die Tatsache, daß »uns meistert im Kampfe ein Halbmann« – ein leerer Vorwurf, wenn er von einem Zentauren kommt –, beschlossen sie, ihn mit Baumstämmen zu erstikken, wobei sie riesige Waldflächen zerstörten und einander aufmunterten: »Erstickt mit geschleuderten Wäldern den Atem, den zähen!« Er hatte keine besonderen Kräfte in bezug auf seinen Atem, und nach einigem Ringen gelang es den Zentauren, ihn zu bändigen und dann zu ersticken. Als die Zeit kam, die Leiche zu beerdigen, wurden sie davon überrascht, daß Kaineus sich in Kainis zurückverwandelt hatte; der unverwundbare Krieger war wieder das verletzliche junge Mädchen geworden.[3]

Vielleicht hatte die arme Kainis eine zu große Dosis jenes Stoffes eingenommen, mit dem Poseidon die Verwandlung bewirkt hatte. Und die alten Griechen wußten, daß es von allem eine angemessene Menge gibt – so auch von dem, was einen Mann ausmacht; ein Zuviel oder Zuwenig konnte einen hingegen nur in Schwierigkeiten bringen.

* * *

Die Hoden eines Spatzen sind etwa einen Millimeter lang und weniger als ein Milligramm schwer. Mit unbeschädigten Hoden treten die kampfeslustigen Vögel in ihre hauptsächlich lineare Hierarchie ein, jagen andere Vögel, die in ihr Territorium eindringen, weg und machen, wenn sie hochrangig sind, erfolgreiche Annäherungen an fruchtbare Weibchen. Aber wenn man unter die Federn greift und jene zwei winzigen Organe entfernt, dann sind, nachdem sich der Vogel erholt hat, alle diese Merkmale ganz oder nahezu ganz verloren. Aggressive Vögel werden unterwürfig, territoriale Vögel finden sich mit Eindringlingen ab, und leidenschaftliche Vögel verlieren ihr Interesse am anderen Geschlecht. Wenn man jedoch dem Spatzen ein bestimmtes Steroidmolekül einspritzt, so gewinnt er seine schneidige Begeisterung für Sexualität, Aggression, Dominanz und Territorialität zurück.

Kurz nach ihrer Kastrierung hören männliche Japan-Wachteln auf, umherzustolzieren, zu krähen und zu kopulieren. Gleichfalls erregen sie bei weiblichen Japan-Wachteln kein Interesse mehr. Werden auch diese Wachteln anschließend mit demselben Steroid behandelt, so brüsten sie sich wieder, krähen und kopulieren erneut, und die Weibchen finden sie einmal mehr unwiderstehlich. Wenn man eine junge männliche Winkerkrabbe kastriert, so wird sie niemals ihre besondere, asymmetrische Riesenklaue ausbilden.

Einiges über diese Zusammenhänge wissen die Menschen schon seit Jahrtausenden. Gefangene Krieger wurden entmannt, damit sie keine Schwierigkeiten machten. Einen unfähigen Führer nennen wir noch immer einen »politischen Eunuchen«. Häuptlinge und Kaiser ließen Männer kastrieren, damit diese ihre Harems bewachen konnten, ohne den Versuchungen zu erliegen (oder zumindest – das war der Kompromiß, der sich manchmal ergab – ohne eine der Haremsdamen zu schwängern), und auch, damit ihre Treue zum Führer durch keine Familienbindungen oder andere ablenkende Zuneigungen und Pflichten getrübt wurde. Es ist schon erstaunlich, daß ein fast genau gleiches Molekül so grundsätzliche Veränderungen im Verhalten sowohl von Spatzen, Wachteln und Krabben als auch von Menschen hervorbringen kann.

Das Steroidmolekül, das wie ein Zaubertrank all diese Veränderungen bewirkt, ist das Testosteron. Gemeinsam mit anderen, ähnlichen Molekülen gehört es zu den Androgenen. Es wird hauptsächlich in den Hoden[4] (ausgerechnet aus Cholesterin) hergestellt, gelangt in den Blutkreislauf und löst einen vielschichtigen Komplex von Verhaltensweisen aus, die wir als charakteristisch männlich erkennen. Auch diese Verbindung ist in die Umgangssprache eingegangen, etwa in dem Amerikanismus »*He has got balls*« (»Hat der Eier in der Hose!«, Gegenteil: »tote Hose«) – was bedeutet, daß jemand beispielhaften Mut und Unabhängigkeit gezeigt hat, daß er kein Feigling oder Speichellecker ist.

Je höher der Rang in der sich ausbildenden Dominanzhierarchie einer neugeformten Gruppe von männlichen Affen ist, desto größer ist der feststellbare Gehalt von Testosteron im Blutkreislauf. Sobald jedoch der Hierarchiewettbewerb sich beruhigt hat und in symbolischen Begegnungen entschieden wird, sobald die Beta-Tiere sich gewohnheitsmäßig den

Alpha-Tieren unterwerfen, verliert sich die Wechselbeziehung.[5] Je mehr Testosteron ein Tier besitzt, desto größer ist seine Bereitschaft, weit umherzuziehen und potentielle Rivalen herauszufordern und zu dominieren.[6] Bei hohem Testosteronspiegel verbindet sich eine artenübergreifende Neigung dazu, die Dominanz innerhalb der Gruppe auf eine Dominanz über ein Stück Territorium auszuweiten. Die Funktionen von Anführer und Grundbesitzer verschmelzen.

In den Gehirnen vieler Tiere gibt es besonders empfängliche Regionen, an die sich die Testosteronmoleküle und andere Sexualhormone chemisch binden und die ihrerseits für durch Hormone ausgelöstes Verhalten verantwortlich sind. Es kann unterschiedliche Gehirnzentren geben, die für das Aufplustern, Krähen, Tyrannisieren, Kämpfen, Kopulieren, Verteidigen von Territorium und Einpassen in die Dominanzhierarchie verantwortlich sind; jedes Zentrum hat jedoch einen »Schalter«, der vom Testosteron bedient wird. Das Verhalten wird in Gang gesetzt, sobald das Testosteron aus den Hoden durch den Blutstrom ins Gehirn wandert. In den einzelnen Gehirnzellen regt die Anwesenheit von Testosteron ansonsten unausgeschriebene und ignorierte Abschnitte der ACGT-Sequenz an und synthetisiert einen Satz von Schlüsselenzymen. Wie viele andere Hormone steht auch das Testosteron am Knotenpunkt einer Reihe von positiven und negativen Rückmeldungsschleifen, die den Anteil des im Blut zirkulierenden Moleküls aufrechterhalten.

Männliche Tiere erdulden durch Testosteron vermittelte Geplänkel, Einschüchterungen und Kämpfe nicht nur, sondern sie scheinen sie geradezu zu genießen. Mäuse lernen, durch ein komplexes Labyrinth zu laufen, wenn die einzige Belohnung oder Verstärkung, die sie am anderen Ende erwartet, die Gelegenheit zu einer Balgerei mit einem anderen Männchen ist. Für unsere eigene Art gibt es eine reiche Fülle ähnlicher Beispiele. Für das Hinterlassen einer großen Zahl von Nachkommen werden zentrale Aktivitäten gewöhnlich mit Begeisterung entfaltet. Der Geschlechtsverkehr selbst ist das augenscheinlichste Beispiel. Doch auch die Aggression fällt in die gleiche Klasse von Tätigkeiten.

Auch bei Tieren mit sehr kurzer Trächtigkeitsdauer, etwa bei Mäusen, ist die Verzögerung zwischen Empfängnis und Geburt zu lang, als daß das Tier Ursache und Wirkung in Beziehung bringen könnte. Es den Mäusen zu überlassen, die Verbindung zwischen der Paarung und dem Hervorbringen der nächsten Generation herauszufinden, würde bedeuten, ihre

Gene zum Aussterben zu verdammen. Statt dessen muß es ein absolut überwältigendes Bedürfnis nach Kopulation geben, und die Beteiligung daran muß – als Mittel der Verstärkung – großen Genuß bringen. Hier stellt lediglich die DNS ihre Kontrolle über die Lebensprozesse ganz offen und deutlich zur Schau.

Das Ganze ist ein Handel: Das Tier verzichtet auf Nahrung, begibt sich in eine außerordentlich entwürdigende Körperstellung und setzt sogar sein Leben aufs Spiel, damit seine DNS-Stränge sich mit denen eines anderen Tieres von der gleichen Art verbinden können. Im Austausch erhält es einige wenige Augenblicke sexueller Ekstase – eine der Währungen, in denen die DNS das Tier, das sie umherträgt und nährt, ausbezahlt. Und es gibt noch viele andere Beispiele für DNS-vermittelten Genuß an Tätigkeiten, die eine anpassungsfähige Lebenstüchtigkeit begünstigen – dazu gehören unter anderem die elterliche Liebe zu den Jungen; die Freude an Erforschung und Entdeckung, Mut, Geselligkeit und Selbstlosigkeit; sowie der übliche Komplex testosterongesteuerter Verhaltensmerkmale, die Anführer und Grundherren ausmachen.

Dem Testosteron ähnliche Hormone spielen eine zentrale Rolle in der Entwicklung von Sexualorganen und sexuellem Verhalten bis hinunter zu den Meeresschwämmen. Steroide müssen sich sehr früh herausgebildet haben, um heute so weit verbreitet zu sein; sie gehen vielleicht ein gutes Stück des Weges zur Erfindung der Geschlechtlichkeit vor etwa einer Milliarde Jahren zurück.

Dieser artenüberspannende Gebrauch der gleichen Moleküle für ungefähr gleiche sexuelle Zwecke hat einige groteske Folgen: Das hauptsächliche Sexualpheromon des Schweines beispielsweise ist 5-Alpha-Androstenol – das, chemisch gesehen, dem Testosteron ziemlich ähnlich ist. Es ist mit dem Speichel des Ebers vermischt (wie auch menschliches Testosteron im Speichel von Männern enthalten ist). Wenn eine Sau in Hitze dieses Steroid an einem sabbernden Eber riecht, nimmt sie sofort eine Komm-hierher-Paarungshaltung ein. Seltsamerweise produzieren Trüffeln, diese Spezialität der französischen Küche, genau das gleiche Steroid, und noch dazu in einer höheren Konzentration als im Eberspeichel. Dies scheint der Grund dafür zu sein, daß Gastronomen Schweine dazu benutzen können, um Trüffel zu finden und auszugraben. (Wie befremdlich muß es den Säuen erscheinen, sich dauernd in kleine schwarze Pilzstücke zu verlieben, nur um sie dann grausam von Menschen vor der Nase weggeschnappt zu bekommen.) Da Trüffeln Pilze sind, bei denen Steroide eine geschlechtliche Schlüsselrolle spielen, ist das Martern von Säuen möglicherweise nur eine zufällige Nebenwirkung – es dient vielleicht dem Zweck, Schweine zum Buddeln anzuregen, damit die Pilzsporen weiter verbreitet werden und die Erde mit Trüffeln übersät wird.

Welche Bedeutung messen wir aber nun in diesem Zusammenhang der Tatsache bei, daß 5-Alpha-Androstenol auch im Achselhöhlenschweiß von Männern reichlich produziert wird?[7] Könnte das vor langer Zeit – ehe die Hygiene institutionalisiert wurde und ehe das gegenwärtige parfümierte und deodorisierte Zeitalter angebrochen war – eine Rolle im menschlichen und vormenschlichen Werbungs- und Paarungsverhalten gespielt haben? (Die Nase von Frauen, das kann unserer Aufmerksamkeit kaum entgehen, ist häufig auf derselben Höhe wie die Achselhöhle von Männern.*) Könnte das etwas mit der Bereitschaft der Reichen zu tun haben, für winzige Stücke einer nahezu geschmacklosen, korkähnlichen Substanz wie Trüffeln übersteigerte Summen Geldes auszugeben?

Ein genetisch gesehen männlicher Embryo wird, wenn ihm Testosteron und andere Androgene entzogen werden, mit Organen, die sehr nach weiblichen Genitalien aussehen, aus dem Mutterleib hervorkommen. Ein genetisch gesehen weiblicher Embryo wird sich nach einer Behandlung mit hohen Dosierungen von Testosteron und anderen Androgenen mit maskulinisierten Genitalien in der Welt wiederfinden: Im Falle von kleineren Mengen des Steroids wird das Mädchen vielleicht nur mit einer etwas vergrößerten Klitoris geboren werden; im Falle größerer Steroidmengen wird sein Kitzler zu einem Penis, und seine großen Schamlippen werden sich zurückfalten und zu einem Hodensack werden. Es kann einen normal aussehenden männlichen Penis und Hodensack entwickeln, obwohl sich im Hodensack keine Hoden befinden werden. (Auch seine Eierstöcke werden funktionsunfähig sein.) Solche Mädchen werden, wenn sie heranwachsen, Gewehre und Autos statt Puppen und Küchengeräte als Spielzeuge und Jungen statt Mädchen als Spielgefährten bevorzu-

* Einer der Gutachter des vorliegenden Buchmanuskripts merkte kritisch an: »Ich würde Mühe haben, diesen Geruch *nicht* zu bemerken … Man braucht nicht direkt auf Achselhöhlenhöhe zu sein, um Schweiß zu riechen. Der Gedanke an irgendeine Sporthalle genügt.« Aber Sporthallen sind durchtränkt von den angereicherten Ausdünstungen vieler Sportler über viele Jahre hin. Ein anderer Fachgutachter merkte an, daß heutzutage Moleküle von der Art des 5-Alpha-Androstenol als angebliche Aphrodisiaka verkauft werden.

gen; sie werden eine spartanische Unterbringung und den Aufenthalt in der freien Natur genießen; sie können außerdem Frauen sexuell attraktiver finden als Männer.[8] (Es gibt keine Beweise für den Umkehrschluß – beispielsweise dafür, daß die meisten draufgängerischen Mädchen übersteigerte Mengen von Androgenen besitzen würden.)

Der Unterschied zwischen Mann und Frau hängt zwar nicht genetisch, aber doch in einer so grundlegenden Angelegenheit wie den äußeren Geschlechtsorganen, die man erhält, davon ab, wie vielen männlichen Steroiden man in den ersten paar Wochen nach der Empfängnis ausgesetzt war. Wenn man das Bißchen sich entwickelnden embryonischen Gewebes völlig in Ruhe läßt, so wird ein Mädchen daraus werden. Wird es mit ein wenig testosteronartigem Hormon getränkt, so wird es ein Junge.* Das Gewebe ist sozusagen spannungsgeladen, um auf das Androgen (die buchstäbliche Bedeutung dieses griechischen Worts ist übrigens »Männermacher«) zu reagieren, das als ein Mittel der internen Verständigung dient. Am sich entwickelnden Embryo gibt es gewissermaßen Knöpfe, die nur von Androgenen gedrückt werden können. Sobald sie aber gedrückt *sind*, nehmen substantielle Mechanismen, deren Vorhandensein man ansonsten niemals erraten hätte, die Sache in die Hand und vollbringen sagenhafte Umformungen.

Quer durch weitgehend verschiedene Tierarten unterdrückt eine andere Klasse von Sexualhormonen, die Östrogene (wörtlich etwa »Fruchtbarmacher«), bei Weibchen Aggressivität, und wieder eine andere, die Progesterone (wörtlich etwa »Trächtigkeitsförderer«), erhöht die weibliche Bereitschaft, die Jungen zu beschützen und für sie zu sorgen. Rattenmütter widmen wie alle Säugetiere ihren Jungen Aufmerksamkeit: Sie bauen und verteidigen Nester, nähren die Jungen, lecken sie sauber, holen sie zurück, wenn sie weglaufen, und unterweisen sie. Bei jungfräulichen Weibchen ist jedoch nichts von diesem Verhalten sichtbar; sie ignorieren neugeborene Junge beflissen oder geben sich sogar einige Mühe, ihnen auszuweichen. Aber eine längerdauernde Behandlung mit den weiblichen Hormonen Progesteron und Östradiol – die den Hormonspiegel der

* Deshalb ist die aristotelische Behauptung[9] – Jahrtausende später von Sigmund Freud wiederholt –, daß »das Weibchen sozusagen ein verstümmeltes Männchen« sei, unrichtig. (Genausowenig ist das Männchen ein durch Testosteron abgeändertes Weibchen, obwohl dies der Wahrheit ein wenig näher kommt.) Frauenkörper entwickeln Östradiol, das wirksamste der Östrogene, aus Testosteron.

Jungfrauen auf das für die Spätphase der Trächtigkeit typische Niveau anheben – führt zum Hervortreten ausgesprochen mütterlichen Verhaltens. Ratten mit einem hohen Östrogenspiegel sind auch weniger verängstigt und furchtsam, und sie lassen sich mit geringerer Wahrscheinlichkeit in Konflikte hineinziehen.[10]

Diese weiblichen Hormone werden hauptsächlich in den Eierstöcken hergestellt. Aber wenn wir eine ruhige, sachverständige und liebevolle Mutter beobachten, drängt es die meisten von uns nicht zu dem bewundernden Ausruf: »Mann, hat die Frau Eierstöcke!« Dies hängt zweifellos teilweise damit zusammen, daß die Hoden zur Entfernung durch einen Unfall oder zu experimentellen Zwecken so leicht zugänglich sind, wie sie da in Säcken außerhalb des Körpers baumeln* – ganz verschieden von der Position der Eierstöcke, die zur sicheren Bewahrung innerhalb der Bauchhöhle eingeschlossen sind. Eindeutig gehören jedoch auch die Eierstöcke gleichermaßen zum »Familiensilber«.

Die weiblichen Hormone kontrollieren den Fruchtbarkeitszyklus – der seinen Höhepunkt mit dem Eisprung der Weibchen erreicht und gewöhnlich von olfaktorischen und visuellen Signalen begleitet wird, die anzeigen, daß sie zur Paarung zur Verfügung stehen. Bei vielen Arten kommt dies nicht häufig vor und dauert nicht lange an. Rinder beispielsweise sind nur alle drei Wochen für etwa sechs Stunden am Paaren interessiert. Rinder geben sich nicht oft ein Stelldichein. »Für die meisten Arten«, schreibt Mary Midgley, »machen eine kurze Paarungssaison und einfache instinktive Verhaltensmuster daraus eine saisonale Aufregung mit einer festen Routine, vergleichbar etwa den Weihnachtseinkäufen.«[11] Bei einer großen Vielfalt von Säugetieren, von Meerschweinchen bis hin zu kleinen Affen, wird die Paarung außerhalb der Fruchtbarkeitsperiode nicht nur durch das Weibchen abgewehrt, sondern auch physisch durch einen

* Im allgemeinen wird angenommen, dies sei der Fall, um ihre Temperatur ein paar Grad tiefer zu halten, als wenn sie innerhalb des Körpers lägen. Wenn die Hoden innerhalb des warmen Unterleibs angeordnet wären, würden, so sagt man, Samenzellen nur spärlich produziert und Männer würden großenteils unfruchtbar sein. Die Vorteile außen angebrachter Hoden überwiegen die Risiken. Aber Spatzen und kampfeslustige Singvögel haben ihre Hoden im Körperinnern; und doch scheinen trotz der erhöhten Temperatur ihre Samenzellen feurig genug zu sein. Unser Wissen, zu welchem Zweck die Männchen einiger Arten ihre Hoden außerhalb und anderer Arten innerhalb ihres Unterleibs haben, scheint unvollständig zu sein.

organischen »Keuschheitsgürtel« unmöglich gemacht: Die Scheide wird durch eine Membran oder einen Pfropfen, die speziell für diesen Zweck wachsen, verschlossen oder – noch definitiver – zugeschmolzen.
Im Gegensatz dazu ist bei den Menschen und bei einigen Affen Geschlechtsverkehr nicht nur in jeder Phase des Zyklus möglich, sondern findet auch statt. Manche Frauen überwachen ihren Zyklus (durch die regelmäßige Messung der Körpertemperatur, bei der kleine Änderungen die Fruchtbarkeit anzeigen) und *vermeiden* dann Geschlechtsverkehr um die Zeit des Eisprungs. Diese von der (römisch-katholischen) Kirche gebilligte Methode der Empfängnisverhütung ist das Spiegelbild des Verhaltens der meisten Tiere – die ihren Eisprung auffällig anzeigen und Kopulation zu allen anderen Zeiten vermeiden. Dies ruft uns in Erinnerung, wie weit uns unsere Kultur von unseren Vorfahren weggeführt hat, und auch, welch grundlegende Änderungen bei uns möglich sind.
Bei vielen Tieren dauert der Fruchtbarkeitszyklus wenige Wochen an. Nicht viele Arten haben Zyklen, die fast genau dem Mondzyklus (der Periode von Neumond zu Neumond) entsprechen. Ob diese Eigentümlichkeit des Menschen mehr als ein Zufall ist – und wenn dem so ist, warum dies der Fall sein sollte –, ist unbekannt.
Säugetiere (ihr wissenschaftlicher Name ist *Mammalia*) nähren ihre Jungen an der Brust, aber nur die Weibchen sind entsprechend ausgestattet.* Dies ist einer der wenigen Fälle, in denen in der Biologie die Benennung einer größeren Klassifikationskategorie, eines sogenannten »Taxon«, durch die Merkmale nur eines der Geschlechter, nämlich die Brüste (lateinisch *mammae*), bestimmt wird. Auch das Milch-Geben wird durch Hormone vermittelt. Für die Jungen, die hilflos geboren werden

* Ausnahmen sind jedoch gar nicht so selten. Männliche Tauben füttern den Jungen in der Regel eine aufgestoßene »Kropfmilch«, die zuckerarm und fettreich ist – gerade das Gegenteil der Milch von Säugetieren. Der männliche Königspinguin produziert, nachdem er 40 Tage lang das Ei ausgebrütet hat, in seiner Speiseröhre eine gehaltvolle Milch. Wenn das Küken schlüpft, ist dies seine einzige Nahrung. Es verdoppelt sein Gewicht an der Vatermilch und gedeiht sehr gut daran bis zu dem Zeitpunkt, da der weibliche Königspinguin vollgestopft mit winzigen Garnelen zurückkehrt. Beide Geschlechter größerer Flamingos produzieren eine Art Milch, die mit ihrem Blut vermischt ist und die im ersten Lebensmonat dem Küken gefüttert wird; jeder Elternteil stellt täglich etwa einen Zehntelliter dieses Elixiers bereit.[12] Viele Tiere – beispielsweise Wölfe – füttern ihre Jungen mit hochgewürgter Nahrung, aber diese ist sehr verschieden von Milch.

und unfähig sind, die normale Nahrung Erwachsener zu verdauen, ist die Muttermilch von zentraler Bedeutung. Dies ist ein anderer Grund dafür, daß Weibchen mehr Zeit mit den Jungen verbringen und sich daher mehr für sie verausgaben. Die Männchen sind im allgemeinen an anderen Dingen mehr interessiert – an Dominanz, Aggression, Territorialität und einer Vielzahl von Geschlechtspartnern.

Die allgemeine Verbindung von Steroiden und Aggression gilt mit überraschender Regelmäßigkeit quer durch das gesamte Tierreich. Entfernt man die Hauptquelle der Sexualhormone, dann nimmt nicht nur bei Säugetieren und Vögeln, sondern auch bei Eidechsen und sogar Fischen die Aggression ab. Behandelt man kastrierte Männchen mit Testosteron, so kehrt die Aggression zurück. Verabreicht man andererseits unbeschädigten Tieren Östrogene, so nimmt die Aggression ab – wiederum quer durch das gesamte Tierreich. Daß die immer gleichen Steroide für die gleichen Funktionen des Ein- und Abschaltens von Aggression bei so vielen verschiedenen Tieren genutzt werden, zeugt sowohl von ihrer Wirksamkeit als auch von ihrem hohen entwicklungsgeschichtlichen Alter.

Aggression erhöht die Lebenstauglichkeit, jedoch nur in kontrollierten Mengen. Das Repertoire an aggressivem Verhalten ist in dauernder Bereitschaft und wartet nur darauf, enthemmt zu werden. Und die Steroide, deren Herstellung durch die soziale Umwelt und durch biologische Uhren dosiert wird, nehmen die Enthemmung vor. Wenn dies der Fall ist, warum sind dann Männchen so oft aggressiver als Weibchen? Wenn Weibchen etwas weniger Östrogen und ein wenig mehr Testosteron herstellen können, können sie dann nicht auch ebenso aggressiv wie Männchen werden? Eine solche Art Geschlechterebenbürtigkeit in bezug auf Aggression kommt zum Beispiel bei Wölfen und Eichhörnchen, bei Mäusen und Ratten im Laboratorium, bei kurzschwänzigen Spitzmäusen, Ringelschwanzlemuren und Gibbon-Affen vor. Bei den südlichen Flughörnchen sind nicht die Männchen, sondern die Weibchen territorial, und die meisten Streitigkeiten zwischen den Geschlechtern werden von Weibchen eingeleitet – und auch von ihnen gewonnen.[13] Die klare Tatsache, daß bei uns Menschen (wo der Testosteronspiegel im Blutplasma bei Männern etwa zehnmal höher ist als bei Frauen) Männer aggressiver sind als Frauen, verpflichtet keineswegs das übrige Tierreich oder auch nur die restlichen Primaten zur gleichen Verteilung.

Wie jedermann weiß, der jemals einen zahmen Kater nach einer

Abwesenheit von ein, zwei Tagen sich nach Hause hat schleppen sehen – mit einem verschwollenen Auge, eingerissenem Ohr und stumpfem, blutigem Fell –, fordert das Testosteron seinen Preis. Was passiert, wenn man ein männliches Tier nimmt – etwa eines, das normalerweise viel weniger aggressiv ist als ein Kater auf seinen nächtlichen Streifzügen – und es mit einem Implantat versieht, das seinen Bluttestosteronspiegel hoch hält? Handelt es sich dabei um Spatzen, die verwegene Territorialisten sind, scheint sich keine deutliche Steigerung in der Spatzenmordhäufigkeit zu ergeben. Wenn man die Implantate jedoch männlichen Kuhstaren einsetzt, so verringert sich ihre Zahl merklich;[14] darüber hinaus wird man eine Reihe von Vögeln mit ungewöhnlich schweren Verletzungen beobachten, die zweifellos in Kämpfen zwischen Artgenossen zugefügt wurden. Im Gegensatz zu Spatzen legen Kuhstare Dominanzhierarchien fest, aber sie haben keine Kernterritorien, in denen sie Zuflucht suchen könnten. Der Bluff kann in wirkliche Kämpfe ausarten, wenn man mit Testosteron aufgeladen ist und gleichzeitig traditionell keine Zufluchtsstätte hat. Ein anderer Nachteil von Steroiden liegt darin, daß männliche Vögel mit einem künstlich erhöhten Testosteronspiegel weniger dazu neigen, ihre Brut zu füttern.[15] »Macho«-Männchen vernachlässigen gewöhnlich ihre Familienpflichten.

Geschlechtshormone werden heute von pharmazeutischen Betrieben künstlich hergestellt und vielfach benützt – legal und illegal. Wir können etwas über ihre Rolle in der Natur lernen, indem wir uns fragen, wofür Leute diese synthetischen Produkte benutzen. Anabolika sind Steroidmoleküle, die dem Testosteron sehr ähnlich, aber gewöhnlich nicht mit ihm identisch sind. Im allgemeinen werden sie (1) von Bodybuildern und Schwerathleten genommen (die weithin davon überzeugt sind, daß bestimmte Kraftleistungen *nur* von jungen Männern, die Steroide einnehmen, vollbracht werden können), (2) von jungen Männern, die maskuliner erscheinen wollen (üblicherweise, um Frauen oder andere Männer anzuziehen), und (3) von jenen, die ihre Gemeinheit enthemmen wollen (Rausschmeißer in Nachtlokalen, Schläger in Verbrecherorganisationen, Gefängniswärter usw.).[16] Die vergrößerte Muskulatur wird dabei jedoch nicht durch die Steroide allein hervorgebracht, sondern bedarf auch eines nachdrücklichen und systematischen Trainings. Eine der Nebenwirkungen sind Akne-Ausschläge im Gesicht und am Rücken. Dagegen scheinen Anabolika das Haarwachstum nicht zu fördern. Große Dosierungen führen zu Fehlfunktionen und Verkümmerung der Hoden – vielleicht eine Reaktion des Körpers auf übermäßige Testosterondosen; zu viel Testosteron ist ausreichend sozialgefährlich, daß sich ein Mechanismus herausgebildet haben kann, um sicherzustellen, daß eine Neigung zu seiner übermäßigen Produktion nicht an künftige Generationen weitergereicht wird.

Östrogen wird gewöhnlich von Frauen nach den Wechseljahren oder nach einer operativen Gebärmutterentfernung eingenommen, um ihr sexuelles Interesse und die Produktion von Gleitflüssigkeit in der Scheide aufrechtzuerhalten, den Abbau von Kalzium in den Knochen zu bremsen und ein jugendlicheres Aussehen zu erzielen. Weibliche Bodybuilder und transsexuelle Frauen mögen Anabolika einnehmen, weil diese erstaunliche Gewichtsneuverteilungen einleiten – von den Schenkeln zu Brustkorb und Bizeps beispielsweise. Transsexuelle Männer, die Östrogen einnehmen, erzielen eine Gewichtsneuverteilung in die andere Richtung, entwikkeln Brüste und femininere Brustwarzen und Brustwarzenringe; auch eine allgemeine Milderung des Temperaments ergibt sich. Bedenkt man diese Folgen der Einnahme von Sexualhormonen im Erwachsenenalter und den sehr viel grundlegenderen Einfluß, den diese Hormone auf den Embryo haben – wo sie tatsächlich den Ausschlag geben, welche Geschlechtsorgane vorhanden sein werden –, so erscheint es wahrscheinlich, daß sehr viel feinere Änderungen im Hormonspiegel nicht nur Dominanz, Territorialität, Aggression, Fürsorge für die Jungen, Sanftmut, Angstniveau und die Fähigkeit zur Konfliktlösung beeinflussen, sondern auch das sexuelle Verlangen und die sexuellen Vorlieben.

* * *

Stiere, Hengste und Hähne werden zu Ochsen, Wallachen und Masthähnen gemacht, weil sich Menschen an deren *machismo* stören – also genau an jenem männlichen Draufgängertum, das sie wahrscheinlich an sich selber bewundern. Eine oder zwei gekonnte Bewegungen mit der Klinge – oder ein kräftiger Biß durch eine ihre Rentiere hütende Lappenfrau –, und der Testosteronspiegel des Tieres ist für den Rest seines Lebens auf ein Maß reduziert, mit dem man umgehen kann. Die Menschen wünschen sich ihre Haustiere unterwürfig, leicht kontrollierbar. Unbeschnittene Männchen sind eine unwillkommene Notwendig-

keit; wir wollen gerade genügend von ihnen, um eine neue Generation von Gefangenen zu zeugen.
Etwas Ähnliches fällt, wenngleich unterschwelliger, innerhalb der Dominanzhierarchie vor. Von den Grubenottern bis hin zu den Primaten erlebt der Verlierer in ritualisierten Machtkämpfen ein scharfes Absinken seiner Produktion von Testosteron und verwandten Sexualhormonen. Das macht ihn zu einem späteren Zeitpunkt zu einem weniger wahrscheinlichen Herausforderer um die Anführerschaft und setzt ihn deshalb weniger der Gefahr aus, verletzt zu werden. Der Verlierer hat auf einer molekularen Ebene seine Lektion gelernt. Mit weniger Steroiden im Blutkreislauf wird er nun den Weibchen weniger feurig nachstellen – zumindest wenn hochrangige Männchen in der Nähe sind. Dies ist den Alpha-Tieren durchaus recht. Wiederum gilt, daß das Absinken des Testosteronspiegels im Anschluß an eine Niederlage gewöhnlich wesentlich deutlicher ausfällt als sein Ansteigen im Gefolge eines Sieges.
Zurück zu den Spatzenhoden: In einer Brutregion gibt es in jedem noch so kleinen Territorium einen männlichen Spatzen, der es gegen jeden Neuankömmling verteidigen wird.* Angenommen, ein Vogelkundler mischt sich ein, fängt eines dieser territorialen Männchen und entfernt es aus seinem Territorium. Was passiert dann? Andere Männchen aus angrenzenden Regionen – von denen viele bis dahin nicht in der Lage waren, ein eigenes Territorium verteidigen zu müssen – ziehen an seiner Stelle ein. Sie müssen nun natürlich drohen und einschüchtern, ehe sie von anderen Spatzen ernst genommen werden. Deshalb wird das Angstniveau der Spatzen, sowohl bei den Neuankömmlingen als auch bei alteingesessenen Spatzen in den angrenzenden Regionen, ansteigen. Die politischen Spannungen erhöhen sich. Wenn man nun den Blutstrom der Spatzen im Laufe ihrer territorialen Auseinandersetzungen überwacht (die aus unserer Sicht kleinlich erscheinen mögen, bei denen es aber für die Vögel um deren Quemoy und Matsu geht, also jene beiden zwischen Peking und Taiwan heftig umstrittenen Inseln in der Straße von Formosa), so findet man heraus, daß jedermanns Testosteronspiegel angestiegen ist – der der neu eingeführten Männchen, die ihre eigenen Territorien einzurichten versu-

* Natürlich gegen jeden neu ankommenden *Spatzen*. Die Dominanzbeziehungen etwa in Eulen-, Bären-, Waschbären- und Menschengesellschaften innerhalb desselben Waldstücks sind im allgemeinen für Spatzen nicht der Beachtung wert.

chen, und der der Männchen aus angrenzenden Territorien, von denen nun gefordert ist, mehr als bisher zur Verteidigung ihrer Territorien zu unternehmen. Etwas Ähnliches trifft auch auf andere Tiere zu.
Jene, die mehr Testosteron haben, sind im großen und ganzen aggressiver; jene, die mehr Testosteron benötigen, stellen es im allgemeinen her. Testosteron scheint eine entscheidende Rolle zu spielen – als Ursache wie auch als Wirkung von Aggression, Territorialität, Dominanz und den restlichen männlichen Verhaltensmerkmalen des »Jungen-sind-nun-mal-Jungen«-Syndroms. Dies scheint für die unterschiedlichsten Arten zu gelten, darunter auch Affen und Menschen.
Im Frühling erhöht sich, angeregt wohl durch die zunehmende Tageslänge, der Testosteronspiegel von männlichen Nist- und Singvögeln (etwa Eichelhähern, Grasmücken und Spatzen); ihr Federkleid bildet sich aus, sie entfalten ein kampfeslustiges Temperament und fangen zu singen an. Männchen mit größeren Gesangsrepertoires paaren sich zuerst und zeugen mehr Junge. Das Repertoire der attraktivsten Männchen umfaßt Dutzende von unterscheidbaren Melodien. Musikalische Abwechslung ist anscheinend das Mittel, wodurch sich ein höherer Testosterongehalt in eine größere Nachkommenschaft umsetzt.
Während die Eier gelegt werden, bleibt der Testosteronspiegel der Männchen hoch; sie stehen zur Verteidigung ihrer Partner bereit. Sobald die Weibchen aber zu brüten anfangen und nicht weiter an sexuellen Annäherungen interessiert sind, fallen die männlichen Testosteronspiegel ab. Angenommen, den Weibchen wird in diesem Stadium Östrogen eingepflanzt, so daß sie trotz ihrer mütterlichen Pflichten sexuell verführerisch und empfänglich bleiben, dann bleiben auch die Testosteronspiegel bei den Männchen hoch. Solange das Weibchen sexuell verfügbar bleibt, ist das Männchen geneigt, sich in der Nähe aufzuhalten und als Beschützer zu agieren.[17]
Diese Experimente legen nahe, daß sich ein wichtiger Zuchtwahlvorteil ergeben könnte, wenn eine Art aus den Einschränkungen des Fruchtbarkeitszyklus ausbricht. Fortdauernde sexuelle Empfänglichkeit der Weibchen hält die Männchen für verschiedenste Formen nützlicher Dienstleistungen in der Nähe. Dies ist genau, was bei unserer Art vorgefallen zu sein scheint – vielleicht durch eine kleine Korrektur in der DNS-Chiffre für die innere Uhr des Östrogens.
Das durch Testosteron ausgelöste Verhalten muß Grenzen haben und

Beschränkungen unterworfen werden. Wenn es überzogen und damit hinderlich für den Erfolg würde, dann würde die natürliche Zuchtwahl schnell zur Neuanpassung der Steroidkonzentration im Blut führen. Eine Testosteronvergiftung bis hin zur Fehlanpassung dürfte sehr selten vorkommen. Bei Vögeln, Fledermäusen und Insekten, die sich von Nektar ernähren, ist es möglich, die Energie, die für die männliche, steroidgelenkte Verteidigung gegen »Wilderer« verausgabt wird, mit der Energie zu vergleichen, die den bewachten Blumen entzogen wird.* Tatsächlich kommt die Territorialität normalerweise nur dann ins Spiel, wenn der Energievorteil die Energiekosten übersteigt, wenn es also beispielsweise so wenige köstliche Blumen auszusaugen gibt, daß sich die Mühe, Konkurrenten wegzuscheuchen, für das Tier auszahlt. Nektaresser sind keine unbeweglichen Territorialisten. Sie werden nicht jeden Neuankömmling bekämpfen, um eine Steinwüste zu verteidigen. Sie erstellen eine Kosten-Nutzen-Analyse. Auch in einem üppigen Garten mit vielen nektartragenden Blumen beobachtet man am Morgen häufig kein territoriales Verhalten – da sich in der Nacht, während die Vögel schliefen, reichlich Nektar angesammelt hat. Am Morgen ist genug für alle da. Gegen Mittag, wenn sich die Vögel von nah und fern bedient haben und der Vorrat spärlich zu werden beginnt, beginnt das Territorialverhalten.[18] Mit ausgestreckten Flügeln und vorwärtsstoßenden Schnäbeln treiben die alteingesessenen Vögel die Eindringlinge fort. Vielleicht haben sie den Eindruck, daß sie lange genug freundliche Kumpel gewesen sind, aber nun haben sie von diesen Ausländern wirklich die Nase voll. Im Grunde jedoch handelt es sich um eine ökonomische, nicht um eine patriotische Entscheidung; eine praktische und keine ideologische Maßnahme.

* * *

Viele Tiere mögen Angstmechanismen entwickeln, aber zumindest für Ratten und Mäuse sind diese gründlich erforscht: Die Angst geht hier mit einem charakteristischen Geruch einher, einem Angstpheromon, das von

* Die Frage ist vergleichbar mit jener, die sich aus dem Vorhandensein von Artischocken ergibt: Werden bei dem Bemühen, an ihr saftiges Herz heranzukommen, mehr Kalorien verbrannt, als durch das Essen der Sache verfügbar werden?

anderen leicht zu erkennen ist.[19] Wenn man sich fürchtet, rennen einem Freunde und Verwandte häufig davon, sobald sie dieser Furcht gewahr werden – vorteilhaft für sie, jedoch nicht sehr hilfreich für den Betroffenen selbst. Es könnte sogar den Rivalen oder Räuber ermutigen, der die Angst ursprünglich ausgelöst hat.

Ein klassisches Experiment legt den Gedanken nahe, daß kleine Gänse, Enten und Hühner, sobald sie sich aus der Eierschale befreit haben, schon eine vage Kenntnis davon in ihren Köpfen haben, wie ein Habicht aussieht. Niemand muß es ihnen beibringen. Die junge Brut weiß Bescheid. Ebenso kennt sie das Gefühl von Angst. Für dieses Experiment haben die Wissenschaftler einen sehr einfachen Schattenriß hervorgebracht, indem sie aus Pappe einen Körper herstellten, der an einem Ende lang und abgerundet, am anderen kurz und stämmig war und der zwei seitliche Vorsprünge hatte, die Flügel sein konnten. Wurde nun der Schattenriß mit dem langen Ende voran bewegt, so sah er wie eine fliegende Gans mit ausgebreiteten Schwingen und vorgestrecktem Hals aus. Wurde der Schattenriß in dieser Form über den Küken bewegt, so nahmen sie ihn überhaupt nicht zur Kenntnis. Wer fürchtet sich schon vor einer Gans? Bewegte man aber nun denselben Schattenriß mit dem stämmigen Ende voraus – so daß er wie ein Habicht mit gestreckten Flügeln und langem schleppenden Schwanz aussah – über ihnen, so ergab sich ein ängstliches Gestöber und Gepiepse unter den Küken. Falls dieses Experiment richtig interpretiert worden ist[20], dann gibt es innerhalb des Samens und des Eies, aus denen das Küken entsteht, verschlüsselt in der ACGT-Sequenz ihrer Nukleinsäuren, irgendwie ein Bild von einem Habicht.

Diese eingeborene Furcht vor Raubvögeln ist vielleicht verwandt mit der Furcht vor »Ungeheuern«, die fast alle Kleinkinder zeigen, wenn sie zu laufen anfangen. Viele Raubtiere, die sich vorsichtig verhalten, wenn ein erwachsener Mensch in der Nähe ist, würden ohne Zögern ein Kleinkind angreifen. Hyänen, Wölfe und Großkatzen sind nur einige jener Raubtiere, die den frühen Menschen und ihren unmittelbaren Vorfahren nachstellten. Sobald es anfängt, selbständig in seiner Umwelt umherzustöbern, sie zu entdecken, ist es für das Kleinkind nützlich, im tiefsten Innern davon überzeugt zu sein, daß es dort draußen Ungeheuer gibt. Gewappnet mit solchem Wissen, wird das Kind viel eher beim leichtesten Anzeichen einer Gefahr zu den Erwachsenen nach Hause gelaufen kommen.

Jede leichte Anlage in diese Richtung wird durch Zuchtwahl gewaltig verstärkt werden.*

Bei ausgewachsenen Hühnern gibt es einen Komplex von stärker organisierten, systematischeren Reaktionen, zu denen auch spezielle akustische Alarmrufe gehören, die alle Hühner in Rufnähe auf die unheilvolle Neuigkeit aufmerksam machen: Ein Habicht kreist über uns. Der Schrei, der einen Räuber aus der Luft ankündigt, ist klar unterscheidbar von dem für ein Raubtier am Boden – etwa einen Fuchs oder Waschbären. Da der Vogel, der den Alarmruf ausstößt, dem Habicht auch seinen eigenen Standort preisgibt, könnten wir versucht sein, ihn für mutig zu halten, sein Verhalten als ein Ergebnis von Gruppenzuchtwahl zu betrachten. Ein Anhänger der Theorie individueller Zuchtwahl könnte andererseits darlegen – wie überzeugend, ist eine ganz andere Frage –, daß der Alarmruf andere Hühner in Bewegung versetzt, so daß deren aufgescheuchtes Rennen den Habicht ablenken und damit den Vogel retten könnte, der den Alarmruf ausgestoßen hat.

Experimente des Biologen Peter Marler und seiner Kollegen[21] zeigen, daß zumindest bei Junghähnen die Neigung, Alarmrufe auszustoßen, sehr weitgehend davon abhängt, ob ein Artgenosse in der Nähe ist. Wenn kein anderer Vogel in der Nähe ist, kann der Junghahn auch erstarren oder gen Himmel starren, wenn er etwas Habichtähnliches sieht, aber er stößt keinen Alarmruf aus. Es ist viel wahrscheinlicher, daß er Alarm schlägt, wenn ein anderer Vogel in Hörweite ist; und bezeichnenderweise wird er noch eher aufschreien, wenn es sich um ein anderes Hühnchen – *irgendein* Hühnchen – und nicht etwa um eine Wachtel handelt. Er kümmert sich jedoch nicht um die Zeichnung des Federkleids; Hühner mit sehr verschiedener Farbgebung sind es wert, gewarnt zu werden. Was allein zählt, ist, daß der Genosse ein anderes Haushuhn ist. Vielleicht ist dieses Verhalten einfach als schlampige Zuchtwahl nach Blutsverwandtschaft zu verstehen; jedenfalls kommt es einer artenspezifischen Solidarität schon sehr nahe.

Aber handelt es sich nun um Heldentum? Versteht der Junghahn die

* Genau wie Küken diese Besorgnis beizubehalten und zu verfeinern scheinen, wenn sie zu ausgewachsenen Hühnern werden, so auch die Menschen. Die Furcht vor nichtmenschlichen Räubern ist einer unserer leicht zugänglichen »Steuerknöpfe«, die leicht gedrückt werden können, um leidenschaftliches Verhalten zu manipulieren. Dafür sind Horrorfilme ein Beispiel, wenn auch kaum das unheimlichste.

Gefahr, der er sich aussetzt, und schreit er dann trotz seiner Furcht mutig auf? Oder könnte es sein, daß das Aufschreien, wenn ein Artgenosse in der Nähe ist, und das Stummbleiben, wenn man allein ist, ein Programm in der DNS und nichts weiter ist? Ein Automatismus: Einen Habicht erblicken oder erspüren, ein anderes Huhn sehen, Alarm geben – und das alles ohne qualvolles moralisches Ringen mit sich selbst. Wenn einer der Gegner in einem Hahnenkampf, der schon blutet und geblendet ist, fortfährt, bis auf den Tod zu kämpfen, zeigt er dann »unbezwingbaren Mut« (wie ein englischer Bewunderer sich ausdrückte), oder handelt es sich bloß um ein außer Kontrolle geratenes Kampfkalkül, das sich dem Eingriff der hemmenden Teilprogramme entzogen hat? Hat der potentielle Held unter Menschen in der Tat einen klaren Begriff von der Gefahr, oder folgt er oder sie lediglich einem *unserer* vorgezeichneten Teilprogramme? Die meisten Helden berichten, daß sie nur getan haben, was ihnen natürlich vorkam, ohne viel darüber nachzudenken.
Die beiden Geschlechter stoßen nicht mit gleicher Wahrscheinlichkeit Alarmrufe aus. In einer anderen Studie von Peter Marler und seinen Kollegen[22] schrien Junghähne jedesmal auf, wenn ihnen ein Habichtschattenriß vorgeführt wurde; Hennen reagierten jedoch nur in 13 Prozent der Fälle mit Alarmrufen.* Auch kastrierte Junghähne lösen mit geringerer Wahrscheinlichkeit einen Alarm aus – es sei denn, sie tragen Testosteronimplantate; in diesem Fall steigt die Alarmrufrate wieder auf das übliche Niveau. Testosteron spielt also nicht nur eine Rolle in der Dominanzhierarchie, bei der Paarung, bei Territorial- und Aggressionsverhalten, sondern auch bei der Frühwarnung vor Räubern – ganz gleich, ob wir nun den Warner für einen Helden oder einen Automaten halten.

* * *

Mäuseweibchen vor der Geschlechtsreife haben ein Molekül in ihrem Urin, das bei Männchen, die daran schnuppern, die Testosteronproduktion anregt. Der Urin der Männchen enthält im Gegenzug ein Pheromon,

* Die Geschlechter unterscheiden sich auch bei anderen Formen von Rufen: Wenn beispielsweise ein Männchen auf Futter stößt, von dem es weiß, daß das Weibchen es gern hat, bringt es oft einen Futterruf hervor. Aber wenn die Henne Futter findet, ruft sie nicht nach dem Hahn; sie produziert in der Tat gar keinen Laut, außer sie hat Küken. Alleinstehende Hennen ziehen es vor, allein zu speisen.

das die Geschlechtsreife bei Weibchen beschleunigt, wenn sie daran schnuppern. Weibchen reifen also früh, wenn Männchen in der Nähe sind, und spät, wenn keine da sind – eine positive Rückmeldeschleife, die unnötige Mühen erspart. (Wie nicht anders zu erwarten, kommen weibliche Mäuse, die nicht in der Lage sind, diese Düfte zu entdecken, niemals in Hitze.) Darüber hinaus unterbrechen normale trächtige Weibchen, die den charakteristischen Urinduft von Männchen einer anderen Mäuselinie erschnuppern, spontan ihre Schwangerschaft, verschlingen die Embryos und kommen schnell neuerlich in Hitze.[23] Eine bequeme Einrichtung für die fremden Männchen. Wenn dies den einheimischen Männchen nicht gefällt, so liegt es an ihnen, die fremden Männchen davon abzuhalten, mit ihren zu Fehlgeburten anregenden Duftnoten vorbeizukommen.

Wie bei vielen anderen Tieren beginnt bei Mäusen die Herstellung von Testosteron ernstlich erst in der Pubertät, und das ist auch die Zeit, in der ernsthafte Aggression gegen andere Mäuse einsetzt. Für erwachsene Männchen gilt, je mehr Testosteron sie besitzen, desto schneller werden sie angreifen, wenn ein fremdes Männchen an den Grenzen des Territoriums auftaucht. Wiederum gilt: Wenn man die Männchen kastriert, so nimmt ihre Aggressivität ab; wenn man den Kastraten Testosteron zuführt, so steigt ihre Aggressivität wieder an. Männliche Mäuse neigen dazu, ihr Territorium mit winzigen Tropfen von Urin zu »markieren« – eine Tätigkeit, der sie mit verstärktem Eifer nachgehen, wenn andere Mäuse in der Nähe sind (oder auch wenn sie auf einen ungewohnten Gegenstand stoßen, etwa eine Haarbürste). Wegen der Resorption von Embryos durch die Weibchen müssen Männchen, um überhaupt Nachkommen zu hinterlassen, in ihrem Territorium die hauptsächlichen Versprüher von Urin sein. Vielleicht ist dieses Markieren vergleichbar mit Namensschildern an Reisegepäck, mit »Betreten verboten«-Tafeln an Privatgrundstücken oder mit Heldenporträts eines Volksführers auf öffentlichen Plätzen. Die beherzte kleine Maus singt beständig »Dies ist mein Land« und »Sie gehört mir«. Sogar wenn es nicht körperlich gegenwärtig ist, wünscht das Mäusemännchen, daß Vorübergehende von seinem Besitzanspruch sorgfältig Notiz nehmen. Wie man erwarten würde, sinkt das Markieren mit Urin bei kastrierten Mäusen auffällig ab; wenn man wiederum Testosteron zuführt, wird der Drang zum Markieren wieder angefacht.

Normale weibliche Mäuse urinieren selten. Sie sind keine unbeirrbaren Markierer. Was passiert aber, wenn anatomisch normale Jungweibchen mit Testosteron angeschubst werden? Dann beginnen sie, mit größerer Häufigkeit zu markieren. (Wenn ein ähnliches Experiment bei Hunden durchgeführt wird, dann nehmen ausgewachsene Weibchen, denen vor der Geburt Testosteron verabreicht wurde, beim Urinieren die Haltung von Männchen ein; sie heben ein Bein an und ihr Urin rinnt am anderen Bein hinab – eine weitere Schmach, die Versuchstieren von Wissenschaftlern angetan wird.) Führt man Rattenweibchen, deren Eierstöcke operativ entfernt wurden, Testosteron zu, werden sie aggressiv; dann wechselt bei ihnen das Verhalten zwischen maskuliner Neigung zur Auseinandersetzung und deutlich femininem Sexualverhalten. Jedoch ist als weitere Folge der Verabreichung von Testosteron an normale Weibchen in ihrer frühen Lebensphase festzuhalten, daß ausgewachsene Männchen sie als Erwachsene viel weniger anziehend finden.

Testosteron im Blutkreislauf ist zwar mit dem Aggressionsverhalten männlicher Tiere eng verbunden, doch ist dies keineswegs schon die ganze Geschichte. Es gibt beispielsweise im Gehirn Moleküle, die Aggression unterdrücken. Bei Vererbungslinien von ungewöhnlich gewalttätigen Ratten stellt sich heraus, daß sie weniger von diesen hemmenden Gehirnchemikalien besitzen als Linien mit friedvollerem Verhalten. Aggressive Ratten beruhigen sich, wenn die Dosis dieser Chemikalien in ihren Gehirnen steigt; friedvolle Ratten erregen sich stärker, wenn in ihren Gehirnen die Dosis dieser Chemikalien sinkt. Wenn eine Ratte damit beschäftigt ist, andere Ratten bei Gewalttätigkeiten zu beobachten – etwa beim Töten von Mäusen –, dann sinkt bei ihr das Niveau der hemmenden Gehirnchemikalien ab.[24] Sie wird nun leichter selbst Aggressionen begehen, und zwar nicht nur gegen Mäuse. Ihre unterdrückten Aggressionsneigungen sind enthemmt worden. Auch die aller anderen Ratten in der unmittelbaren Umgebung. Feindseligkeit, die bei verschiedenen Individuen jeweils unterschiedlichen Ausdruck findet, kann sich schnell in der ganzen Gruppe ausbreiten. Genau das geschah vielleicht mit Calhouns Ratten, die so eingepfercht waren, daß Aggression und Verzweiflung sich in Wellen ausbreiteten und von mehreren Brennpunkten in der Gemeinschaft widergespiegelt und verstärkt wurden. Gewalttätigkeit ist ansteckend.

In von Heidi Swanson und Richard Schuster[25] durchgeführten Versuchen wurde Ratten eine vielschichtige Aufgabe, die Zusammenarbeit erforderlich machte, gestellt: Sie mußten gemeinsam in einer bestimmten Reihenfolge über besondere Bodenplatten laufen. Wenn sie erfolgreich waren, wurden sie mit Zuckerwasser belohnt; wenn sie keinen Erfolg hatten, konnten sie in der Versuchskammer nur aus Spaß an der Freude umherrasen. Niemand brachte ihnen bei, was sie zu tun hatten, zumindest nicht direkt. Alles mußte ausprobiert werden. Das Experiment wurde jeweils mit Paaren von Männchen, Weibchen, kastrierten Männchen und kastrierten Männchen mit Testosteronimplantaten durchgeführt. Einige der Ratten hatten zuvor allein gelebt.

Das Ergebnis fiel folgendermaßen aus: Weibchen und auch kastrierte Männchen lernten ziemlich schnell. Normale Männchen und Kastraten mit Testosteronimplantaten lernten sehr viel langsamer. Männchen, die zuvor allein gelebt hatten, schnitten noch schlechter ab. Einige Paare von zuvor einzelgängerischen Rattenmännchen – sowohl Paare mit funktionstüchtigen Hoden als auch Paare von mit Testosteron angeregten Kastraten – meisterten die Aufgabe überhaupt nicht.

Dies ist genau, was von männlichen Einzelgängern zu erwarten war: Da sie allein lebten, hatten sie wenig Erfahrung mit Zusammenarbeit; also konnten sie wahrscheinlich auch in einem anspruchsvollen Kooperationstest nicht gut abschneiden. Aber warum sollten dann Weibchen, die allein gelebt haben, fähig sein, das Problem zu lösen? Die Antwort lautet wahrscheinlich: Wenn man als Männchen und Einzelgänger eine vielschichtige Aufgabe im Zusammenspiel mit jemand anderem ausführen muß, dann macht einen Testosteron dumm. Jedes Paar von Rattenmännchen, die gewöhnlich allein lebten und die Aufgabe nicht lösen konnten, war in gewalttätige Kämpfe verwickelt. Im Gegensatz dazu beruhigte das Gemeinschaftsleben die Tiere für gewöhnlich.

Swanson und Schuster schließen daraus, daß die Lernmängel nicht so sehr der Aggression als solcher, sondern vielmehr der Aggression im Umfeld der Dominanzhierarchie anzulasten sind. Jene Ratten, die gewöhnlich als Sieger aus ritualisierten (oder wirklichen) Kämpfen hervorgingen – es handelte sich fast immer um dieselben Individuen –, stolzierten mit aufgestelltem Fell umher, drohten, wendeten Listen an und griffen gelegentlich auch an. Die untergeordneten Ratten duckten sich, schlossen ihre Augen und erstarrten entweder für längere Zeit oder versteckten sich. Die Neigung, entweder zu stolzieren oder sich zu ducken und zu verbergen, ist jedoch für die erforderliche gymnastische Zusammenarbeit nicht gerade ideal, und so war es sehr schwer, an das Zuckerwasser zu gelangen.

Zusammenarbeit hat viel mit Demokratie zu tun, extreme Dominanz- und Unterwerfungshierarchien indessen nicht. Beide sind weitgehend unvereinbar. Bei diesen Versuchen schüchterten auch Weibchen einander ein und kämpften miteinander gerade so wie Männchen, aber die Siegerin von heute war häufig die Verliererin von gestern und umgekehrt – in deutlichem Gegensatz zu der Situation bei den Männchen. Sich-Ducken und Erstarren waren bei den Weibchen weniger verbreitet, und der weibliche Aggressionsstil behinderte soziale Leistungen weniger als das entsprechende Verhalten der Männchen.

Die ganze Bandbreite testosterongesteuerten Sexualverhaltens – Dominanz, Territorialität und alles übrige – ist nur ein Mittel, durch das Männchen in Wettbewerb treten, um mehr Nachkommen zu hinterlassen. Es ist nicht die einzige Steuerungsmöglichkeit. Wir haben bereits die Zuchtwahl auf der Ebene des Wettbewerbs zwischen den Samenzellen erwähnt sowie jene Arten, bei denen das Männchen nach der Besamung einen Scheidenstöpsel hinterläßt, um jene zu enttäuschen, die nach ihm kommen. Männliche Libellen versuchen, das Werk der Konkurrenten rückwirkend ungeschehen zu machen: Vom Penis des Männchens steht eine peitschenartige Zacke ab, die sich an die von Vorgängern im Weibchen hinterlassene Samenmasse heftet und diese entfernt, wenn die eigene Kopulation beendet ist. Wie viel direkter und ungezierter sind doch die Libellen im Vergleich zu Vögeln und Säugetieren, wo die Männchen gewallttätig sind, von Eifersucht verzehrt werden, Drohungen und Anklagen ausstoßen und sich nach ausschließlichem sexuellen Zugang zu wenigstens einem Weibchen sehnen! Dem Libellenmännchen bleibt vieles davon erspart; es schreibt die Geschichte der sexuellen Kontakte seiner Geschlechtspartnerin einfach um.

Wir haben uns auf Aggression, Dominanz und Testosteron konzentriert, weil diese Aspekte auch für ein besseres Verständnis menschlichen Verhaltens und sozialer Systeme von zentraler Bedeutung sind. Es gibt jedoch noch viele andere verhaltensanregende Hormone, die für das menschliche Wohlbefinden grundlegend sind; dazu gehören etwa bei Frauen Östrogen und Progesteron. Die Tatsache, daß vielschichtige Verhaltensmuster durch eine winzige Konzentration von im Blut zirkulierenden Molekülen ausgelöst werden können, sowie daß verschiedene Tiere der gleichen Art unterschiedliche Mengen dieser Hormone herstellen, ist wert, bedacht zu werden, wenn es an der Zeit ist, Konzepte wie menschliche Willensfreiheit, individuelle Verantwortlichkeit oder Gesetz und Ordnung abschließend zu bedenken.

Hätte Poseidon sorgfältiger abgewogen, was er Kainis gab, die Angelegenheit hätte nicht die Aufmerksamkeit von Zeus erregt. Wäre Poseidons eigener Testosteronspiegel niedriger gewesen oder hätte es bei den Göttern durchsetzbare Strafen für die Vergewaltigung von Menschen gegeben, dann hätte Kainis vielleicht ein glückliches und untadeliges Leben geführt. Doch so litt Kaineus mit Sicherheit an Überheblichkeit; aber nur wegen der Vergewaltigung und ihrer Folgen. Zweifellos war er der Mißachtung der Götter schuldig, aber zuvor hatten die Götter auch Kainis mißachtet. Wahrscheinlich hätte die Frömmigkeit in Thessalien nicht gelitten, wenn Poseidon Kainis in Ruhe gelassen hätte; schließlich hatte sich diese doch nur um ihre eigenen Angelegenheiten gekümmert, als sie allein am Strand spazierenging.

Kapitel 13

Der Ozean des Werdens

Alle Täler sollen erhöhet werden, und alle Berge und Hügel sollen geniedriget werden.

Jesaja 40, Vers 4, Lutherbibel

Sie werden es schaffen, den Ozean des Werdens zu überqueren.

Maitreyavyakarana (Prophezeiung über die Taten des Maitreya, ca. 500 vor Chr.) [1]

Stellen wir uns für einen Augenblick eine außerordentlich erfolgreiche Art vor. Mit Hilfe des langsamen Entwicklungsprozesses hat sie sich sehr genau an ihre Umweltnische angepaßt. Jeder einzelne und alle Artgenossen zusammen sind, vielleicht sogar im buchstäblichen Sinne, fett und frech geworden. Doch auch in diesem Fall tendieren, besonders wenn man so gut angepaßt ist, bedeutsame genetische Veränderungen meistens zum Nachteil der Art – genauso wie es unwahrscheinlich ist, daß eine zufällige Änderung in einigen der mikroskopisch kleinen magnetischen Regionen eines Tonbandes die Qualität der aufgezeichneten Musik verbessert. Man kann nicht verhindern, daß schädliche Mutationen vorkommen, ebensowenig wie man eine langsame Verschlechterung der aufgezeichneten Musik aufhalten kann; aber die schädlichen Mutationen werden wenigstens daran gehindert, sich durch die gesamte Art zu verbreiten, denn die natürliche Zuchtwahl durchsiebt die Population und verwirft schnell alles, das nicht oder nicht wirklich gut funktioniert. Es wird keineswegs als mildernder Umstand anerkannt, daß eine Mutation durch einen fernen Zufall in der Zukunft nützlich werden könnte. Darwins Zuchtwahl gilt für das Hier und Jetzt. Es wird kurzer Prozeß gemacht. Die tödliche Sense der Zuchtwahl wägt sorgfältig ab, ehe sie in Aktion tritt.

Doch nehmen wir jetzt an, in der Umwelt ergibt sich eine nachhaltige Veränderung. Eine kleine, durch das All rasende Welt findet, daß ein blauer Planet mitten in ihrer Bahn liegt, und die sich ergebende Explosion sprüht genügend feine Teilchen in die obere Atmosphäre, um die Erde zu verdunkeln und abzukühlen; der See friert zu oder die Steppenvegetation, von der die Art sich ernährt, verdorrt und stirbt ab. Oder die tektonische Maschine im Erdinnern schafft eine neue Inselkette, und ein Gestöber von vulkanischen Explosionen verändert die Zusammensetzung der Luft; dadurch werden mehr Treibhausgase in die Atmosphäre entlassen, das Klima erwärmt sich, und die Gezeitentümpel und flachen Seen, in denen die Mitglieder der Art sich üppig gesuhlt haben, trocknen aus – oder ein Damm von Gletschereis bricht und läßt einen Binnensee gerade dort entstehen, wo sich zuvor die ideale Wüstenumwelt der betreffenden Art befunden hatte.

Vielleicht kommt die Umweltveränderung auch aus einer biologischen Richtung: Die Tiere, welche die Nahrung unserer Art bilden, sind nun besser getarnt oder verteidigen sich mit größerer Hartnäckigkeit; oder die Tiere, die ihrerseits unsere Art gern fressen, sind geschickter bei der Jagd geworden; oder die Widerstandsfähigkeit der Art gegen eine neue Familie von Mikroorganismen stellt sich als dürftig heraus; oder eine Pflanze, die normalerweise als Futter diente, hat nun einen Giftstoff entwickelt, der die Mitglieder der Art krank macht. Es kann auch eine ganze Welle von Veränderungen geben – eine sehr geringfügige Veränderung in der physischen Umwelt führt zu Anpassungen oder zum Aussterben einzelner direkt betroffener Arten und bewirkt weitere biologische Verschiebungen entlang der gesamten Nahrungskette.

Nun, da unsere Welt sich verändert hat, kann unsere zuvor so außerordentlich erfolgreiche Art in eine sehr viel randständigere Position verdrängt worden sein. Nun könnte eine seltene Mutation oder eine unwahrscheinliche Verknüpfung von vorhandenen Genen viel besser anpassungsgeeignet sein. Die zuvor verschmähte Erbinformation kann nun als Held willkommen geheißen werden und uns einmal mehr die Vorteile von Mutationen und geschlechtlicher Fortpflanzung vor Augen führen. Andererseits kann aber auch der Fall eintreten, daß nicht im letzten Augenblick noch eine neue, nützlichere genetische Information zufällig entsteht und unsere Art somit ihren Niedergang fortsetzt.

Es gibt keine in jeder Hinsicht kompetenten Organismen. Das Atmen von Sauerstoff erhöht die Effizienz bei der Umsetzung von Nahrung in Energie; aber Sauerstoff ist zugleich ein Gift für organische Moleküle, und deshalb müssen die Einrichtungen für den alltäglichen Umgang von organischen Molekülen mit Sauerstoff aufwendig sein. Das weiße Federkleid des Alpenschneehuhns bietet eine ausgezeichnete Tarnung im arktischen Schnee; zugleich aber absorbiert dieses Federkleid weniger Sonnenlicht, und so werden höhere Anforderungen an das körpereigene System der Wärmeregulierung gestellt. Die prachtvollen Schwanzfedern eines Pfaus machen ihn für die Henne nahezu unwiderstehlich, aber zugleich fungieren sie auch als auffällige Werbung für den nahrungsuchenden

Fuchs. Das Sichelzellen-Merkmal gibt Immunität gegen Malaria, aber es verdammt zugleich viele Menschen zu entkräftender Blutarmut. Jede Anpassung ist gleichbedeutend mit dem Ersetzen eines Vorteils durch einen andern.

Stellen Sie sich vor, Sie wollen ein Fahrzeug entwerfen, das geländegängig ist, durch die Luft fliegt und unter Wasser schwimmt. Ein solches Gerät würde, wenn es überhaupt gebaut werden kann, keine seiner Funktionen gut meistern. Wenn wir über »unerschlossenes« Gelände reisen müssen, bauen wir Autos mit Allradantrieb, für Fahrten unter Wasser Unterseeboote und für Reisen durch die Luft Flugzeuge. Aus gutem Grund sehen sich diese drei Arten von Fahrzeugen nicht sehr ähnlich, obwohl sie in groben Zügen von ähnlicher Gestalt sind. Sogar sogenannte »Flugboote« sind nicht sehr seetüchtig, noch sind sie sehr einfach zu fliegen.

Vögel, die ausgezeichnete Unterwasserschwimmer (wie Pinguine) oder fähige Läufer (wie Strauße) sind, verlieren gewöhnlich ihre Fähigkeit zu fliegen. Die besonderen Konstruktionsmerkmale für das Schwimmen oder Laufen widersprechen jenen für das Fliegen. Die meisten Arten, die vor solchen Alternativen stehen, werden durch Zuchtwahl zur einen oder anderen Anpassung gezwungen. Wesen, die ihre Möglichkeiten zu weit spannen, werden gewöhnlich von der Weltbühne verdrängt. Zu große Verallgemeinerung ist ein Entwicklungsfehler.

Aber auch Organismen, die zu spezialisiert sind, die in einer einzigen, eingeschränkten Umweltnische, aber nur dort, außergewöhnlich gute Leistungen erbringen, sterben für gewöhnlich aus; sie sind in der Gefahr, einen faustischen Handel einzugehen und ihr langfristiges Überleben gegen den schmeichelhaften Erfolg einer glänzenden, aber kurzen Karriere einzutauschen. Was widerfährt ihnen, wenn die Umwelt sich verändert? Wie Faßbinder in einer Welt von Stahlbehältern, Hufschmiede und Fabrikanten von Einspännerpeitschen in der Zeit des Kraftwagens oder die Hersteller von Rechenschiebern im Zeitalter der Taschenrechner können alle hochspezialisierten Fachleute praktisch über Nacht überflüssig werden.

Wenn man beim amerikanischen Fußball einen Vorwärtspaß erhält, muß man den Ball im Auge behalten. Gleichzeitig muß man aber auch die gegnerischen Angreifer im Auge haben. Den Ball zu fangen ist das kurzfristige Ziel; mit ihm zu laufen, nachdem man ihn gefangen hat, das langfristigere. Wenn man sich nur darum sorgt, wie man den Verteidigern entkommt, fängt man unter Umständen den Ball nicht. Wenn man sich nur auf das Fangen konzentriert, kann man im Augenblick der Ballannahme niedergewalzt werden; in jedem Fall riskiert man eine ungeschickte Ballbehandlung. Gefordert ist also ein Kompromiß zwischen kurzfristigen und langfristigen Zielen. Die beste Mischung wird vom Spielstand, der Anzahl der Versuche, der verbleibenden Spielzeit und der Stärke der gegnerischen Angreifer abhängen. Für jede gegebene Situation gibt es zumindest eine optimale Mischung. Als Berufsspieler würde man niemals annehmen, daß die Aufgabe des Fängers *einzig* darin besteht, den Ball zu fangen, oder *einzig* darin, mit dem Ball zu laufen. Man wird es sich zur Gewohnheit gemacht haben, die Risiken und möglichen Vorteile schnell abzuschätzen und ein Gleichgewicht zwischen kurzfristigen und langfristigen Zielen herzustellen.

Jeder Wettbewerb verlangt solche Abwägungen; sie machen in der Tat einen großen Teil des Reizes von Mannschaftssportarten aus. Solche Abwägungen müssen aber auch jeden Tag im Alltagsleben vorgenommen werden. Außerdem sind sie eine zentrale und einigermaßen umstrittene Angelegenheit in der Evolution.

Die Gefahr zu großer Spezialisierung liegt darin, daß man auf dem Trockenen sitzt, wenn sich die Umwelt verändert. Wenn man hervorragend an seinen gegenwärtigen Lebensraum angepaßt ist, könnte es durchaus sein, daß man auf lange Sicht nicht sehr leistungsfähig ist. Würde man aber alle seine Zeit darauf verwenden, sich auf zukünftige Möglichkeiten – von denen viele in weiter Ferne liegen – vorzubereiten, dann dürfte man sich auf kurze Sicht als wenig leistungsfähig erweisen. Die Natur hat das Leben vor ein Problem gestellt: das beste Gleichgewicht zwischen Kurzfristigkeit und Langfristigkeit zu erzielen, einen Mittelweg zwischen zu hoher Spezialisierung und zu großer Allgemeinheit zu finden. Das Problem wird natürlich dadurch noch verwickelter, daß Gene und Organismen keine Ahnung davon haben, welche zukünftigen Anpassungen möglich oder für sie von Nutzen sind.

Gene mutieren von Zeit zu Zeit, und da sich die Umwelt verändert, kommt es gelegentlich, wenn auch selten vor, daß ein neues Gen seinen Träger überlebenstauglicher macht. Es ist nun besser für seine Umweltnische »geeignet«. Sein Anpassungswert, also sein Potential, seinem Trägerorganismus zu helfen, viele überlebensfähige Nachkommen zu hinterlassen, ist erhöht. Wenn eine bestimmte Mutation ihrem Besitzer nur einen einprozentigen Vorteil gegenüber jenen sichert, denen sie fehlt, so wird die Mutation im Verlauf von etwa tausend Generationen Bestandteil der meisten Mitglieder einer großen, sich freizügig kreuzenden Population sein.[2] Sogar bei großen, langlebigen Tieren bedeutet dies nur ein paar Zehntausende von Jahren. Was aber geschieht, wenn selbst Mutationen, die einen solch kleinen Vorteil vermitteln, zu selten vorkommen oder wenn mehrere Gene gemeinsam in die richtige Richtung mutieren müssen – was wirklich sehr unwahrscheinlich ist –, um den Organismus an die neuen Umweltbedingungen anzupassen? Dann werden möglicherweise alle Mitglieder der Population sterben.

Gibt es eine Evolutionsstrategie, mit deren Hilfe Individuen und die betreffende Art aus dieser Falle schlüpfen können, einen Kniff, durch den beide Extreme, zu hohe Spezialisierung und zu große Allgemeinheit, vermieden werden können? Im Falle gewaltiger Umweltkatastrophen dürfte es keine solche Strategie geben. Die Dinosaurier hatten sich in einer beeindruckenden Reihe von Umweltnischen ausgebreitet, und doch überlebte kein einziger Dinosaurier die Massenvernichtungen vor 65 Millionen Jahren. Für schnelle, aber weniger apokalyptische Umweltveränderungen scheint es jedoch mehrere Auswege zu geben. Die geschlechtliche Fortpflanzung ist, wie wir beschrieben haben, ein solcher Ausweg, weil die Neuverknüpfung von Genen die genetische Vielfalt in der Population allgemein deutlich erhöht. Es hilft auch, wenn die Art ein großes und vielgestaltiges Territorium bewohnt und nicht allzu spezialisiert ist. Außerdem ist es günstig, wenn die Population in viele, nahezu voneinander isolierte Untergruppen zerfällt – ein Punkt, den zuerst der Populationsgenetiker Sewall Wright, der 1987 im Alter von fast 100 Jahren verstarb, deutlich hervorgehoben hat. Im folgenden geben wir eine vereinfachte Darstellung eines komplizierten Gegenstandes, der in Teilaspekten neuerdings in der wissenschaftlichen Literatur wieder lebhaft diskutiert wird.[3] Aber sogar wenn Wrights Theorie nicht mehr als eine Metapher wäre, so ist ihr Erklärungspotential – für Säugetiere, und insbesondere für Primaten – doch beträchtlich.

* * *

Die Gene – die im ACGT-Alphabet der DNS niedergeschriebenen Produktionsanweisungen – sind in ständiger Mutation begriffen. Einige, zu deren Aufgabenbereich wichtige Angelegenheiten wie die Wirkweise von Enzymen gehören, ändern sich nur langsam, vielleicht sogar über zehn oder selbst Hunderte von Jahrmillionen hin überhaupt nicht. Denn solche Veränderungen bewirken fast immer, daß eine molekulare Werkzeugmaschine gegenüber dem früheren Zustand schlechtere oder überhaupt keine Leistungen mehr erbringt. Organismen mit dem mutierten Gen sterben (oder hinterlassen weniger Nachkommen), und so wird diese Mutation gewöhnlich nicht an künftige Generationen weitergereicht. Das Sieb der Zuchtwahl filtert sie aus. Andere Veränderungen, die keinen Schaden anrichten – etwa in einer unausgeschriebenen Unsinnssequenz oder im Bauplan *struktureller* Elemente, die sozusagen mit der Ausrichtung einer Werkzeugmaschine oder ihrer Auflage auf einem molekularen Gerüst befaßt sind –, können sich schnell in künftigen Generationen verbreiten, weil ein Organismus, der die neue Mutation trägt, nicht durch Zufall ausgerottet wird: Im Code für strukturelle Elemente ist die besondere Beschaffenheit einer Sequenz von As, Cs, Gs und Ts überhaupt kaum von Bedeutung; erforderlich sind einzig Platzhalter, also *irgendwelche* Sequenzen, die als Code für die Gestalt eines subzellularen Trägers tauglich sind, ganz gleich aus welchen Aminosäuren dieser Träger besteht. Veränderungen in Sequenzen, die sowieso unbeachtet bleiben, werden auch keinen Schaden anrichten. Gelegentlich zieht ein Organismus das große Los, und eine günstige Mutation wird in relativ wenigen Generationen die gesamt Population durchdringen; im allgemeinen ist jedoch eine genetische Veränderung, die sich günstigen Mutationen verdankt, langsam, weil solche Mutationen sehr selten vorkommen.

Manche Gene werden in fast der gesamten Population, andere nur in einem winzigen Bruchteil der Population vorhanden sein. Aber sogar sehr nützliche Gene werden nicht bei jedem Mitglied der Population vorhanden sein, entweder weil das Gen neu und noch nicht genug Zeit verstrichen ist, daß es sich durch die ganze Population verbreiten konnte, oder weil es immer Mutationen gibt, die ein bestimmtes Gen, sogar ein vorteilhaftes, ständig umformen oder aussondern. Wenn das Fehlen eines nützlichen Gens nicht direkt todbringend ist, dann wird es in einer ausreichend großen Population immer einige Organismen geben, die es nicht besitzen. Im allgemeinen wird ein bestimmtes Gen durch die Population gestreut sein: manche Individuen besitzen es, andere nicht.

Wenn man die Art in kleinere, voneinander isolierte Untergruppen aufteilt, wird der Prozentsatz von Individuen, die ein bestimmtes Gen besitzen, von Gruppe zu Gruppe verschieden sein.

In einem typischen »höheren« Säugetier gibt es etwa zehntausend aktive Gene. Jedes einzelne von ihnen kann von Individuum zu Individuum und von Gruppe zu Gruppe verschieden sein. Einige wenige sind für eine gewisse Zeit oder für immer verloschen. Einige wenige sind völlig neu und werden schnell durch die Population verbreitet. Die meisten sind alte Hasen. Wie nützlich irgendein bestimmtes Gen ist (in einer Population von Wölfen, Menschen oder jedem beliebigen Säugetier), hängt von der Umwelt ab, und die ändert sich auch.

Wir wollen nun eines dieser zehntausend Gene näher betrachten. Vielleicht steht es für zusätzliche Testosteronproduktion. Aber es könnte jedes beliebige Gen sein. Der Bruchteil einer Population, der – bezogen auf alle möglichen Genalternativen – dieses spezielle Gen besitzt, wird mit dem Begriff »Genhäufigkeit« bezeichnet.

Stellen wir uns nun mehrere isolierte Populationen derselben Art vor. Vielleicht handelt es sich um Affengruppen, die in benachbarten, nahezu identischen Bergtälern leben, welche durch unüberwindbare Gebirgszüge voneinander getrennt sind. Welche Unterschiede auch immer es bei den Chancen, zu überleben oder Nachkommen zu hinterlassen, zwischen den beiden Gruppen gibt, sie lassen sich dann nicht auf Unterschiede in der physischen Umwelt zurückführen.

Nicht alle Genhäufigkeitswerte sind gleichermaßen anpassungsgeeignet. Es gibt vielmehr eine optimale Genhäufigkeit für die Population. Wenn die Genhäufigkeit zu gering ist, sind die Affen vielleicht nicht ausreichend wachsam in ihrer Selbstverteidigung gegen Raubtiere. Wenn die Häufigkeit zu hoch ist, töten sie sich vielleicht gegenseitig in Dominanzkämpfen. Wenn zwei isolierte Populationen unter im übrigen gleichen Bedingungen verschiedene Zusammenstellungen von aktiven Genen besitzen, so werden ihre Mitglieder unterschiedliche Grade von Tauglichkeit im Sinne Darwins aufweisen.

Aber die günstigste Häufigkeit dieses Gens hängt von der günstigsten Häufigkeit anderer Gene sowie von der bewegten und sich verändernden Umwelt ab, in der unsere Affen leben müssen. Unter bestimmten Umständen kann es sogar mehr als eine günstigste Häufigkeit geben. Das gleiche gilt für alle zehntausend Gene – ihre günstigsten Häufigkeiten hängen alle voneinander ab, und sie verändern sich, wenn die Umwelt sich ändert. Eine erhöhte Häufigkeit eines Gens zur Testosteronproduktion könnte beispielsweise in der Auseinandersetzung mit Raubtieren und anderen feindlichen Gruppen nützlich sein, vorausgesetzt, daß auch Gene zur Friedenserhaltung *innerhalb* der Gruppe im Überfluß vorhanden sind. Und so fort, bis zur günstigsten Verflechtung aller Gene miteinander.

Auf diese Weise kann ein Komplex von Genhäufigkeiten, welcher der Gruppe einmal zu einer außergewöhnlich guten Anpassung an die Umwelt verholfen hatte, nun einen deutlichen Nachteil bedeuten; und Genhäufigkeiten, die früher nur eine randständige Tüchtigkeit vermittelten, können nun den Schlüssel zum Überleben darstellen. Was für eine beunruhigende Vorstellung vom Dasein! Gerade wenn man in größter Harmonie mit seiner Umwelt lebt, beginnt das Eis, auf dem man läuft, dünn zu werden. Man hätte sich, wäre man dazu in der Lage gewesen, auf einen frühen Rückzug aus der optimalen Anpassung konzentrieren sollen – einen freiwilligen Gunstverzicht der Wohlangepaßten, eine selbstgewählte Erniedrigung der Mächtigen. So wird die Bedeutung von »Überspezialisierung« nunmehr klar. Ein solcher rechtzeitiger Verzicht auf Vorteile ist jedoch eine Strategie, zu der sich privilegierte Populationen nur selten freiwillig aufraffen, wie sich auch in unserer alltäglichen Erfahrung als Menschen bestätigt. In der klassischen Gegenüberstellung von Kurzfristigkeit und Langfristigkeit gewinnen gewöhnlich die Kurzzeitinteressen – besonders wenn es keine Möglichkeit gibt, die Zukunft vorauszusagen.

Ja, die Vorausschau fehlt ihnen. Aber wie könnten sie das auch wissen? Es bedeutet eine Menge, von Affen zu verlangen, künftige geologische oder ökologische Veränderungen vorherzusehen. Wir Menschen, die wir mit unserer Intelligenz sehr viel fähigere Propheten als Affen sein sollten, haben schon genug Schwierigkeiten, die Zukunft vorherzusehen; und es fällt uns sogar noch schwerer, unserem Wissen gemäß zu handeln.[4] Bei militärischen Operationen, bei blinden Gefolgsleuten in der Politik oder bei nationalen Reaktionen auf die Herausforderung weltweiter Umweltveränderungen herrschen gewöhnlich kurzsichtige Lösungen vor. Ohne weiter darüber nachzudenken, könnte man nun annehmen, daß die vorbeugende Erhaltung eines Komplexes von Genhäufigkeiten, die erst in *zukünftigen* Situationen optimal wären, einfach zu schwierig zu organisieren sei, vor allem, wenn sich noch niemand dieser Tatsache bewußt

ist. Man könnte also zu dem Schluß kommen, daß der Evolutionsprozeß fehlerhaft sei und daß das Leben unter gewissen Umständen zum Scheitern verurteilt sein könnte.
Was aber könnte nun in verschiedenen Populationen die Ursache für ein Absinken der Genhäufigkeit unter die optimalen Werte sein? Nehmen wir einmal an, die Mutationsrate habe sich wegen einer neuen Chemikalie in der Umwelt (die aus dem Erdinnern aufgestiegen ist) oder wegen eines Ansteigens der kosmischen Strahlungen (vielleicht, weil in entfernteren Regionen der Milchstraße ein Stern explodiert ist) erhöht. Dann werden die Genhäufigkeiten in isolierten Populationen immer unterschiedlicher werden. Man könnte sogar eine Population erhalten, die zufällig bei der zur Anpassung an den künftigen Bedarf günstigsten Genhäufigkeit anlangt. Aber dies wird nur sehr selten der Fall sein. Wahrscheinlicher ist, daß große Veränderungen in der Umwelt den Tod bringen. Ein Ansteigen der Mutationsrate neigt also hauptsächlich dazu, die Bandbreite von Genhäufigkeiten zu vergrößern, aber nicht allzusehr.
Die Population wird gewöhnlich mit einem Zusammenwirken von Mutation und Zuchtwahl auf die sich verändernden Umweltbedingungen reagieren und dabei beständig auf die günstigste Anpassung zustreben. Wenn die äußeren Umstände sich langsam genug wandeln, dann dürfte die Population immer nahezu optimal angepaßt sein. Genhäufigkeiten sind dauernd in langsamer Bewegung. Diese schrittweise Bewegung, die durch Mutation und natürliche Zuchtwahl in einer sich verändernden physischen und biologischen Umwelt vorangetrieben wird, entspricht genau dem von Darwin umrissenen Evolutionsprozeß; und die sich kontinuierlich verändernden Genhäufigkeiten, wie sie von Wright beschrieben wurden, sind eine Metapher für die natürliche Zuchtwahl.

* * *

Jede isolierte Untergruppierung einer Population, die wir bisher betrachtet haben, war groß und bestand vielleicht aus Tausenden von Individuen. Nun kommen wir jedoch zu Wrights kritischem Schritt: Wir wollen über kleine Gruppen von nicht mehr als ein paar Dutzend Individuen nachdenken. Solche Gruppen treiben gewöhnlich eine starke Inzucht. Wer sollte denn auch nach wenigen Generationen noch zur Paarung verfügbar sein außer nahen Verwandten? Wir wollen uns also für einen Augenblick mit der Inzucht beschäftigen, bevor wir die Entwicklungsaussichten von kleinen Populationen betrachten.

Manche menschlichen Kulturen üben den Geschlechtsakt in Zurückgezogenheit aus und essen in der Öffentlichkeit, manche halten es andersherum; manche leben mit ihren greisen Verwandten zusammen, manche verlassen sie und manche verspeisen sie; manche stellen strenge Lebensregeln auf, die sogar von Kleinkindern befolgt werden müssen, manche lassen Kindern fast völlige Freiheit; manche begraben ihre Toten, andere verbrennen sie und wieder andere überlassen sie den Vögeln zum Verzehr; manche benutzen Kaurimuscheln als Geld, manche Metall, manche Papier, und manche kommen überhaupt ohne Geld aus; manche haben keine Götter, andere einen Gott, wieder andere viele Götter. Doch einhellig verabscheuen sie alle Inzest.

Inzestvermeidung ist eine der wenigen Unabänderlichkeiten, welche über alle augenscheinlichen Verschiedenheiten menschlicher Kulturen hinweg gelten. Manchmal wurden jedoch für die herrschende Klasse (für wen auch sonst?) Ausnahmen gemacht. Da Könige Götter oder zumindest den Göttern ebenbürtig waren, galten nur ihre Schwestern als von ausreichend hohem Stand, um ihre Geschlechtspartner zu sein. Die königlichen Familien der Mayas und der Ägypter waren durch Generationen inzüchtig, indem Brüder ihre Schwestern heirateten (der Vorgang wurde gelegentlich, so nimmt man an, durch inoffizielle, nicht aufgezeichnete Paarungen mit Nicht-Verwandten abgeschwächt). Die überlebenden Nachkommen waren nicht auffällig unfähiger als die üblichen, durchschnittlichen Könige und Königinnen, und die ägyptische Königin Kleopatra – nach offiziellen Aufzeichnungen das Ergebnis vieler aufeinanderfolgender Generationen von blutschänderischen Verbindungen – war sogar in vielerlei Hinsicht sehr begabt. Der griechische Geschichtsschreiber Plutarch charakterisierte sie folgendermaßen:

> Denn an und für sich war ihre Schönheit, wie man sagt, gar nicht so unvergleichlich und von der Art, daß sie beim ersten Anblick berückte, aber im Umgang hatte sie einen unwiderstehlichen Reiz, und ihre Gestalt, verbunden mit der gewinnenden Art ihrer Unterhaltung und der in allem sie umspielenden Anmut, hinterließ einen Stachel. Ein Vergnügen war es auch, dem Klang ihrer Stimme zu lauschen. Sie wußte ihre Zunge wie ein vielstimmiges Instrument mit Leichtigkeit in

jede ihr beliebende Sprache zu fügen und bediente sich nur im Verkehr mit ganz wenigen Barbaren eines Dolmetschers.[5]

Sie wird als »das einzige menschliche Wesen neben Hannibal, das in Rom Furcht erregte«[6], beschrieben. Sie gebar auch – obwohl sie nicht von ihrem Bruder gezeugt wurden – mehrere anscheinend gesunde Kinder, von denen eines Ptolemäus XV. Cäsar war, ein Sohn von Julius Cäsar mit dem Titel König von Ägypten (bis er durch den künftigen Kaiser Augustus im Alter von 17 Jahren ermordet wurde). Kleopatra also zeigte mit ziemlicher Sicherheit trotz der angeblich nahen Verwandtschaft ihrer Eltern keine bedeutsamen körperlichen oder geistigen Mängel.
Dennoch führt Inzucht statistisch gesehen zu genetischen Mängeln, die ihren Tribut hauptsächlich in der Form von Säuglings- und Kindersterblichkeit fordern (leider haben wir keine brauchbaren Aufzeichnungen über königliche Kinder der Mayas und Ägypter, die bei der Geburt starben oder in ihrer Kindheit getötet wurden). Dafür gibt es bedeutsames Beweismaterial bei vielen – jedoch keineswegs bei allen – Tier- und Pflanzengruppen. Sogar bei geschlechtlichen Mikroorganismen verursacht Inzest ein auffälliges Ansteigen der Sterberate der Jungen.[7] Nach inzestuösen Vereinigungen in Zoos stieg die Sterblichkeit der Nachkommen bei 40 verschiedenen Arten von Säugetieren steil an – obwohl einige für starke Inzucht sehr viel anfälliger waren als andere.[8] Nach aufeinanderfolgenden Geschwisterpaarungen bei Fruchtfliegen überlebten nur wenige Prozent der Nachkommen bis in die siebte Generation.[9] Bei Pavianen führten Paarungen zwischen Vettern und Cousinen ersten Grades zu Jungen, die etwa 30 Prozent häufiger innerhalb des ersten Lebensmonats starben als Junge aus Pavianpaarungen, in denen die Eltern keine nahen Verwandten waren.[10] Die meisten der üblicherweise keine Inzucht treibenden Pflanzen – beispielsweise Mais – degenerieren bei konsequenter Inzucht. Sie werden kleiner, dürrer und schrumpfen zusammen. Darum gibt es hybride Maissorten. Viele Pflanzen mit männlichen und weiblichen Geschlechtsteilen an derselben Pflanze sind so eingerichtet, daß sie sich, wie Darwin als erster feststellte, nicht leicht selbst befruchten können (man nennt dieses äußerste Inzesttabu »Unvereinbarkeit mit sich selbst«). Viele Tiere, darunter die Primaten, besitzen Verhaltenstabus, die eine Paarung mit nahen Verwandten hemmen.[11]
Reinrassige Hunde sind für die Häufigkeit ihrer Mißbildungen und

Verkrüppelungen bekannt. Die Biologen John Paul Scott und John L. Fuller führten Zuchtversuche – das heißt, künstliche Zuchtwahl – an fünf verschiedenen Hunderassen durch:

> Wir begannen unsere Experimente mit Tieren, die als gutes Zuchtmaterial galten, weil sie eine ziemliche Anzahl von Wettbewerbssiegern unter ihren Vorfahren aufzuweisen hatten. Wenn wir diese Tiere mit ihren engen Verwandten auch nur eine oder zwei Generationen lang kreuzten, kamen bei jeder Rasse ernsthafte Mängel zum Vorschein. ...Cockerspaniels [werden] mit Blick auf eine breite Stirn mit vorstehenden Augen und auf einen betonten »Abbruch« oder Knick zwischen Nase und Stirn ausgewählt. Als wir die Gehirne einiger dieser Tiere während einer Autopsie untersuchten, fanden wir, daß sie ein geringes Maß an Hydrocephalie (Wasserkopfbildung) zeigten; das heißt, bei der Züchtung ihrer Schädelform hatten die Züchter zufällig zugunsten eines Gehirnschadens in manchen Individuen ausgewählt. Über all dies hinaus waren in den meisten unserer Zuchtlinien, auch unter idealen Pflegebedingungen, nur etwa 50 Prozent der Weibchen fähig, normale, gesunde Würfe großzuziehen.
> Auch bei anderen Hunderassen sind solche Mängel ziemlich allgemein verbreitet.[12]

Ähnliche genetische Mängel werden auch in dem begrenzten Informationsmaterial deutlich, das aus neuerer Zeit zum Inzest bei Menschen verfügbar ist. Die erhöhte Kindersterblichkeitsrate aus Ehen zwischen Vettern und Cousinen ersten Grades[13] liegt nur bei etwa 60 Prozent. In einer Untersuchung im US-Bundesstaat Michigan[14] wurden Mitte der 1960er Jahre beispielsweise 18 Kinder aus Geschlechtsbeziehungen zwischen Bruder und Schwester sowie Vater und Tochter mit einer Kontrollgruppe von Kindern aus nicht-blutschänderischen Verbindungen verglichen. Die meisten der Kinder aus Inzest-Verbindungen (11 von 18) starben innerhalb der ersten sechs Monate oder zeigten ernsthafte Mängel – einschließlich schwerer geistiger Zurückgebliebenheit (Retardierung). Bei ihren Eltern oder Familien fanden sich keine Krankheitsgeschichten solcher Mängel. Die übrigen Kinder schienen normal intelligent und auch in jeder anderen Hinsicht normal zu sein und wurden zur Adoption empfohlen. Keines der Kinder in der Kontrollgruppe starb oder wurde in ein Behindertenheim eingewiesen. Verglichen mit Geschwister- und Väter-Töchter-Paarungen bei anderen Tieren erschienen diese Sterblichkeits- und Krankheitsraten jedoch hoch; vielleicht wurden inzestuöse Vereinigungen, aus denen abnorme Kinder hervorgingen, den Wissenschaftlern, die diese Studie durchführten, eher zur Kenntnis gebracht als solche Fälle, in denen die Kinder keine Besonderheiten aufwiesen.

Die Gefahren wiederholter Inzucht scheinen so eindeutig zu sein, daß wir den naheliegenden Schluß ziehen können, daß bei den unmittelbaren Vorfahren Kleopatras illegitime geschlechtliche Vereinigungen, Schwängerungen der Königinnen von Ägypten durch andere als den Pharao, vorgekommen sind. Auch nur wenige Geschwisterpaarungen in aufeinanderfolgenden Generationen hätten wahrscheinlich zum Tod oder zumindest zu einer Kleopatra geführt, die sehr verschieden von jener vitalen Persönlichkeit gewesen wäre, die uns die Historiker geschildert haben.

Inzucht ist eine besondere Gefahr in sehr kleinen Gruppen, weil sie dort kaum zu vermeiden ist. Wenn eine neue, nicht todbringende Mutation in einem Individuum auftritt, so geht sie entweder verloren – beispielsweise, weil ihr Träger keine Nachkommen hat – oder es bedarf nur weniger Generationen, bis sie in nahezu jedem Mitglied der Gruppe vorhanden ist, auch wenn sie schlecht anpassungsgeeignet ist. Auf diese Weise haben dann die meisten Männchen in der betreffenden Population etwa ein bißchen zu viel Testosteron; die Streitigkeiten und die Ablenkungen aufgrund von Streitigkeiten werden ihren Tribut fordern, und die Betreuung der Jungen wird nicht so gut sein, wie sie sein sollte. So kommt die Population vom Pfad der optimalen Anpassung ab; falls die Inzucht intensiv ist, kann es sogar sein, daß schließlich keines der Gruppenmitglieder Nachkommen hinterläßt.

Wenn Inzucht nicht so risikobelastet wäre, könnte man annehmen, daß kleine Populationen die beste Methode wären, um zu Konstellationen von Genhäufigkeiten zu gelangen, die zwar zum gegebenen Zeitpunkt nicht besonders anpassungsgeeignet sind, es aber irgendwann in der Zukunft sein werden. Wenn die Population klein ist, können neue Mutationen oder neue Verbindungen von Buchstaben und Sequenzen im genetischen Code sich in nur wenigen Generationen über die gesamte Population verbreiten. Auf dieser Grundlage werden in der Biologie neue zufallsgesteuerte Experimente durchgeführt, die in großen Populationen nicht möglich wären. Das Ergebnis solcher Experimente ist fast immer, daß die Gruppe sich von der günstigsten Anpassung wegentwikkelt. Vergleichsweise seltene Gene und Genverknüpfungen können jedoch in einer kleinen Population so schnell erprobt werden, daß die potentielle Bandbreite von Genhäufigkeiten rasch weitgehend ausgelotet werden kann.

Letzlich geht es um Zufallsstichproben oder statistische Wahrscheinlichkeiten, und hierbei ist in kleinen Populationen das *Risiko*, also die Zufallswahrscheinlichkeit eines Ereignisses oder einer Kombination, wesentlich höher als in großen: Stellen Sie sich vor, Sie werfen eine Münze. Ihre Chancen, daß auf Anhieb die Kopfseite oben liegt, liegen natürlich bei 50 Prozent, denn es gibt nur zwei Möglichkeiten. Die Münze hat nur Kopf und Zahl, und sie muß auf die eine oder auf die andere Seite fallen. Bei zwei Würfen lautet die komplette Liste der möglichen Ergebnisse: zweimal Zahl, einmal Kopf und einmal Zahl, einmal Zahl und einmal Kopf oder zweimal Kopf. Ihre Chance, zweimal hintereinander »Kopf« zu erzielen, beläuft sich also auf 1:4 oder, anders ausgedrückt, ein Viertel bzw. $1/2 \times 1/2$. Bei drei Würfen ist die Chance, daß alle »Kopf« ergeben, 1:8 ($1/2 \times 1/2 \times 1/2$) oder $1:2^3$. Zehnmal »Kopf« hintereinander kommt in einer Serie von ungefähr tausend Versuchen ($2^{10} = 1024$ Würfe) nur ein einziges Mal vor. (Wenn jemand gerade diesen einen Versuch beobachtet hätte, kann er davon ausgehen, daß Sie unverschämtes Glück hatten.) Eine Serie von hundertmal »Kopf« hintereinander wird jedoch ungefähr eine Billion Trillionen (2^{100} entspricht ungefähr 10^{30}) Versuche in Anspruch nehmen – was praktisch bedeutet, daß eine solche Serie niemals eintreten wird.

Bei kleinen Populationen sind größere Zufallsergebnisse unvermeidlich; bei großen Populationen nähert sich die Wahrscheinlichkeit solcher Zufallsergebnisse dagegen Null an. Wenn in einer bundesweiten Meinungsumfrage nur drei Personen befragt würden, wäre den Ergebnissen nicht zu trauen – man könnte nicht davon ausgehen, daß diese drei Meinungen die Meinungen der Mehrheit der Bürger angemessen repräsentieren, daß sie also statistisch gesehen repräsentativ sind. Eines der befragten Individuen könnte aus purem Zufall ein Verteidiger sexueller Freizügigkeit oder ein Vegetarier sein, ein Trotzkist oder Maschinenstürmer, Kopte oder Skeptiker – alles interessante Anschauungen, aber einer solchen Stichprobe wären die Ansichten der Durchschnittsbevölkerung nicht mit Genauigkeit zu entnehmen. Stellen Sie sich nun vor, daß die Meinungen dieser drei Befragten proportional verstärkt würden, bis sie für die Ansichten der Gesamtbevölkerung der Vereinigten Staaten von Amerika stünden; dann hätte man in Wirklichkeit eine massiv verzerrende Umformung nationaler Einstellungen und politischer Gesinnungen erreicht. Das gleiche gilt, genetisch gesehen, wenn einige wenige Individuen aus einer großen Population eine neue, in sich abgeschlossene Gemeinschaft einrichten.

Zufallsergebnisse in Stichproben ergibt es vor allem dann, wenn die Versuchspopulation sehr klein ist. Bei Wahlen haben sich dagegen die Umfrageergebnisse wiederholt als repräsentativ für die Gesamtnation* erwiesen, wenn die Testgruppe der Meinungsbefrager 500 oder 1000 nach dem Zufallsprinzip ausgewählte Leute umfaßte. Mit 500 oder 1000 wahrheitsgemäßen Antworten einer nach dem Zufallsprinzip bestellten Testgruppe sind die Umfrageergebnisse innerhalb der Grenzen einiger weniger Prozente genau. (Die zu erwartende Abweichung entspricht der Quadratwurzel aus der Testgruppengröße.) Wenn man eine große Zahl nach dem Zufallsprinzip ausgewählter Leute befragt, wird man eine verläßliche Repräsentation des Durchschnitts erhalten; wenn man nur einige wenige befragt, kann man auf überproportional viele Meinungen stoßen, die atypisch sind oder nur Randgruppen erfassen. Meinungsbefrager würden natürlich liebend gern kleinere Gruppen befragen; denn das würde ihnen Kosten sparen. Sie wagen es jedoch nicht – die Fehler wären zu groß, die ausgewerteten Meinungen zu wenig repräsentativ.

Wie mit Meinungsumfragen verhält es sich auch mit dem genetischen Material von Populationen: Ist die Testgruppe klein genug, steigt die Wahrscheinlichkeit, daß wesentliche Abweichungen** vom Durchschnitt erfaßt werden und sich festigen. Bei voneinander isolierten kleinen Gruppen werden viele verschiedene Genhäufigkeiten durchprobiert – die meisten davon sind nur schlecht anpassungsgeeignet, aber einige wenige

* Außer es ist zu beschämend, dem Befrager gegenüber zuzugeben, was man in der Abgeschlossenheit der Wahlkabine ausgedrückt hat oder ausdrücken wird.

** Der schlechte Beigeschmack, der den Worten »abweichend« und »Abweichung« anhaftet – die nichts anderes bedeuten als verschieden vom Durchschnitt –, deutet auf den nahezu unwiderstehlichen sozialen Druck in fast allen menschlichen Gesellschaften hin, sich der Masse anzupassen. Die Gleichsetzung von »verschieden« mit »schlecht« macht für eine wohlangepaßte Population kurzfristig Sinn, erweist sich aber in Zeiten des Wandels und auf lange Sicht als gefährlich.

sind dank einem glücklichen Zufall für zukünftige Bedingungen gut gerüstet. Diesen Prozeß nennt man »Gendrift«.

Nehmen Sie einmal an, Ihr Name sei Theodosius Dobzhansky und Sie wohnten in New York. Auch wenn Sie zehn Söhne hätten, würde Ihr Name weiterhin »selten und fremdländisch« klingen, solange Sie in der Großstadt wohnen bleiben. Wenn Sie jedoch mit Ihrer Familie in eine Kleinstadt umziehen und viele Nachkommen haben, wird »Dobzhansky« schließlich ein gebräuchlicher, unauffälliger Name werden. In ähnlicher Weise wird jede außergewöhnliche Erbanlage in den Dobzhansky-Genen, solange Sie in New York leben, nur einen winzigen Bruchteil der Bevölkerung betreffen, sie könnte jedoch in wenigen Generationen zu einem wesentlichen genetischen Merkmal der Bürgerschaft einer Kleinstadt werden.[15]

Gibt es nun eine Möglichkeit, die Zufallsergebnisse, die sich bei kleinen Gruppen einstellen, zu erhalten und zugleich die langsame Verschlechterung zu vermeiden, die mit dem Inzest einhergeht? Stellen Sie sich vor, daß jede Gruppe in bedeutendem Maße durch Inzucht erhalten wird, aber daß die Tiere sich manchmal auch auf Paarungen mit gruppenfremden Artgenossen einlassen. Individuen aus weitgehend isolierten Subpopulationen treffen gelegentlich aufeinander und paaren sich, und das reicht aus, um die verheerenden genetischen Folgen von Inzest abzuschwächen. Durch die Gendrift werden sich in jeder Untergruppe der Population unterschiedliche Zusammenstellungen von Genen etablieren. Jede kleine Gruppe wird einen unterschiedlichen Komplex ererbter Neigungen aufweisen. Nicht alle werden deshalb bestens an die gegenwärtigen Umstände angepaßt sein. Wenn sich nun die Umwelt verändert, kann es vorkommen, daß keine der Gruppen mehr gut angepaßt ist. Und da sie von einer optimalen Anpassung weit entfernt sind, wird ihr Leben mühsam sein. Keiner dieser Gruppen wird es so gut ergehen wie zuvor. Viele Gruppen werden aussterben. Beim Eintreten der Umweltkrise werden sich jedoch einige wenige dieser kleineren Populationen zufällig in einer vorteilhaften Lage befinden; sie werden sozusagen schon »vorangepaßt« sein.

Der Kniff liegt darin, die Zufallsergebnisse von Versuchsreihen in Kleingruppen (damit zumindest eine Gruppe zufällig in einer günstigen Position für die nächste Umweltkrise sein kann) mit der Stabilität großer Gruppen zu verknüpfen (damit die neue, wünschenswerte Anpassung, sobald sie einmal erzielt ist, in einer beträchtlichen Population verbreitet wird). Und da die glückliche Gruppe – jene mit der neuerzielten optimalen Genhäufigkeit – auch mit anderen Gruppen in genetischer Berührung ist, wird ihre neue Zusammenstellung von anpassungsgeeigneten Genen weitergereicht. Andere Gruppen erwerben die neuen Fähigkeiten, die neue Mischung von Charakteristiken, die neuen Anpassungen; und zur gleichen Zeit werden die gefährlichsten Folgen der Inzucht vermieden.

Hiermit haben wir also eine »Versuchsanordnung« gefunden, wie in großen Populationen die Mischung von potentiellen Genhäufigkeiten herausgefunden werden kann. Wenn die Anpassungen, die zuvor zum Erfolg der Art geführt haben, nur mehr begrenzt nützlich werden, gibt es nun einen Ausweg: die Art in viele ziemlich kleine, weitgehend durch Inzucht erhaltene Populationen zu unterteilen, aber gelegentliche Kreuzungen zwischen diesen Populationen zuzulassen. Und genau das ist die Lösung, auf die auch Sewall Wright gekommen ist. Sie geht nämlich beiden Gefahren aus dem Weg, der zu hohen Spezialisierung genauso wie der zu großen Verallgemeinerung.[16] Und wenn nun größere Entwicklungsschritte in kleinen, halbisolierten Gruppen ziemlich schnell auftreten, würde sich daraus auch die relative Seltenheit von Zwischenformen bei den Fossilienfunden – eines der Probleme, die Darwin bedrückt hatten – weitgehend erklären.[17]

* * *

Doch keine Gruppe von Organismen hat sich jemals zusammengesetzt und – als Akt bewußter, die gesamte Art umfassender Entwicklungspolitik – entschieden, sich in kleine Populationen aufzuteilen, die Zufallsergebnisse von genetischen Versuchsreihen zu verstärken und gleichzeitig die offenkundigeren Formen von Inzest zu vermeiden. Doch jede Art, die zufällig die genau richtigen Anpassungen vorgenommen hat, pflanzt sich – wie immer im Evolutionsprozeß – bevorzugt fort. Wenn in den riesigen Zeiträumen, die für die Geschichte des Lebens zur Verfügung standen und stehen, eine ausreichend große Zahl von Entwicklungsversuchen durchgespielt wird, dann können auch sehr unwahrscheinliche Anpassungen – etwa bezüglich Gruppengröße oder der Mischung von Inzucht und Paarung über Gruppengrenzen hinweg – zu Institutionen verfestigt werden. Wir sprechen hier also letzlich von der Herausbildung eines ganz bestimmten Mechanismus, der eine fortwährende Evolution garantiert, das heißt, von einem zweiten Strang oder einer zweiten Ebene evolutionärer Entfaltung.[18]

Was würde man nun – wenn wir die Perspektive wechseln – als Mitglieder einer Art empfinden, die durch natürliche Zuchtwahl die richtigen Voraussetzungen für eine Gendrift geschaffen hat? Man würde das Leben in kleinen Gruppen genießen. Man würde Massenaufläufe hassen. Damit sich die gewünschten Zufallsergebnisse von Versuchsreihen in einem angemessenen Zeitraum einstellen, sollte eine Gruppe nicht mehr als 100 oder 200 Individuen umfassen, und sie würde – nach Wright – wahrscheinlich mit nur ein paar Dutzend Mitgliedern am besten dran sein. Gruppen von sechs bis acht oder weniger Mitgliedern sind gewöhnlich unbeständig; sie sind zu anfällig für eine Ausrottung durch Räuber, Naturkatastrophen oder Krankheiten, also für eine andere Form von Zufallsergebnissen und Zufallsrisiken. Man würde so etwas wie leidenschaftliche Treue zur Gruppe empfinden, eine Art starker Familiensolidarität, übersteigerte Vaterlandsliebe, eine Art Hurrapatriotismus und Ethnozentrismus. (Man könnte sich in Notsituationen sogar zu etwas wie Selbstlosigkeit oder gar Heroismus hinreißen lassen, besonders da die meisten Mitglieder der eigenen Gruppe nahe Verwandte sind.) Man würde auch eine Verschmelzung der eigenen Gruppe mit einer anderen vermeiden müssen, da eine wesentlich größere Gruppe die gewünschten Zufallsergebnisse unwahrscheinlicher machen würde. Es wäre also hilfreich, wenn man eine leidenschaftliche Feindseligkeit gegenüber anderen Gruppen, einen lebhaften Sinn für deren Unzulänglichkeiten sowie etwas Ähnliches wie Fremdenhaß entwickeln würde.

Jene anderen Gruppen bestehen natürlich aus Individuen der gleichen Art. Sie sehen fast genauso aus wie man selbst. Um die Fackeln des Fremdenhasses am Lodern zu erhalten, muß man die anderen Gruppen mit minuziöser Aufmerksamkeit untersuchen und die Unterschiede, die sich ausmachen lassen, immer zu deren Nachteil aufbauschen. Sie haben geringfügig verschiedene Erbeigenschaften und winzige Unterschiede in ihrem Speisenplan, deshalb riechen sie ein wenig anders als die Mitglieder der eigenen Gruppe. Falls der eigene Geruchssinn fein abgestimmt ist, wird ihr Duft sie vielleicht wunderlich, hassenswert und ekelhaft erscheinen lassen.

Es wäre sogar noch besser, wenn man einige Unterschiede *festlegen* könnte. Wenn Unterschiede in Kleidung und Sprache nicht verfügbar sind

– weil sie beispielsweise noch nicht entstanden sind –, wären auch Unterschiede im Verhalten, in der Haltung oder in der Stimmgebung hilfreich. Alles, was die eigene Gruppe von den anderen abheben kann, könnte dabei helfen, die gegenseitige Feindseligkeit am Schwelen zu halten und einer Verschmelzung zu widerstehen. Andere Gruppen haben zum Glück eine ähnliche Einstellung. Diese nicht erblichen Unterschiede zwischen verschiedenen Gruppen – auch willkürliche Unterschiede, die nur entfernt mit irgendwelchen Anpassungsvorteilen zu tun haben, aber der Bewahrung der Unabhängigkeit und des Zusammenhalts der Gruppe dienen – werden zusammengenommen »Kultur« genannt. Viele Tiere besitzen auf einer ganz elementaren Ebene Kultur.[19] Kulturelle Vielfalt hilft bei der Bewahrung der genetischen Tendenz einer Gruppe.

Gleichzeitig ist es wesentlich, ein zu großes Maß an Inzucht zu vermeiden und sicherzustellen, daß zumindest gelegentlich sexuelle Vereinigungen mit Außenstehenden vorkommen. Deshalb würde man eine Abneigung gegen Inzest oder zumindest gegen Paarungen von engsten Blutsverwandten fühlen. Diese Abneigung würde überall, wo dies möglich ist, durch die Nachahmung des Verhaltens von Kulturgenossen verstärkt werden. Es würde ein Inzesttabu geben (das vielleicht gelockert wird, wenn die Population auf nur wenige Überlebende reduziert ist). Paarbildung mit Gruppen- oder Stammesfremden (Exogamie) wäre offiziell wahrscheinlich verboten – bei Menschen vielleicht unterstützt durch das Verhalten junger Männer, die männliche Jugendliche aus anderen Gruppen angreifen, die, und sei es nur aus Zufall, in ihrer Nachbarschaft streunen; oder durch die Haltung von Vätern, die ihre Töchter als tot beweinen, wenn diese Außenstehende heiraten. Aber trotz dieser Durchdrungenheit mit Ethnozentrismus und Fremdenhaß würde man hie und da Mitglieder anderer, feindlicher Gruppen auf unerklärliche Weise anziehend finden. Heimliche Paarungen würden stattfinden. (Solche Situationen sind mehr oder weniger das Thema von Shakespeares »Romeo und Julia«, von Rudolf Valentinos Stummfilm »Der Scheich« und einer umfangreichen Industrie von »Liebesromanen«, die Frauen als Zielgruppe anzusprechen suchen.)

Eine vielversprechende Überlebensstrategie lautet also kurz zusammengefaßt: Teilt euch in kleine Gruppen auf, ermutigt Ethnozentrismus und Fremdenhaß und gebt gelegentlich sexuellen Versuchungen durch Söhne und Töchter feindlicher Stämme nach. Entwickelt eine eigene Kultur: Je mehr die eigene Art zum Erlernen von Verhalten fähig ist, desto größer sind die Unterschiede, die zwischen den Gruppen errichtet werden können. Verhaltensunterschiede führen letztendlich zu genetischen Unterschieden und umgekehrt. Unvollständige Isolierung – gerade die rechte Mischung von Abgeschlossenheit und sexueller Ungezwungenheit gegenüber anderen Gruppen – bringt Vielfalt hervor. Und Vielfalt ist die Basis, auf der die Zuchtwahl wirksam wird.

Es scheint demnach – im Kernbereich der Populationsgenetik und der Evolution – einen Grund für kleine, halbisolierte Gruppen als Untergliederungen größerer Populationen, für Fremdenhaß, Ethnozentrismus, Territorialität, Inzestvermeidung, gelegentliche Paarungen mit Außenstehenden und für ein Abwandern aus den erfolgreichsten Gemeinschaften zu geben. Diese Mechanismen funktionieren insbesondere für jene Arten, die sich in einer sich schnell wandelnden biologischen oder physischen Umwelt vorfinden. Primitive Bakterien, Ameisen und Schwertschwanzkrebse haben wenig Anlaß gehabt, solche Mechanismen zu entwickeln, Vögel und Säugetiere hingegen verdanken ihnen ihren Erfolg. Wenn Sie also wieder einmal einen rasenden Demagogen Haß gegen andere, ein wenig verschiedene Gruppen von Menschen verkünden hören, so versuchen Sie wenigstens für einen Augenblick, sein Problem zu verstehen: Er hört auf ein altes Signal, das einmal – so gefährlich, überflüssig und anpassungsungeeignet es auch heute sein mag – für unsere Art von Vorteil war.

Für das Problem, wie es einzurichten sei, daß Genhäufigkeiten schnell auf eine unbeständige, wandelbare Umwelt reagieren können, ist eine Lösung gefunden worden. Und die Lösung kommt uns auf unheimliche Weise bekannt vor. Nach einem Ausflug in die abstrakte Welt von Populationsgenetik und Genhäufigkeiten biegen wir um eine Ecke, und unser erstarrender Blick fällt plötzlich auf etwas, das sehr nach... uns selbst aussieht.

Kapitel 14

Bandenviertel

Wenn der Mensch diesen verschwommenen Abbildern, seiner selbst von Angesicht zu Angesicht gegenübersteht, wird sich selbst der Gedankenloseste eines gewissen Schauers bewußt, wobei dieser Schock vielleicht weniger auf Abneigung und Ekel gegenüber dem Anblick dessen basiert, was wie eine beleidigende Karikatur aussieht, als vielmehr auf dem Erwachen eines plötzlichen, grundlegenden Mißtrauens gegenüber den althergebrachten Theorien und festverwurzelten Vorurteilen: Es geht um seine eigene Stellung in der Natur und um seine Beziehungen zu den Niederungen des Lebens. Was für den Gedankenlosen vage Vermutung bleibt, wird für alle, die mit dem kürzlichen Fortschritt der … Wissenschaften vertraut sind, zu einem gewaltigen Beweis mit weitreichenden Konsequenzen.

T. H. HUXLEY
Evidence as to Man's Place in Nature (1863) [1]

Der große Boß, den respektieren alle. Er geht vorbei, und schon verbeugen sich die Leute. Sie strecken ihm ihre Hände entgegen. Meistens faßt er dich an. Die Hände sind ausgestreckt, und der große Boß berührt sie, eine nach der anderen. Da fühlst du dich richtig wohl. Er blickt dir in die Augen, und das ist so, daß man unweigerlich tun muß, was er will. Ich kann's einfach nicht aushalten, wenn er mich so anschaut. Das jagt mir solch wonnige Schauer den Rücken runter, daß ich einfach auf meine Füße hinabsehen muß.

Er ist verrückt nach mir. Der große Boß, er würd' mich ebensogern ficken wie anschauen. Eigentlich fickt er alles, was einen Rock trägt. Bei ihm versuchst du's nicht mit Sprüchen wie »Ich bin nicht in der richtigen Stimmung« oder »Ich habe Kopfschmerzen« – das *bringt dir nur Schmerzen ein, und er kriegt trotzdem, was er will. Vergiß es. Du mußt in jedem Fall nachgeben. Wozu er also gerade in Stimmung ist, dazu hast auch du Lust. Ein Glück, daß es mir mit dem großen Boß wirklich Spaß macht. Aber wem würde es auch nicht gefallen? Es kümmert ihn wenigstens nicht, was ich mit meiner eigenen Zeit anfange, solange ich nicht schwanger werde.*

Eine Menge anderer Kerle, ihnen wird kaum Respekt gezollt. Es macht nicht viel Spaß, es mit ihnen zu treiben. Wie dem auch sei, du mußt es trotzdem tun. Sie werfen ein Auge auf dich und wenn du nicht gleich auf sie fliegst, so schlagen sie dich windelweich. Diese Kerle, die sind doch alle nur an einem interessiert. Eines Tages, als der große Boß gerade nicht da war, habe ich mich geweigert, und da greift dieser Kerl sich doch einen großen Stein. Riesig. Er meint es ernst, also muß ich ihn ranlassen. So sind sie alle. Wenn du nicht klein beigibst, flippen sie richtig aus. Diese miesen Kerle, sie meinen, sie stellen wirklich was dar. Sie meinen, sie sind 'ne heiße Nummer. Sie glauben, sie können jede haben, die ihnen gefällt.

Wenn der große Boß in der Nähe ist, läßt er sie manchmal gewähren, manchmal aber auch nicht. Wenn er unterwegs ist, oder hinter seinem

Rücken geben wir den Knaben ein wenig ab, wenn wir sie mögen. Man kann ja nie wissen, einer von ihnen könnte eines Tages in die oberste Etage aufrücken. Einer von ihnen könnte eines Tages sogar der neue große Boß sein. Aber wenn der große Boß zurück ist, und wenn er's nicht will, dann schauen *wir die Knaben nicht einmal* an. *Wir wissen, was wir zu tun haben. Wir wissen, wo wir hingehören.*

Kerls brauchen viele Streicheleinheiten. Manchmal wollen sie fummeln und schmusen. Manchmal brauchen sie mehr. Danach sind sie nicht so mürrisch. Und wenn du sofort klein beigibst, sind die Kerls nett zu dir. Verstehste, was ich meine? Bevor ich mein Kind hatte, da hab ich's mit 10, 15 Kerls getrieben, einer nach dem andern. Die können's gar nicht erwarten, bis sie dran sind. Ich bin gefragt.

Der große Boß, wenn der mal aus dem Häuschen gerät, ist alles, was ich zu tun hab', ihn ein wenig streicheln, und es ist, als ob er sich nicht erinnern kann, was ihn so in Rage gebracht und geplagt hat. Der große Boß, er ist wirklich nett zu mir. Einmal hat uns mein Bub beobachtet, als wir grad' mittendrin waren, und hat versucht, uns zu stoppen. Er ist obenauf geklettert und hat auf den großen Boß mit seinen kleinen Fäusten eingedroschen. Der große Boß, der hat ihn nicht angerührt. Er meinte, das wäre lustig. Er tut meinem Kleinen nicht weh. Er tut mir nicht weh.

Kumpel und Schieler, die beiden genießen auch eine Menge Respekt. Nicht so viel wie der große Boß, aber nahezu. Schieler ist der Bruder vom großen Boß. Er ist auch scharf auf mich. Schieler führt die Streifen nachts hinaus, weit weg, fast bis zum Ende unseres Reviers. Da ist eine Bande, die sich auf der anderen Seite herumtreibt. Das sind die Fremden. Manchmal überfallen sie uns. Wir mögen keine Fremden. Wenn unsere Kerle Fremde sehen, drehen sie durch. Und wenn sich Fremde hier blicken lassen, kriegen sie ab, was sie verdienen. Wir fangen sie ein und nehmen sie auseinander. Unsere Streifen, die sind da draußen, um uns und unsere Kinder zu beschützen. Vor Fremden.

Einmal waren alle schwer unter Druck. Da konnte man Scherereien direkt kommen sehen. Ich und der Kleine, wir hatten Angst. Wir hielten uns wirklich fest umarmt. Einige Fremde kommen vorbeigestürmt. Auf Ausschau nach Sex und Scherereien. Da war vielleicht was los! Der große Boß, der hat's ihnen gegeben. Er ist wirklich gewaltig über sie hergefallen. Ehe Kumpel oder Schieler überhaupt was machen konnten, hat der große Boß die Fremden mal so richtig zur Brust genommen. Und die laufen ganz schnell weg. Wären sie nur noch ein bißchen länger geblieben, wären sie hin gewesen. Das Beste war, noch bevor der Staub sich gelegt hat, kommen sie rüber – der große Boß, Kumpel und Schieler – zu mir und dem Kleinen und allen andern. Sie machen uns klar, daß alles in Butter ist. Der große Boß legt seine Hand auf meine Schulter. Er berührt meine Wange. Er gibt mir einen Kuß. Der große Boß, der ist schon in Ordnung.

* * *

Ich mag gern bumsen, wie jeder andere Kerl auch. Aber was ich ganz besonders mag, ist Stunk. Wenn du auf Streife draußen bist, mußt du richtig leise sein. Da mußt du auf Action vorbereitet sein. Überall könnten Fremde sein. Alles Mögliche könnt' passiern in der Nacht. Nacht ist das Geilste.

Wenn wir Fremde erwischen, die sind erledigt. Einmal stieß Schieler auf eine Fremde mit ihrem Kind im Arm. Er greift sich den kleinen Balg bei einem Bein und zerschmettert seinen Kopf an den Felsen. Das wird den Fremden eine Lehre sein, sich nicht wieder blicken zu lassen. Ein paar Tage später hab' ich sie wiedergesehn, richtig traurig; sie trug das tote Kindchen mit sich, wie wenn's noch am Leben wär'. Aber das ist nun mal so. Fremde machen sich in unserem Revier zu schaffen, und sie kriegen ab, was ihnen gebührt.

Der große Boß, der brauch' nicht mehr auf Streife gehen. Früher, bevor der große Boß die Führung übernommen hat, waren wir drei, er und ich und Schieler, auf Streife. Das war toll. Die Fremden da, die kommen rüber, um unser Revier zu stehlen und jedes Weib in Sichtweite zu ficken. Manche von uns, die jüngeren, denen macht das nicht so viel aus – die sind scharf auf schnellen Sex mit Fremden. Aber wir Kerls, uns macht's was aus. Fremde, die sind nicht wie wir. Wenn wir uns nicht bei jedem Schritt in acht nehmen, greifen sie uns einzeln, einen nach dem andern.

Sie sind schnell, und sie sind leise. Wenn wir sie uns nicht greifen können, schmeißen wir manchmal Steine. Ich bin echt gut mit Steinen. Ich komme hoch hinauf, irgendwo, und sie sehen mich nicht; dann mach ich sie mit Steinen zu Krüppeln; brech' ihren Arsch. Ich tu ihnen weh, und sie können mir nicht weh tun. Diese Fremden da, die kommen mir besser nicht in die Quere.

Aber du mußt auch vorsichtig sein. Der alte Boß, der Anführer vor dem großen Boß, er war einmal weg, Fremde verjagen. Sobald er weg war, nahmen einige der Kerle seine Freundin – weißt schon, die eine, mit der er auf Hochzeitsreise ging. Sie nehmen sie in die Büsche und versuchen 'ne heimliche Fickerei. Sie wehrt sich nicht. Der alte Boß kommt zurück, und auf einmal kriegt er nicht mehr soviel Respekt wie vorher. Wenn du eine Frau wirklich magst, bringt dich das in Schwierigkeiten. Besonders wenn du Anführer sein willst. Es ging jedoch gut aus für ihn. Seit der große Boß übernommen hat, verbringt der alte Boß seine Tage nur noch mit Ficken. Sein Haar ist jetzt grau, aber er ist glücklich.

Manchmal wagt sich eins von den Fremdenweibchen rüber, ganz jung und aufgeweckt, auf Ausschau nach ein wenig Action – einer richtigen Bumserei, weißt schon. Ich selbst, ich würd' sie lieber ficken, als sie umbringen. Aber einige der Kerls, die flippen regelrecht aus. Wir mögen keine Fremden hier. Doch manchmal kriecht eine Fremde einem der Kerls in den Hintern, und bevor du's weißt, schmuggelt er sie gewissermaßen in die Bande ein.

In unserer Bande kennt jeder seinen Platz. Weiber besonders. Sie tun, was ihnen gesagt wird. Oder aber... Manchmal stellen sie sich an, als würden sie's nicht mögen, aber ich weiß, was sie wirklich wollen. Manchmal mußt du mit Schlägen ein bißchen nachhelfen. Meistens wirfste nur einen Blick auf sie und gleich darauf wackeln sie mit dem Arsch, setzen dieses Lächeln auf, ihre Augen werden groß, und sie beginnen zu stöhnen. Die meiste Zeit betteln sie darum.

Wir Kerls, wir wollen nicht, daß der große Boß unruhig wird. Wir zeigen Respekt. Wir lassen ihn also auf uns herumtrampeln. Nicht richtig, nur zur Schau. Wir kriechen dem großen Boß in den Hintern. Ich bin hoch oben an der Spitze, aber in diesem Punkt bin ich nicht anders als die übrigen. Er ist mein Anführer. Wenn ein aufmüpfiger junger Kerl keinen Respekt zeigen will, so ändert er besser seine Meinung oder er macht's nicht mehr lange.

Der große Boß, er stellt wirklich was dar. Ich hab' ihn zwei, drei, ja eine ganze Menge Fremde verjagen sehen, alle auf einmal, ganz allein. Einmal rettet er ein kleines Kind, das ins Wasser gefallen war. Wäre sicherlich ertrunken. Der große Boß, der hat Mumm.

Nach dem großen Boß hab' ich so ziemlich das Sagen. Ich bin hoch oben. Außer dem großen Boß kommt kaum jemand an mir vorbei. Klaro, ich brauch' Hilfe hie und da von den andern Kerls. Ich verbring' 'ne Menge

Zeit, um sie zu streicheln. Aber das ist in Ordnung. Du solltest einige von den Kerlen sehen, die mein kleiner Bruder über sich kommen lassen muß. Manchmal, wenn der große Boß verärgert ist, kannste ihn beruhigen, wenn du seinen Ständer anfaßt. Manchmal haste mehr zu tun. Das heißt nur, du bist Klasse.

Wenn's genug zum Futtern und keine Fremden in der Gegend gibt, kühlen sich alle ab. Die Kerls werden ruhig. Am frühen Nachmittag werden sie alle schläfrig, weißt schon, und machen ein Nickerchen. Gibt nicht viele Scherereien. Zu viel Ruhe aber, und du wirst geil aufs Streifegehen.

Ich hab' die Ochsentour absolviert. Ich hab' mich hochgearbeitet. Man wird nicht zufällig die Nummer zwei. Als ich anfing, war ich noch nicht ausgewachsen; niemand hatte Respekt vor mir. Ich sehnte mich nach Respekt, damals. Als ich groß genug war, haben erst einige der anderen Kleinen, dann einige ihrer Mütter und Schwestern Respekt vor mir gekriegt. Dann all die Weiber. Dann mußte ich mich allmählich bei den Kerls hocharbeiten. Das war ganz schön hart. Manchmal mußt' ich Futter von ihnen erbetteln. Fleisch besonders. Manchmal, als sie mir ein kleines Stück gaben, hab' ich einfach alles an mich gerissen und bin weggelaufen. Dann sind sie echt ausgerastet. Es war nicht einfach, damals. Jetzt ist es anders. Jetzt zollt mir jeder Respekt. Manchmal sogar Schieler. Manchmal. Auch der große Boß, manchmal.

Wir kommen gut miteinander aus. Ich helf' ihm, er mir. Er kratzt meinen Rücken, ich seinen; weißt schon, was ich meine? Ich steh' ihm wirklich nahe, näher als alle, ausgenommen vielleicht Schieler. Aber einmal wurde er wütend auf mich, weil ich nicht genug Respekt zeigte. Er meinte, er wird mir Manieren beibringen. Wir hatten eine gewaltige Schlägerei. Eine Menge anderer Kerls schließen sich an. Noch mehr Schlägereien. Immer mehr Kerls machen mit. Vielleicht sind sie dabei, ihren Brüdern zu helfen, oder vielleicht sind sie aufgepeitscht, weil der große Boß und ich uns schlagen. Kerls, die am Kämpfen sind, bitten Kerls, die nur zuschauen, um Hilfe. Ziemlich bald kämpfen alle.

Aber der große Boß, er beachtet niemanden sonst, nur mich. Und er versohlt mir den Arsch. Dann fängt er an, alle zu beruhigen. Ich hatt' ihn zu respektieren. So machen's die echten Anführer. Trotzdem, er verhaute mich vor aller Augen. Eines Tages werd' ich dann am Zug sein. Er war gut zu mir. Aber ich möchte von ihm in Ruh' gelassen werden. Eines Tages werd' ich mich über ihn hermachen.

Im Augenblick aber müssen wir zusammenhalten, der große Boß, Schieler und ich. Einige der jungen Kerls fangen an unruhig zu werden. Sie wollen gegen uns aufmüpfen. Ich weiß, was für Kerle das sind. Wenn sie uns sehen, kriechen sie uns in den Hintern. Sie zeigen Respekt. Aber innerlich denken sie sich: »Leck mich.« Sie malen sich aus: »Meine Zeit wird kommen.« Nun ja, aber erst kommt noch meine Zeit.

* * *

Es gibt da eine Sache, an die würd' ich nicht mal den großen Boß ranlassen. Das ist mein Kleiner. Das ist, wo ich die Grenze ziehe. An dem macht sich keiner zu schaffen. Wenn wir zusammen unterwegs sind, um etwas zum Futtern zu organisieren, und ich seh' meinen Kleinen zur mir aufschauen, dann weiß ich, ich würd' eher sterben, als zulassen, daß jemand ihm weh tut. Er fühlt dasselbe für mich. Wenn die Kerls – sogar die hochrangigen – mich bedrohen, kommt mein Kleiner herbei und versucht mich zu beschützen. Sie achten ihn dafür. Klar, genau wie all die anderen Kinder hier, alles, was er wirklich hat, ist seine Mutter. Wenn ich ihn nicht beschütze, wer sonst? Als er klein war, hat er Zeug gegessen, das ihn krank macht. Ich hatt' ihn davon abzuhalten. Ich hatt' ihm zu zeigen, was zum Futtern gut ist. Er brauchte mich wirklich damals. Er braucht mich noch, mehr, als er denkt. Manchmal passen die Kerls auf ihn auf, und sie scheinen ihn zu mögen. Aber man kann Kerlen nicht trauen.

Einer der jungen Kerls möcht' seine Mutter ficken. Sie mag es nicht. Eines Tages wird er ihr sehr weh tun. Soll er doch seine Schwestern ficken, aber seine Mutter in Ruh' lassen. Wenn's aber doch über die Kerls kommt, dann vergessen sie sich. Sie werden verrückt. Und benehmen sich wie Tiere.

Manchmal drehen die Kerls so durch, daß sie ein Kind zu Tode prügeln, für nichts und wieder nichts, nur weil's da ist. Ein Kerl wird einem von denen da oben echt lästig und bezieht eine richtige Tracht Prügel. Also geht er selbst auf die Suche nach jemandem, den er herumschubsen kann, irgendeine Null – irgendein Weib, irgendein Kind. Wenn die Kerls richtig stinkig sind, ist's für niemanden gut – am allerwenigsten für Frauen und Kinder. Dann ist es wirklich harte Arbeit, sie wieder zu beruhigen.

Eines Tages muß der Kleine von meiner Schwester richtig krank geworden sein oder sonstwas. Auf einmal kann er seine Beine nicht mehr rühren. Er kann nicht mehr laufen. Er zieht sich nur mit seinen Händen vorwärts. Das sieht vielleicht komisch aus! Zuerst schaun alle Leute weg. Keiner der Kerls kommt mehr rüber zum Aufpassen. Später ziehen sie ihn auf. Dann greifen sie ihn an. Dann bringen sie ihn um, brechen sein Genick. Das tat mir ja so leid für meine Schwester.

Mein Kleiner, er lebt nur dafür, zur Bande zu gehören, respektiert zu werden, auf Streife rauszugehen. Er ist jetzt noch zu klein, aber seine Zeit wird kommen. Für ein Schulterklopfen vom großen Boß würd' er alles geben. Ich mag es, wenn der große Boß meine Hand berührt.

Und er hält die jungen Kerls von Schlägereien ab. Er hat einen Blick, der sagt: »Steck's dir in den Arsch.« Die meiste Zeit läßt er nur diesen Blick aufflackern, und die Kerls, die beruhigen sich. Als Erwachsene wissen sie, wie weit sie gehen können. Die drohen eine Menge herum, aber außer Fremden wird niemand ernstlich verletzt. Echt junge Kerle aber kennen den Unterschied nicht. Von einem bestimmten Alter an können sie einander feste weh tun. Ich möcht' nicht, daß mein Kleiner von irgendeinem Arschloch verletzt wird, das seine eigene Stärke nicht kennt. Der große Boß stellt so was ab.

Und er sorgt für mich. Der große Boß – oder Kumpel, aber ich weiß dann, der große Boß hat ihn dazu angestiftet – geht manchmal herum und händigt Nahrung aus. Besonders Fleisch. An Fleisch kann man nicht so leicht herankommen. Sie geben mir und dem Kleinen immer etwas ab. Sie geben es hauptsächlich den gutaussehenden Weibern wie mir, um sicherzustellen, daß wir uns nicht anstellen. Aber ich würd' es auch umsonst tun, wann immer er möchte. Eine Menge Leute betteln um mehr, wenn sie Futter bekommen. Ich nicht. So was hab ich nicht nötig.

Wenn die Kerls mich in Ruh' lassen, verbring' ich meine ganze Zeit mit meiner Schwester, meinen Freundinnen, meiner erwachsenen Tochter. Wir passen gegenseitig aufeinander auf. Wir erweisen einander Respekt. Ohne sie ginge es einfach nicht.

Einmal, als ich noch jung war – bevor noch irgendeiner mich gefickt hatte außer im Spaß –, da hatte ich die Nase voll. Mit wurde kein Respekt gezollt. Ich war allein fort, ging spazieren, und da seh' ich doch diesen echt tollen Kerl. Aber er sieht mich nicht. Er war ein Fremder – das siehste auf Anhieb –, aber echt toll. Dann, ganz plötzlich, ist er weg. Danach dachte ich dauernd an ihn. Vielleicht sind ja alle Fremden so toll wie er. Vielleicht erweisen Fremde mir ja Respekt. Ich zieh' also aus, um sie mir anzuschauen.

Das ist ganz schön weit weg, und ich wollte ja auch nicht gerade auf eine unserer Streifen stoßen. Aber ich komm' ans Ziel. Ziemlich bald find' ich einen Kerl. Einen Kerl von den Fremden. Ich glaub', es war nicht derselbe, den ich beim erstenmal gesehen hab', aber auch er war echt toll. Ich werf' einen Blick auf ihn, und ich kann sehen, daß er geil auf mich ist. Es waren aber noch zwei Weiber dort, seine Sorte, und die freun sich natürlich nicht so wie er, wenn sie mich sehen. Sie gehen keifend, kratzend und beißend auf mich los, und ich renn' zurück nach Haus. Das ist ein weiter Weg. Und als ich hier ankomme, sieht's nicht so aus, als ob jemand überhaupt bemerkt hat, daß ich weg war – außer Muttern natürlich. Sie umarmt mich herzlich. Schade, daß Mutter nicht mehr da ist.

Kapitel 15

Demütigende Überlegungen

Wenn er sich auf den ersten Anfang aller Dinge besann, wurde er von einer geradezu überfließenden Nächstenliebe erfüllt, so daß er alle Kreaturen, auch die kleinsten, mit Bruder und Schwester ansprach; denn er wußte genau, daß sie alle denselben Ursprung hatten wie er selbst.

BONAVENTURA
Lebensbeschreibung des Heiligen Franziskus (um 1262) [1]

... und wenn man die Hauptzüge der Ähnlichkeit und Unähnlichkeit [zwischen Affen und Menschen] durchgeht, welche die Zergliederungskunst darinnen entdecket, so wird man erstaunen, daß diese so gering und so wenig, jene hergegen [die Ähnlichkeiten] so merklich und so zahlreich sind.

CHARLES BONNET
Betrachtung über die Natur (1781) [2]

Im frühen fünften Jahrhundert vor Christi Geburt segelte der karthagische Feldherr Hanno von Karthago aus mit einer Flotte von 67 Schiffen, jedes mit 50 Rudern bestückt, in das westliche Mittelmeer. An Bord der Schiffe befanden sich insgesamt etwa 30000 Männer und Frauen. So behauptet er zumindest im *Periplus* – einer Chronik seiner Reise, die nach seiner Rückkehr in einem der vielen dem Gott Baal geweihten Tempel hinterlegt wurde. Nach dem Passieren der Straße von Gibraltar wandte er sich nach Süden und begründete auf seinem Weg entlang der westafrikanischen Küste Städte wie etwa das heutige Agadir in Marokko. Schließlich kam er in ein Land, das voll von Krokodilen und Flußpferden sowie von vielen Völkergruppen war, manche von ihnen Hirten, manche »Wilde«, manche von freundlichem Naturell, andere nicht. Die Dolmetscher, die er aus Marokko mitgebracht hatte, konnten die hier gesprochenen Sprachen nicht verstehen. Er segelte an den heutigen Ländern Senegal, Gambia und Sierra Leone vorbei. Er passierte einen großen Berg, von dem Feuer »bis in den Himmel« loderte und von dem Tag und Nacht »Feuerströme in die See flossen«. Hierbei handelte es sich mit ziemlicher Sicherheit um den Vulkan Mont Kamerun, der unmittelbar östlich des Nigerdeltas liegt. Es ist möglich, daß er fast bis zur Kongomündung vorstieß, ehe er umkehrte.

Im letzten von 18 kurzen Absätzen in seinem *Periplus* beschreibt Hanno, wie er kurz vor der Umkehr inmitten eines afrikanischen Binnensees eine Insel entdeckte,

> voll von wilden Menschen. Die große Mehrzahl von ihnen waren Frauen mit behaarten Körpern. Die Dolmetscher nannten sie »Gorillas«.

Die Männchen entkamen, indem sie Abhänge hinaufkletterten und mit Steinen warfen. Aber die Weibchen hatten nicht soviel Glück.

> Wir nahmen drei Frauen gefangen..., die bissen und kratzten... und uns nicht folgen wollten. Also töteten wir sie und zogen ihnen die Haut ab und nahmen die Häute mit nach Karthago.

Die heutige Wissenschaft nimmt an, daß diese bedrängten und verstümmelten Wesen entweder Gorillas oder Schimpansen waren. Eine von Hannos Einzelheiten, das Steinewerfen der Männchen, deutet dabei eher darauf hin, daß es sich um Schimpansen handelte. Der *Periplus Hannonis* ist der früheste, historisch gesicherte Bericht, den wir von der Begegnung zwischen Affen und Menschen besitzen.[3]

* * *

Die alten Maya-Autoren des *Popul Vuh* hielten Affen für den letzten verpfuschten Versuch der Götter, ehe ihnen schließlich die Erschaffung von uns Menschen gelang. Die Götter meinten es gut, aber sie waren fehlbare, unvollkommene Handwerker. Es ist gar nicht so leicht, Menschen zu machen. Viele Völker in Afrika, Mittel- und Südamerika sowie auf dem indischen Subkontinent hielten Affen für Wesen mit einer tiefgründigen Verbindung zu den Menschen – vielleicht Anwärter auf das Menschsein oder gefallene Menschen, die wegen schwerer Übertretung des göttlichen Gesetzes degradiert wurden, oder freiwillige Exilanten, die der von der Zivilisation geforderten Selbstdisziplin müde waren.

Die Ähnlichkeit zwischen Affen und Menschen war im antiken Griechenland und Rom wohlbekannt – sie wurde von Aristoteles* und Galen sogar besonders betont. Doch führte diese Beobachtung nicht zu Spekulationen über gemeinsame Vorfahren. Zwar hatten in der Mythologie der Griechen und Römer die Götter, die die Menschen geschaffen hatten, auch die Gewohnheit, sich in Tiere zu verwandeln, um junge Frauen zu verführen oder zu vergewaltigen: Die Nachkommen aus solchen Vereinigungen,

* Das Gesicht eines Affen »hat viele Ähnlichkeiten mit dem des Menschen, Nase und Ohren gleichen den seinen, und Zähne hat er auch wie ein Mensch, die Vorderzähne wie die Backenzähne. ... Zudem sind Hände, Finger und Nägel gebaut wie beim Menschen, nur ist alles tierischer. Etwas Besonderes sind seine Füße, die wie große Hände anzusehen sind. ... Und bei der Sektion läßt sich erkennen, daß seine inneren Organe denen des Menschen entsprechen.«[4]

Kreuzungen wie der Minotaurus, waren halb wildes Tier und halb Mensch. Doch spielten in diesen Mythen Kreuzungen mit Affen keine besondere Rolle.

In Indien und im alten Ägypten gab es indessen affenköpfige Götter, in Ägypten sogar eine große Zahl von einbalsamierten Pavianen – was auf Wertschätzung, wenn nicht gar Verehrung von Pavianen hinweist. Im nachantiken Westen wäre eine Vergötterung von Affen jedoch undenkbar gewesen – teilweise, weil die jüdischen, christlichen und islamischen religiösen Traditionen sich in einer Welt entfalteten, in der nichtmenschliche Primaten selten waren oder gänzlich fehlten, hauptsächlich aber, weil die Verehrung von Tieren im allgemeinen als verabscheuungswürdig hervorgehoben wurde (man denke nur an die Erzählung vom Goldenen Kalb der Israeliten auf ihrer Wüstenwanderung): Juden und Christen entfernten sich, so schnell sie nur konnten, vom Animismus. Bis etwa zum 16. Jahrhundert standen in Europa kaum Menschenaffen für Untersuchungen zur Verfügung; der sogenannte Berberaffe in Nordafrika und Gibraltar – den Aristoteles und Galen offensichtlich beschrieben haben – ist natürlich kein Menschenaffe, sondern eine Meerkatzenart (ein Makak). Ohne tatsächlich jenen wilden Tieren zu begegnen, die dem Menschen am ähnlichsten sind, war es sehr viel schwieriger, eine Verbindung zwischen wilden Tieren und Menschen zu sehen. Es war viel einfacher, sich eine besondere Schöpfung jeder einzelnen Art vorzustellen, in der die weniger auffälligen Ähnlichkeiten zwischen uns und anderen Tieren (wie etwa das Säugen von Jungen oder fünf Zehen an jedem Fuß) als eine Art von ureigenstem Markenzeichen des Schöpfers aufgefaßt wird. Der Affe stehe so weit unter dem Menschen, behauptete man, wie der Mensch unter Gott. Als deshalb der Westen nach den Kreuzzügen und insbesondere am Anfang des 17. Jahrhunderts die verschiedensten Affenarten besser kennenlernte, reagierten die Menschen mit Verlegenheit, Scham und Gekicher – vielleicht um die Bestürzung über die durchaus erkannte Familienähnlichkeit zu maskieren.

Der Darwinsche Gedanke, daß Affen unsere nächsten Verwandten seien, brachte dieses Unbehagen auf die Ebene des Bewußtseins. Noch heute kann man diese Beunruhigung in konventionellen Nebenbedeutungen von Worten wie »nachäffen« (sklavisch nachahmen) oder »Gorilla« (übergroß, ein wenig beschränkt und brutal) erkennen. »Sich wie ein Affe aufführen« bedeutet oft einen Rückschritt: sich wild, ungebändigt und unzivilisiert benehmen. Wenn man »einen Affen hat«, ist man so betrunken, daß man unberechenbar ist. Ein verspieltes, hinterhältiges oder boshaftes Kind kann, besonders im Englischen, ein »kleines Äffchen« genannt werden, obwohl sich hinter dieser Bezeichnung unter Umständen auch ein Kosename verbirgt. Im christlichen Europa des Mittelalters und der Frührenaissance waren Affen Embleme (Sinnbilder) äußerster Widerwärtigkeit, vergeblichen Strebens nach der gehobenen Stellung von Menschen, unredlich erworbenen Reichtums, eines rachsüchtigen Temperaments, von Begierde, Dummheit und Faulheit.[5] Sie wurden – wegen ihrer Anfälligkeit für Versuchungen – zu Mitbeschuldigten im »Sündenfall« der ersten Menschen. Für ihre Sünden verdienten die Affen, so wurde weithin angenommen, vom Menschen unterworfen zu werden. Es sieht ganz so aus, als hätten wir diesen Wesen eine schwere Last von Symbolen, Metaphern, Allegorien und Projektionen unserer eigenen Unsicherheiten aufgehalst.

* * *

Noch bevor die übrige Welt etwas von seinen langjährigen Bemühungen, die Evolution zu verstehen, wußte, schrieb Darwin im Stil eines Telegramms in seinem »M«-Notizbuch von 1838: »Ursprung des Menschen nun bewiesen. ... Wer die Paviane versteht, würde mehr zur Metaphysik beitragen als [John] Locke.«[6] Aber was heißt es, einen Pavian zu verstehen?

Eine der frühesten Studien des Schimpansen in seinem natürlichen afrikanischen Lebensraum wurde von Thomas N. Savage, einem Mediziner aus Boston, unternommen. In seinen in den 1840er Jahren verfaßten Aufzeichnungen kommt er zu dem Schluß:

> Sie zeigen in ihren Gewohnheiten ein erstaunliches Maß an Intelligenz und von Seiten der Mutter große Zuneigung zu ihren Jungen... [Aber] sie sind sehr schmutzig in ihren Gewohnheiten... Unter den Eingeborenen gibt es hier allgemein eine Überlieferung, daß sie einst Mitglieder ihres eigenen Stammes waren: Daß sie für ihre verdorbenen Gewohnheiten aus aller menschlichen Gemeinschaft ausgeschlossen wurden, und daß sie durch starrsinnige Befriedigung ihrer niederträchtigen Vorlieben zu ihrem gegenwärtigen Zustand und Bau entartet sind.[7]

Irgend etwas beunruhigte den Doktor der Medizin, Thomas N. Savage. »Schmutzig«, »verdorben«, »niederträchtig« und »entartet« sind Ausdrücke der Beschimpfung, nicht der wissenschaftlichen Beschreibung. Was war Savages Problem? Die Sexualität. Schimpansen befassen sich zwanghaft und unbefangen vorzugsweise mit sexuellen Aktivitäten, und das scheint für Savage unerträglich gewesen zu sein. Ihre lustvolle geschlechtliche Freizügigkeit umfaßt jeden Tag Dutzende von scheinbar wahllosen heterosexuellen Paarungen, alltägliche genaue Untersuchungen der gegenseitigen Sexualorgane und etwas, das auf den ersten Blick sehr nach zügelloser Homosexualität aussieht. Dies war eine Zeit, in der wohlerzogene junge Damen beschworen wurden, nicht zu genau über die Staubfäden und Stempel – die »Geschlechtsteile« – der Blumen Bescheid wissen zu wollen; der berühmte Kulturkritiker John Ruskin stellte später entrüstet fest: »Mit diesen obszönen Vorgängen und unzüchtigen Erscheinungen hat der sanfte und glückliche Erforscher von Blumen nichts zu tun.«[8] Wie sollte da ein wohlerzogener Bostoner Arzt beschreiben, was er bei den Schimpansen gesehen hatte?

Und wenn er es auch nur indirekt beschriebe, ginge er dann nicht ein bestimmtes Risiko ein – daß seine Leser nämlich zu dem Schluß kämen, er stimme dem Beschriebenen zu? Vielleicht sogar noch mehr? Was hatte ihn überhaupt zu den Schimpansen hingezogen? Warum bestand er darauf, über sie zu schreiben? Gab es keine würdigeren Gegenstände, die seine Aufmerksamkeit erregen konnten? Es ist gut vorstellbar, daß er sich verpflichtet fühlte sicherzustellen, daß auch ein oberflächlicher Leser den großen Abstand wahrnehmen konnte, der Thomas Savage vom Gegenstand seiner Forschungen trennte.*

* * *

William Congreve war der führende Bühnenautor der englischen Sittenkomödie an der Wende zum 18. Jahrhundert. In England war nach einer

* Savage verfaßte auch den ersten systematischen Bericht über Gorillas in freier Wildbahn, und auf ihn geht auch die moderne Verwendung der alten nordafrikanischen Bezeichnung »Gorilla« zurück. Er bemühte sich, die volkstümliche Vorstellung zurückzuweisen, daß Gorillas anmutige Frauen für unaussprechliche Zwecke raubten – ein Thema, das ein Jahrhundert später in dem Film »King Kong« wieder aufgegriffen wurde und beim Publikum großen Anklang fand.

blutigen Auseinandersetzung mit den religiös-fundamentalistischen Puritanern, deren Name heute mit einer starren Sexualmoral gleichgesetzt wird, die Monarchie wiederhergestellt worden. Jedes Zeitalter fühlt sich von den Auswüchsen des vorangegangenen abgestoßen, und so wurde dieses zu einer Zeit moralischer Freizügigkeit, zumindest für die herrschende Elite. Ihre Seufzer der Erleichterung waren beinahe hörbar. Aber Congreve zählte nicht zu ihren Verteidigern. Sein ironischer und satirischer Witz wandte sich gegen die Dünkel, Verstellungen, Heucheleien und Zynismen seiner Zeit – insbesondere aber gegen die vorherrschenden sexuellen Sitten. Zur Veranschaulichung seien hier drei Dialogausschnitte, die er in seinem Schauspiel *The Way of the World* (Der Lauf der Welt) aus dem Jahre 1700 Mitgliedern der herrschenden Klasse in den Mund legte, wiedergegeben:

> Man schafft sich Liebhaber, so schnell es einem gefällt, und sie leben, solange es einem gefällt, und sie sterben, sobald es einem gefällt; und dann, falls es einem gefällt, schafft man sich weitere. …
>
> Man sollte seinen Mann nur bis zu dem Grad hassen, den man braucht, um die Qualitäten des Liebhabers messen zu können. …
>
> Zunächst dies: daß ein Mann ebensowenig einen Freund durch Geist gewinnen oder ein Vermögen durch seine Ehrlichkeit erwerben kann, wie eine Frau durch Geradlinigkeit oder gar durch Güte.[9]

Unter Berücksichtigung von Congreves Rolle als mutiger Sozialkritiker der sexuellen Sitten wollen wir nun einen Auszug aus einem Brief betrachten, den er 1695 an den Kritiker John Dennis schrieb:

> Ich kann mich niemals dafür begeistern, Dinge anzusehen, die mich geringschätzig über meine Natur denken lassen. Ich weiß nicht, wie es um andere steht, aber ich bekenne Ihnen gegenüber freimütig, daß ich niemals ohne demütigende Überlegungen für längere Zeit einem Affen zusehen könnte; obwohl ich niemals etwas gehört habe, was dagegen spricht, daß dieses Geschöpf ursprünglich als eine getrennte Art entstanden ist.[10]

Irgendwie haben die sexuellen Verwirrungen der närrischen Oberklasse, die er in seinen Stücken darstellte, nicht so viele »demütigende Überlegungen« hervorgebracht wie ein Besuch im Zoo. Stücke von der Art, wie sie Congreve schrieb, wurden ihrerseits kritisiert, weil sie »die Unterschiede zwischen Mensch und wildem Tier« niederrissen. »Wenn Ziegenböcke und Affen sprechen könnten, würden sie ihre Grobheit in gerade einer solchen Sprache ausdrücken.«[11] Affen fingen damals an, die Europäer zu beunruhigen. Und Congreve legte seinen Finger auf die Wunde: Was sagt es über uns selbst aus, wenn Affen unsere nahen Verwandten sind?

Von den frühesten Begegnungen zwischen Affen und Menschen, die in der Geschichte aufgezeichnet sind, bis zu Eltern, die ihre Kinder an Affenkäfigen vorbeizerren, bevor peinliche Fragen an sie gerichtet werden können, haben wir ein Unbehagen empfunden – und das Unbehagen war desto größer, je puritanischer der Beobachter war. »Der Körper eines Affen ist lächerlich ... wegen einer unanständigen Ähnlichkeit und Imitation des Menschen«, schrieb 1607 der Geistliche Edward Topsell in seinem Werk *Historie of Foure-Footed Beasts* (Geschichte der vierbeinigen Tiere). Und Charles Gore, »ein Mann von felsenfestem Glauben« und Nachfolger von Samuel Wilberforce als anglikanischer Bischof von Oxford, war ein von Zweifeln geplagter Stammgast des Londoner Zoos: »Ich kehre immer als Agnostiker heim. Ich kann nicht begreifen, wie Gott diese sonderbaren Tiere in seine moralische Ordnung einpassen kann.« Einmal schüttelte er seinen ermahnenden Finger gegen einen Schimpansen und wies ihn in Gegenwart eines kleinen Menschenauflaufs, dessen er gar nicht gewahr war, lautstark zurecht: »Wenn ich dich betrachte, so machst du mich zu einem völlig gottlosen Menschen, denn ich kann unmöglich glauben, daß es ein Göttliches Wesen gibt, das etwas so Widernatürliches erschaffen konnte.«[12] Ginge es dagegen etwa um Enten oder Kaninchen mit einem vergleichbaren Drang zu sexuellen Übertreibungen, wären die Leute nicht annähernd so beunruhigt gewesen. Aber es ist unmöglich, einem Affen zuzuschauen, ohne dabei etwas von uns selbst wiederzuerkennen.

Menschenaffen besitzen einen Gesichtsausdruck, eine soziale Gliederung, ein System gegenseitig verständlicher Laute oder Rufe und eine Form von Intelligenz, die uns vertraut sind. Sie haben fünf Finger an jeder Hand, wobei ihre Daumen gegenläufig bewegt werden können, und sie benutzen ihre Hände wie wir. Einige Menschenaffen gehen zumindest gelegentlich aufrecht, auf zwei Beinen. Sie sind uns beängstigend, ja beunruhigend ähnlich. Könnten uns da nicht ihre Sitten alternative sexuelle Gebräuche nahelegen, die unser soziales Gefüge untergraben würden? (Von den Soldaten Alexanders des Großen, die ansonsten nicht gerade als prüde bekannt waren, wird berichtet, daß sie auf ihrem Indienfeldzug Affen wegen deren »Lüsternheit« abschlachteten.)[13] Aber noch weitere Grübeleien über menschliche Angelegenheiten könnten durch nähere Betrachtung von Affen ausgelöst werden: über das Vorherrschen von Zwang, Drohung und Gewalttätigkeit beispielsweise, oder zum Thema öffentliche Sanktionen gegen sexuelle Einschüchterung, Vergewaltigung und Inzest. Dies sind gewichtige und empfindliche Themen. Deshalb war und ist das Verhalten von Affen – besonders jener, die uns am ähnlichsten sehen – eine peinliche Angelegenheit. Man sollte es lieber übergehen, nicht beachten und sich in der Forschung besser anderen Dingen widmen. Viele Leute wollten und wollen lieber nichts davon wissen.

* * *

Carl von Linné (1707–1778), ein schwedischer Biologe, war der Begründer der Wissenschaft der Taxonomie, deren Ziel es ist, jeden Organismus auf der Erde zu klassifizieren.[14] Er stellte sich selbst die Aufgabe, die Ähnlichkeiten und Unterschiede aller damals bekannten Pflanzen und Tiere aufzuzeichnen und sie alle in einem Beziehungsgeflecht – oder besser einem Stammbaum – anzuordnen. Er war es, der die Elemente des heute gebräuchlichen Klassifikationsschemas einführte: Art (Spezies), Gattung, Familie, Ordnung, Klasse, Stamm und Reich, in aufsteigender Reihenfolge von speziellen zu allgemeineren Kategorien. Jede der Kategorien wird ein »Taxon« (im Plural »Taxa«) genannt. Wir Menschen beispielsweise gehören dem Tierreich an, dem Stamm der Wirbeltiere, der Klasse der Säugetiere, der Ordnung der Primaten, der Familie der Hominiden, der Gattung *Homo* und der Art *Homo sapiens*. Mit anderen Worten, wir sind Tiere und nicht Pflanzen, Pilze oder primitive Bakterien; wir haben Wirbelsäulen, also sind wir keine wirbellosen Tiere wie Würmer oder Muscheln; wir haben Brüste, um unsere Jungen mit Milch zu versorgen, also sind wir nicht Reptilien oder Vögel; wir sind Primaten, also sind wir keine Ratten, Antilopen oder Waschbären; wir sind Hominiden, nicht Orang-Utans, Meerkatzen oder Titi-Affen. Wir gehören zur Gattung

Homo, einem Taxon, in dem es nur eine lebende Art gibt (obwohl es einmal andere gegeben hat – möglicherweise viele andere Arten). Dies ist die Weise, in der wir uns selbst heute klassifizieren, und es entspricht nahezu genau dem Vorschlag von Linné.

Nachdem er unermeßliche Erfahrung in seinem neuen Fach Taxonomie gesammelt hatte, indem er Tausende von wilden Tieren und Pflanzen klassifizierte, faßte Linné den Status eines Tieres von besonderem Interesse – nämlich seinen eigenen – ins Auge. Dann zögerte er und dachte erneut nach. Aufgrund seiner Standardkriterien hätte Linné menschliche Wesen und Schimpansen in dieselbe Gattung einordnen müssen.* Seine wissenschaftliche Redlichkeit drängte ihn dazu. Aber er erkannte wohl, wie ungehörig, wie skandalös ein solcher Schritt in den Augen der Lutherischen Kirche Schwedens, in der Tat in den Augen jeder ihm bekannten religiösen Einrichtung hätte erscheinen müssen. Linné strich also die Segel, machte ein Zugeständnis an die Gesellschaft seiner Zeit und plazierte uns in einer eigenen Gattung – obwohl er auch so viele Zeitgenossen dadurch empörte, daß er uns zusammen mit Affen zu Mitgliedern der Ordnung Primaten erklärte.

Man sollte ihn allerdings deshalb nicht tadeln. Denn er war wie Kopernikus, Galilei und Descartes gerade so mutig, wie es seine Zeit erlaubte. Viele Naturforscher stellten die Menschen sogar in eine eigene *Ordnung* (was zum traditionellen Wissensbestand zur Zeit Darwins werden sollte). Und viele Geistliche (sowie einige Naturforscher) plazierten uns sogar in einem eigenen *Reich*. Die Faktenlage legte diesen Schritt zwar nicht nahe, aber die Isolierung der Menschen innerhalb ihrer eigenen Gattung, sozusagen in einem abgetrennten Erste-Klasse-Abteil, war populär, denn sie schmeichelte der menschlichen Eitelkeit. In einer nachdenklichen, durchaus nicht defensiven Stimmung schrieb Linné im Jahre 1747 in einem Brief an J. G. Gmelin:

> Ich verlange von Ihnen und von der ganzen Welt, daß Sie mir ein Gattungsmerkmal zeigen, ... aufgrund dessen man zwischen Mensch und Affe unterscheiden kann. Ich selbst weiß mit äußerster Gewißheit

* Jean-Jacques Rousseau war 1753 sogar noch weiter gegangen und hatte Schimpansen und Menschen sogar als Glieder derselben *Art* (Spezies) klassifiziert, da in seiner Sicht die Fähigkeit des Menschen zu sprechen anfangs nicht »zur Natur des Menschen gehörte«.[15] Auch Congreve hatte schon mit ähnlichen Gedanken gespielt.

> von keinem. Ich wünschte, irgend jemand würde mich auf eines hinweisen. Wenn ich jedoch den Menschen einen Affen genannt hätte, oder umgekehrt, so wäre ich dem Bann aller Geistlichen anheimgefallen. Vielleicht hätte ich als Naturforscher trotzdem so handeln müssen.[16]

Eine der gebräuchlichsten wissenschaftlichen Bezeichnungen für den gemeinen Schimpansen war damals *Pan satyrus*. Pan ist eine altgriechische Gottheit mit dem Körper eines Mannes und den Beinen, Ohren und Hörnern einer Ziege; mit ihm waren Lust und Fruchtbarkeit assoziiert. Ein Satyr war in der griechischen Mythologie ein damit nahe verwandtes Zwitterwesen, das ursprünglich als ein Manneskörper mit Schweif und Ohren eines Pferdes und mit erigiertem Penis dargestellt wurde, später von den Römern jedoch als ein Bastard zwischen Mann und Ziege, ähnlich dem Pan. Somit war offensichtlich die zügellose Sexualität der Schimpansen das entscheidende Merkmal für die ursprüngliche Benennung der Art. Der moderne klassifikatorische Name ist *Pan troglodytes*, eine viel weniger angemessene Bezeichnung für die ausschließlich auf (und über) der Erde lebenden Schimpansen, da Troglodyten mythologische Wesen sind, die in Höhlen und unter der Erde leben. (Die Berber-Affen Nordafrikas leben manchmal in Höhlen, und die einzigen anderen Primaten, von denen man weiß, daß sie gewohnheitsmäßig in Höhlen gelebt haben, sind die Menschen.) Linné hatte einen *Homo troglodytes* erwähnt, aber es ist unklar, ob er dabei an Affen, an Menschen oder an eine Zwischenstufe dachte.

Als die ersten »Schüsse« der Darwinschen Revolution fielen, unternahm T. H. Huxley einen systematischen Vergleich der Anatomie von Affen und Menschen. Er beschrieb sein Forschungsvorhaben mit den folgenden Worten, die unter anderem wegen ihres außerirdischen Gesichtswinkels bemerkenswert sind:

> Wir wollen uns für einen Augenblick bemühen, unser denkendes Selbst von seiner menschlichen Verkleidung abzulösen; wir wollen uns vorstellen, daß wir, wenn Sie das nicht stört, Wissenschaftler auf dem Saturn sind, die mit den Tieren, die heute die Erde bewohnen, ziemlich vertraut und nun damit beschäftigt sind, die Bezüge zu diskutieren, die diese zu einem neuen und einmaligen »aufgerichteten, federlosen Zweibeiner« haben, den ein unternehmungslustiger Reisender, der die

Schwierigkeiten von Raum und Schwerkraft überwunden hat, von jenem fernen Planeten gut erhalten, vielleicht in einem Faß Rum, zur Untersuchung durch uns herbeigeschafft hat. Wahrscheinlich können wir uns alle sofort darauf einigen, ihn unter den säugenden Wirbeltieren einzuordnen; und sein Unterkiefer, seine Backenzähne und sein Gehirn würden keinen Raum für Zweifel an der systematischen Stellung der neuen Gattung unter jenen Säugetieren lassen, deren Junge während der Schwangerschaft mittels einer Plazenta ernährt werden, oder den sogenannten »Mutterkuchensäugetieren«...

Es würde dann für Vergleiche nur noch eine Ordnung in Frage kommen, jene der Affen (dieses Wort in seinem weitesten Sinne genommen), und die Frage, die zur Debatte stünde, würde sich von selbst darauf verengen: Ist der Mensch von einem dieser Affen so verschieden, daß er eine eigene Ordnung bilden muß? Oder unterscheidet er sich weniger von ihnen, als sie sich voneinander unterscheiden, und muß er daher einen Platz in der gleichen Ordnung wie sie einnehmen?

Glücklicherweise frei von jedem wirklichen oder eingebildeten persönlichen Interesse am Ergebnis der Untersuchung, die auf diese Weise in Gang gebracht wurde, sollten wir fortfahren, die Argumente zugunsten der einen und der anderen Seite mit einer ebensolchen kritischen Ruhe abzuwägen, als ob sich die Frage auf eine neue Beutelratte bezöge. Wir sollten uns bemühen, ohne über- oder unterbewertende Verzerrung all die Merkmale festzustellen, durch die sich unser neues Säugetier von den Affen unterscheidet. Und wenn sich herausstellen würde, daß diese von geringerem strukturellen Wert sind als jene, die gewisse Mitglieder der Ordnung der Affen von anderen unterscheiden, von denen trotzdem allgemein zugegeben wird, daß sie derselben Ordnung angehören, so müßten wir die neuentdeckte tellurische [von der Erde stammende] Gattung zweifellos ihnen zuordnen.

Ich fahre nun fort, die Tatsachen im einzelnen aufzuführen, die uns, so scheint mir, keine andere Wahl lassen, als den zuletzt erwähnten Weg einzuschlagen.[17]

Huxley vergleicht sodann die Anatomie des Knochenbaus und Gehirns von Affen und Menschen. Die »menschenähnlichen Affen« (Schimpansen, Gorillas, Orang-Utans, Gibbons und die gibbonähnlichen Siamangs oder schwarzen Gibbons – die ersteren drei nennt er »größere« und die letzteren beiden »kleinere« Affen) haben alle dieselbe Anzahl von Zähnen wie die Menschen; alle haben sie Hände mit Daumen; keiner hat einen Schwanz; sie alle bildeten sich in der Alten Welt heraus. Die Skelette von Schimpansen und Menschen sind einander erstaunlich ähnlich. Und »der Unterschied zwischen den Gehirnen des Schimpansen und des Menschen«, faßte er zusammen, »ist nahezu ohne Bedeutung«.[18]

Aus diesen Fakten zog Huxley dann ohne Umschweife den Schluß, daß die zeitgenössischen Affen und Menschen nahe Verwandte sind, die sich in nicht allzu weit zurückliegender Zeit einen gemeinsamen, affenähnlichen Ahnen teilten. Diese Schlußfolgerung empörte das viktorianische England. Die heftige Reaktion der Frau des anglikanischen Bischofs von Worcester war typisch: »Vom Affen abstammen! Mein Lieber, wir wollen hoffen, daß das nicht wahr ist; aber wenn es wahr sein sollte, so laßt uns beten, daß es nicht allgemein bekannt wird.«[19] Hier treffen wir sie neuerlich an: die Furcht, daß die Kenntnis der wahren Natur unserer Vorfahren das menschliche Sozialgefüge auflösen könnte.

* * *

Seit einiger Zeit ist es nun sogar möglich, noch sehr viel weiter zu gehen, zum wahren Kern des Lebens, zum Allerheiligsten vorzustoßen und Nukleotid für Nukleotid die DNS-Moleküle von zwei Tieren zu vergleichen. Wir können nunmehr die Verwandtschaft unterschiedlicher Arten sogar zahlenmäßig erfassen. Wir sind in der Lage, molekulare Stammbäume und DNS-Genealogien zu erstellen, die den mächtigsten und zwingendsten Beweis dafür liefern, daß eine Evolution stattgefunden hat, außerdem aber auch qualvolle Andeutungen über deren Wirkungsweise und Geschwindigkeit. Die neuen Werkzeuge der Molekularbiologie haben Einsichten hervorgebracht, die früheren Generationen gänzlich unzugänglich waren.

Jedes Wirbeltier besitzt einen Blutkreislauf, in dem Hämoglobin den Sauerstoff transportiert. Dieses Hämoglobin ist aus vier verschiedenen Arten von Proteinketten zusammengesetzt, die umeinandergewickelt sind. Eine von ihnen ist das sogenannte Beta-Globin. Es gibt einen besonderen Bereich der ACGT-Sequenzen, der bei all diesen Tieren einen Code für Beta-Globin enthält; aber nur etwa fünf Prozent dieses Bereichs wird von den tatsächlichen Anweisungen für diese Proteinkette eingenommen. Ein Großteil der restlichen 95 Prozent besteht dagegen aus Unsinnssequenzen – hier können sich also Mutationen ansammeln, ohne von der Zuchtwahl ausgesiebt zu werden. Wenn man nun die Beta-Globin-Bereiche der DNS quer durch die Ordnung der Primaten vergleicht[20], stellt sich heraus, daß Menschen mit Schimpansen enger verwandt sind als mit irgendeiner anderen Art. (Die Verbindung zwischen Mensch und Gorilla ist demgegenüber allerdings nur geringfügig loser.) So ergibt sich für unsere Verbindung zum Schimpansen eine neue Basis: Nicht nur Knochen, Organe und Gehirne, sondern auch die Gene – also gerade die Bauanweisungen für Schimpansen und Menschen – lassen sich fast nicht voneinander unterscheiden.

Die DNS-Sequenz, welche den Beta-Globin-Code enthält, ist ungefähr 50 000 Nukleotide lang; das heißt, auf einem bestimmten Strang des DNS-Moleküls beschreiben 50 000 As, Cs, Gs und Ts in einer besonderen Reihenfolge genau, wie das Beta-Globin der betreffenden Spezies herzustellen ist. Vergleicht man nun Nukleotid für Nukleotid die Sequenzen von Menschen und Schimpansen, so unterscheiden sie sich lediglich in 1,7 Prozent. Der Unterschied wischen Menschen und Gorillas liegt bei fast identischen 1,8 Prozent; zwischen Menschen und Orang-Utans bei 3,3 Prozent; zwischen Menschen und Gibbons bei 4,3 Prozent; zwischen Menschen und Rhesusaffen bei 7 Prozent; zwischen Menschen und Meerkatzen bei 22,6 Prozent. Je verschiedener die Sequenzen zweier Tiere sind, desto entfernter ist ihr letzter gemeinsamer Vorfahre (sowohl im Verwandtschaftsgrad als auch, normalerweise, im zeitlichen Rahmen).

Wenn ACGT-Sequenzen untersucht werden, die in der Hauptsache Gene mit wenig Unsinnsmaterial enthalten, gibt es eine 99,6prozentige Übereinstimmung zwischen Schimpansen und Menschen. Auf der Ebene der aktiven Gene sind also nur etwa 0,4 Prozent der DNS von Menschen und Schimpansen unterschiedlich.[21]

Eine weitere Methode besteht darin, zuerst die DNS eines menschlichen Wesens zu entnehmen, die Doppelspirale (Doppel-Helix) auseinanderzuziehen und die beiden Stränge voneinander zu trennen; dann macht man dasselbe mit einem vergleichbaren DNS-Molekül eines anderen Tieres. Nun legt man die zwei zu vergleichenden Stränge nebeneinander und läßt sie sich verbinden. Damit hat man ein »hybrides« DNS-Molekül, einen Baustein einer Kreuzung, gemacht. Wo sich die entsprechenden Sequenzen sehr gleichen, werden die beiden Stränge sich fest aneinander binden und einen Teil einer neuen Doppelspirale bilden. Wo aber die DNS-Moleküle der beiden Tiere sich in größerem Maße unterscheiden, wird die Bindung zwischen den Strängen unterbrochen und schwach sein und ganze Abschnitte der Doppelspirale werden lose hängen. Nun nimmt man dieses hybride DNS-Molekül, legt es in eine Schleuder und beschleunigt die Drehung, so daß die Fliehkräfte beginnen, die beiden Stränge auseinanderzureißen. Je ähnlicher die ACGT-Sequenzen sind – das heißt, je näher verwandt die beiden DNS-Stränge sind –, desto schwerer wird es sein, sie auseinanderzureißen. Diese Methode hat also nicht mit ausgewählten Sequenzen der DNS-Erbinformationen (etwa dem Code für Beta-Globin) zu tun, sondern mit immensen Mengen von Erbmaterial, die ganze Chromosomen ausmachen. Und doch ergeben beide Methoden – die Bestimmung von ACGT-Sequenzen ausgewählter Stücke der DNS und die Untersuchung von DNS-Kreuzungen – eine bemerkenswerte Gesamtübereinstimmung. Das Beweismaterial, daß Menschen am engsten mit den afrikanischen Affen verwandt sind, ist in der Tat überwältigend.

Aufgrund aller Beweismaterialien erweist sich der Schimpanse als der nächste Verwandte des Menschen. Und umgekehrt erweist sich der Mensch als der nächste Verwandte des Schimpansen; nicht Orang-Utans, sondern Menschen stehen ihm am nächsten. Schimpansen und Menschen sind engere Verwandte als Schimpansen und Gorillas oder irgendeine andere Affenart. Gorillas sind die nächstengeren Verwandten sowohl der Schimpansen als auch der Menschen. Je entfernter die Verwandtschaft – wenn wir andere Affenarten, Meerkatzen oder Baumspitzmäuse in Betracht ziehen –, desto geringer sind die Ähnlichkeiten in den Sequenzen. Nach diesen Maßstäben sind Menschen und Schimpansen etwa so nahe verwandt wie Pferde und Esel, und sie sind engere Verwandte als Mäuse und Ratten oder Truthähne und Hühner oder Kamele und Lamas.[22]

»Schön und gut«, könnten Sie jetzt sagen, »vielleicht ist die Anatomie von Schimpansen nahezu gleich wie meine. Vielleicht sind das Zytochrom *c* und Hämoglobin eines Schimpansen und mein eigenes fast gleich. Aber der Schimpanse ist nicht annähernd so klug, wohlorganisiert, fleißig, liebevoll, moralisch oder fromm wie ich. Möglicherweise gibt es, wenn man die dafür zuständigen Gene erst einmal ausgemacht hat, größere Unterschiede bei diesen Merkmalen...« Da haben Sie vielleicht recht, denn auch eine Übereinstimmung von 99,6 Prozent kann zu Fehlschlüssen verleiten. Auch eine Differenz von nur 0,4 Prozent kann wesentlich sein, da die DNS einer jeden Art aus etwa vier Milliarden ACGT-Nukleotiden zusammengesetzt ist; von ihnen befindet sich vielleicht ein Prozent in aktiven, funktionierenden, nicht unsinnigen Abschnitten der DNS und macht im engeren Sinn die Gene aus.

Die Anzahl der aktiven ACGT-Nukleotidpaare, die beim Menschen und Schimpansen unterschiedlich sind, würde sich also auf etwa 0,4 Prozent mal ein Prozent mal vier Milliarden, somit auf 160 000 Paare belaufen. Wenn es sich also um die Arbeitseinheiten in Genen von etwa 1000 Nukleotiden handelt, von denen jedes einen Code für ein besonderes Enzym darstellt, dann würde die Anzahl völlig unterschiedlicher Arten von Enzymen, die Menschen besitzen, Schimpansen aber nicht, und umgekehrt, irgendwo im Bereich von 160 000 geteilt durch 1000, also bei 160 Enzymen liegen. Wir erinnern uns, daß Enzyme einen gewaltigen Einfluß haben; sie stehen den Änderungen in der Zellchemie vor, die sehr schnell ablaufen können; ein Enzym kann eine Vielzahl von Molekülen aufbereiten. Hundert Enzyme – vorausgesetzt, es handelt sich um die richtigen – könnten schon einen enormen Unterschied machen. Einhundert unterschiedliche Enzyme erscheinen mehr als genug, um für Huxleys bildhafte Beschreibung des Unterschieds zwischen Affen und Menschen Rechenschaft zu geben: »... ein Haar im Steigrad, ein wenig Rost an einem Zahnrad, ein Knick in einem Zahn der Hemmung, etwas so Geringfügiges, daß nur das trainierte Auge des Uhrmachers es entdecken kann.« Einige Enzyme würden die Triebhaftigkeit beeinflussen, einige Statur oder Körperbehaarung, einige die Kletter- und Sprungfähigkeiten, einige die Entwicklung von Mund und Kehlkopf, einige die Veränderungen der Körperhaltung, der Zehen und des Gangs. Viele von ihnen könnten für ein größeres Gehirn und eine größere Großhirnrinde verantwortlich sein, und für neue Wege des Denkens, die für Affen unerreichbar sind.

Darüber hinaus sind aber wohl einhundert veränderte Enzyme gar nicht einmal erforderlich. Möglicherweise bedarf keiner der Unterschiede zwischen Schimpansen und Menschen der Entwicklung gänzlich neuer Enzyme. Eine kleine Zahl von Veränderungen, vielleicht nur die Änderung eines einzigen Nukleotids, ist ausreichend, um ein Enzym unwirksam zu machen oder seine Funktion abzuändern. Und viele der Unterschiede liegen möglicherweise nicht einmal in den Genen selbst, sondern in den

Förderern und Verstärkern, also in den Reglerelementen der DNS, die kontrollieren, wann und für wie lange bestimmte Gene wirksam sein sollen. Auf diese Weise könnte, nach unserem besten Wissen, sogar ein Unterschied von 0,4 Prozent grundlegende Unterschiede von bestimmten Merkmalen einschließen.

Dennoch sind Schimpansen näher mit uns verwandt als jedwedes andere Tier auf der Erde. Eine typische Differenz zwischen Ihrer eigenen DNS – einschließlich aller unsinnigen Sequenzen – und der eines anderen Menschen beträgt etwa 0,1 Prozent oder weniger.[23] Nach diesem Maßstab unterscheiden sich Schimpansen von Menschen nur etwa zwanzigmal mehr als wir Menschen untereinander. Das scheint besorgniserregend wenig zu sein. Deshalb müssen wir genau darauf achten, daß nicht jene »demütigenden Überlegungen«, von denen Congreve sprach, uns dazu verleiten, die Unterschiede überzubewerten und blind für unsere Verwandten zu werden. Wenn wir uns selbst verstehen wollen, indem wir andere Lebewesen genau untersuchen, so müssen wir mit den Schimpansen anfangen.

* * *

Unerfahrene Tierverhaltensforscher seien jedoch vor der Anthropomorphisierung gewarnt. Das Wort bedeutet, buchstäblich in eine menschliche Form verwandeln – anderen Tieren, deren Gedanken uns nicht zugänglich sind, menschliche Einstellungen und Geisteszustände zuzuschreiben. Volksmärchen, die Fabeln und Geschichten von Autoren wie Äsop, La Fontaine, Joel Chandler Harris und Walt Disney gehören zu den hervorstechenden Vertretern dieses Genres. Darwin machte sich einer Form von Anthropomorphisierung schuldig sowie – in noch größerem Ausmaß – sein Schüler George Romanes. Die Versuchung zu sentimentalem Selbstbetrug galt als so heimtückisch, die Sünde der Anthropomorphisierung als ein so schwerer Irrtum, daß sich in der ersten Hälfte dieses Jahrhunderts eine einflußreiche Schule der amerikanischen Psychologie herausbildete, die lehrte, daß Tiere *keine* Geisteszustände, keine Gedanken und keine Gefühle besäßen. Ihre Vertreter sprachen vom »Mythos des Bewußtseins«. Wir müßten, so der Begründer dieser Schule, »völlig mit dem ganzen Konzept eines Bewußtseins brechen«. Wirkliche Wissenschaftler, so forderte man, seien mit nichts anderem beschäftigt als mit jenen

Aspekten des tatsächlichen Tierverhaltens, die man beobachten und beschreiben könne. Sinneswahrnehmungen gelangen hinein, Verhaltensweisen kommen heraus, und das ist schon alles. Tiere fühlen keinen Schmerz. Ein Tier ist ein mechanischer Automat. Dieser sogenannte Behaviorismus war Beispiel eines extrem pragmatischen Denkansatzes in der amerikanischen Wissenschaft. Er hatte Gemeinsamkeiten mit Descartes' Vorstellung von Tieren als Automaten, nur daß der Behaviorismus noch viel weniger Raum für freie Nachforschungen ließ. Der Ansatz kam sogar in die Nähe der These, daß auch Menschen keine Gedanken und Gefühle hätten.

Der Biologe Donald Griffin trug daraufhin eine wohlgeplante, aber gerechtfertigte Attacke zumindest gegen die extremeren Formen des Behaviorismus vor. Im folgenden Abschnitt bezieht sich Griffin auf den Begriff der »Sparsamkeit der Mittel« – jene Doktrin, wonach bei der Entscheidung zwischen zwei angemessenen Erklärungen jene den Vorzug verdiene, die einfacher sei. Dieser Maßstab ist auch unter dem Namen »Ockhams Rasiermesser« bekannt.

> Nach den strengen Behavioristen ist es sparsamer, Tierverhalten ohne die Voraussetzung, daß Tiere irgendwelche geistigen Erfahrungen haben, zu erklären. Aber selbst Behavioristen halten daran fest, daß geistige Erfahrungen mit neurophysiologischen Vorgängen identisch sind. Neurophysiologen haben indessen bisher keine grundlegenden Unterschiede in der Struktur oder Funktion der Neuronen und Synapsen bei Menschen und Tieren aufgedeckt. Deshalb ist es, will man die Tatsache geistiger Erfahrungen beim Menschen nicht leugnen, doch in Wirklichkeit viel sparsamer anzunehmen, daß geistige Erfahrungen von Art zu Art so ähnlich sind wie die neurophysiologischen Vorgänge, mit denen sie für identisch gehalten werden. Dies wiederum deutet auf eine qualitative Kontinuität (nicht jedoch auf die Identität) geistiger Erfahrungen bei vielzelligen Tieren im Verlauf der Entwicklungsgeschichte hin.
>
> Die Möglichkeit, daß Tiere geistige Erfahrungen haben, wird oft als anthropomorphistisch abgelehnt, weil sie so aufgefaßt wird, als schließe dies ein, daß andere Arten die gleichen geistigen Erfahrungen haben, die ein Mensch in vergleichbaren Umständen haben könnte. Aber diese verbreitete Ansicht enthält selbst die fragwürdige Annahme, daß die

> geistigen Erfahrungen von Menschen die einzige Erfahrungsform sind, deren Vorhandensein vorstellbar ist. Dieser Glaube, daß geistige Erfahrungen eine einmalige Eigenschaft einer einzigen Art sind, ist nicht nur nicht sparsam; er ist überdies arrogant. Es erscheint sehr viel wahrscheinlicher, daß geistige Erfahrungen, wie viele andere Merkmale, zumindest bei vielzelligen Tieren weit verbreitet, aber in ihrem Wesen und ihrer Komplexität sehr unterschiedlich sind.
> ... Die extremen Formen des Behaviorismus haben die Tendenz, kaum mehr als belanglose Rechtfertigungen halsstarriger Unkenntnis hervorzubringen ...
> Manche Verhaltensforscher verkünden nachdrücklich, daß sie kein Interesse an tierischem Bewußtsein hätten, selbst wenn es vorhanden sein sollte. Ihre Ablehnung scheint manchmal so stark zu sein, daß man den Eindruck gewinnt, sie *wollten* überhaupt nichts von einem Denken wissen, das bei Tieren vorkommen könnte.[24]

Unserer Ansicht nach ist es in der Tat möglich, die Furcht vor Anthropomorphismen zu weit zu treiben. Es gibt Exzesse, die schlimmer sind als Gefühlsduselei. Es muß bei den verschiedenen Affenarten einen inneren Zustand, einige Gedanken und Gefühle geben; und wenn sie uns genetisch eng verwandt sind, wenn ihr Verhalten dem unseren so sehr gleicht, daß es uns vertraut erscheint, dann ist es nicht unvernünftig, ihnen auch Gefühle zuzuschreiben, die den unseren ähneln. Natürlich können wir in diesem Punkt keine Sicherheit erlangen, bevor entweder eine bessere Verständigung mit den Affen hergestellt ist oder ehe wir noch viel mehr davon verstehen, wie ihre Gehirne und Hormone arbeiten. Aber die Annahme leuchtet ein, sie ist ein wirkungsvolles Lehrmittel, und bei ein paar Gelegenheiten versuchen wir in diesem Buch zu beschreiben, was im Kopf eines anderen Tieres vorgehen könnte.

* * *

Der Leser wird mittlerweile zumindest vermutet haben, daß die inneren Monologe des vorigen Kapitels – der erste und dritte stammen von einem mittelrangigen Weibchen, der zweite von einem hochrangigen Männchen – sich nicht direkt auf Menschen bezogen. Vielmehr haben wir versucht zu illustrieren, wie man sich als Schimpanse in einer Schimpansengesellschaft fühlt. Systematische Langzeituntersuchungen von Schimpansengruppen in freier Wildbahn sind ein neues Feld der Wissenschaft. Wir haben uns dabei hauptsächlich auf die mutige, ergebnisreiche und wegbereitende Arbeit von Jane Goodall im Gombe-Reservat in Tansania gestützt sowie auf Studien von Toshisada Nishida und seinen Kollegen in den Mahale-Bergen, ebenfalls in Tansania, und von Frans de Waal, der eine Schimpansenpopulation in einem 8000 Quadratmeter großen Gehege im Zoo von Arnheim in den Niederlanden untersuchte.[25] Im wesentlichen wurde jedes Ereignis, das im vorigen Kapitel beschrieben wurde, von diesen Wissenschaftlern und ihren Kollegen aufgezeichnet. Ihre Beobachtungen schildern uns einen Lebensstil, der uns unverkennbar vertraut ist und stark an die »Sturm und Drang«-Gefühle in menschlichen Beziehungen erinnert. Natürlich hat kein Mensch jemals im Kopf eines Schimpansen gesteckt, und wir können auch nicht mit Sicherheit wissen, wie sie denken. Insofern haben wir uns Freiheiten herausgenommen. Dafür entschuldigen wir uns jedoch nicht, sondern betonen, daß dies nur als eine Form des Nachdenkens über Schimpansen gemeint ist.

Wir müssen uns hier vor Zirkelschlüssen in acht nehmen – wir dürfen nicht den Schimpansen menschliche Geistes- und Gefühlsprozesse unterstellen und am Ende unserer Erzählung dann triumphierend zu dem Schluß gelangen, daß sie uns doch so sehr ähneln. Wenn wir durch genaue Beobachtung der Schimpansen uns selbst besser verstehen wollen, so werden wir großes Gewicht darauf legen müssen, was sie tun, und vergleichsweise wenig darauf geben, was nach unserer Vorstellung in ihrem Kopf vorgeht. Wir müssen vorsichtig darauf achten, daß wir uns nicht selbst betrügen. Schließlich waren die Vertreter des Behaviorismus ja nicht absolut im Unrecht.

Im vorigen Kapitel haben wir nicht erwähnt, daß Schimpansen auf Bäumen schlafen und einen Großteil ihrer Zeit damit verbringen, sich gegenseitig zu pflegen. Obwohl Schimpansen von oralen Sexualpraktiken nicht so fasziniert erscheinen wie andere Primaten (Cunnilingus ist ein nahezu unabänderlicher Bestandteil des Vorspiels bei Orang-Utans[26]), haben wir den Ausdruck jemandem »in den Arsch kriechen« benutzt, weil er uns in seinen bildhaften Assoziationen einigen Formen und Nuancen des Unterwerfungsrituals der Schimpansen nahezustehen scheint. (Das Gestenvokabular ihrer Unterwerfung schließt das Küssen des Oberschenkels des Alpha-Tieres ein.)

Es gibt viele Verhaltensunterschiede zwischen Schimpansen und Menschen, genau wie es sie zwischen Schimpansen und Gorillas oder Gibbons und Orang-Utans gibt. Aber wir sind doch davon beeindruckt, wieviel vom Kern der sozialen Lebensweise der Schimpansen in der freien Wildbahn einigen Formen menschlicher Sozialorganisation ähnelt, insbesondere in Streßsituationen – etwa in Gefängnissen, bei Stadtviertel- und Motorradbanden, in kriminellen Vereinigungen oder in Tyranneien und Monarchien. Mit seinen Schilderungen der notwendigen Manöver, um in der verrufenen Politik der italienischen Renaissance voranzukommen – mit denen er seine Zeitgenossen schockte, besonders wenn er ehrlich war –, hätte Niccolò Machiavelli sich auch in der Gesellschaft von Schimpansen mehr oder weniger heimisch fühlen können. Auch viele Diktatoren könnten sich darin zurechtfinden, ob sie sich nun politisch als Rechte oder Linke einschätzen. Das gilt auch für viele ihrer Anhänger. Unter einer dünnen Tünche von »Zivilisation« scheint manchmal ein Schimpanse zu strampeln, um auszubrechen – die lächerlichen Kleider auszuziehen, die hinderlichen Sozialgebräuche abzulegen und sich gehenzulassen. Aber das ist noch nicht alles.

Schimpansen sind ein wenig kleiner, stärker behaart, viel kräftiger und sexuell viel aktiver als die meisten Menschen. Sie haben braunes Haar und braune Augen. In ihren natürlichen Lebensräumen können sie vierzig oder fünfzig Jahre alt werden – und damit viel älter, als durchschnittlich in jeder menschlichen Gesellschaft vor der industriellen (und medizinischen) Revolution üblich war. Und doch liegt ihre durchschnittliche Lebenserwartung viel niedriger. Und im Unterschied zur modernen Menschheit leben weibliche Schimpansen nach überstandener Kindheit meistens nicht so lange wie männliche. Sie wechseln zwischen dem Gehen auf zwei Beinen und auf allen vieren ab, wobei sie sich auf den Knöcheln abstützen. Schimpansenmännchen werden gewöhnlich schnell ärgerlich. Sie geben einen leichten, aber charakteristischen Duft ab, wenn sie nervös oder aufgeregt sind, und verraten dadurch Emotionen, die sie manchmal zu verbergen suchen. Schimpansen schämen sich nicht, ihre Geschlechtsteile vorzuzeigen. Nach den uns eigenen Kriterien sind sie sehr viel dümmer als wir, aber sie benutzen Werkzeuge, wenn auch nicht häufig, und stellen sogar welche her. Sie merken sich ihren Haß, pflegen ihren Ärger und hegen anscheinend Rachegedanken. Sie planen künftiges Vorgehen.

Familienbindungen können stark und beständig sein. Gealterte Mütter eilen weiterhin ihren Kindern zu Hilfe, auch wenn die Söhne schon voll ausgewachsen sind. Verwaiste Kleinkinder werden von älteren Geschwistern zärtlich großgezogen. Sie verleben eine längere Trauerzeit, wenn sie einen engen Vertrauten verlieren. Sie leiden unter Bronchitis und Lungenentzündung und können mit fast allen menschlichen Krankheiten infiziert werden, darunter auch Aids. Ältere Tiere werden grau, bekommen Falten und verlieren Zähne und Haare. Schimpansen können sich auch betrinken. Sie sind fähig, mehr Wörter einer menschlichen Sprache zu lernen, als wir von irgendeiner Schimpansensprache kennen. Wenn sie in einen Spiegel sehen, erkennen sie sich selbst wieder. Sie sind zumindest einigermaßen selbstbewußt. Kinder werden launisch und reizbar, wenn sie abgestillt werden. Schimpansen schließen Freundschaft, häufig mit Kampfgefährten, die zusammen jagen und ihr Revier gegen Eindringlinge bewachen. Sie teilen sich Nahrung mit Verwandten und Freunden.

Wenn sie unter Menschen aufgezogen wurden, sind Fälle bekannt geworden, in denen sie angesichts von Bildern nackter Menschen masturbierten. (Dies trifft möglicherweise nur auf jene zu, die durch lang andauernden Umgang mit Menschen dazu gelangt sind, sich selbst als Menschen zu betrachten. Wilde Schimpansen würden ebensowenig angesichts wollüstiger Darstellungen von Menschen masturbieren wie umgekehrt.) Sie bewahren Geheimnisse. Sie lügen. Sie unterdrücken und beschützen die Schwachen. Trotz vieler Rückschläge bemühen sich manche beharrlich und mutig um sozialen Aufstieg und vorteilhafte Karrieren. Weniger Strebsame geben sich mehr oder weniger mit ihrem Los zufrieden.

Unter vielen anderen angeborenen Kenntnissen haben sie die Fertigkeit, sich jede Nacht oben in den Bäumen ein Bett aus Blättern zu bereiten. Sie sind viel gewandtere Kletterer als wir, teilweise, weil sie im Gegensatz zu uns nicht die Fähigkeit verloren haben, Äste mit ihren Füßen zu umfassen. Die Jungtiere lieben es, auf Bäume zu klettern und miteinander in großartigen gymnastischen Wagestücken wettzueifern. Aber wenn ein Kleinkind zu hoch geklettert ist, dann schlägt seine Mutter – die am Fuß des Baumes mit ihren Freundinnen gesellig ist – kräftig gegen den Stamm und das Kleine tummelt sich gehorsam hinab.

Der Wald ist mit einem Netz von Pfaden durchzogen, das von Generationen von Schimpansen geschaffen wurde, die ihren täglichen Geschäften nachgingen. Jeder kennt dabei die regionale Geographie mindestens ebenso gut wie der durchschnittliche Stadtbewohner die Straßen und Geschäfte in seiner Nachbarschaft. Sie verlaufen sich so gut wie nie. Da und dort gibt es an der Seite der Pfade Bäume mit Stämmen, die Schallschwingungen verstärken. Wenn eine Gruppe von Nahrungssuchern einen solchen Baum erspäht, laufen viele voraus und beginnen zu trommeln – beide Geschlechter, Kinder wie Erwachsene, beteiligen sich daran. Es gibt noch keine Saiten- und Blasinstrumente, aber die Schlagzeugabteilung ist in Aktion.

Schimpansen erkennen die individuellen Stimmen eines anderen, und ein eigentümliches Keuch-Geheul kann einen Verbündeten oder Verwandten aus ziemlicher Entfernung herbeiholen. Als Reaktion auf ein Keuch-Geheul etwa aus einem angrenzenden Tal heben sie ihre Köpfe und spitzen ihren Mund, als ständen sie auf der Bühne der Mailänder Scala. Aus der Nähe haben sie eine unheimliche Fähigkeit – »unheimlich« bedeutet hier nur, daß wir bisher noch nicht gescheit genug waren, die Sache zu durchschauen –, sich miteinander nicht nur über so direkte Dinge wie Sexualität und Dominanz zu verständigen, sondern auch über sehr viel verzwicktere Dinge wie verborgene Gefahren oder vergrabene Futtervorräte. In diesem Zusammenhang wurde eine klassische Serie von Experimenten von dem Psychologen E. W. Menzel durchgeführt:

> [Menzel] hielt vier bis sechs junge Schimpansen in einem großen Freigehege, das auch mit einem kleineren Käfig verbunden war. Er sperrte alle Tiere außer einem in den Haltekäfig, während er diesem auserwählten ›Anführer‹ die verborgene Lage entweder eines Futtervorrats oder eines aversiven Reizes, etwa einer ausgestopften Schlange, zeigte. Der Anführer wurde dann zum Käfig zurückgebracht und die ganze Gruppe hinausgelassen. Nach Menzels Bericht zeigte das unterschiedliche Verhalten der Tiere, daß sie »annähernd zu wissen schienen, wo der Gegenstand war und um welche Art Gegenstand es sich handelte, lange bevor der Anführer die Stelle erreichte, an der er versteckt gewesen war« ... Wenn das Ziel Futter war, liefen sie voraus und schauten in mögliche Verstecke; wenn es ein ausgestopfter Alligator oder eine ausgestopfte Schlange war, kamen sie aus dem Käfig mit gesträubten Haaren heraus und blieben nahe bei ihren Gefährten. Wenn das versteckte Ding ein Alligator oder eine Schlange war, näherten sie sich

> sehr vorsichtig und fielen mit Lärm in den Bereich ein, indem sie in die Richtung des verborgenen Dinges zischten und mit Stöcken nach ihm schlugen. Wenn das verborgene Ding Futter war, durchsuchten die Tiere den Bereich gründlich und zeigten wenig Angst oder Besorgnis. Das Verhalten trat sogar auf, wenn der aversive Reiz entfernt worden war, ehe die Tiere aus dem Haltekäfig gelassen wurden; es war also nicht der Gegenstand selbst, der diese Reaktionen auslöste.
> Bei den Versuchen mit Futter begann ein Männchen (Rocky) den Nahrungsvorrat zu monopolisieren, sobald er aufgefunden war. Wenn Belle, ein Weibchen, als Anführer diente, versuchte sie zu vermeiden, auf die Lage des Futterverstecks hinzuweisen, aber Rocky konnte sie häufig aus Belles Ausrichtung ableiten und das Futter finden. Wenn Belle zwei Verstecke gezeigt wurden, ein großes und ein kleines, dann führte sie Rocky zu dem kleinen und lief dann, während Rocky mit Essen beschäftigt war, zu dem größeren, das sie sich mit anderen Individuen teilte. Menzel gelangte zu dem Schluß, daß Schimpansen sich über Richtung, Menge, Güte und Natur des Zieles verständigen und auch versuchen konnten, zumindest etwas von dieser Information zu verheimlichen, aber wie Schimpansen eine solche Verständigung im einzelnen erreichen, wissen wir noch nicht.[27]

Aber es kommen nach Lage der Dinge wahrscheinlich nur Gesten und sprachliche Äußerungen in Frage.
Schimpansen haben Hunderte verschiedener Nahrungsvariationen und sind sehr auf abwechslungsreiche Kost bedacht. Sie fressen Früchte, Blätter, Samen, Insekten und größere Tiere, manchmal auch Aas. Raupen sind eine Delikatesse, und die Auffindung eines Raupenbefalls wächst sich zu einem eindrucksvollen gastronomischen Ereignis aus. Es ist bekannt, daß sie Erde von Klippen essen, wahrscheinlich um sich mit mineralischen Nährstoffen wie Salz zu versorgen. Mütter stellen ausgesuchte Leckerbissen für ihre Kleinkinder bereit und reißen ihnen ungewöhnliche, vielleicht gefährliche Bissen aus dem Mund. In freier Wildbahn teilen Erwachsene gelegentlich ihre Nahrung mit anderen, häufig als eine Reaktion auf deren Betteln. Es gibt keine festgesetzten Essenszeiten; sie haben den ganzen Tag über kleine Mahlzeiten. Wenn eine nahrungssuchende Gruppe weitergeht, kann es vorkommen, daß eines der Mitglieder noch einen mit Beeren oder Blättern beladenen Zweig mit sich trägt, um

beim Gehen zu essen. Wenn sie mitten in der Nacht in ihren Laubbetten hoch in den Bäumen durch die Rufe von Raubtieren geweckt werden, umklammern sie einander voll Furcht, und ihr Urin und Kot fällt wie Regen zum Waldboden darunter.

Sie lieben das Spiel, Kinder (deren Energie erstaunlich ist) mehr als Erwachsene, aber auch das Spielen Erwachsener ist verbreitet – besonders wenn es genug zu essen gibt und eine große Zahl von Tieren zusammenkommt. Das Spiel schließt häufig Scheinkämpfe ein, aber es ist nicht darauf beschränkt.

Schimpansenmännchen verhalten sich als Beschützer von Weibchen und Jungen. Sie werden bereitwillig ihr eigenes Leben aufs Spiel setzen, um »Frauen und Kinder« vor einem Angriff zu schützen oder um ein Jungtier aus einer Gefahrenlage zu retten. Goodall schreibt: »Häufig scheint es, daß ein Männchen dem Drang nicht widerstehen kann, seine Arme auszustrecken und ein Kleines in eine enge Umarmung zu ziehen, ihm den Kopf zu tätscheln oder ein zärtliches Spiel einzuleiten.«[28] Wenn ein Männchen mit einem Weibchen »auf frischer Tat« ertappt wird, was häufig vorkommt, kann es sein, daß ein Junges hinzueilt und dem Männchen auf das Maul schlägt oder auf den Rükken des Weibchens, meistens seiner Mutter, springt.* In solchen Situationen sprengt die Geduld des Affenmännchens oft die bei Menschen üblichen Grenzen.

Aber in einem Schaukampf um Dominanz verschwindet all dieser gefällige Gleichmut, und ein Männchen, das gewöhnlich Kinder beschützt, kann einen kleinen, unschuldigen Zuschauer hochheben und in seinem Zorn zu Boden werfen. Wenn sie ein ungewohntes Weibchen in ihrem Territorium entdecken, ist von Schimpansen bekannt, daß sie das Junge des Weibchens bei den Fersen ergreifen und gegen Felsen schmettern.[29]

Schimpansen neigen dazu, auf dem Schwächling aus dem Wurf herumzuhacken und ihren eigenen Ärger von höherrangigen Tieren (die ihnen Leid zufügen könnten) weg auf sanftmütigere, jüngere, schwächere und weibliche Schimpansen zu übertragen. In Gombe gab es 1966 eine Kinderläh-

* Normalerweise kommt eine junge Mutter nicht wieder in Hitze, ehe sie ihr Kleines abgestillt hat. Das Kleine kann aus verständlichen Gründen das Abstillen als Zurückweisung verstehen. Das sexuelle Interesse der Mutter an erwachsenen (und halbwüchsigen) Männchen verschärft die Qual und den Groll möglicherweise noch. So teilen wir Menschen vielleicht auch den Ödipus-Komplex mit den Affen.

mungsepidemie, die zur teilweisen Lähmung voll entwickelter Mitglieder der Gruppe führte. Durch ihre Krankheit verkrüppelt, waren sie gezwungen, sich in ungewohnter Weise fortzubewegen, ihre Gliedmaßen nachzuschleifen. Andere Schimpansen waren zunächst verängstigt; dann begannen sie zu drohen, und schließlich griffen sie an.

Da Aggressionen nur vorübergehend auftreten und freundliche Beziehungen viel üblicher sind, wurden einige frühe Beobachter in freier Wildbahn zu der Vorstellung verleitet, daß Schimpansen im Naturzustand (das heißt: nicht in ein Gehege eingesperrt) gewaltfrei und friedliebend sind. Aber das ist nicht der Fall. Bei der Jagd auf andere Tiere, beim Ausarbeiten der Dominanzhierarchie, beim Gefügigmachen der Weibchen, in verdrießlicher Laune und bei Zusammenstößen mit anderen Schimpansengruppen (den »Fremden« in unseren Erzählungen) erweisen sie sich als zu großer Gewalttätigkeit fähig.

Fleisch enthält wesentliche Aminosäuren und andere molekulare Bausteine, die aus Pflanzen viel schwerer zu gewinnen sind. Deshalb sind beide Geschlechter begierig nach Fleisch. In seltenen Fällen können Weibchen andere Weibchen in ihrer Gruppe angreifen, ihre Kinder stehlen und auffressen. Sobald das Kleine gefaßt ist, gibt es keine Abneigung mehr gegen die Mutter des winzigen Opfers. In einem Fall näherte sich die Mutter jenen, die ihr Junges gerade auffraßen, und eine von ihnen reagierte, indem sie ihre Arme ausstreckte, die Trauernde umarmte und sie tröstete. Man weiß, daß Schimpansen Mäuse, Ratten, kleine Vögel, ein 20 Kilogramm schweres halbwüchsiges Buschschwein sowie andere Affenarten, beispielsweise Paviane, Stummelaffen und auch andere Schimpansen, jagen.

Eine erfolgreiche Jagd bringt große Aufregung mit sich. Die Zuschauer schreien, umarmen, küssen und tätscheln einander mit stolzer Erleichterung. Jene, die aktiv am Schlagen der Beute beteiligt waren, beginnen sofort zu fressen, oder versuchen, sich mit schmackhaften Körperteilen fortzumachen. Der Wald ist mit Kreischen, Bellen und Geheul erfüllt – was weitere Schimpansen anlockt, manchmal aus ziemlicher Entfernung. Im allgemeinen nehmen sich Männchen größere Portionen als Weibchen. Hochrangige Tiere verteilen die Beute mit größerer Wahrscheinlichkeit, und auf die eine oder andere Weise erhalten die meisten der Anwesenden einen Anteil. Neuhinzukommende betteln um Brosamen. Manche Bissen werden gestohlen, und der Schimpanse, dessen Anteil weggeschnappt wurde, wird wütend und läßt vielleicht seiner schlechten Laune freien Lauf. Fleischportionen werden auch für nächtliche Imbisse mit ins Bett genommen.

Ratten können mit dem Kopf voran gefressen werden, und ein Äffchen oder eine junge Antilope werden häufig dadurch getötet, daß ihr Kopf an einem Felsbrocken oder Baumstamm zerschmettert wird, oder aber durch einen vampirartigen Biß in den Nacken. Fast immer wird indessen das Hirn zuerst verspeist, häufig als Belohnung von dem Jäger, der den Todesstoß oder -biß tatsächlich gab. Weiterhin gelten als Leckerbissen die Genitalien männlicher Opfer und die Embryos trächtiger weiblicher Opfer. Jane Goodall berichtet vom letzten, abklingenden Aufschrei eines jungen Buschschweins, als ein Schimpanse – wie ein alter Aztekenpriester – sein noch pochendes Herz herausriß. Das Kochen ist noch nicht erfunden, und es gibt weder Gedecke noch Tischmanieren noch Zimperlichkeit. Diese Welt ist vom roten Blut und vom rohen Fleisch geprägt.

Janis Carter beschreibt[30], wie ein jugendlicher Schimpanse und ein Stummelaffe von etwa gleicher Größe einander lausten; als aber der Stummelaffe von einem vorbeikommenden erwachsenen Schimpansen am Schwanz ergriffen und getötet wird, indem sein Kopf gegen einen Baum geschlagen wird, nimmt der Halbwüchsige bereitwillig am Verschlingen seines früheren Spielgefährten teil. Die meisten der Affen (und kleinen Säugetiere), die der Raubgier der Schimpansen zum Opfer fallen, sind jung oder halbwüchsig und werden häufig ihren Müttern aus den Armen gerissen. Manchmal versucht die Mutter, das Kleine zu retten, und wird dann selbst aufgefressen.

In dieser Welt wird der potentiellen Beute keine Barmherzigkeit zuteil, auch wenn sie noch umherläuft. Die Beute ist zum Fressen da. Wer sich zum Erbarmen rühren läßt, frißt weniger und hinterläßt weniger Nachkommen. Schimpansen halten eindeutig Schwanzaffen, Schimpansen aus anderen Gruppen, ja sogar Mitglieder der eigenen Population keines Erbarmens oder anderer moralischer Überlegungen für würdig. Sie mögen wohl in der Verteidigung ihrer eigenen Jungen Heldenmut zeigen, aber sie zeigen nicht das geringste Mitleid für die Jungen aus anderen Gruppen oder Arten. Vielleicht halten sie sie für »Tiere«.

Die Jagd ist eine gemeinschaftliche Anstrengung, und Zusammenarbeit ist für die Erlegung größerer Beutetiere wesentlich – und auch um die damit verbundenen Gefahren zu vermeiden, wenn etwa ein wutschnaubendes, ausgewachsenes Buschschwein mit den Hauern voran herbeistürzt, um sein Junges zu retten. Die Jäger stellen wirklich Teamarbeit zur Schau. Ein Schimpanse kann einen anderen leise herbeirufen, wenn er Beute im Unterholz entdeckt hat. Sie lächeln einander zu. Das Opfer wird aus seiner Deckung anderen Schimpansen zugetrieben, die auf der Lauer liegen. Die Fluchtwege sind blockiert, die Hinterhalte ausgeklügelt. Das Vorgehen ist inszeniert. Die Schimpansen, die sich nach der Tötung so leidenschaftlich aufführen, haben alles kühl vorausgeplant.

* * *

In dichtbewaldeten Lebensräumen umfaßt das von einer bestimmten Schimpansengruppe kontrollierte Territorium nur wenige Kilometer. In spärlich bewaldeten Regionen kann es einen Durchmesser von bis zu 30 Kilometer haben. Dies sind die Territorien, die eine Schimpansengruppe als ihr Revier betrachtet, ihre Heimat, ihr Vater- oder Mutterland, dem sie so etwas wie patriotische Gefühle schuldet. Fremden ist das Betreten untersagt. Hier gelten die Gesetze des Dschungels. Die typische Tagesreichweite einer Kampfpatrouille von Schimpansen beträgt nur wenige Kilometer. Wenn sie also in einem dichten Wald leben, können sie ziemlich leicht einen Großteil ihrer Reviergrenze im Laufe eines einzigen Tages kontrollieren. Aber wenn der Pflanzenwuchs und die Nahrungsreserven spärlicher sind und ihr Territorium entsprechend größer ist, kann es von einer zur anderen Seite ein paar Tagesmärsche dauern und noch länger, wenn sie ihr Revier umkreisen.

> Eine Streife ist durch vorsichtige, leise Fortbewegung gekennzeichnet, wobei die Mitglieder des Spähtrupps sich gewöhnlich in einer geschlossenen Gruppe bewegen. In den zahlreichen Pausen blicken die Schimpansen angestrengt um sich und horchen. Manchmal klettern sie auf hohe Bäume und sitzen eine Stunde oder länger ruhig da, während sie das »unsichere« Gebiet einer angrenzenden Gemeinschaft scharf beobachten. Sie sind sehr angespannt, und auf ein plötzliches Geräusch hin (einen knackenden Zweig im Unterholz oder das Rascheln von Blättern) grinsen sie möglicherweise und strecken ihre Arme aus, um sich zu berühren oder einander zu umarmen.

> Während eines Streifgangs kann es vorkommen, daß die Männchen, gelegentlich auch ein Weibchen, am Boden, an Baumstämmen oder anderen Pflanzen schnüffeln. Sie können Blätter aufheben und an ihnen riechen, sie achten besonders auf weggeworfene Futterreste, Kot oder liegengelassene Werkzeuge bei Termitenhügeln. Wenn ein einigermaßen frisches Schlafnest gefunden wird, klettert eines oder mehrere der erwachsenen Männchen hinauf, um es zu untersuchen und dann in der unmittelbaren Umgebung eine Schau abzuziehen, so daß die Äste auseinandergezogen werden und das Nest schließlich teilweise oder völlig zerstört ist.
>
> Der eindrucksvollste Aspekt des Patrouillenverhaltens ist vielleicht das Schweigen jener, die daran teilnehmen. Sie vermeiden es, auf trockene Blätter zu treten und mit Pflanzenwuchs zu rascheln. Bei einer Gelegenheit wurde das stimmliche Schweigen mehr als drei Stunden lang aufrechterhalten. …
>
> [Wenn] patrouillierende Schimpansen wieder in vertraute Gebiete zurückkehren, kommt es häufig zu einem Ausbruch von lautem Rufen, Schautrommeln, Steineschleudern und auch zu Verfolgungsjagden und leichter Aggression zwischen Individuen. …
>
> Dieses lärmende und lebhafte Benehmen dient möglicherweise als Ventil für die unterdrückte Spannung und gemeinschaftliche Erregung, die durch das schweigsame Durchstreifen unsicherer Gebiete hervorgerufen wurden.[31]

In dieser Beschreibung einer Streife im Gombe-Reservat durch Jane Goodall fällt uns besonders die Fähigkeit der Schimpansen auf, ihre Furcht zu überwinden und ihre gewöhnlich lautstarke Verständigung einzuschränken, besonders aber ihre Fähigkeit zu Schlußfolgerungen. Diese Schimpansen verfolgen Spuren. Sie beurteilen die Indizien von Zweigen, Fußabdrücken, Kot und Artefakten. Wir können wohl davon ausgehen, daß bei Nahrungsknappheit Gruppenunterschiede in der Fähigkeit zum Spurenlesen über Leben und Tod entscheiden. Nicht nur Kraft und Aggressivität, sondern auch etwas Ähnliches wie Urteilskraft und geistige Wendigkeit werden unter diesen Bedingungen durch Zuchtwahl begünstigt. Außerdem auch noch Verstohlenheit. Als ein Mensch, der lange Zeit mit einer Gruppe Schimpansen zusammengelebt hatte, Anstalten machte, sie auf einer Streife zu begleiten, schauten sie ihn mißbilligend an. Er war einfach zu unbeholfen. Er konnte nicht wie sie selbst lautlos durch den Wald schlüpfen.

Die Langstreckenstreife macht sich also auf den Weg zu den Grenzen ihres Reviers. Falls es mehr als ein Tagesmarsch ist, richten sie nachts ein Lager ein und ziehen am nächsten Tag weiter. Was geschieht nun, wenn sie auf Mitglieder einer anderen Gruppe, also auf Fremde aus angrenzenden Territorien, stoßen? Handelt es sich nur um einen oder zwei Eindringlinge, werden sie versuchen, diese anzugreifen und zu töten. Es gibt in diesem Fall sehr wenig Neigung zu Drohgebärden und Einschüchterungsverhalten. Diese Begegnungen sind blutiger Ernst. Aber wenn zwei einigermaßen gleich starke Patrouillen einander begegnen, gibt es zahlreiche Drohgebärden; dann werden Steine und Stöcke geworfen, dann wird an Bäume getrommelt. Man kann sie fast sagen hören: »Ich bin so wütend, wenn mich niemand zurückhält, dann werde ich die Sägespäne aus dem Kerl herausklopfen.« Sie schätzen den Wert von Drohungen ein: Wenn die Streife eine offensichtlich größere Anzahl von Fremden wittert, wird sie wahrscheinlich einen eiligen Rückzug antreten. Zu anderen Zeiten können Schimpansenstreifen in Feindesrevier vordringen oder sogar den bevölkerten Kern des Territoriums angreifen – zu mancherlei Zwecken, einschließlich der Paarung mit anderen, unvertrauten Weibchen. Diese Kombination aus Spurenverfolgen, Verstohlenheit, Abenteuer, Teamarbeit, Kampf gegen verhaßte Feinde und Gelegenheit zur Kopulation mit fremden Weibchen ist für die Männchen äußerst anziehend.

Die Freude, welche die Mitglieder einer Streife zeigen, nachdem sie erfolgreich aus gefährlichem – vielleicht von Feinden gehaltenem – Territorium zurückkehren, unterscheidet sich wenig von dem, was vorgeht, wenn Schimpansen unerwartet auf einen erheblichen Futtervorrat stoßen. Sie kreischen, küssen und umarmen einander, halten sich bei den Händen, klopfen sich gegenseitig auf die Schultern oder den Rumpf und springen auf und nieder. Ihre Kameradschaftlichkeit erinnert an Mannschaftssportler, die sich gegenseitig umarmen, nachdem sie einen nationalen oder internationalen Titel errungen haben. Am Beginn eines heftigen Regens führen Schimpansenmännchen häufig einen sehenswerten Tanz vor, und wenn sie einen Fluß oder einen Wasserfall auffinden, kann es vorkommen, daß sie Lianen ergreifen, von einem Baum zum anderen springen und hoch über dem Wasser in atemberaubend akrobatischen Übungen, die zehn Minuten und länger dauern können, umherturnen.

Vielleicht sind sie von der Naturschönheit überwältigt oder berauscht von dem Getöse des weißen Wassers. Ihre sichtbare Freude wirft ein bezeichnendes Licht auf die Lehrmeinung aus dem 18. Jahrhundert, daß wir Menschen das Recht haben, andere Tiere zu versklaven, weil wir in unserer Befähigung, fröhlich zu sein, unübertroffen sind.[32]

Viele Aspekte einer Schimpansengesellschaft entsprechen ziemlich genau dem Rezept, das Sewall Wright als erfolgreiche evolutionäre Antwort auf eine sich verändernde Umwelt entwickelt hat. Die Art ist in frei umherziehende Gruppen unterteilt, die im allgemeinen zwischen zehn und hundert Individuen umfassen. Sie besitzen unterschiedliche territoriale Lebensräume, so daß, wenn sich die Umwelt verändert, die Einwirkung dieser Veränderung von Gruppe zu Gruppe zumindest geringfügig unterschiedlich ausfällt. Ein Grundnahrungsmittel auf der einen Seite eines riesigen tropischen Waldes kann auf der anderen Seite eine seltene Delikatesse sein. Ein Pflanzenschädling oder eine Plage, die zu ernsthafter Unterernährung oder Hungersnot für die Schimpansen in einem Teil des Waldes führt, kann in einem anderen Teil ohne nennenswerte Konsequenzen bleiben. Jede territoriale Gruppe betreibt ausreichend Inzucht, daß der Genschatz von Gruppe zu Gruppe systematisch verschieden ist. Und dennoch wird das Inzuchtverhalten durch Exogamie (die gelegentliche Paarung mit Partnern außerhalb der Gruppe) abgemildert. Es gibt entscheidende sexuelle Begegnungen mit Schimpansen aus angrenzenden Territorien, die entweder durch eine Streife, die in fremdes Territorium vorstößt, oder durch ein fremdes Weibchen, das in eigenes Gebiet wechselt, zustande kommen. Diese Vereinigungen stellen einen genetischen Austausch von Gruppe zu Gruppe her, so daß in einer Anpassungskrise, in der sich eine Gruppe als tüchtiger als andere erweist, sich ihr genetischer Vorteil schnell durch eine Reihe von sexuellen Kontakten zwischen den Gruppen auf die Gesamtpopulation der Schimpansen ausbreiten würde – Hunderte von Kopulationen in einer Kette, die die entferntesten Gruppen eines riesigen Tropenwaldes miteinander verbindet. Sollte es eine maßvolle Umweltkrise geben, so wären die Schimpansen bestens darauf vorbereitet.

Falls dies wirklich die Erklärung, zumindest aber eine Teilerklärung für Territorialität, Ethnozentrismus, Fremdenhaß und gelegentliche Exogamie ist, die eine Schimpansengesellschaft kennzeichnen, heißt das allerdings noch lange nicht, daß individuelle Schimpansen den Grund für ihr

Verhalten verstehen. Sie können einfach Fremde in ihrem Blickfeld nicht ausstehen, finden sie hassenswert und eines Angriffs würdig – ausgenommen natürlich die Weibchen, die aus unerklärlichen Gründen anziehend sind. Die Weibchen laufen gelegentlich mit fremden Männchen weg, ganz gleich, welche Verbrechen diese zuvor in ihrem Revier und an ihren Verwandten vollbracht haben mögen. Sie fühlen vielleicht etwas von dem, was Euripides seine Helena in den *Troerinnen* ausdrücken läßt:

> Wie konnt' ich nur dem fremden Manne folgen,
> Haus, Heimat, alles ihm zuliebe lassen?...
> Darum hast du kein Recht, mein Gatte, mich
> Zu töten; denn hier folgt ich nur dem Zwang,
> Und jene Flucht hat, statt der Siegeskränze,
> Nur Knechtschaft mir gebracht. ...[33]

Schimpansenmütter kennen ihre Söhne und können deshalb vor allem deren (sehr seltenen) sexuellen Anträgen widerstehen. Aber Väter sind nicht völlig sicher, wer ihre Töchter sind, und umgekehrt. Deshalb gibt es in einer kleinen Gruppe, wenn ein Weibchen geschlechtsreif wird, eine beträchtliche Inzestgefahr sowie die Möglichkeit weiterer Inzucht, höherer Kindersterblichkeit, und damit einer geringeren Zahl genetischer Sequenzen, die von ihnen an künftige Generationen weitergereicht werden. Um die Zeit des ersten Eisprungs empfindet deshalb ein Weibchen oft den unwiderstehlichen Drang, das benachbarte Territorium zu besuchen. Es weiß wahrscheinlich sehr genau, daß dies ein gefährliches Unternehmen sein kann. Der Trieb muß also stark sein, was seinerseits die evolutionäre Bedeutung der Wanderung des Weibchens unterstreicht. Verbindet man diesen nicht ungewöhnlichen Anreiz zum Streunen um die Zeit des ersten Eisprungs mit der Seltenheit von Bruder-Schwester- und insbesondere Mutter-Sohn-Vereinigungen, so wird klar, daß bei den Schimpansen ein wohlfunktionierendes Inzesttabu von hoher Priorität wirksam ist.

Es gibt einen Aspekt im Territorialverhalten von Schimpansen, den andere Affen nicht teilen – die ansonsten alle in territoriale, Fremdenhaß pflegende Gruppen unterteilt sind, die gelegentlich Exogamie treiben: Im Gegensatz zu Begegnungen innerhalb der Gruppe, bei denen Bluff und Einschüchterung bedeutende Rollen spielen und bei denen selten jemand ernsthaft verletzt wird, kann es echte Gewalttätigkeiten geben, wenn zwei einander fremde Schimpansengruppen zusammentreffen. Niemals wurde dabei ein offener Kampf der beiden Truppen beobachtet. Sie ziehen vielmehr Guerillataktiken vor. Eine Gruppe greift sich die Mitglieder der anderen einzeln oder paarweise heraus, bis keine leistungsfähige Streitmacht mehr übrig ist, um das angrenzende Territorium zu verteidigen. Schimpansengruppen sind dauernd in Scharmützel verwickelt, um herauszufinden, ob es möglich ist, weitere Gebiete zu annektieren. Wenn die Strafe für ein Versagen im Kampf für die Männchen auf Tod, für die Weibchen auf sexuelle Knechtschaft lautet, so finden sich die Männchen sehr schnell in eine Zuchtwahl zugunsten militärischer Fertigkeiten verstrickt. Gene, die solche Fertigkeiten hervorbringen, müssen sich mit rasender Geschwindigkeit durch exogame Paarungen in den Tropenwäldern verbreitet haben, bis nahezu alle Schimpansen sie besaßen.

Und wer sie nicht besaß, war dem Tod geweiht.

Darüber hinaus machen die Fertigkeiten, die einem auf Streife und in Scharmützeln zugute kommen, einen auch zu einem guten Jäger. Wenn die Kampffertigkeiten geschärft werden, kann man auch seine Freunde, Geliebten und Konkubinen – ganz zu schweigen von sich selbst – mit mehr von jenem köstlichen roten Fleisch versorgen. Abgesehen von der guten Ernährung ähnelt das Dasein des Schimpansenmännchens somit ein wenig dem Lebensstil in der Armee.

Kapitel 16

Affenleben

Ich hör die Affen traurig heulen
In dunklen Bergen.
Der blaue Fluß
fließt eilig durch die Nacht.

MENG HAU-RAN
(Tang-Dynastie, frühe 730er Jahre),
»Geschrieben für alte Freunde in der Stadt Yang-tschu während einer am Fluß Tung-lu verbrachten Nacht[1]

Das Alpha-Männchen sitzt steif aufgerichtet, mit starren Gesichtszügen, und blickt selbstbewußt in die mittlere Ferne. Die Haare auf Kopf, Schultern und Rücken sind aufgerichtet, was seinen Anblick noch eindrucksvoller macht. Vor ihm duckt sich ein untergeordnetes Tier in so tiefer Verbeugung, daß sein Blick auf die wenigen Grasbüschel direkt vor ihm geheftet sein muß. Wären dies Menschen, so würde man in dieser Haltung weit mehr als schlichte Ehrerbietung erkennen. Hier handelt es sich um kriecherische Unterwerfung, um Selbsterniedrigung. Es kann in der Tat vorkommen, daß die Füße des Alpha-Tieres geküßt werden. Der Bittsteller könnte ein unterworfener Häuptling aus der Provinz zu Füßen des chinesischen Kaisers oder ottomanischen Sultans sein, ein katholischer Geistlicher aus dem 10. Jahrhundert vor dem Bischof von Rom oder ein eingeschüchterter Botschafter eines tributpflichtigen Volkes in der Gegenwart des Pharaos.[2]

Ruhig und selbstsicher schaut das Alpha-Männchen nicht finster auf seinen fast im Staub vor ihm liegenden Untergebenen, sondern streckt seine Hand aus und berührt ihn an den Schultern oder am Kopf. Erleichtert richtet sich das rangniedrigere Männchen langsam auf. Das Alpha-Tier schlendert weg und berührt, tätschelt und umarmt jene, denen es begegnet; gelegentlich küßt es sie sogar. Viele strecken ihre Arme aus und betteln darum, berührt zu werden, wie flüchtig auch immer. Fast alle – ob hoch- oder niederrangig – erhalten einen sichtbaren Auftrieb durch diese königliche Berührung. Die Angst verfliegt durch Handauflegen, vielleicht werden sogar geringfügige Erkrankungen geheilt.

Die »königliche« Berührung eines nach dem anderen in einem Meer von ausgestreckten Händen erscheint uns recht vertraut. Die Szene erinnert uns etwa an die Szenen, wenn ein beliebtes Oberhaupt zu einem Empfang eintrifft oder sich der spalierstehenden Menge am Straßenrand zuwendet. Man denke nur etwa an die Bilder der Papstbesuche der letzten Jahre in

den verschiedensten Ländern. Die Hände zahlloser beliebter Politiker sind nach entsprechenden Auftritten seit jeher grün und blau.
Das Alpha-Männchen wird eingreifen, um Auseinandersetzungen zu verhindern, die zwischen hitzköpfigen, von Testosteron aufgeputschten jungen Männchen aufflackern, oder Aggressionen ein Ende zu setzen, die gegen Kinder und Jugendliche gerichtet sind. Manchmal reicht ein vernichtender Blick schon aus. Ein andermal wird das Alpha-Tier auf das streitende Paar zustürzen und sie auseinanderzwingen. Im allgemeinen nähert er sich in einer Imponierhaltung mit angelegten Armen. Es fällt schwer, darin nicht die Grundlagen einer staatlichen Rechtsprechung zu sehen. Wie in allen Führungspositionen bei Primaten muß auch hier das Alpha-Männchen bestimmte Verpflichtungen übernehmen. Im Austausch gegen Unterwürfigkeit und Ehrerbietung sowie sexuelle Vorrechte und Vergünstigungen beim Essen muß es der Gemeinschaft sowohl praktische als auch symbolische Dienste erweisen. Sein eindrucksvolles Benehmen, das an Pompositát grenzt, stellt das Alpha-Männchen teilweise deshalb zur Schau, weil seine Untergebenen dies von ihm erwarten. Sie lechzen nach Beruhigung. Sie sind von Natur aus Mitläufer. Sie haben ein unwiderstehliches Bedürfnis nach Führung.
Über das Berühren mit den Händen hinaus gibt es viele Formen von Unterwerfung, von denen die verbreitetste eine ist, die in der wissenschaftlichen Literatur spröde »Präsentieren« genannt wird. Was wird da präsentiert? Wenn ein untergeordnetes Tier – gleich ob Männchen oder Weibchen, aber uns geht es hier ja um die Dominanzhierarchie der Männchen – dem Alpha-Männchen seinen Respekt zu erweisen wünscht, duckt es sich nieder und hebt seine Anogenitalregion in Richtung auf den Führer hin, wobei es seinen Schwanz aus dem Weg nimmt. Es macht dabei manchmal mahlende und stoßende Bewegungen mit dem Unterkörper. Auch kann es vorkommen, daß das untergebene Tier winselt und sich dem Alpha-Tier mit dem erhobenen Hintern voran nähert und ihm dabei über die Schulter hinweg zulächelt. Das Bedürfnis des Untergeordneten, auf diese Weise Achtung zu zollen, ist so groß, daß es sich sogar einem schlafenden Alpha-Männchen präsentiert.
Das Alpha-Tier (sofern es wach ist), ergreift das unterwürfige Tier von hinten, umarmt es eng und macht nicht selten ein paar Beckenstöße. Da dies die unabänderliche Haltung und Bewegung der Kopulation bei Schimpansen ist, kann es keine Mißverständnisse über die symbolische

Bedeutung dieser gestischen Verständigung geben: Das untergeordnete Tier bittet um Geschlechtsverkehr, und das dominierende Tier gibt, vielleicht ein wenig zögernd, nach.

In den meisten Fällen sind diese Tätigkeiten nur symbolisch. Es kommt nicht zu Penetration und Orgasmus. Man simuliert nur. Wenn man einem hochrangigen Männchen Achtung zollen will, aber von der Natur nicht mit einer angemessenen Verbalsprache ausgestattet ist, dann gibt es immer noch viele Haltungen und Gesten des täglichen Lebens, die eine jedem leicht faßliche Bedeutung haben. Wo Weibchen nahezu jeder sexuellen Annäherung nachgeben müssen, wird der Geschlechtsakt selbst zu einem anschaulichen, machtvollen und unzweideutigen Symbol der Unterwerfung. Sich selbst zu präsentieren ist in der Tat ein Zeichen von Unterwürfigkeit und Respekt bei allen Affen sowie auch bei vielen anderen Säugetieren.

Der Zorn eines hochrangigen Männchens ist beängstigend. Seine Erregung ist jedem Anwesenden offenbar, weil sich all die Haare an seinem Körper aufstellen. Er kann angreifen, einschüchtern und Äste von Bäumen reißen. Wenn man nicht bereit ist, sich ihm im Einzelkampf zu stellen, wird man ihn beschwichtigen, ihn zufriedenhalten wollen. Man verfolgt genau das winzigste Aufrichten eines einzigen seiner Haare. Man ist nicht allein andauernd fügsam (»Ich gehöre dir, wann immer du mich willst«), sondern zum Zwecke des eigenen Wohlgefühls bedarf man häufiger Bestätigungen, daß das Alpha-Männchen nicht verärgert über einen selbst ist. Wenn es tatsächlich verärgert ist, dann überbetont es seine Größe und Feurigkeit und stellt die Waffen zur Schau, die es einsetzen wird, wenn der Gegner sich nicht unterwirft. Diese Zurschaustellungen werden ins Spiel gebracht, um jüngere Männchen in Reih und Glied zu halten, aber auch, um selbst in der Hierarchie aufzusteigen. Sie mögen als Reaktion auf eine Herausforderung dienen oder einfach als eine allgemeine Erinnerung an die weitere Gemeinschaft, daß hier ein Affe ist, mit dem nicht zu spaßen ist. Es handelt sich natürlich nicht um einen reinen Bluff; wenn dies der Fall wäre, würde es nicht funktionieren. Es muß eine glaubwürdige Gefahr der Gewalttätigkeit geben. Eine Art aufrechterhaltener Bedrohung ist erforderlich. Wenn es hart auf hart geht, kann es ernsthafte Kämpfe geben. Viel öfter jedoch hat die Zurschaustellung rituellen und zeremonischen Charakter. (Fast immer gewinnt das Alpha-Tier, und wenn es gelegentlich verliert, so bedeutet das gewöhnlich nicht, daß nun die Hierarchie umgedreht wird; damit dies geschieht, müssen die Niederlagen sich ständig wiederholen.)

Die erteilte Lektion ist schlicht und einfach Abschreckung: »Komm mir nur nicht in die Quere, sonst bekommst du es mit dieser Statur, diesen Muskeln, diesen Zähnen (beachte meine Eckzähne) und diesem Zorn zu tun.« Diese Strategie der Schimpansen findet sich zusammengefaßt auch im frühesten, umfassenden Traktat über menschliche Militärangelegenheiten wieder, nämlich in Sun Tsus Schrift *Die Kunst der richtigen Strategie* aus dem sechsten vorchristlichen Jahrhundert: »Daher besiegt der, der die Kunst des Krieges beherrscht, die Kräfte der anderen ohne Kampf...«[3] Die Abschreckungsstrategie ist (genau wie ihre Vorbedingung: Vorstellungskraft) sehr alt.

Auf diese Weise werden Gesetz und Ordnung aufrechterhalten, wird die Führungsposition durch die Androhung von (nötigenfalls auch durch tatsächliche) Gewalt bewahrt; ebenso jedoch durch den Schutz, der den Untergebenen gewährt wird, und durch das weitverbreitete Verlangen, einen bewundernswerten Helden zu besitzen, der einem sagen kann, was zu tun ist – besonders wenn die Gruppe von außen bedroht wird. Gewalttätigkeit und Einschüchterung allein würden jedoch nicht ausreichen – obwohl manche es fast zu genießen scheinen, wenn sie zurechtgewiesen und herumgeschubst werden, weil sie das Ganze vielleicht für eine Form von Zuneigung halten.

Schimpansenmännchen haben das zwanghafte Bedürfnis, sich auf der Dominanzleiter emporzuarbeiten. Dazu sind Mut, Kampffähigkeit, häufig Körpergröße und immer große politische Geschicklichkeit beim Aufbau einer Hausmacht erforderlich. Je höher der Rang, desto weniger Angriffe von seiten anderer Männchen und desto mehr erfreuliche Situationen von Ehrerbietung und Unterwerfung wird es geben. Je höher der Rang, desto größer wird allerdings auch die Verpflichtung, sich um Aufmunterung und Bestätigung seiner Untergebenen zu bemühen. Die Dominanzhierarchie sorgt für eine stabile Gemeinschaft, nicht nur, weil die hochrangigen Männchen Schlägereien zwischen anderen Männchen abbrechen, die in der Hierarchie weiter unten stehen, sondern auch, weil das bloße Vorhandensein der Hierarchie zusammen mit der genetischen Tradition von Willfährigkeit die Konfliktbereitschaft hemmt. Eine kräftige Motivation, hochrangig zu sein, liegt darin, daß die obersten Männchen in der Rangordnung häufig bevorzugten Zugang zu den empfängnisbereiten Weibchen haben. Wie bei allen Säugetieren wird dieses Verhalten durch Testosteron und verwandte Steroidhormone vermittelt. Bei der natürlichen Zuchtwahl dreht es sich vor allem darum, mehr Nachkommen zu hinterlassen. Allein aus diesem Grund macht eine solche Hierarchie entwicklungsgeschichtlich Sinn.

Das Alpha-Männchen regt schon allein aufgrund seines erhöhten Status die Bildung von Verschwörungen zu seinem Sturz an. Ein untergebenes Männchen kann – als Schritt auf dem Weg, ihre Statusbeziehung umzukehren – das Alpha-Tier durch Bluff, Einschüchterung oder tatsächlichen Kampf herausfordern. Besonders bei einer großen Populationsdichte kann es vorkommen, daß Weibchen eine zentrale Rolle bei der Ermutigung zu einem Staatsstreich spielen und bei seiner Durchführung mithelfen. Das Alpha-Männchen ist jedoch oft bereit, es allein mit zwei, drei oder vier verbündeten Gegnern aufzunehmen.

Die Alpha-Tiere setzen ihre Autorität durch; dagegen begehren die Beta-Tiere und andere manchmal auf – nicht aus abstrakten philosophischen Motiven, sondern aus Eigennutz. Daraus kann man durchaus den Schluß ziehen, daß die beiden – im Widerstreit liegenden – Neigungen auch in uns Menschen verankert sind, bei unterschiedlichen Individuen in unterschiedlicher Ausgewogenheit, wobei vieles auch von der sozialen Umgebung abhängt. Die Wurzeln der Tyrannei und des Freiheitsstrebens liegen jedenfalls in dunkler Vorzeit, lange vor dem Beginn menschlicher Geschichtsaufzeichnungen, und sie finden sich in unseren Genen.

In einer typischen Schimpansenkleingruppe können über einen Zeitraum von Jahren hin ein halbes Dutzend Männchen nacheinander zum Alpha werden – wegen des Todes oder einer Erkrankung des herrschenden Männchens oder aufgrund einer Herausforderung von unten. Andererseits ist es auch nicht völlig ungewöhnlich, daß ein Alpha-Männchen seine Position ein Jahrzehnt lang behält. Diese Amtsperioden entsprechen vielleicht aus purem Zufall ungefähr jenen, die für menschliche Regierungen typisch sind – an einem Ende der Skala etwa Italien und am anderen Frankreich. Politischer Meuchelmord – das heißt, ein Kampf um die Herrschaft, bei dem der Verlierer stirbt – ist selten.

Männchen werden in einem Kampf eher schlagen, treten, trampeln, zerren und ringen oder mit Steinen werfen und mit Knüppeln zuschlagen, falls welche zur Hand sind. Weibchen werden eher an den Haaren ziehen und kratzen oder sich einhaken und herumrollen. Trotz allen Zähneflet-

schens beißen Männchen selten jemanden aus der eigenen Gruppe, weil ihre Eckzähne schrecklichen Schaden anrichten können. Sie geben sozusagen mit ihren Rasiermessern und Springmessern an, aber sie vergießen kaum jemals Blut. Weibchen mit ihren weniger hervorstechenden Eckzähnen haben da geringere Hemmungen. Jeder Kampf regt mit großer Wahrscheinlichkeit weitere Kämpfe zwischen unbeteiligten, manchmal sogar zwischen überhaupt nicht dazugehörenden Parteien an. Einer der Kämpfer kann heftig um die Hilfe eines Vorübergehenden bitten, der möglicherweise sowieso ohne erkennbaren Grund angegriffen werden könnte. Jede Auseinandersetzung scheint den Testosteronspiegel aller männlichen Zuschauer zu heben. Vielleicht brechen alte Abneigungen neuerlich auf. Das Ergebnis ist oft eine allgemeine Schlägerei.
Schimpansen legen manchmal ihre Finger zwischen die Zähne eines hochrangigen Männchens und gewinnen Befriedigung daraus, wenn sie die Finger unbeschädigt zurückerhalten. In Zeiten steigender Spannung in der Gruppe können Schimpansenmännchen sich gegenseitig die Hodensäcke berühren oder anheben, wie es die alten Hebräer und Römer angeblich aus Anlaß eines Vertragsabschlusses oder einer Zeugenaussage vor Gericht getan haben. Die Bedeutsamkeit der Geste, heute, da Männer Hosen tragen, weniger verbreitet, ist nicht nur kulturübergreifend, sondern auch artenübergreifend.

* * *

Von Kindheit an werden Schimpansen gepflegt, hauptsächlich von ihren Müttern. Sie klammern sich ihrerseits vom Augenblick der Geburt an im Fell der Mutter fest. Das Kleine schwelgt in dem engen Körperkontakt und zieht tiefgreifende und langfristige psychologische Vorteile daraus. Auch wenn für ihre elementaren körperlichen Bedürfnisse gesorgt wird, sind Affen, die in ihrer Kindheit bei Umarmungen und Fellpflege zu kurz kommen, als Erwachsene sozial, emotional und sexuell untüchtig. Wenn das Kleine heranreift, wird das Pflegeverhalten langsam an andere übergeben. Die meisten Erwachsenen haben viele Pflegepartner. Bei einem sich pflegenden Paar gibt es häufig einen Statusunterschied – ein Partner pflegt, der andere wird gepflegt. Aber selbst das Alpha-Tier übernimmt beide Rollen. Ein Individuum sitzt gelassen da, während das andere sein Haar durchkämmt, alle seine Körperteile reibt und gelegentlich einen

Parasiten findet (eine Laus oder eine Zecke – zum Platzen voll mit Buttersäure), den es sofort verspeist. Manchmal halten sich die Schimpansen die ganze Zeit über bei den Händen. Ängstliche voll ausgewachsene Männchen kehren zu ihren Müttern zurück, um sich pflegen und beruhigen zu lassen. Männchen, die einander gereizt machen, verfallen häufig hastig in ein gegenseitiges Pflegeverhalten, um einander wieder zu beruhigen. Vor langer Zeit mag eine Verbesserung der Schimpansenhygiene und der öffentlichen Gesundheit durchaus von der Zuchtwahl begünstigt worden sein, doch heute ist das Pflegeverhalten zu einer sozialen Betätigung von zentraler Bedeutung geworden, die möglicherweise die Ausschüttung von Testosteron und Adrenalin senkt.

Am nächsten kommen solchen Prozeduren unter Menschen das Abreiben des Rückens oder die Körpermassage, die in so verschiedenen Kulturen wie dem modernen Japan und Schweden, der ottomanischen Türkei und der antiken Römischen Republik – wo man nach charakteristisch menschlicher Sitte ein besonderes Werkzeug, den Striegel, zum Abreiben des Rückens benutzte – zu einer regelrechten Kunst entwickelt wurden. Zur Zeit der Englischen Restauration im 17. Jahrhundert vertrieben sich bessere Herren die langen Stunden damit, gemeinschaftlich ihre Perücken auszukämmen. Wo Kopfläuse ein Problem sind, streichen Eltern regelmäßig sorgfältig durch das Haar ihrer Kinder und ziehen Laus für Laus heraus. Die emotionale Kraft, die davon ausgeht, vom Alpha-Männchen gepflegt zu werden ist vielleicht vergleichbar mit dem Handauflegen durch Schamanen, Geistheiler, charismatische Chirurgen und Könige.

Die männliche Dominanzhierarchie ist trotz ihrer Bedeutung also keineswegs die einzige wichtige Sozialstruktur unter Schimpansen, wie durch die Pflegepaare deutlich wird. Eine Mutter und ihre Kinder oder zwei erwachsene Geschwister unterhalten besondere lebenslange Beziehungen, die auf gegenseitiger Unterstützung basieren. Ein hochrangiger Sohn kann sich zum gesellschaftlichen Vorteil der Mutter auswirken. Es gibt auch langfristige Beziehungen zwischen nicht verwandten Individuen desselben Geschlechts, die sicherlich Freundschaften genannt werden können. Weitgehend außerhalb der männlichen Hierarchie gibt es einen fließenden und vielschichtigen Komplex weiblicher Beziehungsstrukturen, die oft von der Anzahl und dem Status von Verwandten und Freunden abhängig sind. Diese außerhalb der Hierarchie stehenden

Bündnisse bieten wichtige Mittel zur Milderung oder Neuordnung einer Dominanzhierarchie: Auch wenn ein Alpha-Männchen beispielsweise in Einzelkämpfen ungeschlagen bleibt, ist es denkbar, daß ein Bündnis von zwei oder drei niedrigrangigen Männchen, das bei den Weibchen Unterstützung findet, auch den Anführer in die Flucht schlagen kann. Es ist bekannt, daß hochrangige Männchen Bündnisse mit vielversprechenden jüngeren Männchen schließen; sie wählen sie vielleicht aus, um künftigen Putschversuchen vorzubeugen. Gelegentlich greifen sogar Weibchen ein, um eine spannungsgeladene Begegnung zu entschärfen.

Bündnisse werden geschlossen und gebrochen. Loyalitäten verschieben sich. Es gibt Mut und Zuneigung, aber auch Tücke und Verrat. In der Politik der Schimpansen ist keine Hingabe an Freiheit und Gleichheit erkennbar, aber es gibt einen gut funktionierenden Mechanismus, um die hartherzigeren Tyranneien aufzuweichen: Das Schwergewicht liegt auf dem Machtausgleich. Dazu schreibt Frans de Waal:

> Das Gesetz des Dschungels trifft auf Schimpansen nicht zu. Ihr Netzwerk von Koalitionen begrenzt die Rechte des Stärksten; *jedermann* zieht an den Fäden.[4]

In diesem vielschichtigen, im Fluß befindlichen Sozialleben häufen sich die Vorteile gerade für jene, die Interessen, Hoffnungen, Ängste und Gefühle der anderen gut erkennen, einschätzen und für sich nutzen können. Die Bündnisstrategie ist dabei im wesentlichen opportunistisch. Die Bündnispartner von heute können die Gegenspieler von morgen sein und umgekehrt. Die einzigen Konstanten sind Ehrgeiz und Zielstrebigkeit. Lord Palmerston, der britische Premierminister aus dem 19. Jahrhundert, der die Grundsätze der Außenpolitik seiner Nation so umschrieb: Keine immerwährenden nationalen Bündnisse, sondern nur immerwährende nationale Interessen – er hätte sich unter den Schimpansen recht heimisch gefühlt.

Männchen haben besondere Gründe, beständigen Wettstreit zu vermeiden. Auf der Jagd und bei Streifen ins Feindesland verlassen sie sich aufeinander. Mißtrauen würde ihre Leistungsfähigkeit gefährden. Sie benötigen Bündnisse, um sich emporzuarbeiten oder um ihre Macht zu behaupten. Während Männchen also viel aggressiver als Weibchen sind, sind sie auch viel höher motiviert, sich wieder zu versöhnen.

Als Calhoun seine Ratten zusammenpferchte, entdeckte er eine umfassende Veränderung in ihrem Verhalten, fast als ob es nun ihre gemeinschaftliche Strategie wäre, genügend viele Artgenossen zu töten und die Geburtenrate genügend zu senken, damit die Population in der nächsten Generation wieder eine handhabbare Größe erreiche. Aufgrund all der Neigungen von Schimpansen, die wir bereits verzeichnet haben (und aufgrund der im folgenden Kapitel beschriebenen Tatsache, daß Paviane in eine mörderische, zerstörerische Gruppenraserei geraten können, wenn sie zusammengepfercht werden), könnte man erwarten, daß es Schimpansen schlecht bekommt, wenn die Populationsdichte zu hoch wird, wie zum Beispiel in Zoos. In engen Gehegen kann ein Schimpansenmännchen einem Angriff nicht entfliehen, kann es kein Weibchen dem kontrollierenden Blick des Alpha-Männchens entziehen und es in die Büsche entführen; auch kann es sich nicht der Aufregungen der Jagd und des Streifengangs oder der Begegnung mit Weibchen von angrenzenden Territorien erfreuen. So steht zu erwarten, daß der Frustrationspegel ansteigt und daß hierarchische Zusammenstöße weniger Bluff und mehr tatsächliche Kämpfe beinhalten. Wenn man nicht zu einem Kampf auf Leben und Tod bereit ist, sollte man – dieser Gedanke liegt nahe – besser Wege finden, um zu besänftigen, zu beschwichtigen, Unterwürfigkeit zu zeigen, seinen Respekt zu erweisen, Dienste zu erbringen, nützlich zu sein – und bei jedem Schritt sein Knie zu beugen, damit das Alpha-Tier keine Zweifel daran hegt, daß man seinen Platz in der Hierarchie kennt.

Überraschenderweise ist jedoch genau das Gegenteil der Fall. Von Zoo zu Zoo zeigen Männchen – und insbesondere hochrangige Männchen – einen Grad an maßvoller Zurückhaltung, der in der Wildnis unvorstellbar wäre. Schimpansen in Gefangenschaft sind sehr viel eher dazu bereit, ihre Nahrung zu teilen. Gefangenschaft bringt auf irgendeine Weise einen demokratischeren Geist zum Vorschein. Wenn sie zusammengedrängt sind, unternehmen Schimpansen besondere Anstrengungen, um die soziale Maschinerie zum Surren und Schnurren zu bringen. Bei dieser bemerkenswerten Umgestaltung sind die Weibchen die Friedensstifter. Falls zwei Männchen nach einem Kampf einander sorgsam ignorieren – als ob sie zu stolz wären, sich zu entschuldigen oder zu versöhnen –, dann ist es oft ein Weibchen, das sie aufmuntert und wieder zum Umgang miteinander bringt. Es macht die verstopften Kommunikationskanäle wieder frei.

In der Schimpansenkolonie von Arnheim in den Niederlanden zeigte sich, daß jedes erwachsene Weibchen eine therapeutische Rolle für die Verständigung und Vermittlung zwischen den mürrischen, rangesbewußten, grollhegenden Männchen spielte. Wenn tatsächliche Kämpfe am Ausbrechen waren und die Männchen sich mit Steinen zu bewaffnen begannen, lösten die Weibchen den Männchen die Waffen sanft aus den Fingern. Und wenn sich die Männchen neuerlich bewaffneten, entwaffneten die Weibchen sie erneut. Bei der Beendigung von Auseinandersetzungen und bei der Konfliktvermeidung* wiesen die Weibchen den Weg.[5]

Es stellt sich also heraus, daß Schimpansen tatsächlich keine Ratten sind: Unter beengten Bedingungen unternehmen sie außerordentliche Anstrengungen, freundlicher zu sein, langsamer in Zorn zu geraten, in Auseinandersetzungen zu vermitteln, höflich zu sein – und die weibliche Rolle bei der Beruhigung der mit Testosteron verseuchten Männchen ist entscheidend. Dies ist eine wichtige und ermutigende Lektion über die Gefahren, die damit verbunden sind, wenn man vom Verhalten einer Art auf das einer anderen schließt, insbesondere wenn diese Arten nicht nahe miteinander verwandt sind. Da Menschen sehr viel mehr Ähnlichkeiten mit Schimpansen als mit Ratten haben, können wir nicht umhin, uns zu fragen, was geschehen würde, wenn Frauen in der Weltpolitik eine Rolle spielen würden, die ihrer Zahl entspräche. (Dabei meinen wir nicht jene gelegentlich auftauchenden Premierministerinnen, die an die Spitze gekommen sind, indem sie die Männer in ihrem eigenen Spiel übertrafen, sondern die proportionale Vertretung von Frauen auf allen Regierungsebenen.)

* * *

Schimpansenforscher nennen es »Werbung«. Es handelt sich dabei um einen Komplex von ritualisierten Gesten, durch die das Männchen dem Weibchen seine sexuellen Absichten zu erkennen gibt. Aber das Wort »Werben« beschreibt normalerweise den geduldigen Versuch eines Menschen, über lange Zeiträume hinweg und oft mit großer Zärtlichkeit und

* Das gilt für Konflikte zwischen Männchen. Innerhalb des eigenen Geschlechts können Weibchen jahrelang Groll hegen und die Aussöhnung verweigern.

Feinfühligkeit Vertrauen aufzubauen und die Grundlagen für eine langfristige Beziehung zu schaffen. Das Werben des Schimpansenmännchens ist dagegen viel kürzer und direkter, viel näher zu: »Ficken wir.« Es wird einherstolzieren, an einem Ast rütteln, mit Laub rascheln, das Weibchen mit seinen Augen fixieren und einen Arm nach ihm ausstrecken. Seine Haare stehen hoch, und nicht allein seine Haare. Ein aufgerichteter Penis – leuchtend rot in lebhaftem Kontrast zu seinem schwarzen Hodensack – ist ein unabänderlicher Teil der »Werbung« von Schimpansen; das ist vielleicht auch ganz gut so, denn die übrigen symbolischen Ausdrücke sexuellen Verlangens lassen sich kaum von jenen unterscheiden, die zur Einschüchterung anderer Männchen angewandt werden. In der Schimpansensprache klingt »ficken wir« fast genau wie »ich bring' dich um«. Die Bedeutsamkeit dieser Ähnlichkeit ist den Weibchen nicht entgangen. Sie fügen sich. Die typische weibliche Verweigerungsrate bei sexuellen Annäherungen eines nicht verwandten Männchens liegt bei etwa drei Prozent.

In der Schimpansenetikette besteht die rechte Antwort auf die Werbung des Männchens darin, sich zu Boden zu ducken und das Hinterteil einladend anzuheben. Sollten dem Weibchen die gesellschaftlichen Feinheiten zunächst entgehen, wird es vom Männchen bald eines Besseren belehrt. Widerspenstige Weibchen werden angegriffen. Alle Männchen in der Gruppe erwarten sexuellen Zugang zu allen Weibchen, von gewissen Ausnahmen abgesehen, die durch ein eifersüchtiges, hochrangiges Männchen durchgesetzt werden. (Heranwachsende Weibchen stehen sogar zur Kopulation für Männchen im Kindesalter zur Verfügung, die manchmal sehr eifrige Liebhaber sind.) Eine bezeichnende Ausnahme besteht für Mütter und Söhne; der Sohn mag zwar versuchen, mit seiner Mutter zu kopulieren, aber die Mutter widersetzt sich gewöhnlich energisch.

Für uns ist es natürlich anzunehmen, daß die sofortige Unterwerfung und Gefügigkeit dieser Affenweibchen unter Androhung körperlichen Schadens erzwungen wird und daß es sich schlicht und einfach um Vergewaltigungen handelt, auch wenn das Weibchen nicht gebissen oder geschlagen wird. Dies kann jedoch nicht die ganze Wahrheit sein, da isoliert großgezogene Primatenweibchen sich, sobald sie zum erstenmal in Hitze kommen, selbst bereitwillig vielen vorbeikommenden Männchen, Menschen und gelegentlich sogar Möbelstücken anbieten. Nicht nur ein hohes Maß an Gefügigkeit ist also genetisch fest verankert, sondern offensichtlich auch ein echtes Vergnügen an der Sexualität. Wie bei dem weiter oben beschriebenen Experiment mit den angeleinten Hamstern zeigen auch die Schimpansenweibchen eine Bevorzugung hochrangiger Männchen, wenn sie eine Gelegenheit dazu erhalten: Der große Boß ist okay. Vielleicht »präsentieren« sich ja auch die Männchen höherrangigen Männchen gegenüber nicht nur im Sinne einer Erniedrigung und eines Mittels zum Zweck sozialen Aufstiegs, sondern auch aus Freude.

Wie bei den meisten Tieren dringt das Schimpansenmännchen von hinten in die Scheide des Weibchens ein. Häufig befindet sich das Männchen auch in einer hockenden oder sitzenden Position mit seinen Händen auf der Taille oder dem Gesäß des Weibchens, das sich auf ihm plaziert. Für einen menschlichen Beobachter sind ihre Gesichter dabei seltsam ausdruckslos. Aus dem Unterschied zwischen den Sexualpraktiken von Schimpansen und Menschen wurde viel Aufhebens gemacht – mit ziemlicher Sicherheit in dem Bestreben, die verwandtschaftliche Nähe zu leugnen. Doch die bei den alten Römern bevorzugten Sexualpraktiken ähneln denen der Schimpansen sehr: Der Mann saß auf einem kleinen Hocker und die Frau ließ sich, oft mit dem Rücken zu ihm gewendet, auf ihm nieder. Auch der Stil unserer Jäger-und-Sammler-Vorfahren (wenn man aus zeitgenössischen Beispielen schließen darf) ähnelte dem der Schimpansen: Sie ruhen auf der Seite, und der Mann umarmt die Frau von hinten. Als eine modische menschliche Sexualpraktik ist die »Missionarsstellung« vielleicht nicht viel älter als die Missionare. Aber es gibt, wie wir weiter unten sehen werden, ein anderes Tier, das diese Stellung schon lange vor den Menschen anwendete.

Nach menschlichen Maßstäben ist das Geschlechtsleben von Schimpansen eine ununterbrochene Orgie im Freien – zwanghaft, endlos und immer in der Form, daß das Männchen das Weibchen von hinten faßt. Die durchschnittliche Kopulationsrate ist einmal oder zweimal pro Stunde, *jede* Stunde und für *jeden* ausgewachsenen Schimpansen. Wenn die Weibchen empfängnisbereit sind und ihren Eisprung haben, schwellen ihre Schamlippen und die zugehörigen Teile des Unterleibs außerordentlich an und färben sich leuchtend rosa.* Dann sind die Weibchen wan-

* Daß dies etwas mit Sexualität zu tun haben könnte, wurde zuerst angesichts beträchtlicher viktorianischer Skepsis und großen Unbehagens vom immer scharfsichtigen Charles Darwin[6] dargelegt.

delnde sexuelle Kontaktanzeigen und werden als noch weit begehrenswerter angesehen. Da die Zyklen der Weibchen bis zu einem gewissen Grade synchron verlaufen, gibt es Zeiten, da eine Schimpansenkolonie fast nur noch ein Meer von wogenden, gefügigen und werbenden geschwollenen roten Hinterteilen ist. Auch Duftnoten signalisieren ihre sexuelle Verfügbarkeit. In Randfällen wird ein vorbeikommendes Männchen, das nicht in der Lage ist, durch bloßes Hinsehen zu entscheiden, ob das Weibchen in Hitze ist, einfach seinen Finger in ihre Scheide einführen und dann daran schnüffeln.

Der Geschlechtsakt ist bei Schimpansen kein in die Länge gezogenes Geschäft. Vielleicht acht oder neun Stöße, jeder kürzer als eine Sekunde, und alles ist vorüber. Die Männchen haben nach menschlichen Maßstäben eindrucksvolle Erholungsraten; man hat ganze Reihen von Samenergüssen in Abständen von fünf Minuten dokumentieren können. Läufige Weibchen sind am frühen Morgen besonders anziehend, möglicherweise wegen der langen und anstrengenden Enthaltsamkeit, die den Männchen nachts durch die Notwendigkeit zu schlafen aufgezwungen wird. Als eine Art von Gemeinbesitz der Männchen kann ein Weibchen über den Vormittag hin alle zehn Minuten von einem Männchen nach dem anderen gefickt werden; danach dürften sie ein wenig müde werden.

Gelegentlich kommt es vor, daß ein heldenhaftes oder dummes Weibchen das Männchen trotz seines durchbohrenden Blicks, seiner drohenden Gesten und anderer Zeichen von Erregung abweist. Wenn er sich nähert, rennt sie schreiend vor ihm davon. Im allgemeinen kommt sie aber nicht weit. Wenn junge Männchen ein Zögern erkennen, beginnen sie in auffälliger Weise nach einem Stein zu suchen, und wenn sie tatsächlich einen finden, tun sie, als ob sie dabei wären, damit nach dem Weibchen zu werfen. Dies dient fast immer als ein überzeugendes Argument. Eine der frühesten Untersuchungen des Sexualverhaltens der Schimpansen kam zu dem Schluß, daß die Willfährigkeit der Weibchen vor allem darauf zurückzuführen sei, daß »die Männchen dominant und impulsiv sind, während sich die Weibchen bemühen, das Risiko einer körperlichen Verletzung möglichst gering zu halten, indem sie parieren«.[7]

Trotz ihres anscheinend ungehemmten Sexualverhaltens werden Schimpansen eifersüchtig. Ein Männchen, das die Avancen eines empfängnisbereiten Weibchens zurückwies, statt dessen aber mit der Tochter des Weibchens kopulierte, wurde von der verärgerten Mutter ins Gesicht geschlagen. Streunende Weibchen aus angrenzenden Territorien werden von den einheimischen Weibchen bedroht oder angegriffen – insbesondere wenn die Besucherin so weit geht, daß sie sich auf Fellpflege mit einem einheimischen Männchen einläßt. Das Männchen kann auch in sexueller Eifersucht über das Verhalten eines bestimmten Weibchens entbrennen – jedoch nahezu ausnahmslos nur dann, wenn deren Geschlechtsteile rosa angeschwollen sind und sie fruchtbar ist. Hochrangige Männchen scheuchen dann erregte niedrigrangige Männchen davon. Obwohl es unwahrscheinlich ist, daß dahinter eine bewußte Strategie steht, scheint es ganz klar, daß das Motiv des hochrangigen Männchens darin liegt, das Weibchen um die Zeit des Eisprungs zu monopolisieren, so daß niemand sonst zum Vater ihrer Kinder werden kann.* Was das Männchen angeht, kann das Weibchen in der übrigen Zeit tun, was ihr Spaß macht.

Im Kern eines Territoriums, wo die Schimpansendichte hoch ist, können Besitzansprüche jedoch nur schwer aufrechterhalten werden. Auch die wachsamsten und ranghöchsten Männchen werden zeitweise abgelenkt sein – etwa durch die Jagd, durch hierarchische Herausforderungen und unzureichende Unterwürfigkeit, durch Fellpflege oder die Notwendigkeit, bei Auseinandersetzungen schlichtend einzugreifen. Und während eines solchen Einschreitens – auch wenn es nur wenige Minuten dauert – stürzen sich andere Männchen, die geduldig auf ihre Chance gewartet haben, auf das »verbotene« Weibchen, besonders wenn es in Hitze ist. Ständig denken sie an solche heimlichen Verbindungen (Kleptogamie). Im Zoo wird ein Weibchen, sobald das Alpha-Männchen aus ihrem Käfig entfernt wurde, sich rangniedrigeren Männchen anbieten, auch wenn dies einige Gelenkigkeit erfordert, damit die Kopulation durch die Gitterstäbe eines angrenzenden Käfigs durchgeführt werden kann. Sowohl in der freien Wildbahn als auch in Gefangenschaft greift das betrogene Männchen, wenn es herausfindet, was passiert ist, das Weibchen an. Vielleicht weiß es, daß das Weibchen nur allzu bereitwillig war. Außerdem ist das viel sicherer, als den männlichen Rivalen anzugreifen.

Selbst wenn das Alpha-Männchen zugegen ist, kann es vorkommen, daß

* Ein ähnliches Verhalten ist auch von anderen geselligen Tieren bekannt. Bei den Gorillas darf beispielsweise ein Weibchen mit rangniedrigeren Männchen kopulieren, aber nur, wenn es schon trächtig ist. Bei Wölfen pflanzen sich nur das Alpha-Männchen und das Alpha-Weibchen fort, aber das Weibchen paart sich mit anderen Mitgliedern des Rudels, wenn es nicht in Hitze ist.[8]

ein untergeordnetes Männchen den Blick eines Weibchens, an dem es Gefallen gefunden hat, auf sich zieht und dann vielsagend in Richtung nahegelegener Büsche blickt. Es spaziert dann lässig weg, und häufig folgt ihm das Weibchen nach einer kurzen Pause. Dort in den Büschen kommen sie schnell zur Sache. Manchmal wird ihre Untreue von einem anderen Schimpansen beobachtet. Vielleicht durch Eifersucht oder durch den Wunsch motiviert, sich die Dankbarkeit des Führers zu erwerben, eilt der Informant in großer Aufregung zum Alpha-Tier, nimmt seinen Arm, zeigt auf die Büsche und führt es zu dem betrügerischen Paar. Zu anderen Zeiten kann das Weibchen unabsichtlich das Spiel verraten, indem es im Augenblick seines Orgasmus einen schrillen Schrei ausstößt. Auch nachdem sie auf diese Weise öfter als einmal entdeckt wurden, geben Weibchen gewöhnlich die risikoreiche Praxis heimlicher Stelldicheins nicht auf; sie lernen vielmehr, den Schrei zu unterdrücken, indem sie ihn in eine Art heiseres Schnaufen umwandeln.

Frans de Waal berichtet, daß nach einer langen Pflegesitzung zwischen einem hochrangigen und einem niedrigrangigen Männchen dieses

> untergeordnete Männchen das [Alpha-]Weibchen einladen und eine Kopulation ohne Einmischung durch andere genießen darf. Dieses Zusammenspiel vermittelt den Eindruck, daß Männchen die »Erlaubnis« zu einer ungestörten Paarung erwerben, indem sie einen Preis in Pflegewährung bezahlen... Vielleicht stellt sexueller Tauschhandel eine der ältesten Formen von Gleiches-mit-Gleichem-Vergelten dar, eine, bei der durch besänftigendes Verhalten eine tolerante Atmosphäre geschaffen wird.[9]

Um ein zuverlässiges Sexualmonopol während der Empfängnisbereitschaft des Weibchens zu bekommen, muß das feurige Männchen das Weibchen von der Menge fortlenken. Wissenschaftler, die Schimpansen beobachten, nennen dies »Partnerschaft« und unterscheiden es von der »Werbung«. Das Angebot wird dem Weibchen in folgender Weise vorgelegt: Er geht ein paar Schritte weg und schaut über seine Schultern auf sie zurück. Falls sie ihm nicht sofort folgt, rüttelt er an einem Ast in der Nähe. Wenn dies ungenügend Anreiz gibt, wird er hinter ihr herjagen und, falls es sein muß, sie angreifen. Häufiger jedoch kommt sie schweigend mit, besonders wenn er hochrangig ist. Dann hat er sie irgendwo draußen im einsamen Wald für sich allein. Hier deutet sich entfernt bereits die Monogamie an.

Eine Partnerschaft hält normalerweise wochenlang an und ist nicht ohne Gefahren. Das glückliche Paar kann von Räubern oder Streifen aus dem benachbarten Territorium überfallen werden; auch kann der Status des Männchens in der Dominanzhierarchie während seiner Abwesenheit in Frage gestellt werden. Jane Goodall berichtet von einigen Fällen, in denen die Mutter des jungen Weibchens sich selbst zur Teilhabe an der Partnerschaft einlädt; »was das Männchen betrifft«, so ist ihm die Mutter »eine höchst unwillkommene Begleiterin«. Für die Partnerschaft, bei der eine Empfängnis so gut wie sicher ist, gilt ein besonders nachhaltiges Inzesttabu – es sind keine Fälle bekannt, in denen ein Schimpansenmännchen jemals seine Mutter oder Schwester eingeladen hat, seine Gefährtin zu sein.

Warum lassen sich Weibchen all dies gefallen? Zum einen sind Männchen mit Sicherheit größer und stärker als Weibchen, und sie können und werden diese verletzen, wenn es nötig ist, um ihr Ziel zu erreichen. Aber das gilt nur für Wechselbeziehungen, in denen sie sich eins zu eins gegenüberstehen. Warum verbünden sich Weibchen nicht, um sich gegen ein sexuell räuberisches Männchen zu verteidigen? Wenn zwei oder drei dazu nicht stark genug sind, sechs oder acht wären es. Dies ist aus der Wildnis bekannt, kommt aber selten vor. (Im Tai National Forest an der Elfenbeinküste ist es jedoch Sitte.) Ein solches Verhalten ist indes weiter verbreitet, wenn die Schimpansen enger zusammenleben, wie in der Arnheimer Kolonie in den Niederlanden. Hier sind die sozialen Gepflogenheiten anders. Wenn ein Männchen um ein Weibchen wirbt und dieses nicht interessiert ist, dann zeigt das Weibchen dies deutlich, und damit hat die Sache gewöhnlich ein Ende. Wenn das Männchen sich verhaßt macht, kann es vorkommen, daß es von einem oder mehreren anderen Weibchen angegriffen wird. Es ist schon verwunderlich, daß ein so augenfälliges Merkmal des Schimpansenlebens in der freien Wildbahn wie die sexuelle Unterdrückung der Weibchen durch die Männchen sich in einem solchen Ausmaß umkehren kann, nur weil sie alle in einem minimal gesicherten Gefängnis zusammengepfercht sind. Wir haben bereits angesprochen, wie unter diesen Bedingungen Zurückhaltung, Koalitionsbildung und Friedensstiftung durch Weibchen in den Vordergrund treten. Gesellschaften, in denen Frauen eine Stellung haben, die einer Gleichberechtigung nahe kommt, sind auch die Gesellschaften, die aus weiblichen politischen Fertigkeiten Gewinn ziehen.

In der freien Wildbahn – in der es möglich ist, seinen Rivalen aus dem Weg zu gehen, indem man seine Geliebte zu einem kleinen Ausflug aufs Land mitnimmt, und in der man einem Raufbold entkommen kann, indem man davonläuft – läßt die Umsicht nach, die unter eingeengten Bedingungen notwendig ist. Hier fließt das Testosteron ungehemmt, und rücksichtsvolles Verhalten ist entsprechend selten. Die Primatenforscherin Sarah Blaffer Hrdy[10] vermutet, daß bei wildlebenden Schimpansen die weibliche Gefügigkeit gegenüber männlichen Sexualbedürfnissen die verzweifelte Strategie der alleinstehenden Mutter darstellt, ihre Kinder zu beschirmen. Die Männchen, meint Hrdy, die nach jeder Zurückweisung Ressentiments hegen, könnten die Kinder einer unempfänglichen Mutter angreifen (vielleicht zu einem späteren Zeitpunkt) oder sie zumindest nicht vor Angriffen durch andere in Schutz nehmen.* In der brutalen Welt des Schimpansen, vermutet sie, tut das Weibchen, was die Männchen wünschen, um sie zu bestechen, damit diese ihre Kinder nicht umbringen (und vielleicht sogar dabei helfen, sie zu retten, wenn sie selbst in guter Stimmung sind).** Falls Hrdy recht hat, sind die Männchen sich vielleicht über den Handel gar nicht einmal im unklaren. Bedrohen sie die Kinder, *um* deren Mütter gefügig zu machen? Greifen sie Kinder nach dem Zufallsprinzip an, als warnende Lektion für jede Mutter, die mit dem Gedanken spielt, nicht klein beizugeben? Haben Schimpansenmännchen einen erpresserischen Schutzverband organisiert, in dem die Weibchen und die Jungen ihre Opfer sind?

* Dies ist nicht nur ein unangenehmer Umstand des Schimpansenlebens; es kommt auch bei Pavianen, Gorillas und vielen anderen Affen vor. In einem Beobachtungszeitraum von 15 Jahren ging mehr als ein Drittel der genannten Kindersterblichkeit in der Nähe des Virunga-Vulkans in Ruanda auf Tötungen durch Gorillamännchen zurück. Kindermord gehört zu ihrem Lebensstil.[11]

** Etwas Vergleichbares läßt sich bei anderen, untereinander ziemlich verschiedenen nicht-monogamen Arten beobachten – bei Heckenbraunellen beispielsweise. Das Alpha-Männchen verhindert angestrengt Kopulationen durch Beta-Männchen, aber nur während der fruchtbaren Periode. Die Weibchen werden sich jedoch selbst in der fruchtbaren Periode gelegentlich zu heimlichen Paarungen mit Beta-Männchen wegstehlen. Nur in diesem Fall wird ihnen ein Beta-Tier beim Füttern der Küken helfen. Auch hier haben wir wiederum einen Fall, daß Weibchen die männliche Sexualbesessenheit benutzen, um die Männchen dazu zu bewegen, ihren Jungen zu helfen.[12]

Wir wollen die Möglichkeit bewußter Erpressung einmal beiseite lassen und noch einen Augenblick über Hrdys Vermutung nachdenken. Die Weibchen versorgen die Männchen nicht mit Nahrung. Auch scheinen sie bei der Fellpflege nicht geschickter als andere Männchen zu sein. So ist vielleicht das einzige – sicherlich aber das wertvollste – Gut, das sie zum Schutz ihrer Kinder anbieten können, ihr eigener Körper. Sie machen also das Beste aus einer scheußlichen Lage. Nun ist ein Männchen weniger geneigt, ihr Junges anzugreifen, und eher dazu geneigt, es zu beschützen. Wenn sich aber die Umstände ändern, wenn die Aggression wegen der beengten Verhältnisse gehemmt ist, dann können die Weibchen endlich »Nein« sagen – ohne befürchten zu müssen, daß ihnen gleich der Kopf abgerissen wird.

Wiederum dürfen wir uns hier nicht vorstellen, daß die Schimpansen dies alles durchdenken. Sie müssen eine andere, unmittelbare Verstärkung ihres Verhaltens besitzen. So stellt Hrdy die Frage nach dem Zuchtwahlvorteil von Orgasmen, insbesondere von vielfachen Orgasmen bei weiblichen Affen und Menschen. Welche evolutionären Vorteile stiftet ein Orgasmus für ein monogames Paar, fragt sie und kommt zu dem Schluß, daß keiner offenbar sei. Aber wenn wir uns statt dessen vorstellen, daß das Weibchen mit vielen Männchen kopuliert, damit keines von ihnen ihre Nachkommen verletze, dann dienen die Orgasmen, so Hrdys Vermutung, zur Bestärkung einer Abfolge von Paarungen mit vielen Partnern.

Doch ist nach wie vor unklar, inwieweit die sexuelle Hingabe der Weibchen von den Männchen erzwungen ist und inwieweit sie freiwillig ist oder sogar mit Begeisterung erfolgt.

* * *

Nukleinsäuren konkurrieren miteinander, ebenso die individuellen Organismen und sozialen Gruppen; vielleicht konkurrieren sogar die Arten miteinander. Aber es gibt noch einen Wettbewerb auf einer ganz anderen Ebene: Auch die Samenzellen wetteifern untereinander. Bei einem einzigen Samenerguß des Menschen ergießen sich etwa 200 Millionen Samenzellen mit peitschenden Schwänzen, die gegeneinander um die Wette schwimmen; sie stürmen mit einer Durchschnittsgeschwindigkeit von zwölfeinhalb Zentimetern pro Stunde voran, jede anscheinend darum bemüht, als erste das Ei zu erreichen. Doch selbst bei normal fruchtbaren Männern gibt es eine überraschend große Zahl von Samenzellen, deren Köpfe mißgebildet sind, die mehrere Köpfe oder Schwänze haben, deren Schwänze geknickt sind oder die einfach bewegungsunfähig sind und wie tot im Wasser liegen. Manche schwimmen geradeaus, andere auf verschlungenen Pfaden, wobei sie auch wieder an den Ausgangspunkt zurückgelangen können. Dann kann das Ei aus den Samenzellen auswählen. Es sendet ihnen chemische Signale entgegen und lockt sie an. Die Samenzellen ihrerseits sind mit ganzen Batterien hochentwickelter Geruchssensoren ausgerüstet, von denen einige jenen in der menschlichen Nase seltsam ähneln. Wenn die Spermien nun darauf ansprechen und sich gehorsam in der Nähe des rufenden Eis einfinden, haben sie anscheinend nicht genug Verstand, um mit dem Schwimmen und Strampeln aufzuhören, so daß die Moleküle an der Oberfläche der Eizelle eine Art Angel auswerfen, eine Samenzelle an den Haken nehmen und ins Innere des Eis befördern. Sofort errichtet das befruchtete Ei dann eine Sperre um sich herum, die alle weiteren Spermien in Zukunft abweist, die sich vielleicht sonst einmischen würden. Diese hier skizzierten modernen Forschungsergebnisse weichen beträchtlich von der bisher herrschenden Ansicht ab, daß das Ei passiv darauf warte, von der siegreichen Samenzelle erobert zu werden.[13]

Doch bei einer normalen Befruchtung gibt es einen Sieger und 200 Millionen Verlierer. Die Empfängnis wird zwar nicht unerheblich vom Ei mitbestimmt, und doch ist sie wenigstens teilweise das Ergebnis einer Konkurrenz unter den Samenzellen hinsichtlich Geschwindigkeit, Reichweite und Zielfeststellung.*

Gewinnchancen in der Nähe von 200 Millionen zu 1 bei jeder Empfängnis, die sich in jeder Generation über geologische Zeitalter hinweg fortsetzen, lassen auf eine äußerst strenge Zuchtwahl von Samenzellen schließen. Schlankere, stromlinienförmigere Samenzellen mit schneller peitschenden Geißeln, die dadurch schneller schwimmen können, und mit überlegenen chemischen Sensoren werden als erste ankommen; aber

* Eine Samenzelle, die das kleinere Y-Chromosom trägt, das für die Ausformung von Männchen verantwortlich ist, wiegt geringfügig weniger als eine, die das größere X-Chromosom trägt, das für die Ausformung von Weibchen sorgt; das ist vielleicht der Grund, warum geringfügig mehr Männchen als Weibchen empfangen werden, denn die leichteren Samenzellen sind etwas schneller.

das hat sehr wenig mit den Merkmalen des ausgewachsenen Individuums zu tun, das auf diese Weise empfangen wurde. Wenn etwa eine Samenzelle mit Erbanlagen für Ungehobeltheit oder Dummheit als erstes das Ei erreicht, ist das nicht unbedingt ein Vorteil für die Evolution. Und es sieht ganz so aus, als wäre ein Großteil der Entwicklungsanstrengungen beim natürlichen Ausleseverfahren unter den Samenzellen ohnehin verschwendet.[14] Gleichwohl erscheint es seltsam, daß so viele Samenzellen nicht funktionstüchtig sind. Wir haben dafür keine Erklärung.

Es gibt noch viele weitere Faktoren, die mit entscheiden, welche Samenzelle erfolgreich ist: Das Vorankommen des Eis im Eileiter, der genaue Zeitpunkt des Samenergusses, die Körperstellung der Eltern, ihr Bewegungsrhythmus, winzige Ablenkungen oder Ermunterungen, Hormon- und Stoffwechselvariablen usw. bestimmen mit, ob es zu einer Empfängnis kommt. Und so finden wir erneut im Kernbereich von Fortpflanzung und Evolution eine überraschend starke Zufallskomponente.

Die verschiedenen Affenarten tun sich unter jenen Tieren, bei denen viele Männchen, eines nach dem anderen, sich mit demselben Weibchen paaren, besonders hervor. Sie können sich kaum beherrschen und springen vor Aufregung auf und nieder, während sie darauf warten, bis sie selbst an der Reihe sind. Bei Schimpansen kann es, wie wir schon festgehalten haben, Dutzende von Kopulationen in rascher Folge mit einem empfängnisbereiten Weibchen geben. Der Geschlechtsakt selbst kann deshalb nicht in die Länge gezogen oder reich an Schattierungen sein. Mehrere Beckenstöße, jeder von etwa einer Sekunde Dauer, und die Sache ist vorüber. Für ein durchschnittliches Männchen ergibt sich stündlich eine Kopulation an jedem Tag seines Lebens. Und für Weibchen in Hitze liegt die Zahl noch sehr viel höher.

In zehn oder zwanzig Minuten können viele Männchen mit demselben Weibchen kopuliert haben. Stellen Sie sich also die Samenzellen dieser verschiedenen Schimpansenmännchen im Wettlauf gegeneinander vor. Sie schwimmen im wesentlichen von der gleichen Startlinie los. Die Wahrscheinlichkeit der Befruchtung durch ein bestimmtes Männchen steht unter ansonsten gleichen Bedingungen im Verhältnis zu der Anzahl der Samenzellen, die es in das Weibchen ejakuliert hat; auf diese Weise haben jene Schimpansen einen Vorteil, welche die größte Anzahl von Samenzellen pro Ejakulation ausschütten und die in der Lage sind, am häufigsten in rascher Folge zu kopulieren, bevor Erschöpfung einsetzt.

Für mehr Samenzellen sind aber größere Hoden erforderlich. Die sehr großen Hoden eines Schimpansenmännchens machen etwa ein Drittel Prozent ihres gesamten Körpergewichts aus – das Zwanzigfache oder mehr der Ausstattung, im Verhältnis zum Körpergewicht, von anderen Primaten, die in monogamen Beziehungen oder in Familieneinheiten von einem Männchen und mehreren Weibchen leben. Im allgemeinen läßt sich beobachten, daß bei jenen Arten Männchen bedeutend größere Hoden im Verhältnis zu ihrer Körpergröße haben, bei denen sich mehrere Männchen mit einem Weibchen paaren. Es gibt dort nicht nur eine Zuchtwahl zugunsten von Hodengröße, sondern auch zugunsten eines Interesses an der Kopulation. Dies mag einer der Wege sein – es gibt jedoch, wie wir beschrieben haben, viele sich gegenseitig verstärkende Bahnen –, die zu den stark sexuell geprägten Sozialneigungen unserer Primatenordnung geführt haben. Da Männer im Vergleich zu männlichen Schimpansen relativ kleine Hoden haben, dürfen wir vermuten, daß sexuell völlig freizügige Gesellschaften in der unmittelbaren menschlichen Vergangenheit ungewöhnlich waren. Aber vor ein paar Millionen Jahren könnten unsere Vorfahren sexuell wesentlich weniger wählerisch und wesentlich besser ausgestattet gewesen sein.

* * *

> Eine Mutter und ihre erwachsene Tochter, die für wenige Stunden getrennt voneinander auf Nahrungssuche waren, mögen einander lediglich anblicken und ein paar Grunzer von sich geben, wenn sie sich wiedertreffen; waren sie aber eine Woche oder länger getrennt, werden sie sich wahrscheinlich gegenseitig stürmisch umarmen, Grunzer oder kurze aufgeregte Schreie ausstoßen und sich dann zu einer Sitzung mit gegenseitiger Fellpflege niederlassen.[15]

Schimpansenweibchen und ihre Jungen haben tiefe Gefühlsbindungen, während die heranwachsenden und ausgewachsenen Männchen oft von Rang und Sexualität gefesselt zu sein scheinen. Die Jungen toben sich im rauhen Spiel miteinander aus. Kinder winseln und schreien, wenn sie sich außerhalb der Sichtweite ihrer Mütter wiederfinden. Die Jungen werden ihrer Mutter zu Hilfe kommen, wenn diese angegriffen wird, und umgekehrt. Geschwister können einander das ganze Leben lang besondere, liebevolle Rücksicht erweisen, und sie sorgen für ihre kleinen Geschwister, wenn die Mutter – was häufig der Fall ist – gestorben ist, bevor diese herangewachsen sind. Gelegentlich werden Schimpansen beiderlei Geschlechts sich selbst in Gefahr bringen, um anderen zu helfen, auch solchen, die keine nahen Verwandten sind. Die enge Bindung unter den Männchen bei der Jagd oder auf Streife ist offensichtlich. Es gibt in einer Schimpansengesellschaft offenbar auch Gelegenheiten – besonders wenn der Testosteronspiegel niedrig ist – für gesittetes, liebevolles, sogar selbstloses Verhalten.

Trotz der Dominanzhierarchie verbringen erwachsene Männchen viel Zeit allein. Nach der Geburt ihrer ersten Jungen verbringen die meisten Weibchen dagegen ihre ganze Zeit in Gesellschaft anderer. Weibchen müssen also feinere Sozialfertigkeiten ausbilden, und sie haben auch mehr Gelegenheit dazu. Wie bei den verschiedensten Affen mit seltenen Ausnahmen üblich, wird nur ein Junges auf einmal geboren. Außer wenn sie in Hitze sind, verbringen die Weibchen fast die ganze Zeit mit ihren Jungen. Dies ist für die nächste Generation von entscheidender Bedeutung: Wie schon erwähnt, neigen Affen, die nicht regelmäßig von einem Erwachsenen versorgt, gestillt, gehalten, gekost und gepflegt werden, als Erwachsene dazu, sozial schwierig, sexuell unfähig und katastrophale Eltern zu sein.

Weibchen kommen nicht als verständige Mütter auf die Welt; sie müssen durch Vorbilder lernen. Die Zeit, die Mütter für ihre Nachkommen investieren müssen, ist gewaltig: Die Jungen werden nicht abgestillt, ehe sie fünf oder sechs Jahre alt sind, und sie kommen mit etwa zehn Jahren in die Pubertät. Bis zum Abstillen sind sie weitgehend unfähig, für sich selbst zu sorgen. Sie sind jedoch sehr geschickt darin, sich am Haar ihrer Mutter festzuhalten, während sie kopfüber auf deren Bauch oder Oberkörper reiten. Solange sie dem Jungen zu saugen erlauben, wann immer es will, sind Schimpansenmütter gewöhnlich unfruchtbar und für Männchen nicht anziehend. Dieses Phänomen wird »Laktationsanoestrie« genannt. Ohne daß die Männchen sie ständig um Geschlechtsverkehr angehen, sind sie in der Lage, viel mehr Zeit mit den Jungen zu verbringen.

Schimpansenmütter setzen nur sehr selten körperliche Strafen ein. Kinder lernen die richtigen Methoden der Drohung und des Zwangs, indem sie ältere männliche Rollenvorbilder beobachten. Bald schon versuchen junge Männchen, Weibchen einzuschüchtern. Das kann einige Anstrengung kosten; Weibchen, besonders hochrangige Weibchen, reagieren nicht immer freundlich, wenn sie von einem jungen Grünschnabel umhergeschubst werden. Die Mutter des Emporkömmlings hilft ihm dann möglicherweise bei seinen Einschüchterungsbemühungen. Noch bevor es ausgewachsen ist, hat beinahe jedes Männchen die Unterwerfung nahezu eines jeden Weibchens erlangt. Männliche Kleinkinder – auch jene, die noch Jahre vom Abstillen entfernt sind – kopulieren regelmäßig und erfolgreich mit erwachsenen Weibchen. Heranwachsende Männchen ahmen erwachsene Männchen sorgfältig nach (sie äffen zum Beispiel jede Schattierung ihres Einschüchterungsgebarens nach), sie möchten ihre Lehrlinge und Gehilfen sein und geben sich in ihrer Gegenwart zugleich nervös, unterwürfig und hoffnungsvoll. Sie sind auf der Ausschau nach Helden, die sie verehren können. Es kommt sogar vor, daß ein Heranwachsender, der von einem erwachsenen Männchen unbarmherzig angegriffen worden ist, seine Mutter verläßt und dem Angreifer überallhin folgt, seine Unterwerfung zur Schau stellt, sich in der Sehnsucht nach Anerkennung in einer zukünftigen, glorreichen Zeit verzehrt.

* * *

Aus dem Blickwinkel des Menschen hat das gesellschaftliche Leben der Schimpansen viele erschreckende Seiten. Und doch scheint es trotz seiner Auswüchse gespenstisch vertraut. Viele spontane Männergruppen richten sich an Hierarchie, Kampf, Jagdsport und lieblosen Sexualbeziehungen aus. Die Kombination aus beherrschenden Männchen, unterwürfigen Weibchen, intrigierenden, aber ehrerbietigen Untergeordneten, einem dringlichen Bedürfnis nach »Respekt« auf allen Stufen der Hierarchie, einem Austausch von gegenwärtigen Begünstigungen gegen künftige Loyalität; aus kaum verhohlener Gewalttätigkeit, organisierter Erpressung und systematischer sexueller Ausbeutung aller verfügbaren erwachsenen Weibchen hat insgesamt eine bemerkenswerte Ähnlichkeit mit den Lebensstilen und der Umgebung von absoluten Monarchen, Diktatoren, Großstadtfilzokraten, Bürokraten aller Nationen, Gangsterbossen, mit dem organisierten Verbrechen und mit den tatsächlichen Lebensverläufen vieler historischer Figuren, die als »groß« beurteilt werden.

Die Schrecken des Alltags bei den Schimpansen bringen ähnliche Ereignisse in der jüngeren Menschheitsgeschichte in Erinnerung. Überall treffen wir auf Menschen, die sich wie die schlimmsten Schimpansen aufführen: in den Tageszeitungen, im modernen Trivialroman, in den Chroniken der ältesten Zivilisationen, in den heiligen Büchern vieler Religionen und in den Tragödien von Euripides und Shakespeare. Eine Zusammenfassung der menschlichen Natur auf der Basis von Shakespeares Schauspielen würde »den Menschen«, so schrieb Hippolyte Taine, erscheinen lassen als:

> eine nervöse Maschine, die von Stimmungen gelenkt und anfällig für Halluzinationen ist; die von ungezügelten Leidenschaften bewegt, im wesentlichen vernunftlos ist... und zufällig, von den bestimmtesten und vielschichtigsten Umständen getrieben, zu Leiden, Verbrechen, Wahnsinn und Tod geführt wird.[16]

Weder stammen wir von Schimpansen ab noch sie von uns; es gibt also keinen zwingenden Grund, warum irgendein bestimmtes Verhaltensmerkmal der Schimpansen von Menschen geteilt werden müßte. Aber sie sind so nahe mit uns verwandt, daß die Annahme durchaus vernünftig ist, daß wir viele ihrer erblichen Neigungen teilen – vielleicht wirkungsvoller gehemmt oder auf neue Ziele gerichtet, aber doch so, daß sie in uns schwelen. Wir werden durch selbstauferlegte gesellschaftliche Regeln im Zaum gehalten. Aber wir brauchen die Regeln – selbst hypothetisch – nur zu lockern, und alles, was während der ganzen Zeit schon in uns am Schäumen und Gären war, tritt offen zutage. Unter dem glatten Firnis von Recht und Zivilisation, Sprache und Feingefühl – die ohne jeden Zweifel bemerkenswerte Errungenschaften sind – stößt man schnell auf die Frage: Wie sehr unterscheiden wir uns denn wirklich von Schimpansen?

Denken Sie zum Beispiel an Verbrechen und Vergewaltigung. Viele Männer finden Vergewaltigungsdarstellungen erregend – besonders wenn die Frau dabei so dargestellt ist, als genieße sie das Ganze, trotz ihres anfänglichen Widerstands. Die meisten amerikanischen High-School- und Collegestudenten (beiderlei Geschlechts) glauben, daß ein Mann das Recht habe, eine Frau zum Sex zu zwingen – zumindest, wenn diese sich aufreizend verhält.[17] Mehr als ein Drittel der männlichen Studenten an amerikanischen Colleges gestehen eine gewisse Neigung zu Vergewaltigungen ein, wenn sie die Garantie hätten, ungestraft davonzukommen.[18] Und dieser Prozentsatz steigt sogar noch, wenn in der Frage ein Euphemismus wie »Zwang« an die Stelle von »Vergewaltigung« tritt. Das tatsächliche Risiko für amerikanische Frauen, im Laufe ihres Lebens vergewaltigt zu werden, liegt bei mindestens 1 : 7; fast zwei Drittel der Opfer wurden als Minderjährige vergewaltigt.[19] Vielleicht sind die Männer in anderen Ländern weniger von Vergewaltigungen fasziniert als die Amerikaner; vielleicht fühlen sich auch reife Männer, deren Testosteronspiegel niedriger ist als der junger Männer, beim Gedanken an Vergewaltigung weniger wohl.[20] Aber es würde trotzdem schwerfallen, die männliche biologische Prädisposition zur Vergewaltigung wissenschaftlich zu bestreiten.

Man hat zwar eine ganze Bandbreite ursächlicher Faktoren für Vergewaltigungen herausgefunden, doch die meisten Männer, die Frauen Gewalt antun, sind eindeutig keine sabbernden Psychopathen, sondern ganz durchschnittliche Männer, die nur impulsiv die Gelegenheit beim Schopf ergreifen,[21] manchmal wiederholt und zwanghaft. Manche Forscher, die sich mit dem Gegenstand befaßt haben, sehen Vergewaltigung als (unbewußte) biologische Strategie an, die Gene des Vergewaltigers fortzupflanzen;[22] andere sehen darin ein Mittel für die Männer (wiederum weitgehend unbewußt), ihre Herrschaft über die Frauen durch Einschüchterung und Gewalt aufrechtzuerhalten.[23] Beide Erklärungen schließen sich wohl nicht gegenseitig aus. Und beide kann man in Schimpansengesellschaften tatsächlich in Funktion erleben. Auch eine gar nicht so kleine Minderheit von Frauen läßt sich durch Vergewaltigungsphantasien erregen, und in einer Studie kam als beunruhigendes Ergebnis heraus, daß Frauen, die von einem Mann vergewaltigt wurden, den sie gut kannten, mit großer Wahrscheinlichkeit die Beziehung zu ihrem Vergewaltiger fortsetzen – jedenfalls in signifikant höherem Maße, als wenn der Bekannte eine Vergewaltigung nur versucht hatte.[24] Auch dieses Verhaltensmuster erinnert zumindest an das entsprechende Verhaltensmuster weiblicher Schimpansen.

Es scheint also, als sei auch hier über einen Komplex erblicher Neigungen in der menschlichen Gesellschaft eine Matrize gelegt, die den Ausdruck einiger Optionen zur Gänze ermöglicht, den Ausdruck anderer aber ganz oder teilweise behindert. In Kulturen, in denen Frauen ungefähr vergleichbare politische Macht haben wie Männer, gibt es nur selten oder nie Vergewaltigungen.[25] So stark die genetisch verankerte Neigung zur Vergewaltigung also auch sein mag, die soziale Gleichstellung von Mann und

Frau scheint ein hochwirksames Gegenmittel zu sein. Je nach Gesellschaftsstruktur können aus dem Gemisch menschlicher Neigungen und Vorlieben viele verschiedene Kombinationen realisiert werden.

* * *

Auch eine Schimpansengesellschaft hat ein erkennbares Regelwerk, nach dem die meisten ihrer Mitglieder leben: Sie unterwerfen sich dem Ranghöheren. Weibchen beugen sich den Männchen. Sie halten ihre Eltern in Ehren. Sie sorgen für ihre Jungen. Sie besitzen eine Art Patriotismus und verteidigen die Gruppe gegen Außenstehende. Sie teilen sich das Futter. Sie schrecken von Inzest zurück. Aber soweit wir wissen, haben sie keine Gesetzgeber. Es gibt keine steinernen Gesetzestafeln, keine heiligen Schriften, in denen ein Verhaltenskodex ausgebreitet wäre. Gleichwohl ist etwas wie ein Sitten- und Moralgesetz unter ihnen wirksam – eines, das viele menschliche Gesellschaften erkennen könnten und das sie sogar, soweit die Parallelen reichen, als geistesverwandt anerkennen würden.

Kapitel 17

Warnungen an den Eroberer

Vielleicht keine andere Säugetierordnung bietet uns eine so außergewöhnliche Folge von Abstufungen wie diese [schrittweise von Menschen über Menschenaffen und Schwanzaffen zu den Halbaffen, den Lemuren], indem sie uns gefühllos von der Krone, dem Höhepunkt der Tierschöpfung zu Kreaturen hinabführt, von denen es anscheinend nur ein Schritt zu den niedrigsten, kleinsten und unintelligentesten der Plazenta-Säugetiere ist. Es ist, als hätte die Natur den Hochmut des Menschen vorhergesehen und mit römischer Strenge Vorsorge getroffen, daß der menschliche Verstand gerade durch seine Errungenschaften die Sklaven in den Vordergrund stellt – als Warnung an den Eroberer, daß auch er nur Staub ist.

T. H. HUXLEY
Evidence as to Man's Place in Nature[1]

Der Erzbischof von York führt den Titel *Primate of England*, der Erzbischof von Armagh den eines *Primate of Ireland*, der Erzbischof von Warschau den eines Primas von Polen. Der Papst ist Primas von Italien, und der Erzbischof von Canterbury gilt als *Primate of All England*, zum Zeichen seiner Vorrangstellung vor dem Erzbischof von York und seines Ranges als weltweites nominelles Oberhaupt der Anglikanischen Kirche. All diese alten Titel leiten sich von dem spätlateinischen Wort *primas* ab, das seinerseits eine Substantivierung des lateinischen Ordnungszahlwortes *primus* (der Erste) darstellt. Der kirchliche Gebrauch war schnörkellos: Der Primas einer Kirchenprovinz war der maßgebliche (»Erste«) unter allen ihren Bischöfen. In den letzten Jahrhunderten haben manche dieser althergebrachten Titel ihre ursprüngliche Funktion verloren und sind nur noch wenig mehr als ein Ehrentitel.

Als Linné seinen Stammbaum des Lebens auf der Erde niederschrieb, hatte er, wie oben bereits erwähnt, Bedenken, den Menschen zu den Affen zu zählen. Doch war es trotz weit verbreiteter Gegnerschaft unmöglich, einige tiefgreifende Verbindungen zwischen den verschiedenen Affenarten* und dem Menschen zu verleugnen. Er klassifizierte sie also alle zusammen als »Ordnung« (in seinem Schema ein Taxon höher als eine »Gattung«) und nannte sie »Primaten«. Deshalb heißen Wissenschaftler, die die nichtmenschlichen Primaten erforschen – obgleich sie selbst natürlich auch Primaten sind –, Primatologen.

Auch der Ordnungsname »Primaten« geht natürlich auf das lateinische Wort *primus* (der erste) zurück. Allerdings ist nur schwer einzusehen, nach welchem Maßstab etwa ein Baumäffchen als eine der »ersten«

* Die sogenannten Menschenaffen, schwanzlose Altweltaffen, sind größer und klüger als andere Affen. Zu ihnen zählen die Schimpansen, Gorillas, Gibbons, Siamangs und Orang-Utans. Die Siamangs sind etwa so nahe mit den Gibbons verwandt wie die Schimpansen mit uns Menschen. (Im Englischen wird zwischen *apes*, Menschenaffen, und *monkeys*, Schwanzaffen, etwa Makaken und Meerkatzen, unterschieden.)

Lebensformen auf der Erde angesehen werden kann. Aber wenn man die Position verteidigen will, daß Menschen in der Natur die »Ersten«, die Obersten sind, dann müssen auch Halbaffen wie der Koboldmaki oder die Galago-Affen, Stummelschwanzaffen (Mandrills), Seidenäffchen, Lemuren, Pottos, Loris, Klammeraffen und Springaffen mit einbezogen werden. Wir sind die »Ersten«, und sie sind eng mit uns verwandt. Deshalb müssen auch sie in einem gewissen Sinne »Erste« sein – eine unbewiesene, ja verdächtige Schlußfolgerung im Rahmen einer biologischen Welt, die sich von den Viren bis zu den großen Walen erstreckt. Vielleicht geht ja der Beweis genau in die andere Richtung, und der niedrige Status der meisten Mitglieder des Primatenstammes wirft Zweifel an dem erhabenen Titel auf, den wir uns selbst angeeignet haben. Um unser Selbstwertgefühl würde es ja soviel besser stehen, wenn jene anderen Primaten – anatomisch, physiologisch, genetisch und in ihrem individuellen und sozialen Verhalten – uns nicht so sehr ähnelten.

In dem Begriff »Primaten« steckt mit Sicherheit zumindest eine Andeutung, nicht nur von Selbstbeglückwünschung, sondern auch jenes Gedankens, der in der Praxis unserer Tage völlig in die Wirklichkeit umgesetzt ist, daß nämlich wir Menschen Kommando und Kontrolle über alles Leben auf der Erde in unseren Händen vereinen. Wir maßen uns an, nicht nur *primus inter pares*, Erster unter Gleichen, sondern geradeheraus *primus* zu sein. Wir haben es als bequem, ja sogar als beruhigend empfunden zu glauben, daß das Leben auf der Erde eine unermeßliche Dominanzhierarchie, manchmal »Stufenleiter des Daseins« genannt, ist – mit uns Menschen als den Alpha-Tieren. Manchmal behaupten wir, daß dies nicht unsere eigene Idee sei, sondern daß wir durch eine Höhere Macht, das oberste Alpha aller Alphas, dazu bestellt wurden, die Führung zu übernehmen. Wir haben natürlich keine andere Wahl gehabt, als zu gehorchen.

Wir kennen etwa 200 Primatenarten. Es ist vorstellbar, daß in den sich schnell verringernden tropischen Regenwäldern die eine oder andere Art – vielleicht mit nächtlicher Lebensweise oder geschickt getarnt – bisher unserer Aufmerksamkeit entgangen ist. Es gibt ungefähr so viele Primatenarten, als es Staaten auf der Erde gibt. Und wie die Völker haben auch die Primaten ihre verschiedenen Sitten und Gebräuche, unterschiedliche Verhaltensweisen, von denen wir in diesem Kapitel einige Beispiele geben.

Nehmen wir die Paviane – »die Leute, die auf ihren Fersen sitzen«, wie der !Kung-San-Stamm in der Kalahari-Wüste sie achtungsvoll nennt. Mantelpaviane unterscheiden sich von den Steppenpavianen (von denen sie sich vor etwa 300 Jahrtausenden abzweigten), und Paviane in der freien Wildbahn verhalten sich ganz anders als Paviane, die in Zoos zusammengepfercht sind (die letzteren benehmen sich »unverschämt lüstern«, wie ein Naturkundler aus dem 18. Jahrhundert es beschreibt). Eine bezeichnende Eigenschaft aber ist ihnen allen gemein: Das Teilen von Nahrung, insbesondere Fleisch, ist bei Pavianmännchen beider Arten praktisch unbekannt, obwohl es bei Schimpansen weit verbreitet ist.

Bei Sonnenaufgang erheben sich die Paviane von ihren Schlafplätzen auf Felsvorsprüngen und teilen sich in eine Anzahl kleiner Gruppen. Jede Gruppe macht sich auf ihren eigenen Weg durch die Savanne, sucht nach Nahrung, tollt umher, spielt, schüchtert ein und paart sich – all das gehört zum Alltag. Am Ende des Tages aber kommen alle Gruppen bei demselben fernen Wasserloch zusammen, und es kann sich an verschiedenen Tagen sehr wohl um ein jeweils anderes Wasserloch handeln. Wie bringen es die Gruppen, die den Großteil des Tages außer Sichtweite füreinander sind, fertig, sich abends am selben Wasserloch einzufinden? Hatten die Führer die Sache bei Sonnenaufgang an den Schlafplätzen ausgehandelt?

Erwachsene männliche Mantelpaviane sind beinahe zweimal so groß wie die Weibchen. Sie zeigen eine löwenähnliche Mähne, gewaltige, fast hauerartige Eckzähne und einen rücksichtslosen Charakter. Sie sind jene Paviane, die von den alten Ägyptern vergöttert wurden. Sie stoßen ein tiefes, langgezogenes Grunzen aus, wenn sie kopulieren. Ihre Gesichter sind von »der Farbe rohen Rindfleisches – so verschieden von dem mausähnlichen Graubraun der Weibchen, als ob sie zu zwei verschiedenen Arten gehörten«.[2] Wenn die Weibchen der Sexualreife nahe sind, werden sie von bestimmten Männchen ausgewählt und in Harems zusammengeschart. Dabei kann es zwischen konkurrierenden Männchen durchaus zu Streitigkeiten über den Besitz von Weibchen kommen. Ihren Status in der Dominanzhierarchie zu erhalten und verbessern, steht hoch oben auf der Prioritätenliste der Männchen.

Die Harems der Mantelpaviane umfassen normalerweise ein bis zehn Weibchen; die Männchen sind darum besorgt, Frieden zwischen ihren

Weibchen zu halten und sicherzustellen, daß diese andere Männchen nicht einmal anschauen. Hier handelt es sich um eine Art Leibeigenschaft mit wenig Aussicht auf ein Entkommen. Ein Weibchen muß seinem Männchen für den Rest seines Lebens überallhin folgen. Es muß sexuell unterwürfig sein: Beim geringsten Widerstand wird es in den Nacken gebissen. Es kann sogar vorkommen, daß einem Mantelpavianweibchen für einen geringfügigen Verstoß gegen die Verhaltensregeln, die vom Männchen rücksichtslos durchgesetzt werden, der Schädel durchbohrt und in den massigen Kiefern des Männchens zerquetscht wird.[3] Die Konflikte und Spannungen in der Umgebung brünstiger Weibchen sind hoch, dagegen weniger stark, wenn die Weibchen trächtig sind oder Junge stillen. Im Unterschied zu den Schimpansen kann man bei den Pavianen die Zwangssituation beim Sexualakt aus der Kopulationsstellung selbst ersehen: Ein Pavianmännchen erfaßt während der Paarung die Fersen des Weibchens mit seinen greiffähigen Füßen und stellt damit sicher, daß es nicht davonlaufen kann. Verglichen mit den Verhaltensnormen der Mantelpaviane leben Schimpansen schon fast in einer feministischen Gesellschaft.

Bei einem Streit zwischen Weibchen wird eine der Kontrahentinnen manchmal die Rivalin mit Zähnen und Unterarmen bedrohen und zur gleichen Zeit dem Männchen einladend ihr Hinterteil präsentieren; mit diesem in ihrer Haltung ausgedrückten Angebot kann sie das Männchen gelegentlich dazu bringen, ihre Rivalin anzugreifen. Untergeordnete männliche Steppenpaviane und auch Berberaffen können einen Säugling – ein nicht verwandtes Kleinkind, ein herumstehendes Kleinkind oder vielleicht sogar eines, auf das sie aufpassen – als Geisel, Schild oder besänftigenden Gegenstand benutzen, wenn sie sich einem hochrangigen Männchen nähern. Diese Geste beschwichtigt das Alpha-Tier gewöhnlich, wenn es in einer grämlichen Stimmung ist.

Die Größe* und das wilde Temperament des Mantelpavianmännchens sind zweifellos von Nutzen, wenn die Truppe von Räubern gefährdet

* Die Tatsache, daß in jeder menschlichen Rasse und Kultur Männer im Durchschnitt größer als Frauen waren und sind, ist der Aufmerksamkeit der Primatologen nicht entgangen. Es kann sehr wohl etwas mit der Vorliebe von Männern für sexistisches Verhalten, Zwangsausübung auf Frauen, Vergewaltigung und Harems zu tun haben, wenn sie sich ungestraft so verhalten können. Die Schlüsselfrage ist, in welchem Maße die anatomische Gegebenheit Schicksal ist; ein Punkt, auf den wir noch zurückkommen wollen.

wird, oder auch bei Auseinandersetzungen mit anderen Gruppen. Wenn es jedoch bei der Körperstatur augenfällige Unterschiede zwischen den Geschlechtern gibt (üblicherweise sind die Männchen größer), dann folgen daraus, wie im übrigen Tierreich, Ausbeutung und Mißbrauch des kleineren, schwächeren Geschlechts (üblicherweise der Weibchen).

Ein weiteres Kennzeichen der Mantelpaviane liegt darin, daß im Bereich der nichtmenschlichen Primaten nur bei ihnen je beobachtet wurde, wie sich zwei Gruppen von Tieren im Kampf gegen eine dritte Gruppe verbündeten.[4]

Bei den Steppenpavianen, bei denen die Größenunterschiede zwischen den Geschlechtern nicht so auffällig sind, gibt es keine Harems. Sie sind große Wanderer; es ist nicht ungewöhnlich, daß eine Truppe 30 Kilometer am Tag zurücklegt. Anders als bei Schimpansen und Mantelpavianen ist es hier das Männchen, das die Truppe, in der es geboren wurde, um die Zeit der Pubertät verläßt – wiederum möglicherweise als ein Mittel der Evolution, Inzest zu vermeiden und die halbisolierten Populationen genetisch miteinander zu verbinden. Wenn er versucht, in eine neue Truppe einzutreten, werden die vorhandenen Männchen wahrscheinlich Einwände erheben. Will man in die Truppe aufgenommen werden, muß man häufig zu den althergebrachten Methoden der Unterwerfung, des Bluffs, des Zwangs und des Bündnisschlusses in der Männchenhierarchie greifen. Aber in vielen Fällen funktioniert auch eine andere Strategie gut: Freundschaft mit einem bestimmten Weibchen und ihren Kindern zu schließen. Das neuangekommene Männchen pflegt ihr Fell und beaufsichtigt die Jungen. Eine Tötung der Jungen, um das Weibchen zur Fruchtbarkeit zu bringen, wie bei Ratten und Löwen, kommt hier nicht vor. Falls alles gut geht, wird sich das Weibchen für die Aufnahme des Neulings in die Truppe einsetzen. Wir können uns eine gewisse Gutgelauntheit vorstellen, wenn das neue Männchen sachte versucht, in eine neue Gruppe einzutreten; es hat den jugendlichen Trieb, Unfug zu treiben, und alte Feinde hinter sich gelassen und ist wieder ein unbeschriebenes Blatt; sein Erfolg hängt fast ausschließlich von seinen sozialen Fertigkeiten ab.

Die Männchen sind flatterhafter und stürmischer als die Weibchen. Soziale Stabilität wird hauptsächlich von seiten der Weibchen eingebracht. Da die Männchen der Steppenpaviane von Truppe zu Truppe überwechseln, liegt die alleinige Hoffnung für zusammenhängende Grup-

penstrukturen in der Tat bei den Weibchen. Pavianweibchen sind in allen Dingen vergleichsweise konservativ, die mit Testosteron vollgepumpten Männchen gehen die Risiken ein.
Die weibliche Dominanzhierarchie ist weitgehend erblich. Töchter von Alpha-Weibchen genießen schon als Jugendliche ungewöhnlichen Respekt und haben eine gute Chance, selbst Alpha-Status zu erlangen, wenn sie ausgewachsen sind. Jede nahe Verwandte des herrschenden Weibchens kann alle anderen Mitglieder der Truppe an Rang überflügeln – eine königliche Familie. In der Weibchenhierarchie der Steppenpaviane und vieler anderer Affenarten werden Unterwerfung und Herrschaft im althergebrachten Dialekt von Präsentieren und Bespringen ausgedrückt. Wiederum wird der Geschlechtsakt als Metapher für einen anderen Zweck angewandt.

* * *

Aus Gründen, die uns nicht völlig einleuchten, die es jedoch wert sind, darüber Vermutungen anzustellen, ist den Mantelpavianen bis vor kurzem viel mehr Aufmerksamkeit gewidmet worden – zumindest in der öffentlichen Diskussion – als ihren Savannen-Vettern. Manchmal sind sie in einer Weise beschrieben worden, als sei ihr Verhalten für alle nichtmenschlichen Primaten repräsentativ, oder gar für alle Primaten. Die Mantelpaviane stellen vielleicht das extremste Beispiel von Hierarchie und Brutalität in der gesamten Primatenordnung dar. Doch dieses Verhalten war besonders auffällig unter grausamen Umständen, die von Menschen entworfen wurden, die es eigentlich nicht schlecht mit ihnen meinten.
Bis vor kurzem waren Primatologen nicht sehr von der Aussicht angetan, unter Affen in der Wildnis zu leben. Ein typischeres Vorgehen waren Expeditionen wie die von Solly Zuckerman, dem Anatomen der Zoologischen Gesellschaft von London, zurück in sein heimatliches Südafrika:

> Am 4. Mai 1930 gelang es mir, auf einer Farm in der Nähe von Grahamstown in der Ostprovinz zwölf erwachsene Weibchen einer Paviantruppe aufzulesen. Vier von ihnen waren nicht trächtig. Fünf waren trächtig; eines hatte einen Embryo von 2,5 mm Länge; das zweite einen von 16,5 mm; das dritte einen von 19 mm; das vierte einen

> von 65 mm; und das fünfte einen anscheinend voll ausgetragenen Fetus mit einer Länge von 230 mm vom Scheitel bis zum Hinterteil. Drei waren stillende Mütter, deren Junge lebendig gefangen worden waren. Ein Junges wurde auf ein Alter von vier Monaten geschätzt, und die zwei anderen waren beide etwa zwei Monate alt.[5]

Er notierte gewissenhaft, wieviel frischer Samen sich in verschiedenen Tiefen der Fortpflanzungsorgane seiner weiblichen Opfer befand; es stellte sich jedoch heraus, daß »auflesen« eine beschönigende Umschreibung von »erlegen« war. Paviane waren in Südafrika offiziell zu »Schädlingen« erklärt worden, weil sie klug genug waren, die Bemühungen der Bauern zum Schutz ihrer Ernte zunichte zu machen. Für jeden toten Pavian wurde eine Belohnung bezahlt. Ein paar Paviane, die zu wissenschaftlichen Zwecken »aufgelesen« wurden, machten deshalb im Vergleich zum unterschiedslosen Abschlachten, das von den Bauern organisiert wurde, kaum etwas aus. Durch solche Studien hatte Zuckerman »das Glück, bei Leichenöffnungen zu entdecken, daß bei reifen Weibchen der Eisprung in der Mitte des monatlichen Geschlechtszyklus eintritt«.[6]

Er war seit langem an der Stellung der Menschen unter den Primaten interessiert gewesen und hatte schon als Halbwüchsiger in Südafrika Paviane seziert.[7] Aber er war von der traurigen Lage der gejagten Paviane nicht unberührt und zitierte später folgenden Bericht aus dem frühen 20. Jahrhundert:

> Ihr Junges fest an die Brust gedrückt, musterte sie uns mit abgrundtiefer Traurigkeit in ihren Augen, und mit einem Schnaufen und Zucken starb sie. Wir vergaßen einen Augenblick, daß sie nur ein Affe war, denn ihr Handeln und Ausdruck waren so menschlich, daß wir das Gefühl hatten, wir hätten ein Verbrechen begangen. Mit einem Fluch auf den Lippen drehte sich mein Freund um und ging hastig weg; er gelobte, daß er zum letztenmal einen Affen erschossen habe. »Das ist kein Sport, das ist schlicht Mord«, erklärte er, und ich stimmte ihm inbrünstig zu.[8]

Wenn man sonst einen Pavian sehen wollte – und in einem Land lebte, in dem sie nicht in der freien Natur umherstreiften –, konnte man immer in den nächstgelegenen Zoo gehen und die geschädigten und entwurzelten Insassen ansehen, die lebenslänglich in winzige Zellen gepfercht waren. Nach dem Ersten Weltkrieg glaubten einige europäische Zoos, daß es ja sogar »menschlicher« sei, eine große Anzahl von Pavianen in einer halboffenen Einfriedung zusammenzuführen und so ihre Beobachtung durch stadtgebundene Primatologen zuzulassen. Auch der Londoner Zoo gehörte dazu, und Dr. Zuckerman spielte eine zentrale Rolle bei der Organisation eines dieser mehrjährigen Experimente:
Im Frühling 1925 wurden etwa 100 Mantelpaviane auf dem sogenannten Monkey Hill (Affenhügel), einer durch einen Graben gesicherten Fläche von etwa 33 mal 20 Metern, zusammengebracht. Jedem Pavian stand also im Durchschnitt eine Fläche von sieben Quadratmetern, also in etwa die Größe einer kleinen Gefängniszelle, zur Verfügung. Eigentlich hatte die Kolonie ausschließlich aus Männchen bestehen sollen, es stellte sich jedoch heraus, daß durch »zufällige Einbeziehung« sechs der hundert Paviane Weibchen waren. Nach einiger Zeit wurde das Versehen korrigiert und die Gruppe um weitere 30 Weibchen und fünf Männchen erweitert. Doch Ende 1931 waren bereits 64 Prozent der Männchen und 92 Prozent der Weibchen tot:

> Von den 33 Weibchen, die umkamen, verloren 30 ihr Leben bei Kämpfen, in denen sie die Siegestrophäe waren, um die die Männchen kämpften. Die zugefügten Verletzungen umfaßten dabei alle möglichen Schweregrade. Gliedmaßen, Rippen und sogar der Schädel wurden gebrochen. Die Wunden rissen manchmal die Brust oder den Bauch auf, und viele Tiere hatten ausgedehnte Fleischwunden im anogenitalen Bereich. ... Der Kampf, in dem das letzte dieser Weibchen sein Leben verlor, war so langgezogen und abstoßend – vom anthropozentrischen Gesichtspunkt her –, daß entschieden wurde, die fünf überlebenden Weibchen vom Hügel zu entfernen. ... Der sehr hohe Prozentsatz von Weibchen, die in der Londoner Kolonie getötet wurden, läßt vermuten, ... daß die soziale Gruppe, von der sie einen Teil bildeten, in irgendeiner Weise unnatürlich zusammengesetzt war.[9]

Trotz dieser abschließenden Einschränkung hat das Verhalten der Mantelpavian-Kolonie im Londoner Zoo den weitverbreiteten Glauben an einen uneingeschränkten darwinistischen Kampf ums Dasein bestärkt. Obwohl die Paviane sich insgesamt auf der ganzen Welt schnell ausgerottet hätten, falls die Ereignisse auf dem Londoner Affenhügel für das Leben in freier Wildbahn charakteristisch gewesen wären, hatten viele Leute das Gefühl, daß ihnen nun ein Blick auf die nackte Natur gewährt worden war, eine brutale Natur, deren Klauen und Hauer von Blut triefen, eine Natur, vor der wir Menschen durch unsere zivilisierte Empfindsamkeit abgeschirmt und beschützt sind. Und Zuckermans lebhafte Beschreibung des zügellosen Geschlechtslebens von Pavianen – er war einer der ersten, die betonten, daß die soziale Organisation von Pavianen möglicherweise weitgehend von sexuellen Überlegungen bestimmt sei – vergrößerte die Verachtung, die viele Menschen für die anderen Primaten empfanden, nur noch mehr.

Was aber war nun auf dem Affenhügel fehlgeschlagen? Erstens waren beinahe alle in die »Kolonie« eingesetzten Paviane einander unbekannt. Es gab keine langfristige gegenseitige Gewöhnung aneinander, keine vorangehende Ausbildung von Dominanzhierarchien und keine allgemeine Verständigung dieser auf Harems versessenen Männchen darüber, wer viele Weibchen besitzen solle und wer gar keine. In gleicher Weise war keine auf Verwandtschaft beruhende Dominanzhierarchie bei den Weibchen ausgeformt gewesen. Zweitens gab es, ganz im Gegensatz zur Situation in der Wildnis, viel mehr Männchen als Weibchen. Und schließlich waren diese Paviane so dicht zusammengepfercht, wie es in der freien Natur nur sehr selten vorkommt.

Wegen ihrer kraftvollen Kiefer und spektakulären Eckzähne kämpfen Pavianmännchen innerhalb einer bestimmten Truppe kaum jemals im Ernst gegeneinander, während Weibchen, die auch nur geringfügig die Regeln verletzen, körperlich schwer gestraft werden. Im Londoner Zoo aber mußten Dominanzhierarchien erst errichtet werden, wurden hingebungsvolle Versuche gemacht, Weibchen zu stehlen, und war der Fluchtweg vor einem ernstzunehmenden Angreifer durch den Begrenzungsgraben abgeschnitten, auch fehlte der beruhigende Einfluß vieler sexuell nachgiebiger Weibchen fast gänzlich. Das Ergebnis war ein Blutbad. In den gesamten sechseinhalb Jahren überlebte nur ein einziges Junges. Wenn die Männchen um sie kämpften, warteten die ausgewachsenen

Weibchen teilnahmslos, als ob sie »gelähmt« wären. Die geschlagenen, verletzten und blutenden Weibchen wurden dann in schneller Abfolge von vielen Männchen sexuell benutzt.
Doch waren auch die Weibchen nicht nur unbeteiligte Werkzeuge:

> Wenn ihr Haremsherr ihr den Rücken kehrte, präsentierte sie sich schnell dem Junggesellen, der ihrer Gruppe angehörte, und der besprang sie für einen Augenblick. Drehte der Haremsherr dann leicht den Kopf, eilte das Weibchen zu ihm, mit ihrem Körper tief zu Boden geduckt, präsentierend und kreischend, und bedrohte ihren Verführer mit Grimassen und schnellen Stößen ihrer Hände gegen die Steine. Dieses Verhalten regte sofort einen Angriff durch den Haremsherrn an. ... Mit dem Verfolger an seinen Fersen floh der Junggeselle. Bei einer anderen Gelegenheit war dasselbe Weibchen für vierzig Sekunden allein, während ihr Haremsherr einen Junggesellen um den Affenhügel verfolgte. In diesem Zeitraum wurde es von zwei Männchen besprungen und penetriert, denen es sich präsentiert hatte. Die beiden machten sich nach dem Kontakt mit dem Weibchen sofort aus dem Staub; und dieses reagierte auf die Rückkehr ihres Männchens wiederum in der oben beschriebenen Weise.[10]

Wenn Weibchen getötet wurden, hörten die Männchen nicht damit auf, die Körper der toten Tiere umherzuschleppen, lieferten sich dabei selbst Kämpfe und kopulierten mit den Leichen der Weibchen. Wenn die Wärter, die finster zusahen, wie sich dieses nekrophile Schauspiel entfaltete, es für nötig hielten – aus »anthropozentrischen« Gründen natürlich –, in das Gehege zu gehen und den toten Körper zu entfernen, widersetzten sich die Männchen gemeinsam in gewalttätiger Weise. In seinen Schriften aus den 1920er Jahren benutzte Zuckerman den – vielleicht sogar von ihm geprägten – Ausdruck »Sexualobjekt«[11] bei seiner Beschreibung des traurigen Loses der Pavianweibchen.
An Calhouns Experimenten mit Ratten haben wir gesehen, daß – sogar wenn es genügend Futter und ebensoviele Männchen wie Weibchen gibt – ernsthaftes Gedränge zu Gewalttätigkeit und anderen Verhaltensweisen anregt, die viele als abartig und schlecht anpassungsgeeignet beschreiben würden. Wir haben auch gesehen, wie in der Schimpansenkolonie von Arnheim unter ähnlichen Bedingungen neue Verhaltensweisen zum Vor-

schein kamen, die darauf ausgerichtet sind, Gewalttätigkeit einzudämmen. Von den Pavianen im Londoner Zoo lernen wir dagegen, daß wahrscheinlich brutales Chaos entsteht, wenn man eine Art, die selbst unter besten Bedingungen zu sexueller Gewalttätigkeit neigt, mit einer geringen Zahl sexueller Trophäen versieht, um die gestritten werden kann, es dann so einrichtet, daß sie keine im voraus bestehende Sozialordnung haben, in der jedes Tier seinen Platz kennt, und sie dann schließlich alle ohne Hoffnung auf ein Entkommen eng zusammengepfercht. Der Affenhügel enthüllte eine tödliche Verbindung von Sexualität, Hierarchie, Gewalttätigkeit und Eingeengtheit, die auf andere Primaten zutreffen mag, oder auch nicht.*

Zuckerman erkannte, daß Mantelpaviane in der Natur sehr viel friedlicher leben. Dominante Männchen sind von einem kleinen Hofstaat von Weibchen, deren Jungen und ein paar angeschlossenen »Junggesellen«-Männchen umgeben. Diese Harems wandern in Verbänden durch die Landschaft und sammeln Nahrung. Hunderte von Pavianen, eine Art Versammlung der Stämme, kampieren bei Nacht in unmittelbarer Nähe zueinander und schlafen auf Felsvorsprüngen. Tödliche Kämpfe um den Besitz von Weibchen (oder aus irgendeinem anderen Grund) kommen kaum jemals vor. Jedes Tier kennt seinen und insbesondere ihren Platz. Die Weibchen werden natürlich routinemäßig mißhandelt und im Durchschnitt einmal am Tag gebissen, aber niemals so tief, daß sie bluten. Sie werden mit Sicherheit nicht alle umgebracht, weil sie an anderen Männchen interessiert sein könnten, wie es im Londoner Zoo geschah.

Mantelpaviane in *sehr* kleinen Gruppen verhalten sich dagegen ganz anders: Ein Pavian-Junggeselle sieht ein Paar – bei ihrem ersten Stelldichein – in einem angrenzenden Käfig. Die Tage vergehen, und er ist gezwungen, ihre sich vertiefende Geschlechtsbeziehung zu beobachten, während er selbst alleine herumsitzt. Wenn er dann in ihren Käfig eingeführt wird, macht er keine Anstrengung, das Männchen anzugreifen oder das Weibchen wegzulocken. Er respektiert ihre Beziehung. Er

* Etwas Ähnliches geschah, als eine Anzahl flüchtiger Engländer ohne etablierte Dominanzhierarchie (der Kapitän, sozusagen das Alpha-Tier, und seine engsten Gefolgsleute waren in einem kleinen Boot ausgesetzt worden) mit einigen wenigen Polynesierinnen 1790 die winzige Insel Pitcairn besiedelten, nach ihrer Meuterei auf der *Bounty*.

schaut weg, wenn sie sich paaren. Er ist ein Vorbild an Rechtschaffenheit und Umsicht, auch wenn er von stattlicherer Gestalt als die beiden ist.[12]

Es ist nicht verwunderlich, daß man künstlich eine soziale Umwelt für Primaten so einrichten kann, daß die Sozialstruktur zusammenbricht und nahezu jedermann stirbt. Sollen wir von den Pavianen, die sich in solchen Umständen wiederfinden, denken, daß sie Verbrecher und Mörder sind? Haben sie das alles gewollt? Oder sollen wir den Großteil der Verantwortung für das Geschehen denen zuschreiben, durch deren Fehleinschätzung eine solche Umwelt eingerichtet wurde? Damit eine Sozialstruktur erfolgreich ist, muß sie mit der Natur der Individuen übereinstimmen, die in ihr leben sollen. Wenn jene, die sich die Sozialstruktur zurechtlegen, über die Individuen nicht Bescheid wissen oder deren Wesen sentimentalisieren, kann sich daraus eine Katastrophe ergeben.

Zuckerman hat konsequent dafür plädiert, daß durch die Erforschung der Affen praktisch nichts über die Evolution des Menschen gelernt werden könne – genau das Gegenteil der von vielen Tierverhaltensforschern vertretenen Ansicht, daß das Verstehen der Primaten einen direkten Zugang zum Verstehen der Menschen bereitstellen könne: »Meine unbeugsam kritische Haltung gegen Versuche, menschliches Verhalten durch Analogien aus dem Tierreich zu erklären, muß in einem sehr frühen Alter erworben worden sein.«[13] Konrad Lorenz, Desmond Morris und Robert Ardrey – die, wenn auch nicht ganz ohne Übertreibungen, den Gedanken popularisierten, daß wir vom Studium anderer Tiere etwas über uns selbst zu lernen haben – sind für Zuckerman »drei Autoren, die im Ausmalen oberflächlicher Analogien gleichermaßen geschickt sind«.[14]

Als »Prosektor« des Londoner Zoos – also als der für Tierleichenöffnungen (Autopsien) Zuständige – legte Zuckerman später das Manuskript seines Buches *The Social Life of Monkeys and Apes* seinem Vorgesetzten in der Dominanzhierarchie des Zoos zur Genehmigung vor. Es wurde mit der Begründung, daß es eine ungehörige Ausdrücklichkeit in sexuellen Angelegenheiten zur Schau stelle, umgehend zurückgewiesen (zum Beispiel: »Die Aufmerksamkeit des Haremsherrn wird vom perinealen Bereich eines seiner Weibchen gefangen genommen, gewöhnlich wenn ihre Geschlechtshaut angeschwollen ist. Er beugt

seinen Kopf vorwärts, seine Hand streckt sich vor, seine Lippen und seine Zunge bewegen sich und, nachdem er auf diese Weise die sexuelle Reaktion des Weibchens angeregt hat, bespringt er sie und kopuliert.«[15]).
Dennoch wurde Zuckermans Buch 1932 veröffentlicht. In seiner 46 Jahre später publizierten Autobiographie, *From Apes to Warlords*, beschäftigt sich Zuckerman – inmitten vieler lebendiger Einzelheiten aus jenen Jahren – nur ganz am Rande mit den Ereignissen am Affenhügel.
Am Anfang des Zweiten Weltkrieges studierte Zuckerman die Folgen von Fliegerbomben bei der Zivilbevölkerung – sein anatomisches Wissen konnte dabei einem guten Zweck zugeführt werden. Später schritt er fort zur Analyse der Wirksamkeit von Fliegerbomben bei der Erreichung strategischer Ziele, wobei er in der Lage war, seine skeptischen Neigungen gut zu nutzen: Das Bomberkommando der Royal Air Force (wie auch das U.S. Army Air Corps) hatte beständig die Leistungsfähigkeit massiven Luftbombardements bei der Verringerung des feindlichen Kampfwillens oder bei der Verkürzung des Krieges übertrieben.
Danach avancierte Zuckerman zum Leiter des Londoner Zoos, und nach einigen Wendungen in seiner Karriere wurde er schließlich zum obersten wissenschaftlichen Berater des britischen Verteidigungsministeriums; hier mögen ihm seine Erfahrungen mit Dominanzhierarchien von großem Nutzen gewesen sein. Nach seiner Erhebung in den Adelsstand auf Lebenszeit arbeitete Lord Zuckerman viele Jahre lang dafür, den Rüstungswettlauf mit Atomwaffen abzubremsen.

* * *

Alle Paviane zusammengenommen stellen nur einen schmalen Ausschnitt aus dem großen Reich der Primaten und ihres Verhaltens dar. Unser Augenmerk hätte sich ebenso leicht richten können

> auf irgendeine der vielen Lemurenarten, Arten, deren Weibchen ganz routinemäßig über die Männchen dominieren. Wir hätten auch entscheiden können, die scheue, nachtaktive Eulenkopfmeerkatze als Beispiel zu nehmen … bei der Männchen und Weibchen in der Sorge für die Kinder zusammenarbeiten, wobei das Männchen beim Tragen und Beschützen des Kleinkinds die Hauptrolle spielt; oder wir hätten uns auf die freundlichen südamerikanischen Affen, die als »muriqui«

> bekannt sind, konzentrieren können ... die sich auf die *Vermeidung* aggressiven Wechselspiels spezialisieren, oder auf irgendeine andere aus der großen Fülle anderer Primatenarten, von denen wir heute wissen, daß Weibchen eine aktive Rolle bei der sozialen Organisation spielen.[16]

Betrachten wir den Gibbon. Seine abnormal langen Arme erlauben es ihm, große, ans Ballett gemahnende Sprünge durch das Blätterdach des Waldes zu machen – manchmal zehn oder mehr Meter von Ast zu Ast –, die menschliche Meisterturner wie Stümper erscheinen lassen. Gibbons sind ohne Ausnahme monogam. Sie heiraten nur einmal im Leben. Sie bringen betörende Gesänge hervor, die über eine Entfernung von einem Kilometer oder mehr zu hören sind. Erwachsene Männchen singen oft in der Dunkelheit vor Sonnenaufgang lange Solos. Junggesellen singen länger und zu einer anderen Tageszeit als alte, verheiratete Männchen. Frauen ziehen Duette mit ihren Ehemännern vor. Witwen tragen ihre Trauer in Schweigen und singen nicht mehr.

Gibbons sind auch territorial, und ihre »Morgengebete« dienen dazu, Eindringlinge fernzuhalten. Eine Kernfamilie aus Eltern und normalerweise zwei Kindern kontrolliert gewöhnlich ein kleines Revier. Die Verteidigung des Heimatterritoriums wird weniger durch Steinwerfen oder Austeilen von Schlägen als durch das Singen von Liedern bewerkstelligt. Vielleicht gibt es dabei Kadenzen, Klangfarben, Frequenzen und Lautstärken, die andere Gibbons, die sich gern als Wilderer betätigen würden, besonders eindrucksvoll und furchteinflößend finden. Zumindest manchmal überträgt ein alternder Vater die Verantwortung für die territoriale Verteidigung auf seinen heranwachsenden Sohn; er reicht die Fackel des Patriotismus an die jüngere Generation weiter. In anderen, traurigen Fällen werden Heranwachsende durch die Eltern aus dem Heimatterritorium verbannt, vielleicht um die Versuchung zum Inzest zu vermeiden. Ausgewachsene Männchen und Weibchen benehmen sich ziemlich gleich und haben nahezu gleichen Sozialstatus. Primatologen beschreiben die Weibchen als »mitherrschend« und die Partner in einer Ehe als »entspannt« und »tolerant«.[17]

Das Leben der Gibbons erscheint geradezu opernhaft. Für sie ist es einfach, fieberhafte Liebessolos, Duette zum Lob ehelicher Treue und ritualisierte Einschüchterungsmelodien heraufzubeschwören, die in die

Waldesnacht ausgesandt werden: »Wir sind hier, wir sind stark, wir singen gute Lieder. Ihr laßt unser Revier also besser in Ruhe.« Gibt es etwa Gibbon-Verdis, die Machtübertragungsarien singen, reich an Pathos, gefühlvolle Klagen über die Vergänglichkeit von Ruhm und Zeit?

Oder bedenken wir den Bonobo. Bonobos sind eine zurückgezogene Art oder Unterart von Schimpansen, die in einer einzigen Gruppe in Zentralafrika südlich des Zaire-Flusses leben.[18] Sie haben bestimmte Charakterzüge, die sie gewöhnlich im städtischen Zoo nicht gut gedeihen lassen; das mag der Grund dafür sein, daß sie bei weitem nicht so bekannt sind wie die gemeinen Schimpansen, die wir in den vorangehenden Kapiteln beschrieben haben. Bonobos, die in der Linnéschen Tafel den Namen *Pan paniscus* erhielten, sind auch als Zwergschimpansen bekannt; sie sind kleiner und schlanker, und ihr Gesicht steht weniger vor als bei der üblichen Variante, *Pan troglodytes*, die wir weiterhin hie und da schlicht als Schimpansen bezeichnen werden.* Bonobos richten sich oft auf und gehen auf zwei Beinen. (Sie haben eine Art Schwimmhaut zwischen ihrem zweiten und dritten Zeh.) Sie schreiten mit stolz geschwellter Brust einher und latschen nicht so oft mit hängenden Schultern wie die Schimpansen. »Wenn Bonobos aufrecht stehen«, sagt de Waal, »sehen sie aus, als seien sie direkt aus einer künstlerischen Darstellung des prähistorischen Menschen herausgetreten.«[19]

Anders als bei den Schimpansenweibchen, bei denen die Empfängnisperiode plakatiert wird und eine Zeit ausgesprochener sexueller Empfänglichkeit ist, zeigen Bonobo-Weibchen etwa die Hälfte der Zeit genitale Schwellungen; und sie sind nahezu immer für erwachsene Männchen attraktiv. Gewöhnliche Schimpansen, *Pan troglodytes*, haben Geschlechtsverkehr wie fast alle Tiere, indem das Männchen von hinten in die weibliche Scheide eindringt. Bei den Bonobos jedoch geschieht ungefähr ein Viertel der Paarungen von Angesicht zu Angesicht. Die Weibchen scheinen diese Stellung vorzuziehen, wahrscheinlich weil ihre Klitoris groß ist und im Vergleich zu gewöhnlichen Schimpansen weit vorsteht. Bonobos zeigen ihre gegenseitige Anziehung dadurch, daß sie einander für längere Zeit in die Augen schauen, eine Handlung, die fast allen ihren

* Jene, die diese Tiere erforschen, werden gelegentlich scherzhaft »Panthropologen« genannt.

Paarungen vorangeht und die bei den gewöhnlichen Schimpansen völlig unbekannt ist. Der Anstoß zu sexueller Aktivität beruht bei den Bonobos auf Gegenseitigkeit, anders als bei den Schimpansen, bei denen die Einleitung der Aktivität gebieterisch ist und nahezu immer vom Männchen ausgeht. Während im allgemeinen, insbesondere in größeren sozialen Zusammenhängen, Bonobo-Männchen die Weibchen beherrschen, ist dies nicht immer der Fall, besonders wenn sie alleine beisammen sind. Nachts, im Laubdach des Waldes, kuscheln sich Männchen und Weibchen manchmal zusammen in dasselbe Blätternest. Bei erwachsenen Schimpansen kommt dies niemals vor.

Die sexuelle Aktivität der gewöhnlichen Schimpansen, die nach menschlichen Maßstäben zwanghaft bis zu einem Grad von Manie erscheint, ist nach den Maßstäben der Bonobos nahezu puritanisch. Die durchschnittliche Zahl der Penisstöße bei einer durchschnittlichen Kopulation – ein Maß sexueller Intensität, zu dem sich Primatologen, teilweise weil es Quantifizierungen zuläßt, hingezogen fühlen – liegt bei Bonobos um 45, im Vergleich zu weniger als zehn bei den Schimpansen. Die Anzahl der Kopulationen pro Stunde ist für Bonobos zweieinhalb Mal größer als für Schimpansen – diese Beobachtungen betreffen allerdings Bonobos in Gefangenschaft, wo sie mehr Zeit zur Verfügung haben oder mehr Trost nötig haben mögen als in freier Wildbahn. Weniger als ein Jahr nach der Geburt eines Jungen sind Bonobo-Weibchen bereit, ihr Leben sexueller Ausgelassenheit wieder aufzunehmen; bei Schimpansenweibchen dauert es drei bis sechs Jahre.[20]

Bonobos benutzen sexuelle Stimulation im täglichen Leben für weitere Zwecke neben der schlichten Befriedigung des erotischen Dranges – zur Beruhigung von Jungen (eine Praxis, von der gesagt wird, daß sie einst auch bei chinesischen Großmüttern verbreitet war), als ein Mittel der Konfliktlösung zwischen den Erwachsenen desselben Geschlechts, als Tauschmittel gegen Nahrung und als einen generischen, für jeden Zweck geeigneten Zugang zur Sozialbindung und Gemeinschaftsorganisation. Weniger als ein Drittel der sexuellen Kontakte zwischen Bonobos betreffen Erwachsene von gegensätzlichem Geschlecht. Männchen reiben ihre Unterkörper aneinander oder betreiben oralen Sex in einer Art und Weise, die bei den prüderen Schimpansen nicht bekannt ist; Weibchen reiben ihre Genitalien aneinander und ziehen diese Aktivität heterosexuellen Kontakten manchmal sogar vor. Weibchen lassen sich auf ein genitales

Reiben charakteristischerweise besonders ein, ehe sie sich daranmachen, zum Futter oder anziehende Männchen zu wetteifern; es scheint eine Methode zur Verringerung von Spannungen zu sein. In Spannungszeiten wird ein Bonobo-Männchen seine Beine weit öffnen und seinem Gegner seinen Penis in einer freundlichen Geste präsentieren.

Aber trotz dieser Unterschiede in den Schattierungen sind Bonobos immer noch Schimpansen. Es gibt eine männliche Dominanzhierarchie, obwohl bei weitem nicht so ausgeprägt wie bei den Schimpansen; beherrschende Männchen haben bevorzugten Zugang zu Weibchen, obwohl sie diese nicht immer dominieren; es gibt unterwürfige Gesten und Begrüßungen; die Gruppengröße ist ungefähr die gleiche wie bei Schimpansen, einige wenige Dutzend; heranwachsende Weibchen streunen im Gebiet benachbarter Gruppen; die Männchen jagen mit Vorliebe tierische Beute, obwohl anscheinend nicht in Jagdpartien; Männchen sind entsprechend größer als die Weibchen in etwa demselben Verhältnis wie bei Schimpansen; und Begegnungen zwischen verschiedenen Gruppen werden manchmal gewalttätig – obwohl es vorkommen kann, daß Gruppen einander begegnen und sich sehr friedlich und entspannt benehmen. Kindesmord und alle anderen Formen von Tötung eines Bonobos durch einen Bonobo sind bisher nicht bekannt geworden. Ihre gewöhnliche anfängliche Reaktion auf ein Treffen mit ungewohnten Menschen besteht, wie wir selbst erfahren konnten, in einem sehr schimpansenähnlichen, angemessen einschüchternden Schauangriff.

Fellpflege findet am häufigsten zwischen Männchen und Weibchen und am seltensten zwischen Männchen und Männchen statt, ganz im Gegensatz zur Praxis der Schimpansen. Das Grinsen dient nicht als eine Geste der Unterwerfung, sondern hat eine dem menschlichen Lächeln vergleichbare Funktion. Männliche Bindungen sind viel schwächer als in einer Schimpansengesellschaft, und die soziale Stellung der Weibchen ist viel stärker. Bestimmte Mütter und Söhne verbünden sich eng, bis der Sohn ausgewachsen ist; bei den Schimpansen wird die Beziehung für gewöhnlich abgebrochen, wenn das junge Männchen halbwüchsig wird. Die sozialen Fertigkeiten zur Konfliktlösung sind bei den Bonobos sehr viel höher entwickelt als bei den Schimpansen, und beherrschende Individuen sind sehr viel großzügiger beim Friedenschließen mit ihren Gegnern.

Wenn wir einen gewissen Widerwillen dagegen empfinden, mit Mantelpavianen verwandt zu sein, so können wir einigen Trost aus unserer

Verbindung mit den Gibbons und den Bonobos ziehen. Unsere Verwandtschaft mit letzteren ist in der Tat viel enger als mit den Pavianen. Schimpansen und Bonobos sind sicherlich Mitglieder derselben Gattung und nach den meisten Taxonomien sogar derselben Art. Wenn dies wahr ist, so ist es verwunderlich, wie unterschiedlich sie trotzdem sind. Vielleicht sind viele der Unterschiede – von der Häufigkeit, Vielfalt und sozialen Nützlichkeit von Geschlechtlichkeit bis zum vergleichsweise höheren Status der Weibchen – auf die Evolution einer neuen Stufe bei den Bonobos zurückzuführen: Aufgabe des monatlichen Abzeichens des Eisprungs, Befreiung vom Oestrus. Vielleicht gelten Weibchen ja mehr und sind nicht nur sexuelles Eigentum, wenn der Eisprung nicht sofort sichtbar ist. Die Primaten sind so reich an Möglichkeiten, daß selbst eine scheinbar kleine Veränderung in Anatomie oder Physiologie Wege in eine neue Welt öffnet, von der man zuvor in den jede Nacht neu in den Zweigen errichteten Schlafstätten der einstmals riesigen tropischen Regenwälder nie zu träumen wagte.

* * *

EINIGE SKIZZEN AUS DEM LEBEN

Affen:

Die Affen sind vielen der gleichen nicht ansteckenden Krankheiten ausgesetzt wie wir. ... Arzneien hatten dieselben Wirkungen wie bei uns. Viele Arten von Affen haben eine starke Vorliebe für Tee, Kaffee und Spirituosen. Wie ich selbst gesehen habe, rauchen sie auch mit Vergnügen Tabak. Brehm behauptet, daß die Eingeborenen Nordost-Afrikas Affen dadurch einfangen, daß sie Gefäße mit starkem Bier ausstellen, an dem sich die Affen berauschen. Er sah ein paar dieser Tiere, die er in Gefangenschaft hielt, in diesem Zustand, und er gibt einen sehr humorvollen Bericht über ihr Benehmen und ihre seltsamen Grimassen. Am folgenden Morgen waren sie sehr schlecht gelaunt und elend; sie hielten ihr schmerzendes Haupt mit beiden Händen und sahen ganz erbärmlich aus; wurde ihnen Bier oder Wein angeboten, so wandten sie sich mit

Abscheu ab, labten sich dagegen an Zitronensaft. Weiser als viele Menschen, rührte ein amerikanischer Affe, ein Ateles, nach einem Branntweinrausch das infame Getränk nie mehr an. Diese an sich unbedeutenden Tatsachen beweisen, wie ähnlich die Geschmacksnerven bei Menschen und Affen sein müssen und wie in ähnlicher Weise ihr ganzes Nervensystem erregt wird. (Charles Darwin)[21]

Ostasiatische Berggorillas:
Wenn zwei Tiere sich auf einem engen Pfad begegnen, gewährt das untergeordnete dem anderen Vorrang: Untergeordnete geben auch ihren Sitzplatz auf, wenn sich ein übergeordnetes Tier nähert. Manchmal schüchtert das dominante Tier das untergeordnete ein, indem es auf dieses losgeht. Im äußersten Falle schnappt es mit seinem Maul oder schlägt leicht mit dem Handrücken den Körper des anderen Tieres. (Edward O. Wilson)[22]

Meerkatzen und Paviane:
... das von einer sexuellen Dominanzgebärde (Aufreiten) abgeleitete phallische Drohen... ist von einer Reihe von Alt- und Neuweltaffen beschrieben worden. Bei Meerkatzen und Pavianen sitzen immer einige Männchen mit dem Rücken zu ihrer Gruppe Wache und zeigen dabei ihren auffällig gefärbten Penis und die mitunter ebenfalls farbenprächtigen Hoden. Kommt ein Gruppenfremder zu nahe heran, dann bekommen die Wache Sitzenden sogar eine Erektion. Auch sind sogenannte »Wutkopulationen« bekannt geworden. (Irenäus Eibl-Eibesfeldt)[23]

Totenkopfäffchen:
Der präsentierende Affe gibt Laut, spreizt einen Schenkel und richtet den voll erigierten Penis auf Kopf oder Brustkasten des anderen Tieres. In ihrer dramatischsten Form sieht man diese Zurschaustellung, wenn ein neues Männchen in eine festgefügte Kolonie von Totenkopfäffchen eingeführt wird. ... Innerhalb von Sekunden beginnen alle Männchen, gegen den fremden Affen zu präsentieren, und wenn das neue Männchen nicht ruhig bleibt und seinen Kopf gebeugt hält, wird es bösartig angegriffen. (Paul MacLean)[24]

Braune Kapuzineraffen:
Ein brünstiges Weibchen wird dem dominanten Männchen tagelang wie ein Schatten folgen. In häufigen Zwischenräumen tritt sie nahe an ihn heran, schneidet ihm Gesichter und macht gleichzeitig einen charakteristischen Laut, stößt ihn auf sein Hinterteil und rüttelt an Ästen. Wenn sie zur Kopulation bereit ist, stürzt sie sich auf ihn, er läuft davon, sie hinterdrein, und wenn er zu laufen aufhört, kopulieren sie. (Barbara B. Smuts)[25]

Orang-Utans:
In der Mitte ihres Zyklus wird ein Orang-Utan-Weibchen das dominierende Männchen in ihrer Nachbarschaft aufsuchen. Zu anderen Zeiten in ihrem Zyklus drängeln sich manchmal junge und untergeordnete Männchen um sie, und es scheint, daß sie zur Kopulation mit ihnen gezwungen wird. Sie widersetzt sich, kreischt und kämpft, aber die Männchen haben trotzdem Verkehr mit ihr. Es handelt sich entweder um gekonnte Schauspielerei, oder der Vorgang ist gleichbedeutend mit einer Vergewaltigung. Primatologen vermeiden diesen Begriff, denn viele Leute reagieren darauf verstört. (Sarah B. Hrdy)[26]

Kattas (eine Lemurenart):
Beim Lemur catta ist die Aggression innerhalb der Gruppe häufig, insbesondere unter Männchen. Sie findet in Form von Umherjagen, Rempeln und Duftmarkieren statt, bei Männchen auch in Form von Gestankswettkämpfen. ... Zu den Unterwerfungsgesten gehören Rückzug oder Ducken, wenn sich ein dominantes Tier nähert, und rangniedere Männchen gehen gewöhnlich mit geneigtem Kopf und hängendem Schwanz, bleiben hinter der Gruppe zurück und gehen anderen Tieren aus dem Weg. Weibchen sind viel seltener aggressiv als Männchen, und die weibliche Dominanzhierarchie ist weniger leicht zu erkennen, obwohl die wenigen beobachteten Positionskämpfe darauf hindeuten, daß sie stabil ist. Doch »jederzeit... kann ein Weibchen ein beliebiges Männchen von seinem Platz verdrängen, ihm gereizt einen Nasenstüber verpassen und ihm eine Tamarindenschote aus der Hand nehmen«. (Alison F. Richard)[27]

Affen:
Bei den meisten Affen mit mehreren Männchen in der Gruppe sind tolerante oder kooperative Beziehungen zwischen den Männchen selten oder unbekannt. Gegenseitige Fellpflege von Männchen kommt beispielsweise bei Rhesusaffen praktisch nicht vor. ... In diesen seltenen Fällen aber wird sie ausschließlich von untergeordneten an dominanten Männchen geleistet ... im Unterschied zum eher auf Gegenseitigkeit beruhenden System bei den Schimpansen. Als ein weiteres Beispiel [sei angeführt]: Watanabe ... erforschte die Bündnisbildung bei Japanischen Makaken. Nur vier von 905 Fällen betrafen Bündnisse zwischen erwachsenen Männchen. Die Beziehungen zwischen Männchen in diesen Gruppen sind also in erster Linie wettbewerbsorientiert. (T. Nishida und M. Hiraiwa-Hasegawa)[28]

Bärenmakaken:
Die beiden neuangekommenen erwachsenen Weibchen ... wurden auf diese Weise während ihres Aufenthalts wiederholt von den drei unreifen Männchen und dem hochrangigen jugendlichen Männchen sowohl besprungen als auch eingeschüchtert. Dieses gewaltsame Bespringen könnte in dem Sinne als Vergewaltigung betrachtet werden, als das Weibchen offensichtlich unempfänglich und unwillig war. Sie blieb hocken, während das Männchen gewaltsam ihr Hinterteil anhob, sie schüttelte und sogar biß sowie ihr Kreischen und ihre Zeichen zum Beenden der Kopulation ignorierte. (Mireille Bertrand)[29]

Bärenmakaken:
Genau in dem Augenblick, da der rundmaulige Ausdruck im Gesicht des Weibchens erschien und die heiseren Laute geäußert wurden, registrierte das Meßgerät eine plötzliche Steigerung ihrer Herzfrequenz von 186 auf 210 Schläge pro Minute und kräftige Uteruskontraktionen.
In diesem Experiment ging es in Wirklichkeit um Beruhigungsverhalten. Die Partner des Weibchens waren andere Weibchen. ... [Es] kann nachgewiesen werden, daß die sexuelle Haltung, die von Bärenmakaken häufig während einer Versöhnung eingenommen

wird, von den physiologischen Merkmalen eines Orgasmus begleitet wird. Das heißt nicht, daß während jeder Versöhnung ein sexueller Höhepunkt erreicht wird. ... [Die Natur] hat die Bärenmakaken mit einem eingebauten Ansporn versehen, sich mit ihren Feinden auszusöhnen. (Frans de Waal)[30]

Stummelaffen:
Junge im Säuglingsalter werden oft bald nach der Geburt an andere Weibchen herumgereicht. Dieses Verhaltensmuster kann während der ersten paar Monate ihres Lebens andauern. Im deutlichen Gegensatz zu einigen Makaken und Pavianen hat jeder Stummelaffensäugling freien Zugang zu jedem anderen Säugling, und Weibchen jeden Ranges haben freien Zugang zu allen Säuglingen. Das Austauschen von Säuglingen könnte eine der Wurzeln der [vergleichsweise] aggressionsfreien Stummelaffengesellschaft sein. ...
Eine sehr interessante Eigenschaft bezüglich der Begegnung zwischen Stummelaffentruppen ist die Tatsache, daß sie ohne Schwierigkeiten in der Lage wären, einen solchen Kontakt überhaupt zu vermeiden. Als auf Bäumen lebende Tiere, die die höheren Regionen der Vegetation bewohnen, welche einen einigermaßen unbehinderten Ausblick auf die Umgebung bieten, und als Besitzer einer lauten, klangvollen Stimme könnten Stummelaffengruppen ziemlich leicht jeden Kontakt vermeiden. Trotzdem ist ein solcher Kontakt häufig. Stummelaffen erhalten die Trennung zwischen ihren Truppen durch eine Verbindung der folgenden Verhaltensweisen aufrecht: unterschiedliche Bewegungsmuster, das männliche Drohgeschrei und männliches Wachsamkeitsverhalten.
... In dieser Phase, die gewaltige Sprünge und ein Laufen durch die Baumgipfel einschließt, ist die Erregung groß, wie aus häufiger Stuhlentleerung und häufigem Urinieren deutlich wird. Ein weiterer Hinweis auf große Aufregung und/oder Spannung ist die Tatsache, daß Männchen Peniserektionen haben können...
Die gebräuchlichsten Dominanzsignale umfassen das Grinsen, Anstarren, In-die-Luft-Beißen, Auf-den-Boden-Stampfen, Vorspringen, Nachjagen, das ruckartige Aufrichten des Kopfes und das Bespringen eines anderen Tieres. Zu den Unterwerfungsgesten

gehören: das Präsentieren des Hinterteils, Wegblicken, Davonlaufen, das Rücken-Zuwenden einem anderen Tier gegenüber und das Besprungen-Werden. ... Je höher die Position eines Tieres in der Dominanzhierarchie, desto weiter ist der persönliche Raum, den es kontrolliert und den ein weniger dominantes Tier nicht betreten darf, ohne zuvor seine Absicht klarzustellen. (Frank E. Poirier)[31]

Affen:
Solange das Affenjunge [normalerweise in ihr Fell verkrallt] auf seiner Mutter reiten sollte, wird seine Mutter fortfahren, es mit sich zu tragen, auch wenn es verletzt oder gar tot ist. Sollte sie aufhören, es umherzutragen, wird wahrscheinlich ein erwachsenes Männchen zu ihr hingehen, sie anbellen und ihr auf diese Weise klarmachen, daß sie fortfahren sollte, das Junge mit sich zu tragen. In unserer kleinen Affenkolonie in Berkeley hatten wir einen Fall, in dem eine Mutter ihr totes Junges zwei Tage lang mit sich umhertrug und es dann fallenließ. Darauf las das erwachsene dominante Männchen der Truppe das Junge auf und trug es weitere zwei Tage herum, bevor auch er es wegwarf. (Sherwood L. Washburn)[32]

Meerkatzen:
Im Jahre 1967 berichtete T.T. Struhsaker, daß ostafrikanische Meerkatzen unterschiedlich tönende Alarmrufe für zumindest drei verschiedene Raubtiere gaben: Leoparden, Adler und Schlangen. Jeder Alarmruf rief eine unterschiedliche, anscheinend angepaßte Reaktion bei anderen Meerkatzen in der Umgebung hervor. Struhsakers Beobachtungen waren bedeutsam, da sie nahelegten, daß nichtmenschliche Primaten in einigen Fällen unterscheidbare Laute verwenden, um unterschiedliche Gegenstände oder Gefahrentypen in der Außenwelt zu bezeichnen. ...
Seyfarth, Cheney und Marler ... begannen [ihre Untersuchungen], indem sie die Alarmrufe, die Meerkatzen bei tatsächlichen Begegnungen mit Leoparden, Adlern und Schlangen ausstießen, auf Tonband aufzeichneten. Dann spielten sie die Aufzeichnungen in Abwesenheit von Raubtieren ab und filmten die Reaktionen der Affen. ... Während erwachsene Meerkatzen ihre Adler-Alarmrufe auf eine kleine Anzahl von wirklichen Raubvögeln beschränken, geben Jun-

ge im Kleinkindalter Alarmrufe bei vielen verschiedenen Arten ab, von denen einige keine Gefahr darstellen. Adler-Alarmrufe von Kleinkindern sind jedoch nicht völlig zufallsverhaftet und beschränken sich auf Gegenstände, die in der Luft fliegen. ... Von einem sehr frühen Alter an scheinen Kleinkinder also dazu veranlagt zu sein, äußere Reize in verschiedene Gefahrenklassen zu unterteilen. Diese allgemeine Anlage wird dann durch Erfahrung geschärft, wenn die Jungen lernen, welche der vielen Vögel, die sie täglich ausmachen, eine Gefahr für sie darstellen...
[Aber] ... die Experimente ergeben keinen Beweis dafür, daß Primaten in freier Wildbahn die Beziehung zwischen einer Lautgebung und ihrem Bezugsobjekt erkennen. (Robert M. Seyfarth)[33]

Totenkopfäffchen:
Die stark an Totenschädel erinnernde Spielart des männlichen Totenkopfäffchens stellt ein besonders anschauliches Beispiel dar. Es zeigt 1) sein Ziel, ein anderes Männchen zu dominieren, 2) seine Absicht, es anzugreifen, *und* 3) seine Liebesgedanken gegenüber einem Weibchen – alle drei – an, indem es seinen erigierten Phallus dem anderen Tier vor die Nase hält und zugleich mit den Zähnen knirscht. Das Werbungsritual ist identisch mit dem Aggressionsritual. Verhaltensforscher haben dieses Phänomen überkreuzter Leitungen bei zahlreichen Reptilien und niedrigeren Lebensformen beobachtet. (Paul MacLean)[34]

Mantelpaviane:
Junge Männchen ... präsentieren in furchtauslösenden Situationen. Sie bedienen sich der sexuellen Annäherung, um Zugang zueinander zu erlangen und um einen Artgenossen zum Spielen zu überreden. Sie masturbieren und bespringen einander. Sie bespringen und werden selbst von erwachsenen Männchen und von erwachsenen Weibchen besprungen, wobei ihre heterosexuellen Betätigungen den Anführern keine aggressiven Reaktionen entlocken. Sie beschäftigen sich mit manuellen, oralen und olfaktorischen Untersuchungen des Ano-Genitalbereichs von gleichaltrigen und erwachsenen Tieren beiderlei Geschlechts. Sie beenden einen Geschlechtsakt häufig damit, daß sie das Tier, mit dem sie zusammen-

waren, beißen. Dieser Abschluß von Sexualbetätigung, der gewöhnlich im Verhalten von Erwachsenen nicht zu beobachten ist, scheint häufig von spielerischer Natur zu sein. (Solly Zuckerman)[35]

Paviane:
Sir Andrew Smith, ein Zoologe, dessen peinliche Genauigkeit vielen bekannt ist, erzählte mir folgenden Vorfall, dessen Augenzeuge er war. Am Kap der Guten Hoffnung hatte ein Offizier einen Pavian häufig geneckt. Als das Tier ihn nun eines Sonntags zur Parade ankommen sah, goß es Wasser in eine Vertiefung im Boden, bereitete schnell einen schmutzigen Schlamm und warf ihn zum Ergötzen vieler Zuschauer geschickt auf den vorübergehenden Offizier. Noch lange Zeit danach freute sich der Affe mit höhnischem Grinsen, wenn ihm sein Opfer wieder zu Gesicht kam. (Charles Darwin)[36]

Paviane:
In Abessinien stieß Brehm auf eine große Paviantruppe, die ein Tal überquerte; einige hatten bereits den gegenüberliegenden Berg bestiegen und einige befanden sich noch im Tal: Die letzteren wurden von den Hunden angegriffen, aber die alten Männchen eilten sofort von den Felsen herab und brüllten mit weit geöffneten Mäulern so fürchterlich, daß die Hunde sich schnell zurückzogen. Sie wurden neuerlich zum Angriff ermuntert; mittlerweile waren jedoch alle Paviane wieder auf die Höhen hinaufgeklettert, ausgenommen ein etwa sechs Monate altes Jungtier, das laut um Hilfe rufend einen Felsblock erklomm und umringt wurde. Nun kam eines der größten Männchen, ein wahrer Held, wieder vom Berg herab, ging langsam zu dem Jungtier, redete ihm zu und führte es triumphierend weg – die Hunde waren zu sehr überrascht, um anzugreifen. (Solly Zuckerman)[37]

Springaffen und andere kleine Schwanzaffen:
Verborgen im Gewirr von Ästen und Ranken der tropischen Wälder Südamerikas leben die väterlichsten aller Primatenväter. Die monogam gepaarten Männchen des kleinen Titi-Affen *(Callicebus)*, der Nachtaffen und der winzigen *Callimiconidae* und *Callitrichidae* sind in bezug auf Innigkeit und Dauer ihrer Beziehungen zu den Jungtie-

ren einzigartig ... Männchen dieser Arten teilen alle Elternpflichten, abgesehen vom Füttern, und obwohl das Ausmaß der Teilnahme innerhalb der Art ziemlich veränderlich ist, tragen sie im allgemeinen die Hauptsorge für die Jungen ...
Bei diesen Arten werden die Männchen häufig stark zu den Kindern hingezogen. Man hat beobachtet, wie sie unmittelbar nach der Geburt versuchten, das noch blutige Neugeborene zu beschnüffeln, zu berühren oder zu halten; manchmal lecken sie sogar die das Junge bedeckenden Geburtsflüssigkeiten ab ... Bereits Stunden nach der Geburt tragen Männchen die Kleinen auf ihrem Rücken, pflegen ihr Fell und beschützen sie ... Große Teile des Tages der Männchen sind der Kinderpflege gewidmet, und die hingebungsvollsten Väter geben ihre Kinder den Müttern lediglich zum Stillen zurück ...
Männchen erlauben den Jungen auch, ihnen Nahrung aus der Hand und dem Mund zu nehmen ... Bei den geteilten Nahrungsstoffen handelt es sich etwa um große, bewegliche Insekten oder hartschalige Früchte, bei denen die Jungtiere selbst Schwierigkeiten bei der Beschaffung oder Verarbeitung hätten ...
Mit heftigem Beschützerinstinkt werden Männchen die Kleinen gegen wirkliche und eingebildete Bedrohungen verteidigen. In Gefangenschaft haben sich kleine männliche Löwenäffchen auf so erschreckende Eindringlinge wie Wollaffen [südamerikanische Klammeraffenart], Makaken und Menschen gestürzt. (Patricia L. Whitten)[38]

Kapitel 18

Der Archimedes der Makaken

Das schreiben die einen der hohen Begabung des Mannes zu, die andern meinen, durch ein Übermaß von Fleiß habe jede Lösung das Ansehen gewonnen, als sei sie mühelos und leicht gewonnen worden. Durch eigenes Suchen fände man wohl nicht den Beweis, aber während er einem gezeigt wird, hat man das Empfinden, als fände man ihn selber; ein so ebener und kurzer Weg führt zu dem zu Erweisenden.... Ein solcher Mann war Archimedes...

PLUTARCH
Marcellus[1]

Wir Menschen haben uns nicht aus einer der zweihundert anderen Primatenarten, die heute am Leben sind, entwickelt; vielmehr haben wir uns, und sie sich, gemeinsam aus einer Abfolge gemeinsamer Vorfahren entwickelt. Wenn wir den Stammbaum der Primaten rekonstruieren, finden wir auch heraus, wer unsere engsten Verwandten sind. Und weil das Verhalten von Primaten sogar zwischen Arten derselben Gattung beträchtlich variiert, ist es für unsere Selbsteinschätzung wirklich nicht bedeutungslos, welche Primaten unsere nächsten Verwandten sind.

Wie bereits dargestellt, lautet die Antwort auf diese Frage wohl, daß die Schimpansen unsere nächsten Blutsverwandten sind und etwa 99,6 Prozent ihrer aktiven Gene mit uns teilen. Aus Vergleichen der DNS-Sequenzen wissen wir, daß Bonobos und gewöhnliche Schimpansen sich wesentlich mehr ähneln als jede der beiden Arten uns Menschen; aber man hätte auch gar nichts anderes vermutet.[2] Trotzdem: 99,6 Prozent ist eine hochgradige Verwandtschaft. Wir müssen also eine ganze Menge Gemeinsamkeiten mit ihnen haben. (Es muß sogar Verhaltensmerkmale geben, die wir mit den *entferntesten* Primatenvettern teilen.)

Der gesamte Stammbaum der Primaten kann unter Verwendung molekularen und anatomischen Beweismaterials, wobei natürlich auch die Zeugnisse im Gestein zu berücksichtigen sind, nachgezeichnet und einer Zeittafel zugeordnet werden. Dabei stimmen die Beweise aus der Analyse von Knochen und von Molekülen nicht vollkommen überein, obwohl sie sich einander anzunähern beginnen; wir haben in unserem Buch mehr Gewicht auf den Vergleich von Gensequenzen und auf die Ergebnisse der Reißfestigkeit von DNS-Hybridverbindungen gelegt. Nach der sich daraus ergebenden molekularen Beweislage zweigten sich die Gorillas vor etwa acht Millionen Jahren von der Entwicklungslinie ab, die zu uns Menschen führt, und der immer noch unbekannte, aber ausgestorbene gemeinsame Vorfahr von Menschen und Schimpansen trennte sich von den Gorillas möglicherweise eine Million Jahre später. Schon sehr bald danach begannen Menschen und Schimpansen dann ihre getrennte Entwicklung.[3] Auf einem Planeten, der schon tausendmal länger bewohnt war, fällt dies noch in die jüngere Vergangenheit, vergleichbar etwa den letzten beiden Wochen im Leben eines 50jährigen Menschen. Das bedeutet natürlich nicht, daß Menschen und Schimpansen vor sechs Millionen Jahren *auftraten*; es heißt nur, daß unser gemeinsamer Ast am Baum der Evolution sich damals verzweigte.

* * *

Wir wollen uns in Gedanken zurückversetzen an das Ende des mesozoischen Zeitalters vor ungefähr 100 Millionen Jahren. Im Leben eines mittelalten Menschen würde dieser Zeitraum etwa einem Jahr entsprechen. Schon damals gab es Säugetiere; aber sie waren nicht leicht aufzufinden. Die Tagesstunden wurden von den Dinosauriern beherrscht; zu ihnen gehörten einige der fürchterlichsten Tötungsmaschinen, die sich jemals auf dem Festland entwickeln konnten. Unsere Säugetiervorfahren waren, so nimmt man an, ängstlich, feige, schwach und klein; sie hatten normalerweise die Größe von Mäusen. Wie alle heutigen Reptilien und Amphibien dürften auch die meisten Dinosaurier Kaltblütler gewesen sein (dies ist allerdings in der Dinosaurierforschung noch umstritten); falls dies der Fall war, wurden sie mit Einbruch der Abendkühle, besonders im Winter, untätig – vor allem die kleineren, die auf die mäusegroßen Säugetiere Jagd machten. Die Säugetiere jedoch waren Warmblütler und konnten also die ganze Nacht über im Freien bleiben.

Wir malen uns nun eine monderhellte Dunkelheit aus, in der ihre Gegenspieler besinnungslos in einer schläfrigen Erstarrung über die Landschaft verstreut umherlagen. Das war die Gelegenheit für unsere Vorfahren, in ihren eigenen Angelegenheiten umherzuhuschen – Raupen zu fangen, an Blättern zu knabbern, sich zu paaren und ihre Jungen zu versorgen. Doch um nachttauglich zu sein, mußten ihre anderen Sinne außer dem Gesichtssinn gut ausgebildet sein; und in jenem Zeitalter entfalteten sich außer dem Säugetiergehirn auch ausgefeilte Nervenverbindungen zur Verstärkung des Gehör- und Geruchssinnes, damit sie etwaigen bei Nacht jagenden Dinosauriern entgehen konnten.

Den Großteil des Tages schliefen unsere Vorfahren in Erdhöhlen und wälzten sich wohl im Schlaf, während sie im Traum von Reihen nadelspit-

zer Zähne geplagt wurden und sich mit haarsträubenden Sprüngen in Sicherheit bringen mußten. Sie waren vielleicht ihr ganzes Leben lang in Furcht, und tagsüber schlugen ihre Herzen bei jedem Schritt bis zum Hals. Sie wünschten sich nichts sehnlicher als den Einbruch der Nacht.
Vor 65 Millionen Jahren scheint ein Blitz aus heiterem Himmel – der Einschlag einer kleinen Welt – die Umwelt des Planeten einschneidend verändert, die Dinosaurier ausgelöscht und es den Säugetieren, die bis dahin gänzlich unbedeutend waren, ermöglicht zu haben, zur Blüte zu gelangen und sich in eine Vielfalt unterschiedlicher Arten auszufalten. Wir wissen nicht, ob es so früh schon Primaten unter den Säugetieren gab, oder ob sich ein anderes Säugetier schnell zum Primaten fortentwickelte. Aus fossilen Zeugnissen wissen wir, daß kurz nach dem Aussterben der Dinosaurier winzige affenähnliche Wesen, die vielleicht nur weniger als 100 Gramm wogen und deren Zähne etwa einen Millimeter lang waren, im Gebiet des heutigen Algerien lebten.[4] Und vor etwa 50 Millionen Jahren (das entspricht etwa sechs Monaten im Leben unseres Fünfzigjährigen) gab es im subtropischen Wyoming auf Bäumen lebende Primaten.[5] Die Eckzähne der Männchen waren doppelt so lang wie die der Weibchen. Wenn wir daraus schließen dürfen, was dieser Unterschied bei den heutigen Affen bedeutet, so beherrschten schon ganz am Anfang bei den Primaten die Männchen die Weibchen, errichteten Dominanzhierarchien, lagen im Wettstreit miteinander und hielten sich möglicherweise Harems. All dies begleitet uns also schon seit den Anfängen der Primaten-Ordnung. Fachleute sind der Ansicht, daß die ersten Primaten viel mehr den frühen Säugetieren (mit Klauen, langen Schnauzen und an den Seiten des vorne schmal zulaufenden Kopfes sitzenden Augen) glichen als die modernen Affen und Menschen. Die sogenannten »niederen« Primaten oder Halbaffen – zum Beispiel Lemuren und Loris – sehen den frühesten Primaten wohl am ähnlichsten. Man kann auf den ersten Blick sehen, daß sie Nachttiere sind: Ihre Augen sind im Vergleich zu ihren Gesichtern überproportional groß, wobei die weiten Öffnungen eine Anpassung an die Nachtsicht in einer nur durch Mond und Sterne erhellten Welt sind. Sie verständigten sich teilweise, indem sie aus spezialisierten Drüsen Düfte versprühten.* Sie hatten Gehirne – groß im Verhältnis zu ihrer

* Katta-Lemurenmännchen schmieren das von ihnen erzeugte Pheromon auf ihre Schwänze und wedeln sich dann mit diesen hochgestellten schwarz-weiß gestreiften Schwänzen zu,

Körpergröße –, um damit zu denken, räumlichen Gesichtssinn, um damit zu sehen, und Hände, um damit die Umwelt zu bearbeiten. Das typische Primatenmuster einer Dominanzhierarchie könnte – einschließlich des Präsentierens der Hinterteile bei beiden Geschlechtern als Unterwerfungsgeste gegenüber dem beherrschenden Männchen – bereits existiert haben.

Die frühe Entwicklung der Primaten war durch eine grundlegende Umformung von Nachttieren zu Tagtieren gekennzeichnet; damit einher ging eine Unterdrückung des Geruchssinns[6] und eine Verfeinerung des Gesichtssinns; dazu gehört auch eine Entwicklung der Gesichtsmuskulatur, damit Stimmungen durch Gesichtsausdrücke mitgeteilt werden konnten; auch eine noch stärkere Bindung zwischen Mutter und Jungen; eine längere Abhängigkeitsperiode der Jungen; und eine sich verbessernde Fähigkeit der neueren, höheren Gehirnzentren, die Aggression und andere Verhaltensmuster, die von den älteren, niedrigeren Schichten ausgehen, zu mäßigen. All dies führte in der Folge zu größeren Veränderungen in der Primatengesellschaft: Je weniger Aggression es gibt, desto eher wird ein echtes Gemeinschaftsleben möglich; je länger die Kindheit dauert, desto mehr können Eltern ihren Jungen beibringen. Bündnisbildung und Anhängergruppen, Aussöhnung, gegenseitige Bestätigung, Verzeihen und die Erinnerung an das vergangene Verhalten bestimmter Individuen sowie die Planung künftiger Handlungen – all dies entfaltete sich nun schnell. Unsere Vorfahren waren nunmehr auf dem Weg zu größerer Aufgewecktheit, Intelligenz, Kommunikationsfähigkeit und zu besseren Ausdrucksmöglichkeiten ihrer Liebesgefühle.

Nach der Ausrottung der Dinosaurier trauten sich die Säugetiere also an das Tageslicht. Eine Zeitlang müssen sie sich sicher und frei gefühlt haben. Aber die wachsenden, sich vermehrenden und sich spezialisierenden Säugetiere wurden schließlich eine zu gute Bereicherung der Speisekarte, als daß man sie hätte übergehen können. Sie begannen sich gegenseitig aufzufressen. Neue Räuber, darunter die Raubvögel, entwik-

wobei sie ihren Eigengeruch in der Luft verbreiten. Es handelt sich hauptsächlich um einen Wettbewerb um die Weibchen: Offenbar gewinnt der am aromatischsten duftende Lemur das attraktivste Weibchen. Bei einer bestimmten Lemurenart können sogar alle schwanzwedelnden Männchen am selben Abend zum Ziel kommen, denn alle erwachsenen Weibchen geraten gleichzeitig in Hitze – beim silbernen Schein des Vollmonds.

kelten sich. Das Leben bei Tage wurde so wieder zunehmend gefährlicher. Bei einer Untersuchung moderner südamerikanischer Harpyie-Adler stellte sich beispielsweise heraus, daß 39 Prozent der »Beutestücke«, die zum Nest zurückgebracht wurden, Körperteile von Affen waren.[7] Tagsüber mußte und muß man auf der Hut sein. Eine Zusammenarbeit bei der Verteidigung, etwa beim Absuchen des Himmels und bei Warnrufen, wenn ein Adler zu sehen ist, wird überlebenswichtig.

Paviane reagieren, wenn sie bei der Nahrungssuche auf Räuber stoßen, typischerweise dadurch, daß sie ihre Reihen schließen und schneller vorangehen.[8] Wie schon die Wendung »die Reihen schließen« andeutet, stellt ein bestimmtes Gruppenverhalten, das wir als militärisch erkennen, seit alters her eine Anpassungsreaktion auf die Bedrohung durch Räuber dar. Geübte Räuber können bei der potentiellen Beute eine rasche Entwicklung erzwingen: hin zur Weitsicht, zu gymnastischen Fertigkeiten auf Bäumen, zu gegenseitiger Unterstützung, zu schnell enthemmten Kampffähigkeiten, zur Intelligenz und ganz allgemein zu militärischen Fähigkeiten.

Affen werden mit der Fähigkeit geboren, die Bedeutung verschiedener Gesichtsausdrücke zu erkennen – obwohl das Wissen, wie man auf solche Ausdrücke in einer sozial angemessenen Weise zu reagieren hat, von Erfahrung und Training abhängt. Es gibt einzelne Nervenzellen im Gehirn, die besonders aktiviert werden, wenn der Affe die Augen, den Mund oder das Fell eines anderen Affen sieht. Es gibt sogar eine Gehirnzellenart, die besonders für eine Duck- oder Verbeugungshaltung empfänglich ist. Die Bedeutung von Gesichtsausdruck und Körperhaltung ist bei den Primaten nervlich fest verankert und nicht nur eine Angelegenheit sozialer Konventionen. Der Komm-hierher-Blick eines Rhesusaffenmännchens besteht darin, sein Kinn vorzuschieben und seine Lippen zusammenzuziehen; wenn man ein Rhesusaffe (gleichgültig welchen Geschlechts) ist, dann ist es, schon früh im Leben, wichtig zu wissen, was dies bedeutet.

Eine der Nutzungsmöglichkeiten des sich entwickelnden Primatengehirns bestand darin, sich Groll gegen andere merken zu können. Im allgemeinen versöhnen sich Affen – häufig durch zeremonielles gegenseitiges Bespringen – innerhalb von wenigen Minuten nach einem Kampf. Schimpansenmännchen lassen sich manchmal Stunden oder Tage dafür Zeit, wobei die Weibchen oft als Friedensstifter eingreifen. Sie selbst sind allerdings weniger nachsichtig; sie können für den Rest ihres Lebens einen Groll hegen. Menschen beiderlei Geschlechts können zum Vergeben jede Zeit, von wenigen Augenblicken bis zu Jahrtausenden, benötigen. Auch bei Affen wird ein schwelender Groll gegen ein Individuum oft auf alle seine Verwandten ausgedehnt. Zu den vielen neuen gesellschaftlichen Formen, die von Primaten erfunden wurden, gehören Fehden und Blutrache, oft über viele Generationen hin – hier zeigen sich erste zaghafte Anfänge von Geschichtsbewußtsein.

Wie bei den meisten Säugetieren werden auch bei den Primaten Aggression, Dominanz, Territorialität und der Geschlechtstrieb durch Testosteron vermittelt, das im Blut zirkuliert und hauptsächlich von den Hoden hergestellt wird. Das galt mit ziemlicher Sicherheit schon für die frühesten Primaten, sogar schon lange Zeit vorher. Je mehr Testosteron und andere Androgene das sich entwickelnde Gehirn des Embryos erhält, desto mehr dieser männlichen Merkmale wird das ausgewachsene Tier zeigen. Je geringer der Testosteronspiegel bei einem Männchen ist, desto gedämpfter werden diese Neigungen sein und desto wahrscheinlicher wird es sich selbst zum Bespringen durch andere Männchen präsentieren. Aber der Testosteronspiegel schwankt auch mit den jeweiligen Führungssituationen. Bei rangniederen Männchen schnellt er sofort hoch, wenn sie mit brünstigen Weibchen konfrontiert sind und kein hochrangiges Männchen in der Nähe ist. Innerhalb gewisser Grenzen sind die Primaten jeder Lage gewachsen. Das Amt prägt den Affen.

Die Männchen vieler Primatenarten (Menschen jedoch im allgemeinen nicht) zeigen eine deutliche Vorliebe für weibliche Sexualpartner, die schon Nachkommen haben; jüngere Affenweibchen müssen möglicherweise größere Anstrengungen machen, um verführerisch zu sein.[9] Wir haben die Wachsamkeit von Alpha-Schimpansenmännchen gegenüber ihren Weibchen – allerdings nur während der Empfängnisphase – ja bereits ausführlich dargestellt. Trotzdem hat sich die Sexualität bei den Primaten zu mehr entwickelt als lediglich einem Mittel zur Fortpflanzung, Vervielfältigung und Neuverknüpfung von DNS-Sequenzen. Der ganzjährige, praktisch zwanghafte Geschlechtsverkehr mit vielen Partnern – der von menschlichen Beobachtern als »zügellos«, »entartet«, »widernatürlich« und »wahllos« beschrieben wurde – ist ein Mechanismus der Sozialisation. Das wird bei den Bonobos besonders klar. Sex hält die Gruppe trotz sexueller Eifersucht zusammen. Er bringt Gefühlsbindungen, gemeinsame Ziele, Mittel zur Identifizierung mit anderen und eine Milderung der gefährlichen männlichen Aggression mit sich. Die zentrale Einrichtung des Primatenlebens ist ein geselliges Gemeinschaftsleben, das an vielen erkennbaren Aspekten der menschlichen Kultur und Gesellschaft teilhat. Eine der Hauptmotivationen für dieses Gemeinschaftsleben ist die Sexualität.

Erwachsene Vorbilder sind bei Tieren, bei denen das Lernen im Kindesalter eine so zentrale Rolle spielt, wesentlich. Dominanzhierarchien schwächen die Gewalttätigkeit (nicht jedoch die Aggression) innerhalb der Gruppe ab. Zusammenarbeit ist bei jeder Jagd bedeutsam, ganz besonders jedoch für die Jagd auf große Tiere und für das Entkommen vor Räubern. Eine Übersicht über dreißig Primatenarten in freier Wildbahn ergab, daß die Wahrscheinlichkeit, daß irgendein bestimmtes Individuum im Laufe eines Jahres Beute eines Räubers wird, bei 1:16 liegt.[10] Räubern zu entkommen, muß bei Primaten also ziemlich weit oben auf der Prioritätenliste stehen – und gerade deshalb lohnt sich das Gemeinschaftsleben: Man kann sich rechtzeitig warnen und gemeinsam verteidigen.

Meerkatzen haben sich ein wenig aus der vergleichsweise sicheren Umwelt des Waldes hervor- und in die offene Savanne hinausgewagt, wo es weniger Deckung und mehr Gefahren gibt. Spielt man ihnen nun Tonbandaufnahmen ihrer eigenen Rufe vor, so ergibt sich, daß sie ganz spezifische, leicht verständliche Alarmrufe besitzen, die ihrerseits spezifische Handlungen auslösen: einen Warnruf vor einer Python oder Schwarzen Mamba (worauf sich alle auf die Zehenspitzen stellen und ängstlich in das umliegende Gras spähen), vor einem Kampfadler (worauf alle zum Himmel aufschauen und unter dichten Blättern Schutz suchen) und vor einem Leoparden (worauf alle hastig hinauf in die Bäume huschen). Verschiedene Räuber lösen verschiedene Rufe und unterschiedliches Ausweichverhalten aus. Diese Reaktionen sind teilweise erlernt. Kleinkinder geben ganz außer sich Adleralarm, auch wenn der erspähte Vogel harmlos ist, manchmal sogar als Reaktion auf ein herabfallendes Blatt. Zunehmend verbessert sich jedoch ihr Unterscheidungsvermögen. Sie lernen aus Erfahrung und von anderen. Sie haben noch eine ganze Reihe anderer Grunzlaute; manche davon meinen Wissenschaftler deuten zu können. Meerkatzen erwecken zumindest oberflächlich den Eindruck, als unterhielten sie sich miteinander. Das gesellige Leben treibt also auf mehrere unterschiedliche Weisen die soziale Intelligenz voran, die bei den Primaten unter allen Arten von Lebewesen auf der Erde am höchsten entfaltet zu sein scheint.

Die Furcht der Meerkatzen vor Schlangen wird von Pavianen, Schimpansen und vielen anderen Primaten geteilt. Konfrontiert man wilde Rhesusaffen mit Schlangen und anderen Gegenständen, die wie Schlangen aussehen, so fahren sie vor Schreck aus ihrer Haut. Führt man nun dasselbe Experiment mit im Labor aufgezogenen Rhesusaffen durch, die niemals eine Schlange gesehen haben, so wird man feststellen, daß sie, obwohl einige von ihnen sich fürchten, viel weniger aufgeregt sind. Bei einem Experiment war die Schlangenphobie des wilden Schimpansen sogar fast unter Kontrolle zu bekommen, wenn man ihm, immer wenn er eine Schlange sah, gleichzeitig eine Banane anbot.[11] Ist also die Angst vor Schlangen nicht angeboren, sondern wird sie auf irgendeine Weise den Jungen von ihren Rhesusmüttern beigebracht? Oder gibt es eine angeborene Furcht, die bei im Labor lebenden Affen abgemildert wird, weil sie sich an harmlose schlangenähnliche Gegenstände gewöhnt haben – Schläuche beispielsweise? Was gilt also: Erbe oder Umwelt? Ist das Wissen, wie eine Schlange aussieht und daß Schlangen für Primaten nichts Gutes verheißen, in die DNS eingeprägt? Oder beobachten Primatenbabys nur genau die Erwachsenen und machen nach, was jene tun?

Die Antwort lautet mit ziemlicher Sicherheit: Mischung aus beidem. Eine Abneigung gegen Schlangen scheint in die Gehirne von Primaten einprogrammiert zu sein. Doch handelt es sich nicht um ein geschlossenes Programm, das für neue Information aus der Außenwelt unzugänglich ist. Es ist statt dessen ein offenes Programm, das durch Erfahrungen abgeändert werden kann – beispielsweise: »Ich habe in meinem Leben schon eine Menge Schlangen gesehen, die mir nicht viel Schaden zugefügt haben; ich kann also in ihrer Gegenwart ein wenig entspannter sein.« Oder: »Jedesmal, wenn ich eine Schlange sehe, erscheint auch wunderbarerweise eine Banane; Schlangen haben auch ihre guten Seiten.« Die meisten Programme in Primatengehirnen sind offen, anpassungsfähig, dehnbar, auf neue Umstände einrichtbar – und das bringt notwendigerweise gelegentlich auch Zweideutigkeit, Vielschichtigkeit und Widersprüchlichkeit mit sich.

Kehren wir noch einmal kurz zur Chronologie der Primaten zurück. Eine dem modernen Forschungsstand entsprechende, repräsentative Chronologie[12] geht davon aus, daß die Abspaltung der Entwicklungslinie, die zu uns Menschen führt, von der gemeinsamen Entwicklungslinie mit den in der Alten Welt bekannten Affen vor etwa 25 Millionen Jahren erfolgte. Die Gibbons spalteten sich vor 18 Millionen Jahren ab, die Orang-Utans vor 14, die Gorillas vor acht und die Schimpansen vor etwa sechs Millionen Jahren. Die Entwicklungswege der Bonobos und der gewöhnlichen Schimpansen trennten sich erst vor ungefähr drei Millionen Jahren. Unsere Gattung *Homo* ist etwa zwei Millionen Jahre alt, unsere Spezies *Homo sapiens* zwischen 100 000 und 200 000 Jahre. Der letztgenannte Zeitraum entspricht ungefähr dem letzten Tag im Leben unseres Fünfzigjährigen.

Die Primaten insgesamt haben, weil sie ein geselliges Gemeinschaftsleben pflegen, unter starkem Selektionsdruck von seiten der Raubtiere stehen, Gehirne haben, die sich schnell weiterentwickeln, und weil sie die Erziehung ihrer Jungen wirkungsvoll institutionalisiert haben, neue Formen von Intelligenz entwickelt. Ihre Neugierde, Experimentierfreude und intellektuelle Wendigkeit sind für ihren Erfolg wenigstens teilweise verantwortlich.

* * *

Es folgt der Bericht eines japanischen Primatologen über eine bemerkenswerte Serie von Ereignissen in einer isolierten Makaken-Kolonie auf der kleinen Insel Koshima. Anfangs, im Jahre 1952, gab es nur 20 Tiere; im folgenden Jahrzehnt verdreifachte sich die Zahl beinahe. Die natürlichen Nahrungsvorräte auf Koshima reichten nicht aus, so daß die Affen mit Lebensmitteln versehen werden mußten – mit Süßkartoffeln und Getreide, die von den Primatologen, die sie beobachteten, am Strand abgeladen wurden.

Wie jeder weiß, der einmal am Strand ein Picknick abgehalten hat, haftet der Sand an der Nahrung und macht sie unangenehm sandig. Im September 1953 fand ein eineinhalb Jahre altes Weibchen, das Imo genannt wurde, heraus, daß es den Sand von seinen Süßkartoffeln abspülen konnte, indem es sie in einen nahegelegenen Bach tauchte.

> Das nächste Individuum nach Imo, welches das Kartoffelwaschen erlernte, war Imos Spielgefährte; das war im Oktober. Imos Mutter

> und ein anderes gleichaltriges Männchen begannen mit dem Waschen im Januar 1954. In den folgenden Jahren (1955 und 1956) fingen drei Mitglieder von Imos Familie (ein jüngerer Bruder, eine ältere Schwester und eine Nichte) und vier Tiere aus anderen Familien (zwei waren ein Jahr jünger und zwei ein Jahr älter als Imo) damit an. Mit Ausnahme ihrer Mutter waren also alle Individuen, die das Kartoffelwaschen schnell erlernten, entweder gleichaltrige Gefährten oder junge enge Verwandte von Imo...
>
> Nach 1959 änderten sich die Formen des Informationsaustausches. Das Waschen von Süßkartoffeln war nun keine neue Verhaltensweise mehr: Wenn Junge geboren wurden, trafen sie die meisten ihrer Mütter und der älteren Tiere beim Kartoffelwaschen an und erlernten dieses Verhalten von ihnen, wie sie den gewöhnlichen Speiseplan der Gruppe erlernten. Solange die Jungen von Muttermilch abhängig sind, werden sie an den Rand des Wassers mitgenommen. Während ihre Mütter Kartoffeln waschen, sehen die Jungen aufmerksam zu und stecken Kartoffelstückchen in den Mund, welche die Mütter ins Wasser fallen lassen. Die meisten Jungen fangen mit dem Kartoffelwaschen im Alter von etwa ein bis zweieinhalb Jahren an....
>
> [I]n der zweiten Periode (1959 bis heute, der Periode »vorkultureller Verbreitung«) erfolgte die Aneignung des Kartoffelwaschens geschlechts- und altersunabhängig. Während der zweiten Periode erwarben praktisch alle Individuen... diese Gewohnheit von ihren Müttern oder Spielgefährten, im Kindesalter oder als Heranwachsende.

Doch es gab ja immer noch das Problem des sandigen Getreides – bis zu Imos zweiter Eingebung:

> 1956, als Imo vier Jahre alt war, nahm sie eine Handvoll mit Sand vermischten Getreides zum Bach mit. Als die Mischung ins Wasser gefallen war, sank der Sand zu Boden und das treibende Getreide konnte nun wieder sauber von der Wasseroberfläche abgeschöpft werden. Diese »Goldwäscher«-Technik wurde auch von einigen anderen Affen aufgegriffen, und bald erlernten sie immer mehr Tiere...
>
> Verglichen mit dem Kartoffelwaschen verbreitete sich das Goldwaschverfahren ziemlich langsam...

> Das Goldwaschverfahren scheint ein größeres Verständnis für die komplexen Beziehungen zwischen den Dingen zu erfordern und dürfte besonders schwierig zu erlernen sein, weil ein Affe zuerst einmal seine Nahrung »wegwerfen« muß, während er beim Kartoffelwaschen die Kartoffel vom Anfang bis zum Ende festhalten kann.[13]

Imo war ein Primatengenie, ein Archimedes oder ein Edison unter den Makaken. Ihre Erfindungen verbreiteten sich langsam; die Makakengesellschaft ist, wie traditionelle menschliche Gesellschaften auch, sehr konservativ. Ihre Abstammung aus einer hochrangigen Familie trug bei dieser Art, die einem erblichen Matriarchat anhängt, vielleicht zur Annahme der Neuerung bei. Die erwachsenen Männchen lernten wie gewöhnlich am langsamsten; sie waren bis zuletzt halsstarrig. Ein Weibchen entdeckte den Reinigungsprozeß, andere Weibchen ahmten ihn nach und dann wurde er von den Jungen beiderlei Geschlechts aufgegriffen. Schließlich lernten die Kleinkinder ihn an der Seite ihrer Mütter. Das Zögern der erwachsenen Männchen hat uns etwas zu sagen. Sie sind grimmige Konkurrenten und besessen von ihrer Dominanzhierarchie. Sie sind Freundschaften oder auch nur Bündnissen nicht sehr zugetan. Vielleicht fühlten sie eine drohende Demütigung – wenn sie Imo nachahmten, würden sie ihrer Führung folgen, in einem gewissen Sinne ihr gehorsam werden und damit ihre Stellung in der Dominanzhierarchie verlieren. Da fraßen sie schon lieber Sand.

Von keiner anderen Makakengruppe auf der Welt ist mit Bestimmtheit bekannt, daß sie eine derartige Entdeckung gemacht hat. Zwar begannen 1962 auch Makaken auf anderen Inseln und auf der Hauptinsel, die seit kurzem mit Kartoffeln versorgt wurden, damit, ihre Nahrung vor dem Verspeisen zu waschen. Es ist jedoch nicht bekannt, ob dies einer erneuten unabhängigen Entdeckung oder einer kulturellen Verbreitung zu verdanken war: 1960 schwamm beispielsweise Jugo – ein Makak, der im Kartoffelwaschen sehr geschickt geworden war – von Koshima zu einer nahegelegenen Insel, wo er vier Jahre lang blieb und die dort heimische Makakenkolonie unterwiesen haben könnte.[14] Vielleicht gab es noch mehr Archimeden unter den Makaken, vielleicht auch nicht. Imo ist die einzige, von der wir es mit Sicherheit wissen.

Es dauerte eine Generation, bis diese beiden offensichtlich nützlichen Erfindungen weiten Anklang fanden.[15] Die konservative, fast unbewegliche Haltung im Banne populärer Vorurteile, das Zögern, eine neue Technik aufzugreifen, auch wenn ihre Vorteile klar sind, sind allerdings nicht auf japanische Makaken beschränkt.[16] Vielleicht hat die Halsstarrigkeit der erwachsenen Männchen teilweise damit zu tun, daß die Lernfähigkeit mit steigendem Alter abnimmt. Auch bei Menschen stellen sich ja Jugendliche wesentlich geschickter an als ihre Eltern, wenn es um den Umgang mit einem PC oder einem Videorecorder geht. Doch ist damit noch lange nicht erklärt, warum erwachsene Makaken*weibchen* so wesentlich lernwilliger waren als ihre männlichen Artgenossen.

Wir können erkennen, wie verschiedene Erfindungen, die in unterschiedlichen, nahezu isolierten Gruppen gemacht werden, sogar bei Affen zu einer kulturellen Differenzierung führen können. Eine viel erfinderischere Primatenart, in der verschiedene Gruppen gelegentlich in Kontakt, Konflikt oder Wettbewerb stehen, könnte, so scheint es, großartige neue Kulturformen und Technologien entwerfen.

* * *

In einem alten algerischen Mythos heißt es, daß vor langer Zeit die Affen sprechen konnten, aber von den Göttern wegen ihrer Vergehen mit Stummheit geschlagen wurden. In Afrika und anderswo gibt es viele ähnliche Erzählungen.[17] Doch in einer anderen weitverbreiteten afrikanischen Geschichte können die Affen immer noch sprechen, bleiben jedoch aus weiser Voraussicht stumm, denn sprechende Affen, deren Intelligenz auf diese Weise offenbar würde, müßten sicher für die Menschen arbeiten. So ist gerade ihr Schweigen Zeichen ihrer Intelligenz. Gelegentlich führten die Eingeborenen auch Entdeckungsreisende zu einem Schimpansen mit vielen bemerkenswerten Fertigkeiten und erzählten, daß er auch sprechen könne. Aber keiner hat jemals gesprochen, zumindest nicht in Gegenwart der Entdeckungsreisenden.

Lucy dagegen war eine berühmte Schimpansenpersönlichkeit. Sie erlernte als erster Affe den Gebrauch einer menschlichen Sprache. Mund und Kehle eines Schimpansen sind allerdings nicht so gebaut, daß er auf unsere Weise sprechen könnte. In den 1960er Jahren machten sich deshalb Beatrice und Robert Gardner von der Universität von Nevada Gedanken darüber, ob Schimpansen intellektuell in der Lage wären zu sprechen und nur durch die Beschränkungen ihrer Anatomie am Sprechen gehindert würden. Aber Schimpansen sind von außerordentlicher Geschicklichkeit, und so entschieden die Gardners sich zu dem Versuch, einem Schimpansen namens Washoe eine Zeichensprache beizubringen, Ameslan, die amerikanische Zeichensprache, die von hörbehinderten Menschen benutzt wird. In diesem Sprachsystem repräsentiert jede Geste ein Wort, nicht eine Silbe oder einen Laut, und in dieser Hinsicht ähnelt Ameslan eher den chinesischen Schriftzeichen als den griechischen, lateinischen, arabischen oder hebräischen Alphabeten.

Junge Schimpansenweibchen erwiesen sich als gelehrige Schülerinnen. Einige von ihnen erwarben schließlich einen Wortschatz von Hunderten von Worten.

Julian Huxley, Thomas Huxleys Enkel und selbst ein führender Evolutionstheoretiker, hatte 1943 noch argumentiert, daß »viele Tiere ausdrücken können, daß sie Hunger haben, daß aber nur der Mensch in der Lage ist, konkret um ein Ei oder eine Banane zu bitten«.[18] Doch jetzt gab es auf einmal Schimpansen, die eifrig um Bananen, Orangen, Schokoladenbonbons und viele weitere Dinge bitten konnten, wobei jedes einzelne Ding durch ein eigenes Zeichen oder Symbol wiedergegeben wurde. Ihr Einsatz von Sprachgesten war häufig klar, unzweideutig und offensichtlich im richtigen Zusammenhang, was von begeisterten hörbehinderten Zuschauern bestätigt wurde, die sich Filme von Zeichensprache benutzenden Schimpansen ansahen. Es wird berichtet, daß sie in der Lage waren, ihre Zeichen mit einer widerspruchsfreien Grammatik zu verwenden und aus ihnen bekannten Wörtern Wendungen zu erfinden, die ihnen niemals zuvor untergekommen waren. Es ergab sich, daß Schimpansen ein Wort wie »mehr« verallgemeinernd in verschiedenen Zusammenhängen verwenden konnten, zum Beispiel in Wendungen wie »mehr gehen« oder »mehr Obst«.[19] Ein Schwan rief die spontane Neuschöpfung »Wasser-Vogel« hervor, die ja auch unter Menschen weithin gebräuchlich ist.

Lucy war eine der ersten. Sie war es, die »Zucker-Trunk« signalisierte, als sie erstmals eine Wassermelone schmeckte, und »Tränen-Schmerz-Essen« nach ihrer ersten Erfahrung mit einem Rettich. Man sagt, daß sie schließlich zwischen der Bedeutung von »Lucy kitzeln Roger« und »Roger kitzeln Lucy« zu unterscheiden wußte. Kitzeln ist eng mit Fellpflege verwandt. Als sie müßig in einer Zeitschrift blätterte, machte Lucy das Zeichen für »Katze«, als sie auf ein Bild von einem Tiger stieß, und

»Trunk«, als sie eine Anzeige für Wein bemerkte. Lucy hatte eine menschliche Pflegemutter; schließlich war sie während ihrer gesamten Laborerfahrung mit Sprache nur wenige Jahre alt, und vor allem junge Schimpansen haben ein dringendes Bedürfnis nach emotionaler Zuwendung. Eines Tages, als ihre Pflegemutter, Jane Temerlin, das Labor verließ, starrte Lucy ihr nach und signalisierte: »Weinen mich. Mich weinen.«

Ameslan-kundige Affen sind häufig dabei ertappt worden, wie sie für sich selbst Zeichen machten, wenn sie glaubten, daß niemand sonst zugegen war. Dabei handelte es sich vielleicht lediglich um Wortspielerei, um den Versuch, in dieser neuen Fertigkeit richtig geschickt zu werden. Vielleicht war dies aber auch ein Experiment, um zu sehen, ob sie etwa »Obst«, auch wenn keine Menschen dabei waren, aus der Luft herbeizaubern könnten, indem sie die rechten Worte gebrauchten. In Gegenwart von Menschen war dies ja schließlich gelungen.

In welchem Maße Lucy und ihre Schicksalsgenossen die Zeichensprache, die sie benutzten, verstanden und in welchem Maße sie lediglich Zeichenfolgen auswendig lernten, deren wahre Bedeutung sie nicht begreifen konnten, ist Gegenstand wissenschaftlicher Debatten. In welchem Maße junge Menschen, die ihre erste Sprache erlernen, das eine oder andere tun, ist allerdings ebenfalls diskussionswürdig.

Vielleicht wurden nur die Treffer, nicht aber die Fehlschläge aufgezeichnet; das heißt, vielleicht brachten Lucy und andere Schimpansen, die als Ameslan-kundig galten, mehr oder weniger zufällig ein breites Spektrum an Handzeichen hervor, die von Menschen aufgeschrieben wurden, wenn sie im jeweiligen Zusammenhang Sinn machten, und dann auf wissenschaftlichen Treffen diskutiert wurden, die aber unbeachtet blieben, wenn sie nicht in den Zusammenhang gehörten oder unverständlich waren. Dies ist der anekdotische Trugschluß*, der diesem Zweig der Wissenschaft zu schaffen macht. Aber solche Anekdoten gibt es mehr als genug, und sie sind insgesamt erstaunlich.

Eine der gründlichsten Untersuchungen der linguistischen und grammatischen Talente von Affen wurde von dem Psychologen Herbert Terrace

* Auch Trugschluß der Aufzählung günstiger Umstände genannt. Dabei wird keine unehrenhafte Absicht unterstellt; es handelt sich lediglich um einen jener logischen Fehler, für die Menschen anfällig sind. Wir sind für gewöhnlich keine leidenschaftslosen (wirklich gänzlich unbeteiligten) Beobachter.

und seinen Kollegen vorgenommen, die auf Videoband nahezu 20 000 von einem Schimpansen namens Nim hervorgebrachte Handzeichenversuche aufzeichneten.[20] Nim beherrschte mehr als einhundert verschiedene Zeichen und signalisierte regelmäßig »Spiel mir« oder »Nim essen« im richtigen Kontext und mit offenbarem Verständnis der Situation. Aber es gab keine Beweise, schloß Terrace, daß Nim mehr als zwei Handzeichen in einer widerspruchsfreien und dem Kontext entsprechenden Weise zusammenstellen konnte. Die Durchschnittslänge seiner Sätze betrug weniger als zwei Wörter. Sein längster festgehaltener Satz lautete: »Gib Orange mir gib essen Orange mir essen Orange gib mir essen Orange gib mir du.« Dieser Satz erscheint ein wenig außer Rand und Band, aber Orangen schmecken gut, und Schimpansen sind nicht gerade als geduldig bekannt; jeder, der einige Zeit mit einem aufgeregten kleinen Kind verbracht hat, wird die Satzstruktur wiedererkennen. Beachten Sie, daß vier der Wörter nicht überflüssig sind (geben, mir, Orange, du), auch daß kein Wort, das für die dringliche Forderung belanglos ist, unter den 16 Wörtern vorkommt. Betonung durch Wiederholung ist eine allgemeine Erscheinung in menschlichen Sprachen, aber die Schlichtheit der Schimpansensätze hat deren Sprachgebrauch in den Augen vieler Psychologen und Linguisten nicht gerade eindrucksvoll erscheinen lassen. Nim wurde auch herabgesetzt, weil er das Signalisieren seiner Trainer mit seinen eigenen Handzeichen unterbrach, weil er zu sehr nur nachahme (also die Zeichen seines jeweiligen Trainers nur wiederhole) und weil er keine grammatischen Strukturen wie eine Subjekt-Prädikat-Folge erfand.

Doch ist die Arbeit von Terrace in der Folgezeit auch selbst kritisiert worden. Schimpansen benötigen für soziale Aufgaben im allgemeinen enge emotionale Bindungen, und man würde annehmen, insbesondere für eine so schwierige Zielsetzung wie Spracherwerb; Nim hatte statt dessen innerhalb von vier Jahren 60 verschiedene Trainer. Es besteht ein Spannungsverhältnis zwischen der liebevollen Umgebung von Schüler und Trainer, die nötig sein könnte, um Sprachfertigkeiten zu lehren, und den emotional keimfreien Protokollen, die erforderlich sind, damit die wissenschaftlichen Ergebnisse mit hoher Verläßlichkeit von der Begeisterung des Versuchsleiters ungetrübt sind. Man hat häufig festgestellt, daß Affen in der Verwendung von Handzeichen unter spontanen Bedingungen am schöpferischsten sind, nicht in den Versuchssitzungen. Darüber hinaus wurde in den Experimenten mit Nim großes Gewicht auf Drill gelegt, also das genaue Gegenteil von Spontaneität. Die Beschwerde, daß Nim das Signalisieren seines Trainers unterbrach, wurde ihrerseits kritisiert, weil Ameslan-Benutzer durchaus gleichzeitig signalisieren können, ohne den Verständigungsfluß zu stören; das ist einer der Vorzüge einer Zeichensprache gegenüber der Lautsprache. Aus all diesen Gründen ist es immer noch eine offene Frage, wieviel grammatisches Geschick Affen nun wirklich besitzen.[21]

Es ist dennoch klar, daß Schimpansen etwas wie die Grundelemente von Sprache mit größerer Leichtigkeit benutzen können, als man vor den Experimenten der Gardners angenommen hatte. Sie können unzweideutig bestimmte Zeichen mit bestimmten Leuten, Tieren oder Gegenständen verknüpfen – was nicht weiter verwundert, wenn es schon bei weniger menschenähnlichen Affenarten verschiedene Alarmrufe und Ausweichstrategien gegen verschiedene Arten von Raubtieren gibt. Schimpansen haben einen elementaren Wortschatz von ein paar hundert Wörtern, der etwa mit dem eines zweijährigen Menschen vergleichbar ist. Von Schimpansen, die einige Kenntnis dieser Zeichen besaßen und miteinander großgezogen wurden, weiß man, daß sie die Handzeichen spontan untereinander benutzten. Es gibt zumindest einen Fall eines jungen Schimpansen, der nie von einem Menschen unterrichtet worden war, von dem berichtet wird, daß er Dutzende von Ameslan-Zeichen von einem anderen Schimpansen lernte, der Ameslan-Kenntnisse hatte.[22]

»Wir können als erwiesen ansehen«, sagte der Psychologe William James, »daß ein ganz elementarer Unterschied zwischen dem menschlichen Geist und dem Geist wilder Tiere darin liegt, daß Tiere eben nicht in der Lage sind, Ideen nach Ähnlichkeit zu verknüpfen.« Er hielt dies für eine noch grundlegendere Ursache der Einzigartigkeit des Menschen als Vernunft, Sprache und Lachen – die alle, so lehrte er, aus dem Talent zum Erkennen der Ähnlichkeit von Ideen hervorgehen.[23]

Einigen Schimpansen wurde ein gemeinsames Symbol zur Beschreibung von drei verschiedenen Nahrungsmitteln und ein anderes zur Beschreibung von drei verschiedenen Werkzeugen beigebracht. Dann brachte man ihnen die individuellen Namen von anderen Nahrungsmitteln und anderen Werkzeugen bei, und sie wurden schließlich aufgefordert, diese in die passenden Kategorien einzuordnen – nicht die neuen Lebensmittel oder Werkzeuge selbst, sondern die *Namen* der neu kennengelernten Nahrungsmittel und Werkzeuge. Sie schnitten bei diesem Test außerordentlich gut ab.[24] Wie anders war dies möglich, außer dadurch, daß auch Schimpansen abwägen, abstrakte Ideen bilden und »Ideen nach Ähnlichkeit verknüpfen« können? Einem anderen zahmen Schimpansen, Viki Hayes, wurden zwei Stöße von Bildern gegeben, deren einer nur Abbildungen von Menschen, deren anderer nur Abbildungen von nichtmenschlichen Wesen enthielt; dann wurde ihr ein Stapel zusätzlicher Bilder ausgehändigt mit der Aufforderung, sie zu kategorisieren. Ihre Leistung war vollkommen, mit einer kleinen Ausnahme: Sie ordnete ihr eigenes Bild den Menschen zu.

Die Psychologin Sue Savage-Rumbaugh[25] und ihre Kollegen entwickelten eine Tastatur mit 256 Wortsymbolen (Lexigrammen) auf zwei Seiten. Dabei steht jedes Lexigramm für eine Sache, die Schimpansen interessant finden: »kitzeln«, »jagen«, »Saft«, »Ball«, »Ungeziefer«, »Blaubeere«, »Banane«, »im Freien«, »Videoband« und so weiter. Die Lexigramme bilden nicht den Gegenstand selbst ab, sondern eher geometrische oder abstrakte Figuren, die mit dem Bezugsgegenstand nur durch willkürliche Festlegung verbunden sind. Die Wissenschaftler versuchten nun, diese lexigraphische Sprache einem erwachsenen Bonobo-Weibchen beizubringen, die sich indes als uninteressierte Studentin erwies. Ihr sechs Monate alter Sohn Kanzi begleitete seine Mutter oft zu diesen Unterrichtssitzungen, wurde von den Wissenschaftlern allerdings weitgehend ignoriert. Zwei Jahre darauf zeigte dann Kanzi, der die Laborroutine nur eingehend beobachtet hatte, ohne selbst Schüler gewesen zu sein (er erhielt also auch beispielsweise keine Banane, wenn er das Bananensymbol getippt hatte), daß er genau das lernte, was man seiner Mutter vergeblich beizubringen versuchte. (Sein Engagement war schließlich kaum noch zu übersehen, denn wann immer seine Mutter gerade ein Lexigramm suchte, sprang er auf ihre Hand, ihren Kopf oder die Tastatur.) Also konzentrierte sich der Laborversuch fortan auf ihn.

Als Vierjähriger beherrschte Kanzi die Tastatur und benutzte ganz routinemäßig Lexigramme, um Bitten zu äußern, einen Sachverhalt zu bestätigen, etwas nachzuahmen, eine Alternative auszuwählen, ein Gefühl auszudrücken oder einfach nur seine Meinung zu äußern. Er deutete auf diese Weise an, was er als nächstes tun wolle, und dann tat er es auch. Durch Kombination von zwei Lexigrammen, die Handlungen symbolisierten, sagte er die anstehende Handlungsfolge vorher (oder besser: er offenbarte sie). Wenn er »jagen, kitzeln« tippte, jagte und kitzelte er den

Versuchsleiter oder einen anderen Schimpansen; nur sehr selten kam dann das Kitzeln vor dem Jagen. Kanzi schrieb »verstecken Erdnuß«, und dann geschah genau das. Deshalb wird man kaum bestreiten können, daß Kanzi eine mentale Vorstellung beabsichtigter zukünftiger Handlungen hat und daß er deren korrekte Reihenfolge wiedergeben kann. Im weiteren Verlauf des Laborversuchs entwickelte er weitere grammatische Regeln, wobei er besonders das Verb vor das Objekt setzte, eher als umgekehrt (also – im Einklang mit den Wortstellungsregeln des Englischen – eher »beißen Tomate« als »Tomate beißen«). Wenn jemand Grammatikregeln selbst erfindet, ist das weit eindrucksvoller, als wenn er sie nur beigebracht bekommt.

Und doch bestanden auch nach einigen Jahren noch 90 Prozent von Kanzis Äußerungen aus nur einem Symbol,* selten aus mehr als zwei Symbolen. Im Grunde also dasselbe Muster wie bei Nim. Vielleicht nähert man sich hier wirklich fundamentalen Grenzen der Sprachfähigkeit von Schimpansen.

Wiederum durch eine zufällige Entdeckung wurde klar, daß Kanzi Hunderte von Wörtern der *gesprochenen* englischen Sprache verstehen kann. Wenn man ihm Kopfhörer aufsetzt und sich selbst in einen anderen Raum begibt, kann man ihn per Mikrophon um etwas bitten, und die Videokamera zeigt, daß er das Erbetene einwandfrei ausführt. Auf diese Weise können auch unbewußt keinerlei gestische Hinweise vom Menschen zum Affen gelangen. Einige typische Beispiele von über 600 vorher unbekannten Aufträgen, die von Kanzi perfekt ausgeführt wurden: »Leg den Rucksack ins Auto«, »Siehst du den Stein?«, »Schäl die Orange mit dem Messer ab«, »Iß die Tomate« und »Kanzi soll Rose anfassen«. Selbst einige von Kanzis Fehlversuchen sind gar nicht so übel. Auf die Bitte hin: »Kannst du das Gummi auf deinen Fuß legen?« nahm er das Gummiband prompt, aber legte es auf seinen Kopf.[26] Sein Können war mit dem eines zweieinhalbjährigen Menschenkindes vergleichbar, das sich den gleichen Versuchen unterzog. Auch bei anderen Bonobos kann man feststellen, daß sie gesprochenes Englisch verstehen.

Kanzi liebt Ballspiele. Versteckt man einen Ball in einem von sieben genau gekennzeichneten Bezirken des mehr als zwei Hektar großen, zum Ver-

* Einer der Fachgutachter unseres Buches vermerkte hier: »Auch 90 Prozent des Materials, das man aus einer Goldgrube fördert, ist kein Gold.«

suchsgelände gehörigen Waldes und teilt ihm durch Lexigramme oder in gesprochenem Englisch mit, wo sich der Ball befindet, dann begibt sich Kanzi mit großer Genauigkeit direkt zum Zielgelände, durchsucht es und findet seinen Ball.[27] In diesem Fall wird er also für sein Verständnis des gesprochenen Englisch belohnt. In den meisten Fällen erhält Kanzi jedoch keine Belohnung außer menschlichem Lob und vielleicht irgendeinem erhebenden Gefühl, wie groß doch die Möglichkeiten der Verständigung sind. Auch bei jungen Menschenkindern, die eine Sprache lernen, dürfte die Motivation nicht wesentlich anders sein.

In einem anderen Labor war eine Schimpansin mit Namen Sarah in der Lage zu erkennen, daß Rot einen Apfel besser charakterisierte als Grün (sie war allerdings niemals der Sorte »Granny Smith« ausgesetzt gewesen); ebenso, daß ein Quadrat mit einem Stiel besser zu einem Apfel paßte als ein Quadrat ohne Stiel. Sie war auch fähig, die *Wörter* für jede dieser Eigenschaften eines Apfels mit dem *Wort* für Apfel zu verknüpfen – und diese Wörter stammten nicht aus der Ameslan-Zeichensprache, sondern aus einer aus Plastikmarken bestehenden Symbolsprache, die man ihr beigebracht hatte, wobei die Marken den bezeichneten Gegenständen nicht ähnlich waren.[28] (»Apfel« wurde beispielsweise durch ein kleines blaues Dreieck repräsentiert.) Kann man dies alles anders erklären als durch die Schlußfolgerung, daß Schimpansen sehr wohl in der Lage sind, zu abstrahieren und zu kategorisieren?

Andere Versuche haben erwiesen, daß Schimpansen fähig sind, durch Analogieschlüsse und durch transitive Schlußfolgerungen zu denken; die Entdecker dieses Aspektes der Denkvorgänge bei Schimpansen brachten dies auf die Formel: »›A r B, B r C, deshalb A r C‹, wobei ›r‹ für irgendeine transitive Beziehung wie ›größer als‹ steht.«[29] (Dabei könnte es durchaus Menschen geben, die nicht einmal den vorangehenden Satz verstehen, aber den Schimpansen das Denken absprechen.) Weitere Experimente wurden dahingehend ausgelegt, daß Schimpansen anderen bestimmte Geisteszustände zuschreiben können oder, wie die Psychologen David Premack und G. Woodruff sich ausdrücken, daß Schimpansen eine »Theorie des Bewußtseinszustandes«[30] haben.

Deutliche sprachliche Defizite weisen Schimpansen – jedenfalls in den bisherigen Versuchen – vor allem in den Bereichen Grammatik und Satzbau auf. Sie sind hilflos, wenn es um Nebensätze, Artikel und Präpositionen, Zeitenfolgen, Verbalendungen und ähnliches geht – aber das gilt auch für junge Menschenkinder beim Erstsprachenerwerb. Ohne dieses grammatische Rüstzeug aber kann man auch recht einfache Gedanken nicht klar ausdrücken; so entsteht die Tendenz zur Häufung von Mißverständnissen. Wenn dann noch ein relativ begrenzter Wortschatz hinzukommt, ergibt sich eine Situation, die mit der eines Deutschen im mittleren Alter vergleichbar ist, der sich kaum noch an sein Schulfranzösisch erinnern kann und sich nun in der ländlichen Provence verständlich machen will. Eine noch bessere Analogie sind vielleicht Sprachen wie »Pidgin-Englisch« oder »Gastarbeiter-Deutsch«, die am Schnittpunkt zweier hochentwickelter, aber sehr unterschiedlicher menschlicher Sprachen entstehen; obwohl die Sprecher eine der Sprachen wirklich beherrschen, verfallen sie bei der Benutzung der anderen in einen schimpansenähnlichen Sprachstil. Da mutet es direkt seltsam an, daß bisher noch niemand einen ernsthaften, systematischen Versuch unternommen hat, Menschenaffen Grammatik und Syntax beizubringen,[31] so daß wir nicht einmal sicher sein können, daß diese Bereiche wirklich jenseits ihrer Fähigkeiten liegen. »Bis dahin«, schrieb kürzlich ein Sprachwissenschaftler, »kann man die Möglichkeit, auch wenn sie unwahrscheinlich erscheint, nicht völlig ausschließen, daß Menschenaffen eine Sprache im vollsten Sinne des Wortes erlernen können.«[32]

Sue Savage-Rumbaugh und ihre Mitarbeiter spielen mit dem Gedanken, daß Schimpansen und Bonobos so bemerkenswerte Fähigkeiten, Teile der menschlichen Sprachen zu erlernen, an den Tag legen, weil sie eigene Laut- und Zeichensprachen haben, die wir Menschen nur bisher noch nicht entziffern konnten.[33] Die natürliche Zuchtwahl würde eine rudimentäre Sprache zur Bezeichnung des Standorts eines Beutetiers, Räubers oder einer feindlichen Streife mit Sicherheit sehr begünstigen. Schon lange bevor sich die Wege von Menschen und Schimpansen trennten, wurden in unseren gemeinsamen Primatenvorfahren wahrscheinlich beträchtliche Denk-, Erfindungs- und Sprachfähigkeiten langsam herausgefiltert.

Inzwischen sind jedoch – aufgrund der Arbeiten von Terrace und zum Teil wegen der methodischen Schwierigkeiten, saubere, kontrollierte nicht-anekdotische Versuche mit so emotionalen Wesen wie Schimpansen durchzuführen – die finanziellen Mittel für solche Studien nahezu versiegt. In einem Fall war die Kolonie, in der die Affen Ameslan gelernt hatten, in finanzielle Schwierigkeiten geraten. Nach Jahren war anscheinend niemand mehr an der Verständigung mit den Schimpansen interessiert. Das Gelände war voll Unkraut und verwildert. Die Bewohner sollten in Kürze für medizinische Experimente an andere Laboratorien verschickt werden. Vor dem endgültigen Aus wurden die Schimpansen noch einmal von ein paar Leuten besucht, die sie in der guten alten Zeit gekannt hatten. »Was wünscht ihr?« fragten die Besucher in Ameslan. »Schlüssel«, sollen zwei der Schimpansen nacheinander in Zeichensprache geantwortet haben. Sie wollten hinaus. Sie wollten entfliehen. Ihr Ersuchen wurde abschlägig beschieden.[34]

Wenn Schimpansen sich der sexuellen Reife nähern, ändert sich ihr Verhalten. Beide Geschlechter sind dann wesentlich stärker als erwachsene Menschen und neigen zu gelegentlichen, unvorhersehbaren Anfällen von Unbändigkeit und Gewalttätigkeit. Wenn die Schimpansen in den Sprachexperimenten älter werden, kommt es deshalb fast unausweichlich zum zunehmenden Einsatz von Stahlkäfigen, Halsbändern, Leinen und elektrischen Rinderstacheln. Die Schimpansen müssen sich dabei Stück für Stück von den Menschen betrogen vorkommen und weniger geneigt fühlen, bei deren seltsamen Sprachspielen mitzuarbeiten. In den Tagen, da die Forschungsgelder noch großzügig flossen, hielt man es deshalb für klug, die Experimente zum Sprachunterricht für Schimpansen – die einen engen Kontakt von Angesicht zu Angesicht erforderten – abzubrechen, wenn die Tiere in die Geschlechtsreife kamen. Folglich wissen wir nicht, wie die linguistischen Fähigkeiten eines erwachsenen Schimpansen aussehen könnten. Wie ein alternder Kinderstar wurde Lucy deshalb kurz nach Eintritt ihrer Pubertät in den erzwungenen Ruhestand geschickt. Das Laboratorium, in dem sie ihre Leistungen in der Zeichensprache vorgeführt hatte, wurde geschlossen.

Jane Goodall, die zu jener Zeit schon eineinhalb Jahrzehnte mit Schimpansen in freier Wildbahn gelebt hatte, war überrascht, als sie mit Lucy zusammentraf:

> Aber Lucy, die wie ein menschliches Kind aufgewachsen war, wirkte wie ein Wechselbalg; das wesentlich Schimpansenhafte an ihr war überdeckt von den verschiedenen menschlichen Verhaltensweisen, die sie im Laufe der Jahre angenommen hatte. Nicht mehr nur Schimpansin und doch Ewigkeiten entfernt vom Menschsein, von Menschen gemacht, eine andere Art von Geschöpf. Ich sah ihr staunend zu, als sie den Kühlschrank und mehrere Schränke öffnete, Flaschen und ein Glas

> hervorholte und sich einen Gin mit Tonic einschenkte. Sie ging mit dem Glas zum Fernseher, knipste das Gerät an, schaltete von einem Kanal auf den anderen und stellte es dann wie angewidert wieder aus. Sie holte eine reich bebilderte Zeitschrift unter dem Tisch hervor und setzte sich, immer noch das volle Glas in der Hand, in einen bequemen Sessel. Als sie die Zeitschrift durchblätterte, erkannte und benannte sie mehrmals Dinge, wobei sie die Zeichen der amerikanischen Taubstummensprache [Ameslan] benutzte.[35]

In der zweiten Hälfte ihres Lebens lebte Lucy mit anderen Schimpansen auf einer kleinen Insel in Gambia. Ihre Anpassung an Afrika war langsam und schwierig, und sie wurde

> ein ausgezehrtes, haarloses Wrack... Sie war in den Vereinigten Staaten geboren worden und in den verwöhnten Umständen der oberen Mittelklasse aufgewachsen... Lucy, die anspruchsvolle Schimpansenprinzessin, die eine Toilette benutzte,... schlief dort auf einer Matratze, nippte an Sodawasser, verknallte sich wie ein Schulmädchen und saß nachmittags meistens im Wohnzimmer, wobei sie Zeitschriften durchblätterte.[36]

Aber nach einem oder zwei Jahren in Gambia begann sie sich dank der liebevollen menschlichen Fürsorge von Janis Carter einzugewöhnen. Sie hatte regelmäßigen Umgang mit Menschen und war häufig die erste Schimpansin, die Besucher auf der Insel begrüßte. Sie war an Menschen gewöhnt. Ihre Beziehungen zu anderen Schimpansen aber waren angespannter. Sie war der ausgelassenen Kindheit eines Schimpansen in freier Wildbahn beraubt worden.

1987 wurde Lucys Skelett aufgefunden. Die wahrscheinlichste Rekonstruktion der Ereignisse ist, daß Menschen auf die Insel kamen, Lucy möglicherweise durch Schüsse töteten und ihr die Haut abzogen. Ihre Hände und Füße, gerade die Gliedmaßen, die sie berühmt gemacht hatten, fehlten.[37] Die Verantwortlichen sind niemals ausfindig gemacht worden.[38]

ÜBER UNBESTÄNDIGKEIT

Vom menschlichen Leben ist die Zeit ein Punkt, die Substanz im Fluß, die Wahrnehmung dunkel, die Zusammensetzung des ganzen Körpers zur Fäulnis geneigt, die Seele umherirrend, das Geschick schwer zu ergründen, der Ruf urteilslos; zusammengefaßt ausgedrückt: alles Körperliche ist ein Fluß, alles Seelische ein Traum und Wahn, das Leben Krieg und Aufenthalt eines Fremden, der Nachruf Vergessenheit. Was vermag uns da zu geleiten? Einzig und allein die Philosophie [Weisheitsliebe].

MARC AUREL
Wege zu sich selbst[39]

Kapitel 19

Was macht den Menschen aus?

Nachdem bewiesen ist, daß die Körper von Menschen & wilden Tieren von einem Typus sind: fast überflüssig, Geist zu betrachten.

CHARLES DARWIN
Notizbuch zur Transmutation der Arten[1]

Wir Menschen sind die in vielerlei Hinsicht dominante Art auf dem Planeten: Wir haben uns überall ausgebreitet, viele Tierarten unterjocht (was beschönigend mit Zähmung oder Domestizierung umschrieben wird), wir beuten einen Großteil der ursprünglichen photosynthetischen Ressourcen unseres Planeten aus, und wir greifen einschneidend in die Umwelt auf der Erdoberfläche ein. Warum wir? Warum gelang es unter all den vielversprechenden Lebensformen – den unerbittlichen Räubern, vollendeten Fluchtkünstlern, Nachwuchsüberproduzenten und nahezu unsichtbaren Wesen, die kein makroskopischer Räuber finden kann – ausgerechnet einer nackten, schwächlichen und verwundbaren Primatenart, sich all die übrigen unterzuordnen und diese Welt, und eines Tages vielleicht auch andere, zu ihrem Herrschaftsbereich zu machen?

Warum sind wir so anders? Aber sind wir das wirklich? Unzweideutige Definitionen des Menschen – solche, die fast alle Mitglieder unserer Art einschließen, aber niemanden sonst – können aus der Anatomie oder aus den grundlegenden DNS-Sequenzen gewonnen werden. Aber genau darum geht es eigentlich gar nicht. Denn diese Definitionen erklären nichts, das wir als grundlegend für unsere Art wiedererkennen. Eines fernen Tages werden wir vielleicht entdecken, daß eine einzigartige Sequenz von As, Cs, Gs und Ts den Code für eine bestimmte Reihe von Aminosäuren darstellt, die ihrerseits bestimmte Proteine begründen, die wiederum bestimmte chemische Reaktionen einleiten, die dann ein bestimmtes Verhalten auslösen, das wir übereinstimmend als typisch menschlich anerkennen. Bisher ist jedoch noch keine solche Sequenz gefunden worden.

Wenn wir somit keine klar umrissene Besonderheit in unserem chemischen oder anatomischen Bau ausmachen können, die unsere beherrschende Rolle erklärt, so bleibt uns als einzige Alternative, unser Verhalten zu durchforschen. Es klingt plausibel, daß die Gesamtheit unserer alltäglichen Tätigkeiten uns Menschen ausreichend charakterisiert, aber eine erstaunlich große Zahl solcher Aktivitäten kann auch von Affen vollbracht werden. Nehmen wir nur die folgende Beschreibung der Fertigkeiten von »Consul«, dem ersten Schimpansen, der 1893 vom Zoo in Manchester erworben wurde:

> [Er war] fähig, seinen eigenen Mantel anzuziehen und Hut aufzusetzen, sich für eine Ausfahrt in seinen eigenen Wagen zu setzen, in Gesellschaft bei Tisch zu sitzen, sein Messer und seine Gabel mit Anstand zu benützen, seinen Teller für eine neuerliche Essensportion weiterzureichen, seine Serviette zu benutzen, nach den Mahlzeiten seine Hände zu waschen, Kohlen auf das Feuer zu legen, die Glocke für das Dienstmädchen zu läuten, in die Küche zu gehen, um mit den Mädchen zu knutschen, in sein Hotel zu gehen, seinen Freunden die Hände zu schütteln, die Bardame zu küssen, seine Pfeife zu rauchen und sich seine eigenen Getränke zu mixen.[2]

Natürlich könnte Consuls Benehmen auch als bloßes Nachäffen abgetan werden; aber das gleiche könnte auch von uns behauptet werden, die wir seine Fähigkeiten bestaunen.

Gibt es *irgendeine* Tätigkeit, die einzigartig menschlich ist – die von allen oder fast allen Menschen, in jeder Kultur und in allen Geschichtsepochen vollzogen wird, aber von keinem anderen Tier? Man könnte meinen, etwas Derartiges wäre leicht zu finden; doch das Ganze riecht stark nach Selbsttäuschung. Wir haben ein zu großes Interesse an der Antwort, um frei von Vorurteilen zu sein.

Philosophen aus plündernden, hochtechnisierten Zivilisationen haben oft behauptet, daß dem Menschen eine eigene Kategorie gebühre: Er sei anders als die anderen Tiere und stehe deutlich über ihnen.* Es reicht nicht aus, daß Menschen eine unterschiedliche Zusammensetzung der Eigenschaften haben, die auch bei den Tieren erkennbar sind – mehr von manchen Charakterzügen, weniger von anderen. Man braucht, sehnt sich und sucht nach einem qualitativen Unterschied, nicht nur nach fließenden, graduellen Übergängen.

* Viele von ihnen hätten nicht einmal das Wort »andere Tiere« benutzt; auch heute noch wehren sich viele Leute, wenn sie – auch nur von Wissenschaftlern, die in einem generischen, keineswegs emotionsgeladenen Sinne davon sprechen – »Tiere« genannt werden.

Die meisten Philosophen, die in der Geschichte des abendländischen Denkens Bedeutung erlangten, waren der Ansicht, daß die Menschen sich von all den anderen Tieren grundlegend unterscheiden. Platon, Aristoteles, Mark Aurel, Epiktet, Augustinus, Thomas von Aquin, Descartes, Spinoza, Pascal, Locke, Leibniz, Rousseau, Kant und Hegel vertraten alle »die Ansicht, daß der Mensch sich wesensmäßig grundlegend von [allen] anderen Dingen unterscheidet«; abgesehen von Rousseau nahmen sie alle an, das wesentliche Unterscheidungsmerkmal des Menschen sei unsere »Vernunft, [unser] Verstand, [unser] Denken oder [unsere] Urteilsfähigkeit«.[3] Fast alle glaubten sie, daß unser Unterscheidungsmerkmal sich aus etwas ergebe, das weder aus Materie noch aus Energie bestehe und sich innerhalb des menschlichen Körpers befinde, jedoch in keinem anderen Körper auf Erden. Ein wissenschaftlicher Beweis für ein solches »Etwas« ist niemals erbracht worden. Nur wenige abendländische Philosophen – beispielsweise David Hume – behaupteten wie Darwin, daß der Unterschied zwischen unserer Art und anderen Arten lediglich ein gradueller sei.

Auch viele bekannte Naturwissenschaftler haben sich in dieser Frage von Darwin abgewandt, obwohl sie seine Evolutionstheorie vollständig anerkannten. Theodosius Dobzhansky schrieb beispielsweise: »Der *Homo sapiens* ist nicht allein das einzige Geräte herstellende und das einzige politische Tier, er ist auch das einzige ethische Tier.«[4] Und George Gaylord Simpson bemerkte: »Der Mensch ist eine gänzlich neue Art von Tier... Das Wesentliche seiner einzigartigen Natur ruht gerade in jenen Merkmalen, die er mit keinem anderen Tier teilt«[5], insbesondere Selbstbewußtsein, Kultur, Sprache und moralisches Verhalten. Der Unterschied zwischen Menschen und nicht-menschlichen Tieren läßt sich nach einer ganzen Anzahl zeitgenössischer Philosophen[6] folgendermaßen umschreiben:

> Genau weil sie zu begrifflichem Denken unfähig sind, sind Tiere... nicht nur (1) unfähig, Sätze zu bilden, die Aussagen über Vergangenheit und Zukunft enthalten, (2) unfähig, Werkzeuge herzustellen, die in ferner Zukunft von Nutzen sein werden, (3) ohne ein kumulatives Kulturerbe, das eine lange Geschichtsüberlieferung begründet, sondern sie sind auch (4) zu jedwedem Verhalten unfähig, das nicht in der Sinneswahrnehmung der gegenwärtigen Situation verwurzelt ist.

Abgesehen von Haarspaltereien darüber, wie lange »lange« in (3) ist, erscheint heute jede dieser zuversichtlichen Behauptungen falsch, wenn man die Beweise beachtet, die wir in diesem Buch vorgestellt haben oder noch vorstellen werden. Auch wenn wir selbst an der Vorstellung, daß andere Tiere unsere engen Verwandten sind, persönlich keinen Anstoß nehmen, auch wenn sich unser eigenes Zeitalter an diesen Gedanken gewöhnt hat, so muß doch der leidenschaftliche Widerstand so vieler von uns, in so vielen Epochen und Kulturen und von so vielen ausgezeichneten Gelehrten letztlich etwas Wichtiges über uns aussagen. Was können wir aus einem so weit verbreiteten offensichtlichen Irrtum, der von vielen führenden Philosophen und Naturwissenschaftlern sowohl der Antike als auch der Moderne mit so viel Selbstsicherheit und Befriedigung verkündet worden ist, über uns selbst lernen?

Eine von mehreren möglichen Antworten wäre: Eine scharfe Trennlinie zwischen Mensch und »Tier« ist wichtig, wenn wir Tiere unserem Willen unterwerfen, wenn wir sie für uns arbeiten lassen, sie schinden und ihr Fleisch essen wollen – ohne jeden beunruhigenden Beigeschmack von Schuld und Bedauern. Mit ruhigem Gewissen können wir ganze Arten ausrotten – in Wahrnehmung unseres kurzfristigen Vorteils oder auch aus schlichter Nachlässigkeit. Ihr Verlust ist von geringer Bedeutung: Diese Lebewesen sind uns nicht ähnlich, reden wir uns ein. Ein unüberbrückbarer Abstand spielt auf diese Weise über die Hebung des menschlichen Selbstwertgefühls hinaus eine praktische Rolle.[7] Darwin formulierte diese Antwort folgendermaßen: »Wir lieben es nicht, Tiere, die wir zu unseren Sklaven gemacht haben, als ebenbürtig zu betrachten.«[8]

* * *

Wir gehen nun dazu über, im Gefolge Darwins[9] einige der zahlreichen Definitionen unserer selbst, also der Erklärungen, was uns Menschen ausmacht, zu untersuchen. Unser besonderes Augenmerk gilt dabei der Frage, ob sie angesichts dessen, was wir inzwischen über die anderen Lebewesen wissen, welche die Erde mit uns teilen, Sinn ergeben.

Eine der frühesten Bemühungen um eine unzweideutige Definition des Menschen war Platons Satz: Der Mensch ist ein federloser Zweibeiner. Als die Neuigkeit von diesem Fortschritt in der Definitionskunst dem Kyniker Diogenes zu Ohren kam, heißt es in einer Anekdote, brachte er ein gerupftes Huhn in die gewichtigen Beratungen der angesehenen Akademie Platons und forderte die versammelten Gelehrten auf, »Platons Menschen« zu begrüßen. Dies war natürlich unfair, da Hühner gewöhnlich mit Federn geboren werden, gerade so, wie sie gewöhnlich mit zwei Beinen geboren werden. Wenn wir sie nachher verstümmeln, ändert das nichts an ihrer grundsätzlichen Natur. Die Akademiker aber nahmen seine Herausforderung ernst und fügten ihrer Definition ein weiteres Attribut hinzu: Menschen wurden nun als federlose Zweibeiner mit breiten, flachen Nägeln neu definiert.

Dies bringt uns sicherlich dem Wesentlichen der Menschennatur nicht viel näher. Die platonische Definition könnte jedoch eine notwendige, wenn auch nicht zureichende Bedingung bieten, da das Stehen auf zwei Beinen für die Befreiung der Hände wesentlich ist. Die Hände aber sind der Schlüssel zur Technik, und viele Leute meinen, daß unsere Technologie uns definiert. Dennoch, Waschbären und Präriehunde besitzen Hände und keinerlei Technologie, und Bonobos gehen einen Großteil ihres Lebens aufrecht. Mit der Technologie der Schimpansen aber werden wir uns gleich beschäftigen.

* * *

In seiner klassischen Rechtfertigung des kapitalistischen freien Unternehmertums versichert Adam Smith, die »Neigung... zu handeln und Dinge gegeneinander auszutauschen... ist allen Menschen gemeinsam, und man findet sie nirgends in der Tierwelt«.[10] Stimmt das? Privateigentum wurde als zentraler Unterschied zwischen Menschen und anderen Tieren im 16. Jahrhundert von Martin Luther und im 19. Jahrhundert von Papst Leo XIII. ins Gespräch gebracht.[11] Ist *das* wahr?

Schimpansen lieben den Handel und verstehen die Grundidee sehr gut: Nahrung für Geschlechtsverkehr, Rücken-Abreiben für Geschlechtsverkehr, Verrat am Anführer für Geschlechtsverkehr, »Laß mein Kind am Leben« für Geschlechtsverkehr, praktisch alles für Geschlechtsverkehr. Dieser Austausch erreicht bei den Bonobos eine neue Dimension. Aber ihr Interesse am Handel ist keineswegs auf den Geschlechtsverkehr beschränkt:

> [Schimpansen] sind berühmte Händler. Experimentelle Untersuchungen legen die Schlußfolgerung nahe, daß die Fähigkeit dazu ohne besonderes Training vorhanden ist. Jeder Tierwärter, der zufällig seinen Besen im Paviankäfig läßt, weiß, daß er ihn auf keinen Fall zurückerhalten kann, ohne in den Käfig hineinzugehen. Bei Schimpansen ist das einfacher. Zeig ihnen einen Apfel, deute oder nicke zu dem Besen hin, und sie verstehen den Handel sofort; sie reichen den Gegenstand durch die Gitterstäbe zurück.[12]

In Hinsicht auf Weibchen zumindest haben Schimpansenmännchen einen wohlentwickelten Sinn für Privatbesitz (der bei den Mantelpavianen bereits institutionellen Status gewonnen hat), und ein rudimentärer Sinn für Privatbesitz haftet auch Nahrungsmitteln und einigen Werkzeugen an.

Der Wohlstand der Nationen wurde von Adam Smith 1776 veröffentlicht, lange bevor eine ernsthafte Untersuchung des Lebens von Affen – und sei es nur in Gefangenschaft – unternommen worden war. Seine Argumentation für die Einzigartigkeit des Handels unter Menschen ist jedoch in eine tiefere Fehldeutung der Tierwelt eingebettet:

> Fast jedes Tier ist völlig unabhängig und selbständig, sobald es ausgewachsen ist, und braucht in seiner natürlichen Umgebung nicht mehr die Unterstützung anderer. Dagegen ist der Mensch fast immer auf Hilfe angewiesen, wobei er jedoch kaum erwarten kann, daß er sie allein durch das Wohlwollen der Mitmenschen erhalten wird. Er wird sein Ziel wahrscheinlich viel eher erreichen, wenn er deren Eigenliebe zu seinen Gunsten zu nutzen versteht, indem er ihnen zeigt, daß es in ihrem eigenen Interesse liegt, das für ihn zu tun, was er von ihnen wünscht.[13]

Aber die Geselligkeit der Primaten ist eines ihrer grundlegenden Merkmale. Gegenseitige Hilfe bei der Ausformung beider Seiten der Räuber-Beute-Beziehung und bei Auseinandersetzungen mit anderen Gruppen derselben Art ist weit verbreitet, nicht nur bei den Primaten, sondern auch bei den meisten Säugetieren und Vögeln.

Wir können die Tatsache, daß Eigensucht, Ausbeutung und Handel in der Schimpansengesellschaft allgemein verbreitet sind, jedoch nicht unter

Berufung auf unsere Verwandtschaft mit den Schimpansen zur Rechtfertigung einer völlig ungeregelten Wirtschaft benutzen, in der das Recht des Stärkeren regiert. Noch können wir sie dazu benutzen, Gesellschaften der freien Marktwirtschaft mit der Begründung, daß sie affenähnlich seien, in Mißkredit zu bringen. Zusammenarbeit, Freundschaft und Selbstlosigkeit sind ebenso Charakterzüge von Schimpansen, aber auch dieses Faktum läßt sich nicht als Argument zugunsten einer konkurrierenden sozialistischen Wirtschaftslehre nutzen. Erinnern Sie sich nur an die Makaken, die lieber hungrig bleiben, als anderen, nicht eng verwandten Makaken einen elektrischen Schock zu verabreichen – die dabei sogar so weit gehen, daß sie erhebliche materielle Begünstigungen zurückweisen. Ist das aber nun eine Schelte für die Verteidiger des Kapitalismus? Tierisches Verhalten wurde spätestens seit Äsop dazu benutzt, um diese oder jene ökonomische Theorie zu stützen. Sogar in unseren ideologischen Auseinandersetzungen lassen wir andere Tiere für uns arbeiten.

* * *

»Der Mensch ist von Natur ein geselliges Tier«, schrieb Aristoteles, oder – in einer leicht abgewandelten Formulierung – »Der Mensch ist von Natur ein staatenbildendes Tier«.[14] Dies war als eine Charakterisierung des Menschen, nicht als eine Definition gemeint; es handelt sich wiederum um eine notwendige, nicht aber um eine hinreichende Bedingung des Menschseins. Schon das differenzierte und wandelbare Bündniswesen in den Gesellschaften von Schimpansen und Bonobos zeigt, wie weit daneben Aristoteles mit diesem Unterscheidungsmerkmal für das Menschsein lag. Die gesellschaftlichen Insekten – Ameisen, Bienen, Termiten – sind viel besser organisiert und besitzen weit stabilere Sozialstrukturen als die Menschen. Einzelnen Aspekten menschlichen Sozialverhaltens ergeht es nicht besser, obwohl eine große Zahl darauf beruhender Definitionen ins Spiel gebracht worden ist: beispielsweise, daß Menschen sich zärtlich um ihre Jungen kümmern; aber dasselbe gilt von fast allen anderen Säugetieren und von den meisten Vögeln.

»Mannesmut aber sei ein dem Menschen eigentümlicher Vorzug«, sagte Julius Civilis, ein Batavianer von königlicher Abstammung, nach dem Bericht des Tacitus.[15] Auch wenn die heldenhaften Anstrengungen von Vogelmüttern, die einen gebrochenen Flügel vortäuschen, oder von Elefanten und Schimpansen, die ihre Jungen vor Räubern oder reißendem Wasser retten, oder von der Beta-Hirschkuh, die dem Wolf in die Augen starrt, damit ihre Gefährtinnen Gelegenheit zur Flucht haben – auch wenn solche Beispiele von Heldenmut zur Zeit dieses Julius unbekannt waren, verstand er denn gar nichts von Hunden? Er selbst wurde in Ketten geschlagen vor Nero gebracht (später jedoch wieder auf freien Fuß gesetzt). Wieviel von dem »eigentümlichen Vorzug« ihm in der Stunde der Bedrängnis zu Gebote stand, ist nicht überliefert.

Eine andere Definition des Menschen, die sich auf Aristoteles zurückführen läßt, beschreibt ihn als ein »vernünftiges Tier«.[16] Dies ist das Unterscheidungsmerkmal, auf das viele der Schlüsselfiguren in der abendländischen Philosophie hinweisen. Aber die kategorisierenden Schimpansen, ihr Denken in Analogien, ihre transitiven Schlußfolgerungen, die Verständigung unter den Bonobos und die kulturellen Neuerungen bei den Makaken erinnern uns daran, daß auch andere Tiere Überlegungen anstellen; sie sind nicht so tiefgründig wie die großen abendländischen Philosophen, das ist wahr – aber diese Philosophen glaubten nicht an einen graduellen Unterschied, sondern an einen radikalen Wesensunterschied.

»Nun unterscheidet sich aber der Mensch von den sonstigen, unvernünftigen Geschöpfen darin, daß er Herr seiner Handlungen ist«, war ein Lehrsatz des Thomas von Aquin (13. Jahrhundert) in seiner *Summa theologica*.[17] Aber sind wir denn immer und unter allen Umständen »Herr unserer Handlungen«? Und zeigen andere Tiere niemals solche Souveränität? Wie es seine Gewohnheit war, behandelt Thomas von Aquin eine Auswahl von Argumenten und Gegenargumenten zu dem in Frage stehenden Satz. Bei der Diskussion der Frage, »ob die unvernünftigen Tiere eine Wahl haben«, erwähnt er einen Fall, in dem sich ein Hirsch an einer Wegkreuzung zu entscheiden scheint, indem er verschiedene Alternativen ausschließt. Doch nach Thomas ist dies kein Beweis für tierische Entscheidungsfähigkeit, weil die eigentliche Wahlfreiheit mit dem Willen verbunden sei, nicht aber mit dem sinnlichen Verlangen; und nur letzteres besitzen die »unvernünftigen Tiere«, die deshalb auch nicht zu Entscheidungen in der Lage seien. Auch war Thomas der Ansicht, die »unvernünftigen Tiere« könnten nicht befehlen, »da sie keine Vernunft besitzen«. Diese Erörterungen mögen Generationen von Philosophen befriedigt und eine Tradition geschaffen haben, die Descartes beeinflußte; aber ist es

nicht klar, daß Thomas – bedenkt man seine Ausgangsformulierung »unvernünftige Tiere« – dem wirklichen Sachverhalt auswich, indem er im vorhinein annahm, was er zu beweisen versuchte?
»Bei allen anderen Tieren kommen auf ein Ziel gerichtete Handlungen überhaupt nicht vor«, schrieb Jakob von Uexküll, ein früher einflußreicher Tierverhaltensforscher, in einem ähnlichen gedanklichen Umfeld.[18] Wir brauchen jedoch nur an einen Schimpansen zu denken, der einen Knüppel hinter seinem Rücken verbirgt und nach seinem Rivalen Ausschau hält, oder an einen, der Steine aufsammelt, um sie nach einem Feind zu werfen, oder an ein Weibchen, das seine Finger aufbiegt und die Steine herausnimmt, um gewahr zu werden, wie sehr solche Aussagen einem Irrtum verhaftet sind.
Für den Philosophen John Dewey ist die Erinnerung unser Unterscheidungsmerkmal:

> Bei den Tieren vergeht eine Erfahrung sofort wieder; und jedes neue Tun oder Leiden steht allein da. Aber der Mensch lebt in einer Welt, in der jeder Vorfall mit Echos und Anklängen dessen geladen ist, was vorangegangen ist, und in der jedes Ereignis eine Erinnerung an andere Dinge ist.[19]

Diese Behauptung ist in bezug auf viele Tiere offensichtlich unwahr; Schimpansen leben mehr als alle anderen in einer Welt, die »mit Nachklängen und Erinnerungen geladen« ist. Eine Katze, die Erfahrung mit einer heißen Herdplatte gesammelt hat, meidet die Platte fortan; Elefanten und Rotwild werden bald vor Jägern auf der Hut sein; Hunde, die zuvor geschlagen worden sind, ducken sich, wenn eine eingerollte Zeitung erhoben wird; sogar Würmern und einzelligen Urtierchen kann man antrainieren, daß sie durch ein einfaches Labyrinth laufen. Die Dominanzhierarchie ist nichts anderes als eine gefrorene Erinnerung vorangegangenen Zwanges. Wie blind doch Deweys Versuch, uns Menschen zu definieren, für das wirkliche Leben nicht-menschlicher Tiere ist!
Viele menschliche Sexualpraktiken sind als abgrenzende Verhaltensweisen angesehen worden; zum Beispiel der Kuß: »Nur die Menschheit küßt. Nur die Menschen besitzen die Vernunft, die Logik, die glückhafte Befähigung, um den Charme, die Schönheit, den außerordentlichen Genuß, die Freude, die leidenschaftliche Erfüllung des Kusses würdigen

zu können!«, schwelgt ein schmales Büchlein zum Thema.[20] Aber Schimpansen küssen dauernd und überschwenglich.

Vielleicht ist unsere Haltung beim Geschlechtsakt etwas Besonderes: »So erscheint es durchaus einleuchtend, daß die Frontalstellung die natürliche Grundstellung für unsere Art ist.«[21] Aber die Kopulation von Angesicht zu Angesicht ist auch unter den Bonobos verbreitet.

Die nicht offen angezeigte Ovulation und der weibliche Orgasmus wurden als dem Menschen eigentümlich angesehen,[22] aber auch Bonobos zeigen nicht grell an, daß sie empfängnisbereit sind, und weibliche Schimpansen, Bonobos, Bärenmakaken und möglicherweise viele andere Primatenweibchen haben Orgasmen – wie teilweise dadurch herausgefunden wurde, daß man sie vor der Paarung im Stil eines Experiments von Masters und Johnson mit physiologischen Sensoren ausgerüstet hat.

Vielleicht ist es unsere Form der Erzwingung des Geschlechtsakts: »Daß Vergewaltigung... ein ausschließlich menschlicher Charakterzug ist, scheint jenseits ernsthaften Zweifels zu stehen«, meinte ein Wissenschaftler, der 1928 über Primaten schrieb.[23] Aber Vergewaltigungen kommen zumindest bei Orang-Utans und Bärenmakaken vor, und gewalttätige sexuelle Unterdrückung ist bei den Pavianen und Schimpansen allgemein verbreitet; »ernsthafter Zweifel« ist also in der Tat angebracht.

Vielleicht ist es die Ausgefeiltheit und Dauer unseres sexuellen Vorspiels; darin könnten zumindest manche Menschen durchaus an der Spitze der Primaten stehen.[24] Doch handelt es sich hierbei um erlerntes Verhalten, wie die weite Verbreitung des vorzeitigen Samenergusses insbesondere bei heranwachsenden Knaben und die selbsterlernte Fähigkeit vieler Männer, den Samenerguß hinauszuzögern, deutlich machen. Bei der Eingliederung von Sexualakten in das alltägliche Sozialleben stehen die Menschen wahrscheinlich sogar am Ende der Primatenliste. Die meisten menschlichen Kulturen fordern, daß sogar das sozial gebilligte Sexualverhalten in der Privatsphäre stattfindet[25]; etwas Ähnliches läßt sich bei Schimpansenpartnerschaften und bei heimlichen Stelldicheins hinter dem Rücken des dominanten Männchens beobachten.

Vielleicht liegt unsere Besonderheit als Menschen ja in der traditionellen und auffälligen geschlechtsspezifischen Arbeitsteilung: Die Männer jagen und kämpfen, die Frauen sammeln und pflegen.[26] Aber dies kann schon deshalb kein Definitionsmerkmal sein, da auch die Schimpansen eine ähnliche Arbeitsteilung haben: Streifengänge, die Verteidigung der Gruppe und das Benutzen von Wurfgeschossen sind weitgehend männliche Aufgaben, während die Sorge für die Jungen und die Benutzung von Werkzeugen zum Aufbrechen von Nüssen im wesentlichen in den Verantwortungsbereich der Weibchen gehören. Außerdem werden die Arbeitsplätze von Frauen und Männern in unserer Zeit zunehmend ununterscheidbar.

Unsere lange Kindheit, die Jahre zwischen Geburt und Pubertät, ist für unsere Erziehung wesentlich, aber sie ist nicht so lang wie die eines Elefanten; und der zunehmend frühere Eintritt der Geschlechtsreife im menschlichen Lebenskreislauf hat in den letzten paar Jahrhunderten unsere Kindheit beschnitten, so daß sie heute nur wenig länger als die eines Schimpansen dauert (der mit etwa zehn Jahren sexuell reif wird). Spielen ist für unser Aufwachsen so zentral, daß einmal sogar vorgeschlagen wurde, unsere Art den *Homo ludens*, den »spielenden Menschen«, zu nennen.[27] Aber Spiele kann man überall in der Klasse der Säugetiere beobachten, besonders dort, wo die Reife erst spät einsetzt.

Der in Rom wirkende Philosoph Epiktet, ein Freigelassener, hielt im 1. Jahrhundert nach Christi Geburt persönliche Hygiene[28] für das charakteristische Merkmal des Menschen. Er muß Kenntnis von Vögeln, Katzen und Wölfen gehabt haben, argumentierte jedoch: »Wenn ... wir irgendein anderes Tier sich selbst reinigen sehen, sind wir gewohnt, mit Überraschung von der Handlung zu sprechen und hinzuzufügen, daß das Tier sich wie ein Mensch verhält.« Danach beklagt er sich jedoch, daß viele Menschen »dreckig«, »stinkend« und »anstößig« seien, also dieses »unterscheidende« Merkmal nicht teilen. Einem solchen Menschen gibt er den Rat, »geh in eine Wüste ... und rieche dich selbst«.

Menschen sind als das einzige Tier, das lacht, bezeichnet worden. Schimpansen jedoch lächeln und lachen eine Menge.[29] Der Athener in Platons Dialog *Die Gesetze* sagt, daß der Mensch »außer zum Schreien mehr noch als die anderen auch zum Weinen neigt«.[30] Aber diese »Neigung« unterliegt von Kultur zu Kultur großen Variationen, und Wimmern und Heulen sind Bestandteile des täglichen Lebens bei jungen wie auch ausgewachsenen Schimpansen.[31]

Menschen – die Tiere versklaven, kastrieren, an ihnen experimentieren und sie in Fleischportionen teilen – haben natürlich seit jeher die verständliche Neigung, sich einzubilden, daß Tiere keinen Schmerz fühlen. Zu der Frage, ob wir den Tieren wenigstens ein Mindestmaß an Rechten gewähren sollten, betonte der Philosoph Jeremy Bentham, dies hänge nicht davon ab, wie gescheit die Tiere seien, sondern davon, wieviel Qual sie fühlen könnten. Dieses Thema machte Darwin sehr zu schaffen:

> Ein Hund vergißt selbst im Todeskampf nicht, seinen Herrn zu liebkosen, und jedermann kennt die Geschichte des Hundes, der die Hand des Vivisektors leckte; wenn die Qual des Tieres nicht vollständig durch die Vermehrung an Wissen gerechtfertigt war, und wenn dieser Mensch nicht ein Herz von Stein hatte, so muß er bis an sein Lebensende Gewissensbisse gefühlt haben.[32]

Nach all den Kriterien, die uns zur Verfügung stehen – die erkennbare Pein in den Schreien von verwundeten Tieren beispielsweise, einschließlich jener, die gewöhnlich kaum einen Laut äußern*, erscheint diese Frage überflüssig. Das limbische System, von dem man weiß, daß es im menschlichen Gehirn in großem Maße für den Reichtum unseres Gefühlslebens verantwortlich ist, ist im gesamten Säugetierreich deutlich ausgeprägt. Die gleichen Medikamente, die beim Menschen Schmerzen dämpfen, verringern auch die Schreie und anderen Anzeichen von Schmerz bei vielen anderen Tieren. So ist es völlig unangebracht, daß wir, die wir uns gegenüber anderen Tieren oft so gefühllos benehmen, behaupten, nur Menschen könnten leiden.

Mord, Kannibalismus, Kindstötung, Territorialität und die Führung von Guerillakriegen kommen, wie in den vorangehenden Kapiteln beschrieben wurde, nicht allein beim Menschen vor. Auch Ameisen halten sich Sklaven, gezähmte Tiere und eine Hauptstreitmacht für ihre Kriege.

»Der Einsatz von Strafen auch bei dem Versuch, ihren Jungen etwas anderes als Unterlassungen beizubringen«, schreibt Toshisada Nishida, »scheint ausschließlich auf Menschen beschränkt zu sein. ... Von keiner Nicht-Primatenart unter den Säugetieren ist bekannt, daß sie durch Entmutigung belehren.«[34] Aber Nishidas Ausklammerung der nichtmenschlichen Primaten spricht Bände. Außerdem zwingen und strafen viele Tiere ihre Jungen als Teil eines Erziehungsprozesses, der einen

* Zum Beispiel die Wasserbüffel in Südostasien, die gewöhnlich dadurch kastriert werden, daß man ihre Hoden zwischen zwei Steinen zermalmt.[33]

geschmeidigen Eintritt in die Dominanzhierarchie unterstützen soll. In diesem Punkt ergeben sich entfernte Parallelen zur Schinderei (beim Militär) und zu Einweihungs-(Initiations-)Ritualen in menschlichen Gesellschaften.

Menschen haben die Ehe institutionalisiert und befürworten, zumindest als Ideal, die Monogamie; aber auch Gibbons, Wölfe und viele Vogelarten praktizieren Monogamie und paaren sich für das ganze Leben. Der Werbungstanz vieler Tiere ist sicherlich eine Form von Hochzeitszeremonie. Die folgenden Merkmale gelten als typisch für die Heirat von Menschen:

> Es gibt ein gewisses Maß von gegenseitigen Verpflichtungen zwischen Ehefrau und Ehemann. Es besteht ein Recht auf (häufig, aber nicht unabdingbar) ausschließlichen sexuellen Zugang. Es besteht die Erwartung, daß die Beziehung über die Zeit der Schwangerschaft, des Stillens und des Kindergroßziehens hin fortbestehen wird. Und außerdem ist die Rechtsstellung der Kinder des Paares auf irgendeine Weise geregelt.[35]

Aber all dies ist auch bei anderen Tieren, zum Beispiel bei den Gibbons, bekannt, einschließlich des Erstgeburtsrechts.

Im 19. Jahrhundert vertrat der Philosoph und Theologe Ludwig Feuerbach, der wegen seines Einflusses auf Karl Marx bekannt ist, die Ansicht, das Unterscheidende am Menschen sei das Erkennen seiner selbst als Spezies.[36] Aber viele Tiere unterscheiden mit Leichtigkeit Mitglieder ihrer eigenen Art von Mitgliedern aller anderen – beispielsweise durch Geruchshinweise. Andererseits sind gerade die Menschen bekannt dafür, daß sie Mitglieder ihrer eigenen Art dämonisieren und sie zu Untermenschen erklären, um – besonders in Kriegszeiten – die Hemmschwelle für Mord zu senken.

Manchmal heißt es, Menschen seien bei der Ausbildung von Klassenunterschieden besser als andere Primaten[37], aber die manchmal erblichen Dominanzhierarchien mancher Primaten scheinen eine Schärfe sozialer Unterscheidung zu umfassen, die in mancher Hinsicht sogar unsere eigene übersteigt.

Wir kommen also zu dem Schluß, daß keiner dieser sexuellen und sozialen Charakterzüge als Definitionsmerkmal der menschlichen Art taugt. Das

Verhalten anderer Tiere, insbesondere der Schimpansen und Bonobos, macht solche Anmaßungen zu einem Trugbild. Sie sind uns einfach zu ähnlich.

* * *

Kenntnisse und Verhaltensmuster, die nicht in unserem genetischen Material fest verankert sind, sondern eher erlernt und innerhalb einer bestimmten Gruppe von Generation zu Generation weitergereicht werden, nennen wir Kultur. Könnte nun also »Kultur« das Bestimmungsmerkmal der Menschheit sein?

»Kultur«, heißt es in einem Haupteintrag der *Encyclopaedia Britannica*,

> verdankt sich einer Fähigkeit, die allein der Mensch besitzt. Die Frage, ob der Unterschied zwischen der Hirntätigkeit des Menschen und der von niedereren Tieren ein Unterschied im Wesen oder nur ein gradueller Unterschied ist, wird seit vielen Jahren diskutiert, und auch heute noch [1978] finden sich unter den Vertretern beider Seiten des Arguments angesehene Wissenschaftler. Aber niemand, der die Ansicht vertritt, daß der Unterschied nur graduell sei, hat bisher irgendwelche Beweise beigebracht, daß nicht-menschliche Tiere in einem auch nur geringen Grade zu Verhaltensweisen fähig sind, die alle Menschen zur Schau stellen.

Der Verfasser führt dann drei Beispiele für Verhalten an, das seiner Meinung nach den Menschen charakterisiert, und kommt zu dem Schluß: »Es gibt keinen Grund oder Beweis, der einen zu der Meinung führt, daß irgendein Tier außer dem Menschen zu einer Form von Würdigung oder Verständnis solcher Bedeutungen und Taten in der Lage ist oder dazu gebracht werden könnte.«[38]

Und worin bestehen diese drei Beispiele? Eines ist die »Definition und das Verbot von Inzest«. Aber dieses Verbot herrscht, zumindest in seiner Vater-Tochter- und Mutter-Sohn-Variante, wie wir gezeigt haben, bei allen Primaten nahezu ausnahmslos; sie besitzen ausgefeilte Konventionen, um ein hohes Niveau an Exogamie sicherzustellen. Das Tabu trifft auch auf viele andere Tierarten zu. Bei seiner Untersuchung kenianischer Vögel, die als Bienenfresser bekannt sind, hat der Biologe Stephen Emlen

Identität und Verhalten jedes einzelnen Vogels sorgfältig festgehalten; er entdeckte in den elf Jahren seiner Arbeit keinen einzigen Fall von Inzucht, weder von Geschwistern noch zwischen Eltern und Jungen. (Die beiden anderen Beispiele, die in dem *Encyclopaedia-Britannica*-Artikel angeführt werden, sind die »Klassifizierung der eigenen Verwandten und die Unterscheidung einer Klasse von der anderen«, was auch Schimpansen gut genug verstehen – zumindest was die Mutter-Kind- und Geschwister-Blutsverwandtschaft angeht –, und die Sabbath-Heiligung, eine auch in vielen menschlichen Kulturen unbekannte Einrichtung.)

Obwohl das Inzestverbot meistens als Tabu charakterisiert wird – das heißt, als erlerntes Verhalten –, scheint es weitgehend angeboren zu sein. Es wirkt als vererbtes ethisches Verbot, das sich aus guten genetischen Gründen herausgebildet hat und durch Konventionen und gesellschaftliche Regeln verstärkt wird (obwohl es trotz alledem nur unvollkommen funktioniert – gerade in zivilisierten Gesellschaften nur *sehr* unvollkommen).

Es ist unbestreitbar, daß zumindest Schimpansen eine rudimentäre Kultur besitzen. In verschiedenen Wäldern müssen sie mit unterschiedlichen regionalen Geographien und Ökologien umgehen. Sie behalten wochenlang – vielleicht sogar jahrelang – Termitenhügel, Trommelbäume oder, nach einem einzelnen Bericht, den Ort eines bemerkenswerten Kampfes in Erinnerung. Solche Dinge gehören zum Gemeinwissen der Gruppe. Jede Gruppe verfügt mit ihrem eigenen Gelände und ihrer eigenen Folge von geschichtlichen Ereignissen über ihre eigene Kleinkultur. Voneinander isolierte Schimpansentrupps besitzen unterschiedliche Konventionen beim Fischen nach Termiten oder Wanderameisen, beim Benutzen von Blättern als Schwämmen zum Aufsaugen von Trinkwasser, bei der Art und Weise, wie sie einander bei der Fellpflege festhalten, bei manchen Aspekten der Gebärdensprache des Werbens und beim Jagdablauf.[39] Und Imo, dem genialen Makakenweibchen, das herausfand, wie es Getreide und Sand trennen konnte, verdanken wir sogar einige Einsicht in die Abläufe, wie neue Entdeckungen und neue kulturelle Einrichtungen bei den Primaten auftreten und sich verbreiten.

Der gefeierte Philosoph Henri Bergson – ein Vertreter des »Aufstands gegen die Vernunft«, der besonders mit seiner Theorie bekannt wurde, daß ein immaterieller »Lebensschwung« (*élan vital*) das Leben durchdringe und die Evolution vorantreibe – schrieb, allein der Mensch könne erkennen, »daß er für Krankheiten anfällig ist«.[40] Schimpansen haben jedoch auch eine riesige Arzneiensammlung in ihrer Umgebung und besitzen eine Form von Volks- oder Kräutermedizin. Für Schimpansen sowohl in Gombe als auch im Mahale-Gebirge sind beispielsweise die Blätter der *Aspilia*-Pflanze eine Art von Grundnahrungsmittel, das besonders in den frühen Morgenstunden gegessen wird. Trotz der gerümpften Nasen (wohl des bitteren Geschmackes wegen) derer, die sich an diesen Blättern gütlich tun, werden sie von beiden Geschlechtern, in allen Altersstufen, von den Gesunden wie auch den Kranken verzehrt. Doch seltsamerweise essen Schimpansen die Blätter zwar regelmäßig, aber sie verzehren nur wenige davon auf einmal – der Nährwert der Blätter ist also fragwürdig. In der Regenzeit jedoch, wenn die Affen von Darmwürmern und anderen Krankheiten geplagt werden, erhöht sich die Menge der verzehrten *Aspilia*-Blätter dramatisch, die, wie eine Analyse ergibt, ein kräftiges Antibiotikum enthalten sowie einen Wirkstoff, der Fadenwürmer abtötet. Es ist somit eine wohlbegründete Vermutung, daß die Schimpansen sich selbst behandeln. Neben anderen Beispielen fand sich ein Schimpanse, der an einer Verdauungsstörung litt und große Mengen der Triebe einer von der *Aspilia* verschiedenen Pflanze zu sich nahm, die sich auch als reich an natürlichen Antibiotika erwies.[41]

Wie kommt es zu einer »Schimpansen-Volksmedizin«? Könnte sie auf einer Art ererbter Information beruhen: Man fühlt sich krank und hat plötzlich das Verlangen nach einem Blatt, dessen Gestalt und Geschmack von Anfang an ins eigene Gehirn eingeprägt war – wie bei den Gänschen, die mit einer ererbten Angst vor dem Schattenriß eines Falken geboren zu werden scheinen? Oder handelt es sich, was wahrscheinlicher ist, um eine *kulturelle* Information, die von Generation zu Generation weitergereicht wird und raschen Veränderungen unterworfen ist, falls sich die vorhandenen Arzneipflanzen ändern, eine neue Krankheit auftritt oder neue volksmedizinische Entdeckungen gemacht werden? Abgesehen davon, daß es bei den Affen keine berufsmäßigen Kräuterspezialisten oder medizinischen Fachleute zu geben scheint, unterscheidet sich die Volksmedizin der Schimpansen wohl gar nicht so sehr von der menschlichen Volksmedizin. Es gibt Beschwerden, bei denen jeder weiß, welches Heilmittel einzunehmen ist. Es handelt sich um etwas, das man während des Aufwachsens erlernt. Warum die Arznei wirksam ist, bleibt für die Schimpansen ein Geheimnis – wie auch, in vielen Fällen, für uns selbst.

Manche Gelehrte haben sich ausgemalt, daß die Unterdrückung des Geschlechtstriebs der erste und wichtigste Aspekt sei, der zur Ausbildung der menschlichen Kultur geführt habe.[42] Ein ungezügeltes Ausleben sexueller Gelüste – insbesondere durch Heranwachsende – zerstöre angeblich die Rahmenbedingungen des gesellschaftlichen Lebens; deshalb müßten frühe menschliche Kulturen über sexuelle Handlungen schwere Beschränkungen verhängt und Schuldgefühle, Sittsamkeit, harte Arbeit, kalte Duschen und das Anlegen von Kleidung gefördert haben. Es gibt jedoch viele menschliche Kulturen, häufig in den Tropen, deren Gesellschaftsgefüge nicht unter der Tatsache zu leiden scheint, daß die Erwachsenen in Unbefangenheit völlig nackt umherziehen – oder vielleicht mit einem schmalen Gürtel aus Lianen oder Baumwollfasern bekleidet, der die Geschlechtsteile nicht verhüllt. Die Frauen der Yanonami in Südamerika sind, abgesehen von einem derartigen Gürtel, gänzlich unbekleidet, und die Männer binden ihr Glied an den Gürteln fest (obwohl sie beschämt reagieren würden, würde ihr Penis aus dieser Halterung freischlüpfen).[43] In Neuguinea und anderswo bedecken Männer ihr Geschlechtsteil mit Kürbisscheiden, die seine Größe unbescheiden hervorheben. Bevor die Europäer auf jenem Kontinent eintrafen, trugen die australischen Aborigines, auch die in kühlen Gegenden lebenden, überhaupt keine Kleider. In der Antike war in Griechenland, in Ägypten und auf Kreta die Nacktheit Erwachsener zumindest für Sklaven und Athleten etwas Alltägliches (obwohl weibliche Zuschauer mit der Begründung, daß es nicht sittsam für sie wäre, nackte Männer beim sportlichen Wettkampf zu beobachten, von den Olympischen Spielen ausgeschlossen wurden). Nudisten-Kolonien scheinen geradezu ein Muster von Anstand zu sein. Die notwendigen Einschränkungen des Zulässigen können viel milder ausfallen, als sich die repressiven Kulturen je ausmalen – wie die Mannschaft von Kapitän James Cook auf Tahiti feststellen konnte.

Die sexuellen Einstellungen des viktorianischen Zeitalters sind auf jeden Fall kein charakteristisches Merkmal unserer Art. Darüber hinaus ist sexuelle Eifersucht eine Quelle »häuslicher« Gewalttätigkeit auch bei verschiedenen Affenarten; trotz ihrer eher lockeren sexuellen Maßstäbe haben indes auch bei ihnen Hemmungen ihren Stellenwert. Alle Primatengesellschaften, menschliche wie nicht-menschliche, legen Grenzen für annehmbare Praktiken fest. Sexuelle Unterdrückung und die mit ihr verbundenen Schamgefühle können also nicht ein Gütezeichen unserer Art sein.

Ein anderer Bereich des kulturellen Lebens, der manchmal für einzigartig menschlich gehalten wird, ist die Beschäftigung mit Kunst, Tanz und Musik. Aber Schimpansen, denen man Stifte oder Farben gibt, schaffen mit bemerkenswertem Eifer und mit großer Zielstrebigkeit Kunst, die wohl, soweit wir dies beurteilen können, ausschließlich nicht-gegenständlich ist, aber in manchen Kreisen für durchaus ausstellungsreif gehalten wird.[44] Männliche Laubenvögel werden beim Schmücken ihrer Nester von einem Sinn für das Schöne geleitet, der mit dem unseren zusammenklingt; sie ersetzen regelmäßig die gepflückten Blumen, Federn und Früchte, die nicht mehr frisch sind; ihre Kunst entfaltet sich über den ganzen Sommer hin. Gibbons schwingen sich auf Bahnen, die durchaus an Ballettsprünge gemahnen, durch die hohen Bäume, und bei den Schimpansen kann man darauf zählen, daß sie an Wasserfällen und im Regen Rock 'n' Roll tanzen. Schimpansen erfreuen sich an klangvollem Trommeln und Gibbons an ihren Gesängen. Obwohl wir gerne annehmen, daß Kultur bei uns ihre höchste Ausformung erreicht hat, ist sie nicht auf Menschen, oder auch nur auf die Ordnung der Primaten, beschränkt.[45]

Hier sei eine vergleichende Bewertung von Primaten- und Menschenkultur durch Solly Zuckerman aus dem Jahre 1932 angeführt:

> Am einen Ende der Skala rangiert der Affe mit seinem Harem, der von Früchten lebt und keine Spuren eines Kulturprozesses erkennen läßt. Am anderen Ende steht der Mensch, meistens monogam, ein Allesfresser, bei dem jede Tätigkeit kulturell bedingt ist. Gesellschaftlich gesehen gibt es keine offenkundigen Übereinstimmungen zwischen Menschen und Affen.[46]

Lassen wir einmal die Tatsachen beiseite, daß Schimpansen Fleisch fressen, daß die meisten Affen keine Harems besitzen und daß – was auch 1932 schon bekannt war – Menschen in vielen Kulturen nicht »meistens« monogam leben; und vergleichen wir Zuckermans Bewertung mit der von Toshisada Nishida in einem Überblick aus dem Jahre 1990 über 25 Jahre Schimpansenforschung in den Mahale Mountains:

> Von den folgenden sozialen Verhaltensmustern weiß man, daß sie sowohl bei den Schimpansen als auch in unserer eigenen Art vorhanden sind: eine starke Neigung, Inzest zu vermeiden; eine langandauernde Mutter-Kind-Bindung; männliche Vaterlandsliebe [der Hang der Männchen zum Verbleiben in der Gruppe, in die sie hineingeboren wurden]; eine ausgeprägte Feindseligkeit zwischen den Gruppen; Zusammenarbeit bei den Männchen; eine Entwicklung von auf Gegenseitigkeit beruhender Selbstlosigkeit; ein Bewußtsein für [beispielsweise sexuelle] Dreiecksbeziehungen; eine Strategie unbeständiger Bündnisse; ein Vergeltungssystem; geschlechtsspezifische Unterschiede im politischen Verhalten ...[47]

Vieles davon mag sowohl von genetischen als auch von kulturellen Faktoren gelenkt sein, aber »gesellschaftlich gesehen« scheint es mit Sicherheit »offenkundige Übereinstimmungen« zwischen Menschen und Affen zu geben.

* * *

Bewußtsein und Selbstbewußtsein werden im Westen weitgehend als das Wesentliche am Menschsein bewertet (obwohl gerade fehlendes Selbstbewußtsein im Fernen Osten als ein Zustand der Gnade und Vollkommenheit gilt). Den Ursprung des Bewußtseins stellt man sich als ein unergründliches Geheimnis vor oder, was beinahe auf das gleiche hinausläuft, als die Folge der Einfügung einer körperlosen Seele in jedes menschliche Wesen – und zwar ausschließlich in menschliche Wesen – zum Zeitpunkt der Empfängnis. Doch ist das Bewußtsein vielleicht gar keine so geheimnisvolle Eigenschaft, daß ein übernatürliches Eingreifen als Erklärung nötig wäre. Wenn damit im wesentlichen ein klares Gewahrsein des Unterschieds zwischen dem Inneren des Organismus und der Außenwelt gemeint ist, zwischen dem Ich und allen anderen, dann weisen, wie wir bereits gezeigt haben, auf dieser Ebene schon die meisten Mikroorganismen ein entsprechendes Bewußtsein auf; der Ursprung eines Bewußtseins auf unserem Planeten läßt sich dann bereits auf eine Zeit vor drei Milliarden Jahren zurückdatieren. Damals gab es riesige Mengen mikroskopisch kleiner Kreaturen, die vom Seegang und von Meeresströmungen getragen wurden und im Sonnenlicht schwelgten, jede von ihnen mit

einem primitiven Bewußtsein ausgestattet – vielleicht nur ein Mikro-(Millionstel-)Bewußtsein, oder auch nur ein Nano-(Milliardstel-) oder Pico-(Billionstel-)Bewußtsein.[48]
Jede Zelle in einem gesunden Körper kann zwischen sich selbst und anderen unterscheiden; jene, die nicht dazu in der Lage sind, die an Fehlfunktionen des Autoimmunsystems leiden, töten sich schnell selbst oder fallen krankheitsübertragenden Mikroorganismen zum Opfer. Jetzt wenden Sie vielleicht ein, daß eine Zelle, die sich selbst von einer anderen unterscheidet (ob in unserem Körper oder im Urmeer), nicht dasselbe ausübt, was im allgemeinen unter Bewußtsein oder Selbstbewußtsein verstanden wird, und daß selbst für ausgesprochen gedankenlose Menschen mehr dazugehört als dies. Und damit haben Sie natürlich recht. Wie wir gesagt haben, ist nur die allerprimitivste Form von Bewußtsein in der frühen Geschichte des Lebens auf der Erde vorstellbar. Und natürlich hat seither eine gewaltige Entwicklung stattgefunden. Können wir denn wissen – und dies dürfte sehr schwierig zu erkennen sein –, ob irgendwelche anderen Tiere unsere Form von Selbstbewußtsein besitzen?
Diese Selbstbewußtheit wird häufig, insbesondere wegen der möglichen Weiterungen, als ein zentraler Aspekt unserer Menschlichkeit angesehen:

> Die Eigenschaft der Selbstbewußtheit, welche die Befähigung des Menschen einschließt, sich selbst als einen Gegenstand in einer Welt von anderen Gegenständen auszumachen, die anders sind als er selbst, ist... für unser Erfassen der Voraussetzungen der sozialen und kulturellen Anpassungsweisen des Menschen zentral... Eine menschliche Sozialordnung schließt eine Existenzform in sich ein, die für das Individuum auf der Ebene des Selbstbewußtseins sinnerfüllt ist. Eine menschliche Sozialordnung ist beispielsweise immer auch ein moralisches Ordnungsgefüge... Es ist die Befähigung des Menschen zum und seine Entfaltung von Selbstbewußtsein, die unbewußte psychische Mechanismen wie Repression, Rationalisierung und so fort zu wichtigen Mitteln der Anpassung des Individuums macht.[49]

Ein Fisch, eine Katze, ein Hund oder ein Vogel, der sich selbst in einem Spiegel sieht, erkennt anscheinend das Spiegelbild nur als weiteren Artgenossen. Wenn sie an Spiegelbilder nicht gewöhnt sind, versuchen männliche Tiere, ihr Spiegelbild einzuschüchtern; es muß demnach als männlicher Rivale wahrgenommen werden. Das Spiegelbild reflektiert natürlich auch die Einschüchterungsgebärden, und dann kann es vorkommen, daß das Tier vor sich selbst flieht. Schließlich gewöhnt es sich an die stumme, geruchslose und ungefährliche Spiegelung und ignoriert sie. Nach den Kriterien solcher Erlebnisse mit Spiegelbildern sind diese Tiere nicht sehr schlau. Es heißt, daß Menschenkinder gewöhnlich ein oder zwei Jahre alt sein müssen, ehe sie erkennen, daß ihr Spiegelbild nicht ein anderes Kind mit einem Geschick für Nachahmung ist. Im Erkennen dessen, was ein Spiegelbild ist, gleichen auch Schwanzaffen den Fischen, Katzen, Hunden, Vögeln und menschlichen Kleinkindern. Sie begreifen nicht, was vorgeht. Aber einige der Menschenaffen gleichen uns.

Der Psychologe Gordon Gallup veröffentlichte 1977 einen Beitrag zum Thema Selbsterkenntnis bei Primaten.[50] Wenn in freier Wildbahn geborene Schimpansen mit einem Spiegel, in dem sie sich von Kopf bis Fuß sehen konnten, konfrontiert wurden, hielten sie zunächst – wie andere Tiere – ihr Spiegelbild für jemand anderen. Aber nach wenigen Tagen durchschauten sie die Sache. Dann begannen sie den Spiegel zu benutzen, um sich zu putzen und unzugängliche Teile ihrer selbst zu untersuchen, beispielsweise indem sie über ihre Schultern hinweg ihren Rücken betrachteten. Danach betäubte Gallup die Schimpansen und bemalte sie rot – an Stellen, die sie nur im Spiegel sehen konnten. Nachdem sie wieder zu Bewußtsein gekommen und ihre Selbstbetrachtung in den Spiegeln wieder aufgenommen hatten, entdeckten sie schnell die roten Markierungen. Aber sie langten nun nicht nach dem Affen im Spiegel; sie betätschelten statt dessen ihren eigenen Körper, berührten die roten Flecken wiederholt und schnüffelten danach an ihren Fingern. Sie verdreifachten nun die Zeit, die sie täglich mit der Betrachtung ihres Spiegelbildes verbrachten.*

Unter den anderen Menschenaffen fand Gallup ein solches Selbstbewußtsein gegenüber Spiegeln noch bei den Orang-Utans, aber nicht bei den Gorillas. Später entdeckte er es auch bei Delphinen. Gallup stellt fest, daß wir ein Bewußtsein haben, wenn wir wissen, daß wir existieren; und daß wir Verstand haben, wenn wir unsere eigenen Geisteszustände beobachten. Er kommt dann zu dem Schluß, daß nach diesen Kriterien

* Auch sich selbst mit einem Hut auf dem Kopf im Spiegel zu betrachten, erwies sich bei Schimpansen als eine populäre und tiefempfundene Erfahrung.

Schimpansen, Orang-Utans und Delphine sowohl Bewußtsein als auch Verstand haben.[51]

»In Ansehung der Treue, giebt es kein Thier in der Welt, das so betrügrisch wäre, als der Mensch«, schrieb Montaigne.[52] Aber männliche Glühwürmchen setzen ihr eigenes Flackern so geschickt ein, daß sie den Weibchen die Werbungsbotschaft ihrer Rivalen vermiesen. Manche Schimpansenweibchen pirschen wie Vampire hinter jungen Müttern ihrer eigenen Truppe her und warten auf eine Gelegenheit, deren Neugeborene zu stehlen und aufzufressen. Viele Primaten bemühen sich um heimliche Paarungen, wenn die Aufmerksamkeit des Alpha-Tieres abgelenkt ist. Und nur wenige der männlichen Bündnisse, welche die Dominanzhierarchien durchziehen, haben über das Ende ihrer Nützlichkeit hinaus Bestand. Betrug in den Sozialbeziehungen von Tieren, und sogar Selbsttäuschung bei Tieren – über dieses weite, neue und produktive Forschungsfeld der Biologie liegen bereits ganze Bücher vor.[53]

Schimpansen lügen manchmal und versuchen auch, andere Lügner zu überlisten. Diese Tatsache gewährt uns sicherlich Einblick in ihre Verstandestätigkeit:

> Ein besonders eindrucksvolles Beispiel ist die Falschheit, die Schimpansen zur Schau stellen, wenn sie versuchen, das Versteck eines Futterlagers für sich zu behalten, sowie die List der anderen beim Durchkreuzen dieses Spiels.... Logischerweise kann man nicht unabsichtlich lügen; sogar die Idee des Selbstbetrugs schließt Absichtlichkeit ein, denn dann versucht ein Teil des Ichs, die anderen Teile übers Ohr zu hauen. Der sich verstellende Schimpanse handelt ganz offensichtlich auf der Grundlage seines Wissens, was die Zeichen, die er gibt, für andere bedeuten werden; [er handelt] damit absichtsvoll.[54]

Und doch ist es noch gar nicht lange her, daß ein moderner Philosoph, einer von vielen, feststellte:

> Es wäre unsinnig, einem Tier ein Gedächtnis zuzuschreiben, das die Reihenfolge von vergangenen Ereignissen unterscheiden kann, und es wäre unsinnig, ihm eine Erwartung einer bestimmten Reihenfolge von zukünftigen Ereignissen zuzuschreiben. Es besitzt keine Ordnungsbegriffe oder überhaupt irgendwelche Begriffe.[55]

Wie konnte er darüber Bescheid wissen?
Das innere Selbstgespräch des Schimpansen ist im Niveau zweifellos nicht mit dem eines Durchschnittsphilosophen vergleichbar; aber daß sie eine Vorstellung von sich selbst besitzen, eine Vorstellung von ihrem Aussehen, von ihren Bedürfnissen, ihren vergangenen Erfahrungen, ihren zukünftigen Erwartungen und davon, in welchem Verhältnis sie zu anderen stehen – in einem für die Zwecke einer »Sozialordnung« ausreichendem Maße –, scheint außer Zweifel zu stehen.

* * *

»Die Sprache ist unser Rubikon«, verkündete der berühmte Linguist Max Müller im 19. Jahrhundert, »und kein wildes Tier wird wagen, ihn zu überqueren.« Sprache erlaubt es weit verstreuten Menschen, miteinander zu kommunizieren. Sie ermöglicht es uns, die Weisheit der Vergangenheit zu uns zu nehmen, und sie verbindet die Generationen über Zeitschranken hinweg. Sie hilft uns, unseren Scharfsinn zu steigern, klarer zu denken. Sie ist eine unübertroffene Stütze unseres Gedächtnisses. Wir schätzen sie aus gutem Grund. Lange vor der Erfindung der Schrift hat die Sprache eine wichtige Rolle beim Erfolg der Menschen gespielt. Dies war der Hauptgrund, der Huxley zu seiner beruhigenden Schlußfolgerung kommen ließ: »Unsere Achtung vor der Erhabenheit des Menschseins wird durch das Wissen, daß der Mensch in Substanz und Struktur mit den wilden Tieren eins ist, nicht geschmälert.«[56] Aber bedeutet dies auch, daß anderen Tieren Sprache fehlen muß, selbst eine einfache Sprache, ja sogar die Befähigung zur Sprache? Was uns an Müllers militärischer, besser gesagt: defensiver Metapher in Erstaunen versetzt, ist die anscheinend zugestandene Möglichkeit, daß die Sprache innerhalb der Reichweite »wilder Tiere« liegt und daß nur Ängstlichkeit diese von der Benutzung abhält.
Eine lange Reihe ähnlich zuversichtlicher Versicherungen, die wilden Tieren die Sprachfähigkeit abspricht, reicht bis zum Beginn der europäischen Aufklärung zurück; sie beginnt vielleicht mit einem Brief von René Descartes aus dem Jahre 1649:

> Das Hauptargument, das uns überzeugen könnte, daß die wilden Tiere keinerlei Verstand haben, ist meiner Meinung nach folgendes: ... Noch

> niemals wurde beobachtet, daß irgendein Tier einen solchen Grad an Vollkommenheit erreicht hat, daß es sich einer wirklichen Sprache bediente; daß es also fähig war, uns durch die Stimme oder andere Zeichen irgend etwas anzuzeigen, das eher auf das Denken allein bezogen werden könnte, als auf eine Bewegung bloßer Natur; denn das Wort ist das alleinige Zeichen und einzige gewisse Merkmal des Vorhandenseins von Denken, das im Körper verborgen und verpackt ist; alle Menschen aber, die einfältigsten und die dümmsten, sogar jene, die der Sprachorgane beraubt sind, machen von Zeichen Gebrauch, während die wilden Tiere niemals etwas Derartiges tun; was als die wahre Unterscheidung zwischen Mensch und wildem Tier gelten kann.[57]

Daß Schimpansen und Bonobos indessen einen reichhaltigen Strom gestischer und symbolischer Zeichen zu Gebote haben, steht außer Zweifel. Wir haben ja bereits einen Blick auf die lebhafte wissenschaftliche Debatte über ihre Sprachfähigkeit geworfen. Die Nervosität mancher Wissenschaftler angesichts der Vorstellung, daß Schimpansen in der Lage sind, Sprache zu gebrauchen, wird auf vielerlei Weise deutlich – etwa durch die der wiederholten Regeländerungen nach Versuchsbeginn. Einige Wissenschaftler verneinten aufgrund des scheinbaren Fehlens von Negationen und Frageformen beispielsweise, daß Ameslan-benutzende Schimpansen Sprache besäßen. Sobald die betroffenen Schimpansen dann anfingen, Einsprüche zu erheben und Fragen zu stellen, entdeckten die Kritiker einen anderen Aspekt von Sprache, den die Schimpansen vermutlich nicht besaßen, während Menschen ihn besaßen, und *dieser* wurde nun zur unverzichtbaren Bedingung von Sprache erhoben.[58] In einem erstaunlichen Maße haben Naturwissenschaftler und Philosophen einfach behauptet, manchmal sogar mit außerordentlicher Leidenschaft, daß Affen Sprache nicht benutzen können, und dann jeden Gegenbeweis abgewiesen, weil er ihren Annahmen widersprach.[59] Im Gegensatz dazu vertrat Darwin die Ansicht, daß einige Tiere sprachfähig seien, »zumindest auf wenig differenzierte, ganz elementare Art«; und wenn »bestimmte [geistige] Kräfte, beispielsweise Selbstbewußtsein, Abstraktion usw., dem Menschen eigentümlich« seien, dann hauptsächlich als »Ergebnis des kontinuierlichen Gebrauchs einer hochentwickelten Sprache«.

Es ist umstritten, wie viele bedeutungsvolle, nicht-redundante Wörter

Schimpansen regelmäßig in einen Satz einbringen können. Aber es gibt keinen Streit darüber, daß Schimpansen (und Bonobos) Hunderte von Zeichen oder Ideogrammen, die ihnen von Menschen beigebracht wurden, handhaben können; auch nicht darüber, daß sie diese Wörter gebrauchen, um ihre Wünsche mitzuteilen. Wie wir besprochen haben, können diese Wörter für Gegenstände, Handlungen, Leute, andere Tiere oder den Schimpansen selbst stehen. Es handelt sich um Hauptwörter und Eigennamen, Zeitwörter, Eigenschaftswörter und Umstandswörter. Es kommt vor, daß Schimpansen und Bonobos um Dinge oder Handlungen bitten, die im Augenblick nicht gegenwärtig sind, an die sie also klarerweise nur denken – Futter beispielsweise oder Fellpflege. Es gibt Beweise, daß sie – wie die in Ameslan ausgebildete Lucy oder der in Symbolen belesene Kanzi – Wörter zu neuen Verbindungen zusammenstellen können, um eine neue Sinngebung zu erzielen. Einige von ihnen erfinden und halten sich gewöhnlich an zumindest ein paar einfache grammatische Regeln. Sie können unbeseelte Gegenstände, Tiere und Leute bezeichnen und kategorisieren, und zwar nicht nur, indem sie die Dinge selbst benutzen, sondern auch mit Hilfe von willkürlichen Wörtern, welche für die Dinge stehen. Sie sind also zur Abstraktion fähig. Manchmal scheinen sie Sprache und Gesten zu Lüge und Täuschung zu benutzen, und um ein elementares Verständnis von Ursache und Wirkung widerzuspiegeln. Sie können sich auf sich selbst zurückbeziehen, nicht nur in Aktivitäten, etwa mit ihren Spiegelbildern, sondern auch auf sprachlicher Ebene: So signalisierte beispielsweise die Schimpansin Elizabeth, als sie einen künstlichen Apfel mit einem Messer zerschnitt, in einer besonderen Symbolsprache, die sie fließend beherrschte: »Elizabeth Apfel zerschneiden.«

Schimpansen kennen auch im günstigsten Fall nur etwa zehn Prozent der Wörter, die einen dem menschlichen Alltagsleben angemessenen Minimalwortschatz in »elementarem Englisch« oder einer anderen Sprache ausmachen. Dieser Unterschied wurde aufgebauscht – etwa durch einen bekannten Linguisten, der behauptete, eine begrenzte Anzahl von menschlichen Wörtern könne so miteinander verbunden werden, daß sich eine »unbegrenzte« Anzahl von Sätzen und eine »unbegrenzte« Anzahl von mitteilbaren Gegenständen ergebe, während die Schimpansen in der Begrenztheit ihrer Sprache steckenblieben.[60] In Wirklichkeit ist natürlich der Gesamtumfang menschlicher Wörter und Ideen wie bei den Affen entschieden begrenzt. Die Sprachleistungen der Schimpansen und Bonobos im Labor kommen ja überdies zum arteigenen Signalvorrat – in Gesten, Lauten und Düften – noch hinzu, von dem wir Menschen wahrscheinlich sehr wenig verstehen. Das »Wort« und der »Gebrauch von Zeichen«, die Descartes den »Bestien« absprach, sind bei Schimpansen und Bonobos deutlich erkennbar vorhanden.

Kein Affe hat jemals linguistische Fähigkeiten gezeigt, die denen eines normalen Menschenkindes im Vorschulalter nahe kamen. Sie scheinen dennoch eine scharf umrissene, wenn auch nur elementare Befähigung zum Gebrauch von Sprache zu besitzen. Viele von uns würden zugestehen, daß ein Kind im Alter von zwei oder drei Jahren, das einen Wortschatz und eine sprachliche Geschicklichkeit hat, die mit denen der vollendetsten Schimpansen und Bonobos vergleichbar sind – wie augenfällig auch immer ihre grammatischen und syntaktischen Mängel sind –, eine Sprache besitzt.[61] Es gilt in den Sozialwissenschaften als anerkannte Lehre, daß Kultur Sprache und Sprache wiederum ein Selbstgefühl voraussetzt. Ob dies nun gültig ist oder nicht, Schimpansen und Bonobos haben erwiesenermaßen zumindest in einem sehr elementaren Sinne alle drei: Bewußtsein, Sprache und Kultur. Sie mögen viel gefühlsbetonter sein als wir und nicht so klug, aber auch sie sind zum Denken fähig.

Die meisten von uns erinnern sich an eine Begebenheit wie die folgende: Sie liegen in Ihrem Kinderbettchen, in dem Sie gerade aus einem Mittagsschlaf aufgewacht sind. Sie rufen nach Ihrer Mutter, zuerst zögernd, aber wenn niemand kommt, schreien Sie immer kräftiger. Die Panik wächst. »Wo ist sie? Warum kommt sie nicht?«, denken Sie, oder etwas Ähnliches – jedoch nicht in Worten, da Ihr sprachliches Bewußtsein noch fast gänzlich unentwickelt ist. Sie kommt lächelnd ins Zimmer, sie streckt ihre Hände aus und hebt Sie hoch, Sie hören ihre musikalische Stimme, riechen ihr Parfüm – wie Ihr Herz da aufgeht! Diese mächtigen Gefühle sind vor-sprachlich – wie auch viele unserer Vorfreuden, Leidenschaften, Vorahnungen und Ängste im Erwachsenenalter. Unsere Gefühle sind vorhanden, schon bevor sie in saubere grammatische Päckchen zerlegt werden können, um mit ihnen umzugehen und sie zu unterdrücken. In diesen schattenhaft erinnerten Gefühlen und Gedankenverbindungen können wir wahrscheinlich einen Blick auf etwas Ähnliches wie das Bewußtsein und Gefühlsleben der Schimpansen, der Bonobos und unserer unmittelbaren vormenschlichen Vorfahren erhaschen.

Kapitel 20

Das Tier in unserem Innern

Das menschliche Gehirn ist ein unvollkommenes Instrument, das sich über lange geologische Zeiträume hin ausgebildet hat. Manche seiner Funktionsebenen sind primitiver und urtümlicher als andere. Der moderne Mensch hat die Erfahrung gemacht, daß unsere Köpfe unheimliche und irrationale Schatten aus unserer vormenschlichen Vergangenheit enthalten können – Schatten, die sich unter Druck manchmal verlängern und düster über die Schwelle unseres rationalen Lebens fallen können. Der Mensch hat den Glauben des 18. Jahrhunderts an die aufklärerische Macht der reinen Vernunft verloren, da er hat erkennen müssen, daß er keineswegs ein konsequent vernünftiges Tier ist. Wir haben uns selbst durch unsere eigene düstere Natur das Fürchten gelehrt; und statt zu denken: »Wir sind nun einmal Menschen, keine Bestien, und wir müssen wie Menschen leben«, haben wir einander mit wachem Mißtrauen gemustert und in unseren Herzen geflüstert: »Wir trauen keinem mehr. Der Mensch ist böse. Der Mensch ist ein Tier. Er ist aus dem finsteren Wald und den Höhlen hervorgekrochen.«

LOREN EISELEY
Darwin's Century[1]

In unserer Geschichte – bei unseren bruchstückhaften Bemühungen, einige Einträge in der Akte des Waisenkindes zu rekonstruieren und ein wenig Licht in das schattenhafte Dunkel zu bringen – sind wir nun an dem Punkt angekommen, wo die Menschen auf der Erde erscheinen. Es ist also Zeit für eine Bestandsaufnahme.

Viele der Schutzwälle, Wassergräben und Minenfelder, die mit Sorgfalt angelegt worden waren, um uns von den anderen Tieren zu trennen, haben wir nun durchbrochen, überbrückt oder umgangen. Dementsprechend mögen jene, die sich dazu gedrängt sehen, für uns Menschen einige einzigartige, unzweideutige Unterscheidungsmerkmale gegenüber den Tieren zu bewahren, versucht sein, die Definitionslinien erneut zu verschieben und eine letzte Verteidigungslinie um unsere Gedanken zu errichten. Wenn die Sprache der Schimpansen und Bonobos beschränkt ist, dann können wir auch nicht viel darüber aussagen, was sie denken und fühlen, welchen Sinn, wenn überhaupt, sie ihrem Leben zuschreiben. Bis heute zumindest haben sie keine Autobiographien, besinnlichen Abhandlungen, Bekenntnisse, Selbstanalysen oder philosophischen Erinnerungen verfaßt. Wenn wir bestimmte Ideen und Gefühle aussondern können, um uns selbst zu definieren, so kann uns kein Schimpanse widersprechen. Wir könnten beispielsweise auf unsere Kenntnis der Tatsache hinweisen, daß wir alle eines Tages sterben werden oder daß der Geschlechtsakt die Ursache des Kinderkriegens ist – Dinge, die von Menschen weitgehend verstanden, wenn auch manchmal geleugnet werden. Vielleicht hat kein Affe jemals diese wichtigen Wahrheiten erkannt, vielleicht manche von ihnen doch. Wir wissen es einfach nicht.[2] Aber auf solchen Höhen der Auslegung allein zu stehen, ist ein zweifelhafter Sieg für die menschliche Art. Diese gelegentlichen Einsichten sind Kleinigkeiten, verglichen mit den auf Selbstüberschätzung beruhenden Unterscheidungsmerkmalen der Menschheit, die zu Staub zerfielen, als wir mehr über die anderen Tiere in Erfahrung brachten. Auf einer so haarspalteri-

schen Ebene von Einzelheiten müssen die Beweggründe jener, die Menschen durch diese oder jene Vorstellung definieren möchten, verdächtig und als offensichtlicher Chauvinismus des Menschen erscheinen.
Es ist gerechtfertigt, Menschen und andere Tiere in bezug auf Verhaltensmerkmale zu vergleichen, die der Beobachtung zugänglich sind; aber ungünstige Vergleiche aufgrund von Darstellungen in der ersten Person, die anscheinend von den Tieren selbst ausgehen, die Berichte ihrer Gedanken und Einsichten darstellen, sind unzulässig, solange noch kein Zugangsweg zu ihrem Innenleben eröffnet worden ist. Das Fehlen eines Beweises ist noch lange kein Beweis für ein Fehlen der Sache selbst. Wären wir besser in der Lage, in die Gedankenwelt des Affen einzudringen, so könnten wir dort wohl viel mehr vorfinden, als wir vermuten – eine Feststellung, die vor fast drei Jahrhunderten von Henry St. John, dem ersten Viscount Bolingbroke, gemacht wurde:

> Der Mensch ist durch seine Natur... mit dem gesamten Tierstamm verbunden, und mit manchen von ihnen so eng, daß der Abstand zwischen seinen intellektuellen Fähigkeiten und ihren... in vielen Fällen klein erscheint, und möglicherweise noch geringer erscheinen würde, wenn wir die Mittel besäßen, ihre Beweggründe in der Weise zu kennen, wie wir ihre Handlungen beobachten können.[3]

Ein häufig angeführter Unterschied, der zwischen menschlichen Wesen und anderen Tieren bestehen soll, ist die Religion. Nur Menschen besitzen Religion, wird behauptet, und damit ist die Angelegenheit entschieden. Aber was ist Religion überhaupt? Wie können wir wissen, ob Tiere sie besitzen? Darwin zitiert in *Die Abstammung des Menschen* die Bemerkung, »ein Hund hält seinen Herrn für einen Gott«, und Ambrose Bierce definierte Ehrfurcht als »die geistige Einstellung eines Menschen zu einem Gott und eines Hundes zu einem Menschen«.[4] Das Omega-Tier blickt zum Alpha-Tier als einem gottähnlichen Wesen auf, und die Tiefen seiner Unterwerfung und seiner Selbsterniedrigung werden in nur wenigen der heute bestehenden Religionen erreicht. Es ist schwer zu erkennen, wie grundlegend Hunde und Affen Ehrfurcht empfinden, wie sehr ihre Einstellungen gegen einen gestrengen »Herrn« oder ein wohletabliertes Alpha-Tier von religiöser Scheu gefärbt sind; ob sie ein Empfinden für Heiligkeit besitzen, um Vergebung beten und auf andere Weise versuchen,

Mächte, die stärker sind als sie selbst, zu besänftigen und zu beeinflussen. Tiere, die von viel stärkeren und klügeren Eltern aufgezogen, erzogen und zur Ordnung gerufen werden; Tiere, die dazu veranlagt sind, sich in eine Dominanzhierarchie einzufügen; Tiere, die darüber hinaus mit der entmutigenden Gegenwart von Menschen konfrontiert sind, die Macht über Leben und Tod besitzen und Strafen und Belohnungen verteilen – solche Tiere mögen sehr wohl Empfindungen haben, die denen verwandt sind, die wir religiös nennen. Viele Säugetiere und alle Primaten erfüllen diese Bedingungen.

Im Laufe der Menschheitsgeschichte haben sich einige Religionen allerdings zu weit mehr entwickelt – in den besten Fällen überwinden sie Einschüchterung, Hierarchie und Bürokratie und bieten den Machtlosen Trost. Einige wenige religiöse Lehrer haben als eine Art Gewissen unserer Art gehandelt, haben Millionen durch ihr gelebtes Beispiel angeregt und uns geholfen, aus einer pavianartigen Marschordnung auszubrechen. Nichts von dem widerspricht jedoch der Annahme, daß eine allgemeine religiöse Neigung, die zur Nutzung durch die örtlichen Sozialstrukturen verfügbar ist, im Reich der Tiere durchaus normal sein könnte.

Wenn wir in der Lage wären, einen Blick in den Geist des Affen im Naturzustand zu werfen, fänden wir vielleicht – unter vielen anderen Gefühlen – auch eine Art Genugtuung über sein Affesein, die unserer eigenen über unser Menschsein an die Seite zu stellen wäre. Jede Tierart könnte durchaus etwas Ähnliches empfinden. Eine solche Überzeugung wäre weit besser anpassungsgeeignet als das Gegenteil. Falls aber etwas Derartiges zutrifft, wäre uns sogar das Definitionsmerkmal verwehrt, das einzige Tier zu sein, welches das Eigenlob zum Wesensmerkmal erhebt.

Wenn wir nicht gründlich in Herzen und Köpfe anderer Arten geblickt, ja sie nicht einmal sorgfältig untersucht haben, kann es sein, daß wir ihnen sowohl Stärken und Tugenden als auch Laster und Mängel unterstellen, die ihnen in Wirklichkeit fehlen. Prüfen wir doch einmal den folgenden Auszug aus einem Gedicht von Walt Whitman:

> Ich glaube, ich könnte umkehren und mit Tieren leben, sie sind so gelassen und selbstgenügsam,
> Ich stehe und betrachte sie, lange und immer wieder.
> Sie schinden sich nicht und bejammern nicht ihre Lebensumstände,

Sie liegen nicht im Dunkeln wach und weinen über ihre Sünden,
Sie machen mich nicht krank, indem sie ihre Pflichten gegen Gott diskutieren,
Nicht eines ist unzufrieden, nicht eines ist verblödet von der Besessenheit, Dinge zu besitzen,
Nicht eines beugt sein Knie vor einem anderen, noch vor einem seiner Art, das vor Tausenden von Jahren gelebt hat,
Nicht eines auf der ganzen Welt ist ehrbar oder unglücklich.[5]

Aufgrund der Zeugnisse, die wir in diesem Buch vorgelegt haben, stellt sich uns die Frage, ob auch nur einer von Whitmans sechs angeblichen Unterschieden zwischen Tieren und Menschen zutreffend ist – selbst wenn man die dichterische Freiheit in Rechnung stellt. Montaigne dachte, daß wir einfach unsere eigenen »kränklichen Eigenschaften« auf die wilden Tiere übertragen, wenn wir folgern, daß Tiere »Ehrgeiz, Eifersucht, Neid, Rachbegier, Aberglaube, Verzweiflung«[6] kennen; dies geht jedoch zu weit, wie das Leben der Schimpansen klar aufzeigt. Während viele Berichterstatter die Unterschiede zwischen Menschen und »Tieren« übertrieben und vor Anthropomorphisierung warnten, haben andere, wie Whitman und Montaigne, romantische und sentimentale Vorstellungen von Tieren entwickelt. Doch beide Auswüchse und Übertreibungen dienen letztlich dazu, die enge Verwandtschaft von Mensch und Tier zu bestreiten.

* * *

Die unmittelbare Ursache für den Erfolg der Menschen muß mit der Verknüpfung unserer Intelligenz und unserer Begabung zur Herstellung und Nutzung von Werkzeugen zu tun haben. Unsere erdumspannende Zivilisation beruht mit Sicherheit hauptsächlich auf diesen beiden Fähigkeiten. Ohne sie wären wir nahezu schutzlos. »Ein klein wenig Urteilskraft oder Verstand ist« jedoch »meist mit im Spiel, selbst bei Tieren, die auf der Stufenleiter des Lebens sehr tief stehen«, schrieb Darwin in *Die Entstehung der Arten*.[7] Gegen Ende seines Lebens unternahm er ausgedehnte Untersuchungen zur Intelligenz von Regenwürmern – ein Gegenstand, den man nicht unbedingt für vielversprechend halten würde. Er stellte ihnen Intelligenztests, welche die Handhabung natürlicher und künstlicher Blätter beinhalteten, und dabei schnitten die Würmer sehr gut ab. Plattwürmer können ihren Weg durch ein einfaches Labyrinth finden, um eine Belohnung zu erlangen; sogar Würmer haben ein gewisses Maß an Intelligenz. Die Stocherfinken auf den Galapagos-Inseln, die Darwin während seiner Reise auf der *Beagle* studierte und die nach ihm benannt sind, benutzen Zweige, um im Holz lebende Larven aus dem Geäst zu schrecken; auch Vögel besitzen eine primitive Technologie.

Ohne Intelligenz und Technologie hätten wir mit Sicherheit keine Zivilisation erreichen können. Es wäre jedoch ungerechtfertigt, die Zivilisation als das Definitionsmerkmal unserer Art festzulegen oder entsprechende Vorbedingungen hinsichtlich des Intelligenzniveaus und handwerklichen Geschicks aufzustellen, ehe jemand ein Mensch sein kann; denn die ersten 99 Prozent des Daseins der Menschen auf der Erde wurden in einem unzivilisierten Zustand verbracht. Wir waren damals wie heute Menschen, aber wir hatten die Zivilisation noch nicht ausgedacht. Doch die fossilen Überreste der frühesten bekannten Menschen und menschenähnlichen Wesen (Hominiden) – die nicht nur Hunderttausende, sondern Millionen von Jahren in die Vergangenheit zurückreichen – sind häufig von Steinwerkzeugen umgeben. Elementare handwerkliche Fähigkeiten besitzen wir Menschen, zumindest teilweise, schon seit sehr langer Zeit. Wir waren nur noch nicht dazu gekommen, eine Zivilisation zu schaffen.

Der Gegensatz zwischen der menschlichen Vorliebe für Werkzeuge und dem Fehlen des Werkzeuggebrauchs bei so vielen anderen Tieren, hat zu der Versuchung geführt, uns selbst als Werkzeuge gebrauchendes oder Werkzeuge herstellendes Tier zu definieren – wie es anscheinend erstmals von Benjamin Franklin, einem Mitglied der Lunar Society des Josiah Wedgwood und Erasmus Darwin, vorgeschlagen wurde. Am 7. April 1778 bekannte sich James Boswell dazu, daß er Franklins Definition bewundernswert fand. Der gewohnheitsmäßig grantelnde und gelegentlich alles übergenau nehmende Samuel Johnson wandte ein: »Aber viele Menschen haben niemals ein Werkzeug hergestellt; und bedenke einen Mann ohne Arme, der könnte gar kein Werkzeug herstellen.« Wiederum stellt sich die Frage, ob wir für die Definition eines Menschenwesens Charakteristika benutzen sollten, die jedes menschliche Wesen ohne Ausnahme besitzt oder besaß, oder Merkmale, die nur potentiell vorhanden sind. Und falls letzteres zutrifft, wer weiß, welche Merkmale in anderen Tieren schlummern und nur noch nicht durch äußere Umstände oder Notwendigkeiten voll entfaltet wurden?

* * *

In einer gelangweilten, selbstverständlichen Weise, behindert durch ein Junges (das sich, ihrem Brustkorb zugewandt, in ihrem Pelz festkrallt), legt die Schimpansin die hartschalige Frucht sorgfältig auf einen Holzblock und schlägt sie auf – unter Einsatz eines Steines, den sie sich extra zu diesem Zweck besorgt hat: Hammer und Amboß. Über ihrem Kopf leuchtet keine Glühbirne auf. Sie stützt nicht zuvor nachdenklich ihr Kinn auf den Handballen, es gibt keinen Hinweis auf eine Einsicht, die sich da mühsam Bahn bricht, keinen Augenblick der Erleuchtung, keine Anklänge an *Also sprach Zarathustra.* Es handelt sich lediglich um eine ganz normale, alltägliche Sache, die Schimpansen tun. Nur Menschen, die wissen, wohin Werkzeuggebrauch führen kann, finden die Sache bemerkenswert.

Obwohl viele Schimpansen wirklich zu dumm sind, um aus dem Regen unters Dach zu kommen, sind sie doch fähig, Werkzeuge zu benutzen. Und nicht nur das: Sie sind auch in der Lage, den Einsatz von Werkzeugen *vorauszuplanen* – sich jetzt ein Werkzeug für eine Tätigkeit zu beschaffen, die sie später auszuführen beabsichtigen. Sie nehmen weite Wege in Kauf, um die rechte Sorte Stein oder Stock zu finden, und schleppen diese dann zu ihrem Lagerplatz. Sie scheinen während der ganzen Zeit daran gedacht zu haben, wozu sie den Stein oder den Stock letztlich benutzen wollen.

»Man hat häufig gesagt«, schrieb Darwin in *Die Abstammung des Menschen,* »daß kein Tier ein Werkzeug benutze; aber der Schimpanse im Naturzustand knackt mit einem Stein eine einheimische Frucht, die einer Walnuß ähnelt.« Seine Quelle war jener scharfsinnige, aber leicht Anstoß nehmende viktorianische Schimpansenbeobachter Doktor Thomas Savage. Schimpansen knacken regelmäßig hartschalige Samen und Nüsse mit einem Steinhammer auf einem steinernen oder hölzernen Amboß auf; und sie tragen zu diesem Zweck geeignete Steine fast einen Kilometer weit. Zu anderen Zeiten können auch Holzkeulen als Nußknacker dienen. Im Tai-Wald (Elfenbeinküste) wählen Schimpansen einen passenden Knüppel aus, klettern auf einen Kolabaum, pflücken die reifsten Kolanüsse und brechen sie auf, indem sie den Ast als Amboß und den mitgebrachten Knüppel als Hammer verwenden.[8] Weibchen setzen diese Hammer-und-Amboß-Technik mit größerer Wahrscheinlichkeit ein als Männchen, und sie sind dabei auch geschickter.*

Eine Schimpansin reißt einen langen Grashalm oder einen Schilfstengel ab, damit sie ihn mehr als eine Stunde später und Hunderte von Metern von dieser Stelle entfernt benutzen kann, um leckere Termiten aus einem Holzklotz oder einem Termitenhügel zu locken. Sie muß überflüssige Blätter und Zweige entfernen, den Halm zurechtbiegen und kürzen, ihn mit einer geschickten Drehbewegung in den Termitentunnel einführen, um den inneren Konturen zu folgen, ihn verführerisch schütteln, damit sich die Termiten an ihn hängen, und ihn dann mit großer Sorgfalt herausziehen, ohne zu viele von ihnen abzustreifen. Schimpansen verwenden Jahre darauf, ihre Technik zu vervollkommnen, und bringen sie regelmäßig ihren Jungen bei, die sich als eifrige Schüler erweisen. Dies entspricht genauestens einer zuversichtlichen Definition »der Einzigartigkeit der Werkzeugherstellung des Menschen« – nämlich »dem Zurechtmachen eines Gerätes aus Naturmaterialien, das entworfen worden ist, um zu einem späteren Zeitpunkt und an Gegenständen benutzt zu werden, die jetzt für die sinnliche Wahrnehmung nicht gegenwärtig sind.«[11]

Wie schwierig ist das Termitenangeln der Schimpansen? Welches Ausmaß von Verstand und manueller Geschicklichkeit ist dazu erforderlich? Stellen Sie sich vor, Sie würden nackt im Gombe-Reservat in Tansania ausgesetzt und entdeckten, ob es Ihnen nun gefällt oder nicht, daß der

* Ähnliche Beispiele für Werkzeuggebrauch finden sich auch bei anderen Arten. Der verspielte und intelligente Seeotter taucht regelmäßig zum Meeresboden hinab, holt hartschalige Muscheln und einen entsprechenden Stein, schwimmt zurück zur Oberfläche, läßt sich auf seinem Rücken treiben und öffnet dann die Muscheln, wobei er den Stein als einen Amboß einsetzt. Manche Vögel lassen zweischalige Muscheln auf Felsen fallen, um sie aufzubrechen. Ägyptische Geier und schwarzbrüstige Bussarde lassen aus großer Höhe Steine auf die großen Eier von Emus und Straußen fallen, um aus deren Inhalt ein Mahl zu machen.[9] Nach einem zweifelhaften Bericht[10] kam der altgriechische Dramatiker Äschylus angeblich dadurch zu Tode, daß ein Geier (oder Adler) einen schweren Stein (oder eine Schildkröte – die Überlieferung ist uneinheitlich) auf seinen Glatzkopf fallen ließ, den das Tier vielleicht mit dem Ei eines flugunfähigen Vogels verwechselt hatte.

Verzehr von Termiten Ihr hauptsächlicher Schutz vor Unterernährung und Hunger ist. Sie wissen, daß Termiten eine ausgezeichnete Proteinquelle sind; Sie wissen auch, daß in vielen Weltgegenden Menschen mit Selbstachtung regelmäßig Termiten essen. Sie bringen es zuwege, alle Ihre Bedenken beiseite zu stellen. Sie jedoch einzeln zu fangen, wird den Aufwand nicht lohnen, es sei denn, Sie haben Glück und stoßen auf Termiten, die gerade schwärmen. Sie müssen sich also ein Werkzeug anfertigen, es wiederholt in den meterhohen Hügel hineinschieben, dann das Werkzeug in Ihren Mund nehmen und die daran hängenden Termiten mit Ihren Zähnen und Lippen abstreifen, während Sie das Werkzeug aus Ihrem Mund herausziehen. Könnten Sie das so gut wie ein Schimpanse?

Der Anthropologe Geza Teleki versuchte, dies herauszufinden, indem er in Gombe Monate als Schüler des Schimpansen Leakey, der die Technik ausgezeichnet beherrschte, zubrachte. Er schrieb seine Erfahrungen in einem berühmten wissenschaftlichen Aufsatz über die »Technologie der Schimpansen zur Gewinnung ihres Lebensunterhalts« nieder.[12] Die Termiten in Gombe kommen hauptsächlich nachts aus ihren Bauten heraus und mauern vor dem Morgengrauen alle Eingänge zu ihren Hügeln fachmännisch zu. Also beginnen Schimpansen ihre Termitensuche regelmäßig damit, daß sie diese Eingangsbarrieren wegschaben. Telekis Untersuchung nahm hier ihren Ausgang:

> Nachdem ich zunächst wiederholt [Schimpansen-]Individuen dabei beobachtet hatte, wie sie sich einem Hügel näherten, dessen Oberfläche schnell mit den Augen abtasteten, während sie darauf oder daneben standen, und energisch – mit in hohem Maß vorausschauender Treffsicherheit – zupackten, um einen Tunnel freizulegen, war ich bald von der scheinbaren Leichtigkeit beeindruckt, mit der die Tunnel geortet werden konnten. Bei dem Versuch, die Technik zu erlernen, wandte ich mehrere experimentelle Verfahren an: Ich untersuchte bis in kleinste Einzelheiten alle Sprünge, Vorsprünge, Einbuchtungen und anderen »topographischen« Merkmale im Lehm. Aber nach Wochen vergeblicher Suche nach dem wesentlichen Hinweis mußte ich dazu Zuflucht nehmen, die Hügeloberfläche mit einem Klappmesser abzuschaben, bis dabei zufällig ein Tunnel freigelegt wurde. Meine Unfähigkeit, irgendwelche physischen Merkmale zu finden, die als visuelle Hinweise

dienen konnten, führte mich schließlich zu der Einsicht, daß Schimpansen ein Wissen weit jenseits meiner Erwartungen besitzen dürften. ... Die einzige Annahme, die in diesem Punkt den beobachteten Fakten vernünftig Rechnung zu tragen scheint, ist, daß ein erwachsener Schimpanse die genaue Lage von 100 oder mehr Tunnelöffnungen in den vertrautesten Hügeln kennen (auswendig lernen?) kann. Darüber hinaus muß auch die Möglichkeit in Betracht gezogen werden, daß Schimpansen sich, da ein gründliches Sondieren auf eine kurze jährliche Saison beschränkt ist, ein geistiges Bild der Kernmerkmale eines Hügels über die zehn dazwischenliegenden Monate hinweg merken. Daß Schimpansen einer ausgedehnten Lernperiode (vier bis fünf Jahre) bedürfen, um diese Technik zu meistern... und daß man von einigen Individuen weiß, daß sie die Fähigkeit haben, sich spezifische Information über viele Jahre hinweg zu merken, sind stützende Indizien für diese Annahme.

Als nächstes beschäftigte sich Teleki mit der Auswahl von Rohmaterialien für die Herstellung von Termitensonden:

Das Auswahlverfahren erscheint trügerisch einfach, wenn es von einem erfahrenen Schimpansen durchgeführt wird. Nach einem kurzen, prüfenden Blick auf die umliegende Vegetation wird ein Schimpanse gewöhnlich eine Hand ausstrecken und flink einen Zweig, eine Weinranke oder einen Grashalm abreißen. Manchmal muß das Individuum sich ein paar Schritte vom Termitenhügel wegbegeben und eine geeignete Sonde holen; in einigen Fällen werden anfangs zwei bis drei Gegenstände ausgewählt. Diese können sehr schnell untersucht und verworfen werden, bis einer bestimmte erforderliche Voraussetzungen erfüllt; es können aber auch mehrere zur nachfolgenden Auswahl zum Hügel getragen werden. Wann immer dies der Fall ist, wird die Auswahl in einer geschwinden, fast beiläufigen Weise getroffen und, falls nötig, wird die Zurichtung in Angriff genommen. Ohne sich der dazugehörigen Feinheiten bewußt zu sein, ist es leicht, die Geübtheit zu unterschätzen, die zur Ausführung dieser Handgriffe erforderlich ist.

Schimpansen besitzen vermutlich die Erfahrung, durch welche die Eigenschaften eines Gegenstandes bewertet werden können, bevor er

> für den Sondierungszweck eingesetzt wird, denn die Fehlerquote bei der Auswahl von Sonden ist nicht hoch... Beim Sondieren nach Termiten sind die Anforderungen an das Material tatsächlich überraschend klar: Wenn die gewählte Weinranke oder der gewählte Grashalm zu biegsam sind, dann werden sie umknicken und sich (wie eine Ziehharmonika) zusammenfalten, wenn sie in einen gewundenen Tunnel eingeführt werden; wenn der Gegenstand andererseits zu steif oder spröde ist, wird er sich an den Tunnelwänden verfangen und entweder brechen oder einem Eindringen zur nötigen Tiefe widerstehen...
> Trotz monatelanger Beobachtung und trotz meines Nachäffens erwachsener Schimpansen, als sie mit beneidenswerter Leichtigkeit, Geschwindigkeit und Treffsicherheit Sonden auswählten, war ich unfähig, ihr Kompetenzniveau zu erreichen. Eine ähnliche Ungeschicktheit kann nur an Schimpansen, die weniger als vier bis fünf Jahre alt sind, beobachtet werden.

Schließlich befaßte Teleki sich – unter Absehung von seinen Schwierigkeiten beim Auffinden der Tunneleingänge und bei der Herstellung der Werkzeuge – damit, den Gebrauch eines gekonnt hergestellten Werkzeugs zu erlernen:

> Ich verbrachte viele Stunden damit, Sonden einzuführen, eine angemessene Zeit zu warten und sie dann wieder herauszuziehen – ohne überhaupt eine Termite zu erhalten. Erst nach einigen Wochen nahezu vollkommenen Mißerfolgs... begann ich schließlich, die damit verbundenen Probleme zu begreifen. ...
> Um diese unterirdischen Termiten zu sammeln, muß die Sonde zuerst sorgfältig und mit Geschick bis zu einer Tiefe von etwa 8 bis 16 Zentimeter eingeführt werden, wobei man sie aus dem Handgelenk entsprechend drehen muß, damit das Material die Windungen des Tunnels überwindet. Die Sonde muß dann während der vorbestimmten Wartezeit mit den Fingern in sanfte Schwingungen versetzt werden, denn ohne diese Bewegung können die Termiten nicht dazu angeregt werden, sich an der Sonde festzubeißen. Wenn die Schwingungen jedoch zu lange durchgehalten oder zu wild ausgeführt werden, besteht eine gute Chance, daß die Sonde noch im Tunnel von den Beißwerkzeugen [der Termiten] durchgetrennt wird. Wenn diese vorbereitenden

> Tätigkeiten korrekt durchgeführt worden sind, muß die Sonde, an der nun vermutlich Dutzende von Termiten hängen, aus dem Tunnel herausgezogen werden. Einmal mehr sind Feinheiten zu beachten. Wenn die Rute zu schnell oder linkisch herausgezogen wird, werden die Insekten mit hoher Wahrscheinlichkeit entlang der Tunnelwände abgestreift und man erhält nichts als eine angenagte Sonde. Die Handbewegungen müssen angemessen, aber nicht gar zu schnell und, sobald sie eingeleitet wurden, einförmig fließend und geschmeidig sein. Wenn der Tunnel besonders gewunden ist (ein Merkmal, das während des Einführens der Sonde festgestellt werden kann), kann der Fangerfolg durch langsames Drehen des Handgelenks sichergestellt werden, während die Sonde herausgezogen wird.

Es ist ein wenig entmutigend zu entdecken – auf genau dem technologischen Boden, auf dem so oft menschliche Überlegenheit beansprucht wird –, daß menschliche Forscher nach Monaten hingebungsvoller Anstrengung weniger erfolgreich sind als heranwachsende Schimpansen. Teleki blieb angesichts seines Mißerfolgs großzügig und gutmütig. In den Danksagungen am Ende seiner Abhandlung taucht neben der Erwähnung verschiedener Organisationen für ihre finanzielle und sachliche Unterstützung der folgende Satz auf: »Darüber hinaus schulde ich dem geduldigen und nachsichtigen Leakey, dessen Fähigkeiten beim Termitenangeln meine eigenen so offensichtlich übertrafen, mehr als Dank.«

Das Verfahren, mit dem Schimpansen ihren Jungen das Nüsseknacken und Termitenangeln beibringen, ist entspannt – es handelt sich um ein Lernen am Vorbild, nicht um ein mechanisches Einpauken. Der Schüler beschäftigt sich mit den Werkzeugen und probiert verschiedene Anwendungsweisen aus, statt sklavisch jede Handbewegung des Ausbilders nachzumachen. Die Technik des Schülers verbessert sich schrittweise. Aus diesem Grunde wurde kritisch angemerkt, daß Schimpansen eigentlich doch keine Kultur besäßen.[13] (Ironischerweise spricht eine Gruppe von Forschern den Schimpansen Sprache ab – wie wir oben erwähnten –, weil sie angeblich zu sehr von Nachahmung abhängig sind, während eine andere Gruppe von Wissenschaftlern den Schimpansen Kultur abspricht, weil sie angeblich ihre Artgenossen nicht eng genug nachahmen.)

Der große Physiker Enrico Fermi lernte selber dadurch, daß er seine Kollegen bat, ihm die Probleme vorzulegen, die sie kürzlich gelöst hatten, ohne ihm ihre Antworten zu verraten: Er konnte eine Problemstellung nur dann völlig erfassen, wenn er sie selbst ausarbeitete. Tätiges Lernen ist – in Naturwissenschaft und Technik, ebenso wie bei vielen anderen menschlichen Tätigkeiten – sehr viel wirkungsvoller als mechanisches Lernen. Das Wissen der Schimpansen, daß es ein Problem gibt und daß es mit den bereitstehenden Werkzeugen gelöst werden kann, macht bereits den Großteil der Lösung aus.

Auch die *Paviane* in Gombe fressen Termiten, aber fast ausschließlich während der zwei oder drei Wochen, in denen die Termiten ausschwärmen. In dieser Zeit kann man die Paviane beobachten, wie sie die Insekten einsammeln und geräuschvoll verschlingen; oder auch, wie sie in die Höhe springen, um sie im Flug einzufangen. In weniger beutereichen Zeiten werden Paviane oft durch Schimpansentruppen von den Termitenhügeln weggescheucht. Gelegentlich sitzen die verscheuchten Paviane in geringer Entfernung und beobachten niedergeschlagen, wie die Schimpansen sich mit ihren Werkzeugen an den Termitenbauten zu schaffen machen. Wenn die Schimpansen fertig sind, lassen sie ihre zugerichteten Werkzeuge am Fuß des Hügels liegen. Aber noch nie hat man einen Pavian beobachtet, wie er versuchte, eines der zurückgelassenen Werkzeuge zu benutzen – obwohl dies ihre Termitensaison von Wochen auf Monate ausdehnen könnte. Die Paviane haben anscheinend nicht das Zeug dazu. Sie sind nicht klug genug. Wahrscheinlich sind ihre Gehirne zu klein.

Ebenso wie Schimpansen beim Termitenfangen viel geschickter sind als Paviane, sind ihrerseits einige vorindustrielle Menschen, die gewohnheitsmäßig Termiten essen, viel geschickter als Schimpansen. Menschen graben die Termitenhügel auf, räuchern sie aus oder gießen Wasser in sie hinein, und so fort. Eine der eleganteren Methoden besteht darin, das Geräusch von Regentropfen zu simulieren – mit der Zunge am Gaumen oder durch zwei Holzstückchen, mit denen sachte auf die Hügeloberfläche geklopft wird –, was die Termiten dazu verlockt, ihren Bau zu verlassen.[14] Man hat niemals Schimpansen solche Techniken* einsetzen

* In den Okorobiko-Bergen in Guinea benutzen Schimpansen allerdings große Stöcke, mit denen sie die Termitenhügel durchbohren; die entfliehenden Termiten werden dann mit vollen Händen eingesammelt. Andere Schimpansengesellschaften in Guinea kennen diese Technik nicht, obwohl sie von Schimpansentrupps im nahegelegenen Kamerun und Gabun eingesetzt wird.[15]

sehen. Wahrscheinlich sind sie nicht klug genug. Wahrscheinlich sind ihre Gehirne zu klein.

Wir finden folgende Überschneidung am interessantesten: Manchen Schimpansen fehlt sogar die Sondierungstechnik, und sie sind beim Termitenfangen um nichts geschickter als Paviane. Andere Schimpansen sind mit einer wohlentwickelten Grundtechnologie ausgerüstet, bei der viele Schritte richtig und in der richtigen Reihenfolge ausgeführt werden müssen, damit das Verfahren funktioniert – sie sind so gut wie viele menschliche Kulturen, aber nicht annähernd so gut wie einige andere. Es gibt menschliche Kulturen, die beim Termitenfangen kaum den höchsten Standard der Schimpansen erreichen, und andere, die lediglich bei den Pavianen mithalten können.[16] Es scheint hier keine scharfen Grenzen zu geben, die Paviane von Schimpansen oder Schimpansen von Menschen trennen.

Schimpansen lassen auch Äste auf Eindringlinge fallen und schöpfen mit Blättern Trinkwasser ab. Obwohl man sie in ihrer Hygiene nicht als anspruchsvoll oder zwanghaft beschreiben kann, ist von Schimpansen doch bekannt, daß sie Blätter als Toilettenpapier und Taschentücher verwenden, und Zweige als Zahnbürsten. Sie setzen Stöcke ein, um Wurzeln auszugraben, um Tiere in Erdhöhlen und Astlöchern aufzustöbern und um – wie ein Croupier an einem Spieltisch – auf andere Weise unerreichbare Früchte einzuholen. Wenn sie in der Lage wären, kompliziertere Werkzeuge herzustellen, so besäßen sie sicherlich die Intelligenz und das Geschick, sie einzusetzen: In Tiergärten versuchen Schimpansen, die Schlüssel aus der Tasche ihres Wärters zu stehlen. Wenn sie dabei erfolgreich sind, so bringen sie es häufig zuwege, das Schloß aufzuschließen. Sie können manchmal wie wir ihre Intelligenz dazu benutzen, um aus Gefangenschaft zu entfliehen.

Schimpansenmännchen lieben es, mit Geschossen zu werfen – was immer zur Hand ist, im allgemeinen Stöcke und Steine. (Gelegentlich werfen sie auch, ganz im Stile von Internatsschülern oder Bewohnern von Studentenheimen, mit Essensresten.) Weibchen haben ein viel geringeres Interesse an Wurfgeschossen. Schimpansen würden in altmodischen Tiergärten Steine nach den glotzenden Besuchern werfen – wenn sie welche hätten. Wie die Dinge liegen, steht ihnen nur Kot zur Verfügung. Wenn man wilde Schimpansen mit einem einigermaßen realistischen mechanischen Leoparden konfrontiert, so werden sie – nach einer

»Beruhigungs-Raserei« von Schreien, Umarmungen und gegenseitigem Aufreiten – geeignete Keulen zusammensuchen und das Abbild zu Tode prügeln, oder zumindest so lange darauf einschlagen, bis die Sägespänefüllung ausgetreten ist. Oder sie setzen die Attrappe einem Steinhagel aus. (Unter den gleichen Umständen würden auch Paviane das Leopardenabbild wütend angreifen, aber sie würden keinen Gedanken auf den Einsatz von Keulen verschwenden. Paviane haben von Werkzeugen schlicht keine Ahnung.)

Schimpansen betäuben oder töten Eindringlinge gelegentlich durch Steinwürfe. Ihre Wurfrichtung ist treffsicher, aber es mangelt ihnen an Reichweite: In gespannten Auseinandersetzungen mit Beutetieren oder feindlichen Artgenossen trifft nur ein geringer Prozentsatz der geworfenen Steine ihr Ziel. Halbwüchsige Knaben schneiden unter vergleichbaren Bedingungen nicht viel besser ab. Jedoch selbst ein nicht sehr treffsicherer Steinhagel kann eine abschreckende Wirkung erzielen.

Es ist zu unterscheiden zwischen Werkzeug*gebrauch* und Werkzeug*herstellung*. Viele Wissenschaftler haben anderen Tieren den Werkzeuggebrauch zugestanden und in der Nachfolge von Benjamin Franklin den Menschen als das einzige Werkzeug herstellende Tier definiert; wo Werkzeuge hergestellt werden, heißt es, kann es nicht mehr weit bis zur Sprachentwicklung sein.[17] Aber die Termitenfischerei der Schimpansen macht deutlich, daß sie mit bemerkenswertem Vorbedacht Werkzeuge sowohl anfertigen als auch benutzen. Schimpansen besitzen auch eine rudimentäre Stein-Technologie, obwohl sie unseres Wissens in freier Wildbahn keine Steinwerkzeuge herstellen. Doch in Gefangenschaft hat der sprachlich begabte Bonobo Kanzi in Nachahmung menschlicher Vorbilder Steine aneinandergeschlagen, um scharfe Splitter zu produzieren, die er dann zum Zerschneiden einer Schnur benutzte, damit er eine mit Futter gefüllte Kiste öffnen konnte. (Dabei handelt es sich um eine zumindest fünf Glieder lange Kausalitätskette.) Solange der Splitter scharf genug ist, um die Schnur zu durchschneiden, begnügt sich Kanzi im allgemeinen mit dem ersten groben Steinmesser, das er abspaltet. Je dicker jedoch der Strick ist, den er durchschneiden muß, desto größer und schärfer macht er sein Messer.[18]

Ein Beweis für das Talent von Schimpansen, Gegenstände zweckmäßig miteinander zu verbinden, um daraus Werkzeuge zu machen, steht uns schon seit Jahrzehnten zur Verfügung:

> Zwischen 1913 und 1917 führte Wolfgang Kohler in einer Versuchsstation in Nordafrika Beobachtungen und Experimente zur Intelligenz von Schimpansen durch. Bei einem Versuch wurde ein Schimpansenmännchen, Sultan, in einen Raum geführt, in dem eine Banane an einer Schnur in einer Ecke des Raums von der Decke hing. Außerdem war eine große Holzkiste mit der offenen Seite nach oben in der Mitte des Raumes plaziert. Sultan versuchte zuerst, die Frucht durch Springen zu erreichen, was sich schnell als nutzlos erwies. Danach »marschierte er rastlos hin und her, hielt plötzlich vor der Kiste an, ergriff sie, kippte sie... geradewegs auf das Ziel zu... begann auf sie hinaufzuklettern... und riß die Banane ab, indem er mit aller seiner Kraft in die Höhe sprang«. Einige Tage später wurde Sultan in einen Raum mit einer viel höheren Decke geführt, in dem sich wiederum eine aufgehängte Banane sowie eine Holzkiste und ein Stock befanden. Nachdem es ihm nicht gelang, die Banane allein mit Hilfe des Stockes zu erreichen, setzte Sultan sich nieder, »mit einem Ausdruck von Ermüdung... starrte um sich und kratzte sich am Kopf«. Dann fixierte er die Kisten, sprang plötzlich hoch, ergriff eine Kiste und einen Stock, schob die Kiste unter die Banane, langte mit dem Stock hoch und schlug die Frucht herab. Kohler war sowohl über die Zeitspanne offenbarer Nachdenklichkeit, die Sultans Lösung voranging, als auch über seine plötzliche und direkte Leistung erstaunt. Solch »einsichtsvolles« Verhalten hob sich sichtlich von anderen Formen des Lernens ab, die sich stufenweise ausbilden und von Verstärkung abhängen.[19]

Es ist nicht schwer, sich einen besonders einsichtigen Schimpansen oder Bonobo vorzustellen, der darüber nachsinnt, ob es nicht ein Verfahren gäbe, einen Steinsplitter mit schärferer Schneidekante zu fertigen oder ein Wurfgeschoß weiter fliegen zu lassen.

Da das Fortschreiten menschlicher Technologie auf einer ununterbrochenen Reihe von Erfindungen und Verbesserungen beruht, wäre es nicht nur willkürlich, einen bestimmten Meilenstein – etwa die Zähmung des Feuers oder die Erfindung von Pfeil und Bogen, des Ackerbaus, von Kanälen, der Hüttenkunde, von Städten, Büchern, Dampf, Elektrizität, Atomwaffen oder des Raumfluges – als Kriterium unseres Menschseins herauszugreifen, sondern man würde so auch jedem unserer Vorfahren, der vor jener Erfindung oder Entdeckung gelebt hat, das Menschsein absprechen. Es gibt keine *bestimmte* Technologie, die uns zu Menschen macht; als Maßstab könnte bestenfalls die Technologie im allgemeinen oder eine Neigung zur Technologie dienen. Doch eben diese teilen wir mit anderen Lebewesen.

Nicht-menschliche Primaten sind nicht alle gleich, genau wie wir. Sie unterscheiden sich in ihrer Ausrichtung von Individuum zu Individuum und von Gruppe zu Gruppe. Manche sind technologische Genies wie Imo, andere sind hoffnungslos altmodisch und in ihren Bahnen festgefahren wie die von ihrer Hierarchie berauschten Makakenmännchen. Ein Schimpansenvolk schlägt Nüsse auf, ein anderes nicht. Einige sondieren nach Termiten, andere lediglich nach Ameisen. Einige benutzen Grashalme und Weinranken, um die Insekten herauszulocken, andere Stöcke und Zweige. Weibchen benutzen vorzugsweise Hammer und Amboß, Männchen werfen vorzugsweise mit Steinen. Soweit uns bekannt ist, hat keines der Tiere jemals einen Stock benutzt, um eine nahrhafte Wurzel oder Knolle auszugraben, obwohl dies eigentlich möglich und anpassungsgerecht sein müßte. Manche Tiere finden die Technologie unpassend, sehen in ihr eine zu große intellektuelle Anstrengung und benutzen sie niemals, trotz der offensichtlichen Vorteile, die jenen anderen Gruppenmitgliedern zufallen, die sich mit Technologie wohl fühlen. Einige große Gruppen besitzen überhaupt keine Technologie. »Ich muß mit Beschämung feststellen«, schreibt ein Beobachter einer Gemeinschaft von ugandischen Schimpansen, »daß die Schimpansen von Kibale die Bauerntölpel der Schimpansenwelt zu sein scheinen.« Er äußert den Verdacht, daß in Kibale das Leben zu einfach und Futter zu reichlich vorhanden sei, als daß die Herausforderung schlechter Zeiten eine technologische Reaktion auslösen könnte.[20]

Schimpansen sind klug. Sie haben eine genaue geistige Karte ihres Territoriums im Kopf. Sie scheinen über die jahreszeitliche Verfügbarkeit von Pflanzennahrung Bescheid zu wissen und kommen zeitgerecht in einer Randprovinz ihres Territoriums zusammen, um eine kleine Pflanzung von gerade reif werdenden Früchten oder Gemüsen abzuernten. Sie besitzen die Anfangsgründe von Kultur, Medizin und Technologie. Sie haben eine erstaunliche Befähigung für eine einfache Sprache. Sie verstehen es, für die Zukunft zu planen. Rufen wir uns nur noch einmal die Sinnes- und Geistesfähigkeiten in Erinnerung, die zum Erfolg im Sozialleben der Schimpansen erforderlich sind: Man muß Dutzende von Gesichtern und Gesichtsausdrücken unterscheiden können. Man muß sich erinnern, wie jedes dieser Individuen einem in der Vergangenheit geschadet oder geholfen hat. Man muß die Eigenheiten, Schwächen und Bestrebungen von potentiellen Bündnispartnern und Konkurrenten verstehen. Man muß eine Situation schnell erfassen. Man muß sehr beweglich sein. Wenn man jedoch all dies beherrscht, dann gibt es wahrscheinlich eine ganze Menge anderer Dinge auf der Welt, die man früher oder später durchschauen und verändern kann.

* * *

Wie gründlich haben doch die Schimpansen und Bonobos die Liste angeblicher menschlicher Besonderheiten abgehakt: Selbstbewußtsein, Sprache, Ideen und Gedankenassoziationen, Verstand, Handel, Spiel, Entscheidungsfähigkeit, Mut, Liebe und Selbstlosigkeit, Lachen, verborgener Eisprung, Küssen, Geschlechtsakt mit einander zugewandtem Gesicht, weiblicher Orgasmus, Arbeitsteilung, Kannibalismus, Kunst, Musik, Politik und ungefiederte Zweibeinigkeit, daneben der Gebrauch und die Herstellung von Werkzeugen sowie vieles andere unterscheiden sie in keiner Weise von uns. Philosophen und Naturwissenschaftler bieten voll Zuversicht Charakterzüge an, die dem Menschen eigentümlich sein sollen, und die Affen bringen sie ganz beiläufig zu Fall – sie stürzen die Anmaßungen und Selbsttäuschungen, daß der Mensch eine Art von biologischer Aristokratie unter den Lebewesen der Erde darstelle. Statt dessen gleichen wir eher einem Neureichen, der, unvollkommen an seinen kürzlich erlangten erhöhten Rang gewöhnt, seiner selbst unsicher ist und versucht, einen möglichst großen Abstand zwischen sich und seine niedrige Herkunft zu legen. Es ist, als ob unsere nächsten Verwandten allein durch ihr Dasein eine Widerlegung der Erklärungen und Rechtfertigungen darstellten, die wir uns für unsere gegenwärtig beherrschende Stellung auf Erden zurechtlegen. Es ist gut für uns, daß es als Gegengewicht zu menschlicher Überheblichkeit und menschlichem Stolz immer noch Affen auf der Erde gibt.

Viele dieser Verhaltensweisen von Schimpansen und Bonobos wurden erst vor kurzem aufgedeckt. Diese Tiere haben zweifellos noch andere Fähigkeiten, die uns bisher entgangen sind. Wir Menschen sind vorurteilsbehaftete Beobachter, die ein selbstsüchtiges Interesse an den Antworten haben, die wir herausfinden. Das Heilmittel für dieses Leiden sind mehr Fakten. Die Erforschung des Primatenverhaltens wird jedoch sowohl in Laboratorien als auch in freier Wildbahn nur schlecht und widerstrebend finanziert.

Wenn wir auf absoluten statt auf graduellen Unterschieden zwischen den Arten bestehen, so können wir zumindest bisher kein solches Unterscheidungsmerkmal unserer Art entdecken. Sollten wir nicht erwarten, daß die Unterschiede insbesondere gegenüber unseren engen Verwandten eher graduell als grundlegend sind? Lehrt uns nicht die Evolution gerade dies? Wenn wir darauf bestehen, daß einzig wir Werkzeuge, Kultur, Sprache, Handel, Kunst, Tanz, Musik, Religion oder einen mit Begriffen umgehenden Verstand besitzen, dann werden wir nicht verstehen, wer wir sind. Wenn wir andererseits bereit sind zuzugestehen, daß uns lediglich ein Mehr von einer Neigung und ein Weniger von einer anderen von den übrigen Tieren unterscheiden, dann können wir durchaus Fortschritte erzielen. Dann können wir, wenn es uns gefällt, stolz darauf sein, daß in unserer Art die Primatenbegabungen zu vollerer Blüte gediehen sind.

Je mehr ein Tier wiegt, desto mehr muß von seinem Gehirn kontrolliert werden und desto größer muß deshalb – in bestimmten Grenzen – sein Gehirn sein. Diese Annahme hat im Vergleich verschiedener Arten Gültigkeit, nicht jedoch beim Vergleich zwischen einzelnen Mitgliedern einer gegebenen Art. Eine Art also, die im Verhältnis zu ihrem Körpergewicht ein wesentlich größeres Gehirn besitzt – besonders einen größeren Anteil an höheren Gehirnzentren –, hat eine gute Chance, auf manchen Ebenen klüger als andere Arten zu sein. Bei vergleichbarem Körpergewicht haben Menschen in der Tat gewöhnlich größere Gehirne als andere Primaten; Primaten als andere Säugetiere, Säugetiere als Vögel, Vögel als Fische und Fische als Reptilien.[21] Es gibt dabei einige Streuung in den Meßdaten, aber die Korrelation ist deutlich. Sie entspricht ziemlich genau der (natürlich von Menschen) gemeinhin akzeptierten Rangordnung tierischer Intelligenz. Auch die frühesten Säugetiere hatten deutlich größere Gehirne als die zeitgleichen Reptilien mit vergleichbarem Körpergewicht; und die frühesten Primaten waren im Verhältnis zu anderen Säugetieren ähnlich wohlausgestattet. Wir stammen aus einer Zuchtmasse mit großem Gehirn.

Erwachsene Menschen wiegen nur geringfügig mehr als erwachsene Schimpansen, und doch haben sie eine drei- bis viermal größere Gehirnmasse. Ein wenige Monate altes Menschenbaby besitzt schon ein größeres Gehirn als ein ausgewachsener Schimpanse.[22] So erscheint es recht wahrscheinlich, daß wir bedeutend klüger als die Schimpansen sind, da wir trotz unseres vergleichbaren Körpergewichts ein bedeutend größeres Gehirn besitzen. Damit das Gewicht des Gehirns um das Drei- oder Vierfache ansteigt, muß die *Größe* des Gehirns (etwa sein Umfang) um zirka 50 Prozent ansteigen. Das menschliche Gehirn ist jedoch nicht nur eine proportionale Vergrößerung des Schimpansengehirns. Im Widerspruch zu den Befunden von Huxley gibt es tatsächlich ein kleines Stück der Gehirnarchitektur – nicht viel, aber etwas –, das Menschen besitzen und das bei den anderen Primaten zumindest in der Hauptsache fehlt. Einiges davon scheint bezeichnenderweise für die Sprache verantwortlich zu sein.

Außerdem sind einige Teile des menschlichen Gehirns im Verhältnis viel größer als bei anderen Primaten: Die gesamte, für das Denken verantwortliche Großhirnrinde ist bei Menschen verhältnismäßig viel größer als bei Schimpansen (oder bei unseren nicht-menschlichen Primatenvorfahren); ebenso das Kleinhirn (Cerebellum), das dafür verantwortlich ist, daß wir auf unseren (zwei) Beinen nicht ins Wanken geraten.[23] Die Stirnlappen sind bei Menschen sehr viel ausgeprägter als bei Schimpansen; man nimmt an, daß sie eine wichtige Rolle beim Vorhersehen der künftigen Folgen gegenwärtiger Handlungen, also beim Vorausplanen, spielen.*

Dennoch müssen angebliche Unterschiede in der Anatomie des Gehirns mit Vorsicht bewertet werden: Es gibt viele Primaten, die noch nicht mit der nötigen Sorgfalt untersucht worden sind, und es hat schon ein Übermaß an irrigen Behauptungen gegeben. Beispielsweise werden beim Menschen von den beiden Hälften des Großhirns unterschiedliche Informationen gespeichert und unterschiedliche Fähigkeiten kontrolliert – eine unerwartete Entdeckung, die sich aus der Beobachtung von Patienten ergeben hat, deren Nervenstränge, die beide Gehirnhälften verbinden, durchtrennt worden waren.[24] Diese Asymmetrie, »Lateralisation« genannt, hängt mit der Sprachbefähigung und möglicherweise auch mit dem Werkzeuggebrauch zusammen.[25] Daraus ergab sich die Einbildung, daß nur das menschliche Gehirn seitenspezifisch organisiert sei.[26] Später

* Die meisten Steigerungen unserer Gehirngröße und Verbesserungen unserer Gehirnarchitektur bildeten sich sehr schnell heraus: in den letzten paar Jahrmillionen. Es könnte durchaus noch einige Programmängel geben, die erst noch ausgebügelt werden müssen.

fand man heraus, daß die Lieder von Singvögeln fast ausschließlich in nur einer Hälfte ihres Gehirns gespeichert sind;[27] außerdem entdeckte man eine seitenspezifische Gehirnorganisation bei Schimpansen, die eine Sprache gelernt hatten.[28] Die *qualitativen* Unterschiede zwischen den Gehirnen von Schimpansen und Menschen sind jedenfalls gering an Zahl und geringfügig, wenn es sie überhaupt gibt.

Ist dies der ganze Unterschied? Was würde geschehen, wenn man den Schimpansen ein größeres Gehirn und die Fähigkeit zu einer gegliederten Sprache gäbe, ihnen vielleicht etwas Testosteron entziehen, die äußeren Anzeichen für den Eisprung abstellen würde, sie mit ein paar zusätzlichen Hemmungen belastete, ihnen eine Rasur und einen Haarschnitt verpaßte, sie auf ihre Hinterfüße stellte und sie dazu brächte, die Nächte nicht in den Bäumen zu verbringen? Würden sie dann von den frühesten Menschen ununterscheidbar sein?

Die Möglichkeit, daß wir »nichts weiter« als ein Luxusmodell des Affen sein könnten, daß die Unterschiede zwischen ihnen und uns fast ausschließlich graduell statt wesensmäßig sein könnte und daß die Wesensunterschiede, sollten sie wirklich existieren, sich einer genauen Festlegung entziehen könnten – all dies war von Anfang an, seit die Evolution des Menschen ernsthaft in Erwägung gezogen wurde, eine Quelle grundsätzlichen Unbehagens. Nur wenige Jahre nach der Veröffentlichung von Darwins *Entstehung der Arten* schrieb Huxley:

> In meinem Bestreben, den weiteren Kreis der verständigen Öffentlichkeit zu erreichen, wäre es eine würdelose Feigheit, würde ich den Widerwillen übersehen, mit dem wahrscheinlich die Mehrheit meiner Leser den Schlußfolgerungen begegnen wird, zu denen die sorgfältigsten und gewissenhaftesten Untersuchungen, zu denen ich in der Lage war, mich geführt haben.
>
> Von allen Seiten werde ich den Aufschrei hören: »Wir sind Männer und Frauen, nicht nur eine bessere Affenart mit etwas längeren Beinen, einem kompakteren Fuß und einem größeren Gehirn als deine brutalen Schimpansen und Gorillas. Die Macht des Wissens – das Bewußtsein von Gut und Böse –, die rührende Zartheit menschlicher Gefühle heben uns aus aller tatsächlichen Gemeinschaft mit den Bestien heraus, wie sehr auch immer sie uns zu ähneln scheinen.«
>
> Darauf kann ich nur zur Antwort geben, daß der Aufschrei völlig zu

> Recht erfolgte und mein volles Mitgefühl hätte, wenn er nur zur Sache gehörte. Aber nicht ich bin es, der die Menschenwürde auf seine große Zehe zu gründen sucht oder der darauf anspielt, daß wir verloren sind, falls ein Affe einen *Hippocampus minor* [in seinem Gehirn] hat. Im Gegenteil, ich habe mein Bestes getan, diese Nichtigkeit beiseitezufegen...
> Von denen, die sich in diesen Angelegenheiten Autorität anmaßen, wird uns in der Tat gesagt ... daß der Glaube an die Einheitlichkeit des Ursprungs von Mensch und wildem Tier die Verwilderung und Erniedrigung des ersteren einschließt. Aber ist das wirklich so? Könnte nicht ein verständiges Kind mit auf der Hand liegenden Beweisen jene hohlen Redekünstler widerlegen, die uns diesen Schluß aufdrängen möchten? Ist es denn tatsächlich wahr, daß der Dichter, der Philosoph oder der Künstler, dessen Genie den Ruhm seines Zeitalters ausmacht, in seinem hohen Rang durch die unbezweifelbare geschichtliche Wahrscheinlichkeit, wenn nicht gar Gewißheit, geschmälert wird, daß er der direkte Nachkomme eines nackten und grausamen Wilden ist, dessen Intelligenz gerade dazu ausreichte, ihn ein wenig schlauer als den Fuchs und in eben dem Maße gefährlicher als den Tiger zu machen?[29]

* * *

Nehmen wir einmal an, Sie besitzen einen PC. Er ist kaum größer als eine Schreibmaschine, steht auf Ihrem Schreibtisch und übertrifft beim Rechnen jede beliebige Gruppe von hundert Mathematikern. Noch vor nur wenigen Jahrzehnten gab es auf der ganzen Welt nichts auch nur im entferntesten Vergleichbares. Aufbauend auf die Stärken dieses Modells führt der Hersteller nun eine relativ geringfügige Variante ein, die einen schnelleren und leistungsfähigeren Mikroprozessor enthält und einige neue Zusatzgeräte umfaßt. Dies ist sicherlich keine so bemerkenswerte Leistung wie die Erfindung des Personal-Computers selbst. Sie werden jedoch herausfinden, daß der neue Computer eine Reihe von Aufgaben bewältigen kann, die der alte nicht bewältigen konnte. Er kann in einer angemessenen Zeitspanne gewisse Probleme lösen, die zuvor – praktisch genommen – ewig gedauert hätten. Es gibt ganze Problemkategorien, die nun lösbar sind, obwohl man sich ihnen zuvor nicht einmal auf

Rufweite nähern konnte. Aber falls das Lösen solcher Probleme in irgendeiner Weise für den Fortbestand von PCs wichtig wäre, würde es ziemlich bald eine große Zahl von PCs mit diesen zusätzlichen Eigenschaften geben. Vielleicht besteht unsere Einzigartigkeit als Menschen in nicht mehr, oder nur wenig mehr, als folgendem: einer Vergrößerung fest etablierter, vorherbestehender Begabungen für Erfindung, Vorausdenken, Sprache und allgemeine Intelligenz, die gerade ausreicht, um eine Schwelle hinsichtlich unserer Fähigkeit, die Welt zu verstehen und zu verändern, zu überschreiten.

Je nachdem, womit sie sonst noch verbunden sind, müssen größere Verstandeskräfte nicht – mit Notwendigkeit und unter allen Umständen – anpassungsgeeignet sein und die Überlebenschancen verbessern. Daß »die Vernunft am meisten der Mensch ist«, meinte Aristoteles.[30] Und Mark Twain konterte in »Die verdammte Menschenrasse«:

> Ich dächte, das ist eine offene Frage... Ich finde, der stärkste Einwand gegen seine [des Menschen] Intelligenz ist die Tatsache, daß er sich angesichts dieses [historischen] Sündenregisters selbst zum Leittier erklärt, während er doch eigentlich ganz ans Ende gehört.[31]

Wenn wir uns einbilden, wir seien ausschließlich oder auch nur hauptsächlich vernünftige Wesen, werden wir niemals zur Selbsterkenntnis gelangen. Wir sind zu schwach, um den Planeten selbst zu zerstören oder ernsthaft zu beschädigen, oder um alles Leben auf der Erde auszurotten. Das geht weit über unsere Macht hinaus. Was wir jedoch erreichen *können*, ist die Zerstörung unserer weltumspannenden Zivilisation und vielleicht auch eine ausreichende Veränderung der Umwelt, um unsere eigene Art zusammen mit einer riesigen Anzahl anderer Arten zum Aussterben zu verdammen.[32] Sogar auf Ebenen, die weit davon entfernt sind, unser Aussterben zu verursachen, hat unsere Technologie uns schreckliche Kräfte verliehen – unsere Vorfahren hätten sie wohl für gottähnlich gehalten. Das ist lediglich eine Faktenfeststellung; keine Verurteilung und auch kein Versuch, uns zu definieren. Es führt uns jedoch zurück zu der Frage, ob wir in dieser Sache wirklich Entscheidungsfreiheit besitzen oder ob es einen tief verborgenen Teil unserer Natur gibt, der – trotz der vergleichsweise hohen Intelligenz unserer Art und der in sie gesetzten Erwartungen – früher oder später die Dinge zum Schlechteren wenden wird.

»Wir sind uns des Tieres in uns bewußt«, schrieb Henry David Thoreau, »das in dem Verhältnis wach ist, als unsere höhere Natur schlummert.«[33] Dieser Gedanke ist in gewissem Sinne naheliegend und drängt sich schon bei nur oberflächlicher Selbstbeobachtung auf. Er geht mindestens bis auf Platons Traumbeschreibung in *Der Staat* zurück – der Traum als Zustand, »wenn der eine Teil der Seele, nämlich der vernünftig überlegende und zahme, der zur Herrschaft über den anderen bestimmt ist, im Schlafe liegt, und wenn dann der tierische und wilde... aufspringt, den Schlaf abschüttelt, sich aufmacht und seine Triebe befriedigen will«.[34] Das wilde Tier, fährt Platon fort, ist »aller Scham und jeder Besinnung bar und ledig. Er [dieser Seelenteil] trägt kein Bedenken« – schreckt nicht vor Inzest und Mord zurück und »enthält sich keiner Speise«. Der Gedanke vom Tier in unserem Innern ist uns auch von Freud her, der es das »Es« nannte, und aus der Neurophysiologie vertraut, wo er 1888 bei J. Hughlings Jackson[35] erstmals auftauchte. Ein Beispiel aus jüngerer Zeit findet sich im Ansatz des Neurophysiologen Paul MacLean,[36] der viele der Kontrollzentren für Sexualität, Aggression, Dominanz und Territorialität mit einem tiefliegenden, alten Teil des Gehirns, dem sogenannten R-Komplex, identifiziert – wobei »R« für »Reptilien« steht, weil wir diesen Gehirnteil mit den Reptilien teilen, denen ein Großteil des Neokortex, des Sitzes des Bewußtseins, fehlt.

Nicht nur in wissenschaftlichen und philosophischen Abhandlungen geben wir uns große Mühe, unser tierisches Erbe zu verleugnen. Auch bei der morgendlichen Rasur des Mannes, bei der Kleidung und anderem Schmuck sowie bei der großen Mühe, die auf die Zubereitung von Fleischspeisen verwandt wird, um die Tatsache zu verschleiern, daß ein Tier getötet, abgehäutet und gegessen wird, trifft man auf die gleiche Verdrängung. Die unter den Primaten allgemein geübte Praxis des nur scheinbar sexuellen Aufreitens der Männchen aufeinander, um ihrem Rang Ausdruck zu verleihen, ist bei den Menschen allerdings nicht verbreitet, sehr zur Beruhigung mancher Leute. Doch die stärkste Form verbaler Beschimpfung im Englischen und in vielen anderen Sprachen ist »*Fuck you*«, wobei der Satz in der ersten Person Singular gemeint ist (»Ich ficke dich!«). Der Sprecher betont lebhaft seinen Anspruch auf höheren Status und verleiht seiner Verachtung für jene Ausdruck, die er für untergeordnet hält. Bezeichnenderweise haben die Menschen eine bildhafte Haltung in ein Sprachbild umgewandelt, wobei sich der Bedeutungsgehalt indes kaum verändert hat. Der Satz wird jeden Tag überall auf der Erde millionenfach geäußert, und kaum jemand hält auch nur einen Augenblick inne, um über seine Bedeutung nachzudenken. Häufig entrutscht uns der Ausdruck auch unwillkürlich. Es schafft Befriedigung, ihn auszustoßen. Er ist zweckdienlich. Er ist ein Rangabzeichen der Primatenordnung und gibt all unserem Leugnen und Dünkel zum Trotz einen Teil unserer Natur preis. Die Gefahr, die vom Tier in uns ausgeht, scheint so offensichtlich zu sein. Mit Sicherheit gibt es in uns etwas Tiefsitzendes, Triebhaftes, das manchmal unserer bewußten Kontrolle entkommt – etwas, das trotz, aus unserer Sicht, wohlwollender Absichten Schaden anrichten kann: »Denn das Gute, das ich will, das tu ich nicht, sondern das Böse, das ich nicht will, das tu ich.«[37]

Manchmal benutzen wir unsere »höhere Natur«, unsere Vernunft, sogar dazu, das wilde Tier in uns aufzuwecken. Dieses sich regende Tier versetzt uns in Schrecken. Manche fürchten, daß wir in einen gefährlichen Fatalismus absinken müssen, wenn wir seine Gegenwart anerkennen: »So bin ich nun eben«, könnte der Verbrecher plädieren: »Ich habe mich bemüht, mich gut zu benehmen, die Gesetze zu befolgen und ein rechtschaffener Bürger zu sein, aber mehr kann man von mir nicht verlangen. Ich habe ein ungebändigtes Tier in meinem Innern. Das liegt nun mal in der menschlichen Natur. Ich bin nicht für meine Handlungen verantwortlich. Das Testosteron ist schuld.«[38] Solche Ansichten könnten, wären sie weit verbreitet, das soziale Gefüge auflösen, befürchtet man und hält es daher für besser, das Wissen um unsere »tierische« Natur zu unterdrücken und vorzugeben, daß jene, die solche Naturen wahrnehmen und erörtern, das menschliche Selbstvertrauen untergraben und mit dem Feuer spielen.

Vielleicht befürchten wir, daß wir bei genauerem Hinsehen eine entschlossene Bösartigkeit vorfinden, die im Herzen des Menschen auf der Lauer liegt, eine unauslöschliche Eigensucht und Blutgier; daß wir tief im Innern nur geistlose, krokodilgleiche Tötungsmaschinen sind. Dies ist ein wenig schmeichelhaftes Bild von uns selbst und *würde* natürlich, wenn es weit verbreitet wäre, das menschliche Selbstvertrauen untergraben. In einer Zeit, da es in unserer Macht liegt, weltweit die Umwelt zu zerstören, ist dieser Gedanke nicht gerade eine Ermunterung für unsere Zukunftsaussichten.

Das Sonderbare an diesem Gesichtspunkt ist – abgesehen von der Anschauung, daß Kriminelle und Soziopathen Trost aus den wissenschaftlichen Erkenntnissen schöpfen könnten, daß Menschen sich aus anderen Tieren entwickelt haben –, daß er sich so eklektisch auf das Wissen über Tiere im allgemeinen und über unsere engen Verwandten, die Primaten, im besonderen stützt. Dort stoßen wir nämlich auch auf Freundschaft, Selbstlosigkeit, Liebe, Treue, Mut, Intelligenz, Erfindungsgabe, Neugier, Vorausschau und eine Menge anderer Charakteristika, bei denen wir Menschen froh sein sollten, daß wir sie in größerem Maße besitzen. Jene, die unsere »tierische« Natur leugnen und schmähen, unterschätzen gewaltig, worin diese Natur besteht. Gibt es im Leben der verschiedenen Affenarten nicht sowohl vieles, auf das man stolz sein kann, als auch vieles, dessen man sich schämen sollte? Sollten wir nicht mit Freuden eine Verbindung mit Imo, Lucy, Sultan, Leakey und Kanzi anerkennen? Erinnern wir uns nur an jene Makaken, die lieber Hunger erduldeten, als aus dem Schmerz ihrer Artgenossen Vorteil zu ziehen; könnten wir nicht mit mehr Optimismus der menschlichen Zukunft entgegensehen, wenn wir sicher wären, daß unsere ethischen Standards den ihren gleichkommen?

Und wenn unsere Intelligenz unser Unterscheidungsmerkmal ist und es zumindest zwei Seiten der menschlichen Natur gibt, sollten wir dann nicht sicherstellen, daß wir diese Intelligenz dazu benutzen, die eine Seite zu ermutigen und die andere zu zügeln? Wenn wir unsere Sozialstrukturen neugestalten – und in den letzten paar Jahrhunderten haben wir wie wahnsinnig daran herumgebastelt –, wäre es dann nicht besser und sicherer, wenn wir das bestmögliche Verständnis der menschlichen Natur fest im Kopfe hätten?

Platon befürchtete, wenn die erlernten sozialen Hemmungen schlummerten, würde das wilde Tier im Innern in uns den Wunsch entfachen, der »Mutter beiwohnen zu wollen, oder sonst irgendeinem Menschen, einem Gott oder einem Tier«, und andere Verbrechen zu verüben.[39] Aber die verschiedenen Affen und anderen »wilden Tiere« verüben kaum jemals Eltern-Kind- oder Geschwister-Inzest. Derartige Hemmungen sind schon bei anderen Primaten aus guten, evolutionsbedingten Gründen vorhanden und wirksam. Wir würdigen die anderen Tiere herab, wenn wir ihnen irgendwelche Inzestneigungen zuschreiben, die wir in uns vorfinden. Platon befürchtete, das wilde Tier im Innern werde uns zu »jedem Mord« geneigt machen. Aber die verschiedenen Affen und anderen »wilden Tiere« besitzen zumindest innerhalb ihrer Gruppe wirksame Hemmungen gegen Blutvergießen: Das etablierte Arsenal von Dominanz und Unterwerfung, Freundschaften, Bündnissen und Sexualpartnerschaften reduziert das Maß wirklicher Gewalttaten auf ein dumpfes Grollen; Massenmord ist im Tierreich unbekannt. Eine Kriegführung mit ganzen Heerscharen ist bei ihnen nie beobachtet worden. Wiederum unterschätzen wir unsere tierischen Vorfahren, wenn wir sie für unsere gewalttätigen Neigungen verantwortlich machen. Bei ihnen sind sehr wahrscheinlich Hemmungen wirksam, die wir gewohnheitsmäßig umgehen.

Einen Feind mit Zähnen und bloßen Händen zu töten, ist emotional viel härter, als am Abzug zu ziehen oder einen Knopf zu drücken. Durch die Erfindung von Werkzeugen und Waffen und durch die Zivilisation haben wir gelegentlich die Kontrollmechanismen enthemmt – manchmal gedankenlos und unabsichtlich, manchmal jedoch in kühler Vorausberechnung. Wenn die wilden Tiere, die unsere nächsten Verwandten sind, sich rücksichtslos auf Inzest und Massenmord eingelassen hätten, hätten sie sich schon längst selbst ausgerottet. Wenn unsere nicht-menschlichen Vorfahren es getan hätten, so gäbe es uns überhaupt nicht. Für die Mängel menschlicher Lebensumstände sind nur wir selbst und unsere Staatskunst verantwortlich. Wir können die Verantwortung weder auf die »wilden Tiere« noch auf unsere entfernten Vorfahren abschieben, die sich nicht gegen unsere eigennützigen Anklagen verteidigen können.

Es gibt jedoch keinen Grund zur Verzweiflung oder zur Furchtsamkeit. Wir sollten uns nur jenes Ratschlags schämen, der uns dazu drängt, Selbstzweifel zu meiden, selbst um den Preis, daß uns unsere eigene Natur verborgen bleibt. Wir können unsere Schwierigkeiten nur lösen, wenn wir wissen, mit wem wir es zu tun haben. Als Gegengewicht zu jedweden bestialischen Neigungen, die wir in uns wahrnehmen, kann das Wissen dienen, daß bei unseren Vorfahren und nahen Verwandten im Tierreich die Gewalttätigkeit gehemmt ist, kontrolliert wird und zumindest bei Zusammenstößen innerhalb der Art hauptsächlich symbolischen Zwekken dient; daß wir die Begabung dazu haben, Bündnisse und Freundschaften zu schließen, daß Politik unsere ureigene Angelegenheit ist, und daß wir zur Selbsterkenntnis und zu neuen sozialen Organisationsformen fähig sind; schließlich, daß wir besser als jede andere Art, die jemals auf Erden lebte, in der Lage sind, Dinge zu durchschauen und Gegenstände herzustellen, die es nie zuvor gab.

Sogar in den fossilen Überresten der frühesten Lebensformen gibt es unmißverständliche Beweise für eine gemeinschaftliche Lebensweise und für gegenseitige Hilfeleistung. Wir Menschen waren fähig, wirksame Kulturen zu entwerfen, die durch Hunderttausende von Jahren einen Komplex angeborener Eigenschaften gefördert und einen anderen zurückgedrängt haben. Aus der Anatomie des Gehirns, aus menschlichem Verhalten und persönlicher Innenschau, aus den Annalen der aufgezeichneten Geschichte und aus dem Fossilienbefund, aus den DNS-Sequenzen und aus dem Verhalten unserer nächsten Verwandten ergibt sich eine deutliche Lektion: Die menschliche Natur hat mehr als nur eine Seite. Wenn unsere größere Intelligenz das Kennzeichen unserer Art ist, dann sollten wir diese Fähigkeit in gleicher Weise einsetzen, wie all die anderen Lebewesen ihre unterschiedlichen Vorzüge einsetzen – um sicherzustellen, daß ihre Nachkommen gedeihen und ihre Erbanlagen weitergereicht werden. Es ist unsere Pflicht zu verstehen, daß einige Neigungen, die uns als Überreste unserer Entwicklungsgeschichte anhaften, wenn sie mit unserer Intelligenz verknüpft werden – besonders wenn Intelligenz dabei die untergeordnete Rolle spielt –, unsere Zukunft gefährden könnten. Unsere Intelligenz ist mit Sicherheit unvollkommen und hat sich erst in jüngster Zeit herausgebildet. Die Leichtigkeit, mit der unsere Intelligenz durch andere festverankerte Neigungen – die sich manchmal selbst als kühle Vernunft maskieren – überredet, überwunden oder untergraben werden kann, ist beängstigend. Wenn jedoch Intelligenz unser einziger Vorzug ist, dann müssen wir lernen, sie besser einzusetzen, sie zu schärfen, ihre Beschränkungen und Mängel zu verstehen – sie einzusetzen, wie Katzen ihre Verstohlenheit oder Stabinsekten ihre Tarnung einsetzen: Wir müssen sie zu unserem Überlebensinstrument machen.

ÜBER UNBESTÄNDIGKEIT

Der Tod liegt auf der Lauer wie ein verborgener Tiger, um den Arglosen zu erlegen.

ASHVAGHOSHA
Saundaranandakavya (um 1165 n. Chr.)[40]

Kapitel 21

Schatten vergessener Vorfahren

Ich wurde schon einmal Knabe, Mädchen, Pflanze, Vogel,
aus dem Meere auftauchender, stummer Fisch.

EMPEDOKLES
Entsühnungen[1]

Der Evolutionsprozeß hat dazu geführt, daß die Erde von Leben überquillt. Es gibt Lebewesen, die gehen, während andere springen, hüpfen, fliegen, gleiten, treiben, rutschen, graben, auf der Wasseroberfläche laufen, leicht galoppieren, watscheln, sich von Ast zu Ast schwingen, schwimmen, purzeln oder geduldig warten. Libellen häuten sich, Laubbäume blühen auf, Großkatzen pirschen; Antilopen scheuen, Vögel zwitschern, Fadenwürmer zerreißen Humuskörnchen; Insekten, die zur Tarnung Blätter oder Zweige perfekt imitieren, ruhen unerkannt auf einem Ast; Regenwürmer umschlingen sich in leidenschaftlicher, zweigeschlechtlicher Umarmung; Algen und Pilze sind verträgliche Wohngenossen in der Flechtenpartnerschaft; große Wale singen ihre Klagegesänge, während sie die Weltmeere durchkreuzen; Weiden saugen Feuchtigkeit aus unsichtbaren unterirdischen Wasseradern, und eine Welt von Mikroben tummelt sich in jedem Fingerhut voll Schlamm. Es gibt kaum einen Erdklumpen, einen Wassertropfen oder ein Lüftchen, in denen es nicht von Leben wimmelt. Das Leben erfüllt jeden Winkel und jede Spalte der Oberfläche unseres Planeten. In den höheren Luftschichten gibt es Bakterien, auf den Spitzen der höchsten Berge springende Spinnen; in den Tiefen der Meeresgräben gibt es Würmer, die Schwefel verdauen, und Kilometer unter der Festlandoberfläche befinden sich hitzeliebende Mikroben. Fast alle diese Lebewesen stehen untereinander in engem Kontakt. Sie essen und trinken einander, atmen ihre gegenseitigen Ausdünstungen, bewohnen gegenseitig ihre Körper, maskieren sich, um einander ähnlich zu sehen, bilden komplizierte Netzwerke gegenseitiger Zusammenarbeit aus und machen sich mutwillig an ihren gegenseitigen Erbinformationen zu schaffen. Sie haben ein Geflecht gegenseitiger Abhängigkeit und gegenseitigen Zusammenspiels geschaffen, das den Planeten umspannt.

Vor drei Jahrmilliarden hatte das Leben die Farbe der Binnenseen verändert; vor zwei Jahrmilliarden veränderte es die allgemeine Zusammensetzung der Atmosphäre; vor einer Milliarde Jahren hat es Wetter und Klima abgewandelt; vor einer Drittelmilliarde Jahren veränderte es den geologischen Zustand des Erdbodens; und in den letzten paar hundert Jahrmillionen gestaltete es das Detailaussehen des Planeten um. Diese grundlegenden Veränderungen, die alle von Lebensformen bewirkt wurden, die wir gewöhnlich für »primitiv« halten – und selbstverständlich auch durch Vorgänge, die wir als »natürlich« beschreiben –, spotten der Sorgen all jener, die denken, wir Menschen mit unserer Technologie hätten nun »das Ende der Natur« herbeigeführt. Wir sind im Begriff, viele Arten zum Aussterben zu bringen; wir mögen sogar uns selbst erfolgreich zerstören. Aber das ist nichts Neues für die Erde. Menschen wären dann lediglich die letzte Art in einer langen Reihe von Emporkömmlingen, die auf die Bühne treten, einige Änderungen an der Kulisse vornehmen, einige der Darsteller umbringen und danach selbst für immer abtreten. Im nächsten Akt treten dann neue Schauspieler auf. Die Erde überdauert. Sie hat all dies schon öfter erlebt.

Das Leben hat nur eine dünne Oberflächenschicht der Erde durchdrungen, die nach oben vom Himmel und nach unten von etwas, das sehr nach Hölle aussieht, begrenzt wird. Der Planet selbst – der sich einmal am Tag um sich selbst dreht, der einmal im Jahr die Sonne und einmal in jeder Viertelmilliarde von Jahren das Zentrum der Milchstraße umkreist, diese Welt aus Gestein und Metall mit ihren Wärmekonvektionsströmen in der Tiefe, die ganze Kontinente entstehen lassen und wieder zerstören und die das erdmagnetische Feld aufbauen – dieser Planet weiß nichts vom Leben. Die Erde würde mit oder ohne Leben auf ihrer Oberfläche ihre Bahnen weiter ziehen. Die Erde ist ein indifferenter Planet, und allein jene dünne, moderate Oberflächenschicht ist für alle Dinge, die das Leben hervorzubringen in der Lage war, überhaupt zugänglich.

* * *

Unser Stammbaum hat seine ersten Wurzeln geschlagen, als die Erde gerade dabei war, aus einer Periode gewaltiger, zerstörerischer Einschläge, geschmolzener, rotglühender Landschaften und pechschwarzer Himmel aufzutauchen; als die Ozeane und das Rohmaterial des Lebens noch aus dem All auf sie niederregneten; als unsere Verbindung mit dem Universum noch offensichtlich war. Die Akte unseres Waisenkindes begann im archaischen epischen Stil.

Der Stammbaum einiger weniger Individuen unserer Art läßt sich vielleicht über zwei oder drei Dutzend Generationen zurückverfolgen, wie wir eingangs bemerkt haben. Im Gegensatz dazu sind die meisten von uns lediglich in der Lage, drei oder vier Generationen in die Vergangenheit vorzudringen, ehe die Aufzeichnungen verblassen und sich im Dunkel verlieren. Mit seltenen Ausnahmen hie und da sind alle früheren Vorfahren reinste Phantome. Hunderte von Generationen jedoch verbinden uns mit der Zeit, in der die Zivilisation entstand, Tausende von Generationen führen zurück auf den Ursprung unserer Art, und Hunderttausende von Generationen liegen zwischen uns und dem ersten Mitglied der Gattung *Homo*. Wie viele Generationen uns über unsere nichtmenschlichen Primaten-, Säugetier-, Reptilien-, Amphibien-, Fisch- und noch früheren Vorfahren mit den Mikroben des Urmeeres verbinden, und wie viele Generationen davor uns mit den ersten organischen Molekülen, die fähig waren, grobe Kopien ihrer selbst herzustellen, in Kontakt bringen, ist unauslotbar – aber ihre Zahl dürfte in der Gegend von hundert Milliarden Generationen liegen. Der Stammbaum eines jeden von uns wird durch zahlreiche große Erfinder veredelt: durch all jene Wesen, die als erste die Selbstvervielfältigung ausprobierten, die Herstellung von Werkzeugmaschinen aus Proteinen, die Zellbildung, die Zusammenarbeit, das Raubverhalten, die Symbiose, die Photosynthese, das Atmen von Sauerstoff, die Geschlechtlichkeit, die Hormone, die Gehirne und alles übrige – Erfindungen, die wir manchmal Minute für Minute benutzen, ohne uns jemals darüber Gedanken zu machen, wer sie entwarf und wieviel wir diesen unbekannten Wohltätern in einer Daseinskette mit hundert Milliarden Kettengliedern verdanken.

Viele haben unsere Blutsverwandtschaft mit anderen Tieren als eine Beleidigung der Menschenwürde aufgefaßt. Aber ein jeder von uns ist sehr viel enger mit Einstein und Stalin, mit Gandhi und Hitler verwandt als mit irgendeinem Mitglied einer anderen Art. Halten wir deshalb nun mehr oder weniger von uns? Die Entdeckung einer tiefen, verborgenen Verbindung zwischen der Menschennatur, der *ganzen* Natur des Menschen und den anderen Lebewesen auf der Erde kommt nicht einen Augenblick zu früh. Denn diese Entdeckung verhilft uns zur Selbsterkenntnis.

Mit der Anerkennung unserer verwandtschaftlichen Bindungen zu allen anderen Lebewesen sind wir gezwungen, auch die Sittlichkeit (und die Klugheit) unseres Verhaltens neu zu überdenken: Tag und Nacht löschen wir alle paar Minuten überall auf dem Planeten eine andere Art aus. Während der letzten paar Jahrzehnte haben wir das Aussterben von etwa einer Million Arten verursacht – einige boten potentiell neue Nahrungsquellen, andere dringend benötigte Arzneimittel, aber alle stellten einzigartige DNS-Sequenzen dar, die sich mühsam in der vier Milliarden Jahre dauernden Evolution des Lebens herausgebildet hatten und die nun alle für immer verloren sind. Wir sind treulose Erben gewesen, die das Familiensilber mit wenig Rücksicht auf die kommenden Generationen verpraßt haben.

Wir müssen aufhören, uns für etwas auszugeben, das wir nicht sind. Zwischen einer romantischen, unkritisch antropomorphen Sicht der Tiere und einer ängstlichen, halsstarrigen Weigerung, unsere Verwandtschaft mit ihnen anzuerkennen – letztere Haltung äußert sich vielsagend in der immer noch weit verbreiteten Ansicht von einem speziellen göttlichen Schöpfungsakt – gibt es ein weites Gebiet, auf dem wir Menschen uns einordnen und behaupten können.

Wenn das Universum wirklich für uns geschaffen worden wäre, wenn es wirklich einen wohlwollenden, allmächtigen und allwissenden Gott gibt, dann hat die Naturwissenschaft etwas Grausames und Herzloses geleistet, dessen Haupttugend vielleicht in einer Überprüfung unserer von alters her überlieferten Glaubenssätze liegen würde. Aber wenn das Universum sich nicht um unser Streben und unser Schicksal kümmert, dann leistet uns die Naturwissenschaft den größtmöglichen Dienst, wenn sie uns aufschreckt und auf unsere wahre Lage aufmerksam macht. In Übereinstimmung mit dem unversöhnlichen Prinzip der natürlichen Zuchtwahl werden wir – bei Strafe des Aussterbens – für unsere eigene Arterhaltung verantwortlich gemacht.

Und doch bewegen wir uns von einem Blutbad zum nächsten; und während unsere Technologie immer leistungsfähiger wird, wächst das Ausmaß des potentiellen Unglücks. Die vielen Leiden in unserer jüngeren Geschichte deuten auf eine Lernbehinderung der Menschheit hin. Man sollte doch annehmen, daß die Schrecken des Zweiten Weltkriegs und der Judenvernichtung uns gegen die dort enthüllten und freigesetzten Gifte geimpft hätten. Doch unsere Abwehrkräfte lassen schnell nach. Eine neue Generation wirft ihre kritischen und skeptischen Fähigkeiten fröhlich über Bord. Alte Slogans und Haßgefühle werden neu aufpoliert. Worüber vor kurzem noch nur schuldbewußt gemunkelt wurde, das wird jetzt als politisches Grundsatzprogramm erneut offen angeboten. Überall um uns herum gibt es neuerliche Aufrufe zu Ethnozentrismus, Fremdenhaß, Haß gegen Homosexuelle, zu Rassismus, Sexismus und Territorialität. Und mit einem Seufzer der Erleichterung sind wir geneigt, uns dem Willen eines »Leittiers« zu unterwerfen – oder sehnen uns nach einem Alpha, dem wir uns ergeben könnten.

Vor zehntausend Generationen, als wir auf viele kleine Gruppen verteilt waren, mögen diese Neigungen unserer Art einen guten Dienst erwiesen haben. Wir können gut verstehen, warum sie nahezu unwillkürliche Reaktionen darstellen, warum sie so leicht ausgelöst werden können, warum sie das Rüstzeug jedes Demagogen und korrupten Politikers bilden. Aber wir können nicht warten, bis die natürliche Zuchtwahl diese althergebrachten Problemlösungen der Primatenordnung weiter abschwächt. Das würde zu lange dauern. Wir müssen mit den Werkzeugen arbeiten, die wir heute besitzen – wir müssen verstehen, wer wir sind, wie wir geworden sind, was wir sind, und wie wir unsere Fehler und Mängel überwinden können. Erst dann können wir uns daranmachen, eine Gesellschaft zu schaffen, die weniger geneigt ist, unsere schlimmsten Instinkte zum Vorschein zu bringen.

Dennoch haben sich, mit Blick auf die letzten zehntausend Jahre, in jüngster Zeit außergewöhnliche Transformationen ergeben. Bedenken Sie nur, wie wir Menschen uns selbst organisieren: Dominanzhierarchien, die eine entwürdigende Unterwerfung und Gehorsam gegenüber dem Alpha-Männchen erforderlich machen, und auch ein erblicher Alpha-Status waren früher für die Menschen der weltweite Standard politischer Organisation; unsere größten Philosophen und Religionsführer rechtfertigten sie und schrieben sie einer göttlichen Anordnung zu. Diese Einrichtungen sind heute fast von der Erde verschwunden. Auch die Sklaverei – von ehrwürdigen Denkern ebenfalls lange als göttliche Vorsehung und mit der menschlichen Natur vereinbar verteidigt – ist inzwischen weltweit nahezu vollständig abgeschafft. Noch vor wenigen Minuten waren Frauen überall auf dem Planeten, von wenigen Ausnahmen abgesehen, dem Mann untergeordnet, wurden ihnen Gleichstellung und gleiche Befugnisse abgesprochen; auch dies galt als vorherbestimmt und unumgänglich. Selbst hier sind nun deutliche Änderungszeichen nahezu überall erkennbar. Eine allgemeine Wertschätzung der Demokratie und der Menschenrechte überzieht, abgesehen von einigen Rückfällen, den Planeten.

Zusammengenommen stellen diese dramatischen gesellschaftlichen Verschiebungen – häufig innerhalb von nur zehn oder weniger Generationen – eine eindrucksvolle Zurückweisung der Behauptung dar, daß wir ohne Hoffnung auf Gnade dazu verdammt sind, unser Leben in einer kaum verkleideten Schimpansensozialordnung zu fristen. Darüber hinaus geschehen diese Verschiebungen mit solcher Geschwindigkeit, daß sie unmöglich auf die natürliche Zuchtwahl zurückzuführen sind. Es muß statt dessen unsere Kultur sein, die Neigungen und Anlagen ans Licht bringt, die tief in unserem Innern bereits vorhanden sind.

Wir Menschen haben mindestens 99,9 Prozent unserer DNS-Sequenzen gemein. Wir sind untereinander sehr viel enger verwandt als mit irgendeinem anderen Tier. Nach den Ähnlichkeitskriterien, die wir in anderen Gebieten anwenden, sind wir Menschen – auch wenn wir den am weitesten voneinander getrennten Kulturen und ethnischen Gruppen entstammen – in unseren Erbanlagen im wesentlichen identisch. Unter den unendlich vielen möglichen Lebewesen, den realisierten wie den nicht realisierten, sind wir Menschen alle aus demselben Stoff geschnitten, nach demselben Muster geschneidert, mit denselben Stärken und Schwächen ausgestattet, und wir werden letztlich dasselbe Schicksal teilen. Sind wir angesichts unserer gegenseitigen Abhängigkeit, unserer Intelligenz und angesichts dessen, was auf dem Spiel steht, wirklich unfähig, aus den Verhaltensmustern auszubrechen, die sich vor langer Zeit zum damaligen Nutzen unserer Vorfahren entfaltet haben?

Wir haben alte Einrichtungen, die uns nicht mehr länger dienlich sind, niedergerissen und sind dabei, versuchsweise andere auszuprobieren. Unsere Art ist dabei, eine vielfältig vernetzte Gesamtheit zu werden, wobei starke wirtschaftliche und kulturelle Bindungen den Planeten umspannen. Unsere Probleme werden zunehmend global und lassen nur mehr weltweite Lösungen zu. Wir haben die Geheimnisse unserer Vergangenheit und das Wesen des uns umgebenden Weltalls aufgedeckt. Wir haben Werkzeuge von beängstigender Leistungskraft erfunden. Wir haben die benachbarten Welten erforscht und sind zu den Sternen aufgebrochen. Zugegeben, die Prophezeiung ist eine verlorengegangene Kunst, und ein unbehinderter Blick in unsere Zukunft ist uns verwehrt. Was kommen wird, ist uns in der Tat fast gänzlich unbekannt. Aber mit welchem Recht, mit welcher Begründung kann eine pessimistische Sicht gerechtfertigt werden? Was auch immer sonst in jenen Schatten verborgen sein mag, unsere Vorfahren haben uns – freilich mit gewissen Einschränkungen – die Befähigung vermacht, unsere Einrichtungen und uns selbst zu ändern. Nichts ist vorherbestimmt.

Wir erreichen ein gewisses Maß an Erwachsenheit, wenn wir unsere Eltern als das erkennen, was sie wirklich waren, ohne sie in Gefühlsüberschwang und Mythologie zu überhöhen, aber auch ohne sie ungerechterweise für unsere eigenen Unzulänglichkeiten verantwortlich zu machen. Zur Reife gehört auch die Bereitschaft, mit offenen Augen in die seit langer Zeit dunklen Orte, in die furchterregenden Schatten zu blicken, mag dies auch schmerzhaft und herzzerreißend sein. Von diesem Akt der Erinnerung und Anerkennung unserer Vorfahren kann ein Licht ausgehen, bei dessen Schein wir unsere Kinder sicher nach Hause geleiten können.

Nachwort

Da das Ziel dem Ursprung entspricht, kann nach der Erkenntnis des Ursprungs nicht im Dunkel bleiben, was Ziel der Dinge ist.

THOMAS VON AQUIN
Summe der Theologie[1]

Wir haben in unserem Buch den Zustand der Erde beschrieben, ehe die Menschen ihren Fuß darauf setzten. Wir haben versucht, etwas über unsere fernen Vorfahren herauszufinden und zu verstehen. Dabei haben wir die Fossilienzeugnisse und das prachtvolle Panorama des Lebens, das heute unsere Erde schmückt, als unseren Führer benutzt. Während in der Akte unseres Waisenkindes immer noch unermeßlich viele Seiten fehlen, hat der Fortschritt der Wissenschaft uns einen Einblick in einige der verlorengegangenen oder vergessenen Einträge ermöglicht – vielleicht sogar in viele der bedeutsamen Stücke. Aber bisher haben wir nur die frühen Kapitel der Akte durchforscht. Ihr entscheidender mittlerer Abschnitt – eine Chronik der Anfänge der Menschheit und ihrer Entwicklung bis zur Erfindung der Zivilisation – wird den Gegenstand des nächsten Buches in dieser Serie ausmachen.

Anmerkungen

Motto und Vorrede

1. Homer, *Odyssee*, 11. Gesang, Zeile 204–208, in der Übersetzung von Johann Heinrich Voß.
2. Empedokles, Fragmente aus »Über die Natur«, in: *Die Anfänge der abendländischen Philosophie. Fragmente und Lehrberichte der Vorsokratiker*, übertragen von Michael Grünwald (Zürich 1949), S. 105 [= Bibliothek der Alten Welt].
3. Erwin Schrödinger, *Science and Humanism* (Cambridge 1951). Schrödinger war einer der Entdecker der Quantenmechanik.
4. In vielen wissenschaftlichen Darstellungen des Ursprungs der menschlichen Spezies finden sich solche Geschichten. (Vgl. beispielsweise Misia Landau, *Narratives of Human Evolution*, New Haven und London 1991.) Wir sind der Meinung, daß sie dem wissenschaftlichen Beweismaterial nicht aufgepfropft sind, sondern daß sie von der Ausgangslage her naheliegen. Der Mensch stammt wirklich aus sehr bescheidenen Verhältnissen. Gleichwohl ist er nach mancherlei Maßstäben zur beherrschenden Spezies auf dem Planeten geworden, teilweise kraft eigener Anstrengungen. Viele Einzelheiten unseres Ursprungs liegen für uns Menschen wirklich völlig im dunkeln. Es ist daher nur natürlich, daß wir uns im übertragenen Sinne als ein begünstigtes Kind darstellen, das in undurchsichtigen Verhältnissen aufwuchs und dann als Held in die Welt hinauszog, um seine Identität zu suchen. Die Hauptgefahr dieser Metapher liegt darin, daß wir uns ausmalen, unser Erfolg sei einer bestimmten Generation, einem bestimmten Volk oder einer bestimmten Rasse zu verdanken; die Gefahr liegt aber auch darin, daß unser Erfolg uns blind macht für die Gefahren, denen wir uns selbst aussetzen.
5. Robert Redfield, *The Primitive World and Its Transformations* (Ithaca, N. Y. 1953), S. 108.

6. Fjodor M. Dostojewski, *Die Brüder Karamasow* (1880), Übersetzung von E. K. Rahsin (München 1972), Buch VI, Kapitel 3.
7. Mary Midgley, *Beast and Man: The Roots of Human Nature* (Ithaca, N. Y. 1978), S. 4, 5.
8. Eine ähnliche Metapher verwendet Charles Darwin in *Die Entstehung der Arten* (1859), Kapitel 10, wenn er die geologischen Zeugnisse für »eine unvollkommene Geschichte der Erde« hält, »die in wechselnden Dialekten geschrieben ist; von dieser Geschichte besitzen wir nur noch den letzten Band... Von diesem Band blieben nur einzelne kurze Kapitel erhalten, von jeder Seite nur etliche Zeilen.« Charles Darwin, *Die Entstehung der Arten* (Stuttgart 1989), S. 467.

Kapitel 1: Wie im Himmel, so auf Erden

1. Aus der Sammlung *Zen Poems of China and Japan: The Crane's Bill*, ins Englische übersetzt von Lucien Stryk und Takashi Ikemoto (New York 1973), S. 20.
2. *Popol Vuh. Das Buch des Rates: Mythos und Geschichte der Maya*, aus dem Quiché übertragen von Wolfgang Cordan (München, 6. Auflage 1990), S. 30.
3. Wir beschreiben hier die Anfänge unseres Sonnensystems, nicht die Ursprünge des Universums (oder wenigstens von dessen letzter Reinkarnation), also nicht den sogenannten »Urknall«.
4. Der Zweite Thermodynamische Hauptsatz besagt, daß bei jedem thermodynamischen Prozeß unter dem Strich die Ordnung des Universums abnimmt. Dabei kann die Ordnung stellenweise sogar zunehmen, solange der Zustand insgesamt chaotischer wird. Im Universum gibt es eine ganze Menge Ordnungselemente, und nichts im Zweiten Thermodynamischen Hauptsatz spricht dagegen, daß die Planeten oder das Leben so entstanden sind, wie wir es in unserem Buch darstellen.
5. Ausgenommen nur ein verschwindend kleiner Bruchteil, der durch den radioaktiven Zerfall von Atomen hervorgebracht wurde, die ursprünglich aus anderen Bereichen der Milchstraße kamen.
6. Zwei Jahrtausende nach dem Tod seines letzten Verehrers wurde der Name dieses Gottes einem neuentdeckten Planeten gegeben.

Kapitel 2: Schneeflocken sind in die Glut gefallen

1. *Popol Vuh. Das Buch des Rates: Mythos und Geschichte der Maya*, aus dem Quiché übertragen von Wolfgang Cordan (München, 6. Auflage 1990), S. 29.
2. In *Just So Stories* (1902), dt. *Genau-so-Geschichten*, aus dem Englischen von Gisbert Haefs (Zürich 1990), S. 163.
3. Die Idee einer solchen einstündigen Autofahrt aufwärts oder abwärts stammt unseres Wissens ursprünglich von dem britischen Astronomen Sir Fred Hoyle.
4. Nehmen wir zum Zweck der Veranschaulichung einmal an, daß die Urmeere genauso groß und tief waren wie die gegenwärtigen Ozeane. Nehmen wir ebenfalls an, daß die organischen Moleküle auf der ursprünglichen Erde – in Abwesenheit irgendwelcher Lebensformen, die sie hätten fressen können – etwa zehn Millionen Jahre lang erhalten blieben, ehe sie aus molekularer Altersschwäche in Stücke zerfielen, oder ehe sie zum flüssigen Erdinnern hinabbefördert wurden. Dann wären die Urmeere im günstigsten Fall insgesamt eine 0,1-prozentige Lösung organischer Materie gewesen (das entspricht etwa der Konsistenz einer sehr dünnen Fleischbrühe). Dies gilt für das Urmeer als Ganzes; in einigen Seen, Buchten und Fjorden kann die Konzentration organischer Moleküle dagegen wesentlich höher gewesen sein. Vgl. Christopher Chyba und Carl Sagan, »Endogenous Production, Exogenous Delivery, and Impact-Shock Synthesis of Organic Molecules: An Inventory for the Origins of Live«, in *Nature*, 355 (1992), S. 125–132.
5. D. H. Erwin, »The End-Permian Mass Extinction«, in *Annual Review of Ecology and Systematics*, 21 (1990), S. 69–91.
6. Die Katastrophe am Ende der Permzeit war viel härter als jene ungefähr 200 Millionen Jahre spätere am Ende der Kreidezeit, die zum Aussterben der Dinosaurier führte.
7. Marc Aurel, *Wege zu sich selbst*, Buch IV, Absatz 48, übertragen von Willy Theiler (Zürich 1958), S. 95 [= Bibliothek der Alten Welt].
8. *Beda des Ehrwürdigen Kirchengeschichte* (732), Hrsg. M. M. Wilden, Schaffhausen 1866, Buch 2, Kapitel 13.

Kapitel 3: »Was machst du da?«

1. Und es lodert noch immer. Just an dem Tag, an dem wir dies schrieben, erhielten wir einen weiteren empörten Leserbrief von einem Zuschauer, der sich durch die Bekräftigung der Evolutionslehre in unserer Fernsehserie *Cosmos* verletzt fühlte. »Wir lehren unsere Kinder, daß sie von Affen abstammen, und hinterher sind wir überrascht, wenn sie sich dementsprechend aufführen«, schreibt er. »Wenn man einen absoluten moralischen Maßstab verwirft und alles Verhalten relativiert, kann das Ergebnis nur moralische Verwirrung sein.« Das ist jedoch keine tatsachenorientierte Kritik an der Evolutionslehre, sondern nur an ihren ausgemalten sozialen Folgen.

Noch heute stellen die Biologielehrpläne an einigen höheren Schulen in den USA gleich viel Zeit für die Lehre von der besonderen Schöpfung (und für ein Fach, das – mit einem Oxymoron – »wissenschaftlicher Kreationismus« genannt wird) zur Verfügung wie für die Evolutionslehre. Sollte man dann nicht auch in den Schullehrplänen für Geographie Zeit für den Beweis zur Verfügung stellen, daß die Erde eine flache Scheibe ist? Denn auch diese Ansicht wurde doch von den Autoren der Bibel vertreten, und auch hierfür setzen sich immer noch Randgruppen von Befürwortern ein. Beide Annahmen, die von einem speziellen Schöpfungsakt und die von der flachen Gestalt der Erde, waren im sechsten vorchristlichen Jahrhundert, als das Buch *Genesis* zusammengestellt wurde, noch vernünftige wissenschaftliche Mutmaßungen. Heute sind sie es nicht mehr.

Zu den Standardwerken, welche die Schöpfungstheorie verteidigen, gehören: D. T. Gish, *Evolution? The Fossils Say No!* (San Diego, California, 1979); Henry M. Morris, *Scientific Creationism*; dt. *Erde woher? Die bemerkenswerte Entstehung des Planeten Erde* (Wuppertal 1977); und Henry M. Morris, *Evolution im Zwielicht* (Wuppertal 1982). Unter den vielen Widerlegungen dieser Auffassung durch Naturwissenschaftler sind: A. N. Strahler, *Science and Earth History* (Buffalo, N. Y. 1987); Douglas J. Futuyama, *Science on Trial: The Case of Evolution*; dt. *Evolutionsbiologie* (Therwil 1990); G. B. Dalrymple, *The Age of the Earth* (Stanford, Calif. 1991); Tim M. Berra, *Evolution and the Myth of Creationism* (Stanford, Calif. 1990); und eine freimütige Flugschrift der National Academy of Sciences, *Science and Creationism* (Washington,

D.C. 1984), welche die Theorie der speziellen Schöpfung als »eine überholte Hypothese« bezeichnet und zu dem Schluß gelangt: »Keine Sammlung von Ansichten, die ihren Ursprung in dogmatischem Material [wie etwa der Bibel] haben statt in wissenschaftlicher Beobachtung, sollte als Wissenschaft annehmbar sein... Die Einbindung solcher Dogmen als Unterrichtsgegenstand in einen naturwissenschaftlichen Lehrplan erstickt die Entfaltung des kritischen Denkens... und gefährdet ernstlich die Ziele eines öffentlichen Erziehungswesens.«
In einer Gallup-Umfrage aus dem Jahre 1982 schlossen sich 44 Prozent der befragten Amerikaner der Aussage an: »Gott schuf den Menschen im wesentlichen in seiner heutigen Gestalt zu einem Zeitpunkt innerhalb der letzten zehntausend Jahre.« Nur neun Prozent stimmten der Aussage bei: »Der Mensch hat sich im Laufe von Millionen Jahren aus weniger fortgeschrittenen Lebensformen entwickelt. Gott war dabei unbeteiligt.« – Quelle: *Creation/Evolution*, 10 (Herbst 1982), S. 38.
Bei einer Befragung im Jahre 1988 dachten 88 Prozent der 43 Abgeordneten und Senatoren des US-Kongresses, die bereit waren, einen Fragebogen auszufüllen, daß die »moderne Evolutionstheorie eine verläßliche wissenschaftliche Grundlage hat«, aber weniger als die Hälfte konnte wenigstens in groben Umrissen ausdrücken, was die grundlegende Idee der Evolution besagt. Nur ein Drittel stimmte mit Überzeugung der Aussage zu, daß die Erde vier bis fünf Milliarden Jahre alt sei. Bei einer identischen Befragung eines Viertels der Mitglieder der Gesetzgebenden Versammlung von Ohio waren die entsprechenden Werte 74, 23 und 23 Prozent. – Quelle: Michael Zimmermann, »A Survey of Pseudoscientific Sentiments of Elected Officials«, in *Creation/Evolution*, 29 (Winter 1991/92), S. 26–45.
2. Erasmus Darwin, *The Botanic Garden*, Teil 2: *The Loves of the Plants* (1789), 3. Gesang, Zeile 456, wieder abgedruckt in: Desmond King-Hele (Hrsg.), *The Essential Writings of Erasmus Darwin* (London 1968), S. 149.
3. Dumas Malone, *Jefferson and His Time*, Band 1: *Jefferson the Virginian* (Boston 1948), S. 52.
4. Erasmus Darwin, *Zoonomie oder Gesetze des organischen Lebens*, aus dem Englischen übersetzt von J. D. Brandis (Hannover 1795–1799, zwei Teile mit jeweils zwei Abteilungen), 1. Buch, 2. Abteilung, 39. Abschnitt: Von der Erzeugung, IV, 8, S. 454. Vgl. Gerhard Wichler, *Charles Darwin* (Oxford 1961), S. 23.

5. London 1803 (postum), zitiert in: Howard E. Gruber, *Darwin on Man: A Psychological Study of Scientific Creativity* (Chicago 1974), S. 50.
6. Dieses Beispiel stammt von J. B. S. Haldane: *The Causes of Evolution* (New York 1932), S. 130.
7. Ein weiteres Beispiel: Bei einem im späten 19. Jahrhundert durchgeführten Experiment schnitt August Weismann in fünf aufeinanderfolgenden Generationen Mäusen die Schwänze ab, ohne daß dies Auswirkungen auf die Nachkommenschaft gehabt hätte. Nach George Bernard Shaw gingen solche Experimente jedoch an Lamarcks eigentlicher Aussage vorbei, denn die Mäuse unternähmen ja gar keine Anstrengungen, um ihre Schwänze zu verlieren, während die Giraffen sich ja darum bemüht hätten, längere Hälse zu bekommen (G. B. Shaw, *Back to Methuselah: A Metabiological Pentateuch*, London 1921; dt. *Zurück zu Methusalem*, Berlin 1923). Doch hinter solchen Aussagen steckt magisches Denken. An manchen Stellen überlebt Lamarcks Hypothese noch heute, zum Beispiel in dem Dogma, Adams Ungehorsam im Garten Eden habe zu einer »Erbsünde« geführt, die auf alle zukünftigen Generationen übergegangen sei (so die römisch-katholische Kirche im 16. Jahrhundert auf dem Konzil von Trient und erneut in einer Enzyklika von Papst Pius XII. aus dem Jahre 1950). Oder in der betrügerischen Agrargenetik des von Stalin favorisierten Pseudowissenschaftlers Trofim Lysenko. Gleichwohl spricht auch einiges für die Vererbung erworbener Eigenschaften, wenn auch nicht auf der Ebene ganzer Organismen, so doch auf der Ebene der Gene: Eine Mutation ist eine Art chemischer Betriebsunfall, der die Struktur eines Gens leicht verändert. Alle Nachbildungen dieses Gens übernehmen auch die durch den Unfall veränderten Strukturen. August Weismanns Messer war jedoch zu stumpf, um die Gene zu erreichen.
8. *Charles Darwin – ein Leben. Autobiographie, Briefe, Dokumente*, Hrsg. Siegfried Schmitz (München 1982), S. 18.
9. Ebd., S. 17.
10. Ebd., S. 18, 19 und 37.
11. Ebd., S. 22, 39 und 45.
12. Ebd., S. 49.
13. Ebd., S. 49–50 und 55.
14. Ebd., S. 51.
15. Ebd., S. 56–57.

16. John Bowlby, *Charles Darwin: A New Life* (New York 1990), S. 118.
17. Alexander von Humboldt: *Voyage aux régions équinoxiales du Nouveau continent*, 30 Bände (Paris, 1805–1834). Dt. Teilübersetzung: *Reise in die Äquinoctialgegenden des neuen Kontinents*, 4 Bände 1859/60).
18. *Charles Darwin – ein Leben. Autobiographie, Briefe, Dokumente*, Hrsg. Siegfried Schmitz (München 1982), S. 53.
19. Ebd., S. 58.
20. Stephen Jay Gould, *Ever Since Darwin* (New York 1977), S. 33.
21. Charles Darwin, *Reise eines Naturforschers um die Welt*, bearbeitet von Dr. Irma Bühler nach der Ausgabe von 1875 in der Übersetzung von J. Victor Carus (Stuttgart 1962), S. 56.
22. Ebd., S. 648.
23. Frank H. T. Rhodes, »Darwin's Search for a Theory of the Earth: Symmetry, Simplicity and Speculation«, in *British Journal of the History of Science*, 24 (1991), S. 193–229.
24. *Charles Darwin – ein Leben. Autobiographie, Briefe, Dokumente*, Hrsg. Siegfried Schmitz (München 1982), S. 74.
25. John Bowlby, *Charles Darwin: A New Life* (New York 1990), S. 233.
26. Eine deutsche Übersetzung dieses Werks aufgrund der sechsten englischen Auflage erschien unter dem Titel *Natürliche Geschichte der Schöpfung, des Weltalls, der Erde und der auf ihr befindlichen Organismen, gegründet auf die durch die Wissenschaft errungenen Tatsachen*, aus dem Englischen von Carl Vogt, Braunschweig 1849; [2]1858.
27. *Leben und Briefe von Charles Darwin mit einem seine Autobiographie enthaltenden Capitel*, hrsg. von seinem Sohne Francis Darwin, aus dem Englischen übersetzt von J. Victor Carus, Stuttgart 1887, Band II, S. 16.
28. Ronald W. Clark, *Charles Darwin. Biographie eines Mannes und einer Idee*, aus dem Englischen von Joachim A. Frank (Frankfurt am Main 1985), S. 112.
29. Ebd., S. 113.
30. Ebd., S. 130.
31. Ein Auszug aus dem Artikel von Wallace: »Wildkatzen vermehren sich schnell und haben wenige Feinde; warum aber sind sie dann nie so zahlreich wie Kaninchen? Die einzig einleuchtende Antwort lautet: Weil

ihr Nahrungsvorrat heikler ist. Es drängt sich deshalb der Schluß auf, daß die Tierpopulation eines Landes so lange nicht wesentlich ansteigen kann, wie das Land physisch unverändert bleibt. Vermehrt sich eine Tierart trotzdem übermäßig, dann muß der Bestand anderer Arten, die auf denselben Nahrungsbestand angewiesen sind, proportional abnehmen. Die jährliche Todesrate muß immens sein. Und da die individuelle Existenz eines jeden Tieres von ihm selbst abhängt, müssen diejenigen, die sterben, die Schwächsten sein – die ganz Jungen, die Alten und die Kranken –, während diejenigen, die weiterleben können, nur die Gesündesten und Kräftigsten sein können – also diejenigen, die am besten in der Lage sind, sich regelmäßig mit Nahrung zu versorgen und ihren zahlreichen Feinden zu entgehen. Es handelt sich, wie wir schon eingangs bemerkten, um ›einen Kampf ums Dasein‹, bei dem die Schwächsten und am schlechtesten Organisierten regelmäßig unterliegen müssen...« (Alfred Russel Wallace, »On the Tendency of Varieties to Depart Indefinitely from the Original Type«, in *Journal of the Proceedings of the Linnean Society: Zoology*, Band 3, London 1859, S. 56–57.)

32. Ronald W. Clark, *Charles Darwin. Biographie eines Mannes und einer Idee*, aus dem Englischen von Joachim A. Frank (Frankfurt am Main 1985), S. 148. In späteren Ausgaben von *The Origin of Species* wurde der entsprechende Satz erweitert zu: »Much light will be thrown...« (*Viel* Licht...).

Kapitel 4: Ein Evangelium des Schmutzes

1. In *Philosophical Works, with Notes and Supplementary Dissertations by Sir William Hamilton*, mit einer Einleitung von Harry M. Bracken, 2 Bände (Hildesheim 1967), Band 1, S. 52.

2. Charles Darwin, *Die Entstehung der Arten durch natürliche Zuchtwahl*, übersetzt von Carl W. Neumann (Stuttgart 1989), Kapitel 15, S. 677.

3. Es gibt natürlich eine maßgebliche theologische Erklärung dieser Anpassung: Es handele sich um den Willen Gottes. Doch ist auf dieser Basis keine Erklärung des eigentlichen Vorgangs möglich.

4. Nicht im einzelnen nachgewiesene Zitate in diesem Abschnitt stammen aus Charles Darwin, *Die Entstehung der Arten durch natürliche*

Zuchtwahl, übersetzt von Carl W. Neumann (Stuttgart 1989), S. 58, 58–59, 61, 65, 68, 121, 126–127, 128, 649–650, 650 und 671; und aus Charles Darwin und Alfred R. Wallace: »On the Tendency of Species to Form Varieties« und »On the Perpetuation of Varieties and Species by Natural Means of Selection«, in *Journal of the Proceedings of the Linnaean Society: Zoology*, Band 3 (London 1859), S. 51.

5. *Leben und Briefe von Charles Darwin mit einem seine Autobiographie enthaltenden Capitel*, hrsg. von seinem Sohne Francis Darwin, aus dem Englischen übersetzt von J. Victor Carus (Stuttgart 1887), Band III, S. 17, Fußnote 21.

6. *The Westminster Review*, 143 (Januar 1860), S. 165–168.

7. *The Edinburgh Review*, 226 (April 1860), S. 251–275.

8. John A. Endler bietet in *Natural Selection in the Wild* (Princeton, N. J. 1986) eine nützliche moderne Zusammenstellung alles dessen, was natürliche Zuchtwahl ist und nicht ist, ihrer Rolle in der Entwicklungsgeschichte und der Überprüfungsmöglichkeiten ihrer Wirksamkeit. Seine Tabelle 5.1, eine Auswertung neuerer wissenschaftlicher Literatur, faßt über 160 »direkte Nachweise« natürlicher Zuchtwahl in der Wildnis zusammen.

9. *The North American Review*, 90 (April 1860), S. 487 und 504.

10. *The London Quarterly Review*, 215 (Juli 1860), S. 118–138.

11. *The North British Review*, 64 (Mai 1860), S. 245–263.

12. Charles Darwin, *Die Entstehung der Arten durch natürliche Zuchtwahl*, übersetzt von Carl W. Neumann (Stuttgart 1989), S. 122, 124–125 und 125–126.

13. *The London Quarterly Review*, 36 (Juli 1871), S. 266–309.

14. George Bernard Shaw, Vorwort zu *Zurück zu Methusalem* (1921); in *Vorreden zu den Stücken*, Band 2 (Zürich und Frankfurt 1947), S. 507–508. Der letzte Satz des Zitates gibt in der Tat den von der heutigen Evolutionslehre vertretenen Standpunkt korrekt wieder.

15. James Watt, der amerikanische Innenminister der ersten Reagan-Regierung, rechtfertigte die Verwüstung öffentlichen Landes damit, daß er nicht sicher wisse, wie lange es noch dauern würde, »bis der Herr wiederkommt«. Manuel Lujan, US-Innenminister unter Präsident Bush, brachte gegen den Schutz gefährdeter Arten folgende Argumente vor: »Der Mensch steht an der Spitze der Hackordnung. Ich bin der Ansicht, daß Gott uns die Herrschaft über diese Kreaturen gegeben hat. ...Ich

halte den Menschen für eine Art höheres Wesen. Vielleicht deshalb, weil ein Huhn nicht sprechen kann. ... Gott schuf Adam und Eva, und von denen stammen wir alle ab. Gott schuf uns im wesentlichen so, wie wir noch heute aussehen.« (Ted Gup, »The Stealth Secretary«, in *Time*, 25. Mai 1992, S. 57–59.) Die biblische Schöpfungsgeschichte legt uns nahe, uns die Natur »untertan« zu machen, und sagt voraus, alle Tiere sollten vor uns »Angst und Schrecken« empfinden. Solche religiösen Vorschriften haben natürlich praktische Auswirkungen auf den Raubbau des Menschen an der Umwelt (vgl. John Passmore, *Man's Responsibility for Nature: Ecological Problems and Western Traditions*, New York 1974). Gleichwohl haben die Führer einer großen Anzahl religiöser Gruppen sich in Wort und (politischer) Tat ausdrücklich für den Umweltschutz eingesetzt. Vgl. Carl Sagan, »To Avert a Common Danger: Science and Religion Forge an Alliance«, in *Parade* (1. März 1991), S. 10–15.

16. Alfred Russel Wallace, Darwins Mitentdecker der Evolution durch natürliche Zuchtwahl – ein großzügiger, selbstloser Mann, der sich als »schüchtern, unbeholfen und auf dem gesellschaftlichen Parkett ungeübt« bezeichnete –, stimmte mit ihm in einem entscheidenden Punkt nicht überein. Er war bereit anzuerkennen, daß jedes Tier und jede Pflanze sich auf solche Weise entwickelt hatte, nicht aber die Menschen. Er war der Ansicht, ein göttlicher (und sich selbst fortzeugender) Funke müsse dem Menschen zu einem vergleichsweise späten Zeitpunkt im Ablauf der Entwicklungsgeschichte eingeimpft worden sein. Und welches Beweismaterial hatte Wallace zu bieten?

Im Unterschied zu den Rassisten seiner Zeit war Wallace aufgefallen, daß Gehirnmasse und Anatomie aller Menschen erkennbar gleichartig sind: »Je mehr unzivilisierte Menschen ich zu sehen bekomme, desto mehr halte ich von der Natur des Menschen, desto mehr scheinen die grundlegenden Unterschiede zwischen zivilisierten und wilden Menschen zu verschwinden ... Wir treffen laufend auf allgemeine Urteile über die niedrige Moral und den geringen Verstand aller prähistorischen Menschen, die jedoch im Lichte der Tatsachen kaum noch haltbar sind.« (Zitiert bei Loren Eiseley, *Darwin's Century*, New York 1958, S. 303.)

Aber in vortechnischer Zeit lebende Menschen hatten, dachte Wallace, keinen Bedarf an einem Gehirn, das beispielsweise fähig war, Dampfmaschinen zu erfinden. Das menschliche Gehirn mußte also auf irgendeine Weise früh ersonnen worden sein, *zu dem Zweck*, erst viel später kompli-

zierte Anpassungsfunktionen zu leisten. Solche Vorausschau war jedoch seiner Ansicht nach mit dem zufälligen und kurzzeitigen Wesen der natürlichen Zuchtwahl unvereinbar. Deshalb »könnte irgendeine höhere geistige Instanz den Entwicklungsprozeß der menschlichen Rasse gesteuert haben«. (Ebd., S. 312.)
Wie dem auch sei, Wallace unterschätzte auf jeden Fall die Komplexität vorindustrieller Gesellschaften ganz erheblich. Es hat niemals eine vortechnologische Kultur der Menschheit gegeben. Die Fertigung von Steinwerkzeugen und die Großwildjagd sind keineswegs einfach. So war sehr wahrscheinlich ein großes Gehirn schon von Anfang an für uns Menschen von Vorteil.
Wallace war außerdem von der Flut spiritistischer Vorführungen, die im viktorianischen England sehr populär waren, völlig eingenommen, von Dingen wie Geisterklopfen, Séancen, Unterhaltungen mit Verstorbenen oder Materialisation von »Ektoplasma«. Diese Veranstaltungen schienen eine verborgene Geisteskomponente des Menschen zu enthüllen, die bei keinem anderen Lebewesen erkennbar war. Soweit wir wissen, waren solche Vorführungen nichts anderes als ein berauschendes Gebräu, das zu gleichen Teilen aus betrügerischen Salonzauberern und aus einer leichtgläubigen Zuhörerschaft aus der Oberklasse bestand. Der Magier Harry Houdini spielte später eine gewichtige Rolle bei der Entlarvung einiger dieser Schwindler. Wallace war durchaus nicht der einzige herausragende Viktorianer, der darauf hereinfiel.
Wenn wir es gegen Ende dieses Buches mit den außerordentlichen Erkenntnisfähigkeiten von Schimpansen zu tun haben, wie sie sich in Laborversuchen zeigen, drängt sich erneut eine ähnliche Frage auf: Wie können sie schon im voraus so angepaßt sein, daß sie derart komplizierte Probleme lösen können? Und auch hier lautet die Antwort, wenigstens teilweise, vielleicht ganz ähnlich wie die auf Wallaces Rätsel: Für ihren Alltag in der Wildnis benötigen Schimpansen eine breitgestreute, vielfältig nutzbare Intelligenz – die zwar bei weitem nicht so hoch entwickelt ist wie die des Menschen, die jedoch auch das, was wir ihnen zutrauen, weit übersteigt.

17. *Charles Darwin – ein Leben. Autobiographie, Briefe, Dokumente*, Hrsg. Siegfried Schmitz (München 1982), S. 74.

18. James H. Jandl, *Blood: Textbook of Hematology* (Boston 1987), S. 319 ff.; vgl. auch David G. Nathan und Frank A. Oski, *Hematology of Infancy and Childhood* (3. Aufl., Philadelphia 1987), Kapitel 22.

19. A. C. Allison, »Abnormal Haemoglobin and Erythrocyte Enzyme Deficiency Traits«, in D. F. Roberts (Hrsg.), *Human Variation and Natural Selection: Symposium of the Society for the Study of Human Biology*, 13 (1975), S. 101–122.

20. *Charles Darwin – ein Leben. Autobiographie, Briefe, Dokumente*, Hrsg. Siegfried Schmitz (München 1982), S. 73.

21. Eine einflußreiche moderne Beurteilung des Gruppenverhaltens von Tieren vom darwinistischen Standpunkt aus ist: E. O. Wilson, *Sociobiology: The New Synthesis* (Cambridge, Mass. 1975). Im allgemeinen erregte das Buch wenig Widerspruch, aber das Schlußkapitel – in dem natürliche Zuchtwahl auch auf Menschen bezogen wurde – rief stürmische Kritik hervor, sogar einen tätlichen Angriff auf den Autor während einer wissenschaftlichen Konferenz. Wilson argumentiert sehr umsichtig, daß menschliches Verhalten sowohl von Vererbung als auch von Umwelteinflüssen geprägt sei.

Für Wilsons Umsicht spricht zum Beispiel folgende Passage: »Ich könnte mich ebenso leicht irren – bei einer speziellen Schlußfolgerung, bei meinen großen Hoffnungen bezüglich der Rolle der Naturwissenschaften und bei der Hoffnung, die ich auf den wissenschaftlichen Materialismus setze. ... Die kompromißlose Anwendung der Evolutionstheorie auf alle Aspekte des menschlichen Daseins wird zu nichts führen, wenn dabei der wissenschaftliche Ansatz selbst versagt: wenn Ideen so konstruiert und formuliert werden, daß sie einer objektiven Überprüfung nicht mehr zugänglich sind, und so den Status der Unsterblichkeit beanspruchen.« (E. O. Wilson, *On Human Nature*, Cambridge, Mass. 1978, S. x–xi.)

Siehe auch: E. O. Wilson und W. H. Bossert, *Einführung in die Populationsbiologie*, übersetzt von Karin de Sousa Fereira, bearbeitet von U. Jacobs (Berlin 1973); Edward O. Wilson, *Biologie als Schicksal. Die soziobiologischen Grundlagen menschlichen Verhaltens*, aus dem Amerikanischen von Friedrich Griese (Frankfurt am Main/Berlin/Wien 1980).

Von der Heftigkeit der Debatte erhalten wir einen gewissen Eindruck in den folgenden – vielleicht unbedachten – Bemerkungen: »Amerikanische Sozialwissenschaftler haben Angst vor der Biologie, sie verachten sie, obwohl sich nur wenige die Mühe gemacht haben, sich die notwendigen Kenntnisse anzueignen. ... Immer wieder stößt man in sozialwissenschaftlichen Schriften darauf, daß ›biologisch‹ praktisch gleichgesetzt

wird mit ›unveränderlich‹. … Dieser Begriffsgebrauch verrät einen grundlegenden Mangel an Verständnis für die wahren Anliegen und Inhalte der Biologie.« (Martin Daly und Margo Wilson, *Homicide*, New York 1988, S. 154.)
Ausgezeichnete aktuelle Bücher zum Thema Evolution, die für ein breiteres Publikum geschrieben sind, schließen jene von Richard Dawkins (zum Beispiel: *Das egoistische Gen*, aus dem Englischen von Karin de Sousa Fereira, Berlin [3]1988; *The Extended Phenotype*, Oxford 1982; *Der blinde Uhrmacher. Ein neues Plädoyer für den Darwinismus*, München 1987), und von Stephen J. Gouldern (zum Beispiel: *Ever Since Darwin*, New York 1977; *Der Daumen des Panda. Betrachtungen zur Naturgeschichte*, aus dem Amerikanischen von Klaus Laermann, unter Mitwirkung von Eva M. Schmidt, Frankfurt/Main 1989; *Das Lächeln des Flamingos. Betrachtungen zur Naturgeschichte*, aus dem Amerikanischen von Klaus Laermann und Eva M. Schmitz, Basel 1989; *Wonderful Life*, New York 1990). Durch einen Vergleich dieser Bücher miteinander können wir einen Einblick in die gesunde und lebhafte wissenschaftliche Auseinandersetzung gewinnen, die im Zeichen der modernen Evolutionsbiologie stattfindet. Siehe auch: *Die Herausforderung der Evolutionsbiologie*, Hrsg. Heinrich Meier (München [2]1989).

22. John Bowlby, *Charles Darwin: A New Life* (New York 1990), S. 381.

23. Charles Darwin, *Erinnerungen an die Entwicklung meines Geistes und Charakters* (Autobiographie), 1876–1881. *Tagebuch des Lebens und Schaffens* (Journal), 1838–1881. Francis Darwin, *Erinnerungen aus meines Vaters täglichem Leben*, 1887, Hrsg. S. L. Sobol (Leipzig u. a. 1959), S. 254.

24. *Leben und Briefe von Charles Darwin mit einem seine Autobiographie enthaltenden Capitel*, Hrsg. Francis Darwin, aus dem Englischen übersetzt von J. Victor Carus (Stuttgart 1887), Band III, S. 345.

25. Vgl. beispielsweise Leonard Huxley, *Thomas Henry Huxley* (Freeport, N. Y. 1969); Cyril Bibby, *Scientist Extraordinary*, (Oxford 1972).

26. Cyril Bibby, *T. H. Huxley: Scientist, Humanist and Educator* (London 1959), S. 35, 36.

27. Thomas H. Huxley, »On the Hypothesis that Animals Are Automata, and its History« (1874), in *Collected Essays*, Band 1: *Method and Results: Essays* (London 1901), S. 243.

28. *Leben und Briefe von Charles Darwin mit einem seine Autobiographie enthaltenden Capitel*, Hrsg. Francis Darwin, aus dem Englischen übersetzt von J. Victor Carus (Stuttgart 1887), Band III, S. 345.
29. C. Bibby, *T. H. Huxley: Scientist, Humanist and Educator* (London 1959), S. 259.
30. Alle Zitate außer dem Emma Darwin zugeschriebenen am Ende stammen aus Berichten von Augenzeugen, obwohl die meisten erst Jahre oder sogar Jahrzehnte nach dem Ereignis niedergeschrieben wurden. Ein denkwürdiger Essay über die Debatte, »Knight takes Bishop?«, findet sich in: Steven J. Gould, *Bully for Brontosaurus* (New York 1991). Unsere Fassung der Entgegnung Huxleys auf Wilberforce stammt aus den Erinnerungen von G. Johnstone Stoney, der an der Veranstaltung teilgenommen hatte. (Stoney leistete später bahnbrechende Arbeit über das Entweichen planetarischer Atmosphären ins All, und er war der erste, der im Detail verstand, warum der Mond keine Lufthülle besitzt.) Seine Darstellung unterscheidet sich von Huxleys eigener späterer Erinnerung: »Wenn man, sagte ich, mich also fragt, ob ich lieber einen armseligen Affen zum Großvater hätte oder einen Mann, der von Natur aus hochbegabt und im Besitz bedeutender Mittel der Einflußnahme ist, und der doch jene Fähigkeiten und diesen Einfluß lediglich dazu nutzt, um Lächerlichkeit in eine ernsthafte wissenschaftliche Diskussion einzuführen – dann würde ich ohne Zögern bestätigen, daß ich den Affen vorziehe.« So zitiert bei C. Bibby, *T. H. Huxley: Scientist, Humanist and Educator* (London 1959), S. 69.

Kapitel 5: Leben ist nur ein Wort aus drei Buchstaben

1. *The Bhagavad Gita*, englische Übersetzung von Juan Mascaró (Harmondsworth 1962), Einleitung, S. 14.
2. Aus der Sammlung *Zen Poems of China and Japan: The Crane's Bill*, ins Englische übersetzt von Lucien Stryk und Takashi Ikemoto (New York 1973), S. 87.
3. Auch in unserer Sprache verbleibt eine Vorstellung davon, daß Bewegung einer Seele bedarf. Aber wenn es eine »Staubseele« gibt, die für jedes Stäubchen entscheidet, wie und wann es sich bewegen soll, was bewegt dann diese Seele? Besitzt sie eine noch kleinere Seele – eine »Seelenseele« –

und so fort, in einem endlosen Rückgriff auf mikroskopisch kleine körperlose Motivatoren? Und wenn die Seele des Staubkörnchens *keine* eigene kleinere Seele braucht, um ihr zu sagen, was zu tun ist, warum braucht dann das Staubkörnchen selbst eine Seele? Könnte es sich nicht doch von selbst bewegen, ohne geistige Führung?

4. Die Entdeckung getrennter Vererbungseinheiten, der Gene, geht auf die Experimente des Pflanzenzüchters Gregor Mendel zurück, deren Ergebnisse erstmals 1866 veröffentlicht wurden. Seine Arbeiten blieben im wesentlichen ungelesen, bis seine Vererbungsgesetze zu Beginn des 20. Jahrhunderts unabhängig von ihm wiederentdeckt wurden. Charles Darwin wußte nichts von Mendels Arbeiten; es hätte allerdings seine Aufgabenstellung sehr vereinfacht, hätte er darüber Bescheid gewußt. Während Nukleinsäuren innerhalb von Zellen bereits im Jahre 1868 entdeckt wurden, begann man erst in den vierziger Jahren des 20. Jahrhunderts ihre zentrale Bedeutung für die Vererbung zu erraten. Die einzigartige Struktur der DNS – mit langen Ketten von Nukleotiden, die wie Buchstaben in einem Buch aneinandergereiht sind, und mit zwei verflochtenen Strängen, die der Replikation dienen – wurde erst 1953 von James Watson und Francis Crick erläutert. In der klassischen Vererbungslehre war die Chemie der Gene völlig unbekannt.

5. Wie die Entschlüsselung der genetischen Instruktionen verschiedener Organismen entscheidend dazu beitragen kann, den Ablauf der Evolution zu verstehen, legten zuerst Emile Zuckerkandl und Linus Pauling dar: »Molecules as Documents of Evolutionary History«, in *Journal of Theoretical Biology*, 9 (1965), S. 357–366.

6. Loren Eiseley, *Die ungeheure Reise. Von der Entstehung des Lebens und der Naturgeschichte des Menschen* (München 1959), S. 234.

7. Wen-Hsiung Li und Dan Graur, *Fundamentals of Molecular Evolution* (Sunderland, Mass. 1991), Abbildung 21, S. 135. Die wiedergegebenen Sequenzen stammen aus der DNS-Chiffre für die 5S ribosomische Ribonukleinsäure [r-RNS]-Sequenz.

8. Ebd., S. 6 und 10.

9. Vgl. Edward N. Trifonov und Volker Brendel, *GNOMIC: A Dictionary of Genetic Codes* (New York 1986/Weinheim 1987), S. 8.

10. Natalie Angier, »Repair Kit for DNA Saves Cells from Chaos«, in *New York Times*, 4. Juni 1991, S. C1 und C11.

11. Daniel E. Dykhuizen, »Experimental Studies of Natural Selection in

Bacteria«, in *Annual Review of Ecology and Systematics*, 21 (1990), S. 373–398.

12. Zitiert in Monroe W. Strickberger, *Evolution* (Boston, Mass., 1990), S. 34.

13. Eine halbwegs allgemeinverständliche Erklärung seiner eigenen Theorie lieferte Lord Kelvin (er war damals noch schlicht »W. Thomson« von der Universität Glasgow) 1862 in dem Artikel »On the Age of the Sun's Heat« in der März-Nummer von *Macmillan's Magazine*.

14. Thomas Henry Huxley, »On a Piece of Chalk«, in *Collected Essays*, Band 8: *Discourses: Biological and Geological* (London 1902), S. 31.

15. Niles Eldredge, *Time Frames: The Rethinking of Darwinian Evolution and the Theory of Punctuated Equilibria* (New York 1985). Mehrere unterschiedliche Arten von »Unterbrechungen« sind möglich. Jene, die von Eldredge und Stephen J. Gould – mit guten Gründen – hervorgehoben werden, sind keineswegs unvereinbar mit den vorherrschenden Ansichten unter Evolutionsbiologen seit dem Zweiten Weltkrieg (z. B. George G. Simpson, *Tempo and Mode in Evolution*, New York 1944) oder etwa mit den Ansichten von Darwin selbst (z. B. Richard Dawkins, *Der blinde Uhrmacher. Ein neues Plädoyer für den Darwinismus*, München 1987, Kapitel 9). Entgegen den Behauptungen von Anhängern des Schöpfungsglaubens stellt die Diskussion über das unterbrochene Gleichgewicht die Theorie der Evolution und der natürlichen Zuchtwahl nicht in Frage. Insbesondere Gould hat sich bei der Verteidigung der Darwinschen Evolutionstheorie im Schulunterricht hervorgetan.

16. Genauer gesagt, jeder Strang stellt einen komplementären Strang her, in dem As an die Stelle von Ts treten und Gs an die Stelle von Cs, und umgekehrt. Wenn dann der Komplementärstrang an der Reihe ist, sich zu reproduzieren, ergibt sich wieder ein genaues Doppel des ursprünglichen Strangs, und so weiter. Es handelt sich aber um die gleiche Erb*information*, die in jeder Generation kopiert wird.

17. Die RNS dient der DNS als Übermittler der Herstellungsaufträge für Protein in den Zellen. Sie fungiert ebenfalls als Katalysator bei der Synthese von Aminosäuren zu den von der DNS angeforderten Proteinen. (Vgl. M. Mitchell Waldrop, »Finding RNA Makes Proteins Gives ›RNA World‹ a Big Boost«, in *Science*, 256 [1992], S. 1396 f., sowie die anderen Artikel in *Science* vom 5. 6. 1992). Für eine immer größere Zahl von Molekularbiologen deuten diese Tatsachen auf eine frühe Form von

Leben hin, in der die RNS Speicherung, Replikation und Katalyse der genetischen Informationen ganz allein bewältigte. Erst später hätten demnach die DNS und die Proteine diese Aufgaben übernommen.

18. Jong-In Jong, Qing Feng, Vincent Rotello und Julius Rebek, Jr., »Competition, Cooperation, and Mutation: Improvement of a Synthetic Replicator by Light Irradiation«, in *Science*, 255 (1992), S. 848–850; und persönliche Mitteilung von J. Rebek, Jr. (1992). Einen Überblick über den gegenwärtigen Kenntnisstand gibt Leslie Orgel, »Molecular Replication«, in *Nature*, 358 (1992), S. 203–209.

19. Aus der Sammlung *Zen Poems of China and Japan: The Crane's Bill*, ins Englische übersetzt von Lucien Stryk und Takashi Ikemoto (New York 1973), S. XLII.

Kapitel 6: Wir und die anderen

1. Homer, *Ilias*, 22. Gesang, Zeile 262, in der Übertragung von Johann Heinrich Voß.

2. Lynn Margulis, *Symbiosis in Cell Evolution* (San Francisco 1981). Siehe auch: Lynn Margulis und Karlene V. Schwartz, *Die fünf Reiche der Organismen. Ein Leitfaden*, übers. von Bruno P. Kremer, Heidelberg 1989.

3. Andrew H. Knoll, »The Early Evolution of Eukaryotes: A Geological Perspective«, in *Science*, 256 (1992), S. 622–627.

4. Lynn Margulis, *Symbiosis in Cell Evolution*.

5. L. L. Woodruff, »Eleven Thousand Generations of *Paramecium*«, in *Quarterly Review of Biology*, 1 (1926), S. 436–438.

6. Z. Y. Kuo, »The Genesis of the Cat's Response to the Rat«, in *Journal of Comparative Psychology*, 11 (1930), S. 1–30.

7. Benjamin L. Hart, »Behavioral Adaptations to Pathogens and Parasites: Five Strategies«, in *Neuroscience and Biobehavioral Reviews*, 14 (1990), S. 273–294.

8. George C. Williams und Randolph M. Nesse, »The Dawn of Darwinian Medicine«, in *Quarterly Review of Biology*, 66 (März 1991), Nr. 1, S. 1–22.

9. Harry J. Jerison, »The Evolution of Biological Intelligence«, in Robert J. Sternberg (Hrsg.), *Handbook of Human Intelligence* (Cambridge u. a.

1982), Kapitel 12, Abbildung 12.11, S. 774. Vgl. auch *Intelligence and Evolutionary Biology*, Hrsg. Harry J. Jerison und Irene Jerison (Berlin 1988).

10. Diese Anschauung, die der Neurophysiologe Paul D. MacLean vor kurzem verteidigt hat, wird beschrieben in: Carl Sagan, *Die Drachen von Eden* (München 1978). MacLean stellt eine umfassende Zusammenfassung seiner Ansicht in *The Triune Brain in Evolution: Role in Paleocerebral Functions* (New York und London 1990) vor.

11. Dieser Ansatz wird Nicht-Fachleuten in Richard Dawkins' Buch *The Selfish Gene* (Oxford 1976, rev. Ausg. 1989) sehr schön erklärt. Deutsche Ausgabe: *Das egoistische Gen*, übersetzt von Karin de Sousa Ferreira (Berlin und New York 1978, 3. Aufl. 1988). In einem lebhaften Abschnitt (dt. 1978, S. 23–24) beschreibt Dawkins, wie sich die Gene zusammendrängen, »in riesigen Kolonien, sicher im Innern gigantischer, schwerfälliger Roboter, hermetisch abgeschlossen von der Außenwelt; sie verständigen sich mit ihr auf gewundenen, indirekten Wegen, manipulieren sie durch Fernsteuerung. Sie sind in dir und in mir, sie schufen uns, Körper und Geist; und ihr Fortbestehen ist der letzte Grund unserer Existenz. ... Wir sind ihre Überlebensmaschinen.«

12. Eine thematisch verwandte und sogar noch hitzigere Kontroverse – darüber, ob die Vogelmutter irgendeine Ahnung von dem hat, was sie tut, oder ob sie nur ein Automat auf Kohlenstoffbasis ist – wird weiter unten in diesem Kapitel angesprochen. Selbstlosigkeit auf Gegenseitigkeit, also ein Austausch gegenwärtiger Wohltaten gegen zukünftige in umgekehrter Richtung, wird auch von denen zugestanden, die ansonsten den Gedanken einer Gruppenzuchtwahl ablehnen.

13. Martin Daly und Margo Wilson, *Homicide* (New York und Berlin 1988), S. 88 und 89.

14. W. D. Hamilton, »The Genetical Evolution of Social Behavior«, in *Journal of Theoretical Biology*, 7 (1964), S. 1–51; John Maynard Smith, »Kin Selection and Group Selection«, in *Nature*, 201 (1964), S. 1145–1147.

15. Stellen Sie sich vor, daß die enggedrängte Gruppe (etwa von Insekten) die Gestalt einer Kugel hat. Die von der Gruppe erzeugte Hitze ist proportional zu ihrem Inhalt (der dritten Potenz ihrer Größe), aber die durch Abstrahlung von der Gruppe verlorene Hitze ist proportional zu ihrer Fläche (dem Quadrat ihrer Größe). Je größer deshalb die Gruppe ist,

desto mehr Hitze behält sie zurück. In einer großen Gruppe ist nur ein kleiner Bruchteil ihrer Mitglieder an der Oberfläche der Kugel – wo ein Individuum der Kälte ausgesetzt ist; die übrigen sind befriedigend an allen Seiten von warmen Körpern umgeben. Je kleiner die Gruppe ist, desto höher ist der Anteil von Individuen an der kühlen Oberfläche der Kugel.
16. Bis zu einer Obergrenze, an der die Individuen, die den Gegner anfallen, einander in den Weg geraten.
17. Richard Dawkins, *Das egoistische Gen* (Berlin 1978), S. 200–201, wo Dawkins eine Theorie von A. Zahavi referiert.
18. Richard Dawkins, *The Selfish Gene*, Vorwort zur revidierten Ausgabe (Oxford 1989). Eine abweichende Darstellung, heute eine Minderheitsmeinung, findet sich bei V. C. Wynne-Edwards, *Evolution Through Group Selection* (Oxford 1986): »Die weitverbreitete Ansicht, man könne die Gruppenzuchtwahl als wirksame evolutionäre Kraft einfach abtun, beruht auf Vorannahmen, nicht auf Beweisen. ... Dabei wird unkritisch von Erfahrungen der menschlichen Welt ausgegangen, von Betrügern, Kriminellen und Unterdrückern, die auf Kosten anderer Menschen leben. Gleichfalls wird die Tatsache ignoriert, daß alle lebensfähigen Ausbeuter in der Tierwelt notfalls auch in der Lage sein müssen, ihre eigene Zahl zu begrenzen.« (S. 313)
Es erscheint seltsam, daß – in der Realität wie bei zurechtkonstruierten optischen Täuschungen – zwei völlig verschiedene Interpretationen gleichwertig sein können. Doch in der Physik ist das gar nichts Besonderes – etwa in der Quantenmechanik oder beim Studium der Elementarteilchen; dort können zwei verschiedene Ansätze mit unterschiedlichen Ausgangshypothesen und verschiedenen mathematischen Berechnungen am Ende identische quantitative Ergebnisse zeitigen. Folglich müssen sie auch als gleichwertige Lösungsvorschläge des Problems gelten.
19. K. Aoki und K. Nozawa, »Average Coefficient of Relationship Within Troops of the Japanese Monkey and Other Primate Species with Reference to the Possibility of Group Selection«, in *Primates*, 25 (1984); S. 171–184; J. F. Crow und Kenichi Aoki, »Group Selection for a Polygenic Behavioral Trait: Estimating the Degree of Population Subdivision«, in *Proceedings, National Academy of Sciences*, 81 (1984), S. 6073–6077.
20. Aoki und Nozawa (vgl. Anm. 19).
21. Jules H. Masserman, S. Wechkin und W. Terris, »›Altruistic‹ Beha-

vior in Rhesus Monkeys«, in *American Journal of Psychiatry*, 121 (1964), S. 584, 585; Stanley Wechkin, J. H. Masserman und W. Terris, »Shock to a Conspecific as an Aversive Stimulus«, in *Psychonomic Science*, 1 (1964), S. 47, 48.
22. Besonders, wenn es eine Autoritätsperson gibt, die uns drängt, die Elektroschocks zu verpassen, sind wir Menschen beunruhigend schnell bereit, Schmerzen zu verursachen – und zwar für einen wesentlich geringeren Lohn, als ihn das Futter für einen hungrigen Makaken darstellt. (Vgl. Stanley Milgram, *Obedience to Authority: An Experimental View*, New York 1974.)
23. Homer, *Ilias*, 21. Gesang, Zeile 463–466, in der Übersetzung von Johann Heinrich Voß.

Kapitel 7: Als das Feuer noch neu war

1. Herakleitos, Fragmente aus »Über die Natur«, in *Die Anfänge der abendländischen Philosophie. Fragmente und Lehrberichte der Vorsokratiker*, übertragen von Michael Grünwald (Zürich 1949), S. 54 [= Bibliothek der Alten Welt].
2. Herakleitos, *Fragmente*, ebd., S. 61.
3. Wen-Hsiung Li und Dan Graur, *Fundamentals of Molecular Evolution* (Sunderland, Mass., 1991), S. 10–12.
4. B. Widegren, U. Arnason und G. Akusjarvi, »Characteristics of Conserved 1, 579-bp High Repetitive Component in the Killer Whale, *Orcinus orca*«, in *Molecular Biology and Evolution*, 2 (1985), S. 411–419; »bp« ist eine Abkürzung für »nucleotide basepairs« (Nukleotidpaare), symbolisiert durch die Buchstaben der genetischen Sequenzen.
5. Im Bereich menschlicher Gene kann dieses Stottern sehr ernste Folgen haben. Auf Chromosom 19 haben beispielsweise die meisten Menschen eine Sequenz von Nukleotiden, die CTGCTGCTGCTGCTG lautet, eine fünffache Wiederholung. Aber einzelne haben Hunderte oder sogar Tausende von CTG-Sequenzen, und sie leiden unter einer ernsten Krankheit, der sogenannten myotonischen Dystrophie oder Muskelschwund. Andere genetisch bedingte Erkrankungen haben ähnliche Ursachen.
6. M. Herdman, »The Evolution of Bacterial Genomes«, in *The Evolu-*

tion of Genome Size, Hrsg. T. Cavalier-Smith (New York 1985), S. 37–68.

7. Richard Dawkins, *Der blinde Uhrmacher. Ein neues Plädoyer für den Darwinismus*, aus dem Englischen von Karin de Sousa Ferreira (München 1990), S. 60–67; hier S. 65.

8. Persönliche Mitteilung von J. W. Schopf, 1991; Andrew W. Knoll, »The Early Evolution of Eukaryotes: A Geological Perspective«, in *Science*, 256 (1992), S. 622–627.

9. Philip W. Signor, »The Geologic History of Diversity«, in *Annual Review of Ecology and Systematics*, 21 (1990), S. 509–539.

10. Sewall Wright, *Evolution and the Genetics of Populations: A Treatise in Four Volumes*, Band 4: *Variability Within and Among Natural Populations* (Chicago 1978), S. 525.

11. Sewall Wright, »Surfaces of Selective Value Revisited«, in *The American Naturalist*, 131 (Januar 1988), Nr. 1, S. 122. Dieser Aufsatz entstand, als der bahnbrechende Erforscher der Populationsgenetik 98 Jahre alt war.

12. Vgl. Ilkka Hanski und Yves Cambefort (Hrsg.), *Dung Beetle Ecology* (Princeton, N. J., 1991); Natalie Angier, »In Recycling Waste, the Noble Scarab Is Peerless«, in *New York Times*, 19. Dezember 1991.

13. Charles Darwin, *Die Entstehung der Arten durch natürliche Zuchtwahl*, übersetzt von Carl W. Neumann (Stuttgart 1989), S. 107.

14. Clair Folsome, »Microbes«, in T. P. Snyder (Hrsg.), *The Biosphere Catalogue* (Fort Worth, Texas, 1985); zitiert nach Dorion Sagan, *Biospheres: Metamorphosis of Planet Earth* (New York 1990), S. 69.

Kapitel 8: Geschlecht und Tod

1. George Santayana, *The Works of George Santayana*, Band II, *The Sense of Beauty: Being the Outlines of Aesthetic Theory*, Hrsg. William G. Holzberger und Herman J. Saatkamp, Jr. (Cambridge, Mass.), 1988, Teil II, § 13, S. 41.

2. Arthur Schopenhauer, *Die Welt als Wille und Vorstellung* (1844), Ergänzungen zum vierten Buch, Kapitel 41; *Sämtliche Werke*, Hrsg. Arthur Hübscher (Wiesbaden 1949), Band 3, S. 581.

3. Die ersten klaren Erläuterungen der Sexualität sowohl als Mittel der

schnelleren Evolution wie auch als Ausweg – besonders für kleinere Populationen – aus der Falle der kumulativen Auswirkungen schädlicher Mutationen lieferte der Genetiker H. J. Muller: zum Beispiel in »Some Genetic Aspects of Sex«, in *American Naturalist*, 66 (1932), S. 118–138; oder in »The Relation of Recombination to Mutational Advance«, in *Mutation Research*, 1 (1964), S. 2–9. Theoretisch und experimentell wurden Mullers Thesen erhärtet durch: Joseph Felsenstein, »The Evolutionary Advantage of Recombination«, in *Genetics*, 78 (1974), S. 737–756; Graham Bell, *Sex and Death in Protozoa: The History of an Obsession* (Cambridge 1988); Lin Chao, Thutrang Than und Crystal Matthews, »Muller's Ratchet and the Advantage of Sex in the RNA Virus Φ6«, in *Evolution*, 46 (1992), S. 289–299.
Muller betonte, daß sexuelle Fortpflanzung zum Überleben kaum erforderlich gewesen sei, daß jedoch »mangelhafte Neukombination der Gene unter dem Gesichtspunkt langfristiger evolutionärer Fortschritte eine Spezies schwer benachteiligen würde, wenn sie mit Konkurrenten Schritt halten wollte, die sich sexuell fortpflanzen«. Der Gedanke, daß die Sexualität einer Spezies langfristige Vorteile verschafft, scheint ein gutes Beispiel für Gruppenzuchtwahl zu sein, wie ohne große Beunruhigung einer der Begründer der modernen Populationsgenetik, R. A. Fisher, feststellte (*The Genetical Theory of Natural Selection*, Oxford 1930). Fisher schlug auch in anderem Zusammenhang als einer der ersten vor, was oberflächlich wie Gruppenzuchtwahl aussehe, sei vielleicht doch eher Zuchtwahl nach Blutsverwandtschaft.
4. D. Crews, »Courtship in Unisexual Lizards: A Model vor Brain Evolution«, in *Scientific American*, 259 (Juni 1987), S. 116–121.
5. Raoul E. Benveniste, »The Contributions of Retroviruses to the Study of Mammalian Evolution«, in *Molecular Evolutionary Genetics*, Hrsg. R. J. MacIntyre (New York 1985), Kapitel 6.
6. Wir haben die Vielschichtigkeit und Vielfältigkeit sexueller Mechanismen sowohl auf der molekularen als auch auf der individuellen Ebene kaum berührt. Auch haben wir keinen vollständigen Eindruck von der Diskussion darüber gegeben, wozu die Sexualität dient. Eine ausgezeichnete kurze Zusammenfassung geben James L. Gould und Carol Grant Gould, *Sexual Selection* (New York 1989). Siehe auch das einflußreiche Buch von John Maynard Smith: *The Evolution of Sex* (Cambridge 1978); H. O. Halvorson und A. Monroy (Hrsg.), *The Origin and Evolution of*

Sex (New York 1985); Lynn Margulis und Dorion Sagan, *Origins of Sex* (New Haven, Conn., 1986); R. E. Michod und B. R. Levin, *The Evolution of Sex* (Sunderland, Mass., 1988); Alun Anderson, »The Evolution of Sexes«, in *Science*, 257 (1992), S. 324–326; und Bells in Anmerkung 3 zitiertes Werk.

7. D. J. Roberts, A. B. Craig, A. R. Berendt, R. Pinches, G. Nash, K. Marsh und C. J. Newbold, »Rapid Switching to Multiple Antigenic and Adhesive Phenotypes in Malaria«, in *Nature* 357 (1992), S. 689–692.

8. W. D. Hamilton, R. Axelrod und R. Tanese, »Sexual Reproduction as an Adaptation to Resist Parasites (A Review)«, in *Proceedings of the National Academy of Sciences*, 87 (1990), S. 3566–3573.

9. Helen Fisher, »Monogamy, Adultery, and Divorce in Cross-Species Perspective«, in Michael H. Robinson und Lionel Tiger (Hrsg.), *Man and Beast Revisited* (Washington, D. C. und London 1991), S. 97.

10. E. A. Armstrong, *Bird Display and Bird Behaviour: An Introduction to the Study of Bird Psychology* (New York 1965), S. 305.

11. W. D. Hamilton und M. Zuk, »Heritable True Fitness and Bright Birds: A Role for Parasites?«, in *Science*, 218 (1982), S. 384–387.

12. Dieses wunderbar lebendige Bild stammt von Frans de Waal, *Peacemaking Among Primates* (Cambridge, Mass., 1989), S. 11.

13. *Poems of the Aztec Peoples*, ins Englische übersetzt von Edward Kissam und Michael Schmidt (Tempe, Arizona, 1983), S. 47.

Kapitel 9: Welch schmale Grenze...

1. Alexander Pope, *Versuch am Menschen in vier Briefen an Herrn St. John Lord Bolingbroke*, aus dem Englischen übersetzt von Johann Jakob Harder (Halle 1772), S. 15 (1. Epistel, Verse 221–226).

2. Dies ist eine auf den neuesten Stand gebrachte Darstellung nach Jakob von Uexküll und Georg Kriszat, *Streifzüge durch die Umwelten von Tieren und Menschen. Ein Bilderbuch unsichtbarer Welten* (1934), zusammen mit Uexkülls *Bedeutungslehre* (Frankfurt am Main 1970), S. 6–15.

3. Die sechs Kohlenstoffatome bilden den Ring dieses Moleküls. Chemiker numerieren die Reihe von 1 bis 6 durch. Die Chloratome sind mit dem zweiten und sechsten Kohlenstoffatom verbunden (daher der Name des Moleküls). Wenn sie sich statt dessen etwa in den Positionen 2 und 5

befänden, würde die andersgeschlechtliche Zecke kein Interesse mehr zeigen.

4. Zecken sind spinnenartige Tiere mit acht Beinen, wie Spinnen, Taranteln und Skorpione. Praktische Bedeutung haben sie vor allem als Krankheitsüberträger bei Mensch und Tier: etwa für Rocky-Mountain-Fleckfieber, Meningitis und andere Krankheiten. Wir haben viele der zentralen Sinneswahrnehmungsfähigkeiten einer bestimmten Spezies beschrieben; andere Zeckenarten weisen bei genauerer Untersuchung andere Strategien und Fähigkeiten auf. Manche Arten haben in verschiedenen Stadien ihres Lebenszyklus nicht nur einen Wirtsorganismus, sondern sie leben auf drei verschiedenen Säugetieren. In Höhlen lebende Zecken warten manchmal jahrelang auf ein geeignetes Wirtstier. Zecken greifen chemisch in den Blutgerinnungsprozeß ihres Wirtes ein (Behinderung des Fibrinogens u. a.). Auf diese Weise können manche Arten bis zum Hundertfachen ihres eigenen Körpergewichts an Blut aufnehmen. Bei ihrer Suche nach Säugetierblut reagieren sie nicht nur auf Buttersäure, sondern auch auf Milchsäure ($CH_3HCOHCOOH$) und Ammoniak (NH_3). Pheromone dienen bei Zecken nicht nur dazu, das andere Geschlecht anzuziehen; es gibt zum Beispiel ein Versammlungs-Pheromon, um ganze Stämme in Felsspalten oder Höhlen zusammenzubringen. Vgl. Daniel E. Sonenshine, *Biology of Ticks*, Band 1 (New York 1991). Gleichwohl erscheint – heute wie in den dreißiger Jahren – das grundlegende Sinnesrüstzeug im Zeckenleben sehr einfach.

5. J. L. Gould und C. G. Gould, »The Insect Mind: Physics or Metaphysics?«, in D. R. Griffin (Hrsg.), *Animal Mind – Human Mind* (Report of the Dahlem Workshop Animal Mind – Human Mind, Berlin, March 22–27, 1981), Berlin u. a. 1982, S. 283.

6. Thomas H. Huxley, »On the Hypothesis that Animals Are Automata, and its History« (1874), in: *Collected Essays*, Band I, *Method and Results: Essays* (London 1901), S. 218.

7. Jakob von Uexküll und Georg Kriszat, *Streifzüge*, S. 53.

8. Karl von Frisch, *The Dancing Bees* (New York 1953); vgl. auch: *Aus dem Leben der Bienen* (Berlin [9]1977).

9. Einen provozierenden, modernen Beitrag zu diesem Thema (unter Bezugnahme auf Neurophysiologie und Informatik) liefert Daniel C. Dennett in *Consciousness Explained*, (Boston 1991). Optimistische Bewertungen der nahen Zukunft im Bereich der künstlichen Intelligenz

und des künstlichen Lebens geben Hans Moravec (*Mind Children*, Cambridge, Mass., 1988) und Maureen Codill (*In Our Own Image: Building an Artificial Person*, New York 1992). Pessimistischer ist Roger Penrose in *The Emperor's New Mind* (New York 1990).

10. Jakob von Uexküll und Georg Kriszat, *Streifzüge*, S. 39.

11. Renée Descartes, Brief an den Marquis von Newcastle, zitiert in Mortimer J. Adler und Charles Van Doren, *Great Treasury of Western Thought: A Compendium of Important Statements on Man and His Institutions By the Great Thinkers of Western History* (New York und London 1977), S. 12.

12. Aristoteles, *Tierkunde (De animalibus historia)*, 588 a 17. Vgl. *Tierkunde*, Hrsg. und Übers. Paul Gohlke (Paderborn 1949).

13. Charles Darwin, *Die Abstammung des Menschen und die geschlechtliche Zuchtwahl* (1871), Übers. J. Victor Carus (Stuttgart, 6. Aufl. 1919), Kapitel 1 und 3.

14. René Descartes, *Traité de l'Homme* (1664). *Über den Menschen*, Hrsg. und Übers. Karl E. Rothschuh (Heidelberg 1969), S. 56–57, 135–136.

15. Voltaire, Artikel »Bêtes«, *Dictionnaire philosophique* (1764) (Paris 1977), S. 50–51.

16. Thomas H. Huxley, »On Descartes' *Discourse Touching the Method of Using One's Reason Rightly and of Seeking Scientific Truth*« (1870) und »On the Hypothesis that Animals Are Automata, and Its History« (1874) in *Collected Essays*, Band I: *Method and Results: Essays* (London 1901), S. 186–187, 184, 187–189, 237–238 und 243–244.

17. J. L. Gould und C. J. Gould, »The Insect Mind: Physics or Metaphysics?«, in D. R. Griffin (Hrsg.), *Animal Mind – Human Mind* (Report of the Dahlem Workshop on Animal Mind – Human Mind, Berlin, 22.–27. März 1981), Berlin u. a. 1982, S. 288, 289 und 292.

Kapitel 10: Das vorletzte Heilmittel

1. Thomas Hobbes, *Leviathan, oder Stoff, Form und Gewalt eines bürgerlichen und kirchlichen Staates*, übersetzt von Walter Euchner, Hrsg. Iring Fetscher (Neuwied und Berlin 1966), S. 264 [= Teil II, Kapitel 30].

2. Dort beschreibt er außerdem sexuelle Zuchtwahl, in der die Männchen um die Gunst des Weibchens wetteifern, oder in der das Weibchen unter verschiedenen Männchen aufgrund einer Eigenschaft, die es anziehend findet, auswählt: »Diese Art von Zuchtwahl ist jedoch weniger streng als die andere«, sagte Darwin, »sie fordert nicht den Tod der Besiegten, sondern verringert nur ihre Nachkommenschaft.« – Charles Darwin, »Auszug aus einem unveröffentlichten Werke über den Artbegriff«, in: *Dokumente zur Begründung der Abstammungslehre vor 100 Jahren, 1858/59–1958/59*, Hrsg. Gerhard Heberer (Stuttgart 1959), S. 23.

3. Curt P. Richter, »Rats, Man, and the Welfare State«, in *The American Psychologist*, 14 (1959), S. 18–28.

4. John B. Calhoun, »Population Density and Social Pathology«, in *Scientific American*, 206 (Februar 1962), Nr. 2, S. 139–146 und 148, und weitere dort angeführte Literatur.

5. Frans de Waal, *Peacemaking Among Primates* (Cambridge, Mass., 1989).

6. Richard Dawkins, *Das egoistische Gen* (Berlin 1978), S. 140–142 argumentiert, daß niedrigere Geburtenraten als Reaktionen auf Überpopulation durch individuelle und durch Gruppenzuchtwahl gleich gut erklärt werden können.

7. John F. Eisenberg »Mammalian Social Organization and the Case of *Alouatta*«, in Michael H. Robinson und Lionel Tiger (Hrsg.), *Man and Beast Revisited* (Washington, D. C., und London 1991), S. 135.

8. Peter Marler, »*Golobus guereza:* Territoriality and Group Composition«, in *Science*, 163 (1969), S. 93–95.

9. John F. Eisenberg und Devra G. Kleiman, »Olfactory Communication in Mammals«, in *Annual Review of Ecology and Systematics*, 3 (1972), S. 1–32.

10. Darauf wies Charles Darwin in seiner Schrift aus dem Jahre 1872, *The Expression of the Emotions in Man and the Animals* (Chicago und London 1967), S. 119, hin; deutsch: *Der Ausdruck der Gemüthsbewegungen bei dem Menschen und den Thieren*, aus dem Englischen von J. Victor Carus, Nördlingen 1986 (Nachdruck der Ausgabe Stuttgart 1872).

11. C. G. Beer, »Study of Vertebrate Communication – Its Cognitive Implications«, in D. R. Griffin (Hrsg.), *Animal Mind – Human Mind*

(Report of the Dahlem Workshop Animal Mind – Human Mind, Berlin, March 22–27, 1981). Berlin u. a. 1982, S. 264.

12. Konrad Lorenz, *Das sogenannte Böse. Zur Naturgeschichte der Aggression*, München [8]1981, S. 171.

13. Ein Beispiel:

»Mein Freund und Lehrer Bill Drury lud mich eines Tages ein, auf einer kleinen Insel vor der Küste von Maine Vögel zu beobachten. Wir ließen Vogelbücher und Ferngläser zurück und schritten auf den nächsten kleinen Baum zu, der allein im offenen Gelände wuchs. Dann erzeugte er eine Reihe von hochtönenden Vogellauten, und bald begann sich der Baum mit Vögeln zu füllen, die ihrerseits eine Reihe von Rufen aussandten. Sowie der Baum sich mit Vögeln zu füllen begann, schien er immer mehr Vögel anzulocken, so daß alle kleinen Singvögel der Gegend wie durch Zauberkraft auf den Baum zuflitzten, unter dem wir standen. Unterdessen hatte Bill sich auf die Knie niedergelassen und vornübergebeugt; er stieß die meiste Zeit einen tiefen Ton aus, der wie Jammern klang. Die Vögel schienen tatsächlich in einer Schlange anzustehen, um aus unmittelbarer Nähe einen Blick auf Bill zu werfen; das heißt, sie hüpften von Zweig zu Zweig, bis sie auf einem Zweig zum Stehen kamen, der etwa zweieinhalb Meter vom Boden und nicht mehr als 60 Zentimeter von meinem Gesicht entfernt war. Während jeder Vogel herunterhüpfte, stellte Bill ihn wie auf ein Stichwort vor. ›Das ist eine männliche Kapuzenmeise. Man erkennt sie an der schwarzen Zeichnung am Nacken und den Schultern. Ich schätze, sie ist etwa zwei bis drei Jahre alt. Kannst du sehen, ob sie am Rücken, zwischen den Schultern, gelb ist? Daran kann man das Alter gut erkennen!‹

Für mich war der Augenblick äußerst zauberhaft. Im Verlauf einiger Minuten hatte Bill den Abstand zwischen uns und diesen Vögeln sowohl im körperlichen als auch im sozialen Sinne um ganze Größenordnungen verringert. Unsere Beziehung war nun so vollständig anders, daß mir persönliche Vorstellungen im Abstand von wenigen Dezimetern vergönnt waren. Bill nutzte offensichtlich einen Kunstgriff und hatte durch seinen Vogelgesang eine Art Trance herbeigeführt... Bill hatte zuerst nur die Angriffsschreie von ein paar der kleinen Sperlinge in der Gegend nachgeahmt und diese gelegentlich mit dem Schrei einer Eule unterbrochen. In der Nacht ist die Eule tödlich, aber tagsüber ist sie verletzlich, und Gruppen von Singvögeln werden sie lärmend umringen, (wahrscheinlich) um sie aus ihrem Gebiet zu vertreiben, oder auch, um sie aufzubringen und auf der Stelle zu töten. Dies zog sie in immer größerer Zahl zu dem Baum, da Ansammlungen zum Zweck der Vertreibung eines Außenseiters mit jedem Neuankömmling an individueller Sicherheit (wie auch Macht zum Aufbringen der Eule) gewinnen. Sobald sie auf dem Baum landeten, konnten sie jedoch nur zwei menschliche Wesen, aber keine Eule sehen. Das Vorbeugen von Bill und sein Schreien vom Boden her zielte darauf ab, den Eindruck zu erwecken, daß die Eule unter ihm verborgen sei. Dies brachte die Vögel so nahe heran, wie sie nur herankommen konnten, um einen guten Blick zu erhalten; so waren sie denn 60 Zentimeter vor meinen Augen plaziert. Anders als bei so manchem anderen Zauberstückchen, lenkte mich das Wissen darum, wie Bill seines vollbracht hatte, nicht von meinem Vergnügen ab.« (Robert Trivers, »Deceit and Self-Deception: The Relationship Between Communication and Consciousness«, in Michael H. Robinson und Lionel Tiger (Hrsg.), *Man and Beast Revisited* [Washington, D. C. und London 1991], S. 182–183.)

14. Mary Jane West-Eberhard, »Sexual Selection and Social Behavior«, in Michael H. Robinson und Lionel Tiger (Hrsg.), *Man and Beast Revisited* (Washington, D. C. und London 1991), S. 165.

15. T. J. Fillion und E. M. Blass, »Infantile Experience with Suckling Odors Determines Adult Sexual Behavior in Male Rats«, in *Science*, 231 (1986), S. 729–731.

16. Marc Aurel, *Wege zu sich selbst*, Buch II, Absatz 17, übertragen von Willy Theiler (Zürich 1958), S. 53 [= Bibliothek der Alten Welt].

Kapitel 11: Herrschaft und Unterwerfung

1. Charles Darwin, *Die Entstehung der Arten durch natürliche Zuchtwahl*, übersetzt von Carl W. Neumann (Stuttgart 1989), Kap. 15, S. 674.

2. Nach George Seldes, *The Great Thoughts* (New York 1985), S. 302.

3. Beispielsweise Natalie Angier, »Pit Viper's Life: Bizarre, Gallant and Venomous«, in *New York Times* (15. Oktober 1991), S. C1 und C10.

4. Schlangen kämpfen mit Sicherheit auch um Jagdgründe – Rattenschlangen kämpfen beispielsweise um Astlöcher in Bäumen, auf denen Vögel nisten. Der Verlierer sieht sich nach einem anderen Baum um.

5. David Duvall, Stevan J. Arnold und Gordon W. Schuett, »Pit Viper

Mating Systems: Ecological Potential, Sexual Selection, and Microevolution«, in *Biology of Pitvipers*, Hrsg. J. A. Campbell und E. D. Brodie, Jr. (Tyler, Tex., 1992).

6. B. J. Le Bœuf, »Male-male Competition and Reproductive Success in Elephant Seals«, in *American Zoologist*, 14 (1974), S. 163–176.

7. C. R. Cox und B. J. Le Bœuf, »Female Incitation of Male Competition: A Mechanism in Sexual Selection«, in *American Naturalist*, 111 (1977), S. 317–335.

8. Siehe beispielsweise Peter Maxim, »Dominance: A Useful Dimension of Social Communication«, in *Behavioral and Brain Sciences*, 4 (September 1981), Nr. 3, S. 444 und 445.

9. Charles Darwin, *Die Abstammung des Menschen und die geschlechtliche Zuchtwahl* (1871), aus dem Englischen übersetzt von J. Victor Carus (Stuttgart [6]1919), S. 624 (Teil II, Kap. 18).

10. Paul F. Brain und David Benton, »Conditions of Housing, Hormones, and Aggressive Behavior«, in Bruce B. Svare (Hrsg.), *Hormones and Aggressive Behavior* (New York und London 1983), S. 359.

11. Ebd., Tabelle II, »Characteristics of Dominant and Subordinate Mice from Small Groups«, S. 358.

12. Dominanz in einer Zweierbeziehung und der Dominanzrang innerhalb einer größeren Hierarchie entsprechen sich nicht notwendigerweise und können auch nicht immer auseinander erschlossen werden. Siehe Irwin S. Bernstein, »Dominance: The Baby and the Bathwater«, und die nachfolgenden Kommentare in *Behavioral and Brain Sciences*, 4 (September 1981), Nr. 3, S. 419–457. Manche Tiere unterscheiden nur zwischen Rangniedrigeren und Ranghöheren. Andere – Paviane beispielsweise – verhalten sich unterschiedlich gegen jene von sehr entferntem Rang und jene von nahezu gleichwertigem Rang. Siehe Robert M. Seyfarth, »Do Monkeys Rank Each Other?«, in Bruce B. Svare (Hrsg.), *Hormones and Aggressive Behavior* (New York und London 1983), S. 447–448.

13. W. C. Allee, *The Social Life of Animals* (Boston 1958), besonders S. 135.

14. Vero C. Wynne-Edwards, *Evolution Through Group Selection* (Oxford 1986), S. 8–9.

15. Neil Greenberg und David Crews, »Physiological Ethology of Aggression in Amphibians and Reptiles«, in Bruce B. Svare (Hrsg.), *Hor-*

mones and Aggressive Behavior (New York und London 1983), S. 483 (Warane), 481 (Krokodile), 474 (*Dendrobates*, südamerikanische Baumfrösche) und 483 (Skinks, eine Eidechsenart).
16. B. Hazlett, »Size Relations and Aggressive Behaviour in the Hermit Crab, *Clibanarius Vitatus*«, in *Zeitschrift für Tierpsychologie*, 25 (1968), S. 608–614.
17. Patricia S. Brown, Rodger D. Humm und Robert B. Fischer, »The Influence of a Male's Dominance Status on Female Choice in Syrian Hamsters«, in *Hormones and Behavior*, 22 (1988), S. 143–149.
18. Eines von vielen anderen Beispielen: Bart Kempenaers, Geert Verheyen, Marleen van den Broeck, Terry Burke, Christine van Broeckhoven und Andre Dhondt, »Extra-pair Paternity Results from Female Preference for High-Quality Males in the Blue Tit«, in *Nature*, 357 (1992), S. 494–496.
19. Mary Jane West-Eberhard, »Sexual Selection and Social Behavior«, in Michael H. Robinson und Lionel Tiger (Hrsg.), *Man and Beast Revisited* (Washington, D. C., und London 1991), S. 165.
20. Im Jahre 1857 schrieb Elizabeth Cady Stanton: »Wie vollkommen doch [das Kleid einer Frau] ihre Stellung beschreibt. Ihre eingeschnürte Taille und die langen, schleifenden Röcke nehmen ihr den Atem und berauben sie aller Bewegungsfreiheit. Kein Wunder, daß der Mann ihr in ihrem Reich Vorschriften macht. Sie bedarf bei jeder Gelegenheit seiner Hilfe. Er muß ihr die Treppen hinauf und hinunter, in die Kutsche hinein und aus ihr heraus, aufs Pferd, den Hügel hinan, über den Graben und über den Zaun helfen; auf diese Weise lehrt er sie die Poesie der Abhängigkeit.« (Jeanette C. Lauer und Robert L. Lauer, »The Language of Dress: A Sociohistorical Study of the Meaning of Clothing in America«, in *Canadian Review of American Studies*, 10 (1979), S. 305–323.) Seit 1857 hat sich vieles in erstaunlichem Maße verändert, obwohl die Poesie der Abhängigkeit in der Damenmodenindustrie immer noch in breitem Rahmen vorgetragen wird.
21. Owen R. Floody, »Hormones and Aggression in Female Mammals«, in Bruce B. Svare (Hrsg.), *Hormones and Aggressive Behavior* (New York und London 1983), S. 51 und 52.

Kapitel 12: Die Vergewaltigung der Kainis

1. Sophokles, »Antigone«, Zeile 788–790, in: Sophokles, *Tragödien*, Hrsg. Wolfgang Schadewaldt (Zürich 1968), S. 65–117, hier S. 96 [= Bibliothek der Alten Welt].
2. Euripides, »Hippolytos«, Zeile 1271–1278, in: Euripides, *Die Tragödien und Fragmente*, Band I, bearbeitet von Franz Stoessl (Zürich 1958), S. 269–328, hier S. 322.
3. Ovid, *Metamorphosen*, Buch XII, Zeile 189–536, Hrsg. und Übers. Hermann Breitenbach (Zürich 1958), S. 822/23–856/57 [= Bibliothek der Alten Welt]. Die hier wörtlich zitierten Wendungen finden sich in den Zeilen 190/91, 206/07, 472/73, 476, 480, 506 und 508; *Der Kleine Pauly. Lexikon der Antike in fünf Bänden*, Hrsg. Konrat Ziegler und Walther Sontheimer (München 1975), Band 3, Sp. 47; Robert Graves, *The Greek Myths* (Harmondsworth 1955 und 1960), Band 1, S. 260–262; Froma Zeitlin, »Configurations of Rape in Greek Myth«, in Sylvanas Tomaselli und Roy Porter (Hrsg.), *Rape: An Historical and Social Enquiry* (Oxford und New York 1986), S. 133 und 134.
4. Kleinere Mengen von Androgenen werden in der Adrenalindrüse im Mark der Nebenniere und in der Plazenta hergestellt.
5. R. M. Rose, I. S. Bernstein und J. W. Holaday, »Plasma Testosterone, Dominance Rank, and Aggressive Behavior in a Group of Male Rhesus Monkeys«, in *Nature*, 231 (1971), S. 366–368; G. G. Eaton und J. A. Resko, »Plasma Testosterone and Male Dominance in a Japanese Macaque *(Macaca fuscata)* Troop Compared with Repeated Measures of Testosterone in Laboratory Males«, in *Hormons and Behavior*, 5 (1974), S. 251–259.
6. Peter Marler und William J. Hamilton III., *Mechanisms of Animal Behavior* (New York 1966), S. 177.
7. D. Michael Stoddart, *The Scented Ape: The Biology and Culture of Human Odour* (Cambridge 1990), S. 136, 137 und 163.
8. J. Money und A. Ehrhardt, *Man and Woman, Boy and Girl: The Differentiation and Dimorphism of Gender Identity from Conception to Maturity* (Baltimore 1972); J. Money und M. Schwartz, »Fetal Androgens in the Early Treated Adrenogenital Syndrome of 46XX Hermaphroditism: Influence on Assertive and Aggressive Types of Behavior«, in *Aggressive Behavior*, 2 (1976), S. 19–30.

9. Aristoteles, *Über die Entstehung der Tiere*, 737 a 28.
10. Stephan Hansen, »Mechanism Involved in the Control of Punished Responding in Mother Rats«, in *Hormones and Behavior*, 24 (1990), S. 186–197.
11. Mary Midgley, *Beast and Man* (Ithaca, N. Y., 1978), S. 39.
12. John Sparks mit Tony Soper, *Parrots: A Natural History* (New York, Oxford und Sydney 1990), S. 90.
13. Owen R. Floody, »Hormones and Aggression in Female Mammals«, in Bruce B. Svare (Hrsg.), *Hormones and Aggressive Behavior* (New York 1983), S. 44–46.
14. Alfred M. Dufty, Jr., »Testosterone and Survival: A Cost of Aggressiveness?«, in *Hormones and Behavior*, 23 (1989), S. 185–193.
15. Stephan Hansen, »Mechanisms Involved in the Control of Punished Responding in Mother Rats«, in *Hormones and Behavior*, 24 (1990), S. 186–197.
16. Persönliches Gespräch mit Lester Grinspoon, Harvard Medical School, im Jahre 1991.
17. John C. Wingfield und M. Ramenofsky, »Testosterone and Aggressive Behaviour during the Reproductive Cycle of Male Birds«, in R. Gilles und J. Balthazart (Hrsg.), *Neurobiology* (Berlin und Heidelberg 1985), S. 92–104.
18. Persönliche Mitteilung im Jahre 1991 durch Stephen T. Emlen, Cornell University.
19. R. L. Sprott, »Fear Communication via Odor in Inbred Mice«, in *Psychological Reports*, 25 (1969), S. 263–268; John F. Eisenberg und Devra G. Kleiman, »Olfactory Communication in Mammals«, in *Annual Review of Ecology and Systematics*, 3 (1972), S. 1–32.
20. Diese klassischen Versuche wurden 1939 von Konrad Lorenz und 1948 von Nikko Tinbergen beschrieben. Einige spätere Forschungen legen den Gedanken nahe, daß Hühner- und Gänseküken weniger verängstigt auf den Schattenriß reagieren, sobald sie sich an ihn gewöhnt haben (und daran, daß er niemanden frißt). Wolfgang Schleidt (»Über die Auslösung der Flucht vor Raubvögeln bei Truthühnern«, in *Die Naturwissenschaften*, 48 (1961), S. 141–142), kommt zu dem Schluß, daß am Boden lebende Vögel sich vor *jedem* ungewohnten fliegenden Schattenriß fürchten, sich mit der Zeit an den harmlosen Schatten einer fliegenden Gans gewöhnen, aber ihre Angst vor dem weniger gewohnten Schatten eines Habichts

beibehalten. Der Vergleich mit der Scheu eines Kleinkindes vor Fremden und seiner Furcht vor »Gespenstern« drängt sich hier auf.

21. Peter Marler, »Communication Signals of Animals: Emotion or Reference?«, Vortrag vom 20. Juli 1991, Centennial Conference, Department of Psychology, Cornell University.

22. Marcel Gyger, Stephen J. Karakashian, Alfred M. Dufty, Jr., und Peter Marler, »Alarm Signals in Birds: The Role of Testosterone«, in *Hormones and Behavior*, 22 (1988), S. 305–314.

23. D. Michael Stoddart, *The Scented Age: The Biology and Culture of Human Odour* (Cambridge 1990), S. 116–119.

24. Die betreffenden Chemikalien sind Gamma-Amino-Buttersäure und Serotonin. Vgl. beispielsweise John Franklin, *Molecules of the Mind* (New York 1987), S. 155–157.

25. Heidi H. Swanson und Richard Schuster, »Cooperative Social Coordination and Aggression in Male Laboratory Rats: Effects of Housing and Testosterone«, in *Hormones and Behavior*, 21 (1987), S. 310–330.

Kapitel 13: Der Ozean des Werdens

1. Edward Conze (Hrsg.), *Buddhist Scriptures*, Harmondsworth 1959, S. 241.

2. Die anfängliche Verbreitungsrate der Mutation innerhalb der Population ist sehr gering. Den Schätzwert, daß es etwa tausend Generationen dauert, bis sich die Genhäufigkeit von 0,001 (fast niemand) auf 0,9 (fast jedes Mitglied der Population) erhöht hat, verdanken wir dem Populationsgenetiker James F. Crow.

3. Sewall Wright, *Evolution and the Genetics of Populations: A Treatise in Four Volumes*, Band 4: *Variability Within and Among Natural Populations* (Chicago 1978); Sewall Wright, *Evolution: Selected Papers*, Hrsg. William B. Provine (Chicago 1986); Sewall Wright, »Surfaces of Selective Value Revisited«, in *The American Naturalist*, 131 (1988), Nr. 1, S. 115–123; William B. Provine, *Sewall Wright and Evolutionary Biology* (Chicago 1986); J. F. Crow, W. R. Engels und C. Denniston, »Phase Three of Wright's Shifting-Balance Theory«, in *Evolution*, 44 (1990), S. 233–247; siehe auch Roger Lewin, »The Uncertain Perils of an Invisible Landscape«, in *Science*, 240 (1988), S. 1405 und 1406.

4. Carl Sagan, »Croesus and Cassandra: Policy Responses to Global Change«, in *American Journal of Physics*, 58 (1990), S. 721–730.
5. Plutarch, »Antonius«, Absatz 27; in: Plutarch, *Große Griechen und Römer*, Band V, S. 301–387, hier 326/27, übersetzt von Konrat Ziegler (Zürich 1960) [= Bibliothek der Alten Welt].
6. Stewart Henry Perowne, Artikel »Cleopatra« in *Encyclopaedia Britannica*, Macropaedia, Bd. 4, Sp. 712.
7. Graham Bell, *Sex and Death in Protozoa: The History of an Obsession* (Cambridge u. a. 1988), S. 65–66.
8. K. Ralls, J. D. Ballou und A. Templeton, »Estimates of Lethal Equivalents and Cost of Inbreeding in Mammals«, in *Conservation Biology*, 2 (1988), S. 185–193; P. H. Harvey und A. F. Read, »Copulative Genetics: When Incest Is Not Best«, in *Nature*, 336 (1988), S. 514–515.
9. James L. Gould und Carol Grant Gould, *Sexual Selection* (New York 1989), S. 64.
10. Anne E. Pusey und Craig Packer, »Dispersal and Philopatry«, in Barbara B. Smuts, Dorothy L. Cheney, Robert M. Seyfarth, Richard W. Wrangham und Thomas T. Struhsaker (Hrsg.), *Primate Societies* (Chicago 1986), Kapitel 21, S. 263.
11. P. H. Harvey und K. Ralls, »Do Animals Avoid Incest?«, in *Nature*, 320 (1986), S. 575 und 576; D. Charlesworth und B. Charlesworth, »Inbreeding Depression and Its Evolutionary Consequences«, in *Annual Review of Ecology and Systematics*, 18 (1987), S. 237–268. Der zuletzt erwähnte Beitrag enthält eine gute Zusammenfassung der Mittel, durch die das Inzesttabu bei Pflanzen geltend gemacht wird.
12. John Paul Scott und John L. Fuller, *Genetics and the Social Behavior of the Dog* (Chicago 1965), S. 406 und 407.
13. William J. Schull und James V. Neel, *The Effects of Inbreeding on Japanese Children* (New York 1965).
14. Morton S. Adams und James V. Neel, »Children of Incest«, in *Pediatrics*, 40 (1967), S. 55–62.
15. Theodosius Dobzhansky, *Dynamik der menschlichen Evolution. Gene und Umwelt*, aus dem Amerikanischen übersetzt von Gerhard Heberer (Frankfurt am Main 1965), S. 332.
16. Über ausreichend lange Zeiträume hin bringt Isolierung – auch in großen Populationen – Verschiedenheit hervor. Als beispielsweise der Großkontinent Pangäa auseinanderbrach, waren die Populationen auf

benachbarten Landmassen nicht länger in der Lage (oder zumindest nicht in großem Umfang in der Lage), sich miteinander zu paaren. Genverknüpfungen, die sich auf einem Kontinent festigten, konnten in keinem Fall automatisch auf einen anderen übertragen werden; Paarungen außerhalb der eigenen Gruppe verbanden nicht mehr länger die Genspeicher weiträumig getrennter Populationen. Die einzigartige Biologie von so isolierten Regionen wie Australien, Neuseeland, Madagaskar und den Galapagosinseln verdankt sich vor allem solcher tektonischer Isolierung.

17. George Gaylord Simpson, *Zeitmaße und Ablaufformen der Evolution (Tempo and Mode in Evolution)*, übersetzt und eingeleitet von Gerhard Heberer (Göttingen 1951), S. 162.

18. Wir anerkennen gemeinsam mit Wright, daß wir hier nahe daran sind, das Vorhandensein von Gruppenzuchtwahl vorauszusetzen. Aber jede Beweisführung zugunsten optimaler Gen*häufigkeiten* innerhalb einer Population muß dies tun, meinen wir.

19. John Tyler Bonner, *The Evolution of Culture in Animals* (Princeton, New Jersey), S. 186: »Wir können die Samen, die Ursprünge von allem, was wir über unsere Kultur wissen, in der fernen Vergangenheit sehen. Dies bedeutet, daß jede Facette unserer Kultur von einem Verständnis der Biologie profitieren kann, von der sie ausging.«

Kapitel 14: Bandenviertel

1. T.H. Huxley, *Evidence as to Man's Place in Nature* (London und Edinburgh 1863), S. 59.

Kapitel 15: Demütigende Überlegungen

1. Bonaventura (d.i. Johannes Fidanza), *Legenda Sancti Francisci* (um 1262), in der Übersetzung der Sibilla von Bondorf herausgegeben von David Brett-Evans (Berlin 1960), Kapitel 8, S. 92.

2. [Charles Bonnet,] *Karl Bonnets Betrachtungen über die Natur* (1780), mit Anmerkungen und Zusätzen herausgegeben von Johann Daniel Titius, Leipzig 1803, 5. Aufl., Erster Band, III. Teil, XXX. Hauptstück: »Übergang von den vierfüßigen Thieren zum Menschen. Der Affe«, S. 139.

3. *Geographici Graeci Minores*, Hrsg. C. Müller, 2 Bände, Paris 1855–1861, Band 1, S. 1–14. Zu Hannos Expedition im allgemeinen vgl. Jacques Ramin, »The Periplus of Hanno«, in *British Archaeological Reports*, Supplementary Series, Band 3 (Oxford 1976). Eine wissenschaftliche Erörterung der Frage, welche Primaten Hanno und seine Männer schlachteten, findet sich bei William Coffmann McDermott, *The Ape in Antiquity* (Baltimore 1938), S. 51–55.
4. Aristoteles, *Tierkunde (De animalibus historia)*, Buch 2, 8–9 (502a/502b). Hrsg. und Übers. Paul Gohlke (Paderborn 1949), S. 90–92.
5. H. W. Janson, *Apes and Ape Lore in the Middle Ages and the Renaissance*, London 1952.
6. Paul H. Barrett u. a. (Hrsg.), *Charles Darwin's Notebooks, 1836–1844* (Ithaca, New York, 1987), S. 539.
7. Thomas N. Savage und Jeffries Wyman, »Observations on the External Characters and Habits of the Troglodytes niger, by Thomas N. Savage, M. D., and on its Organization, by Jeffries Wyman, M. D.«, in *Boston Journal of Natural History*, 4 (1843/44); zitiert in Thomas Henry Huxley, *Man's Place in Nature and Other Anthropological Essays* (London und New York 1901).
8. Zitiert bei Keith Thomas, *Man and the Natural World: A History of Modern Sensibility* (New York 1983), S. 66.
9. William Congreve, *Der Lauf der Welt. Eine lieblose Komödie*, Deutsch von Wolfgang Hildesheimer (Frankfurt am Main 1986), S. 38 und 46.
10. Brief vom 10. Juli 1695, in William Congreve, *Letters and Documents*, Hrsg. John C. Hodges (New York 1964), S. 178.
11. Jeremy Collier, *A Short View of the Immorality and Profaneness of the English Stage*, London 1698 (Nachdruck: Hrsg. Benjamin Hellinger, New York und London 1987), S. 13.
12. G. L. Prestige, *The Life of Charles Gore: A Great Englishman* (London 1935), S. 431 und 432.
13. Claudius Aelianus, zitiert von W. C. McDermott, *The Ape in Antiquity* (Baltimore 1938), S. 76.
14. Nach ihm wurde die Londoner *Linnaean Society* benannt, in deren Journal die Welt erstmals durch Darwin und Wallace auf die natürliche Zuchtwahl aufmerksam gemacht wurde.
15. Arthur O. Lovejoy, *The Great Chain of Being: A Study of the History of an Idea* (Cambridge, Mass., 1953), S. 235.

16. Brief an J. G. Gmelin vom 14. Februar 1747, zitiert nach George Seldes, *The Great Thoughts* (New York 1985), S. 247.
17. Thomas Henry Huxley, *Evidence as to Man's Place in Nature* (London und Edinburgh 1863), S. 69 und 70.
18. Ebd., S. 102.
19. Zitiert in Monroe W. Strickberger, *Evolution* (Boston 1990), S. 57.
20. Michael M. Miyamoto und Morris Goodman, »DNA Systematics and Evolution of Primates«, in *Annual Review of Ecology and Systematics*, 21 (1990), S. 197–220. Beim Menschen liegen die Gene mit den Codes für Beta-Globin auf dem 11. Chromosom.
21. M. Goodman, B. F. Koop, J. Czelusniak, D. H. A. Fitch, D. A. Tagle und J. L. Slightom, »Molecular Phylogeny of the Family of Apes and Humans«, in *Genome*, 31 (1989), S. 316–335; sowie persönliche Mitteilung von Morris Goodman aus dem Jahre 1992. Ähnliche Ergebnisse erbrachten auch Untersuchungen der DNS unter dem Gesichtspunkt von Hybridbildungen: C. G. Sibley, J. A. Comstock und J. E. Ahlquist, »DNA Hybridization Evidence of Hominoid Phylogeny: A Reanalysis of the Data«, in *Journal of Molecular Evolution*, 30 (1990), S. 202–236.
22. Diese Feststellungen beruhen auf Datenmaterial in Monroe W. Strickberger, *Evolution* (Boston 1990), S. 227 und 228.
23. Zum Beispiel Richard C. Lewontin, »The Dream of the Human Genome«, in *New York Review of Books*, 28. Mai 1992, S. 31–40. (Dies ist übrigens eine fesselnde kritische Besprechung der Argumente, die zur Rechtfertigung des Projekts der Kartierung aller ungefähr vier Milliarden Nukleotide in der menschlichen DNS vorgebracht wurden. Lewontin befindet sich damit im Widerspruch zu den Ansichten vieler bekannter Molekularbiologen. Siehe auch: Richard C. Lewontin, Steven Rose, Leon J. Kamin, *Die Gene sind es nicht...: Biologie, Ideologie und menschliche Natur*, München u. a. 1988.) Vgl. auch Anmerkung 21.
24. Donald R. Griffin, »Prospects for a Cognitive Ethology«, in *Behavioral and Brain Sciences*, 1 (1978), Nr. 4, S. 527–538. Vgl. Donald R. Griffin, *Wie Tiere denken. Ein Vorstoß ins Bewußtsein der Tiere*, Übers. Elisabeth M. Walther (München 1990), S. 18 f., 36–42.
25. Jane Goodall, *The Chimpanzees of Gombe: Patterns of Behavior* (Cambridge, Mass., 1986); Jane Goodall, *Through a Window: My*

Thirty Years with the Chimpanzees of Gombe (Boston 1990); Toshisada Nishida und Mariko Hiraiwa-Hasegawa, »Chimpanzees and Bonobos: Cooperative Relationships among Males«, in Barbara B. Smuts, Dorothy L. Cheney, Robert M. Seyfarth, Richard W. Wrangham und Thomas T. Struhsaker (Hrsg.), *Primate Societies* (Chicago 1986), Kapitel 15; Toshisada Nishida, »Local Traditions and Cultural Transmission«, ebd., Kapitel 38; Toshisada Nishida (Hrsg.), *The Chimpanzees of the Mahale Mountains: Sexual and Life History Strategies* (Tokyo 1990); Frans de Waal, *Chimpanzee Politics: Power and Sex among Apes* (New York 1982); Frans de Waal, *Peacemaking among Primates* (Cambridge, Mass., 1989).

26. B. M. F. Galdikas, »Orangutan Reproduction in the Wild«, in C. E. Graham (Hrsg.), *Reproductive Biology of the Great Apes* (New York 1981), S. 281–300.

27. Anne C. Zeller, »Communication by Sight and Smell«, in Barbara B. Smuts, Dorothy L. Cheney, Robert M. Seyfarth, Richard W. Wrangham und Thomas T. Struhsaker (Hrsg.), *Primate Societies* (Chicago 1986), Kapitel 35, S. 438.

28. Jane Goodall, *The Chimpanzees of Gombe: Patterns of Behavior* (Cambridge, Mass., 1986), S. 368.

29. Dies ähnelt sehr der Vergeltung, die – am furchterregenden Ende eines der schönsten Psalmen – die Juden in der Babylonischen Gefangenschaft auf die Kinder derer, die sie gefangengenommen hatten, herabwünschen: »Du verstörete Tochter Babel, wohl dem, der dir vergelte, wie du uns getan hast. / Wohl dem, der deine jungen Kinder nimmt, und zerschmettert sie an den Steinen.« (Psalm 137, Vers 8–9, Luther-Übersetzung)

30. Janis Carter, »A Journey to Freedom«, in *Smithsonian*, 12 (April 1981), S. 90–101.

31. Jane Goodall, *The Chimpanzees of Gombe: Patterns of Behavior* (Cambridge, Mass., 1986), S. 490 und 491.

32. Keith Thomas, *Man and the Natural World: A History of the Modern Sensibility* (New York 1983), S. 22.

33. Euripides, »Die Troerinnen«, Zeilen 946–947 und 961–964, in Euripides, *Die Tragödien und Fragmente*, Band II, bearbeitet von Franz Stoessl (Zürich 1958), S. 232–285, hier S. 268.

Kapitel 16: Affenleben

1. In: Greg Whincup (Hrsg. und Übers.), *The Heart of Chinese Poetry* (New York 1987), S. 48.
2. Die Hauptquellen für nicht im einzelnen belegte Details über das Leben der Schimpansen in den Kapiteln 14, 15 und 16 sind die Veröffentlichungen von Jane Goodall, Toshisada Nishida und Frans de Waal (vgl. Anmerkung 25 zu Kapitel 15).
3. Sun Tsu, *Wahrhaft siegt, wer nicht kämpft. Die Kunst der richtigen Strategie*, Deutsch von Ingrid Fischer-Schreiber (Freiburg im Breisgau 1990), S. 97 (Buch III, Vers 1).
4. Frans de Waal, *Peacemaking among Primates* (Cambridge, Mass., 1989), S. 49.
5. Frans de Waal, *Chimpanzee Politics: Power and Sex Among Apes* (New York 1982), S. 37 und 38.
6. Hier ein Auszug aus Darwins Erklärung der rosaroten Hinterteile während der Liebessaison der Schimpansen:

> Bei der Besprechung der geschlechtlichen Zuchtwahl in meiner »Abstammung des Menschen« interessierte und beunruhigte mich kein Umstand so sehr, als die lebhafte Färbung der hinteren Körperendung und ihrer angrenzenden Partien bei gewissen Affen. Da diese Teile bei dem einen Geschlechte lebhafter gefärbt sind als bei dem andern, und während der Paarungszeit glänzender werden, schloß ich, daß diese Farben als geschlechtliche Anziehungsmittel erworben seien. Mir war wohl bewußt, daß ich mich dadurch der Verspottung bloßstellte, obgleich es in der Tat nicht erstaunlicher ist, wenn ein Affe sein glänzendes rotes Hinterende zur Schau stellt, als wenn ein Pfauhahn seinen prachtvollen Schwanz entfaltet. Ich hatte indessen zu jener Zeit keinen Beweis, daß Affen diesen Teil ihres Körpers während der Brautwerbung zur Schau stellen, und doch liefert eine derartige Schaustellung bei den Vögeln den besten Beweis, daß die Zierate der Männchen denselben zur Anziehung und Erregung der Weibchen dienen.... Joh. v. Fischer in Gotha... findet, daß nicht allein der Mandrill *(Cynocephalus Mormon)*, sondern auch der Drill *(Cynocephalus leucophaeus)* und drei andere Arten von Pavianen *(Cynocephalus Hamadryas, Cynocephalus Sphinx* und *Cynocephalus Babouin)* sowie der

Mohren- oder Schopf-Pavian *(Cynopithecus niger)* und der Bunder- und Schweinsaffe *(Macacus Rhesus* und *Macacus nemestrinus)* diesen Teil ihres Körpers, welcher bei allen genannten Arten mehr oder weniger glänzend gefärbt ist, wie eine Art Begrüßung gegen ihn und andere Personen wendeten, wenn sie vergnügt waren. Er gab sich Mühe, einen Bunder *(Macacus Rhesus)*, welchen er fünf Jahre lang hielt, von dieser unziemlichen Gewohnheit zu heilen und hatte zuletzt Erfolg darin. Diese Affen sind besonders geneigt, in solcher Weise unter gleichzeitigem Grinsen zu verfahren, wenn sie zu einem neuen Affen hereingebracht werden, aber oft handeln sie ihren alten Freunden unter den Affen gegenüber ebenso und beginnen nach dieser gegenseitigen Schaustellung miteinander zu spielen. ...

Jene Gewohnheit ist aber bei erwachsenen Tieren bis zu einer gewissen Ausdehnung auch mit sexualen Empfindungen verknüpft, denn v. Fischer beobachtete durch eine Glastür ein Weibchen von *Cynopithecus niger*, welches sich während mehrerer Tage »umdrehte und dem Männchen mit gurgelnden Tönen die stark gerötete Sitzfläche zeigte, was ich früher nie an diesem Tier bemerkt hatte. Beim Anblick dieses Gegenstandes erregte sich das Männchen sichtlich, denn es polterte heftig an den Stäben, ebenfalls gurgelnde Laute ausstoßend.« Da nach J. v. Fischer alle diejenigen Affen, welche an den Hinterteilen ihrer Körper mehr oder weniger glänzende Farben zeigen, an offenen, felsigen Orten leben, glaubt er, daß diese Farben dazu dienen, ein Geschlecht dem anderen aus einiger Entfernung sichtbar zu machen; da jedoch Affen in hohem Grade herdenbildende Tiere sind, würde ich gedacht haben, daß für die Geschlechter keine Notwendigkeit vorhanden sei, einander aus der Entfernung zu erkennen. Es scheint mir wahrscheinlicher, daß die glänzenden Farben, ob am Gesicht oder am Hinterteil oder an beiden Orten, wie beim Mandrill, als geschlechtlicher Schmuck und als Anziehungsmittel dienen. ...

Charles Darwin, »Die geschlechtliche Zuchtwahl im Bezug auf die Affen« (1876), in *Gesammelte kleinere Schriften von Charles Darwin*, Übers. und Hrsg. Ernst Krause (Leipzig 1986), S. 128–131.

7. Robert M. Yerkes und J. H. Elder, »Oestrus, Receptivity and Mating in the Chimpanzee«, in *Comparative Psychology Monographs*, 13 (1936), S. 1–39.

8. Helen Fisher, »Monogamy, Adultery, and Divorce in Cross-Species

Perspective«, in Michael H. Robinson und Lionel Tiger (Hrsg.), *Man and Beast Revisited* (Washington, D. C., und London 1991), S. 98.
9. Frans de Waal, *Peacemaking among Primates* (Cambridge, Mass., 1989), S. 82.
10. Sarah Blaffer Hrdy, »The Primate Origins of Human Sexuality«, in Robert Bellig und George Stevens (Hrsg.), *Nobel Conference XXIII: The Evolution of Sex* (San Francisco 1988), S. 112ff.
11. Kelly J. Stewart und Alexander H. Harcourt, »Gorillas: Variation in Female Relationships«, in Barbara B. Smuts, Dorothy L. Cheney, Robert M. Seyfarth, Richard W. Wrangham und Thomas T. Struhsaker (Hrsg.), *Primate Societies* (Chicago 1986), Kapitel 14, S. 163.
12. Aus der Arbeit von Nicholas Davies in Großbritannien; Mitteilung von Stephen Emlen in einem persönlichen Gespräch im Jahre 1991.
13. Emily Martin, »The Egg and the Sperm: How Science Has Constructed a Romance Based on Stereotypical Male-Female Roles«, in *Signs: Journal of Women in Culture and Society*, 16 (1991), S. 485–501. Vgl. auch dies., *Die Frau im Körper: Weibliches Bewußtsein, Gynäkologie und die Reproduktion des Lebens*, aus dem Englischen von Walmot Möller-Falkenberg (Frankfurt am Main und New York 1989).
14. Dies gilt in gewissem Ausmaß nur eingeschränkt, weil die Eigenschaften der Samenzellen von den Genen des *Vaters* bestimmt werden, nicht dagegen die DNS-Anweisungen zur Herausbildung der nächsten Generation, die in den Samenzellen selbst enthalten ist. Der Wettbewerb zwischen Samenzellen hat in jedem Fall bei jenen Tieren – ganz besonders den Primaten – große Bedeutung, bei denen mehr als ein Männchen in rascher Folge in ein bestimmtes Weibchen ejakuliert.
15. Jane Goodall, *The Chimpanzees of Gombe: Patterns of Behavior* (Cambridge, Mass., 1986), S. 366.
16. Hippolyte A. Taine, *History of English Literature*, ins Englische übers. von H. van Laun (Edinburgh [2]1872), Band I, S. 340.
17. Jacqueline Goodchild und Gail Zellman, »Sexual Signaling and Sexual Aggression in Adolescent Relationships«, in *Pornography and Sexual Aggression*, Hrsg. Neil Malamuth und Edward Donnerstein (New York 1984).
18. Neil Malamuth, »Rape Proclivity among Males«, in *Journal of Social Issues*, 37 (1981), S. 138–157; Neil Malamuth, »Aggression against Women: Cultural and Individual Causes«, in *Pornography and*

Sexual Aggression, Hrsg. N. Malamuth und E. Donnerstein (New York 1984).

19. Die umfassendste Untersuchung auf US-Ebene wurde vom Nationalen Zentrum für Verbrechensopfer und vom Forschungs- und Behandlungszentrum für Verbrechensopfer der Medizinischen Universität von Südkalifornien gesponsert, mit finanzieller Unterstützung des amerikanischen Gesundheitsministeriums. Vgl. David Johnston, »Survey Shows Number of Rapes Far Higher than Official Figures«, in *New York Times*, 24. April 1992, S. A 14.

20. Fesselung und Vergewaltigung sind in der auf ein männliches Publikum zielenden Pornographie beliebte Themen, zum Beispiel in Großbritannien, Frankreich, Deutschland, Südamerika, Japan und in den USA. Ein in japanischer Pornographie immer wiederkehrendes Sujet ist die Vergewaltigung von Oberschülerinnen. Vgl. Paul Abramson und Haruo Hayashi, »Pornography in Japan«, in *Pornography and Sexual Aggression*, Hrsg. N. Malamuth und E. Donnerstein (New York 1984).

21. Robert A. Prentky und Vernon L. Quinsey, *Human Sexual Aggression: Current Perspectives* (Annals of the New York Academy of Science, Band 528; New York 1988); Howard E. Barbaree und William L. Marshall, »The Role of Male Sexual Arousal in Rape: Six Models«, in *Journal of Consulting and Clinical Psychology*, 39 (1991), S. 621–630; Gene Abel, J. Rouleau und J. Cunningham-Rather, »Sexually Aggressive Behavior«, in *Modern Legal Psychiatry and Psychology*, Hrsg. A. L. McGarry und S. A. Shah (Philadelphia 1985); Gene Abel, zitiert bei Faye Knopp, *Retraining Adult Sex Offenders: Methods and Models* (Syracuse, N. Y., 1984), S. 9.

22. Etwa Lee Ellis, »A Synthesized (Biosocial) Theory of Rape«, in *Journal of Consulting and Clinical Psychology*, 59 (1991), S. 631–642.

23. Etwa Susan Brownmiller, *Against Our Will: Men, Women, and Rape* (New York 1975); Judith Lewis Herman, »Considering Sex Offenders: A Model of Addiction«, in *Signs: Journal of Women in Culture and Society*, 13 (1988), S. 695–724.

24. Lee Ellis, *Theories of Rape* (New York 1989).

25. Peggy Reeves Sanday, »The Socio-Cultural Context of Rape: A Cross-Cultural Study«, in *Journal of Social Issues*, 37 (1981), S. 5–27.

Kapitel 17: Warnungen an den Eroberer

1. T.H. Huxley, *Evidence as to Man's Place in Nature* (London und Edinburgh 1863), S. 105.
2. Sarah Blaffer Hrdy, »Raising Darwin's Consciousness: Females and Evolutionary Theory«, in Robert Bellig und George Stevens (Hrsg.), *Nobel Conference XXIII: The Evolution of Sex* (San Francisco 1988), S. 161.
3. John Paul Scott, »Agnostic Behavior of Primates: A Comparative Perspective«, in Ralph L. Holloway (Hrsg.), *Primate Aggression, Territoriality, and Xenophobia: A Comparative Perspective* (New York und London 1974), besonders S. 427; Shirley C. Strum, *Almost Human: A Journey into the World of Baboons* (New York 1987).
4. Dorothy L. Cheney, »Interactions and Relationships between Groups«, in Barbara B. Smuts, Dorothy L. Cheney, Robert M. Seyfarth, Richard W. Wrangham und Thomas T. Struhsaker (Hrsg.), *Primate Societies* (Chicago 1986), Kapitel 22, S. 281.
5. Solly Zuckerman, *The Social Life of Monkeys and Apes* (New York 1932), S. 49–50.
6. Solly Zuckerman, *From Apes to Warlords* (New York 1978), S. 39.
7. Ebd., S. 12.
8. F.W. Fitzsimons, *The Natural History of South Africa*, Band 1: *Mammals* (London 1919), zitiert bei Solly Zuckerman, *The Social Life of Monkeys and Apes* (New York 1932), S. 293.
9. Solly Zuckerman, *From Apes to Warlords* (New York 1978), S. 220, 119 und Fußnote auf S. 220.
10. Solly Zuckerman, *The Social Life of Monkeys and Apes* (New York 1932), S. 228 und 229.
11. Ebd., S. 237.
12. John Paul Scott, »Agonistic Behavior of Primates: A Comparative Perspective«, in R.L. Holloway (Hrsg.), *Primate Aggression...* (New York und London 1974); H. Kummer, Social Origin of Hamadryas Baboons (Chicago 1986).
13. Solly Zuckerman, *From Apes to Warlords* (New York 1978), S. 41.
14. Ebd., S. 42.
15. Solly Zuckerman, *The Social Life of Monkeys and Apes* (New York 1932), S. 148.

16. Sarah B. Hrdy, »Raising Darwin's Consciousness: Females and Evolutionary Theory«, in R. Bellig und G. Stevens (Hrsg.), *Nobel Conference XXIII: The Evolution of Sex* (San Francisco 1988), S. 163.

17. Donna Robbins Leighton, »Gibbons: Territoriality and Monogamy«, in Barbara B. Smuts u. a. (Hrsg.), *Primate Societies* (Chicago 1986), Kapitel 12, S. 135–145.

18. Randall Susman (Hrsg.), *The Pygmy Chimpanzee: Evolutionary Biology and Behavior* (New York 1984).

19. Frans de Waal, *Peacemaking among Primates* (Cambridge, Mass., 1989), S. 181.

20. Toshisada Nishida und Mariko Hiraiwa-Hasegawa, »Chimpanzees and Bonobos: Cooperative Relationships among Males«, in Barbara B. Smuts u. a. (Hrsg.), *Primate Societies* (Chicago 1986), Kapitel 15, S. 167.

21. Charles Darwin, *Die Abstammung des Menschen*, Übers. Heinrich Schmidt-Jena, Stuttgart 1966 (Nachdruck der revidierten 2. Aufl. 1874), S. 6–7. Sowohl Plinius als auch Aelianus berichten von Wein trinkenden Affen, die im betrunkenen Zustand gefangengenommen werden konnten.

22. Edward O. Wilson, *Sociobiology: The New Synthesis* (Cambridge, Mass., 1975), S. 538.

23. Irenäus Eibl-Eibesfeldt, *Krieg und Frieden aus der Sicht der Verhaltensforschung* (München 1975, 1984), S. 131.

24. Paul D. MacLean, »Special Award Lecture: New Findings on Brain Function and Sociosexual Behavior«, in Joseph Zubin und John Money (Hrsg.), *Contemporary Sexual Behavior: Critical Issues in the 1970s* (Baltimore 1973), Kapitel 4, S. 65.

25. Barbara B. Smuts, »Sexual Competition and Mate Choice«, in Barbara B. Smuts u. a. (Hrsg.), *Primate Societies* (Chicago 1986), Kapitel 31, S. 392.

26. Sarah B. Hrdy, »The Primate Origins of Human Sexuality«, in R. Bellig und G. Stevens (Hrsg.), *Nobel Conference XXIII: The Evolution of Sex* (San Francisco 1988).

27. Allison F. Richard, »Malagasy Prosimians: Female Dominance«, in Barbara B. Smuts u. a. (Hrsg.), *Primate Societies* (Chicago 1986), Kapitel 3, S. 32. Beleg für das Zitat innerhalb der hier abgedruckten Passage: A. Jolly, »The Puzzle of Female Feeding Priority«, in M. Small (Hrsg.), *Female Primates: Studies by Women Primatologists* (New York 1984), S. 198.

28. T. Nishida und M. Hiraiwa-Hasegawa, »Chimpanzees and Bonobos: Cooperative Relationships among Males«, in Barbara B. Smuts u. a. (Hrsg.), *Primate Societies* (Chicago 1986), Kapitel 15, S. 174.
29. Mireille Bertrand, *The Behavioral Repertoire of the Stumptail Macaque: A Descriptive and Comparative Study* (Basel 1969) [= Bibliotheca Primatologica, 11], S. 191.
30. Frans de Waal, *Peacemaking among Primates* (Cambridge, Mass., 1989), S. 153 und 154.
31. Frank E. Poirier, »Colobine Aggression: A Review«, in R. L. Holloway (Hrsg.), *Primate Aggression…* (New York und London 1974), S. 146–147, 130–131 und 140–141.
32. Sherwood L. Washburn, »The Evolution of Human Behavior«, in John D. Roslansky (Hrsg.), *The Uniqueness of Man* (Amsterdam 1969), S. 170.
33. Robert M. Seyfarth, »Vocal Communication and Its Relation to Language«, in Barbara B. Smuts u. a. (Hrsg.), *Primate Societies* (Chicago 1986), Kapitel 36, S. 444, 450 und 445.
34. Paul D. MacLean, »Special Award Lecture: New Findings on Brain Function and Sociosexual Behavior«, in Joseph Zubin und John Money (Hrsg.), *Contemporary Sexual Behavior: Critical Issues in the 1970s* (Baltimore 1973), Kapitel 4, S. 65.
35. Solly Zuckerman, *The Social Life of Monkeys and Apes* (New York 1932), S. 259.
36. Charles Darwin, *Die Abstammung des Menschen*, Übers. Heinrich Schmidt-Jena, Stuttgart 1966, S. 84.
37. Solly Zuckerman, *The Social Life of Monkeys and Apes* (New York 1932), S. 474.
38. Patricia L. Whitten, »Infants and Adult Males«, in Barbara B. Smuts u. a. (Hrsg.), *Primate Societies* (Chicago 1986), Kapitel 28, S. 343 und 344.

Kapitel 18: Der Archimedes der Makaken

1. Plutarch, »Marcellus«, Absatz 17/18, in: Plutarch, *Große Griechen und Römer*, Übers. Konrat Ziegler (Zürich 1955), Band III, S. 302–340, hier 322 [= Bibliothek der Alten Welt].
2. Nach den Forschungen von Wendy Bailey und Morris Goodman;

aufgrund einer persönlichen Mitteilung von Morris Goodman aus dem Jahre 1992; vgl. auch Anm. 12.

3. Michael M. Miyamoto und Morris Goodman, »DNA Systematics and Evolution of Primates«, in *Annual Review of Ecology and Systematics*, 21 (1990), S. 197–220.

4. Marc Godinot und Mohamed Mahboubi, »Earliest Known Simian Primate Found in Algeria«, in *Nature*, 357 (1992), S. 324–326.

5. Leonard Krishtalka, Richard K. Stucky und K. Christopher Beard, »The Earliest Fossil Evidence for Sexual Dimorphism in Primates«, in *Proceedings of the National Academy of Sciences of the United States of America*, 87 (Juli 1990), Nr. 13, S. 5223–5226.

6. Fast neun Prozent des Gehirnvolumens von Insektenfressern ist der Analyse von Gerüchen gewidmet. Für die Halbaffen sinkt dieser Prozentsatz auf 1,8 Prozent; für die Schwanzaffen auf etwa 0,15 Prozent; und für die Menschenaffen auf etwa 0,07 Prozent. Beim Menschen sind es nur noch 0,01 Prozent: Nur ein Zehntausendstel unseres Gehirnvolumens ist dem Einordnen von Gerüchen gewidmet. (H. Stephan, R. Bauchot und O. J. Andy, »Data on Size of the Brain and of Various Brain Parts in Insectivores and Primates«, in *The Primate Brain*, Hrsg. C. Noback und W. Montana, New York 1970, S. 289–297). Für Insektenfresser ist der Geruchssinn ein Hauptbestandteil der Gehirntätigkeit. Für uns Menschen ist er ein fast bedeutungsloser Teil der Weltwahrnehmung – wie die alltägliche Erfahrung bestätigt. Menschen benötigen eine zehnmillionenfach höhere Konzentration von Buttersäure in der Luft als Hunde, um sie verläßlich zu riechen. Für Essigsäure liegt die Zahl bei 200 Millionen; für Hexansäure bei 100 Millionen; für Äthylmercaptan hingegen, das nichts mit sexuellen Signalen zu tun hat, nur bei 2000. – R. H. Wright, *The Sense of Smell* (London 1964); D. Michael Stoddart, *The Scented Ape: The Biology and Culture of Human Odour* (Cambridge 1990), Tabelle 9.1, S. 235.

7. J. Terborgh, »The Social Systems of the New World Primates: An Adaptionist View«, in J. G. Else und P. C. Lee (Hrsg.), *Primate Ecology and Conservation* (Cambridge 1986), S. 199–211.

8. H. Sigg, »Differentiation of Female Positions in Hamadryas One-Male-Units«, in *Zeitschrift für Tierpsychologie*, 53 (1980), S. 265–302.

9. Connie M. Anderson, »Female Age: Male Preference and Reproductive Success in Primates«, in *International Journal of Primatology*, 7 (1986), Nr. 3, S. 305–326.

10. Dorothy L. Cheney und Richard W. Wrangham, »Predation«, in Barbara B. Smuts, Dorothy L. Cheney, Robert M. Seyfarth, Richard W. Wrangham und Thomas T. Struhsaker (Hrsg.), *Primate Socities* (Chicago 1986), Kapitel 19, S. 227–239.
11. Susan Mineka, Richard Keir und Veda Price, »Fear of Snakes in Wild- and Laboratory-reared Rhesus Monkeys *(Macaca mulatta)*«, in *Animal Learning and Behavior*, 8 (1980), Nr. 4, S. 553–663.
12. Wendy J. Bailey, Kenji Hayasaka, Christopher G. Skinner, Susanne Kehoe, Leang C. Sien, Jerry L. Slighton und Morris Goodman, »Reexamination of the African Hominoid Trichotomy with Additional Sequences from the Primate ß-Globin Gene Cluster«, in *Molecular Phylogenetics and Evolution*, 1993 (im Druck). Siehe auch: C. G. Sibley, J. A. Comstock und J. E. Ahlquist, »DNA Hybridization Evidence of Hominid Phylogeny: a Reanalysis of the Data«, in *Journal of Molecular Evolution*, 30 (1990), S. 202–236.
13. Toshisada Nishida, »Local Traditions and Cultural Transmission«, in Barbara B. Smuts u. a. (Hrsg.), *Primate Societies* (Chicago 1986), Kapitel 38, S. 467 und 468. Eine der ersten Darstellungen stammt von S. Kawamura: »The Process of Subculture Propagation Among Japanese Macaques«, in *Journal of Primatology*, 2 (1959), S. 43–60. Siehe auch S. Kawamura, »Subcultural Propagation Among Japanese Macaques«, in *Primate Social Behavior*, Hrsg. C. A. Southwick (New York 1963); und A. Tsumori, »Newly Acquired Behavior and Social Interaction of Japanese Monkeys«, in *Social Communication Among Primates*, Hrsg. S. Altman (Chicago 1982).
14. Masao Kawai, »On the Newly-Acquired Pre-Cultural Behavior of the Natural Troop of Japanese Monkeys on Koshima Islet«, in *Primates*, 6 (1965), S. 1–30.
15. Diese Ergebnisse haben zu einem weithin akzeptierten, aber gänzlich unbewiesenen Mythos geführt, der manchmal »das Phänomen des hundertsten Affen« genannt wird (Lyall Watson, *Lifetide*, New York 1979; Ken Keyes, Jr., *The Hundredth Monkey*, Coos Bay, Oregon, 1982). Das Kartoffelwaschen verbreitete sich in der Makakenkolonie angeblich nur langsam, bis eine kritische Schwelle erreicht war; sobald der hundertste Affe die Technik erlernt hatte, wurde diese Kenntnis von allen erreicht, »über Nacht« – eine Form von paranormalem kollektivem Bewußtsein. Daraus werden dann verschiedene erbauliche Lektionen für das mensch-

liche Verhalten gezogen. Leider gibt es jedoch überhaupt keinen Beweis für diese herzerwärmende Geschichte (Ron Amundson, »The Hundredth Monkey Phenomenon«, in *The Hundredth Monkey and Other Paradigms of the Paranormal*, Hrsg. Kendrick Frazier, Buffalo, N. Y., 1991, S. 171–181). Sie scheint völlig aus der Luft gegriffen zu sein.

16. Max Planck, einer der Wegbereiter der Physik, bemerkte angesichts des riesigen Widerstands gegen seine neue Quantentheorie, daß es einer neuen Generation von Physikern bedürfe, bis radikal neue Ideen akzeptiert werden, ganz gleich, wie groß die Erklärungskraft der neuen Theorien auch sei.

17. William Coffmann McDermott, *The Ape in Antiquity* (Baltimore 1938).

18. Julian Huxley, *The Uniqueness of Man* (London 1943), S. 3.

19. B. T. Gardner und R. A. Gardner, »Comparing the Early Utterances of Child and Chimpanzee«, in A. Pick (Hrsg.), *Minnesota Symposium in Child Psychology* (Minneapolis 1974), Band 8, S. 3–23.

20. H. S. Terrace, L. A. Pettito, R. J. Sanders und T. G. Bever, »Can an Ape Create a Sentence?«, in *Science*, 206 (1979), S. 891–902; C. A. Ristau und D. Robbins, »Cognitive Aspects of Ape Language Experiments«, in D. R. Griffin (Hrsg.), *Animal Mind – Human Mind* (Report of the Dahlem Workshop Animal Mind – Human Mind, Berlin, March 22–27, 1981) (Berlin 1982), S. 317.

21. Herbert S. Terrace, *Nim*, (New York 1979); H. S. Terrace, L. A. Pettito, R. J. Sanders und T. G. Bever, »Can an Ape Create a Sentence?«, in *Science*, 206 (1979), S. 891–902; Robert M. Seyfarth, »Vocal Communication and Its Relation to Language«, in Barbara B. Smuts u. a. (Hrsg.), *Primate Societies* (Chicago 1986), Kapitel 36.

22. Roger S. Fouts, Deborah H. Fouts und Thomas E. Van Cantfort, »The Infant Loulis Learns Signs from Cross-fostered Chimpanzees«, in R. A. Gardner, B. T. Gardner und T. E. Van Cantfort (Hrsg.), *Teaching Sign Language to Chimpanzees* (New York 1989).

23. *The Great Ideas: A Syntopicon of Great Books of the Western World*, Teilband II von *Great Books of the Western World*, Hrsg. Robert Maynard Hutchins, Band 3 (Chicago 1952, 1977), Einleitung zu Kapitel 51 (»Man«).

24. E. S. und D. M. Savage-Rumbaugh, S. T. Smith und J. Lawson, »Reference – the Linguistic Essential«, in *Science*, 210 (1980), S. 922–925.

25. Patricia Marks Greenfield und E. Sue Savage-Rumbaugh, »Grammatical Combination in *Pan paniscus*: Processes of Learning and Invention in the Evolution and Development of Language«, in *»Language« and Intelligence in Monkeys and Apes*, Hrsg. Sue Taylor Parker und Kathleen R. Gibson (Cambridge 1990); Dies., »Imitation, Grammatical Development, and the Invention of Protogrammar by an Ape«, in *Biological and Behavioral Determinants of Language Development*, Hrsg. Norman Krasnegor, D. M. Rumbaugh, R. L. Schiefelbusch und M. Studdert-Kennedy (Hillsdale, N. J., 1991).
26. Diese Versuche von Sue Savage-Rumbaugh und Duane Rumbaugh werden beispielsweise beschrieben in D. S. Rumbaugh, »Comparative Psychology and the Great Apes: Their Competence in Learning, Language and Numbers«, in *The Psychological Record*, 40 (1990), S. 15–39. Eine ausführliche Beschreibung der Versuche geben E. Sue Savage-Rumbaugh, Jeannine Murphy, Rose Sevcik, S. Williams, K. Brakke und Duane M. Rumbaugh, »Language Comprehension in Ape and Child«, in *Monographs of the Society for Research in Child Development*, 1993 (im Druck).
27. Duane M. Rumbaugh, W. D. Hopkins, D. A. Washburn und E. Sue Savage-Rumbaugh, »Comparative Perspectives of Brain, Cognition and Language«, in *Biological and Behavioral Determinants of Language Development*, Hrsg. Norman Krasnegor u. a. (Hillsdale, N. J., 1991).
28. David Premack, *Intelligence in Ape and Man* (Hillsdale, N. J., 1976).
29. D. J. Gillan, D. Premack und G. Woodruff, »Reasoning in the Chimpanzee: I. Analogical Reasoning«, in *Journal of Experimental Psychology and Animal Behavior*, 7 (1981), S. 1–17; D. J. Gillan, »Reasoning in the Chimpanzee: II. Transitive Inference«, ebd., S. 150–164.
30. D. Premack und G. Woodruff: »Chimpanzee Problem-solving: A Test for Comprehension«, in *Science*, 202 (1978), Nr. 3, S. 532–535; D. Premack und G. Woodruff, »Does the Chimpanzee Have a Theory of Mind?«, in *Behavior and Brain Sciences*, 4 (1978), S. 515–526.
31. Einen frühen, wenn auch eingeschränkten Unterrichtsversuch erwähnen Duane M. Rumbaugh, Timothy V. Gill und E. C. von Glasersfeld in »Reading and Sentence Completion by a Chimpanzee (Pan)«, in *Nature*, 182 (1973), S. 731–733; James L. Pate und Duane M. Rumbaugh, »The Language-Like Behavior of Lana Chimpanzee«, in *Animal Learning and Behavior*, 11 (1983), S. 134–138.

32. Dieses Zitat und die Hintergrundinformationen für die in diesem Absatz vorgestellte Argumentation sind dem anregenden Werk von Derek Bickerton, *Language and Species* (Chicago 1990), entnommen.
33. E. S. Savage-Rumbaugh, D. M. Savage-Rumbaugh, S. T. Smith und J. Lawson, »Reference – the Linguistic Essential«, *Science*, 210 (1980), S. 922–925.
34. Eugene Linden, *Silent Partners: The Legacy of the Ape Language Experiments* (New York 1986), S. 144 und 145.
35. Jane Goodall, *Ein Herz für Schimpansen. Meine 30 Jahre am Gombe-Strom*, Übers. Ilse Strasmann (Reinbek 1991), S. 21.
36. Eugene Linden, *Silent Partners: The Legacy of the Ape Language Experiments* (New York 1986), S. 79 und 81.
37. Janis Carter, »Survival Training for Chimps: Freed from Keepers and Cages, Chimps Come of Age on Baboon Island«, in *The Smithsonian*, 19 (Juni 1988), Nr. 1, S. 36–49.
38. Die Gesamtzahl der Schimpansen auf der Erde beträgt heute ungefähr 50000. Sie sind eine in hohem Maße bedrohte Art.
39. Mark Aurel, *Wege zu sich selbst*, Buch II, Absatz 17, Übers. Willy Theiler (Zürich 1958), S. 53 [= Bibliothek der Alten Welt].

Kapitel 19: Was macht den Menschen aus?

1. Zitiert in Gavin Rylands de Beer (Hrsg.), »Darwin's Notebooks on Transmutation of Species, Part IV: Fourth Notebook (October 1838 bis 10 July 1839)«, in *Bulletin of the British Museum. Natural History. Historical Series*, 2 (1960), Nr. 5, S. 151–183. Das Zitat aus dem Notizbucheintrag Nummer 47 findet sich auf S. 163.
2. Frank Roper, *The Missing Link: Consul the Remarkable Chimpanzee* (Manchester 1904). Ein ausgestorbener Primat, der vor etwa 30 Jahrmillionen lebte und vielleicht ein Vorfahre sowohl der Affen als auch der Menschen war, wurde zu Ehren dieses viktorianischen Kulturkünstlers »Proconsul« benannt.
3. Mortimer J. Adler, *The Difference of Man and the Difference It Makes* (New York 1967), S. 84.
4. Theodosius Dobzhansky, *Dynamik der menschlichen Evolution. Gene und Umwelt*, Übers. G. Heberer (Frankfurt am Main 1965), S. 398.

5. George Gaylord Simpson, *The Meaning of Evolution* (New Haven 1949), S. 284.
6. M. J. Adler, *The Difference of Man*..., S. 136.
7. Diese Antwort wurde zuerst 1880 in einer Vorlesung an der theologischen Fakultät (Divinity School) der Yale-Universität von Darwins Freund, dem Botaniker und Evolutionsbiologen Asa Gray, vorgeschlagen. (Asa Gray, *Natural Science and Religion*, New York 1880.)
8. *Metaphysics, Materialism and the Evolution of Mind: Early Writings of Charles Darwin*, transkribiert und mit Anmerkungen versehen von Paul H. Barrett, kommentiert von Howard E. Gruber (Chicago 1974), S. 187.
9. Besonders in *Die Abstammung des Menschen* (Übers. Heinrich Schmidt-Jena, Stuttgart 1966).
10. Adam Smith, *Der Wohlstand der Nationen. Eine Untersuchung seiner Natur und seiner Ursachen*, neu aus dem Englischen übertragen von Horst Claus Recktenwald (München 1974), 2. Kapitel, S. 16.
11. Keith Thomas, *Man and the Natural World: A History of Modern Sensibility* (New York 1983), S. 31.
12. Frans de Waal, *Peacemaking Among Primates* (Cambridge, Mass., 1989), S. 82.
13. Adam Smith, *Der Wohlstand der Nationen*..., Übers. H. C. Recktenwald, S. 16f.
14. Aristoteles, *Nikomachische Ethik*, 1097 b 11, und *Politik*, 1253 a 3.
15. P. Cornelius Tacitus, *Historiae/Historien* (lateinisch-deutsch), Hrsg. Joseph Borst (München [4]1979), Buch IV, Absatz 17, hier S. 399.
16. Vgl. beispielsweise Aristoteles, *Nikomachische Ethik*, 1098 a 3f. Eine andere vorgebrachte Unterscheidung der Menschen, die allein auf der Körpergestalt beruht: »Der Mensch ist, glaube ich, das einzige Tier, das einen deutlichen Vorsprung in der Mitte des Gesichts hat«, war die Meinung des Ästhetikers Uvedale Price aus dem 18. Jahrhundert. (Zitiert in Keith Thomas, *Man and the Natural World: A History of the Modern Sensibility*, New York 1983, S. 32.) Price mag ja nichts von Tapiren und Nasenaffen gewußt haben, aber auch nichts von den Elephanten?
17. Thomas von Aquin, *Summe der Theologie*, Hrsg. Joseph Bernhart, 3 Bände (Stuttgart [3]1985); das Zitat aus Quaestio I des 1. Traktates im 2. Teil findet sich in Band 2, S. 3.

Die anderen Erörterungen finden sich in Quaestiones 13 und 17 des 2. Traktates.

18. Jakob von Uexküll und Georg Kriszat, *Streifzüge durch die Umwelten von Tieren und Menschen. Ein Bilderbuch unsichtbarer Welten*, zusammen mit Uexkülls *Bedeutungslehre* (Frankfurt am Main 1970), S. 50.

19. John Dewey, *Reconstruction in Philosophy* (New York 1920), Kapitel 1, S. 1.

20. Hugh Morris, *The Art of Kissing*, o. O. 1946, 47 Seiten.

21. Desmond Morris, *Der nackte Affe* (München 1970), S. 68.

22. Donald Symons, *The Evolution of Human Sexuality* (New York 1979), S. 78 und 79.

23. Gerritt S. Miller, »Some Elements of Sexual Behavior in Primates, and Their Possible Influence on the Beginnings of Human Social Development«, in *Journal of Mammology*, 9 (1928), S. 273–293.

24. Gordon D. Jensen, »Human Sexual Behavior in Primate Perspective«, in Joseph Zubin und John Money (Hrsg.), *Contemporary Sexual Behavior: Critical Issues in the 1970s* (Baltimore 1973), S. 20.

25. Ebd., S. 22.

26. Vgl. beispielsweise K. Imanishi, »The Origin of the Human Family: A Primatological Approach«, in *Japanese Journal of Ethnology*, 25 (1961), S. 110–130 (in japanisch); besprochen in Toshisada Nishida (Hrsg.), *The Chimpanzees of the Mahale Mountains: Sexual and Life History Strategies* (Tokyo 1990), S. 10.

27. Durch den holländischen Philosophen Jan Huizinga.

28. Epiktet, *Diatriben*, Buch IV, Kapitel 11. In Buch III, Kapitel 7, schlägt er eine weitere »einzigartige« Eigenschaft vor: Erröten und Scham.

29. Vgl. beispielsweise Jane Goodall, *Through a Window: My Thirty Years with the Chimpanzees of Gombe* (Boston 1990).

30. Platon, *Die Gesetze*, Buch VII, 792 A, übertragen von Rudolf Rufener (Zürich 1974), hier S. 263.

31. Jane Goodall, *Through a Window: My Thirty Years with the Chimpanzees of Gombe* (Boston 1990).

32. Charles Darwin, *Die Abstammung des Menschen*, Übers. Heinrich Schmidt-Jena (Stuttgart 1966), S. 85.

33. Leo K. Bustad, »Man and Beast Interface: An Overview of Our

Interrelationships«, in Michael H. Robinson und Lionel Tiger (Hrsg.), *Man and Beast Revisited* (Washington, D. C., und London 1991), S. 250.

34. Toshisada Nishida, »Local Traditions and Cultural Transmission«, in Barbara B. Smuts, Dorothy L. Cheney, Robert M. Seyfarth, Richard W. Wrangham und Thomas T. Struhsaker (Hrsg.), *Primate Societies* (Chicago 1986), Kapitel 38, S. 473.

35. Martin Daly und Margo Wilson, *Homicide* (New York 1988), S. 187.

36. Owen Chadwick, *The Secularization of the European Mind in the 19th Century* (Cambridge 1975), S. 269. Vgl. Ludwig Feuerbach, *Gesammelte Werke*, Bd. 1: *Frühe Schriften, Kritiken und Reflexionen* (Berlin 1981), S. 318 ff. [zu den Themen Geist und Bewußtsein].

37. Solly Zuckerman, *The Social Life of Monkeys and Apes* (New York 1932), S. 313.

38. Leslie A. White, »Human Culture«, in *Encyclopaedia Britannica. Macropaedia* (1978), Band 8, S. 1152.

39. Toshisada Nishida, »A Quarter Century of Research in the Mahale Mountains: An Overview«, in Toshisada Nishida (Hrsg.), *The Chimpanzees of the Mahale Mountains* (Tokyo 1990), Kapitel 1, S. 34.

40. H. Bergson, *Die beiden Quellen der Moral und der Religion*, Übers. Eugen Lerch (Jena 1933; Nachdruck: Olten und Freiburg i. B. 1980).

41. T. Nishida, »A Quarter Century of Research in the Mahale Mountains: An Overview«, in T. Nishida (Hrsg.), *The Chimpanzees of the Mahale Mountains* (Tokyo 1990), Kapitel 1, S. 24. Die »Volksmedizin« der Schimpansen scheint auch, unabhängig von diesem Bericht, von anderen Primatologen wiederentdeckt worden zu sein (Ann Gibbons, »Plants of the Apes«, in *Science*, 255 (1992), S. 921). Bei vorindustriellen Menschen werden die meisten Pflanzen zu bestimmten Zwecken eingesetzt. Der Botaniker Gillian Prance und seine Kollegen fanden, daß 95 Prozent der Baumarten des Regenwaldes, die einer Gruppe bolivianischer Eingeborener zugänglich waren, auf solche Weise genutzt wurden – der Saft eines Baumes aus der Familie der Muskatnußbäume beispielsweise als ein wirksames Schädlingsbekämpfungsmittel (persönliche Mitteilung aus dem Jahre 1992).

42. Raymond Firth, *Elements of Social Organisation* (London 1951), S. 183 und 184; D. Michael Stoddart, *The Scented Ape: The Biology and Culture of Human Odour* (Cambridge 1990), S. 126.

43. Napoleon A. Chagnon, *Yanomamö: The Fierce People* (New York 1968), S. 65.

44. Desmond Morris, *The Biology of Art* (London 1962); R. A. Gardner und B. T. Gardner, »Comparative Psychology and Language Acquisition«, in K. Salzinger und F. E. Denmarks (Hrsg.), *Psychology: The State of the Art* (New York 1978), S. 37–76; K. Beach, R. S. Fouts und D. H. Fouts, »Representational Art in Chimpanzees«, in *Friends of Washoe*, Nr. 3, S. 2–4, und Nr. 4, S. 1–4. Ölgemälde eines Schimpansen namens Congo, die heute in mehreren Privatsammlungen hängen, zeigen einen ausgelassenen abstrakten Expressionismus und gelten als die besten Kunstwerke von Schimpansen.

45. Vögel beispielsweise erkennen einen neuartigen Räuber (oder sogar eine Milchflasche), der vier Generationen zuvor ihre Vorfahren in Angst versetzte, und fallen über ihn her. Und – um auf die Milchflaschen zurückzukommen – bald nachdem es einer einzelnen Blaumeise gelungen war, die Metallfolie einer Milchflasche, die der Milchmann vor der Haustür hinterlassen hatte, zu durchbohren und die Sahne abzusaugen, sollen sich Blaumeisen überall in England auf diese Weise mit Sahne versorgt haben (John Tyler Bonner, *The Evolution of Culture in Animals*, Princeton, New Jersey, 1980). Natürlich weiß niemand, wer dieser vorpreschende Vogel war. Es muß sich dabei auch nicht um nachahmendes Lernen gehandelt haben. Eine bereits geöffnete Milchflasche und ein in der Nähe weilender zufriedener Vogel könnten ausreichen, um einem naiven Vogel den entsprechenden Gedanken nahezubringen. (D. F. Sherry und B. G. Galef, Jr., »Social Learning Without Imitation: More About Milk Bottle Opening by Birds«, in *Animal Behavior*, 40 [1990], S. 987–989.)

46. Solly Zuckerman, *The Social Life of Monkeys and Apes* (New York 1932), S. 315 und 316.

47. Toshisada Nishida, »A Quarter Century of Research in the Mahale Mountains: An Overview«, in Toshisada Nishida (Hrsg.), *The Chimpanzees of the Mahale Mountains* (Tokyo 1990), Kapitel 1, S. 12.

48. Könnten also Seelen in dieser Frühzeit Bewußtsein bereitgestellt haben? Eine Gottheit, die in jedem Einzelfall während des gesamten Erdzeitalters für die präzise Einführung von Seelen in diese unermeßliche Anzahl winziger Kreaturen verantwortlich wäre, dürfte kein sehr zielstrebiger und wirkungsvoller Schöpfer sein. Warum konnte ein sol-

cher Gott nicht gleich von Anfang an alles richtig entwerfen und dann das Leben selbständig ablaufen lassen? Könnte jener Gott, der für die fein abgestimmten, eleganten und allgemein gültigen Gesetze der Physik verantwortlich ist, im Bereich der Biologie wirklich ein so stümperhaftes Gesellenstück liefern – das ständiges Eingreifen bei jeder noch so armseligen kleinen Mikrobe erfordert, während diese doch schon bestens Bescheid wissen, wie sie sich selbst und dazu noch riesige Informationsspeicher reproduzieren können? Alles, was dieser Gott statt dessen tut, besteht darin, direkt im DNS-Code einiger weniger Vorfahren alle Informationen zu verankern, welche die Seelen brauchen. Dann könnten nämlich Seelen und Bewußtsein von selbst von einer Generation auf die nächste übergehen, und Gott hätte die Hände frei für andere Angelegenheiten, von denen einige vielleicht weit dringlicher wären. Aber wenn die Informationen der DNS durch den geduldigen Evolutionsprozeß entstanden sind, warum braucht man dann überhaupt einen Gott, um zu erklären, wie Daten, Gene oder Seelen in den Körper gelangt sind?

49. Alfred Irving Hallowell, »Culture, Personality and Society«, in *Anthropology Today*, Hrsg. Alfred Louis Kroeber (Chicago 1953), S. 597–620; A. I. Hallowell, »Self, Society and Culture in Phylogenetic Perspective«, in *Evolution After Darwin*, Band 2, Hrsg. Sol Tax (Chicago 1960), S. 309–371. Die Behauptung, nur Menschen hätten ein Bewußtsein ihrer selbst, findet sich in vielen philosophischen und wissenschaftlichen Abhandlungen, zum Beispiel in Karl R. Popper und John C. Eccles *Das Ich und sein Gehirn* (München [3]1984).

50. G. G. Gallup, Jr., »Self-Recognition in Primates: A Comparative Approach to the Bidirectional Properties of Consciousness«, in *American Psychologist*, 32 (1977), S. 329–338.

51. Eine angebliche Neigung von Affen, sich in Spiegeln zu betrachten, war vom 13. Jahrhundert an ein verbreitetes literarisches und ikonographisches Thema im mittelalterlichen Europa. Vgl. H. W. Janson, *Apes and Ape Lore in the Middle Ages and the Renaissance* (London 1952), S. 212 ff.

52. *Michael Montaigne's Gedanken und Meinungen über allerley Gegenstände* (1580–1595), Zweytes Buch, Zwölftes Kapitel: »Rettung des Raymond de Sebonde« (Berlin 1793, Dritter Band, S. 254 ff., hier S. 348/349). In einem benachbarten Abschnitt zitiert Montaigne den römischen Epigrammatiker Juvenal: »Welch starker Löwe nahm jemals

einem schwächeren das Leben?« Wie wir bereits erwähnt haben, töten Löwen jedoch regelmäßig alle Jungen, wenn sie eine Schar neu übernehmen. Dies erspart dem Männchen die Last, für Junge zu sorgen, die nicht seine eigenen sind, und hilft dabei, die Weibchen wieder empfängnisbereit zu machen.

53. Beispielsweise R. L. Trivers, »Deceit and Self-Deception: The Relationship between Communication and Consciousness«, in Michael H. Robinson und Lionel Tiger (Hrsg.), *Man and Beast Revisited* (Washington, D. C., und London 1991); Joan Lockard und Delroy Paulhus (Hrsg.), *Self-Deception: An Adaptive Mechanism?* (Englewood Cliffs, New Jersey, 1989).

54. C. G. Beer, »Study of Vertebrate Communication – Its Cognitive Implications«, in D. R. Griffin (Hrsg.), *Animal Mind – Human Mind* (Report of the Dahlem Workshop on Animal Mind – Human Mind, Berlin, 22.–27. März 1981) (Berlin, Heidelberg und New York 1982), S. 264; E. W. Menzel, »A Group of Young Chimpanzees in a One-acre Field«, in A. M. Schrier und F. Stollnitz (Hrsg.), *Behavior of Nonhuman Primates* (New York 1974).

55. Stuart Hampshire, *Thought and Action* (London 1959).

56. T. H. Huxley, *Evidence as to Man's Place in Nature* (London 1863), S. 132.

57. Descartes, Brief vom 5. Februar 1649, in Mortimer J. Adler und Charles Van Doren, *Great Treasury of Western Thought: A Compendium of Important Statements on Man and His Institutions by the Great Thinkers in Western History* (New York und London 1977), S. 12.

58. Vgl. beispielsweise Eugene Linden, *Silent Partners: The Legacy of the Ape Language Experiments* (New York 1986); Roger Fouts, »Capacities for Language in the Great Apes«, in *Proceedings, Ninth International Congress of Anthropological and Ethnological Sciences* (Den Haag 1973).

59. Zum Beispiel: »Der Mensch ist das einzige Tier... das Zeichen benutzen kann« (Max Black, *Sprache*, Übers. und Kommentar Herbert E. Brekle, München 1973); »Tiere können keine Sprache besitzen... Wenn sie eine besäßen, wären sie... nicht länger Tiere. Dann wären sie menschliche Wesen« (K. Goldstein, »The Nature of Language«, in *Language: An Enquiry into Its Meaning and Function*, New York 1957); »Es scheint keine Bestätigung für die Ansicht zu geben, daß die menschliche Sprache

einfach nur ein komplexeres Beispiel für etwas ist, das auch anderswo in der Tierwelt anzutreffen ist« (Noam Chomsky, *Sprache und Geist*, Übers. S. Kanngießer, G. Lindgrün und U. Schwartz, Frankfurt am Main 1970). Diese Beispiele wurden entnommen aus: Donald R. Griffin, *The Question of Animal Awareness* (revidierte Ausgabe, New York 1981). Nur gelegentlich findet sich eine gegenteilige Stimme (zum Beispiel: Alfred Irving Hallowell, *Philosophical Theology*, Band 2, Cambridge 1937, S. 94).

60. Derek Bickerton, *Language and Species* (Chicago 1990), S. 8, 15–16.

61. Bickerton schlägt in *Language and Species* vor, daß die frühe Sprache von Kindern als eine »Ursprache« *(protolanguage)* anzusehen sei, die sich grundlegend von den voll entfalteten menschlichen Sprachen unterscheide, daß diese Ursprache den Affen zugänglich sein könnte und daß sie von unseren Vorfahren beim Übergang vom Affen zum Menschen benutzt wurde.

Kapitel 20: Das Tier in unserem Innern

1. Loren Eiseley, *Darwin's Century* (New York 1958), S. 345.

2. In freier Wildbahn gibt es manchmal Schimpansenweibchen, die Männchen unter allen Umständen und mit schweren Nachteilen für sich selbst zurückweisen. Sie bringen natürlich keine Jungen zur Welt. Könnte dieser Zusammenhang wahrgenommen werden? Könnte es gelegentlich einen Schimpansen geben, der über die mögliche Verbindung zwischen Geschlechtsakt und Jungen nachsinnt? Wie sicher können wir sein, daß dies nicht geschieht?

3. Henry Bolingbroke (1678–1751), zitiert in Arthur O. Lovejoy, *The Great Chain of Being: A Study of the History of an Idea* (Cambridge, Mass., 1953), S. 196.

4. Ambrose Bierce, »Reverence«, in *The Enlarged Devil's Dictionary*, Hrsg. Ernest J. Hopkins (Garden City, N. Y., 1967), S. 247.

5. Walt Whitman, »Song of Myself«, Strophe 32, Zeilen 684–691, in Walt Whitman, *Leaves of Grass*, Hrsg. Harold W. Blodgett und Sculley Bradley (New York 1965), S. 60.

6. *Michael Montaigne's Gedanken und Meinungen über allerley Gegen-*

stände, Drittes Buch, Erstes Kapitel: »Was nützlich ist und was ehrlich« (Berlin 1794), Band 5, S. 5.

7. Charles Darwin, *Die Entstehung der Arten durch natürliche Zuchtwahl*, Übers. Carl W. Neumann (Stuttgart 1989), S. 338.

8. C. und H. Boesch, »Possible Causes of Sex Differences in the Use of Natural Hammers by Wild Chimpanzees«, in *Journal of Human Evolution*, 13 (1984), S. 415–440, und die dort gegebenen Literaturhinweise.

9. Vgl. John Alcock, »The Evolution of the Use of Tools by Feeding Animals«, in *Evolution*, 26 (1972), S. 464–473; K. R. L. Hall und G. B. Schaller, »Tool-using Behavior of the Californian Sea Otter«, in *Journal of Mammology*, 45 (1964), S. 287–298; A. H. Chisholm, »The Use by Birds of ›Tools‹ or ›Instruments‹«, in *Ibis*, 96 (1954), S. 380–383; J. van Lawick-Goodall und H. van Lawick, »Use of Tools by Egyptian Vultures«, in *Nature*, 12 (1966), S. 1468–1469.

10. Anthony J. Podlecki, *The Political Background of Aeschylean Tragedy* (Ann Arbor, Michigan, 1966), S. 1, 7 und 155.

11. Mortimer J. Adler, *The Difference of Man and the Difference It Makes* (New York 1967), S. 121.

12. Geza Teleki, »Chimpanzee Subsistence Technology: Materials and Skills«, in *Journal of Human Evolution*, 3 (1974), Nr. 6, S. 575–594; hier S. 585–588 und 593.

13. Michael Tomasello, »Cultural Transmission in the Tool Use and Communicatory Signalling of Chimpanzees?« in *»Language« and Intelligence in Monkeys and Apes*, Hrsg. Sue Taylor Parker und Kathleen Gibson (Cambridge 1990).

14. Geza Teleki, ebd.

15. C. Jones und J. Sabater Pi, »Sticks Used by Chimpanzees in Rio Muni, West Africa«, in *Nature*, 223 (1969), S. 100–101; Y. Sugiyama, »The Brush-stick of Chimpanzees Found in Southwest Cameroon and Their Cultural Characteristics«, in *Primates*, 26 (1985), S. 361–374; W. McGrew und M. Rogers, »Chimpanzees, Tools and Termites: New Record from Gabon«, in *American Journal of Primatology*, 5 (1983), S. 171–174.

16. Geza Teleki, ebd.

17. Vgl. Kenneth P. Oakley, *Man the Tool-Maker* (Chicago 1964).

18. E. Sue Savage-Rumbaugh, Jeannine Murphy, Rose Sevcik, S. Wil-

liams, K. Brakke und Duane M. Rumbaugh, »Language Comprehension in Ape and Child«, in *Monographs of the Society for Research in Child Development*, 1993 (im Druck); persönliche Mitteilung durch Duane M. Rumbaugh aus dem Jahre 1992.

19. Susan Essock-Vitale und Robert M. Seyfarth, »Intelligence and Social Cognition«, in Barbara B. Smuts, Dorothy L. Cheney, Robert M. Seyfarth, Richard W. Wrangham und Thomas T. Struhsaker (Hrsg.), *Primate Societies* (Chicago 1986), Kapitel 37, S. 456, 457; Wolfgang Kohler, *The Mentality of Apes* (1925, New York [2]1959), S. 38.

20. Richard Wrangham, zitiert von Ann Gibbons, »Chimps: More Diverse than a Barrel of Monkeys«, in *Science*, 255 (1992), S. 287, 288.

21. H. J. Jerison, *Evolution of the Brain and Intelligence*, (New York 1973); Carl Sagan, *Die Drachen von Eden* (München 1978), Kapitel 2; William S. Cleveland, *The Elements of Graphing Data* (Monterey, Calif., 1985). Cleveland schreibt: »Zum Glück befindet sich der moderne Mensch an der Spitze.«

22. und 23. Richard E. Passingham, »Changes in the Size and Organization of the Brain in Man and His Ancestors«, in *Brain and Behavioral Evolution*, 11 (1980), S. 73–90.

24. Vgl. zum Beispiel Carl Sagan, *Die Drachen von Eden* (München 1978).

25. Gordon Thomas Frost, »Tool Behavior and the Origins of Laterality«, in *Journal of Human Evolution*, 9 (1980), S. 447–459.

26. Beispielsweise Mortimer J. Adler, *The Difference of Man and the Difference it Makes* (New York 1967), S. 120.

27. Fernando Nottebohm, »Neural Asymmetries in the Vocal Control of the Canary«, in *Lateralization in the Nervous System*, Hrsg. S. R. Harnad und R. W. Doty (New York 1977).

28. W. D. Hopkins und R. D. Morris, »Laterality for Visual-Spatial Processing in Two Language-Trained Chimpanzees«, in *Behavioral Neuroscience*, 103 (1989), S. 227–234.

29. Thomas Henry Huxley, *Evidence as to Man's Place in Nature* (London und Edinburgh 1863), S. 109–110.

30. Aristoteles, *Nikomachische Ethik*, 1178 a 5/6, Übers. Olof Gigon (Zürich 1957), S. 294.

31. Mark Twain, »Die verdammte Menschenrasse«, *Briefe von der Erde*, in *Gesammelte Werke in fünf Bänden*, Hrsg. K. J. Popp, Band 5

(München 1967), S. 943. (Diese Übersetzung wurde hier geringfügig verändert, um sie dem Originaltext anzunähern.)

32. Vgl. C. Sagan und R. Turco, *A Path Where No Man Thought: Nuclear Winter and the End of the Arms Race* (New York 1990).

33. Henry D. Thoreau, *Walden oder Leben in den Wäldern* (1854), Übers. E. Emmerich und T. Fischer (Zürich 1971), S. 218 (Kapitel »Höhere Gesetze«).

34. Platon, *Der Staat*, 571 c, Übers. Rudolf Rufener (Zürich ^{2}1973), S. 440–441 [= Bibliothek der Alten Welt].

35. J. Hughlings Jackson, *Evolution and Dissolution of the Nervous System* (London 1888), S. 38.

36. Paul D. MacLean, *The Triune Brain in Evolution: Role in Paleocerebral Functions* (New York und London 1990).

37. *Römer* 7, 19 (Luther-Übersetzung).

38. Soweit uns bekannt ist, wurde eine solche, sich auf das Testosteron berufende Verteidigung bisher noch in keinem Gerichtsverfahren vorgebracht.

39. Platon, *Der Staat*, 571 c, Übers. R. Rufener (Zürich ^{2}1973), S. 441.

40. *Buddhist Scriptures*, Hrsg. Edward Conze (Harmondsworth 1959), S. 112; *The Saundarananda of Ashvaghosha*, Hrsg. und Übers. E. H. Johnston (Delhi ^{2}1975), 15. Gesang, S. 86 der englischen Übersetzung, Vers 53.

Kapitel 21: Schatten vergessener Vorfahren

1. Empedokles, Fragmente aus »Katharmoi«, in: *Die Anfänge der abendländischen Philosophie. Fragmente und Lehrberichte der Vorsokratiker*, Übers. Michael Grünwald (Zürich 1949), S. 109 [= Bibliothek der Alten Welt].

Nachwort

1. Thomas von Aquin, *Summa theologica*, Buch I, Frage 103, Artikel 2, Antwort, in *Die Deutsche Thomas-Ausgabe*, Hrsg. Albertus-Magnus-Akademie Walberberg bei Köln, Band 8 (Heidelberg u. a. 1951), S. 8.

Abdruckgenehmigungen

(für die englische Ausgabe:)

Die folgenden Verlage haben freundlicherweise die Genehmigung erteilt, zuvor veröffentlichtes Material nachzudrucken:
Harvard University Press (Belknap Press): Auszüge aus *The Chimpanzees of Gombe: Patterns of Behavior* von Jane Goodall; Copyright © 1986 Präsident und Kuratorium, Harvard College. Auszüge aus *Sociobiology: The new Synthesis* von Edward O. Wilson; Copyright © 1975 Präsident und Kuratorium, Harvard College. Abdruckgenehmigung: The Belknap Press of Harvard University Press.
Bilingual Press und Anvil Poetry Press Ltd.: Auszug aus *Poems of the Aztec People* in der Übersetzung von Edward Kissam und Michael Schmidt; Copyright © 1977, 1983 E. Kissam und M. Schmidt. Alle Rechte außerhalb der USA liegen bei Anvil Press Poetry Ltd. Abdruckgenehmigung: Bilingual Press und Anvil Press Poetry Ltd.
Doubleday, Teil der Verlagsgruppe Bantam, Doubleday, Dell Publishing Group, Inc.: Auszüge aus *Darwin's Century* von Loren Eiseley; Copyright © 1958 Loren Eiseley. Auszug aus *The Heart of Chinese Poetry* in der Übersetzung von Greg Whincup; Copyright © 1987 Greg Whincup. Abdruckgenehmigung: Doubleday, Teil der Verlagsgruppe Bantam, Doubleday, Dell Publishing Group, Inc.
Encyclopaedia Britannica: Auszüge aus dem Artikel »Human Culture« von Leslie A. White aus Band 8 der 15. Auflage der *Encyclopaedia Britannica* von 1978. Abdruckgenehmigung: Encyclopaedia Britannica.
Grove Press, Inc.: Auszüge aus *Zen Poems of China and Japan: The Crane's Bill* von Lucien Stryk, Takashi Ikemoto und Taigan Takayama; Copyright © 1973 Lucien Stryk, Takashi Ikemoto und Taigan Takayama. Abdruckgenehmigung: Grove Press, Inc.
Harcourt Brace Jovanovich, Inc.: Auszüge aus *The Social Life of Monkeys and Apes* von Solly Zuckerman. Abdruckgenehmigung: Harcourt Brace Jovanovich, Inc.

Register

B

C

D

E

N

O

P

S

Die Autoren

Carl Sagan, Inhaber der David-Duncan-Professur für Astronomie und Raumforschung und Direktor des Laboratory for Planetary Studies an der Cornell University in Ithaca (New York), hat bei der Planung und Vorbereitung der Mariner,- Viking- und Voyager-Expeditionen zu verschiedenen Planeten eine wesentliche Rolle gespielt und wurde dafür mit den NASA-Medaillen für außerordentliche wissenschaftliche Leistungen und (zweimal) für Verdienste um das Gemeinwohl ausgezeichnet. Er arbeitete eine Zeitlang als Forschungsassistent des Genetikers und Nobelpreisträgers H. J. Muller und hat sich seit den fünfziger Jahren mit Forschungen zum Ursprung des Lebens beschäftigt. Der Masursky-Preis der American Astronomical Society hebt »seine außergewöhnlichen Beiträge zur Entwicklung der Planetenforschung« hervor: »Als Astronom und Biologe hat Dr. Sagan grundlegende Beiträge zur Erforschung planetarischer Atmosphären, der Planetenoberflächen, der Geschichte der Erde und der Exobiologie geleistet. Viele der produktivsten der heute tätigen Planetenforscher sind gegenwärtig, oder waren früher, seine Schüler und Mitarbeiter.«

Sein Buch *Unser Kosmos (Cosmos;* Begleittext seiner mit dem Emmy und dem Peabody-Preis ausgezeichneten gleichnamigen Fernsehserie) wurde in der englischsprachigen Ausgabe zum größten naturwissenschaftlichen Bestseller aller Zeiten. Sein Roman *Contact* wird in Kürze als Spielfilm herauskommen (Warner Bros.). Er ist Mitbegründer und Präsident der Planetary Society und arbeitet als Gastprofessor im Jet Propulsion Laboratory am Californian Institute of Technology. Dr. Sagan wurde mit dem Pulitzer-Preis, der Oersted-Medaille und vielen anderen Auszeichnungen – darunter 18 Ehrentitel von amerikanischen Hochschulen und Universitäten – für seine Beiträge zu Naturwissenschaft, Literatur, Erziehung und zur Erhaltung der Umwelt geehrt.

Ann Druyan ist Vorstandsmitglied des Bundes Amerikanischer Naturwissenschaftler (Federation of American Scientists) mit Sitz in Washington (District of Columbia); diese Vereinigung wurde 1945 zum Widerstand gegen den Mißbrauch von Naturwissenschaft und Hochtechnologie begründet. Als verantwortliche Direktorin für die künstlerische Gestaltung des NASA-Projekts Voyager Interstellar Record sandte sie Rock 'n' Roll-Dokumentationen (und vieles mehr) in zwei Raumfahrzeugen zu den Sternen. Sie hat als Drehbuchautorin und Produzentin an der Serie *Nova* des Public Broadcasting Service sowie an Sondersendungen mehrerer kommerzieller Senderketten mitgearbeitet. Sie war Mitautorin der Fernsehserie *Unser Kosmos* und Produktionsleiterin für die kürzliche Aktualisierung und Bearbeitung der Sendereihe. Ms. Druyan ist Autorin des Romans *A Famous Broken Heart* und, zusammen mit Dr. Sagan, des Bestsellers *Comet* sowie anderer Bücher, Vorträge und zahlreicher Abhandlungen. Sie ist außerdem eine der Leiterinnen des New York Children's Health Project.

Die Autoren sind miteinander verheiratet und haben zwei gemeinsame Kinder. Dr. Sagan hat außerdem noch drei erwachsene Söhne. In den achtziger Jahren haben er und Ms. Druyan drei der größten Demonstrationen gewaltfreien zivilen Ungehorsams auf dem Atomtestgelände in Nevada organisiert, um gegen die fortgesetzten Atomwaffentests der Vereinigten Staaten zu protestieren. Seit einiger Zeit arbeiten sie nun daran, Wissenschaftler und Religionsführer zusammenzubringen, um weltweit den Umweltschutz zu fördern.